CC430无线传感网络单片机原理与应用

利尔达科技
王薪宇　郑淑军　贾　灵　编著

北京航空航天大学出版社

内容简介

CC430将最新的MSP4305xx内核与专为低功耗无线应用设计的CC1101多通道射频收发器集成在一起，并将25 MHz性能与200 ksps的12位ADC、AES硬件安全模块和96段LCD驱动器组合在一起。本书以TI公司的CC430系列16位超低功耗单片机为核心，详细讲述了CC430单片机的结构和指令系统，对该系列单片机设计的片内、外围模块的功能、原理、应用作了详尽的描述；介绍了CC430单片机的开发环境、汇编语言、C语言程序设计方法，以及单片机常用接口电路设计和软件编程。

本书深入浅出，着重讲述了CC430单片机各模块的原理与应用，可作为高等院校自动化、计算机、仪器仪表、电子等专业高年级学生和研究生的教学与科研开发的参考书。

图书在版编目(CIP)数据

CC430无线传感网络单片机原理与应用 / 王薪宇，郑淑军，贾灵编著. -- 北京 ：北京航空航天大学出版社，2011.7

ISBN 978-7-5124-0429-8

Ⅰ. ①C… Ⅱ. ①王… ②郑… ③贾… Ⅲ. ①单片微型计算机 Ⅳ. ①TP368.1

中国版本图书馆CIP数据核字(2011)第082235号

版权所有，侵权必究。

CC430无线传感网络单片机原理与应用

利尔达科技

王薪宇　郑淑军　贾　灵　编著

责任编辑　杨　昕　刘爱萍　刘　工

*

北京航空航天大学出版社出版发行

北京市海淀区学院路37号(邮编100191)　http://www.buaapress.com.cn

发行部电话：(010)82317024　传真：(010)82328026

读者信箱：bhpress@263.net　邮购电话：(010)82316936

北京时代华都印刷有限公司印装　各地书店经销

*

开本：787×1092　1/16　印张：29.25　字数：749千字

2011年7月第1版　2011年7月第1次印刷　印数：4 000册

ISBN 978-7-5124-0429-8　定价：58.00元

序　言

CC430 单片机将 MSP4305xx 内核与专为低功耗无线应用设计的 CC1101 多通道射频收发器相集成。该内核将 25 MHz 性能与 200 ksps 的 12 位 ADC、AES 硬件安全模块和 96 段 LCD 驱动器组合在一起，是美国德州仪器公司推出的 16 位超低功耗、高性能产品。它具有处理能力强，运行速度快，资源丰富，开发方便等优点，有很高的性价比。这些优势有助于打破阻碍 RF 实施的壁垒，如被高度限制的功耗、性能、尺寸与成本要求，以及可降低设计复杂性、简化开发等，从而帮助各类产品实现无线连接。

由 CC430 单片机搭建的平台不仅有助于推动无线网络技术在消费类电子产品市场及工业市场的大规模应用，还可为基于微处理器的应用提供业界最低功耗的单芯片射频解决方案。CC430 平台既可降低系统复杂性、将封装与印刷电路板尺寸缩小 50%，又可简化 RF 设计，从而将包括 RF 网络、能量采集、工业监控与篡改检测、个人无线网络以及自动抄表基础设施等在内的应用推向前所未有的水平。在物联网和无线传感网络盛行的时代，这款性能独特，功耗超低，节约能源与成本的设计，定将在物联网和无线传感网各系统中起到举足轻重的作用，得到广泛的应用。

利尔达科技有限公司正处于飞速发展的阶段，其建立企业与技术人才全面的战略合作关系的举措，将更好地推动利尔达科技有限公司在技术、人才培育等多方面发展。利尔达自主研发的物联网无线收发器、物联网科研教学实验系统等多项技术成果证明了公司的发展轨迹，为其进一步发展物联网的应用设计奠定了人才基础和充足的技术储备。利尔达科技有限公司是杭州市物联网嵌入式行业的龙头骨干企业，不久的将来也定将成为全国物联网嵌入式行业的领头羊。

本书对 CC430 单片机的结构特点和各功能模块做了详细的论述，内容涉及到 CC430 单片机的时钟、定时器、硬件乘法器、A/D 转换模块和 RF1A 无线射频模块、DMA 控制器、液晶驱动等模块的原理和应用。同时针对各个模块的应用及部分接口设计列举了许多例程，供读者学习编程时作为参考。希望本书能给广大师生及从事单片机应用系统开发的工程技术人员在单片机学习和应用过程中提供一定的帮助。

中科院院士：姚建铨

2011.7.5

前　言

单片机就是在一块芯片上集成了CPU、主要外设和内存的微型计算机。随着技术的发展和进步，以及市场对产品功能和性能要求的不断提高，使得作为单片嵌入式系统的核心——单片机，朝着多功能、多选择、高速度、低功耗、低价格、大存储容量和强I/O功能等方向发展。CC430系列单片机充分利用TI公司业内领先的射频专业技术和超低功耗MSP430™微处理器，提供了低于1 GHz的强劲的RF协议/应用处理器。它由众所周知且简单易用的MSP430工具套件以及RF设计工具(如SmartRF® Studio)提供支持，能够实现快速高效的设计集成。

CC430单片机具有功能强大的内部模块，如16位ADC以及低功耗比较器等智能化高性能数字与模拟外设，这样即便在RF传输期间也可在实现高性能的同时具有不工作就不耗电等优异特性。同时，集成型高级加密标准(AES)加速器等具有对无线数据进行加密与解密的功能，可以加速设计进程，从而实现更安全的告警与工业监控系统。此外，设计人员还可选择片上LCD控制器，从而进一步降低基于LCD应用的成本与尺寸。CC430单片机为基于微处理器(MCU)的应用提供业界最低功耗的单芯片射频系列。通过使射频设计变得简单、小巧、功能丰富和节能，将有助于提高射频网络的应用水平，这些应用包括工业/楼宇自动化、资产跟踪、能量收集、工业监控和篡改检测、个人无线网络、警报和安全系统、运动/车身监控以及自动抄表基础设施等。

本书是一本全面学习CC430单片机的读本。全书共分24章，分别讲述了看门狗定时器、Flash控制器、端口映射控制器、无线射频模块、USCI通信接口等内部模块的原理与应用例程。本书旨在使读者较快地学习CC430系列单片机，以使更多科研工作者和学生使用该系列的单片机进行研究和开发。CC430产品系列是理想的协议/应用微处理器，适用于各种低功耗无线应用。本书能开阔国内单片嵌入式系统开发和设计人员的视野，为促进学习、掌握和应用最新的芯片和技术，为研制和开发中高档电子产品和系统提供有益的参考、帮助和支持。

本书的出版得到了北京航空航天大学出版社的大力支持，作者在此表示诚挚的谢意。

由于时间仓促和水平有限，书中难免存在缺点和疏漏之处，敬请各位专家以及广大读者批评指正。

作　者

2010年11月1日

前言

目　录

第1章　复位与中断操作模式

1.1　系统控制模块(SYS)介绍

SYS 主要负责整个系统各模块间的交互。SYS 提供给模块的功能并非其自身所固有的。地址译码、总线仲裁、中断事件合并以及复位产生等，都是 SYS 提供的众多功能中的一部分。

1.2　系统复位和初始化

系统复位电路如图 1-1 所示，复位源自于掉电复位信号(BOR)、上电复位信号(POR)、上电清除信号(PUC)。不同的事件触发这些复位信号，并根据不同的信号产生不同的初始化环境。

BOR 是器件复位，BOR 只由以下事件产生：

- 器件上电；
- RST/NMI 引脚的低电平信号(当 RST/NMI 引脚配置为复位模式时)；
- 从 LPM5 模式唤醒；
- 软件 BOR 事件。

当发生 BOR 事件时，总是会引发 POR 事件，但是 POR 的发生不会引发 BOR 事件。以下事件将引发 POR：

- BOR 信号；
- 当其使能时，SVS_H和/或 SVM_H变低(详见 PMM 模块)；
- 当其使能时，SVS_L和/或 SVM_L变低(详见 PMM 模块)；
- 软件 POR 事件。

当 POR 发生时，总会引发 PUC 事件，但 PUC 的发生不会引发 POR 事件。以下事件将触发 PUC：

- POR 信号；
- 当看门狗工作于看门狗模式时，其定时时间到(详见 WDT_A 模块)；
- 写 WDT_A 安全密钥错误(详见 WDT_A 模块)；
- 写 Flash 存储器安全密钥错误(详见 Flash 存储控制器模块)；
- 写电源管理模块(PMM)安全密钥错误(详见 PMM 模块)；
- 读取外设地址空间。

注意：各器件之间可用的复位数量和类型是不同的。详见各器件相应的数据手册，查看可用的复位源。

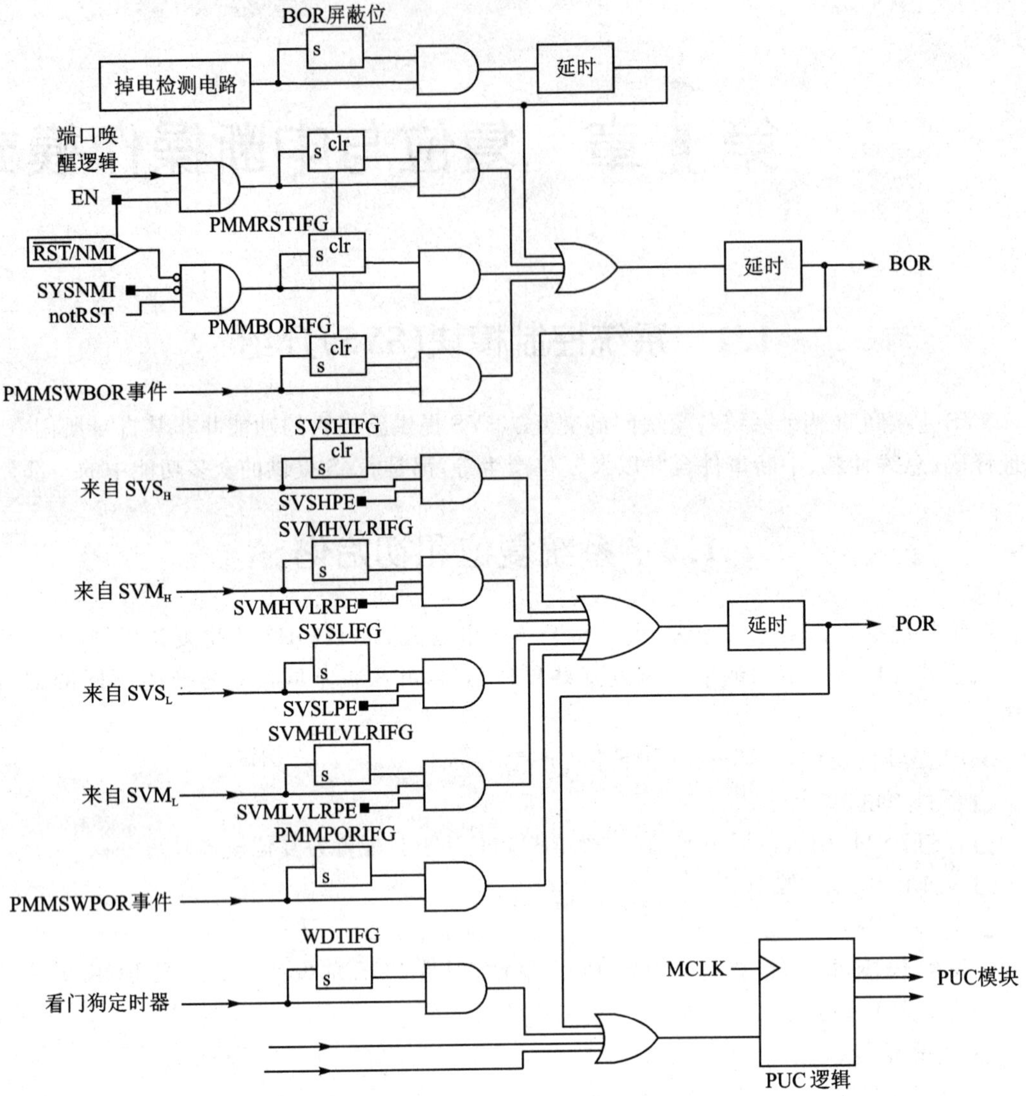

图 1-1　BOR/POR/PUC 复位电路

系统复位后的器件初始状态

BOR 之后，器件的初始状态如下：

- ❑ RST/NMI 引脚配置为复位模式。
- ❑ I/O 引脚配置为数字 I/O 一章所描述的输入模式。
- ❑ 其他外设模块和寄存器均配置为它们相应章节中所描述的初始化状态。
- ❑ 状态寄存器(SR)复位。
- ❑ 程序计数器(PC)载入引导代码地址，并从这一地址开始执行引导代码，详见 1.7 节引导代码。执行完引导代码后，PC 装载 SYSRSTIV 复位位置(0FFFEh)中所包含的地址。

系统复位后，用户软件必须初始化器件以符合应用要求。以下初始化必须完成：

- 堆栈指针(SP)初始化,典型值设置为 RAM 的顶部。
- 将看门狗初始化为应用程序所需要的模式。
- 将外设模块配置为应用程序所需要的状态。

1.3 中　断

中断优先级是固定的,并且是以各个模块的连接链来排列定义的,如图 1-2 所示。中断优先级决定了当系统有多个中断同时发生时,哪一个中断先被响应。

有三种类型的中断:系统复位、不可屏蔽中断及可屏蔽中断。

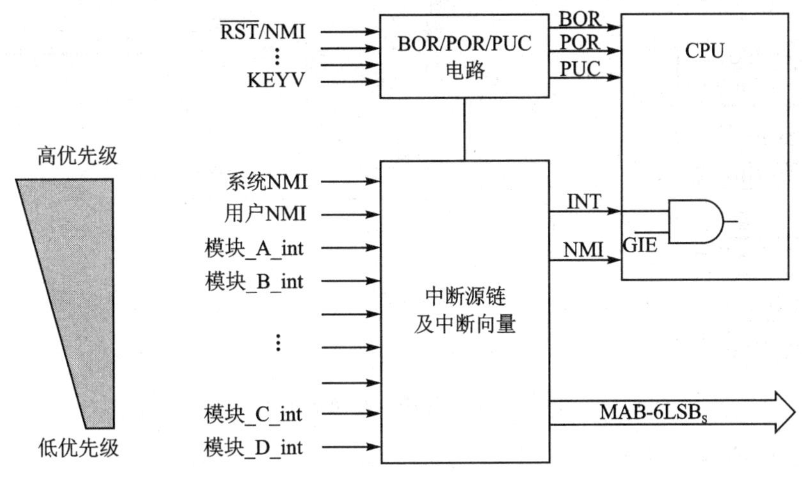

图 1-2　中断优先级

注意: 各器件之间的可用中断源的类型及其各自的优先级可能不同。请参考各器件相应的数据手册中的中断源及优先级信息。

1.3.1 不可屏蔽中断(NMI)

通常,NMI 是不能被中断使能位(GIE)屏蔽的。该系列器件支持两种级别的 NMI:系统不可屏蔽中断(SNMI)和用户不可屏蔽中断(UNMI)。不可屏蔽中断源通过各自的中断使能位使能。当一个不可屏蔽中断被响应时,相同级别的其他不可屏蔽中断自动禁止,以防止相同级别的不可屏蔽中断发生连续中断嵌套。程序执行的开始地址存储在不可屏蔽中断向量中,如表 1-1 所列。为了允许向后兼容用户先前的 CC430 系列软件,软件可以(但非必须)重新使能不可屏蔽中断源。不可屏蔽中断源的结构框图,如图 1-3 所示。

用户不可屏蔽中断(UNMI)可由以下事件引发:

- RST/NMI 引脚上的边沿信号(当 RST/NMI 引脚配置为 NMI 模式时);
- 发生振荡器故障事件;
- 非法存取 Flash 存储器。

系统不可屏蔽中断(SNMI)可由以下事件引发:

- 电源管理模块(PMM)的 SVM_L/SVM_H 发生供电故障;
- PMM 高/低边的延时时间到;

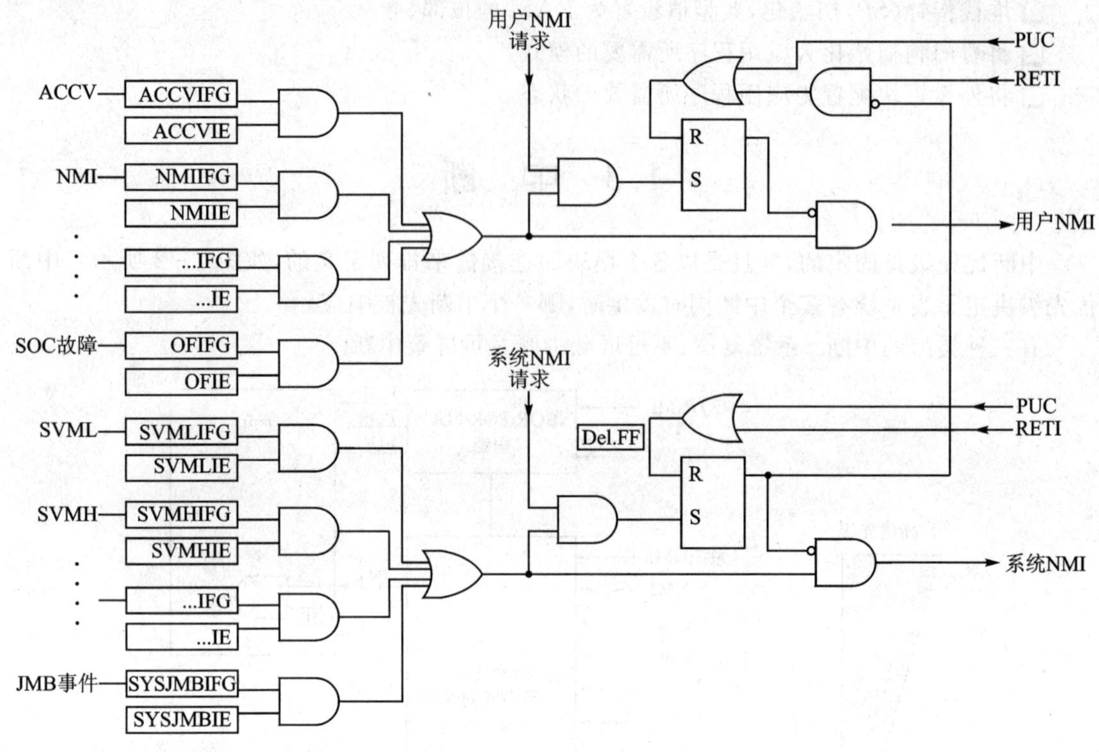

图 1-3　不可屏蔽中断源的结构框图

❑ 访问空白的内存空间；

❑ JTAG 信箱(JMB)事件。

注意：各器件之间的不可屏蔽中断源的类型和数量可能不同。请参考相应器件的数据手册中的可用 NMI 源的相关内容。

1.3.2 SNMI 时序

当 SNMI 以更高速率(超过它们能被处理的速度即中断风暴)连续发生时，允许主程序在当前 SNMI 中断处理 RETI 指令结束后与下一个 SNMI 中断处理程序开始前，执行一条指令。在这种情况下，连续的 SNMI 是不能被 UNMI 打断的。这就避免了在高频率的 SNMI 中断下发生阻塞。

1.3.3 可屏蔽中断

可屏蔽中断由具有中断能力的外设引发。每一个可屏蔽中断源均可通过相应的中断使能位禁止，所有可屏蔽中断都可以通过状态寄存器 SR 中的总中断使能位 GIE 禁止。

每一个外设的中断均在本书中相应模块章节中有详细讨论。

1. 中断处理

当有一个外设的中断请求发生后，并且其中断使能位和 GIE 位均置位时，便向 CPU 请求中断服务。对于不可屏蔽中断(NMI)，只需将相应的中断使能位置位，就可请求中断。

2. 中断受理

从检测到中断请求至开始执行中断服务程序中的第一条指令，需要延迟6个时钟周期，如图1-4所示。中断逻辑执行流程如下：

① 完成当前正在执行的任何指令。

② 指向下一条指令的程序计数器(PC)被压入堆栈。

③ 程序状态寄存器(SR)被压入堆栈。

④ 如果在执行最后一条指令时，多个中断同时发生，则具有最高优先级的中断被选中执行。

⑤ 单中断源的中断请求标志位自动复位。多中断源的中断标志位仍然置位，以备软件查询使用。

⑥ 清除程序状态寄存器(SR)，这会终止任何低功耗模式。由于此时GIE位被清零，因此中断被禁止。

⑦ 中断向量中的内容载入PC，程序从中断服务程序的入口地址继续执行。

3. 中断返回

中断处理程序由以下指令终止：

```
RETI        ;从中断服务程序返回
```

中断返回执行下面的流程，其占用了5个时钟周期，如图1-5所示。

① 状态寄存器(SR)从堆栈中弹出。先前SR中的GIE、CPUOFF等所有设置现在重新生效，而不管中断服务期间SR被如何设置，除非改变栈里的SR原始值。

② PC从堆栈弹出，并从程序被中断的位置继续执行。

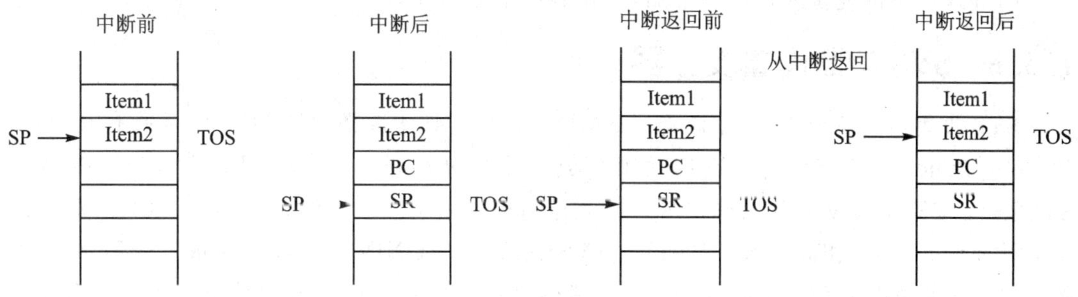

图1-4 中断处理　　　　图1-5 中断返回

1.3.4 中断向量

中断向量位于从0FFFFh～0FF80h的地址范围内，最多可有64个中断源。中断向量由用户编程，并指向相应中断服务程序的开始地址。表1-1列出了可用的中断向量。完整的中断向量表请参考相应的数据手册。

一些中断使能位、中断标志位以及RST/NMI引脚的控制位位于特殊功能寄存器(SFR)中。SFR位于外设地址范围，并且可通过字或字节方式存取。详见文中关于SFR的配置。

表 1-1　中断源、标志位及中断向量

中断源	中断标志	系统中断	字地址	优先级
复位： 上电、外部复位、看门狗、 Flash 密钥	… WDTIFG KEYV	… Reset	… 0FFFEh	… 最高
系统 NMI： PMM		不可屏蔽	0FFFCh	…
用户 NMI： NMI、振荡器故障、 非法 Flash 存储器存取	… NMIIFG OFIFG ACCVIFG	… 不可屏蔽 不可屏蔽 不可屏蔽	… 0FFFAh	… …
特殊器件			0FFF8h	…
…			…	…
WDT	WDTIFG	可屏蔽	…	…
…			…	…
特殊器件			…	…
保留		可屏蔽	…	最低

改变中断向量

有一种可能就是利用 RAM 作为替换地址以改变中断向量的存储单元。置位 SYSCTL 中的 SYSRIVECT 标志位，将引发中断向量在 RAM 顶部的重新映射。一旦置位，任何中断向量的替换地址，现在都将驻留在 RAM 中。因为发生 BOR 后，SYSRIVECT 将自动清除，位于 0FFFEh 地址中的复位向量仍然可用，并在固件中适当处理。

1.3.5　SYS 中断向量发生器

SYS 收集所有系统 NMI 中断源(SNMI)、用户 NMI 中断源(UNMI)，以及所有其他模块的 BOR/POR/PUC 复位源。它们共组合成 3 个中断向量。中断向量寄存器 SYSRSTIV、SYSSNIV、SYSUNIV 被用来确定哪些标志位请求中断响应或复位。当同一组的最高优先级中断被使能时，会在相应的 SYSRSTIV、SYSSNIV、SYSUNIV 寄存器中生成一个数字。这个数字可以被直接加到程序计数器(PC)，以跳转到中断服务程序的相应分支。未使能中断，将不会影响 SYSRSTIV、SYSSNIV、SYSUNIV 值。读 SYSRSTIV、SYSSNIV、SYSUNIV 寄存器自动复位挂起的最高中断标志。如果另一个中断标志置位，在执行完最初的中断服务程序后，另一个中断立即产生。写 SYSRSTIV、SYSSNIV、SYSUNIV 寄存器自动复位所有挂起的同组中断标志。

以下程序例子给出了推荐的 SYSSNIV 用法。SYSSNIV 的值被加到 PC 上，以自动跳转到相应的服务程序中。对于 SYSRSTIV 和 SYSUNIV，可以使用相似的软件处理方法。这个例子是对通用器件而言的。对于一个给定器件，向量的优先级可以改变。可以参考相应器件的数据手册以了解向量优先级别。所有向量应该用符号编码以便于程序编写。

```
SNI_ISR:    ADD       &SYSSNIV,PC         ;加偏移量到跳转表
            RETI                          ;中断向量 0,无中断
```

```
            JMP     SVML_ISR          ;中断向量 2:SVMLIFG
            JMP     SVMH_ISR          ;中断向量 4:SVMHIFG
            JMP     DLYL_ISR          ;中断向量 6:SVSMLDLYIFG
            JMP     DLYH_ISR          ;中断向量 8:SVSMHDLYIFG
            JMP     VMA_ISR           ;中断向量 10:VMAIFG
            JMP     JMBI_ISR          ;中断向量 12:JMBINIFG
JMBO_ISR:                             ;中断向量 14:JMBOUTIFG
            ...                       ;任务 E 从这里开始
            RETI                      ;返回
SVML_ISR:                             ;中断向量 2
            ...                       ;任务 2 从这里开始
            RETI                      ;返回
SVMH_ISR:                             ;中断向量 4
            ...                       ;任务 4 从这里开始
            RETI                      ;返回
DELL_ISR:                             ;中断向量 6
            ...                       ;任务 6 从这里开始
            RETI                      ;返回
DELH_ISR:                             ;中断向量 8
            ...                       ;任务 8 从这里开始
            RETI                      ;返回
VMA_ISR:                              ;中断向量 A
            ...                       ;任务 A 从这里开始
            RETI                      ;返回
JMBI_ISR:                             ;中断向量 C
            ...                       ;任务 C 从这里开始
            RETI                      ;返回
```

SYSBERRIV 总线错误中断向量发生器

某些器件，例如含有 USB 模块的器件具有一个额外的系统中断向量发生器——SYSBERRIV。通常情况下，任何类型的系统总线错误或超时错误都是和用户 NMI 事件相联系的。在这一事件下，SYSUNIV 将包含一个对应总线错误事件(BUSIFG)的偏移值。这一偏移值可以加到 PC 上，以实现自动跳转到相应的 NMI 服务程序中。相似的，SYSBERRIV 也将包含一个对应引发总线错误事件的偏移值。SYSBERRIV 中的偏移值可以加到内部 NMI 程序中以自动跳转到相应的 NMI 服务程序。按这种方式，SYSBERRIV 可以看作是用户 NMI 向量的扩展。

1.3.6 中断嵌套

如果在一个中断服务程序中，置位 GIE 位，那么中断嵌套是允许的。当允许中断嵌套时，在中断服务程序执行期间发生的任何中断，无论中断优先级高低都将打断正在执行的中断程序。

1.4 操作模式

CC430 系列为超低功耗应用而设计，可以使用如图 1-6 所示的不同操作模式，模式比较见表 1－2。操作模式应把以下三种不同的应用需求考虑在内：超低功耗、速度和数据吞吐量及最小的外设电流消耗。

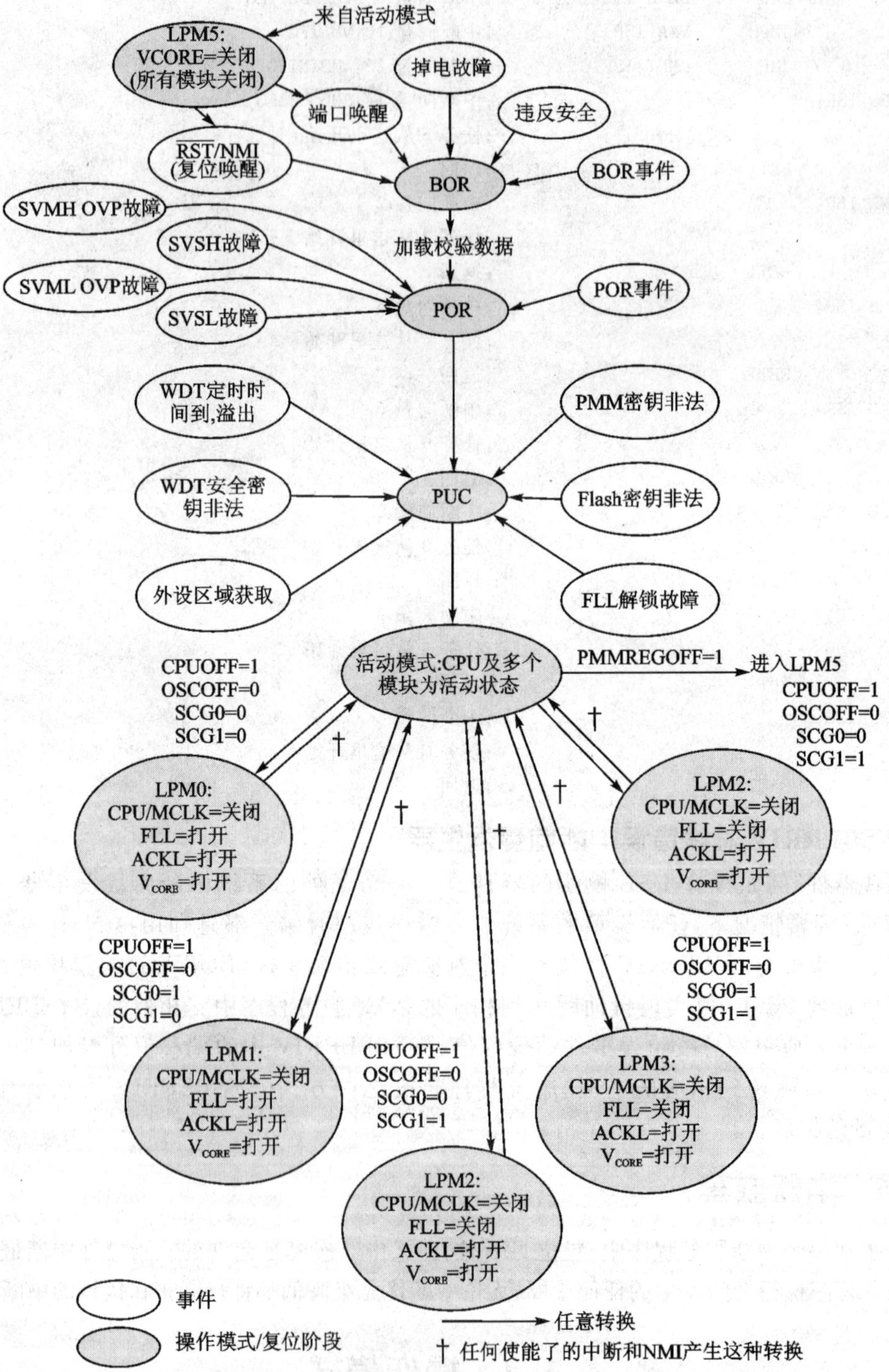

图 1－6　操作模式

表 1-2 模式比较

SCG1	SCG0	OSCOFF	CPUOFF	模 式	CPU 和时钟状态
0	0	0	0	活动	CPU、MCLK 运行。ACLK 激活。SMCLK 选择性活动(SMCLKOFF=0)
0	0	0	1	LPM0	CPU、MCLK 停止。ACLK 活动。SMCLK 选择性活动(SMCLKOFF=0) 如果 DCO 作为 ACLK、MCLK 或 SMCLK(SMCLKOFF=0)的时钟源，DCO 使能。如果 DCO 使能,FLL 亦使能
0	1	0	1	LPM1	CPU、MCLK 禁止。ACLK 活动。SMCLK 选择性活动(SMCLKOFF=0) 如果其作为 ACLK 或 SMCLK(SMCLKOFF=0)的时钟源,DCO 使能，FLL 禁止
1	0	0	1	LPM2	CPU、MCLK 禁止。ACLK 活动。SMCLK 禁止 如果 DCO 作为 ACLK 的时钟源,DCO 使能,FLL 禁止
1	1	0	1	LPM3	CPU、MCLK 禁止。ACLK 活动,SMCLK 禁止 如果 DCO 作为 ACLK 的时钟源,DCO 使能,FLL 禁止
1	1	1	1	LPM4	CPU 和所有时钟都禁止
1	1	1	1	LPM5 *	当 PMMREGOFF=1,电压调整器被禁止。没有信息被保存

注：* LPM5 模式在 F543X 和 F541X 器件上不可用。它在 F543XA 和 F541XA 器件上可用。

低功耗模式 LPM0～LPM4 通过状态寄存器(SR)中的 CPUOFF、OSCOFF、SCG0 和 SCG1 位设置。在 SR 中包含 CPUOFF、OSCOFF、SCG0 和 SCG1 模式控制位的好处是:在中断服务程序执行期间,可以将操作模式压入堆栈保存。如果在中断程序执行期间,没有修改 SR 的值,则程序从中断返回后,仍将保持原来的操作模式。通过在执行中断程序期间,修改保存在堆栈中的 SR 值,可使程序流程返回到不同的操作模式。当置位任意一个模式控制位,所选择的操作模式将立即生效。任何对时钟已经被关闭的外设的操作都将被停止,直到其时钟被重新激活。外设也可以通过它们相应的控制寄存器设置来关闭。所有 I/O 端口引脚和 RAM 寄存器的内容保持不变。可通过所有使能的中断,将 CPU 从 LPM0～LPM4 模式中唤醒。

当进入 LPM5 模式后,电源管理模块(PMM)的电压校准器被禁止。所有 RAM 和寄存器中的内容都将丢失,包括 I/O 端口的配置。只能通过上电序列、$\overline{RST}$事件或特殊的 I/O 口(详见第 8 章数字 I/O)从 LPM5 模式唤醒。

1.4.1 进入和退出低功耗模式 LPM0～LPM4

一个使能的中断事件能将器件从低功耗模式 LPM0～LPM4 唤醒。从 LPM0～LPM4 退出的程序流程为：

① D 进入中断服务程序。

- PC 和 SR 保存在堆栈中；
- CPUOFF、SCG1 和 OSCOFF 位自动复位。

② 从中断服务程序返回的选项。

- 从堆栈中弹出原先的 SR 值,恢复到原来的操作模式；
- 保存于堆栈中的 SR 值在中断程序执行期间可被修改,这样程序执行 RETI 指令从中断返回后，可以运行在一个不同的操作模式下。

```
                                                    ;进入 LPM0 的例子
BIS     #GIE + CPUOFF,SR                            ;进入 LPM0
;  ...                                              ;程序停在这里
                                                    ;从中断服务程序中退出 LPM0
BIC     #CPUOFF,0(SP)                               ;执行完 RETI 后退出 LPM0
RETI
                                                    ;进入 LPM3 例子
BIS     #GIE + CPUOFF + SCG1 + SCG0,SR              ;进入 LPM3
;  ...                                              ;程序停在这里
                                                    ;从中断服务程序中退出 LPM3
BIC     #CPUOFF + SCG1 + SCG0,0(SP)                 ;执行 RETI 后退出 LPM3
RETI
                                                    ;进入 LPM4 例子
BIS   #GIE + CPUOFF + OSCOFF + SCG1 + SCG0,SR       ;进入 LPM4
; ...                                               ;程序停在这里
                                                    ;从中断服务程序退出 LPM4
BIC   #CPUOFF + OSCOFF + SCG1 + SCG0,0(SP)          ;执行完 RETI 后退出 LPM4
RETI
```

1.4.2 进入和退出低功耗模式 LPM5

LPM5 模式的进入和退出有别于其他低功耗模式。LPM5，当应用得当时，可以让器件的功耗降到最低。为了达到这一目的，进入 LPM5，将禁止 LDO 和 PMM 模块，清除器件内核的供电电压。由于内核掉电，所有寄存器内容和 SRAM 的内容都将丢失。退出 LPM5 模式，将引发 BOR 事件，它将强制系统完成一次完整的复位。因此，从 LPM5 模式退出后，应用程序应适当地重新配置器件。

从 LPM5 模式退出所需要的时间比从其他低功耗模式退出所需要的时间长（请参考相应器件的数据手册）。其根本的一个因素是：从 LPM5 退出后，重新产生内核电压需要一定时间。同时，应用程序开始执行前，需要先执行引导代码。因此，对于占空比非常低的事件来说，LPM5 的使用将受到限制。

进入 LPM5 的程序流程如下：

① 适当配置 I/O 口。详见第 8 章数字 I/O。

❑ 将所有端口设置为普通 I/O 口，配置每一个端口确保对所要求的应用没有噪声引入；

❑ 如果希望从 I/O 口唤醒，则相应地将输入端口配置成有中断功能。

② 进入 LPM5。下面程序示例阐明了如何进入 LPM5。详见第 4 章电源管理模块。

```
                                                    ;进入 LPM5 例子
MOV.B      #PMMPW,&PMMCTL0_H                        ;打开 PMM 寄存器用于写操作
BIS        #PMMREGOFF,&PMMCTL0                      ;
BIS        #GIE + CPUOFF + OSCOFF + SCG1 + SCG0,SR  ;当 PMMREGOFF 置位后进入 LPM5
```

退出 LPM5，可通过 RST 事件、上电或特殊的 I/O 口实现。任何从 LPM5 退出操作，都将引发 BOR。当执行完引导代码后，程序将继续从保存在 0FFFEh 处的系统复位向量中的地址

执行。PMM 模块中的 PMMLPM5IFG 位将置位，以指示器件之前处于 LPM5 模式。另外，SYSRSTIV＝08h，这将用于产生一个有效的复位处理程序。在 LPM5 期间，所有 I/O 引脚的状态被锁住直到应用程序解锁它们。详见第 8 章“数字 I/O”。退出 LPM5 的程序流程如下：

进入系统复位服务程序步骤：根据应用程序需要重新配置系统；根据应用程序需要重新配置 I/O 口。

1.4.3 低功耗模式中的时间延长

当通过关闭 DCO 来延长进出低功耗模式的时间时，必须考虑 DCO 的温度系数。如果温度发生显著地改变，唤醒时的 DCO 频率与进入低功耗模式时的 DCO 频率可能存在显著的差别，并且 DCO 频率可能会超出指定的可操作范围。为了避免这种情况，在进入低功耗模式之前，DCO 应被设置成它的最低值来延长进出低功耗模式的时间，因为在这段时间内温度是会变化的。

```
                                                        ;带有最小 DCO 设置的进入 LPM4 例子
    BIC     #SCG0,SR                                    ;禁止 FLL
    MOV     #0100h,&UCSCTL0                             ;设置 DCO 为第一个频率点，清除调制器
    BIC     #DCORSEL2 + DCORSEL1 + DCORSEL0,&UCSCTL1    ;最小 DCORSEL
    BIS     #GIE + CPUOFF + OSCOFF + SCG1 + SCG0,SR     ;进入 LPM4
                                                        ;程序停在这里
                                                        ;中断服务程序

    BIC     #CPUOFF + OSCOFF + SCG1 + SCG0,0(SR)        ;执行 RETI 后退出 LPM4
    RETI
```

1.5 低功耗模式的应用原则

通常，降低系统功耗的最重要的方法是：所用器件的时钟系统最优化地使用 LPM3 或 LPM4 模式。

- 使用中断唤醒处理器并控制程序流程。
- 仅当需要使用时才打开外设。
- 使用低功耗集成外设模块代替用软件实现相同的功能。例如，定时器 A 和定时器 B 能自动产生 PWM 和捕获外部时钟信号而无需使用 CPU 资源。
- 应该使用计算分支和快速查表来代替程序标志位和冗长的软件计算。
- 避免过于频繁地调用子程序和函数。
- 对于比较长的软件程序，应该尽量使用单周期的 CPU 寄存器。

如果系统应用有更低的时间占空比、更慢的事件响应时间，则使系统处于 LPM5 模式的最大化时间，可以显著地降低系统功耗。

1.6 未使用引脚的连接

表 1－3 列出了所有未使用引脚的正确连接方法。

表 1-3 未使用引脚的连接

引 脚	电 平	备 注	引 脚	电 平	备 注
AV_{CC}	DV_{CC}		RST/NMI	DV_{CC}或V_{CC}	外接 47 kΩ 上拉电阻或使用内部上拉,并用 10 nF (2.2 nF)电容下拉
AV_{SS}	DV_{SS}				
Px.0～Px.7	开路	设置为端口功能,方向设为输出(PxDIR.n=1)	TDO/TDI/TMS/TCK	开路	
			TEST	开路	

注:当器件在 Spy-Bi-Wire 模式下,使用 Spy-Bi-Wire 接口或在 4 线 JTAG 模式下,使用 TI 工具 FET 接口或 GANG 编程器时,下拉电容的容量不应该超过 2.2 nF。

1.7 引导代码

BOR 之后,引导代码总会被执行。引导代码加载工厂存储的振荡器和基准电压的校准值。另外,它将检查 BSL 的入口序列,并且检查是否存在用户可定义的 BSL。

Bootstrap Loader(BSL)

当某一确定的 BSL 入口条件被应用后,BSL 将在启动后被执行。BSL 允许在微控制器处于原型阶段、最终产品和维护期间与其内嵌的存储器通信。所有存储器资源的映射、可编程存储器(Flash 存储器)、数据存储器(RAM)以及外设都可以根据需要通过 BSL 进行修改。对于基于 Flash 的器件,可以定义自己的 BSL 代码,并且可以防止被无意的擦除或未经许可的存取。

最基本的 BSL 程序由 TI 公司提供。它支持使用 RS232 接口的普通 USRT 协议、允许灵活地使用硬件和软件。要使用 BSL,需要将一个特殊的 BSL 入口序列应用到特定的器件引脚上。一段附加的命令序列将启动所要求的功能。可以通过连续在一个已定义的用户程序地址上操作或复位条件来退出引导加载过程。通过 BSL 存取器件的存储器是受用户定义的密码保护的,以防止误用。想了解更多的细节,请参考 *MSP430 Memory Programming User's Guide*(SLAU256),网址:http://www.ti.com/msp430。

1.8 存储器映射——使用和功能

图 1-7 是 MSP430F5438 器件的存储器分配。各器件之间的整个地址范围是不相同的,但它们所表示的行为是一样的。

1.8.1 空白存储空间

空白存储器是不存在的存储空间。存取空白存储空间将产生一个不可屏蔽中断(NMI)。读空白存储器的值为 3FFFh。在读取的情况下,它将被"JMP $"所代替。读取空白的外设地址空间将产生 PUC。当执行完引导代码后,存取空白的存储器空间也将引发 NMI。

1.8.2 通过电子熔丝的 JTAG 锁机制

通过编程电子熔丝保护器件,以禁止 JTAG 和 SpyBiWire 接口功能,可以防止非法用户

地址范围	名称与用途	属性						
		用户可以段擦除	用户可以块擦除	用户可以全部擦除	总是可以存取 PMM 寄存器*;用户可以全部擦除	读/写受保护	存取时，可以产生 PUC	读/写/存取时可以产生 NMI
00000h~00FFFh	有间隙的外设							
00000h~000FFh	保留用于系统扩展							
00100h~00FEFh	外设						×	
00FF0h~00FF3h	描述符类型**						×	
00FF4h~00FF7h	描述符结构的起始地址						×	
01000h~011FFh	BSL 0	×				×		
01200h~013FFh	BSL 1	×				×		
01400h~015FFh	BSL 2	×				×		
01600h~017FFh	BSL 3	×			×	×		
017FCh~017FFh	BSL 署名位置							
01800h~0187Fh	信息段 D	×						
01880h~018FFh	信息段 C	×						
01900h~0197Fh	信息段 B	×						
01980h~019FFh	信息段 A	×						
01A00h~01A7Fh	器件描述符						×	
01C00h~05BFFh	16 KB RAM							
05B80h~05BFFh	预留中断向量							
05C00h~0FFFFh	程序	×	×*	×				
0FF80h~0FFFFh	中断向量							
10000h~45BFFh	程序	×	×	×				
45C00h~FFFFFh	空白							×***

注：* 存取仅限个别可编程对于SYS和PMM。

**对于所有的MSP430器件有固定的ID。详见1.11.1小节。

***在空白存储空间中，03FFFh用于数据总线。

图 1-7　MSP430F5438 器件存储器分配

对器件的读/写操作。编程电子熔丝，可以完全禁止使用 JTAG 和 SpyBiWire 接口进行调试和存取的功能，并且是不可逆的。某些 JTAG 命令在器件被保护之后依然可用包括 BYPASS 命令（见 IEEE 1149－2001 标准）和允许存取 JTAG 信箱系统（见表 10－2）的 JMB_EXCHANGE 命令。有关电子熔丝的详细说明请参考 *MSP*430 *Memory Programming User's Guide*（SLAU265），网址：http://www.ti.com/msp430。

1.9　JTAG 信箱(JMB)系统

SYS 模块通过规则的 JTAG 测试/调试接口提供改变用户数据的功能。JMB 的理想情况是在调试、编程和测试过程中都有一个对 CPU 的直接接口，这对于所有的 430 器件都是相同的，并且仅需要少量或不需要用户的应用程序资源。之所以选择 JTAG 接口，是因为它在所有 430 系列器件上都可用，并且是一个专用于调试、编程和测试的资源。

JMB 的应用有：

- ❑ 提供用于器件锁/解锁保护的密码；
- ❑ 运行时间数据交换(RTDX)。

1.9.1 JMB 配置

JMB 支持两种传输模式——16 位和 32 位。设置 JMBMODE 使能 32 位传输模式；清除 JMBMODE 使能 16 位传输模式。

1.9.2 JMBOUT0 和 JMBOUT1 输出信箱

两个 16 位的寄存器 JMBOUT0 与 JMBOUT1 可用于将信息输出至 JTAG 端口。JMBOUT0 仅用于 16 位的传输模式(JMBMODE＝0)。JMBOUT1 用于 JMBOUT0 额外的 32 位的传输模式(JMBMODE＝1)。当应用希望发送一条信息到 JTAG 端口时，它将以 16 位模式写数据到 JMBOUT0 或以 32 位的模式写数据到 JMBOUT0 和 JMBOUT1。

JMBOUT0FG 和 JMBOUT1FG 是分别用于指示 JMBOUT0 和 JMBOUT1 状态的只读标志位。当 JMBOUT0FG 置位时，JMBOUT0 已经通过 JTAG 端口被读，并且准备接收新的数据。当 JMBOUT0FG 复位时，JMBOUT0 没有准备好接收新的数据。JMBOUT1FG 的情况类似。

1.9.3 JMBIN0 和 JMBIN1 输入信箱

两个 16 位寄存器 JMBIN0 与 JMBIN1 可用于从 JTAG 端口输入信息。当使用 16 位传输模式(JMBMODE＝0)时仅使用 JMBIN0。当使用 32 位传输模式(JMBMODE＝1)时使用 JMBIN1 和 JMBIN0。当 JTAG 端口希望发送一条信息给应用时，对于 16 位模式将写数据到 JMBIN0，对于 32 位模式写数据到 JMBIN0 和 JMBIN1。

JMBIN0FG 和 JMBIN1FG 标志位分别用于指示 JMBIN0 和 JMBIN1 的状态。当 JMBIN0FG 置位时，JMBIN0 有数据可被读取。当 JMBIN0FG 复位时，JMBIN0 没有新的可用数据。JMBIN1FG 的情况类似。

JMBIN0FG 和 JMBIN1FG 通过分别清除 JMBCLR1OFF 和 JMBCLR2OFF 标志位，配置成自动清除功能。否则，这些标志位必须通过软件清除。

1.9.4 JMB NMI 的用法

JMB 的握手机制可以配置为使用中断，以避免不必要的查询。在 16 位模式下，当 JMBOUT0 通过 JTAG 端口已经被读取并且准备接收数据时，JMBOUTIFG 被置位。在 32 位模式下，当 JMBOUT0 和 JMBOUT1 都通过 JTAG 端口被读取并且准备接收数据时，JMBOUTIFG 被置位。如果 JMBOUTIE 置位，这些事件将引发系统的 NMI。在 16 位模式下，当数据被写入 JMBOUT0 和 JMBOUT1 时，JMBOUTIFG 被自动清除。另外，当读取 SYSSNIV 寄存器时，JMBOUTIFG 被清除。清除 JMBOUTIE 将禁止 NMI 中断。

在 16 位模式下，当 JMBIN0 可被读取时，JMBINIFG 被置位。在 32 位模式下，当 JMBIN0 和 JMBIN1 都可被读取时，JMBINIFG 被置位。如果 JMBOUTIE 被置位，这些事件将引发一个系统的 NMI。在 16 位模式下，当 JMBIN0 被读取时，JMBINIFG 将自动清除。在

32 位模式下，当 JMBIN0 和 JMBIN1 都被读取时，JMBINIFG 将自动清除。另外，当读取 SYSSNIV 寄存器时，JMBINIFG 可被清除。清除 JMBINIE 将禁止 NMI 中断。

1.10 器件描述符表

每一个器件在存储器中都提供数据结构，以用于器件的明确辨认。对于一个给定的器件，也有更多可用模块的详细描述。SYS 提供这一信息，并可以被器件适应(device - adaptive)。软件工具和库用于清楚地识别包含在其中的一个特定器件及其所有模块和功能。器件描述符的有效性可通过 CRC 循环冗余码校验。图 1-8 所示为器件描述符表的逻辑顺序和结构。完整的器件描述符表及其内容可在相应的器件数据手册中找到。

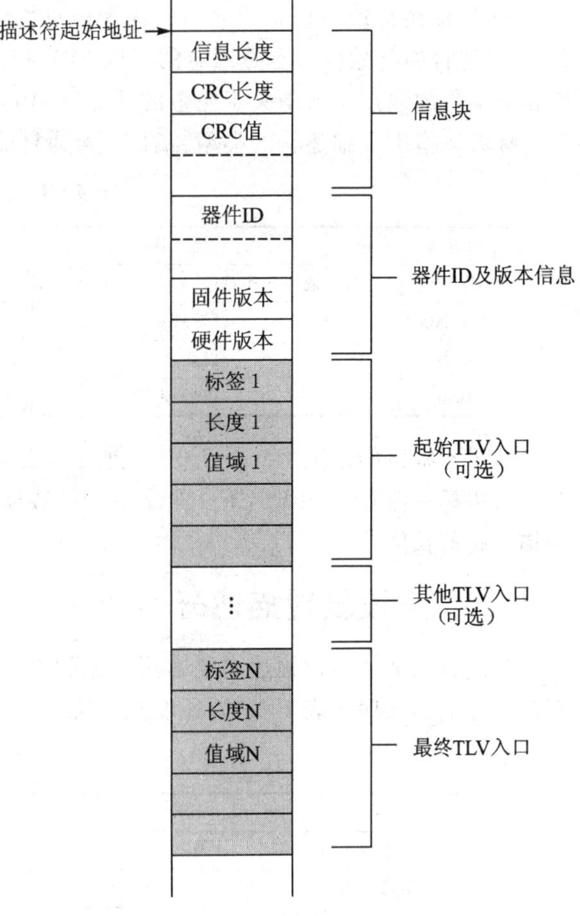

图 1-8 器件描述符表

1.10.1 识别器件类型

从地址 00FF0h 处读到的值定义了该器件在系列中的分支。所有以 80h 开始的值都指示了一个由信息块和包含不同描述符的 TLV 目标长度值(TLV)结构组成的分等级的结构。在 00FF0h 处所读取的除 80h 开头的其他值，指示了该器件是较旧系列中的一款，并且包含了一个 0FF0h 开始的描述符。信息块包含了器件 ID、硬件版本、引导代码的软件版本、其他厂商以及相关工具的信息。描述符包含的信息是关于可用的外设、它们的子类型和地址以及提供了用于操作系统所需要构建的相应硬件驱动的信息。信息块的结构如下所示：

```
unsigned char    Info_length ;   //8 位值
unsigned char    CRC_length ;    //8 位值
unsigned short   CRC_value;      //16 位值
unsigned short   DeviceID;       //16 位值
struct Revision
{
    majorFWrev : 4;              //位 15..12 主要固件版本
    minorFWrev : 4;              //位 11..8 次要固件版本
    majorHWrev : 4;              //位 7..4 主要硬件版本
    minorHWrev : 4;              //位 3..0 次要硬件版本
}
```

Info_length 所表示的描述符的长度，可由下式计算得出

$$Length = 2^{info\_length}（用 32 位字）$$

例如，如果 Info_length＝5，那么描述符的长度等于 128 字节。

1.10.2 TLV 描述符

TLV 描述符位于信息块之后。因为信息块的长度是固定的，所以对于一个给定的器件，TLV 描述符的起始位置也是固定的。以 MSP430x5xx 系列为例，它的位置是 01A08h。请参考相应器件的数据手册中关于完整的 TLV 结构和可用的描述符。

标签域指出了描述符的类型。表 1－4 为目前所支持的标签。

表 1－4　标签值

短名称	值	描　述	短名称	值	描　述
LDTAG	01h	遗传描述符（1xx，2xx，4xx 系列）	BLANK	05h	空白描述符
PDTAG	01h	外设发现描述符	保留	06h	以后使用
保留	03h	以后使用	ADCCAL	10h	ADC 校准
保留	04h	以后使用	TAGEXT	FEh	标签扩展

如果标签值的范围为 01h～0FDh 并且以字节方式表示描述符的长度，则长度域为一个字节。如果标签值等于 0FEh，下一个字节为扩展标签值，接下来的两个字节是以字节方式表示的描述符的长度。

1.10.3 外设发现描述符

描述符的类型可以描述已经连接或分配的存储器亦或者外设的地址映射以及中断向量的数量和它们的顺序。表 1－5 为外设发现描述符的结构。

表 1－5　外设发现描述符

元素	大小/字节	备　注	元素	大小/字节	备　注
存储器入口 1	2	可选的	外设入口 2	2	可选的
存储器入口 2	2	可选的	⋮	2	可选的
⋮	2	可选的	中断优先级 N－3	1	可选的
定界符（00h）	1	强制的	中断优先级 N－4	1	可选的
外设计数	1	强制的	⋮	1	可选的
外设入口 1	2	可选的	定界符（00h）	1	强制的

存储器和外设的结构如下所示：

```
struct memory_entry
{
    MemType      : 3; //位 15..13
    Size         : 4; //位 12..9
    More         : 1; //位 8
    UnitSize     : 1; //位 7
    AdrVal       : 7; //位 6..0
}
```

```
struct peripheral_entry
{
    PID         : 8; //位 15..8
    UnitSize    : 1; //位 7
    AdrVal      : 7; //位 6..0
}
```

表 1-6 和表 1-7 所列分别为存储器和外设入口中每一个元素的值。

表 1-6　存储器入口中的值

存储器类型	尺　寸	更　多	单位尺寸	地址值
无	0 B	结束入口	0200h	0000000
RAM	128 B	更多入口	010000h	0000001
E^2PROM	256 B			0000010
保留	512 B			0000011
Flash	1 KB			0000100
ROM	2 KB			0000101
后续存储器类型	4 KB			0000110
未定义	8 KB			0000111
	16 KB			0001000
	32 KB			0001001
	64 KB			0001010
	128 KB			0001011
	256 KB			0001100
	512 KB			...
	后续尺寸			...
	未定义			1111111

表 1-7　外设入口中的值

外设 ID(PID) *	单位尺寸	地址值
任意 PID	010h	0000000
任意 PID	0800h	0000001
任意 PID		0000010
任意 PID		0000011
任意 PID		0000100
任意 PID		0000101
任意 PID		...
任意 PID		...
任意 PID		1111111

注：* 外设 ID 列于表 1-8 中。这不是一个完整的表，只是作为一个例子。

表 1-8　外设 ID

外设或模块	PID	外设或模块	PID	外设或模块	PID
无模块	00h	Flash 控制器	08h	端口 9,10	55h
ET 包装器	01h	CRC16	09h	端口 J	5Fh
SFR	01h	端口 1,2	51h	定时器 A0	81h
UCS	03h	端口 3,4	52h	定时器 A1	82h
SYS	04h	端口 5,6	53h	后续特殊信息	FEh
PMM	05h	端口 7,8	54h	未定义模块	FFh

注：表中所列并不包含一个器件上所有可用的外设 ID，这里旨在说明。

表 1-9 为一个器件的外设发现描述符的简单例子。

表 1-9　外设描述符样本

十六进制	二进制	描　述
020h,0Eh	001_1000_0_0_0001110	RAM16KB;起始地址=01C00h(0Eh * 0200h)
09Bh,02Eh	100_1011_0_0_0101110	FLASH128KB;起始地址=05C00h(2Eh * 0200h)
00h	0000_0000_0000_0000	无更多的存储器入口

续表 1-9

十六进制	二进制	描　述
0Fh	0000_1111	外设计数=15
02h,10h	00000010_0_0010000	SFR 地址=0100h(10h * 10h)
01h,01h	00000001_0_00000001	ET wrapper 地址=0110h(0100h+10h)
05h,01h	00000101_0_00000001	PMM 地址=0120h(0110h+10h)
03h,01h	00000011_0_00000001	UCS 地址=0130h(0120h+10h)
08h,01h	00001000_0_00000001	FLCTL 地址=0140h(0130h+10h)
09h,01h	00001001_0_00000001	CRC16 地址=0150h(0140h+10h)
04h,01h	00000100_0_00000001	SYS 地址=0160h(0150h+10h)
51h,0Ah	01010001_0_00001010	端口 1,2 地址=0200h(0160h+10h * 10h)
52h,02h	01010010_0_00000010	端口 3,4 地址=0220h(0200h+02h * 10h)
53h,02h	01010011_0_00000010	端口 5,6 地址=0240h(0220h+02h * 10h)
54h,02h	01010100_0_00000010	端口 7,8 地址=0260h(0240h+02h * 10h)
55h,02h	01010101_0_00000010	端口 9,10 地址=0280h(0260h+02h * 10h)
5Fh,0Ah	01011111_0_00001010	端口 J 地址=0320h(0280h+0Ah * 10h)
81h,02h	10000001_0_00000010	定时器 A0 地址=0340h(0320h+02h * 10h)
82h,04h	10000010_0_00000100	定时器 A1 地址=0380h(0340h+04h * 10h)
—		无后续入口
		SYSRSTIV @ 0FFFEh(暗指的)
		SYSSNIV @0FFFC(暗指的)
		SYSUNIV @0FFFA(暗指的)
81h	1000_0001	TA0 CCR0 @ 0FFF8
81h	1000_0001	TA0 CCR1,CCR1,TA0IFG@0FFF6
51h	0101_0001	端口 1@0fff4
82h	1000_0010	TA1CCR0@0FFF2
51h	0101_0001	端口 2@0FFF0
81h	1000_0010	TA1 CCR1,CCR1,TA1IFG@0FFEE
00h	0000_0000	无更多的中断入口

注意：中断顺序有一些默认的规则。

① 对于定时器来说，CCR0 比其他 CCRn 有更高的优先级。

② 对于通信端口而言，RX 的优先级比 TX 高。

③ 对于端口对，端口 1 的优先级高于端口 2，端口 3 的优先级高于端口 4 等。

1.11　特殊功能寄存器(SFRs)

SFR 的基地址列于表 1-10 中，SFRs 列于表 1-11 中。

注意：所有寄存器都可使用字和字节存取方式。对于一个通用寄存器 ANYREG，后缀"_L"(ANYREG_L)以寄存器的较低字节(位 0～7)为参考；后缀"_H"(ANYREG_H)以寄存器的较高字节(位 8～15)为参考。

表 1-10　SFR 基地址

模块	基地址
SFR	00100h

表 1-11 特殊功能寄存器 SFRs

寄存器	短格式	寄存器类型	寄存器存取	地址偏移	初始状态
中断使能	SFRIE1	读/写	字	00h	0000h
	SFRIE1_L(IE1)	读/写	字节	00h	00h
	SRFIE1_H(IE2)	读/写	字节	01h	00h
中断标志	SRFIFG1	读/写	字	02h	0082h
	SFRIFG1_L(IFG1)	读/写	字节	02h	82h
	SRFIFG1_H(IFG2)	读/写	字节	03h	00h
复位引脚控制	SFRRPCR	读/写	字	04h	0000h
	SFRRPCR_L	读/写	字节	04h	00h
	SFRRPCR_H	读/写	字节	05h	00h

1. 中断允许寄存器(SFRIE1)

15～8	7	6
保留	JMBOUTIE	JMBINIE

5	4	3	2	1	0
ACCVIE	NMIIE	VMAIE	保留	OFIE	WDTIE

保留位　位 15～0　保留。读返回 0。

JMBOUTIE　位 7　JTAG 信箱输出中断允许标志位。
0　中断禁止;1　中断允许。

JMBINIE　位 6　JTAG 信箱输入中断允许标志位。
0　中断禁止;1　中断允许。

ACCVIE　位 5　Flash 控制器非法存取中断允许标志位。
0　中断禁止;1　中断允许。

NMIIE　位 4　NMI 引脚中断允许标志位。
0　中断禁止;1　中断允许。

VMAIE　位 3　空白存储器存取中断允许标志位。
0　中断禁止;1　中断允许。

保留位　位 2　保留。读返回 0。

OFIE　位 1　振荡器故障中断允许标志位。
0　中断禁止;1　中断允许。

WDTIE　位 0　看门狗定时器中断允许。这一位允许 WDTIFG 中断用于内部定时器模式。在看门狗模式时,它不需要置位。因为在～IE1 中的其他位可能会被其他模块所使用,所以建议使用 BIS. B 或 BIC. B 指令而不是用 MOV. B 或 CLR. B 指令来置位或清除这一位。
0　中断禁止;1　中断允许。

2. 中断标志寄存器(SFRIFG1)

15～8	7	6	5
保留	JMBOUTIFG	JMBINIFG	保留

4	3	2	1	0
NMIIFG	VMAIFG	保留	OFIFG	WDTIFG

保留	位 15～8	保留。读返回 0。
JMBOUTIFG	位 7	JTAG 信箱输出中断标志位。 0　无中断产生。在 16 位模式(JMBMODE=0)下,这一位自动清除当 JMBO0 已经被 CPU 写入时。在 32 位模式(JMBMODE=1)下,这一位自动清除当 JMBO0 和 JMBO1 都已经被 CPU 写入时。这一位也将被清除当 SYSUNIV 中相应的向量被读取之后。 1　中断产生。JMBO 为新信息做好了准备。在 16 位模式(JMBMODE=0)下,JMBO0 已经通过 JTAG 被接收。在 32 位模式(JMBMODE=1)下,JMBO0 和 JMBO1 已经通过 JTAG 被接收。
JMBINIFG	位 6	JTAG 信箱输入中断标志位。 0　无中断发生。在 16 位模式(JMBMODE=0)下,这一位将自动清除当 JMBI0 通过 CPU 被读取时。在 32 位模式(JMBMODE=1)下,这一位将自动清除当 JMBI0 和 JMBI1 通过 PCU 被读取时。这一位也被清除当 SYSUNIV 中的相应向量被读取时。 1　有中断发生。一条信息被写入 JMBIN 寄存器。在 16 位模式(JMBMODE=0)下,当 JMBI0 已经被 JTAG 写入时。在 32 位模式(JMBMODE=1)下,当 JMBI0 和 JMBI1 已经被 JTAG 写入时。
保留位	位 5	保留。读返回 0。
NMIIFG	位 4	NMI 引脚中断标志位。 0　无中断发生;1　有中断发生。
VMAIFG	位 3	空白存储器存取中断标志位。 0　无中断发生;1　有中断发生。
保留位	位 2	保留。读返回 0。
OFIFG	位 1	振荡器故障中断标志位。 0　无中断发生;1　有中断发生。
WDTIFG	位 0	看门狗定时器中断标志位。在看门狗模式,WDTIFG 依然置位直到被软件清除。在内部定时模式,WDTIFG 自动复位当响应了中断服务程序或通过软件复位时。因为～IFG1 中的其他位可能被其他模块使用,因此建议使用 BIS.B 和 BIC.B 而不是 MOV.B 或 CLR.B 指令置位或清除 WDTIFG。 0　无中断发生;1　有中断发生。

3. 复位引脚控制寄存器(SFRRPCR)

15～4	3	2	1	0
保留	SYSRSTRE	SYSRSTUP	SYSNMIES	SYSNMI

保留位	位 15～5	保留位。读返回 0。
SYSRSTRE[(1)]	位 3	复位引脚电阻使能。 0　RST/NMI 引脚的上拉/下拉电阻禁止; 1　RST/NMI 引脚的上拉/下拉电阻使能。
SYSRSTUP[(1)]	位 2	复位电阻引脚上拉/下拉。 0　选择下拉;1　选择上拉。
SYSNMIIES	位 1	NMI 边沿选择。这一位选择当 SYSNMI=1 时 NMI 的中断边沿。修改这一位将触发一次 NMI。当 SYSNMI=0 时修改这一位可以避免意外地触发 NMI。

		0 上升沿触发 NMI;1 下降沿触发 NMI。
SYSNMI	位 0	NMI 选择。这一位选择 RST/NMI 引脚的功能。
		0 复位功能;1 NMI 功能。

注意: (1) 所有器件除 MSP430F5438(非 A)外,复位引脚默认为上拉使能状态。

1.12 SYS 配置寄存器

SYS 基地址列于表 1-12 中,SYS 配置寄存器列于表 1-13 中。并提供了每一个寄存器各位的详细描述。每一个寄存器起始于一个字边界。字或字节数据可被写入 SYS 配置寄存器。

表 1-12 SYS 基地址

模 块	基地址
SYS	00180h

表 1-13 SYS 配置寄存器

寄存器	缩 写	寄存器类型	寄存器存取	地址偏移	初始状态
系统控制	SYSCTL	读/写	字	00h	0000h
	SYSCTL_L	读/写	字节	00h	00h
	SYSCTL_H	读/写	字节	01h	00h
引导加载器配置	SYSBSLC	读/写	字	02h	0003h
	SYSBSLC_L	读/写	字节	02h	03h
	SYSBSLC_H	读/写	字节	03h	00h
JTAG 信箱控制	SYSJMBC	读/写	字	06h	0000h
	SYSJMBC_L	读/写	字节	06h	00h
	SYSJMBC_H	读/写	字节	07h	00h
JTAG 信箱输入 0	SYSJMBI0	读/写	字	08h	0000h
	SYSJMBI0_L	读/写	字节	08h	00h
	SYSJMBI0_H	读/写	字节	09h	00h
JTAG 信箱输入 1	SYSJMBI1	读/写	字	0Ah	0000h
	SYSJMBI1_L	读/写	字节	0Ah	00h
	SYSJMBI1_H	读/写	字节	0Bh	00h
JTAG 信箱输出 0	SYSJMBO0	读/写	字	0Ch	0000h
	SYSJMBO0_L	读/写	字节	0Ch	00h
	SYSJMBO0_h	读/写	字节	0Dh	00h
JTAG 信箱输出 1	SYSJMBO1	读/写	字	0Eh	0000h
	SYSJMBO1_L	读/写	字节	0Eh	00h
	SYSJMBO1_H	读/写	字节	0Fh	00h
总线错误向量发生器	SYSBERRIV	读	字	18h	0000h
用户 NMI 向量发生器	SYSUNIV	读	字	1Ah	0000h
系统 NMI 向量发生器	SYSSNIV	读	字	1Ch	0000h
复位向量发生器	SYSRSTIV	读	字	1Eh	0002h

1. SYS 控制寄存器(SYSCTL)

15～6	5	4	3	2	1	0
保留	SYSJTAGPIN	SYSBSLIND	保留	SYSPMMPE	保留	SYSRIVECT

保留　　位 15～8　保留。读返回 0。

SYSJTAGPIN　位 5　专用 JTAG 引脚使能。置位这一位将禁止 JTAG 引脚的复用功能而使用其原始的 JTAG 功能。这一位只能被置位一次。一但置位它将一直保持置位状态直到 BOR 事件发生。

0　复用 JTAG 引脚(JTAG 模式通过 SBW 序列可选)；

1　专用为 JTAG 引脚(选择四线 JTAG 模式)。

SYSBSLIND　位 4　TCK/RST 入口 BSL 指示检测允许写一个向后兼容的 BSL 到较早的 430 系列器件中。详见 Spy－Bi－Wire 中的 BSL 项。

0　无 BSL 指示；1　BSL 入口检测。

保留位　位 3　保留。读返回 0。

SYSPMMPE　位 2　PMM 存取保护。PMM 模块的控制寄存器可通过正在运行中的程序存取(如果这一位置位为 1，它仅可以通过 BOR 被清除)。

0　在存储器中任意位置；

1　仅在引导代码区(01B00h～01Bffh)和被保护的 BSL 段。

保留位　位 1　保留。读返回 0。

SYSRIVECT　位 0　基于 RAM 的中断向量。

0　中断向量产生在较低 64 KB Flash FFFFh 空间顶部的末尾地址；

1　中断向量产生在 RAM 顶部的末尾地址。

2. 引导程序加载器配置寄存器(SYSBSLC)

15	14	13～3	2	1　0
SYSBSLPE	SYSBSLOFF	保留	SYSBSLR	SYSBSLSIZE

SYSBSLPE　位 15　引导程序加载器存储器保护使能对于 SYSBSLSIZE 中覆盖的尺寸。

0　区域未受保护，对存储器的读、编程和擦除都是可以的；

1　区域受保护。

SYSBSLOFF　位 14　引导程序加载器存储器禁止对于 SYSBSLSIZE 中覆盖的尺寸。

0　当这一区域被读时 BSL 存储器可被寻址；

1　BSL 存储器的状态像空白存储空间一样。

保留位　位 13～3　保留。读返回 0。

SYSBSLR　位 2　RAM 分配给 BSL。

0　没有 RAM 分配给 BSL 区域；

1　RAM 的最低的 16 KB 分配给 BSL。

SYSBSLSIZE　位 1～0　引导程序加载器尺寸。定义保留给 BSL 的 Flash 的空间和大小。

00　大小：512 字节 BSL_SEG_3；　01　大小：1 024 字节 BSL_SEG_2，3；

10　大小：1 536 字节 BSL_SEG_1，2，3；11　大小：2 048 字节 BSL_SEG_0，1，2，3(BOR 之后的值)。

3. JTAG 信箱控制寄存器(SYSJMBC)

15～8	7	6	5
保留	JMBCLR1OFF	JMBCLR0OFF	保留

4	3	2	1	0
JMBMODE	JMBOUT1FG	JMBOUT0FG	JMBIN1FG	JMBIN0FG

保留　位 15～8　保留。读返回 0。

JMBCLR1OFF　位 7　输入 JTAG 信箱 1 标志位自动清除禁止。

0　当读取 JMB1IN 寄存器时 JMBIN1FG 被清除；

1　JMBIN1FG 通过软件清除。

JMBCLR0OFF　位 6　输入 JTAG 信箱 0 标志位自动清除禁止。

0　当读取 JMB0IN 寄存器时 JMBIN0FG 被清除；

1　JMBIN0FG 通过软件清除。

保留　位 5　保留。读返回 0。

JMBMODE　位 4　这一位定义了用于 JMBI0/1 和 JMBO0/1 的 JMB 的操作模式。

0　16 位传输仅使用 JMBO0 和 JMBI0；

1　32 位传输使用 JMBO0/1 和 JMBI0/1。

JMBOUT1FG　位 3　输出 JTAG 信箱 1 标志。这一位自动清除当一条信息被写入 JMBO1 的较高字节或以字方式存取(通过 CPU、DMA...)时。通过 JTAG 读取后该位置位。

0　JMBO1 未准备好接收新数据；

1　JMBO1 准备好接收新数据。

JMBOUT0FG　位 2　输出 JTAG 信箱 0 标志。这一位自动清除当一条信息被写入到 JMBO0 的较高字节或以字方式存取(通过 CPU、DMA...)时。通过 JTAG 读取后该位置位。

0　JMBO0 未准备好接收新数据；

1　JMBO1 准备好接收新数据。

JMBIN1FG　位 1　输入 JTAG 信箱 1 标志。这一位置位当 JMBI1 中的新信息可用时。这一标志位将自动清除当 JMBCLR1OFF＝0(自动清除模式)被读取时。JMBCLR1OFF＝1 时,JMBIN1FG 需要通过软件来清除。

0　JMBI1 中没有新数据；

1　JMBI1 中有可用的新数据。

JMBIN0FG　位 0　输入 JTAG 信箱 0 标志。这一位置位当 JMBI0 中的新信息可用时。这一标志位将自动清除当 JMBCLR0OFF＝0(自动清除模式)被读取时。JMBCLR0OFF＝1 时,JMBIN0FG 需要通过软件来清除。

0　JMBI0 中没有新数据；

1　JMBI0 中有可用的新数据。

4. JTAG 信箱输入 0 寄存器(SYSJMBI0)
JTAG 信箱输入 1 寄存器(SYSJMBI1)

15～8	7～0
MSGHI	MSGLO

MSGHI　位 15～8　JTAG 信箱输入信息高字节。

MSGLO　位 7～0　JTAG 信箱输入信息低字节。

5. JTAG 信箱输出 0 寄存器(SYSJMBO0)
JTAG 信箱输出 1 寄存器(SYSJMBO1)

15～8	7～0
MSGHI	MSGLO

MSGHI　位 15～8　JTAG 信箱输出信息高字节。

MSGLO　位 7～0　JTAG 信箱输出信息低字节。

6. 用户 NMI 向量寄存器(SYSNUIV)

15～5	4～1	0
0	SYSUNVEC	0

SYSNUIV　位 15～0　用户 NMI 向量。产生一个值，可用于快速中断服务程序处理的地址偏移。写这个寄存器将清除所有未被处理的用户 NMI 标志位。

值	中断类型	值	中断类型
0000h	无中断产生	0004h	OFIFG 中断
0002h	NMIIFG 中断	0006h	ACCVIFG 中断
	(最高优先级)	0008h	保留用于日后的扩展

7. 系统 NMI 向量寄存器(SYSSNIV)

15～5	4～1	0
0	SYSSNVEC	0

SYSSUIV　位 15～0　系统 NMI 向量。产生一个值可用于快速中断服务程序处理的地址偏移。写这个寄存器将清除所有未被处理的系统 NMI 标志位。

值	中断类型	值	中断类型
0000h	无中断产生	000Ah	VMAIFG 中断
0002h	SVMLIFG 中断	000Ch	JMBINIFG 中断
	(最高优先级)。	000Eh	JMBOUTIFG 中断
0004h	SVMHIFG 中断	0010h	SVMLVLRIFG 中断
0006h	SVSMLDLYIFG 中断	0012h	SVMHVLRIFG 中断
0008h	SVSMHDLYIFG 中断	0014h	保留用于日后的扩展

注意：对于更加复杂的器件，额外的中断事件将被添加到这一表中，被移除的中断源将缩短这个表的长度。希望以符号的方式存取中断向量，需要使用相应器件的包含文件。

8. 复位中断向量寄存器(SYSRSTIV)

15～6	5～1	0
0	SYSRSTVEC	0

SYSRSTIV　位 15～0　复位中断向量。产生一个值用于快速中断服务程序处理的地址偏移，以确定最后的复位原因(BOR、POR、PUC)。写该寄存器将清除所有未被处理的中断标志。

值	中断类型	值	中断类型
0000h	无中断产生	0012h	SVMH_OVP(POR)
0002h	掉电(BOR)	0014h	PMMSWPOR(POR)
	(最高优先级)	0016h	WDT 定时溢出(PUC)
0004h	RST/NMI(BOR)	0018h	WDT 密钥非法(PUC)
0006h	PMMSWBOR(BOR)	001Ah	KEYV Flash 密钥非法(PUC)
0008h	从 LPM5 模式唤醒(BOR)	001Ch	PLL 未锁定(PUC)
000Ah	违反安全操作(BOR)	001Eh	PERF 外设/配置区域存取(PUC)
000Ch	SVSL(POR)	0020h	PMM 密钥非法(PUC)
000Eh	SVSH(POR)	0022h～003Eh	保留用于日后扩展
0010h	SVML_OVP(POR)		

注意：对于更加复杂的器件，额外的中断事件将被添加到这一表中，被移除的中断源将缩短这个表的长度。希望以符号的方式存取中断向量，需要使用相应器件的包含文件。

9. 系统总线错误中断向量寄存器(SYSBERRIV)

15～5	4～1	0
0	SYSBERRIV	0

SYSBERRIV 位 15～0 系统总线错误中断向量。产生一个值用于快速中断服务程序处理的地址偏移。写该寄存器将清除所有未处理的标志位。

值	中断类型	值	中断类型
0000h	无中断产生	0004h	保留用于日后扩展
0002h	USB 模块定时溢出。等待状态时间超出 8 个时钟周期。对 F552x 和 F551x 器件为 16 个时钟周期	0006h	保留用于日后扩展
		0008h	保留用于日后扩展

注意：对于更加复杂的器件，额外的中断事件将被添加到这一表中，被移除的中断源将缩短这个表的长度。希望以符号的方式存取中断向量，需要使用相应器件的包含文件。

第2章 看门狗定时器(WDT_A)

本章介绍看门狗定时器。看门狗定时器是一个 32 位定时器，可作为看门狗或作为定时器使用。所有系列器件都包含增强型看门狗定时器 WDT_A。

2.1 看门狗(WDT_A)介绍

看门狗定时器(WDT_A)模块的主要功能是当程序非正常运行时，能使受控系统重新启动。如果 WDT 超过设定的时间间隔，则复位系统。如果系统不需要看门狗功能，则可将 WDT 配置为一个定时器使用，当 WDT 到达设定的时间间隔时，触发中断。

看门狗定时器的功能包括：

- ❑ 8 种软件可选的定时时间间隔。
- ❑ 看门狗工作模式。
- ❑ 内部定时器工作模式。
- ❑ 访问看门狗定时器控制寄存器(WDTCTL)时，密码保护。
- ❑ 可选的时钟源。
- ❑ 允许关闭看门狗模块以降低功耗。
- ❑ 时钟故障安全功能。

注意：*看门狗定时器上电激活。*

在上电清零信号(PUC)产生后，WDT_A 模块自动配置成看门狗模式，时钟源为 SMCLK，复位时间间隔约 32 ms。如果需要改变初始复位时间间隔，则必须先停止 WDT_A 并修改 WDT_A 的相应寄存器内容。

看门狗定时器的结构框图如图 2－1 所示。

2.2 看门狗的操作

看门狗定时器模块可通过寄存器 WDTCTL 配置为看门狗或定时器。WDTCTL 是一个具有密码保护的 16 位可读/写寄存器。任何读或写访问，必须使用字指令，同时写访问时，高字节必须写入 05Ah。除了 05Ah 外，向 WDTCTL 寄存器的高字节写入任何其他的数值，都被视为安全密钥冲突，并触发一个 PUC 系统复位，定时器模式也是如此。读 WDTCTL 寄存器时，高字节为 069h。字节读取 WDTCTL 寄存器的高字节或低字节，读出的结果都是低字节的值。对 WDTCTL 寄存器的高字节或低字节进行字节写入操作，将导致上电清零信号(PUC)产生。

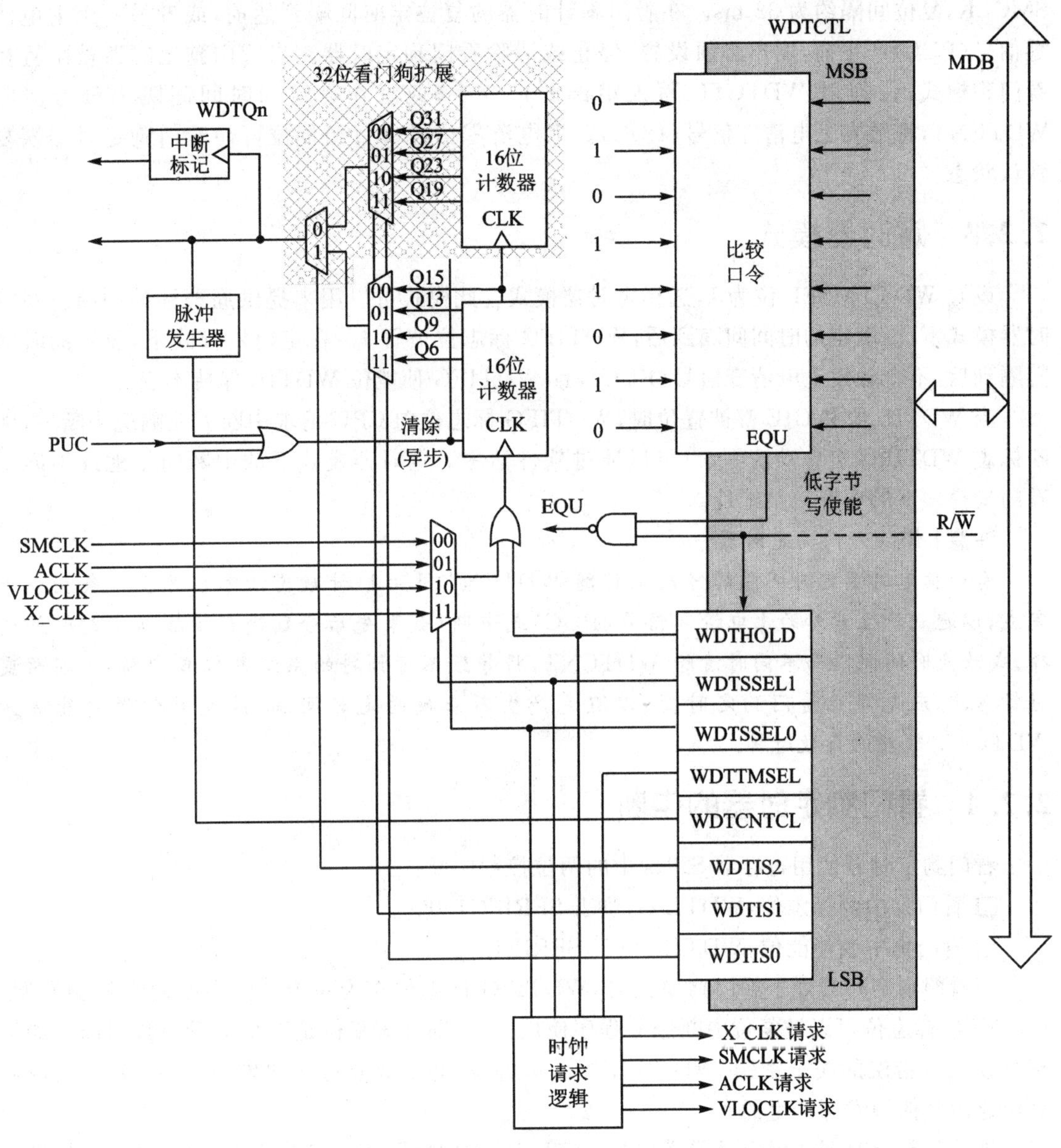

图 2-1　看门狗定时器的结构框图

2.2.1　看门狗计数器(WDTCNT)

WDTCNT 是一个 32 位增计数器，不能由软件直接访问。WDTCNT 的定时时间间隔可以通过看门狗控制寄存器(WDTCTL)来控制。WDTCNT 的计数时钟源由 WDTSSEL 位选择，为来自 SMCLK、ACLK、VLOCLK 及其某些器件的 X_CLK。定时间隔通过 WDTIS 位选择。

2.2.2　看门狗模式

在上电清零信号(PUC)后，WDT 的模块默认被配置为看门狗模式，时钟源选择为

SMCLK,复位间隔约为 32 ms。在看门狗计时器的复位定时间隔到达前,或者另一个上电清零信号(PUC)产生前,用户必须设置、停止或清除看门狗定时器。当看门狗定时器被配置在看门狗模式,任何对 WDTCTL 写入错误的口令字,或者在设定的时间间隔内没有清除 WDTCNT,将触发上电清零信号(PUC)。上电清零信号(PUC)复位可使看门狗定时器恢复默认状态。

2.2.3 定时器模式

设置 WDTTMSEL 位为 1,选择定时器模式。此模式可以用来提供周期性的中断。在定时器模式下,当设定的时间间隔到后,WDTIFG 标志位被置 1。在定时器模式下,设定的时间间隔到后,不会触发上电清零信号(PUC),且 WDTIFG 使能位 WDTIE 保持不变。

当 WDTIE 位和 GIE 都被置位时,WDTIFG 标志位向 CPU 请求中断。在响应中断后,中断标志 WDTIFG 会自动清零,也可以通过软件清零。定时器模式下的中断向量地址不同于看门狗模式下的中断向量地址。

注意: 修改看门狗定时器。

看门狗定时器定时间隔的修改应伴随 WDTCNTCL=1(计数器清零),并在一条指令中完成,以避免产生意外的上电清零信号(PUC)或中断(如果先后分别进行清除与定时时间选择,或改变时间间隔而不同时清除 WDTCNT,将导致不可预料的系统复位或中断)。在改变时钟源前,应先停止看门狗定时器,以避免产生不正确的定时间隔(改变时钟源可能导致 WDTCNT 额外的计数时钟)。

2.2.4 看门狗定时器的中断

看门狗定时器使用寄存器 SFRs 中的两位控制中断:

- 看门狗中断标志位,WDTIFG,位于 SFRIFG1.0。
- 看门狗中断使能位,WDTIE,位于 SFRIE1.0。

当看门狗定时器处于看门狗模式时,WDTIFG 标志位作为一个复位中断向量的触发源。WDTIFG 标志位可以被复位中断服务程序使用,以判断系统复位是否是由看门狗引起。如果超时或写入错误的安全密钥,WDTIFG 标志被置位,并引起复位。如果 WDTIFG 为 0,说明复位是由其他触发源产生的。

当看门狗定时器处于定时器模式时,在设定的定时间隔到后,WDTIFG 标志置位,如果此时 WDTIE 和 GIE 位都为置位状态,则向 CPU 请求看门狗定时器的定时中断。该定时器的中断向量不同于看门狗模式时的复位向量。在定时器模式下,在响应中断后,WDTIFG 标志自动清零,也可软件将其清零。

2.2.5 时钟故障安全保护功能

WDT_A 提供一个时钟故障安全保护功能,确保在看门狗模式时,WDT_A 的时钟不会被禁止。这意味着低功耗模式可能受到 WDT_A 时钟选择的影响。

如果 SMCLK 或 ACLK 作为 WDT_A 时钟源失败,VLOCLK 自动被选定为 WDT_A 时钟源。

当 WDT_A 模块在定时器模式下使用时,没有 WDT_A 时钟故障安全保护功能。

2.2.6 低功耗模式下的操作

CC430 系列单片机具有多种低功耗模式。在不同的低功耗模式,可以获得不同的时钟信号。根据应用要求及其所使用的时钟类型决定如何配置 WDT_A。比如,当时钟选择为 SMCLK 或 ACLK,且来自 DCO、高频模式 XT1 或 XT2,此时用户如果希望使用低功耗模式 3,则 WDT_A 不能被设置为看门狗模式。因为在这种情况下,SMCLK 或 ACLK 保持启用,将增加低功耗 3(LPM3)时的电流消耗。当不需要看门狗定时器时,可置位 WDTHOLD 位来关闭 WDTCNT,以降低功耗。

2.2.7 软件例程

任何对 WDTCTL 的写操作,必须是高字节为 05Ah 的字访问方式。

```
MOV #WDTPW + WDTCNTCL,&WDTCTL                  ;定期清除一个活动的看门狗
MOV #WDTPW + WDTCNTCL + SSEL,&WDTCTL           ;改变看门狗定时器间隔
MOV #WDTPW + WDTHOLD,&WDTCTL                   ;停止看门狗
MOV #WDTPW + WDTCNTCL + WDTTMSEL + WDTIS2 + WDTIS0,&WDTCTL    ;更改为 WDT 的间隔定时器模式,定
                                                             ;时器间隔为 clock/8 192
```

2.3 看门狗寄存器

看门狗定时器模块的寄存器如表 2-1 所列。基址寄存器或看门狗定时器的寄存器和特殊功能寄存器(SFR)可以从数据手册中找到。地址偏移量见表 2-1。

注意:所有寄存器都可字或字节方式访问。作为通用寄存器 ANYREG,后缀“_L”(ANYREG_L)是指寄存器的低字节(0~7 位),前缀“_H”(ANYREG_H)是指寄存器的高字节(8~15 位)。

表 2-1 看门狗定时器的寄存器

寄存器	简　称	寄存器类型	寄存器访问	地址偏移量	初始状态
看门狗定时器控制寄存器	WDTCTL	读/写	字访问	0Ch	6904h
	WDTCTL_L	读/写	字节访问	0Ch	04h
	WDTCTL_H	读/写	字节访问	0Dh	69h

看门狗定时器的控制寄存器(WDTCTL)

15	14	13	12	11	10	9	8
读出为 069h WDTPW,写入时必须为 05Ah							

7	6	5	4	3	2	1	0
WDTHOLD	WDTSSEL		WDTTMSEL	WDTCNTCL	WDTIS		

WDTPW　　位 15~8　　看门狗定时器的密钥。始终读出为 069h。写必须为 05Ah,否则上电清零信号(PUC)产生。

WDTHOLD　　位 7　　看门狗定时器停止位。该位停止看门狗定时器。当 WDT 不使用时,设置

WDTHOLD=1,以降低功耗。

WDTSSEL　　位 6～5　　看门狗定时器时钟源选择位。

00　SMCLK;01　ACLK;10　VLOCLK;

11　X_CLK ,如果数据手册中没有不同的定义,则功能同 VLOCLK。

WDTTMSEL　　位 4　　看门狗定时器模式选择。

0　看门狗模式;1　定时器模式。

WDTCNTCL　　位 3　　看门狗定时器计数器清零。设置 WDTCNTCL=1 清除计数值为 0000H。WDTCNTCL 自动复位。

0　不清除 WDTCNT;1　清除 WDTCNT 为 0000h。

WDTIS　　位 2～0　　看门狗定时器的定时间隔选择位。这些位用来选择看门狗定时器的定时间隔,以置位 WDTIFG 标志位和/或产生上电清零信号(PUC)。

000　看门狗时钟源/2 G(18:12:16 at 32.768 kHz);

001　看门狗时钟源/128 M(01:08:16 at 32.768 kHz);

010　看门狗时钟源/8 192 K(00:04:16 at 32.768 kHz)

011　看门狗时钟源/512 K(00:00:16 at 32.768 kHz);

100　看门狗时钟源/32 K(1 s at 32.768 kHz);

101　看门狗时钟源/8 192(250 ms at 32.768 kHz);

110　看门狗时钟源/512(15.6 ms at 32.768 kHz);

111　看门狗时钟源/64(1.95 ms at 32.768 kHz)。

第3章 一体化时钟系统 UCS

3.1 一体化时钟介绍

UCS 模块支持低系统成本与超低功耗。通过使用 3 个内部时钟信号，用户可以得到系统高性能和低功耗的最佳平衡点。UCS 模块可以工作在没有任何外部元件，使用一个或两个外部晶体，或者使用谐振器的情况，这些可由软件配置。

UCS 模块包括 5 个时钟输入源。

- ❑ XT1CLK：低频晶体振荡器，可以采用低频 32 768 Hz 手表晶振。
- ❑ VLOCLK：片内低消耗的低频晶振，典型频率 10 kHz。
- ❑ REFOCLK：片内平衡的低频晶振，典型频率 32 768 kHz，可以被用来作为锁频环 FLL 基准时钟源。
- ❑ DCOCLK：内部数字控制振荡器(DCO)，可以通过 FLL 来稳定频率。
- ❑ XT2CLK：高频晶振 XT2，适用于需要射频功能的场合。

UCS 模块提供 3 种时钟信号。

ACLK：辅助时钟。ACLK 可由软件选择来自 XT1CLK、REFOCLK、VLOCLK、DCOCLK、DCOCLKDIV 与 XT2CLK(如果可用)。DCOCLKDIV 由 DCOCLK 频率通过片内锁频环 FLL 经 1、2、4、8、16 或 32 得到。ACLK 可进行 1、2、4、8、16 或 32 分频。ACLK/n 是 ACLK 经 1、2、4、8、16 或 32 分频后得到，同时其可以在一个外部引脚得到。ACLK 可由软件选作各外围模块的时钟信号。ACLK 一般用于低速外设。

MCLK：系统主时钟。MCLK 可由软件选择来自 XT1CLK、REFOCLK、VLOCLK、DCOCLK、DCOCLKDIV 和 XT2CLK(如果可用)。DCOCLKDIV 由 DCOCLK 频率通过片内锁频环 FLL 经 1、2、4、8、16 或 32 分频得到。MCLK 可进行 1、2、4、8、16 或 32 分频。MCLK 主要用于 CPU 和系统。

SMCLK：子系统时钟。SMCLK 可由软件选择来自 XT1CLK、REFOCLK、VLOCLK、DCOCLK、DCOCLKDIV 和 XT2CLK(如果可用)。DCOCLKDIV 由 DCOCLK 频率通过片内锁频环 FLL 经 1、2、4、8、16、或 32 分频得到。SMCLK 可进行 1、2、4、8、16 或 32 分频。SMCLK 可由软件选作各外围模块的时钟信号，SMCLK 主要用于高速外围模块。

UCS 模块的结构框图如图 3-1 所示。

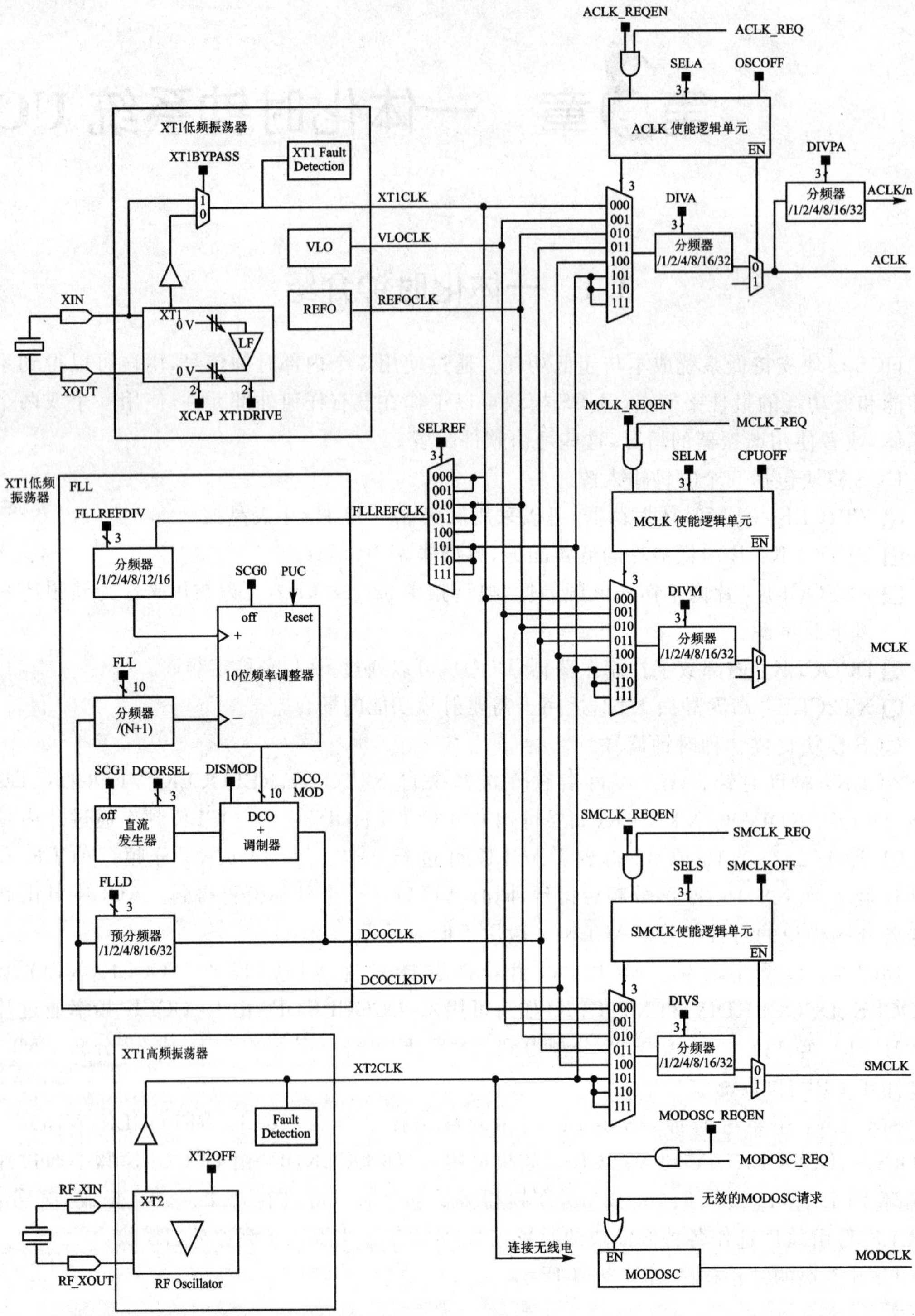

图 3-1　UCS 模块的结构框图

3.2 UCS 模块的操作

上电清零信号(PUC)后,UCS 模块的缺省配置如下:

- XT1 为低频(LF)模式下 XT1CLK 的时钟源,XT1CLK 作为 ACLK 的时钟源。
- DCOCLKDIV 选择为 MCLK 的时钟源。
- DCOCLKDIV 选择为 SMCLK 的时钟源。
- 使能 FLL(锁频环)运行,XT1CLK 作为 FLL 的基准时钟,FLLREFCLK。
- XIN 和 XOUT 引脚被设置为通用 I/O,XT1 保持禁止,直到 I/O 端口被配置为 XT1 模式。
- 射频振荡器作为 XT2CLK 的时钟源,被禁用。

如前所述,默认情况下,FLL 以 XT1 为基准时钟源运行,但 XT1 被禁用。XT1 晶振引脚(XIN,XOUT)与通用 I/O 复用。要使能 XT1,则与晶振引脚对应的 PSEL 位必须置位。当 32 768 Hz 的晶振作为 XT1CLK 时,因为 XT1 不会立即稳定,出错控制逻辑电路立即将 ACLK 的时钟源切换为 REFOCLK(见 3.2.12 小节)。一旦晶振的启振信号被获得,FLL(锁频环)将使 MCLK 和 SMCLK 稳定输出为 1.048 576 MHz,同时 f_{DCO}=2.097 152 MHz(上电后 FLLD 默认为 2)。

状态寄存器的控制位(SCG0、SCG1、OSCOFF 和 CPUOFF)用于配置 MSP430 的运行模式,同时启用或禁用了 UCS 模块各功能部分。通过寄存器 UCSCTL0～UCSCTL8,来配置 UCS 模块。

在程序的运行期间,UCS 模块在任何时刻都可通过软件进行配置或重新配置。

3.2.1 低功耗应用中,UCS 模块的特点

在电池供电的应用中,存在相互冲突的性能要求:

- 低时钟频率可以节约能源和延长使用时间;
- 高时钟频率可以达到快速响应时间和快速突发处理能力;
- 时钟频率在工作温度和电源电压下保持稳定;
- 对时钟精度要求限制较少的低成本应用场合。

UCS 模块解决这些相互矛盾的性能要求,是通过允许用户选择 3 个可用的时钟信号:ACLK、MCLK 和 SMCLK 来实现的。

3 个可用时钟信号都可以来自任何一个可用的时钟源(XT1CLK、VLOCLK、REFOCLK、DCOCLK、DCOCLKDIV 或 XT2CLK),从而提供了一个完整、灵活的系统时钟配置。灵活的时钟分配和分频系统提供了各个时钟的微调要求。

3.2.2 内部超低功耗的低频晶体振荡器(VLO)

内部 VLO 能够提供 10 kHz 的典型振荡频率(具体参数见指定的数据手册),不需要外接晶振。VLO 为某些不需要精确时间基准的应用系统提供一个低成本、超低功耗的时钟源。

当 VLO 被用来作为 ACLK、MCLK 或 SMCLK 的时钟源(SELA={1}、SELS={1}或 SELS ={1}),VLO 启动。

3.2.3 内部基准振荡器(REFO)

内部基准振荡器 REFO 可用于对成本敏感但又不需要外部晶振的应用系统，REFO 可以提供稳定的基准频率，其典型值为 32.768 kHz，可作为 FLLREFCLK。REFO 与 FLL 相结合可为系统提供一个灵活可变的时钟，而无需外接晶振。REFO 在未使用时，不消耗任何功率。

REFO 满足下列条件之一时，启用。

- ❑ REFO 作为 ACLK 的时钟源(SELA={2})，从 LPM3 进入活动模式(AM)(OSCOFF=0)。
- ❑ REFO 作为 MCLK 的时钟源(SELM={2})，处在活动模式(AM)(CPUOFF=0)。
- ❑ REFO 作为 SMCLK 的时钟源(SELS={2})，从 LPM1 进入活动模式(AM)(SMCLKOFF=0)。
- ❑ REFO 作为 FLLREFCLK 的时钟源(SELREF ={2})，同时 DCO 作为 ACLK 的时钟源(SELA={3,4})，从 LPM3 进入活动模式(AM)(OSCOFF=0)。
- ❑ REFO 作为 FLLREFCLK 的时钟源(SELREF={2})，同时 DCO 作为 MCLK 的时钟源(SELM={3,4})，处在活动模式(AM)(CPUOFF=0)。
- ❑ REFO 作为 FLLREFCLK 的时钟源(SELREF={2})，同时 DCO 作为 SMCLK 的时钟源(SELS={3,4})，从 LPM1 进入活动模式(AM)(SMCLKOFF=0)。

3.2.4 XT1 晶体振荡器

XT1 振荡器使用 32 768 Hz 的手表晶振时，支持超低电流消耗。手表晶振直接连接到 XIN 和 XOUT，而无需任何其他的外围元件。在 LF 模式下，可通过 XCAP 位为 XT1 配置内置的负载电容。电容可选择为 2 pF、6 pF、9 pF 或 12 pF(典型值)。如果需要，可以另外增加外接电容。

LF 模式下，可以通过 XT1DRIVE 位来提高 XT1 的驱动能力。上电时，为了保证快速、可靠启动，XT1 默认为最高的驱动能力设置。如果需要，用户可以通过软件降低驱动能力，以进一步降低功耗。

XT1 也可以直接取自外部时钟信号。只要把外部时钟信号引入到 XIN 引脚，然后置位 XT1BYPASS，低频(LF)或高频(HF)模式均可。当使用外部时钟信号给 XT1 提供时钟信号时，外部信号的频率必须与所选的工作模式下数据手册中的参数相符。在旁路模式时，XT1 被禁止。

XT1 引脚与通用 I/O 端口复用。上电时，默认操作为 XT1 模式。然而，XT1 仍然被禁用，直到与 XT1 复用的端口被配置为 XT1 模式。复用 I/O 的配置由 PSEL 与 XT1BYPASS 位决定。设置 PSEL 使得端口 XIN 和 XOUT 被配置为 XT1 模式。如果 XT1BYPASS 也被置位，XT1 被配置为旁路模式，同时与 XT1 相连的晶体振荡器被关闭。在旁路模式时，外部时钟信号由 XIN 输入，而 XOUT 可以配置为通用 I/O。此时与 XOUT 相关的 PSEL 可以不用关心。

如果与 XIN 相关的 PSEL 位被清零，XIN 和 XOUT 都被配置为通用 I/O，此时 XT1 被禁用。

满足下列条件之一时，XT1 启用。

- ❑ XT1 作为 ACLK 的时钟源(SELA={0})，并从 LPM3 进入活动模式(AM)(OSCOFF=0)。
- ❑ XT1 作为 MCLK 的时钟源(SELM={0})，并在活动模式(AM)(CPUOFF=0)。XT1 作

为 SMCLK 的时钟源（SELS={0}），并从 LPM1 进入活动模式（AM）（SMCLKOFF=0）。

- XT1 作为 FLLREFCLK 的时钟源（SELREF={0}），同时 DCO 作为 ACLK 的时钟源（SELA={3,4}），并从 LPM3 进入活动模式（AM）（OSCOFF=0）。
- XT1 作为 FLLREFCLK 的时钟源（SELREF={0}），同时 DCO 作为 MCLK 的时钟源（SELM={3,4}），并在活动模式（AM）（CPUOFF=0）。
- XT1 作为 FLLREFCLK 的时钟源（SELREF={0}），同时 DCO 作为 SMCLK 的时钟源（SELS={3,4}），并从 LPM1 进入活动模式（AM）（SMCLKOFF=0）。
- XT1OFF=0。从 LPM4 进入 XT1 活动模式（AM）XT1 使能。

3.2.5 射频晶体振荡器 XT2

射频晶体振荡器 XT2 主要目的是为片上的无线模块提供一个基准时钟。XT2 也可作为 XT2CLK 的时钟源，XT2CLK 可用作 ACLK、MCLK、SMCLK 或 FLLREFCLK 的时钟源。

如果射频模块被使用，则打开射频振荡器，例如射频模块不处于休眠状态。设置 XT2OFF=0，使射频振荡器永久启用，即便此时射频模块处在睡眠模式。设置 RFOSCOFF=1 时，当射频模块进入睡眠模式时，射频振荡器被关闭。当射频振荡器被禁止时，相应的故障标志 RFOFFG 置 1，如果此时射频振荡器被选作 ACLK、MCLK、SMCLK 或 FLLREFCLK 的时钟源，将由相应的故障安全机制接管。

3.2.6 数字控制振荡器（DCO）

DCO 是一个集成的数字控制振荡器。DCO 的频率可以通过软件位 DCORSEL、DCO 和 MOD 位调整。DCO 频率可以选择锁频环（FLL）的频率 FLLREFCLK/n 来使 DCO 频率稳定，SELREF 位可以选择锁频环（FLL）不同的时钟源。时钟源包括 XT1CLK、REFOCLK 或 XT2CLK（如果可用）。n 的值由 FLLREFDIV 位定义（n=1，2，4，8，12 或 16）。默认 n=1。系统中不需要锁频环（FLL）操作，因此也就不需要 FLLREFCLK，这可以通过设置 SELREF={7}来实现。

FLLD 位配置锁频环（FLL）预分频器的值为 1，2，4，8，16 或 32。默认情况下，D=2，DCOCLKDIV 作为 MCLK 和 SMCLK 的时钟源，时钟频率为 DCOCLK/2。

当 $N>0$ 时，分频值（$N+1$）和分频器值 D 定义 DCOCLK 和 DCOCLKDIV 的频率。当写 $N=0$ 时，N 将被自动设置为 2。

$$f_{\text{DCOCLK}} = D\times(N+1)\times(f_{\text{FLLREFCLK}}/n)$$

$$f_{\text{DCOCLKDIV}} = (N+1)\times(f_{\text{FLLREFCLK}}/n)$$

调整 DCO 频率

默认情况下，启用 FLL。置位 SCG0 或 SCG1，可以禁止 FLL。一旦 FLL 被禁用，DCO 将按照寄存器 UCSCTL0 和 UCSCTL1 当前的设置继续运行。如果需要，DCO 的频率可以通过寄存器 UCSCTL0 和 UCSCTL1 进行手动调整。否则，DCO 频率将由 FLL 来确定，寄存器 UCSCTL0 和 UCSCTL1 的值由硬件自动调整。

上电清零信号（PUC）之后，DCORSEL={2}、DCO={0}。MCLK 和 SMCLK 来源于 DCOCLKDIV。由于 CPU 执行代码的时钟来自于 MCLK，而 MCLK 时钟源来自快速起动的 DCO，因此在上电清零信号（PUC）后的 5 μs 时间内，代码开始执行。

DCOCLK 频率设置应符合以下几点要求：

① DCORSEL 位选择 DCO 频率范围内 8 个标称频率中的 1 个。DCO 的频率范围定义，见相应器件的数据手册。

② 在选定 DCORSEL 位后，DCO 位将 DCO 的频率范围划分为 32 位的频率步长，5 位 DCO 可分段调节 DCOCLK 的频率，相邻两种频率相差约 8%。

③ MOD 位选择切换 DCO 和{DCO+1}两种频率。当 DCO={31}时，MOD 位无效，因为 DCO 已经处在选定 DCORSEL 范围内的最高频率。

3.2.7 锁频环(FLL)

锁频环(FLL)连续上调或下调频率积分器。FLL 通过比较 FLLREFCLK 与 DCOCLK/(N+1)，由频率积分器产生一个 10 位的频率偏差，频率积分器根据这个偏差来设置周期调制位 MOD 与频率周期控制位 DCO，以此来控制调制 DCOCLK 的频率，形成一个调制反馈环，从而得到稳定的 DCOCLK 输出。DCO 频率积分器的输出可以在寄存器 UCSCTL0、UCSCTL1(位 MOD 和 DCO)中读出。计数器在每个 FLLREFCLK 周期进行频率 $f_{FLLREFCLK}/n$ 加 1 调整(n=1,2,4,8,12 或 16)或频率 $f_{DCOCLK}/[D\times(N+1)]$减 1 调整。频率积分器的 10 位是由硬件自动调节的，其中 5 位为 UCSCTL0 中 DCO 位，进行频率周期选择，5 位为 UCSCTL0 中 MOD 位，进行调制器控制。在每 32 个 DCOCLK 时钟周期内，周期累加的变化可以通过调制器混合相邻两个 DCOCLK 周期来克服。

注意：读 MOD 位与 DCO 位。

积分器是通过 DCOCLK 更新的，可能出现不同于 MCLK 频率的更新操作。此时立即读取先前写入的值，用户可能无法读到，因为积分器更新并没有发生。这是正常的。一旦积分器在下次连续的 DCOCLK 被更新，可以读取正确的值。

此外，由于 MCLK 可以异步于积分器的更新，在这种情况下读值可能会导致一个错误的值。在这种情形下，应进行多数表决方式。

5 个积分位(UCSCTL0 位 12～8)设置 DCO 频率的阈值。对于 DCO 有 32 个阈值，每个比前一个大约高 8%。调制器混合两个相邻的 DCO 的频率，产生分数阈值。

对于给定的 DCO 偏差范围，必须有充足的时间允许 DCO 设置一个适当阈值以使正常运作。需要($n\times32$)$f_{FLLREFCLK}$ 周期来解决 DCO 的设置，一个最坏情况下，需要($n\times32\times32$)$f_{FLLREFCLK}$周期。n 值通过 FLLREFDIV 位来定义(n=1,2,4,8,12 或 16)。

3.2.8 DCO 调制器

在 f_{DCO}、f_{DCO+1}之间，调制器混合两个 DCO 的频率 f_{DCO} 和 f_{DCO+1} 以产生一个有效中间频率，并扩展时钟驱动能力，减少电磁干扰(EMI)。调制器在每 32 个 DCOCLK 时钟周期中，混合 f_{DCO} 与 f_{DCO+1}，同时配置 MOD 位，这样可以克服周期累加带来的变化。当 MOD={0}，调制器关闭。调制器混合公式为

$$t=(32-\mathrm{MOD})\times t_{DCO}+\mathrm{MOD}\times t_{DCO+1}$$

图 3-2 显示了调制器的操作。

当 FLL 启用时，调制器(MOD)的设置和 DCO 由 FLL 硬件控制。如果 FLL 的操作关闭，调制器(MOD)的设置和 DCO 的控制，可以通过软件配置。

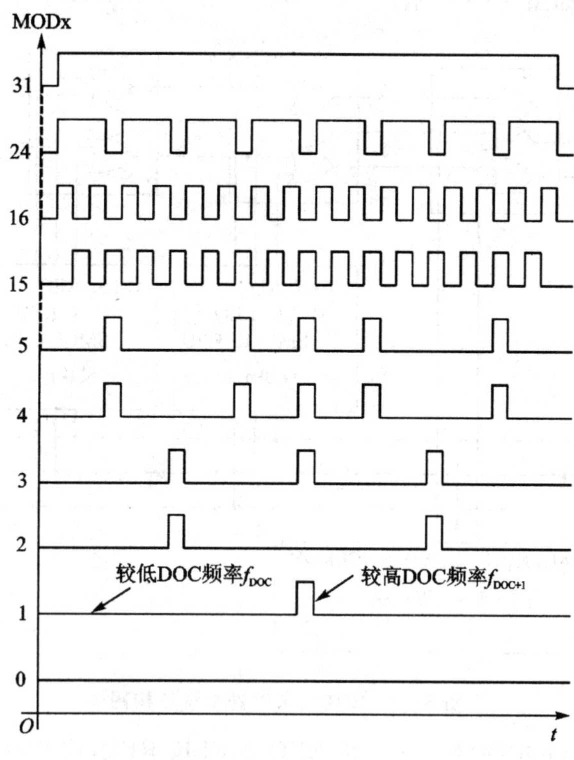

图 3-2 调制器的操作

3.2.9 禁止锁频环(FLL)硬件与调制器

置位状态寄存器 SCG0 或 SCG1,可以禁止锁频环(FLL)。当锁频环(FLL)被禁用时,DCO 运行先前设定值,此时 DCOCLK 由于不具备自动调制,不会自动稳定。

置位 DISMOD,DCO 调制器被禁用。当 DCO 调制器被禁用时,DCOCLK 只能由 DCO 位调整到 DCO 设定值。

注意: 没有锁频环的 DCO。

当 FLL 被禁用,DCO 将继续运行在当前的设置。因为 DCO 不能通过 FLL 稳频,RC 振荡器受温度和电压的影响将使频率发生偏移。请参阅器件电压和温度数据手册的系数,以确保可靠运行。

3.2.10 低功耗模式时的锁频环

如果 SCG1、CPUOFF 和 OSCOFF 置位,中断服务程序会清除这些位,但不会清除 SCG0。这意味着,FLL 从 LPM1、LPM2、LPM3 或 LPM4 进入内部中断服务程序,FLL 保持禁止,同时 DCO 按照寄存器 UCSCTL0 和 UCSCTL1 先前设置运行。如果需要使用 FLL,用户可以软件清除 SCG0。

3.2.11 低功耗模式运行,由外围模块请求

如果一个外设模块需要进行正确的操作,该外设模块可自动请求 UCS 模块的时钟源,而

不管当前的运作模式，如图 3－3 所示。

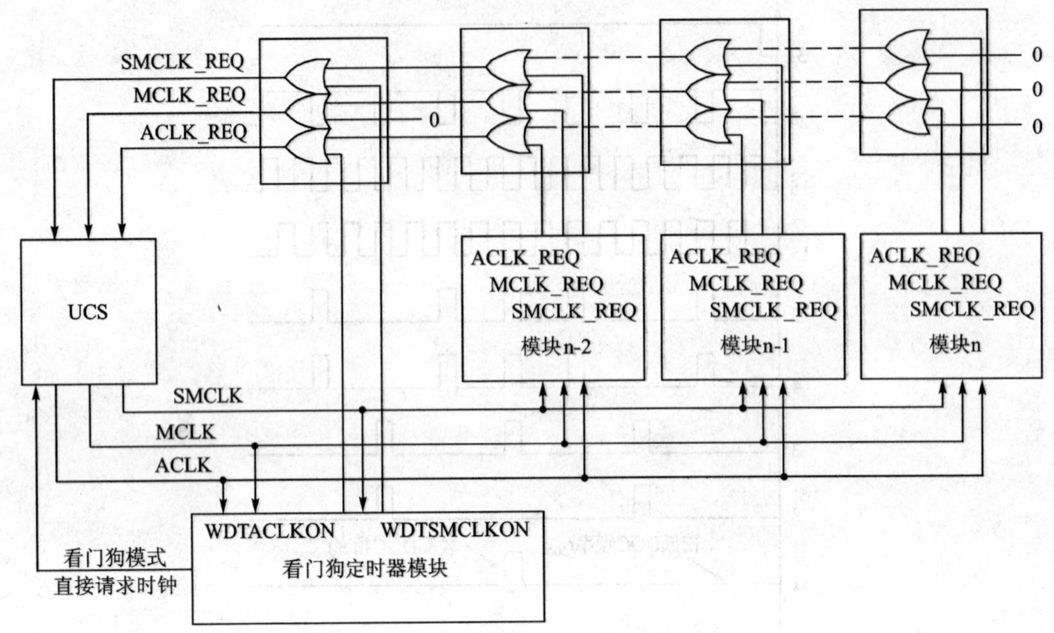

图 3－3　模块请求时钟系统结构图

一个外设模块根据它的控制位 ACLK_REQ，MCLK_REQ，或 SMCLK_REQ 判断 3 个时钟请求信号中的一个，这些请求信号与各自模块的配置和时钟选择有关。例如，如果一个定时器选择 ACLK 作为时钟源，同时定时器启用，定时器产生一个 ACLK_REQ 信号给 UCS 系统。反过来，UCS 允许 ACLK 忽略当前低功耗的设置，为该定时器提供 ACLK 时钟信号。

任何一个外设模块的时钟请求将导致相应的时钟关闭信号被覆盖，但不改变时钟的关闭控制位（当前值）。例如，外围模块可能需要 ACLK，而当前由 OSCOFF 位（OSCOFF＝1）禁用 ACLK。该模块可通过生成 ACLK_REQ 请求 ACLK。这将导致 OSCOFF 位对 ACLK 没有任何影响，从而使发出时钟请求信号的外设模块得到 ACLK。但 OSCOFF 位仍保持其当前的设置（OSCOFF＝1）。

如果请求的时钟源不活动，不可屏蔽中断（NMI）处理程序必须采取必要的措施。如前面的例子，如果 ACLK 是取自 XT1，可 XT1 此时并没有启用，一个晶振失效条件会发生，此时软件必须处理该事件。对于看门狗，由于其安全性的要求，如果原先选定的时钟源不可用，则会自动选择 VLOCLK 作为其时钟源。

由于时钟请求的自身特点，必须注意，在某些进入低功耗模式以节省电力的应用中，虽然该器件进入选定的低功耗模式，但是对比数据手册中给定的值，时钟请求会导致更多的电流消耗。

3.2.12　UCS 模块失效安全运行模式

UCS 模块集成了晶振失效保护功能。此功能可以检测到 XT1、DCO 与 XT2 晶振失效，如图 3－4 所示。可用的失效情况有以下 4 种：

- ❑ XT1 在低频（LF）模式下，低频晶振失效（XT1LFOFFG）；

❑ XT1 在高频(HF)模式下,高频晶振失效(XT1HFOFFG);

❑ XT2 高频晶振失效(XT2OFFG);

❑ DCO 振荡失效标志(DCOFFG)。

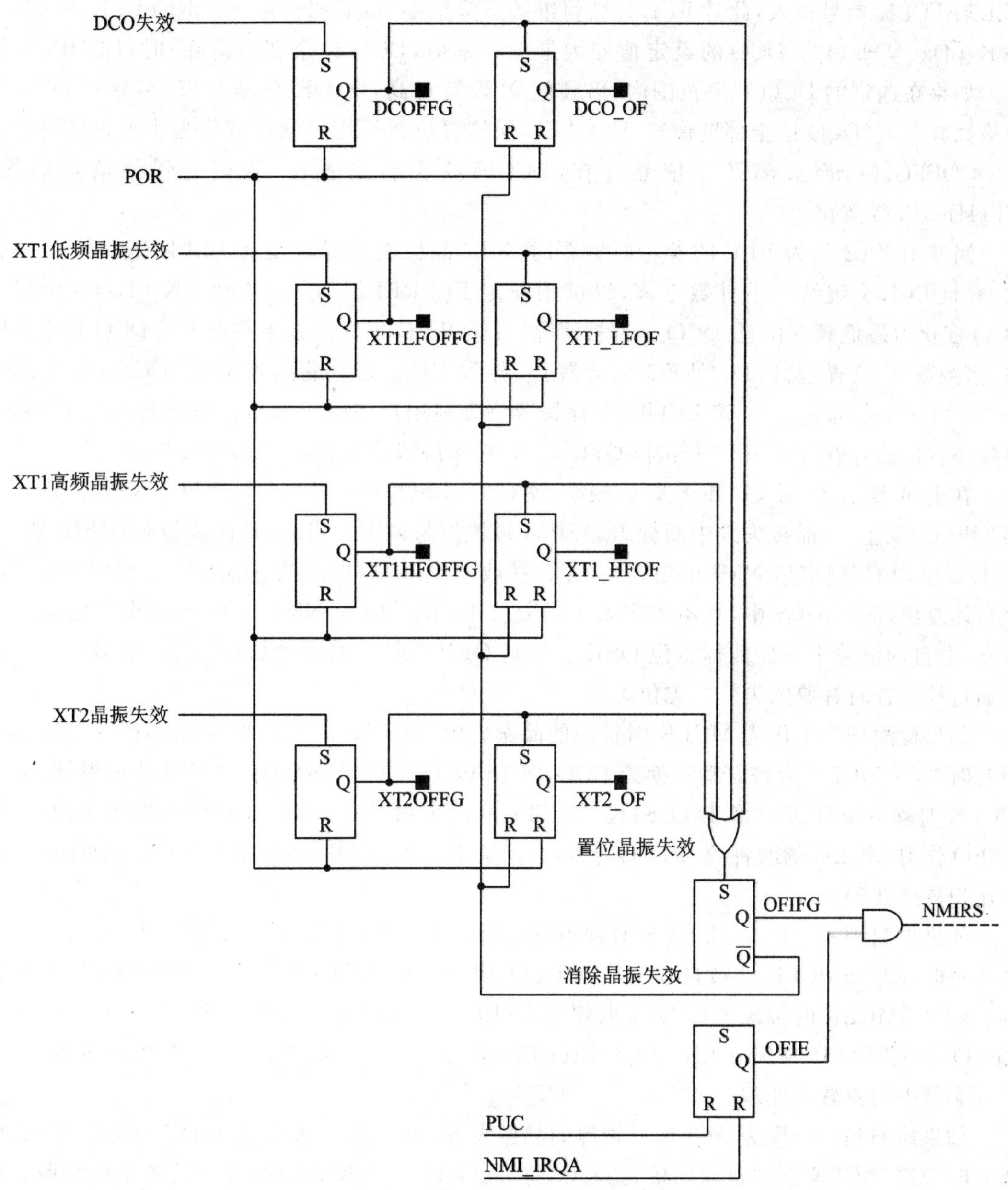

图 3-4 晶振失效逻辑

在相应的晶振启振,但不能正常运行时,晶振失效标志位 XT1LFOFFG、XT1HFOFFG 和 XT2OFFG 会由硬件置位。一旦置位,失效标志位会保持置位状态到软件将其复位为止,不管此时故障情况是否已经不再存在。如果用户清除晶振失效标志位,而失效条件依然存在,失效标志位会由硬件自动置位,否则它们将保持清除状态。

当 XT1 运行在低频(LF)模式，且作为 FLL 的参考时钟源(SELREF={0})时，XT1 晶振失效，UCS 硬件电路会自动将 FLL 参考源 FLLREFCLK 切换到 REFO，同时 XT1LFOFFG 置位。当 XT1 运作在高频(HF)模式，且作为 FLL 的参考时钟源时，XT1 晶振失效导致没有 FLLREFCLK 信号输入，此时 FLL 计数将继续下降至零，以试图锁定 FLLREFCLK 和 DCO-CLK/[Dx(N +1)]。DCO 的设定值变为最低频率值(DCO 位全部被清除)时，DCOFFG 置位。如果在选定的 DCO 频率范围内，倍频值 N 设置过高，DCOFFG 也会置位，导致 DCO 变为最高频率值(DCO 位全部置位)。DCOFFG 保持置位直至用户软件清除为止。如果用户清除 DCOFFG 位，而故障条件依然存在，DCOFFG 会自动置位，否则它保持清除状态，XT1HFOFFG 置位。

当使用 XT2 作为 FLL 的参考时钟源时，XT2 晶振失效导致没有 FLLREFCLK 信号输入，并且 FLL 会继续向下计数至零，以试图锁定 FLLREFCLK 与 DCOCLK/[Dx(N+1)]。DCO 变化为最低频率位置(DCO 全部被清除)，DCOFFG 置位。如果在选定的 DCO 频率范围内，倍频数 N 设置过高，DCOFFG 也会置位，导致 DCO 变为最高频率值(UCSCTL0.12～UCSCTL0.8 全部置位)。该 DCOFFG 保持置位直到用户清除。如果用户清除 DCOFFG，而故障条件依然存在，DCOFFG 会自动置位，否则它保持清除状态，XT2OFFG 置位。

在上电复位信号(POR)或晶振失效(XT1LFOFFG、XT1HFOFFG、XT2OFFG、或 DCOFFG)发生时，晶振失效中断标志 OFIFG 被置位与锁定。当 OFIFG 置位时，OFIE 置位，OFIFG 会向 CPU 申请 NMI 中断。当 CPU 接收该中断时，以前的 MSP430 系列中 OFIE 不会自动复位，而在 UCS 中，它不再需要手动复位 OFIE。因为 NMI 进入/返回电路消除这个要求，会自动清除中断使能标志位 OFIE。但是 OFIFG 标志必须由软件清零。失效标志源可以通过检查各时钟源的失效标志位确定。

如果检测到一个作为 MCLK 时钟源的晶振失效，对于除了 XT1 低频(LF)模式外的其他所有时钟源，MCLK 会被自动切换到 DCO，将 DCO(DCOCLKDIV)作为 MCLK 时钟源，如果 MCLK 时钟源来自 XT1 低频(LF)模式，XT1 晶振失效使 MCLK 被自动切换到 REFO，将 REFO 作为 MCLK 的时钟源(REFOCLK)。但这不会改变 SELM 位的设置值，这种情况必须由用户软件处理。

如果检测到一个作为 SMCLK 时钟源的晶振失效，对于除了 XT1 低频(LF)模式下的其他所有时钟源，SMCLK 会被自动切换到 DCO，将 DCO(DCOCLKDIV)作为 SMCLK 的时钟源。如果 SMCLK 时钟源来自 XT1 低频模式(LF)，XT1 晶振失效使 SMCLK 被自动切换到 RFFO，将 RFEO 作为 SMCLK 的时钟源(REFOCLK)。这不会改变 SELS 位的设置值，这种情况必须由用户软件处理。

如果检测到一个作为 ACLK 时钟源的晶振失效，对于除了 XT1 低频(LF)模式外的其他所有时钟源，ACLK 会被自动切换到 DCO，将 DCO(DCOCLKDIV)作为 ACLK 的时钟源。如果 ACLK 时钟源来自 XT1 低频模式(LF)，XT1 晶振失效使 ACLK 被自动切换到 RFFO，将 RFEO 作为 SMCLK 的时钟源(REFOCLK)。这不会改变 SELA 位的设置值，这种情况必须由用户软件处理。

注意： ① 晶振失效器件 DCO 的活动状态

即使 DCOCLK 工作在最小的 DCO 频率阶步值，DCOCLKDIV 仍是活动的。该时钟信号足以用于 CPU 执行代码，以及在晶振失效时运行不可屏蔽中断服务程序。

② 失效条件

DCO 失效：如果寄存器 UCSCTL0 的 DCO 位值等于{0}或{31}，DC0 失效标志 DCOFFG 置位。

XT1 的低频晶振失效：这个信号在 XT1(低频模式)晶振停止工作时置位，在晶振恢复正常工作后该位自动复位。失效条件发生时，会导致 XT1LFOFFG 置位，并保持 XT1LFOFFG 处在置位状态。如果用户清除 XT1LFOFFG，而故障情况仍然存在，XT1LFOFFG 仍会重新置位。

XT1 的高频晶振失效：这个信号在 XT1(高频模式)晶振停止工作时置位，在晶振恢复正常后该位自动复位。失效条件发生时，会导致 XT1HFOFFG 置位，并保持 XT1HFOFFG 处在置位状态。如果用户清除 XT1HFOFFG，而故障情况仍然存在，XT1HFOFFG 仍会重新置位。

XT2 高频晶振失效：这个信号在 XT2 晶振停止工作后置位，在晶振恢复正常工作后复位。失效条件发生时，会导致 XT2OFFG 置位，并保持 XT2OFFG 处在置位状态。如果用户清除 XT2OFFG，而故障情况仍然存在，XT2OFFG 仍会重新置位。

③ 失效逻辑

只要故障情况仍然存在，OFIFG 保持置位。在清除 OFIFG 信号时，应用中必须特别小心。当 OFIFG 信号被清除时，如果没有故障情况，时钟逻辑切换回故障前用户设置的状态。

④ 失效逻辑计数

每个晶体振荡电路都有硬件计数器。每次发生故障时，这些振荡器各自的计数器被复位，导致失效标志置位。这些计数器在失效条件排除后，开始计数，一旦达到最大计数值，则消除失效标志。

在 XT1 低频模式下，最大计数值为 8 192。在 XT1 高频模式下(XT2 可用同)，最大计数值为1 024。在旁路模式，无论低频或高频设置，最大计数值都为 8 192。

3.2.13 同步时钟信号

当切换 MCLK 或 SMCLK 从一个时钟源到另一个时钟源时，切换需要一个同步动作以避免出现时间竞争现象，如图 3－5 所示。

- ❑ 当前的时钟周期一直有效，直至下一个上升沿。
- ❑ 时钟保持为高，直到下一个新时钟的上升沿。
- ❑ 新的时钟源确定，并继续维持一个完整高电平周期。

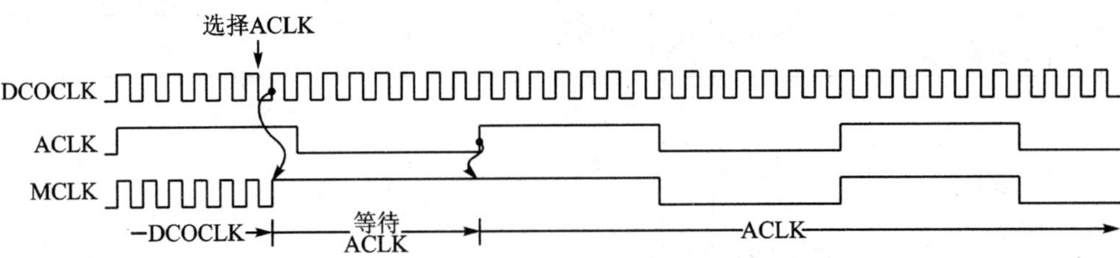

图 3－5　切换 MCLK 从 DCOCLK 到 XT1CLK

3.3 模块振荡器(MODOSC)

UCS 模块还支持一个内部振荡器，MODOSC 用于快速闪存控制器模块，可选的，也可被系统中的其他模块使用。MODOSC 来源于 MODCLK。

MODOSC 操作

为了降低功耗，不使用时，MODOSC 被关闭，只有需要时才会启用 MODOSC。当 MODOSC 源是必需时，各模块激活 MODOSC。MODOSC 启用分为无条件请求和有条件请求。置位 MODOSCREQEN 使能有条件请求。无条件的请求总是开启的。对于利用无条件请求的模块，没有必要去置位 MODOSCREQEN，例如，闪存控制器(Flash)、ADC12_A，因为此时 MODOSC 是自动使能的。

闪存控制器只在写或擦除操作时需要 MODCLK。何时执行这些操作，闪存控制器自动产生一个无条件请求信号，以激活 MODOSC。一旦这样做，如果其他模块没有对 MODOSC 发出请求，MODOSC 将被启用。

ADC12_A 可以选择 MODOSC 作为其转换时钟的时钟源。用户选择 ADC12OSC 作为转换时钟源。在一次转换，ADC12_A 模块为 ADC12OSC 时钟源产生一个无条件请求，要求 MODOSC 作为 ADC12OSC 的时钟源。一旦这样做，如果其他模块没有对 MODOSC 发出请求，此时 MODOSC 将被启用。

3.4 UCS 模块寄存器

UCS 模块寄存器如表 3-1 中所列。该基地址可以在该器件的数据中找到，该地址偏移量列于表 3-1。

注意：所有的寄存器都可以进行字或字节访问。作为通用寄存器 ANYREG，后缀“_L”(ANYREG_L)指的是寄存器的低字节(位 0～7)，后缀“_H”(ANYREG_H)指的是寄存器的高字节(位 8～15)。

表 3-1 一体化时钟系统寄存器

寄存器	缩　写	寄存器类型	访问形式	地址偏移量	初始状态
一体化时钟控制寄存器 0	UCSCTL0	读/写	字	00h	0000h
	UCSCTL0_L	读/写	字节	00h	00h
	UCSCTL0_H	读/写	字节	01h	00h
一体化时钟控制寄存器 1	UCSCTL1	读/写	字	02h	0020h
	UCSCTL1_L	读/写	字节	02h	20h
	UCSCTL1_L	读/写	字节	03h	00h
一体化时钟控制寄存器 2	UCSCTL2	读/写	字	04h	101Fh
	UCSCTL2_L	读/写	字节	04h	1Fh
	UCSCTL2_L	读/写	字节	05h	10h

续表 3-1

寄存器	缩　写	寄存器类型	访问形式	地址偏移量	初始状态
一体化时钟控制寄存器 3	UCSCTL3	读/写	字	06h	0000h
	UCSCTL3_L	读/写	字节	06h	00h
	UCSCTL3_L	读/写	字节	07h	00h
一体化时钟控制寄存器 4	UCSCTL4	读/写	字	08h	0044h
	UCSCTL4_L	读/写	字节	08h	44h
	UCSCTL4_L	读/写	字节	09h	00h
一体化时钟控制寄存器 5	UCSCTL5	读/写	字	0Ah	0000h
	UCSCTL5_L	读/写	字节	0Ah	00h
	UCSCTL5_L	读/写	字节	0Bh	00h
一体化时钟控制寄存器 6	UCSCTL6	读/写	字	0Ch	C1CDh
	UCSCTL6_L	读/写	字节	0Ch	CDh
	UCSCTL6_L	读/写	字节	0Dh	C1h
一体化时钟控制寄存器 7	UCSCTL7	读/写	字	0Eh	0703h
	UCSCTL7_L	读/写	字节	0Eh	03h
	UCSCTL7_L	读/写	字节	0Fh	07h
一体化时钟控制寄存器 8	UCSCTL8_L	读/写	字	10h	0707h
	UCSCTL8_L	读/写	字节	10h	07h
	UCSCTL8_L	读/写	字节	11h	07h

1. 一体化时钟系统控制寄存器 0(UCSCTL0)

15～13	12～8	7～3	2～0
保留	DCO	MOD	保留

保留　位 15～13　保留位,读出为 0。

DCO　位 12～8　DCO 频率阶步选择位。这些位选择 DCO 的设定值,由锁频环(FLL)自动控制。

MOD　位 7～3　调整位计数器。这些位选择调整模式。在 FLL 工作期间,所有 MOD 位由硬件自动修改。当调整位计数值从 31 翻转到 0 时,DCO 寄存器值加 1。如果调制位计数器从 0 递增到最大值,DCO 寄存器值也减少。

保留　位 2～0　保留位,读出为 0。

2. 一体化时钟系统控制寄存器 1(UCSCTL1)

15～7	6～4	3　　2	1	0
保留	DCORSEL	保留	保留	DISMOD

保留　位 15～7,3～2,1　保留位,读出为 0。

DCORESL　DCO 的频率范围选择位　这些位能改变直流发生器产生的电压大小,进而改变 DCO 输出频率,它们可以调整 DCO 频率的大致范围。

DISMOD　调整使能位　使能/不使能 DCO 调整。

0　使能调制;1　不使能调制。

3. 一体化时钟系统控制寄存器 2(UCSCTL2)

15	14　13　12	11　10	9～0
保留	FLLD	保留	FLLN

保留　位 15,11～10　保留位,读出为 0。

FLLD　位 14～12　锁频环反馈环节的分频系数 D。f_{DCOCLK} 在 FLL 反馈环中被分频。该位将影响倍频数的倍频位。

001　$f_{DCOCLK}/2$；　101　$f_{DCOCLK}/32$；

010　$f_{DCOCLK}/4$；　110　保留为以后使用,默认为 $f_{DCOCLK}/32$；

011　$f_{DCOCLK}/8$；　111　保留为以后使用,默认为 $f_{DCOCLK}/32$。

100　$f_{DCOCLK}/16$；

FLLN　位 9～0　倍频数选择位。这些位设置 DCO 的倍频数。N 必须大于 0。FLLN 写 0 时导致 N 被设置为 1。

4. 一体化时钟系统控制寄存器 3(UCSCTL3)

15～7	6～4	3	2～0
保留	SELREF	保留	FLLREFDIV

保留位　位 15～7,3　保留位,读出为 0。

SELREF　位 6～4　锁频环 FLL 基准源选择。这些位选择锁频环的基准时钟源。

000　XT1CLK；

001　保留为以后使用,默认为 XT1CLK；

010　REFOCLK；

011　保留为以后使用,默认为 REFOCLK；

100　保留为以后使用,默认为 REFOCLK；

101　当 XT2CLK 可用时为 XT2CLK,否则为 REFOCLK；

110　保留为以后使用,当 XT2CLK 可用时为 XT2CLK,否则为 REFOCLK；

111　无选项。只对于 F543x 与 F541x 非 A 版本,默认为 XT2CLK。

FLLREFDIV 位 2～0　FLL 基准源分频。这些位定义了 $f_{FLLREFCLK}$ 的分频因子,分频后的频率就被用作 FLL 基准频率。

000　$f_{FLLREFCLK}/1$；　100　$f_{FLLREFCLK}/12$；

001　$f_{FLLREFCLK}/2$；　101　$f_{FLLREFCLK}/16$；

010　$f_{FLLREFCLK}/4$；　110　保留为以后使用,默认 $f_{FLLREFCLK}/16$；

011　$f_{FLLREFCLK}/8$；　111　保留为以后使用,默认 $f_{FLLREFCLK}/16$。

5. 一体化时钟系统控制寄存器 4(UCSCTL4)

15～11	10～8	7	6～4	3	2～0
保留	SELA	保留	SELS	保留	SELM

保留　位 15～11,7,3　保留位,读出为 0。

SELA　位 10～8　选择 ACLK 的时钟源。

000　XT1CLK；

001　VLOCLK；

010　REFOCLK；

011　DCOCLK；

100　DCOCLKDIV；

101　当 XT2CLK 可用时为 XT2CLK,否则为 DCOCLKDIV；

110　保留为以后使用,默认为 XT2CLK；

111　保留为以后使用,默认为 XT2CLK。

SELS　位 6～4　选择 SMCLK 的时钟源。
000　XT1CLK;
001　VLOCLK;
010　REFOCLK;
011　DCOCLK;
100　DCOCLKDIV;
101　当 XT2CLK 可用时为 XT2CLK,否则为 DCOCLKDIV;
110　保留为以后使用,默认为 XT2CLK;
111　保留为以后使用,默认为 XT2CLK。

SELM　位 2～0　选择 MCLK 的时钟源。
000　XT1CLK;
001　VLOCLK;
010　REFOCLK;
011　DCOCLK;
100　DCOCLKDIV;
101　当 XT2CLK 可用时为 XT2CLK,否则为 DCOCLKDIV;
110　保留为以后使用,默认为 XT2CLK;
111　保留为以后使用,默认为 XT2CLK。

6. 一体化时钟系统控制寄存器 5(UCSCTL5)

15	14	13	12	11	10	9	8
保留	DIVPA			保留	DIVA		
7	**6**	**5**	**4**	**3**	**2**	**1**	**0**
保留	DIVS			保留	DIVM		

保留位　位 15,11,7,3　保留位,读出为 0。

DIVPA　位 14～12　外部引脚 ACLK 时钟源分频。对 ACLK 进行分频,并在相应引脚上输出,仅供外部电路使用。
000　$f_{ACLK}/1$;　100　$f_{ACLK}/16$;
001　$f_{ACLK}/2$;　101　$f_{ACLK}/32$;
010　$f_{ACLK}/4$;　110　保留为以后使用,默认是 $f_{ACLK}/32$;
011　$f_{ACLK}/8$;　111　保留为以后使用,默认是 $f_{ACLK}/32$。

DIVA　位 10～8　ACLK 时钟源分频。对 ACLK 时钟源进行分频。
000　$f_{ACLK}/1$;　100　$f_{ACLK}/16$;
001　$f_{ACLK}/2$;　101　$f_{ACLK}/32$;
010　$f_{ACLK}/4$;　110　保留为以后使用,默认是 $f_{ACLK}/32$;
011　$f_{ACLK}/8$;　111　保留为以后使用,默认是 $f_{ACLK}/32$。

DIVS　位 6～4　SMCLK 时钟源分频。
000　$f_{SMCLK}/1$;　100　$f_{SMCLK}/16$;
001　$f_{SMCLK}/2$;　101　$f_{SMCLK}/32$;
010　$f_{SMCLK}/4$;　110　保留为以后使用,$f_{SMCLK}/32$;
011　$f_{SMCLK}/8$;　111　保留为以后使用,$f_{SMCLK}/32$。

DIVM　位 2～0　MCLK 时钟源分频。

000 $f_{MCLK}/1$； 100 $f_{MCLK}/16$；

001 $f_{MCLK}/2$； 101 $f_{MCLK}/32$；

010 $f_{MCLK}/4$； 110 保留为以后使用，默认是 $f_{MCLK}/32$；

011 $f_{MCLK}/8$； 111 保留为以后使用，默认是 $f_{MCLK}/32$。

7. 一体化时钟系统控制寄存器 6(UCSCTL6)

15～9	8	7～6	6
保留	XT2OFF	XT1DRIVE	XTS
4	**3～2**	**1**	**0**
XT1BYPASS	XCAP	SMCLKOFF	XT1OFF

保留 位 15～9 保留位，读出为 0。

XT2OFF 位 8 XT2 晶振关闭控制位。

0 打开 XT2；

1 如果未使用时关闭 XT2，例如射频模块不在睡眠状态，没有被射频模块使用，则关闭 XT2。

XT1DRIVE 位 7～6 XT1 的启振电流可以调节到合适值。它默认是以最大的驱动力驱动 XT1，以保证 XT1 能够快速可靠地启振。用户可按需要自行减小驱动力。

00 XT1 低频模式最低电流消耗，XT1 在高频模式下的晶振频率范围在 4～8 MHz；

01 XT1 低频模式驱动力稍增大，XT1 在高频模式下的晶振频率范围在 8～16 MHz；

10 XT1 低频模式驱动力增大，XT1 在高频模式下的晶振频率范围在 16～24 MHz；

11 驱动力和电流消耗均达到最大，XT1 在高频模式下的晶振频率范围在24～32 MHz。

XTS 位 5 XT1 模式选择

0 低频模式，XCAP 定义 XIN 和 XOUT 两个引脚的匹配电容；

1 高频模式，XCAP 位无效。

XT1BYPASS 位 4 XT1 旁路模式选择。

0 XT1 由内部晶振产生；

1 XT1 由外部引脚输入。

XCAP 位 3～2 振荡器电容选择位。这些位选择适用于低频晶体或低频模式谐振器的匹配电容(XTS=0)。假设 $C_{XIN}=C_{XOUT}$，再加上由封装和印刷电路板产生的 2 pF 寄生电容，则等效电容(由晶体可知)为 $C_{eff}\approx(C_{XIN}+2\ pF)/2$。典型内部结构和等效电容的有关细节，请参考器件的数据手册。

SMCLKOFF 位 1 时钟信号 SMCLK 关闭控制位。

0 打开 SMCLK；

1 关闭 SMCLK。

XT1OFF 位 0 XT1 晶振关闭控制位。

0 如果端口选择 XT1，且 XT1 不是旁路运作模式，则 XT1 打开；

1 如果 XT1 没有用作 ACLK、MCLK、或 SMCLK，或又不作为锁频环 FLL 的基准源，则关闭 XT1。

8. 一体化时钟系统控制寄存器 7(UCSCTL7)

15	14	13	12	11	10	9	8
保留		保留	保留	保留		保留	
7	**6**	**5**	**4**	**3**	**2**	**1**	**0**
保留			保留	XT2OFFG	XT1HFOFFG	XT1LFOFFG	DCOFFG

保留　位 15～14　保留位,读出为 0。

保留　位 13　保留位,该位必须写为 0。

保留　位 12　保留位,该位必须写为 0。

保留　位 11～10　保留位,这些位的状态被忽略。

保留　位 9～8　保留位,这些位的状态被忽略。

保留　位 7～5　保留位,读出为 0。

保留　位 4　保留位,该位的状态被忽略。

XT2OFFG　位 3　XT2 晶振失效标志位。假如该位置位,那么 OFIFG 也会置位。如果 XT2 失效,则 XT2OFFG 置位。XT2OFFG 可以通过软件清零。如果 XT2 失效仍然存在,XT2OFFG 重新置位。

0　最近一次复位之后,无失效条件产生;

1　XT2 失效。最近一次复位之后,出现失效条件。

XT1HFOFFG　位 2　XT1 晶振失效标志位(高频模式)。假如该位置位,那么 OFIFG 也会置位。如果存在 XT1 失效条件,则 XT1HFOFFG 置位。XT1HFOFFG 可以通过软件清除。如果 XT1 失效状况仍然存在,XT1HFOFFG 重新置位。

0　最近一次复位之后,无失效条件产生;

1　XT1 失效(高频)。最近一次复位之后,出现失效条件。

XT1LFOFFG　位 1　XT1 晶振失效标志位(低频模式)。假如该位置位,那么 OFIFG 也会置位。如果存在 XT1 失效条件,则 XT1LFOFFG 置位。XT1LFOFFG 可以通过软件清除。如果 XT1 失效状况仍然存在,XT1LFOFFG 重新置位。

0　最近一次复位之后,无失效条件产生;

1　XT1 失效(低频)。最近一次复位之后,出现 XT1(LF)失效条件。

DCOFFG　位 0　DCO 失效标志。假如 DCOFFG 被置位,那么 OFIFG 也会置位。如果 DCO={0}或者 DCO={31},DCOFFG 标志位就会置位。DCOFFG 可以通过软件清零。如果 DCO 失效情况仍然存在,DCOFFG 重新置位。

0　最近一次复位之后没有失效条件产生;

1　DCO 失效。最近一次复位之后出现 DCO 失效条件。

9. 一体化时钟系统控制寄存器 8(UCSCTL8)

15～11	10～8	7～5	4
保留	保留	保留	保留
3	**2**	**1**	**0**
MODOSCREQEN	SMCLKREQEN	MCLKREQEN	ACLKREQEN

保留　位 15～11　保留位,读出为 0。

保留　位 10～8　保留位,该位必须写为 1。

保留　位 7～5　保留位,读出为 0。

保留　位 4　保留位,该位必须写为 0。

MODOSCREQEN	位 3	MODOSC 时钟请求使能。置位该位使能条件模块请求 MODOSC。 0　MODOSC 条件请求禁止。 1　MODOSC 条件请求使能。
SMCLKREQEN	位 2	SMCLK 时钟需求使能。置位该位使能条件模块请求 SMCLK。 0　SMCLK 条件请求禁止； 1　SMCLK 条件请求使能。
MCLKREQEN	位 1	MCLK 时钟需求使能。置位该位使能条件模块请求 MCLK。 0　MCLK 条件请求禁止； 1　MCLK 条件请求使能。
ACLKREQEN	位 0	ACLK 时钟需求使能。置位该位使能条件模块请求 ACLK。 0　ACLK 条件请求禁止； 1　ACLK 条件请求使能。

第4章 电源管理模块

4.1 电源管理模块简介

电源管理特征如下：

- ❑ 提供宽的电源电压(DV_{CC})范围 1.8～3.6 V；
- ❑ 产生的核心电压(V_{CORE})高达 4 个可编程的级别(典型值 1.4 V,1.6 V,1.8 V 和 1.9 V)；
- ❑ 电源电压管理(SVS)配备 DV_{CC}与 V_{CORE}电压可编程阈值级别；
- ❑ 电源电压监测(SVM)配备 DV_{CC}与 V_{CORE}电压可编程阈值级别；
- ❑ 欠压复位(BOR)；
- ❑ 软件可访问掉电指示器；
- ❑ 掉电情况下,具有 I/O 保护功能；
- ❑ 软件可选管理模块或监测模块的状态输出(可选)。

PMM 管理的所有功能与电源电压和它监测的器件有关。其主要功能,首先要产生一个内核逻辑电源电压;其次,提供几项管理与监测机制,用于管理与监测供给器件的电源电压(DV_{CC})和供给内核的核心电压(V_{CORE})。

PMM 管理模块内部集成一个低压降的稳压器(LDO),通过 LDO 从电源电压 DV_{CC}来产生二次核心电压(V_{CORE})。在一般情况下,内核电压供给 CPU、存储器(闪存/RAM)和数字模块,而 DV_{CC}供给 I/O 和所有模拟模块(包括振荡器)。V_{CORE}的输出是通过一个专用的电压基准进行稳压。V_{CORE}可编程选择为多达 4 个等级,提供尽可能大的电压,以满足已选定 CPU 速度的需要,这提高了电源系统的效率。稳压器的输入或初级端是指本章中的高边,稳压器的输出或二次侧是指本章中的低边。

内核所需的最低电压取决于所选定的 MCLK 频率。图 4-1 显示了一个给定的内核电压设置与系统频率之间的关系,以及适用于该器件所需的最低电压。图 4-1 只是作为一个例子,用户应参考该器件指定的数据手册,以确定支持哪些内核电压等级以及哪些系统性能。

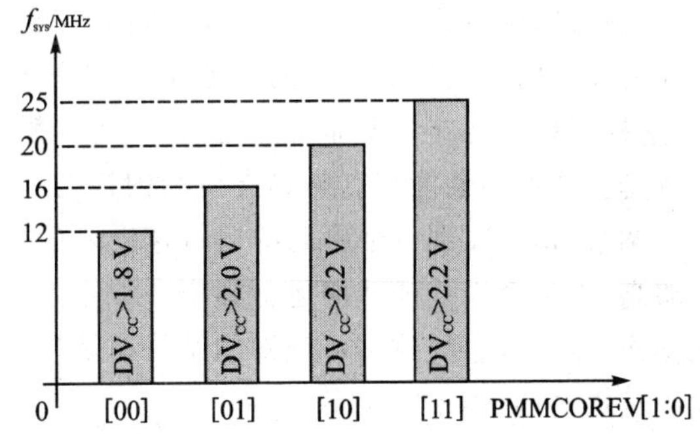

图 4-1 系统频率与电源/内核电压

PMM 模块提供了一个管理和监测 DV_{CC}和 V_{CORE}的方法。这两种功能都可以检测电压下降到某个特定阈值的情况。一般来说,两者不同在于,电压管理 SVS 会导致上电复位发生(POR)事件,而电压监控 SVM 会触发中断标志置位,此时软件可以进行特定的处理。

因此，DV_{CC}（LDO 的高边）分别由高边管理器（SVS_H）和高边监测器（SVM_H）进行管理与监测。V_{CORE}分别由低边管理器（SVS_L）和低边监测器（SVM_L）进行管理与监测。所以，有 4 个独立的管理/监测模块，可在任何设定的时间激活。$SVS_H/SVM_H/SVS_L/SVM_L$模块强制的阈值是由用于电压调节器生成 V_{CORE}的同个参考电压来驱动的。

除了 $SVS_H/SVM_H/SVS_L/SVM_L$模块，内核电压由掉电复位电路（BOR）进一步监测。由于上电时，DV_{CC}从 0 V 开始倾斜上升，BOR 保持器件为复位状态，直到 V_{CORE}抵达默认的 MCLK 下足以满足操作要求的电压级别，此时 SVS_H/SVS_L机制被激活。在操作过程中，如果 V_{CORE}低于预设的阈值，BOR 也将产生一个复位。如不需要 SVS_L，可以使用 BOR 进行监测，BOR 提供了一个监测电源轨迹且具有更低功耗的操作方式。

PMM 结构框图如图 4-2 所示。

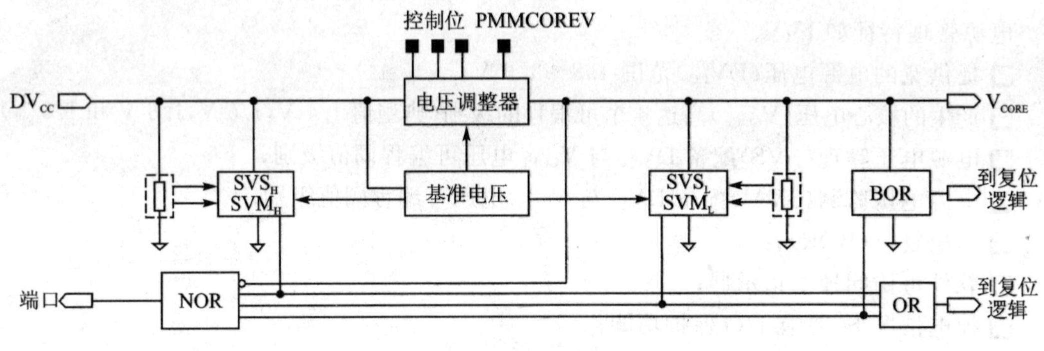

图 4-2　PMM 结构框图

4.2 PMM 操作

4.2.1 V_{CORE}与稳压器

DV_{CC}可来自宽范围内的输入电压，但器件的内核逻辑必须维持在一个低于 DV_{CC}允许范围内的电压值。基于这个原因，稳压器已被集成到 PMM。该稳压器从 DV_{CC}派生出必要的内核电压（V_{CORE}）。

MCLK 的速度要求越高，则内核电压需要的级别越高。高级别的内核电压将消耗更多的功率，核心电压可通过 4 个等级编程选择，使它提供尽可能多的功率，以满足设定的 MCLK 的功耗需要。内核电压的级别由 PMMCOREV 位控制。请注意默认设置 PMMCOREV 为最低值，这样可以运行在一个非常广泛的 MCLK 频率范围。因此，对于很多应用，PMM 的设置无需改变。器件的性能特点与其支持的内核电压级别，请查看器件指定的数据手册。

调节 MCLK 到一个更高的运行速度之前，需要进行必要的软件设置，确保内核电压级别足够高，以适合当前选择的运行频率。如不这样做，可能会迫使 CPU 在没有足够的电压时尝试操作，这可能会导致不可预知的结果。请参阅 4.2.4 小节，以适当的步骤来提高内核电压，以满足更高的 MCLK 频率。

稳压器支持两种不同的负载，以优化功耗。在以下情况时，需要使用高电流模式：

- CPU 处在活动模式、LPM0 或 LPM1 模式时；
- 一个高于 32 kHz 的时钟源被使用去驱动任何模块时；

❑ 执行中断时；

❑ JTAG 下载时。

除了上述几种情况外，稳压器将使用低电流模式。硬件根据上述标准，自动控制负载所要求的设置。电源管理单元通过调整核心电压来支持不同的系统速度。

4.2.2 电压管理单元与监测单元

高边管理单元和监测单元（SVS_H 和 SVM_H）与低边管理单元和低边监测单元（SVS_L 和 SVM_L）分别监测电源电压 DV_{CC} 和内核电压 V_{CORE}。默认情况下，所有这些模块被激活，但每个模块都可以使相应的使能位（SVSHE/SVMHE/SVSLE/SVMLE）被禁用，以降低功耗。

1. SVS/SVM 阈值

SVS/SVM 模块强制的电压阈值可通过软件选择。表 4－1 为 SVS/SVM 的阈值寄存器与它们控制的电压阈值及其阈值级别数。

表 4－1　SVS/SVM 阈值

寄存器	描　述	阈　值	可用级别
SVSHRVL	SVS_H 复位电压级别	SVSH_IT－	4
SVSMHRRL	SVS_H/SVM_H复位释放电压级别	SVSH_IT＋，SVM_H	8
SVSLRVL	SVS_L 复位电压级别	SVSL_IT－	4
SVSMLRRL	SVS_L/SVM_L复位释放电压级别	SVSL_IT＋，SVM_L	4

在 DV_{CC} 范围内，高边阈值单元 SVS_H 和 SVM_H 支持各种阈值。在给定的应用中，高边阈值根据器件运行所需的最低电压以及系统电源特性选择。对于表 4－1 中的相关参数，请查看器件指定的数据手册。

低边阈值单元 SVS_L 和 SVM_L 是用来配置与内核电压 V_{CORE} 关联的参数，因此 SVSLRVL 和 SVSMLRRL 应始终设置为一个值，以提供给 PMMCOREV。

如图 4－3 所示，监管阈值单元 SVS 存在建立滞后现象，使得 SVS 阈值依赖于电压轨迹是上升还是下降。监测阈值单元 SVM 不存在滞后现象。

根据上述阈值，SVS/SVM 的特性图形如图 4－3 所示，其显示了电压管理单元和监测单元如何应对各种电压失效的情况。

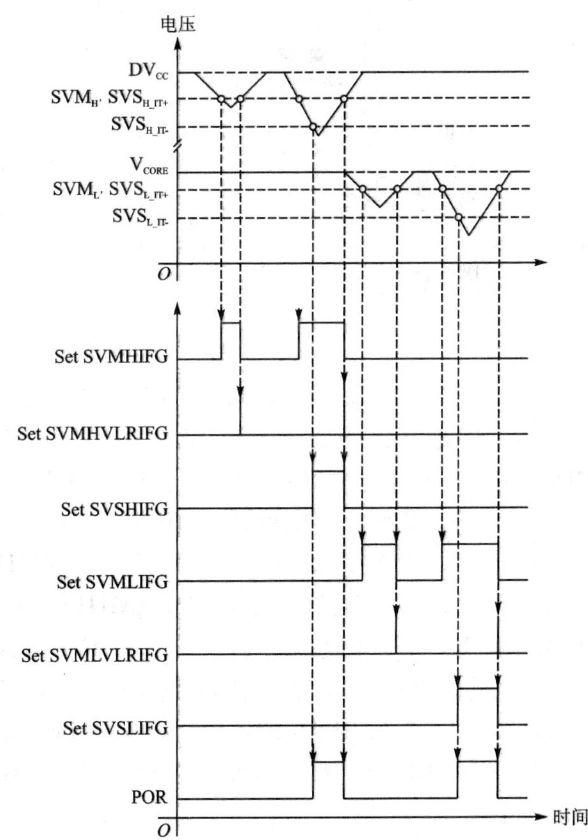

图 4－3　高边与低边电源失效和 PMM 响应结果

2. 高边电压管理单元与监测器(SVS_H和 SVM_H)

SVS_H和 SVM_H模块默认启用。SVS_H和 SVM_H模块可以分别通过清除 SVSHE 与 SVMHE 位被禁用。其结构框图如图 4－4 所示。

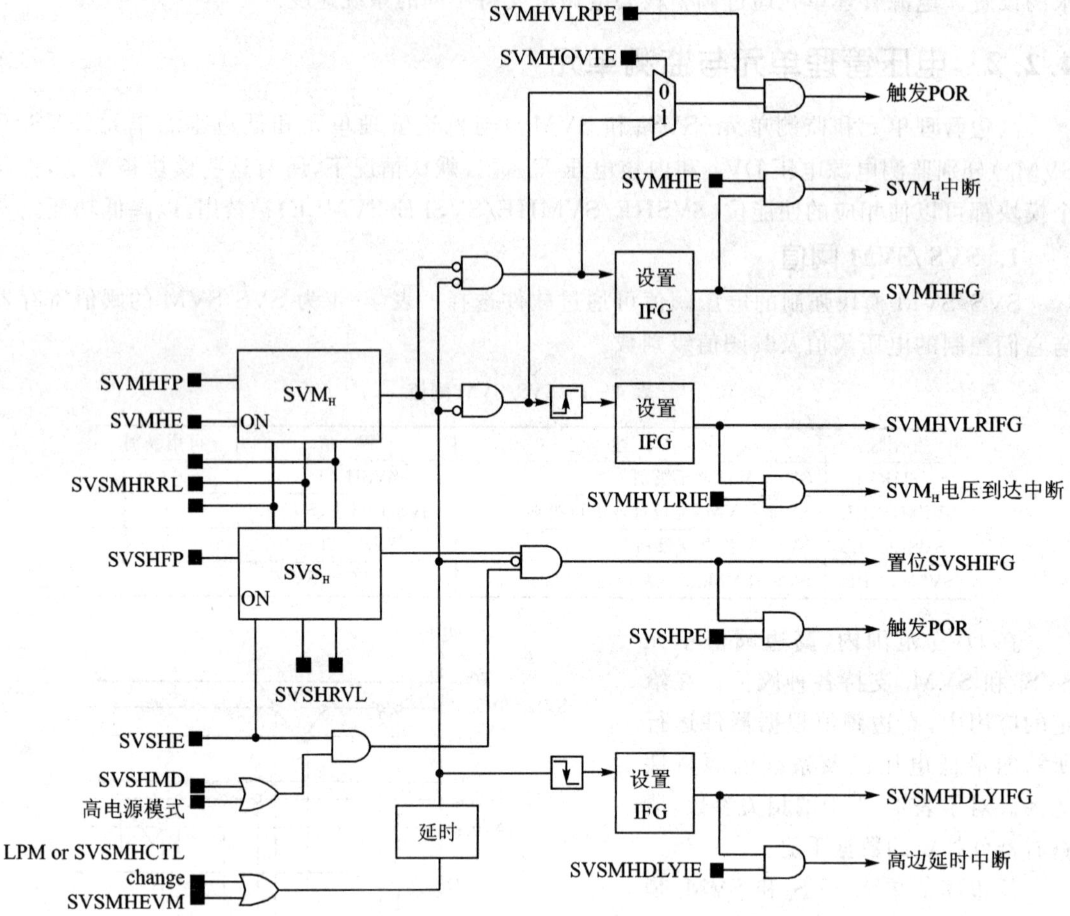

图 4－4　高边 SVS 与 SVM

如果 DV_{CC}低于 SVS_H 阈值，则 SVSHIFG(SVS_H 中断标志)置位。如果 DV_{CC} 保持低于 SVS_H阈值，则此时软件试图清除 SVSHIFG，SVSHIFG 将立即由硬件重新置位。如果 SVSHPE 位(SVS_H上电复位使能)置位，当 SVSHIFG 置位时，将触发上电复位信号(POR)。

如果 DV_{CC}低于 SVM_H 阈值，SVMHIFG(SVM_H 中断标志)置位。如果 DV_{CC} 保持低于 SVM_H阈值，此时软件试图清除 SVMHIFG，SVMHIFG 将立即由硬件重新置位。如果 SVMHIE 位(SVM_H中断使能)置位，当 SVMHIFG 被置位时，触发中断。如果 SVMHIFG 置位时，希望产生一个上电复位信号(POR)，SVM_H可以通过置位 SVMHVLRPE(SVM_H电压水平到达上电复位信号 POR 使能)位，同时清除 SVMHOVPE 位来实现。

如果 DV_{CC}上升到 SVM_H 阈值以上，SVMHVLRIFG(SVM_H电压水平到达)中断标志置位。当 SVMHVLRIFG 置位，如果此时 SVMHVLRIE(SVM_H电压水平到达中断使能)置位，也会触发中断。

SVM_H模块也可用于过压检测。通过置位 SVMHOVPE(SVM_H过电压 POR 使能)位，此外还要置位 SVMHVLRPE，以完成过压检测。在这些条件下，如果 DV_{CC} 超过器件的电压安全运行范围，触发一个上电复位信号(POR)。

SVS_H/SVM_H 模块可配置性能模式以实现节能运行(详见 4.2.9 小节)。如果 SVS_H/SVM_H 功率模式被修改，或者如果电压等级被修改，一个延迟元素会屏蔽中断与上电复位信号(POR)，直到 SVS_H/SVM_H 电路就绪为止。当延迟完成，SVSMHDLYIFG(SVS_H/SVM_H 延迟到)中断标志置位。SVSMHDLYIFG 置位时，如果 SVSMHDLYIE(SVS_H/SVM_H 延迟过期中断使能)置位，也会触发一个中断。

所有的中断标志位保持置位，直到掉电复位信号(BOR)清除或由软件清除。

3. 低边电压管理单元与监测器(SVS_L 和 SVM_L)

SVS_L 和 SVM_L 模块默认启用，可以分别通过清除 SVSLE、SVMLE 位使其禁用。其结构框图如图 4-5 所示。

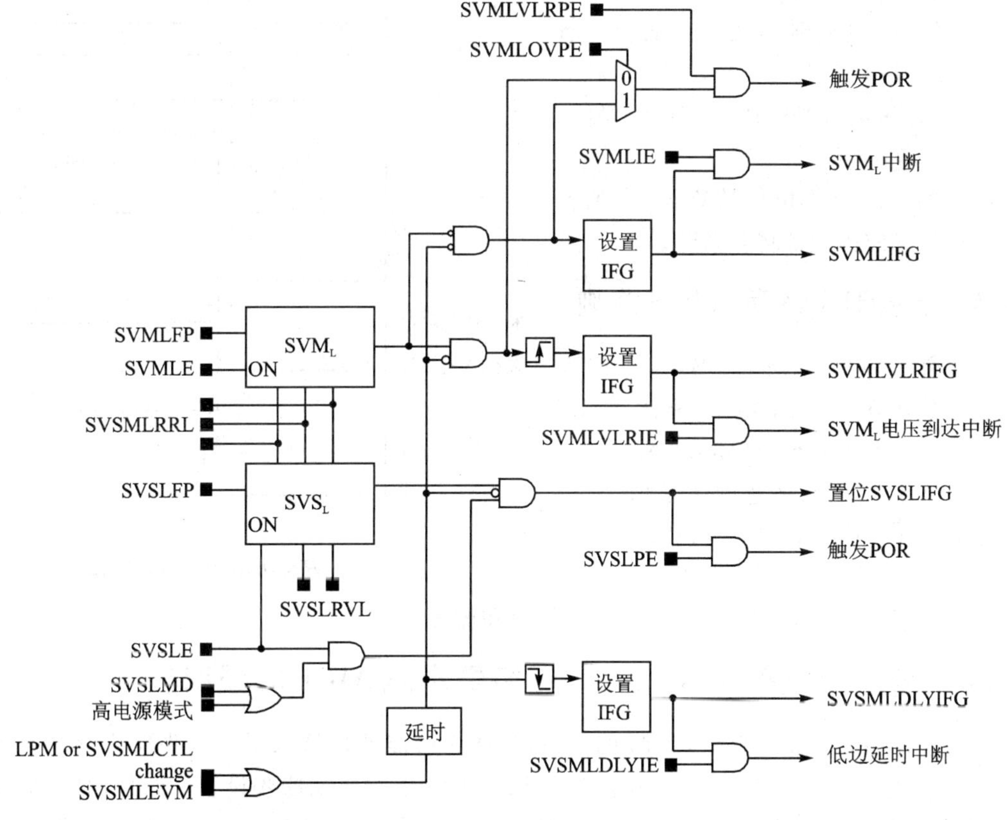

图 4-5 低边 SVS 与 SVM

如果内核电压 V_{CORE} 低于 SVS_L 阈值，则 SVSLIFG(SVS_L 中断标志)置位。如果 V_{CORE} 保持低于 SVS_L 阈值，则此时软件试图清除 SVSLIFG，SVSLIFG 将立即由硬件重新置位。如果 SVSLPE 位(SVS_L 上电复位信号 POR 使能)置位，当 SVSLIFG 置位，将触发一个上电复位信号(POR)。

如果 V_{CORE} 低于 SVM_L 阈值，则 SVMLIFG(SVM_L 中断标志)置位。如果 V_{CORE} 保持低于 SVM_L 阈值，则此时软件试图清除 SVMLIFG，它将立即由硬件重新置位。如果 SVMLIE 位

(SVM_L中断使能)置位,当 SVMLIFG 置位时将触发中断。如果当 SVMLIFG 置位时,希望产生一个上电复位信号(POR),SVM_L可以通过置位 SVMLVLRPE(SVM_L电压等级到达上电复位信号 POR 使能)位,同时清除 SVMLOVPE 位来实现。

如果 V_{CORE}上升到 SVM_L阈值之上,则 SVMLVLRIFG(SVM_L电压到达)中断标志置位。如果 SVMLVLRIE(SVM_L电压到达中断使能位)置位时,SVMLVLRIFG 置位,将触发中断。

SVM_L模块也可用于过压检测。通过置位 SVMLOVPE(SVM_L过电压 POR 使能位),同时置位 SVMLVLRPE 来完成。在这些条件下,如果 V_{CORE}超过器件电压的安全运行范围,将触发一个上电复位信号(POR)。

SVS_L与 SVM_L模块可配置性能模式以实现节能运行(详见 4.2.9 小节)。如果这些 SVS_L/SVM_L功率模式被修改,或者电压级别被修改,则延迟元素会屏蔽中断与上电复位信号源(POR),直到 SVS_L与 SVM_L电路就绪为止。当延迟完成时,SVSMLDLYIFG(SVS_L与 SVM_L延迟到)中断标志置位。当 SVSMLDLYIE(SVS_L与 SVM_L延迟到中断使能位)置位时,SVSMLDLYIFG 置位,也会触发一个中断。

所有的中断标志位保持置位,直到有掉电复位信号或由软件将其清除。

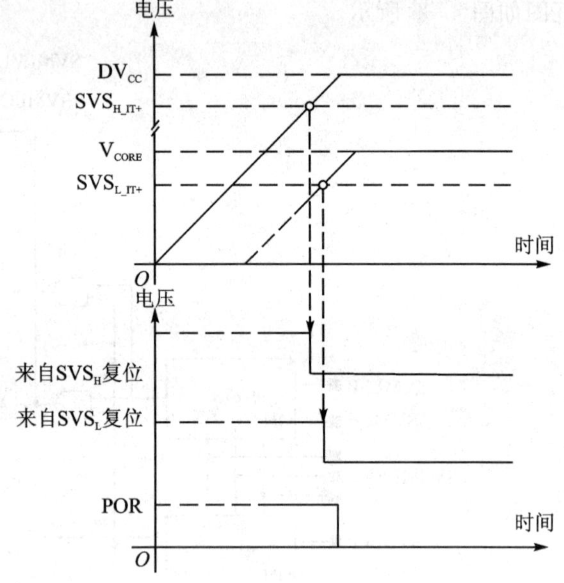

图 4-6　器件上电时,PMM 动作

4.2.3　电源电压管理与上电监测

当器件上电时,SVS_H和 SVS_L功能默认启用。最初,DV_{CC}为低电平,因此,PMM 保持器件处于上电复位(POR)状态。一旦 SVS_H和 SVS_L电压水平达到要求值,复位被释放。图 4-6 显示了这一过程。

在这之后,当各自模块启用时,两个电压域(DV_{CC}与 V_{CORE})由 SVS 与 SVM 进行管理和监测。

4.2.4　增加内核电压 V_{CORE},以支持更高的 MCLK 频率

系统复位后,V_{CORE}和所有 PMM 的阈值,默认为可能的最低水平。这些默认设置值允许 MCLK 运行在很宽的频率范围内,并且在许多应用中,无需改变这些设置。但是,对于某些应用需要提供更高的 MCLK 频率,以达到所要求的系统性能,在修改 MCLK 之前,软件应确保 V_{CORE}电压已经被提升到一个足够高的电压水平,因为如果没有提供足够的电压供 CPU 使用,可能会产生不可预知的结果。对于一个给定的器件,最高 MCLK 所需的最低内核电压水平对应关系已一一制定(见器件数据手册中的具体值)。

在设置 PMMCOREV 以提高内核电压时,需要延迟一定时间直到新的电压稳定。在内核电压提高到必要的电压等级之前,软件不能进行提高 MCLK 的操作。SVM_L可用于验证,在提高 MCLK 前,V_{CORE}电压是否已达到所需的最低值。图 4-7 显示了此过程。

此外,有一点至关重要,就是 V_{CORE}电压级别只能一次一级一级地提高。下面的步骤①～

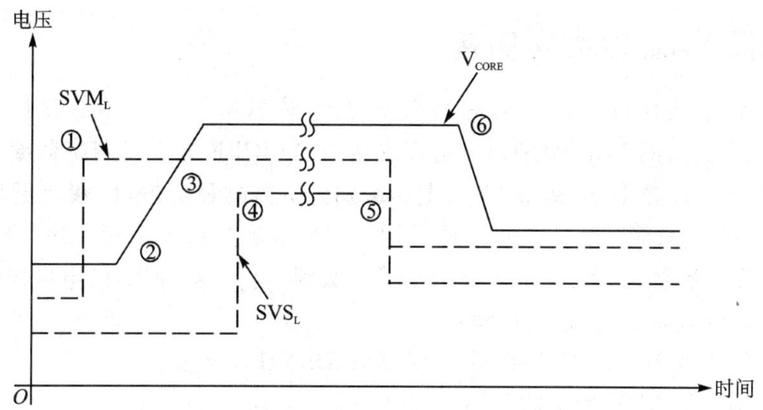

图 4-7 改变核心电压、SVML 和 SVS_L 电平

④显示通过某一个级别来提高 V_{CORE} 的过程。重复这个顺序，改变 V_{CORE} 电压级别直到得到所要的级别：

① 编程 SVM_H 与 SVS_H 为新级别，以确保 DVcc 足以供给新的 V_{CORE}。编程给 SVM_L 为新级别，然后等待(SVSMLDLYIFG)被置位。

② 编程使 PMMCOREV 到一个新的 V_{CORE} 级别。

③ 等待电压电平到达，SVMLVLRIFG 标志置位。

④ 编程使 SVS_L 到新级别。

下面是提高 V_{CORE} 的 C 代码示例，供用户参考。该样本库提供提高与降低 V_{CORE} 的 C 例程，应尽可能加以利用。

```
                                //增加 VCORE 电压的 C 语言代码示例
                                //注意：一次只能改变 VCORE 电压的一级
void SetVCoreUp(unsigned int level)
{
    PMMCTL0_H = 0xA5;           //打开 PMM 寄存器用于写操作
                                //设置 SVS/SVM 高边为新的电平值
    SVSMHCTL = SVSHE + SVSHRVL0 * level + SVMHE + SVSMHRRL0 * level;
                                //设置 SVM 低边为新的电平值
    SVSMLCTL = SVSLE + SVMLE + SVSMLRRL0 * level;
                                //等待 SVM 稳定
    while((PMMIFG & SVSMLDLYIFG) == 0);
                                //清除已经置位了的标志位
    PMMIFG &= -(SVMLVLRIFG + SVMLIFG);
                                //设置 VCORE 到新的电压等级
    PMMCTL0_L = PMMCOREV0 * level;
                                //等待达到新的电压值
    if((PMMIFG & SVMLIFG))
    while((PMMIFG & SVMLVLRIFG) == 0);
                                //设置 SVS/SVM 低边为新的电平值
    SVSMLCTL = SVSLE + SVSLRVL0 * level + SVMLE + SVSMLRRL0 * level;
    PMMCTL0_H = 0x00;           //锁定对 PMM 寄存器的写操作
}
```

4.2.5 降低 V_{CORE} 以优化功耗

在当前的 V_{CORE} 电压或更高的 V_{CORE} 设置情况下，减小 MCLK，不存在像提高 MCLK 可能造成的危险，因为更高的 V_{CORE} 级别仍然可以支持当前 MCLK 以下的目标频率。但是，通常对于一个给定的 MCLK 频率，应调整 V_{CORE} 电压级别到所需的最低值，以获得更高的电源效率。非常重要的是，V_{CORE} 只能一次一个级别地下调。下列步骤显示了通过一级一级地降低 V_{CORE} 电压级别的过程。重复这个顺序，可以改变 V_{CORE} 级别，直到得到所需的电压级别为止。

步骤①～③显示降低 V_{CORE} 的过程：

① 编程 SVM_L 为新的级别，同时等待 SVSMLDLYIFG 被置位。

② 编程 PMMCOREV 为新的 V_{CORE} 电压级别。

③ 等待电压级别到达(SVMLVLRIFG)中断。

注意：当降低 V_{CORE} 设置时，系统频率不能违背新设置 V_{CORE} 所允许的最高 MCLK 频率(见器件指定的数据手册)。

4.2.6 LPM5

LPM5 是一个新添加的低功耗模式，在该模式下，PMM 的稳压器被完全禁用，以进一步降低能耗。在 LPM5 模式时，因为没有电压提供给 V_{CORE}，CPU 和所有的数字模块包括 RAM 将失去供应电源，这基本上关闭了整个器件，因此，寄存器与 RAM 的内容会丢失。在进入 LPM5 之前，任何必要的值都应该保存到 Flash 中。LPM5 的完整描述与用法，请参阅 SYS 模块。

4.2.7 电压基准

PMM 有一个集成、高精度的电压基准发生器。这个电压基准提供给 V_{CORE} 稳压器和电压管理单元/监测器。因此，电压基准的任何变化将直接反映在 V_{CORE} 输出和 SVS_L/SVM_L 模块上。

表 4-2　每种系统运行模式对应的 PMM 电压基准工作模式

系统运行模式	电压基准工作模式
活动模式 LPM0 LPM1	静态模式
LPM2 LPM3 LPM4	切换模式
LPM5	电压基准关闭

可通过一个脉冲宽度调制(PWM)信号激活基准电压发生器来提高电源效率，而不是连续给基准电压持续供电。上述两种方式对应的模式分别被称为切换模式和静态模式。器件可在两种模式之间自动切换。

表 4-2 描述了如何根据低功耗运行模式控制基准电压工作模式。

另外，用户也可以通过软件置位稳压器电流模式控制位 PMMCMD，进行手动设置。

4.2.8 掉电复位(BOR)

掉电复位电路(BOR)的主要作用发生在器件上电的时候。在上电斜波轨迹的先期阶段，BOR 产生一个上电复位信号(POR)来初始化系统。在启用没有 SVS，但欠压情况发生时，BOR 仍起作用。它保持器件处于复位状态，直到输入电源足够供应逻辑电路，保证系统正常复位。

4.2.9 SVS/SVM 性能模式(正常或全性能)

管理/监测器能工作于两种电源模式之一:正常和全性能。两者不同之处在于,响应时间与功率消耗的权衡。全性能模式具有更快响应时间,但消耗功率大大超过正常模式。全性能模式可被用于外部电源的去耦不能充分防止 DV_{CC} 产生快速尖峰信号的场合,或者系统中有一个特别无法容忍的尖峰信号导致系统失败的场合。在这些情况下,全性能模式提供了一个附加的保护层。

有两种方法可以控制性能模式:手动和自动。

在手动模式下,正常/全性能的选择对每一种系统运行模式都是相同的,除 LPM5 模式以外(LPM5 时,SVS/SVM 总是禁用)。在这种情况下,对于各 PMM 模块,正常/全性能的选择通过 SVSHFP/SVMHFP/SVSLFP/SVMLFP 位来进行。

在自动模式下,硬件改变正常/全性能的选择取决于系统运行模式的影响。在自动模式下,SVSHFP/SVMHFP/SVSLFP/SVMLFP 自动选择两个控制方案之一。

自动或手动模式的选择是通过设置 SVSHACE/SVSLACE 位进行的,这分别用于高边和低边。表 4-3 和表 4-4 为性能模式的选择。

表 4-3 SVS/SVM 性能控制模式-手动

SVSHFP SSVVMMHLFFPP SVSLFP	活动模式 LPM0,LPM1	LPM2,LPM3 LPM4	LPM5
0	正常	正常	关闭
1	全性能模式	全性能模式	关闭

表 4-4 SVS/SVM 性能控制模式-自动

SVSHFP SSVVMMHLFFPP SVSLFP	活动模式 LPM0,LPM1	LPM2,LPM3 LPM4	LPM5
0	正常	正常	关闭
1	全性能模式	正常	关闭

4.2.10 PMM 中断

PMM 产生的中断标志指向系统不可屏蔽(NMI)中断向量发生寄存器 SYSSNIV。当 PMM 引发复位时,系统复位中断向量(SYSRSTIV)会产生一个与复位源相对应的偏移值。这些寄存器定义在 SYS 模块。更多关于 PMM 和 SYS 模块的之间的关系,详见有关 SYS 章节。

4.2.11 端口控制

在欠压发生时,PMM 提供了一种保证 I/O 引脚不会处于不受控状态的方法。在欠压时,输出被禁止,包括正常驱动模式和弱上拉/下拉功能。如果 CPU 工作正常,然后当一个欠压事件发生时,任何配置为输入的引脚会把 PxIN 寄存器中的值锁定在事件发生时的那点上,直到电压恢复。在欠压的情况下,该引脚上的外部电压的变化不会寄存到内部。这有助于防止出现异常行为。

4.2.12 电源电压监视器输出(SVMOUT,可选)

SVMLIFG、SVMLVLRIFG、SVMHIFG、SVMLVLRIFG 的状态,可以在外部 SVMOUT 引脚监测到。这些中断标志中的每一个都可以被启用(SVMLOE、SVMLVLROE、SVM-

HOE、SVMLVLROE)以生成一个输出信号。输出的极性由 SVMOUTPOL 位选择。当 SVMOUTPOL 置位时,如果一个被使能的中断标志置位,则输出被设置为 1。

4.3 PMM寄存器

PMM 的寄存器如表 4-5 所列。PMM 模块基址可以从器件指定的数据手册上得到。PMM 的地址偏移量见表 4-5。定义在 PMMCTL0 寄存器的口令字控制进入 PMM、SVS 与 SVM 寄存器。一旦写入正确密码,写访问被使能。通过字节访问方式写入一个错误的口令字到 PMMCTL0 高字节,来禁止写访问。使用错误的口令字来字访问 PMMCTL0,将触发上电清零信号(PUC)。除了 PMMCTL0 寄存器,向一个被禁止写访问的寄存器写入数据,将触发上电清零信号(PUC)。

注意: 所有寄存器,都可进行字或字节访问。对于通用寄存器 ANYREG,后缀"_L"(ANYREG_L)指的是寄存器低字节(0~7 位),后缀"_H"(ANYREG_H)是指寄存器的高字节(8~15 位)。

表 4-5 PMM寄存器

寄存器	简写形式	寄存器类型	寄存器访问方式	地址偏移量	初始状态
PMM 控制寄存器 0	PMMCTL0	读/写	字访问	00h	9600h
	PMMCTL0_L	读/写	字节访问	00h	00h
	PMMCTL0_H	读/写	字节访问	01h	0000h
PMM 控制寄存器 1	PMMCTL1	读/写	字访问	02h	0000h
	PMMCTL1_L	读/写	字节访问	02h	00h
	PMMCTL1_H	读/写	字节访问	03h	00h
SVS 和 SVM 高边控制寄存器	SVSMHCTL	读/写	字访问	04h	4400h
	SVSMHCTL_L	读/写	字节访问	04h	00h
	SVSMHCTL_H	读/写	字节访问	05h	44h
SVS 和 SVM 低边控制寄存器	SVSMLCTL	读/写	字访问	06h	4400h
	SVSMLCTL_L	读/写	字节访问	06h	00h
	SVSMLCTL_H	读/写	字节访问	07h	44h
SVSIN 和 SVMOUT 控制寄存器(可选)	SVSMIO	读/写	字访问	08h	0020h
	SVSMIO_L	读/写	字节访问	08h	20h
	SVSMIO_H	读/写	字节访问	09h	00h
PMM 中断标志寄存器	PMMIFG	读/写	字访问	0Ah	0000h
	PMMIFG_L	读/写	字节访问	0Ah	00h
	PMMIFG_H	读/写	字节访问	0Bh	00h
PMM 中断使能寄存器	PMMRIE	读/写	字访问	0Eh	0000h
	PMMRIE_L	读/写	字节访问	0Eh	00h
	PMMRIE_H	读/写	字节访问	0Fh	00h
电压模式 4 控制寄存器 0	PM5CTL0	读/写	字访问	1h	0000h
	PM5CTL0_L	读/写	字节访问	1h	00h
	PM5CTL0_H	读/写	字节访问	11h	00h

1. 电源管理模块控制寄存器 0(PMMCTL0)

15~8	7	6	5
PMMPW 读为 96h,写为 A5h	PMMHPMRE	保留	

4	3	2	1	0
PMMREGOFF	PMMSWPOR	PMMSWBOR	PMMCOREV	

PMMPW　位 15~8　PMM 口令字,通常读出为 096h,写入必须为 0A5h,否则产生上电清零信号(PUC)。

PMMHPMRE　位 7　全局高电源模块请求位,如果 PMMHPMRE 位置 1,任何模块都可以要求 PMM 高电源模式。

保留　位 6~5　保留位,通常读出为 0。

PMMREGOFF　位 4　关闭稳压器,详见 SYS 章。

PMMSWPOR　位 3　软件上电复位,此位置 1 会触发 POR,此位自动清除。

PMMSWBOR　位 2　软件掉电复位,此位置 1 会触发 BOR,此位自动清除。

PMMCOREV　位 1~0　核心电压,电压级别与相应的电压值参看器件指定的数据手册。

00　V_{CORE}典型值为 1.4 V;　10　V_{CORE}典型值为 1.8 V;

01　V_{CORE}典型值为 1.6 V;　11　V_{CORE}典型值为 1.9 V。

2. 电源管理模块控制寄存器 1(PMMCTL1)

15~6	5~4	3~2	1	0
保留	PMMCMD	保留	保留	PMMREFMD

保留　位 15~6　保留位。通常读出为 0。

PMMCMD　位 5~4　电压稳压器电流模式。

00　电压稳压器电流范围由低功耗模式定义;

01　电压稳压器电流范围由低功耗模式定义;

10　电压稳压器被强制进入低电流模式;

11　电压稳压器被强制进入全性能模式。

保留　位 3~2　保留位。通常读出为 0。

保留　位 1　保留位。必须写入 0。

PMMREFMD　位 0　PMM 参考模式。如果 PMMREFMD 置 1,那么电压参考就运行在连续(静态)模式下。

3. 高边电源电压管理与监视控制寄存器(SVSMHCTL)

15	14	13	12	11
SVMHFP	SVMHE	保留	SVMHOVPE	SVSHFP

10	9~8	7	6
SVSHE	SVSHRVL	SVSMHACE	SVSMHEVM

5	4	3	2~0
保留	SVSHMD	SVSMHDLYST	SVSMHRRL

SVMHFP　位 15　SVM 高边全性能模式。如果此位置 1,则 SVM_H工作在全性能模式下:

0　正常模式,典型延迟为 20 μs,详见器件特殊手册;

1　全性能模式,典型延迟为 2.5 μs,详见器件特殊手册。

SVMHE　位 14　SVM 高边使能位。此位置 1,则 SVM_H使能。

保留　　位 13　　保留位。通常读出为 0。

SVMHOVPE　　位 12　　SVM 高边过电压检测使能位，此位置 1，则 SVM_H 过压检测功能可用；如果 SVMHVLRPE 也置 1，则当过电压情况发生时，产生 POR。

SVSHFP　　位 11　　SVS 高边全性能模式位。此位置 1，则 SVS_H 工作在全性能模式下：

0　正常模式，典型延迟为 20 μs，详见器件指定的数据手册；

1　全性能模式，典型延迟为 2.5 μs，详见器件指定的数据手册。

SVSHE　　位 10　　SVS 高边使能位。如果此位置 1，则 SVS_H 启用。

SVSHRVL　　位 9～8　　SVS 高边复位电压电平。如果 DV_{CC} 降到 SVSHRVL 位所选的 SVS_H 电压值以下，就会触发复位（如果 SVSHPE=1），电压大小级别定义见特定器件的数据手册。

SVSMHACE　　位 7　　SVS 与 SVM 高边自动控制位。如果此位被置 1，那么 SVS_H 和 SVM_H 电路的低功耗模式由硬件控制。

SVSMHEVM　　位 6　　SVS 与 SVM 高边事件屏蔽位。如果此位被置 1，那么 SVS_H 和 SVM_H 事件被屏蔽。

0　没有事件被屏蔽；1　所有事件被屏蔽。

保留　　位 5　　保留位。通常读出为 0。

SVSHMD　　位 4　　SVS 高边模式位。如果此位置 1，那么在 LPM2、LPM3 和 LPM4 模式下，当系统上电失败时，中断标志位 SVS_H 被置 1；如果此位不被置 1，那么在 LPM2、LPM3 和 LPM4 模式下，中断标志位 SVS_H 也不被置 1。

SVSMHDLYST　　位 3　　SVS 与 SVM 高边延时状态。如果此位被置 1，SVS_H 和 SVM_H 事件在一段延迟事件内被屏蔽，延迟时间取决于 SVS_H 和 SVM_H 的低功耗模式。如果 SVMHFP=1 与 SVSHFP=1，全性能模式时，延迟时间更短，详见器件指定的数据手册。延迟时间到后，此位被硬件清零。

SVSMHRRL　　位 2～0　　SVS 与 SVM 高边复位释放电压等级。这些位定义 SVS_H 复位释放电压大小级别，也用于定义 SVM_H 可达到的电压大小值，电压大小级别在器件指定的数据手册中定义。

4. 低边电源电压管理与监视控制寄存器(SVSMLCTL)

15	14	13	12	11
SVMLFP	SVMLE	保留	SVMLOVPE	SVSLFP

10	9～8	7	6
SVSLE	SVSLRVL	SVSMLACE	SVSMLEVM

5	4	3	2～0
保留	SVSLMD	SVSMLDLYST	SVSMLRRL

SVMLFP　　位 15　　SVM 低边全性能模式。如果此位置 1，则 SVM_L 工作在全性能模式下：

0　正常模式，典型延迟为 20 μs，详见器件特殊手册。

1　全性能模式，典型延迟为 2.5 μs，详见器件特殊手册。

SVMLE　　位 14　　SVM 低边使能位。此位置 1，则 SVM_L 使能。

保留　　位 13　　保留位。通常读出为 0。

SVMLOVPE　　位 12　　SVM 低边过电压检测使能位，此位置 1，则 SVM_L 过压检测功能可用。

SVSLFP　　位 11　　SVS 低边全性能模式位。此位置 1，则 SVS_L 工作在全性能模式下：

0　正常模式，典型延迟为 20 μs，详见器件指定的数据手册；

1　全性能模式，典型延迟为 2.5 μs，详见器件指定的数据手册。

SVSLE	位 10	SVS 低边使能位。如果此位置 1,则 SVS_L 启用。
SVSLRVL	位 9～8	SVS 低边复位电压电平。如果 DV_{CC} 降到 SVSLRVL 位所选的 SVS_L 电压值以下,就会触发复位(如果 SVSLPE＝1),电压大小级别定义见器件指定的数据手册。
SVSMLACE	位 7	SVS 与 SVM 低边自动控制位。如果此位被置 1,那么 SVS_L 和 SVM_L 电路的低功耗模式由硬件控制。
SVSMLEVM	位 6	SVS 与 SVM 低边事件屏蔽位。如果此位被置 1,那么 SVS_L 和 SVM_L 事件被屏蔽。 0　没有事件被屏蔽;1　所有事件被屏蔽。
保留	位 5	保留位。通常读出为 0。
SVSLMD	位 4	SVS 低边模式位。如果此位置 1,那么在 LPM2、LPM3 和 LPM4 模式下,当系统上电失败时,中断标志位 SVS_L 被置 1;如果此位不被置 1,那么在 LPM2, LPM3 和 LPM4 模式下,中断标志位 SVS_L 也不被置 1。
SVSMLDLYST	位 3	SVS 与 SVM 低边延时状态。如果此位被置 1,SVS_L 和 SVM_L 事件在一段延迟事件内被屏蔽,延迟时间取决于 SVS_L 和 SVM_L 的低功耗模式。如果 SVMLFP＝1 与 SVSLFP＝1,全性能模式时,延迟时间更短,详见器件指定的数据手册。延迟时间到后,此位被硬件清零。
SVSMLRRL	位 2～0	SVS 与 SVM 低边复位释放电压等级。这些位定义 SVS_L 复位释放电压大小级别,也用于定义 SVM_L 可达到的电压大小值,电压大小级别在器件指定的数据手册中定义。

5. SVSIN 与 SVMOUT 控制寄存器(SVSMIO)

15～13	12	11	10～8
保留	SVMLVLROE	SVMHOE	保留

7～6	5	4	3	2～0
保留	SVMOUTPOL	SVMLVLROE	SVMLOE	保留

保留	位 15～13	保留位。通常读出为 0。
SVMLVLROE	位 12	SVM 高边电压电平到达输出使能。如果此位置 1,则 SVMLVLRIFG 位输出到器件的引脚 SVMOUT。器件指定的端口逻辑必须相应地被配置。
SVMHOE	位 11	SVM 高电平输出使能。如果此位置 1,则 SVMHIFG 位输出到器件的引脚 SVMOUT。器件指定的端口逻辑必须相应地被配置。
保留	位 10～6	保留位。通常读出为 0。
SVMOUTPOL	位 5	SVMOUT 引脚极性。此位置 1,则 SVMOUT 为高。出错情况由信号 1 表现在 SVMOUT 引脚;如果 SVMOUTPOL 被清零,则出错情况由信号 0 表现在 SVMOUT 引脚。
SVMLVLROE	位 4	SVM 低边电压达到输出使能。如果此位置 1,则 SVMLVLRIFG 位被输出到器件的引脚 SVMOUT。器件指定的端口逻辑必须相应地被配置。
SVMLOE	位 3	SVM 低电平输出使能端。如果此位置 1,则 SVMLIFG 位就成为器件引脚 SVMOUT 的输出。器件指定的端口逻辑必须相应地被配置。
保留	位 2～0	保留位,通常读出为 0。

6. 电源管理模块中断标志寄存器(PMMIFG)

15	14	13	12
PMMLPM5IFG	保留	SVSLIFG[1]	SVSHIFG[1]
11	10	9	8
保留	PMMPORIFG	PMMRSTIFG	PMMBOTIFG
7	6	5	4
保留	SVMHVLRIFG[1]	SVMHIFG	SVSMHDLYIFG
3	2	1	0
保留	SVMLVLRIFG[1]	SVMLIFG	SVSMLDLYIFG

PMMLPM5IFG　位 15　LPM5 标志位,在系统进入低功耗模式 5 之前,需将此位置 1,该位可通过软件或读复位向量值被清零。DV_{CC} 电压域上电失败也可清除此位。
0　无中断请求;1　中断请求。

保留　位 14　保留位。通常读出为 0。

SVSLIFG　位 13　SVS 低边中断标志。此位可通过软件或读复位向量值被清零。
0　无中断请求;1　中断请求。

SVSHIFG　位 12　SVS 高边中断标志。此位可通过软件或读复位向量值被清零。
0　无中断请求;1　中断请求。

保留　位 11　保留位。通常读出为 0。

PMMPORIFG　位 10　电源管理单元软件上电复位中断标志。如果软件上电复位被触发,此位置 1。此位可通过软件或读复位向量值被清零。
0　无中断请求;1　中断请求。

PMMRSTIFG　位 9　电源管理单元复位引脚中断标志位,如果 RST/NMI 引脚作为复位信号源,此位置 1。此位可通过软件或读复位向量值被清零。
0　无中断请求;1　中断请求。

PMMBOTIFG　位 8　电源管理单元软件掉电复位中断标志位,软件 BOR(PMMSWBOR)被触发时,此位置 1。此位可通过软件或读复位向量值被清零。
0　无中断请求;1　中断请求。

保留　位 7　保留位。通常读出为 0。

SVMHVLTIFG　位 6　SVM 高边电压到达中断标志位。此位由软件清零、读复位向量字(SVSHPE=1)或读中断向量(SVSHPE=0)字清零。
0　无中断请求;1　中断请求。

SVMHIFG　位 5　SVM 高边中断标志位,此位由软件清零。
0　无中断请求;1　中断请求。

SVSMHDLYIFG　位 4　SVS 和 SVM 高边延迟中断标志位。此中断标志位在延迟一段时间后被置 1,而由软件或读中断向量字来清零。
0　无中断请求;1　中断请求。

保留　位 3　保留位。通常读出为 0。

SVMLVLRIFG　位 2　SVM 低边电压到达中断标志位。此位由软件清零、读复位向量字(SVSLPE=1)或读中断向量字(SVSLPE= 0)清零。
0　无中断请求;1　中断请求。

SVMLIFG　位 1　SVM 低电平电压中断标志位。此位由软件清零。
0　无中断请求;1　中断请求。

SVSMLDLYIFG　位 0　SVS 和 SVM 低边延迟中断标志位。此中断标志位在延迟一段时间后被置 1，而由软件或读中断向量字来清零。

0　无中断请求；1　中断请求。

7. 电源管理单元复位和中断使能寄存器(PMMRIE)

15～14	13	12	11～10	9
保留	SVMHVLRPE	SVSHPE	保留	SVMLVLRPE

8	7	6	5	4
SVSLPE	保留	SVMHVLRIE	SVMHIE	SVSMHDLYIE

3	2	1	0
保留	SVMLVLRIE	SVMLIE	SVSMLDLYIE

保留　位 15～14　保留位。通常读出为 0。

SVMHVLRPE　位 13　达到 SVM 高边电压电平时 POR 使能。如果此位置 1，高于 SVM_H 电压将触发 POR。

SVSHPE　位 12　SVS 高边上电复位使能位。如果此位置 1，低于 SVS_H 电压将触发 POR。

保留　位 11～10　保留位。通常读出为 0。

SVMLVLRPE　位 9　达到 SVM 低边电压电平时，POR 使能。如果此位置 1，高于 SVM_L 电压将引起 POR。

SVSLPE　位 8　SVS 低边上电复位使能位。如果此位置 1，低于 SVS_L 电压将触发 POR。

保留　位 7　保留位。通常读出为 0。

SVMHVLRIE　位 6　SVM 高边复位电压电平中断位。

SVMHIE　位 5　SVM 高边中断使能位，此位可以通过软件被清零，或者在中断矢量值被读后清零。

SVSMHDLYIE　位 4　SVS 和 SVM 高边延迟中断使能位。

保留　位 3　保留位。通常读出为 0。

SVMLVLRIE　位 2　SVM 低边复位电压电平中断位。

SVMLIE　位 1　SVM 低边中断使能位，此位可以通过软件被清零，或者在中断矢量值被读后清零。

SVSMLDLYIE　位 0　SVS 和 SVM 低边延迟中断使能位。

8. 电源模式 5 控制寄存器 0(PM5CTL0)

15～1	0
保留	LOCKIO

保留　位 15～1　保留位。通常读出为 0。

LOCKIO　位 0　进入/退出 LPM5 后，锁定 I/O 引脚配置位。一旦电源电压应用到器件，此位置位，只能由用户清除或通过另一个电源循环清除。

0　I/O 引脚配置不锁定，默认为复位状态下的设置；

1　I/O 引脚配置保持锁定状态。在 LPM5 进入和退出时，引脚的状态被所锁存。

第5章 CPUX体系结构

5.1 CC430X CPU(CPUX)简介

CC430X CPU 所具有的特性是专为模块化编程技术而设计的，例如分支计算、向量处理以及高级语言(比如 C 语言)的使用。CC430X CPU 可以寻址 1 MB 的地址空间而无需分页。CC430X CPU 完全向后兼容 CC430 CPU。

CC430X CPU 的特性包括：

- ❑ RISC 架构；
- ❑ 正交体系；
- ❑ 完全的寄存器存取，包括程序计数器(PC)、状态寄存器(SR)、堆栈指针(SP)；
- ❑ 单周期寄存器操作；
- ❑ 大量的寄存器文件可减少对存储器的访问次数；
- ❑ 20 位地址总线允许直接存取整个存储器地址空间而无需分页；
- ❑ 16 位数据总线允许直接处理字宽度的参数；
- ❑ 常数发生器提供了最常用的 6 个立即数，这有助于减少代码量；
- ❑ 直接存储器到存储器的数据传送而无需中间寄存器保持；
- ❑ 字节、字和 20 位地址字寻址。

CC430X CPU 的结构框图如图 5-1 所示。

5.2 中　断

CC430X 具有以下中断结构：

- ❑ 无需投票表决的向量中断；
- ❑ 中断向量位于从 0FFFEh 开始及以下的地址空间。

中断向量包含了指向较低的 64 KB 存储器空间的 16 位地址。这意味着所有中断处理器必须起始于较低的 64 KB 存储器空间内。

在中断期间，程序计数器(PC)和状态寄存器(SR)被压入堆栈，如图 5-2 所示。CC430X 架构将 PC 的 19:16 位自动挂接到存储在堆栈中的 SR 寄存器上，完整高效地存储 20 位 PC 值。当执行 RETI 指令时，20 位地址完整地加载到 PC，实现从中断返回到 PC 指向的存储空间范围内的任何地址。

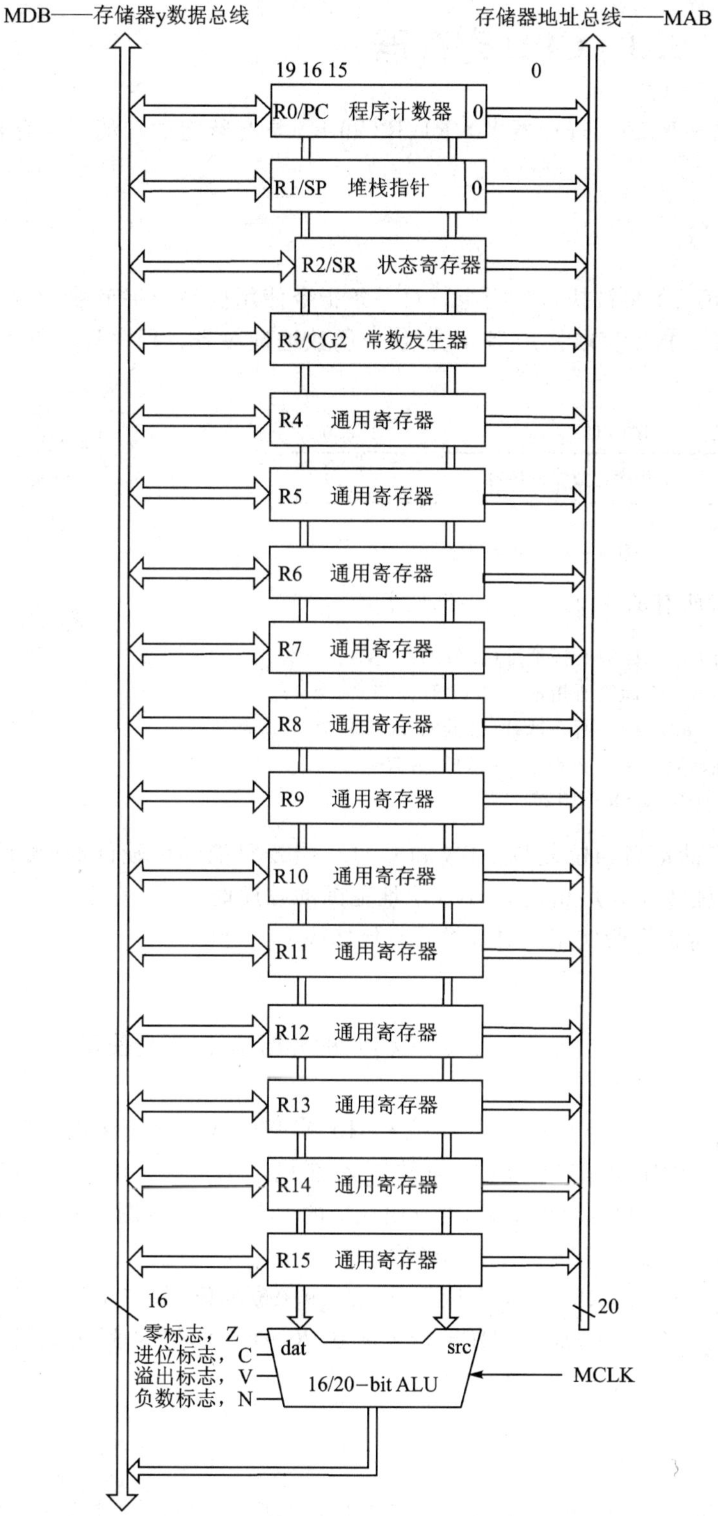

图 5-1　CC430X CPU 结构框图

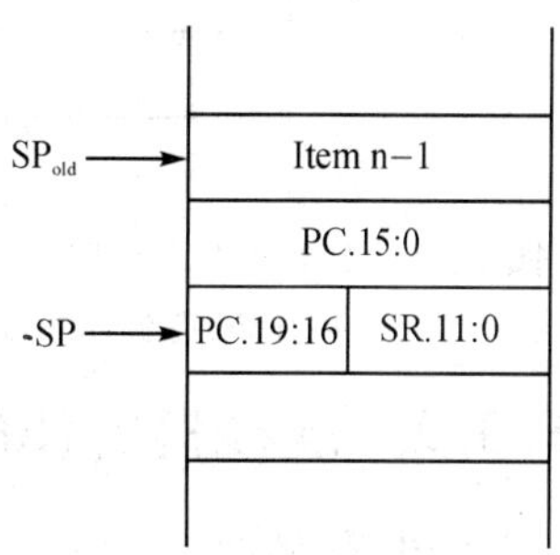

图 5-2　中断时 PC 存储于堆栈中的示意图

5.3 CPU 寄存器

CPU 包含 16 个寄存器(R0～R15)。寄存器 R0、R1、R2 和 R3 具有特定的功能。寄存器 R4～R15 用作通用寄存器。

5.3.1 程序计数器(PC)

20 位的 PC(PC/R0)指向下一条将被执行的指令。每一条指令使用偶数个字节数(2,4,6 或 8 个字节),PC 也相应地增加。指令存取采用字方式,且与偶数地址对齐。程序计数器 PC 如图 5-3 所示。

图 5-3 程序计数器

PC 可寻址所有指令并支持所有的寻址模式。举例如下：

```
MOV.W   #LABEL,PC   ;跳转到 LABEL 标签所指地址(较低的 64 KB)
MOVA    #LABEL,PC   ;跳转到 LABEL 标签所指地址(1 MB 存储器)
MOV.W   LABEL,PC    ;跳转到 LABEL 标签所在地址(较低的 64 KB)
MOV.W   @R14,PC     ;直接跳转到 R14 所在地址(较低的 64 KB)
ADDA    #R14,PC     ;跳过两个字(1 MB 存储器)
```

BR 和 CALL 指令将使 PC 的最高四位复位。BR 和 CALL 指令只能寻址较低的 64 KB 地址空间的分支程序。当需要跳转或调用超过 64 KB 地址范围的程序时,可以使用 BRA 或 CALLA 指令。此外,任何指令将根据所使用的寻址模式直接修改 PC。例如：

```
MOV.W   #value,PC
```

上述指令将会清除 PC 的高四位,因为它使用了".W"指令。

当执行 CALL(或 CALLA)指令或者处于中断服务程序期间,PC 将自动被压入堆栈。图 5-4 所示为执行 CALLA 指令后,带返回地址的 PC 存储示意图。CALL 指令只存储 PC 的 15:0位。

RETA 指令恢复 PC 的 19:0位的值,并将堆栈指针的值(SP)加 4。RET 指令恢复 PC 的 15:0位的值,并将堆栈指针的值(SP)加 2。

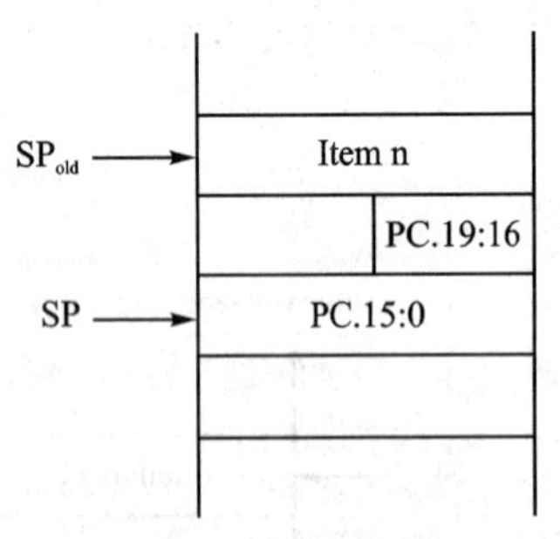

图 5-4 执行 CALLA 指令后的堆栈中的 PC 存储示意图

5.3.2 堆栈指针(SP)

CPU 使用的 20 位 SP(SP/R1)用于存储调用的子程序和中断的返回地址。它使用先减后加的方案。另外,SP 可被软件用于所有的指令和寻址模式。图 5-5 所示为堆栈指针 SP。SP 由用户在 RAM 中初始化,并且总是与偶数地址对齐。

图 5－6 为堆栈使用示意图，图 5－7 所示为 20 位地址字被压入时的使用示意图。以 SP 作为入栈和出栈指令参数的情形如图 5－8 所示。

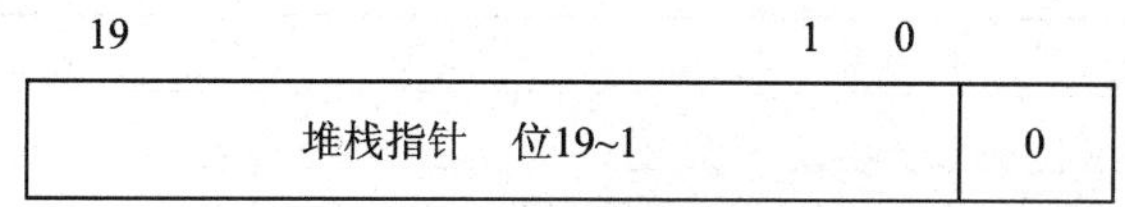


```
MOV，W 2(SP)，R6；复制SP+2地址的内容到R6存储单元
MOV，W R7，0(SP)；将R7的内容赋给SP
PUSH #0123h     ；将立即数0123h压入堆栈
POP  R8         ；R8＝0123h
```

图 5－5 堆栈指针

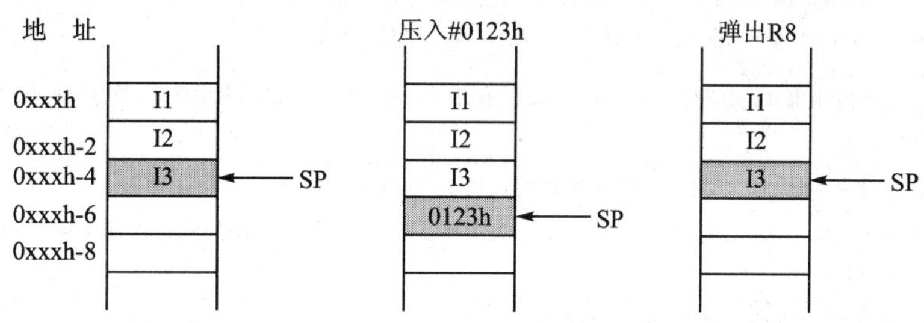

图 5－6 堆栈使用

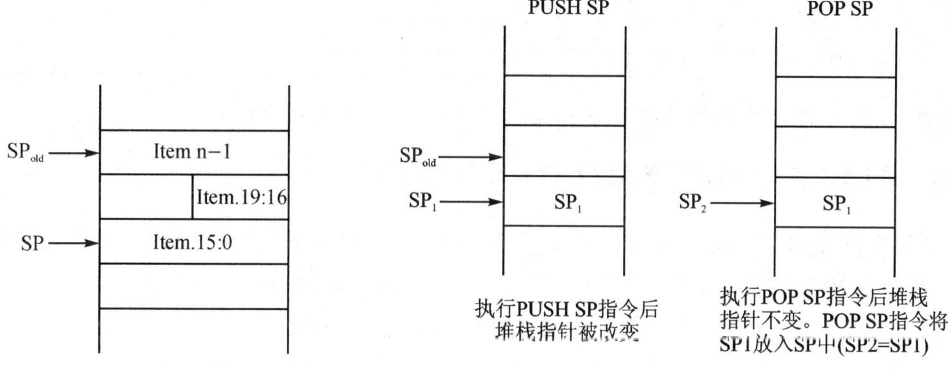

图 5－7 PUSHX.A 在堆栈中的格式　　**图 5－8 PUSH SP，POP SP 序列**

5.3.3 状态寄存器(SR)

16 位 SR(SR/R2)，当作为源寄存器或目的寄存器使用时，只能使用字指令且利用寄存器方式寻址。其余的混合寻址模式用于支持常数发生器。图 5－9 列出了 SR 的各个位。不要向 SR 写 20 位的值，否则将导致不可预料的操作结果。

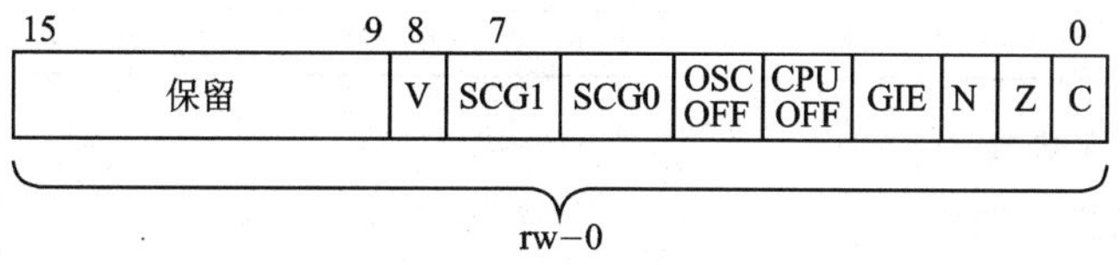

图 5－9 SR 的各个位

表 5-1 为 SR 各个位的描述。

表 5-1　SR 各位的描述

位	描　述
保留	保留位,未使用
V	溢出标志位。当算术运算结果超出有符号数范围时,该位置 1 ADD(.B),ADDX(.B,.A),ADDC(.B),　置位条件: ADDCX(.B.A),ADDA　正数+正数=负数 负数+负数=正数 SUB(.B),SUBX(.B,.A),　置位条件: SUBC(.B),SUBCX(.B,.A),SUBA,　正数-负数=负数 CMP(.B),CMPX(.B,.A),CMPA　负数-正数=正数
SCG1	系统时钟发生器 1。如果因为 DCOCLK 没有用作 MCLK 或 SMCLK 的时钟源而关闭 DCO 直流发生器时,该位置 1
SCG0	系统时钟发生器 0。当关闭 FLL+循环控制时,该位置 1
OSCOFF	振荡器关闭标志位。当因为 LFXT1CLK 未用作 MCLK 或 SMCLK 的时钟源而关闭 LFXT1 晶体振荡器时,该位置 1
CPUOFF	CPU 关闭标志位。当关闭 CPU 时该位置 1
GIE	普通中断允许位。该位置位,将允许可屏蔽中断。该位复位,所有可屏蔽中断都将禁止
N	负数标志位。当运算结果是负数时,该位置 1,结果为正该位清 0
Z	零标志位。当运算结果是 0 时,该位置 1,结果非零该位清 0
C	进位标志位。当运算结果产生进位时,该位置 1,未发生进位该位清 0

注意: SR 寄存器的位操作应当通过指令 MOV、BIS、BIC 实现。

5.3.4　常数发生器寄存器(CG1 和 CG2)

6 个通用的常数可以通过常数发生器寄存器 R2(CG1)和 R3(CG2)产生,而不需要额外的 16 位字程序代码。通过源寄存器的寻址模式(As)来选择常数,如表 5-2 所列。

表 5-2　常数发生器 CG1,CG2 的值

寄存器	As	常　数	备　注
R2	00	—	寄存器模式
R2	01	(0)	绝对地址模式
R2	10	00004h	+4,位处理
R2	11	00008h	+8,位处理
R3	00	00000h	0,字处理
E3	01	00001h	+1
R3	10	00002h	+2,位处理
R3	11	FFh,FFFFh,FFFFFh	-1,字处理

常数发生器的优势在于:

- ❑ 无需特殊的指令要求;
- ❑ 对于这 6 个常数,无需额外的代码字;
- ❑ 获取这些常数,无需访问数据存储器。

如果 6 个常数之一被用作立即数源操作数使用，则汇编程序将自动使用常数发生器——寄存器 R2 和 R3。用在常数模式时，常数发生器不能被寻址，它们只充当源寄存器。

常数发生器——扩展指令设置

CC430 的 RISC 指令设置只有 27 条指令。然而，常数发生器允许 CC430 汇编程序支持额外的 24 条仿真指令。例如，单操作数指令：

```
CLR     dst
```

上述指令将被具有相同长度的双操作数指令仿真：

```
MOV     R3,dst
```

立即数＃0 被汇编程序替代的地方，R3 被以 As＝00 方式使用。

```
INC     dst
```

替换成：

```
ADD     0(R3),dst
```

5.3.5 通用寄存器(R4～R15)

12 个 CPU 寄存器(R4～R15)包含 8 位、16 位或 20 位值。任何对某个 CPU 寄存器的字节写入操作，将清除其 19:8位。任何对某个 CPU 寄存器的字写入操作，将清除其 19:16 位。唯一例外的一条指令是 SXT。SXT 指令可以将寄存器通过符号扩展扩充为 20 位。

如果寄存器为字节或字指令的目的寄存器时，注意寄存器最高有效位的复位值(MSBs)。

图 5－10 表示字节处理过程(8 位数据，“.B”后缀)，其分别描述了源寄存器与目的存储字节(寄存器源操作数方式)、源存储字节与目的寄存器(寄存器目的操作数方式)的处理。

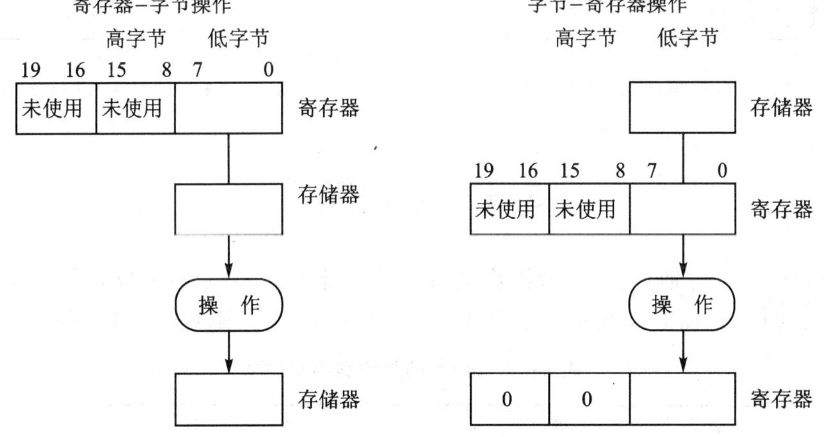

图 5－10 寄存器-字节/字节-寄存器操作

图 5－11 和图 5－12 表示了 16 位字处理过程(“.W”后缀)。其分别描述了源寄存器与目的存储字(寄存器源操作数方式)、源存储字与目的寄存器(寄存器目的操作数方式)的处理。

图 5－13 和图 5－14 表示了 20 位地址字处理过程(“.A”后缀)。其分别描述了源寄存器与目的存储地址字(寄存器源操作数方式)、源存储地址字与目的寄存器(寄存器目的操作数方式)的处理。

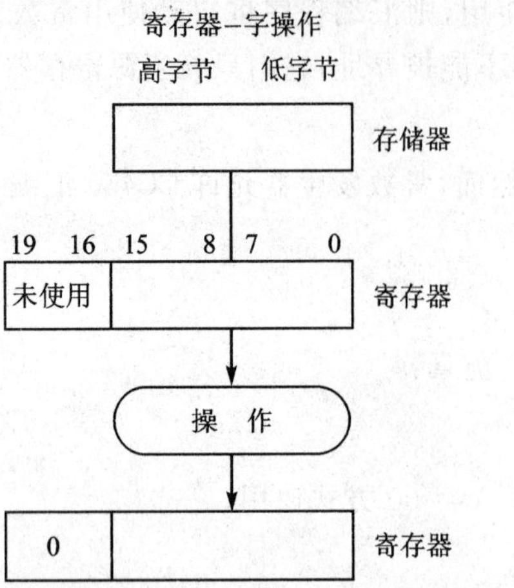

图 5－11 寄存器-字操作

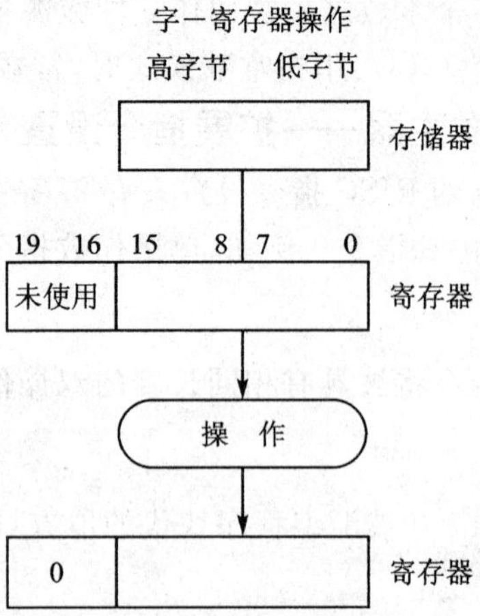

图 5－12 字-寄存器操作

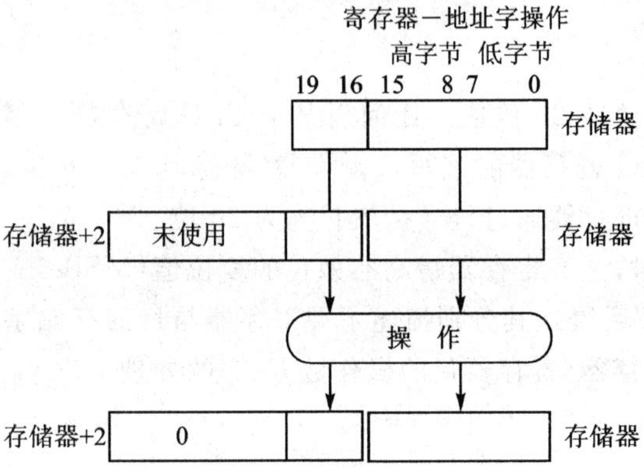

图 5－13 寄存器-地址字操作

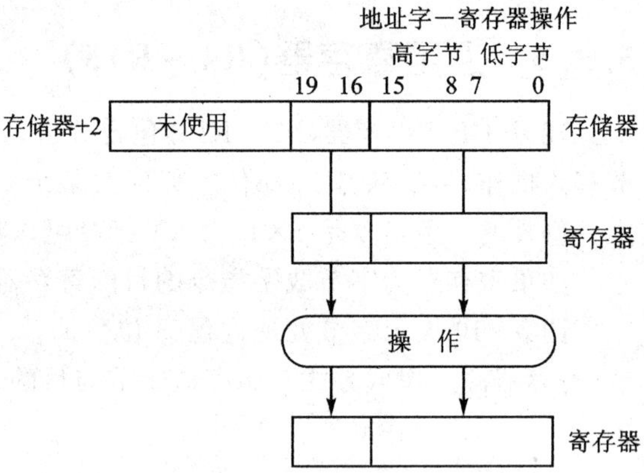

图 5－14 地址字-寄存器操作

5.4 寻址模式

使用 16 位或 20 位地址，对于源操作数有 7 种寻址方式，对于目的操作数有 4 种寻址方式（见表 5－3）。CC430 和 CC430X 指令在整个 1 MB 存储器范围内都是可用的。

表 5－3 源/目的操作数寻址方式

As/Ad	寻址方式	语 法	描 述
00/0	寄存器寻址	Rn	寄存器内容作为操作数
01/1	索引寻址	X(Rn)	地址为(Rn＋X)的存储单元内容作为操作数。X 保存在下一个字中或保存在预扩展字和下一个字的结合体中
01/1	符号寻址	ADDR	地址为(PC＋X)的存储单元内容作为操作数。X 保存在下一个字中或保存在预扩展字和下一个字的结合体中。使用 X(PC)索引模式

续表 5-3

As/Ad	寻址方式	语　法	描　述
01/1	绝对寻址	&ADDR	指令之后的字包含了绝对地址。X 保存在下一个字或保存在预扩展字和下一个字的结合体中。使用 X(SR)索引模式
10/—	间接寄存器寻址	@Rn	Rn 用作指向操作数的指针
11/—	间接自动增量寻址	@Rn+	Rn 用作指向操作数的指针。Rn 在执行.B 指令后加 1,".W"指令后加 2,".A"指令后加 4
11/—	立即数寻址	#N	N 保存在下一个字或保存在预扩展字和下一个字的结合体中。使用间接自动增量模式@PC+

这 7 种寻址方式在下面章节中有详细解释。大多数例子描述的源操作数和目的操作数具有相同的寻址模式,但是一条指令中任何有效的源操作数和目的操作数的混合寻址模式都是可以的。

注意: EDE、TONI、TOM、LEO 标号的使用。

贯穿整个 CC430 文档,EDE、TONI、TOM 和 LEO 被用作普通标号。它们仅仅是标号而无特殊意思。

5.4.1 寄存器寻址模式

操作数:　操作数是 8 位,16 位或 20 位的 CPU 寄存器的内容。

长度:　1、2 或 3 个字。

注释:　可用于源操作数和目的操作数。

字节操作:　字节操作仅读取源寄存器 Rsrc 的 8 个最低有效位,并将结果写入目的寄存器 Rdst 的 8 个最低有效位。Rdst 的 19:8位被清除。Rsrc 寄存器不被修改。

字操作:　字操作读取源寄存器 Rsrc 的 16 个最低有效位,并将结果写入目的寄存器 Rdst 的 16 个最低有效位。寄存器 Rdst 的 19:16 位被清除。寄存器 Rscr 不被修改。

地址字操作:　地址字操作读取源寄存器 Rsrc 的 20 位值,并将结果写入目的寄存器 Rdst 的 20 位。寄存器 Rsrc 不被修改。

SXT 例外:　SXT 指令是寄存器操作唯一的例外。Rdst 低字节的位 7 将被当作符号扩展至 Rdst 的 19:8位。

例如:
```
BIS.W   R5,R6 ;
```
这条指令是对 R5 包含的 16 位数据和 R6 包含的 16 位数据做逻辑或运算。R6 的 19:16 位被清除。

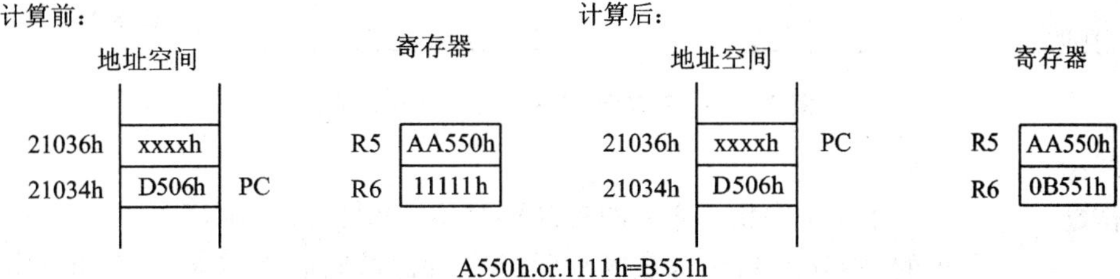

例如:
```
BISX.A  R5,R6;
```
这条指令是对 R5 包含的 20 位数据和 R6 包含的 20 位数据进行逻辑或运算。扩展字包含了 20 位数据的 A/L 位。这条指令字使用字节模式 A/L:

B/W＝01。运算结果如下：

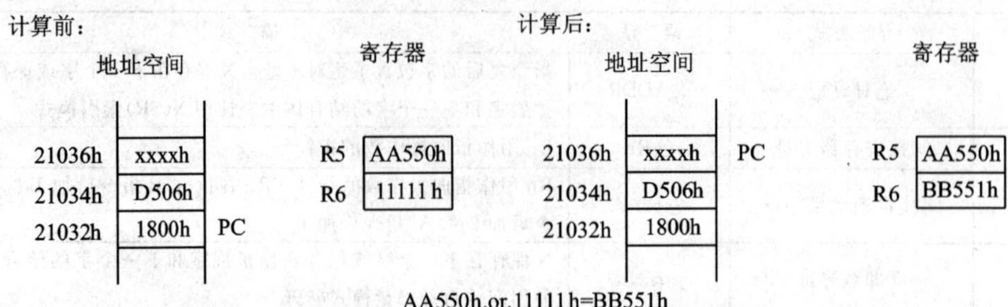

5.4.2 索引寻址模式

索引寻址模式通过将有符号索引值加到 CPU 寄存器上来计算操作数的地址。索引寻址模式有 3 种可能的寻址模式：

① 较低 64 KB 存储器空间内的索引寻址模式。

② 具有索引寻址模式的 CC430 指令寻址 64 KB 以上的存储器空间。

③ 具有索引寻址模式的 CC430X 指令。

1. 较低 64 KB 存储器空间的索引寻址模式

如果 CPU 寄存器 Rn 指向的地址处于较低 64 KB 存储空间范围内，在所计算的存储器地址中，CPU 寄存器 Rn 和有符号数 16 位索引值之外的 19∶16 位将被清除。这意味着所计算出的存储器地址总是位于较低 64 KB 范围内，而不会上溢或下溢出 64 KB 的存储空间。RAM 和外设寄存器可以以这种方式存取，已存在的 CC430 软件也是可用的，而不需要修改，如图 5－15 所示。

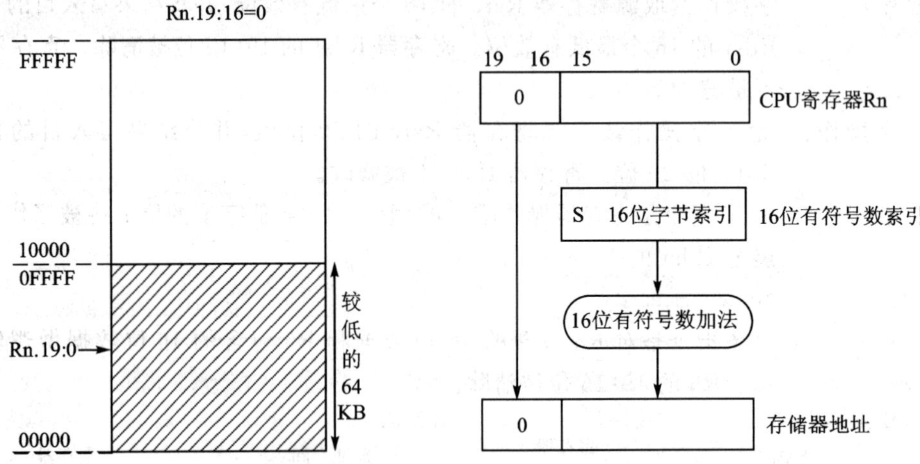

图 5－15　在较低 64 KB 空间的索引模式

长度：　2 或 3 个字。

操作数：　位于下一个字指令之后的有符号 16 位索引值被加到 CPU 寄存器 Rn 上。结果的 19∶16 位被清除截成一个 16 位存储器地址，它指向 00000h～0FFFFh 范围内的一个操作数地址。这个操作数是所寻址的存储单元的内容。

注释：　对于源操作数和目的操作数有效。汇编程序计算寄存器索引，并将其插入。

例如：
```
ADD.B   1000h(R5),0F000h(R6);
```

这条指令将源操作数字节 1000h(R5)和目的操作数字节 0F000h(R6)的内容相加，并将结果存入目的操作数字节中。源操作数和目的操作数字节两者都位于较低 64 KB 范围内，因此 R5 和 R6 寄存器的 19:16 位被清除。

源操作数：R5＋1000h 计算结果 0479Ch＋1000h＝0579Ch 截成的 16 位地址。

目的操作数：R6＋F000h 计算结果 01778h＋F000h＝00778h 截成的 16 位地址。

计算前：

地址空间

地址	内容	
1103Ah	xxxxh	
11038h	F000h	
11036h	1000h	
11034h	55D6h	PC
0077Ah	xxxxh	
00778h	xx45h	
0579Eh	xxxxh	
0579Ch	xx32h	

01778h + F000h = 00778h

0479Ch + 1000h = 0579Ch

计算后：

地址空间

地址	内容	
1103Ah	xxxxh	PC
11038h	F000h	
11036h	1000h	
11034h	55D6h	
0077Ah	xxxxh	
00778h	xx77h	
0579Eh	xxxxh	
0579Ch	xx32h	

R5 0479Ch

R6 01778h

32h src + 45h dst = 77h Sum

2. 具有索引寻址模式的 CC430 指令在较高存储器空间

如果 CPU 寄存器 Rn 指向一个 64 KB 存储器空间之上的地址，Rn 的 19:16 位将参与操作数的地址计算。操作数可能位于 Rn 的 32 KB 范围内的存储器空间中，因为索引值 X 是一个有符号 16 位数值。在这种情况下，对于较低的 64 KB 存储空间而言，操作数的地址可能会上溢或者下溢(如图 5－16 和 5－17 所示)。索引模式例子如图 5－18 所示。

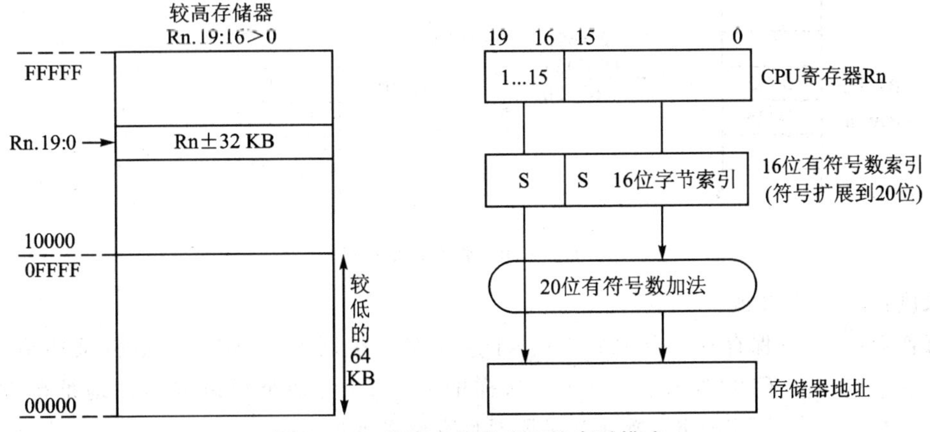

图 5－16 较高存储器空间的索引模式

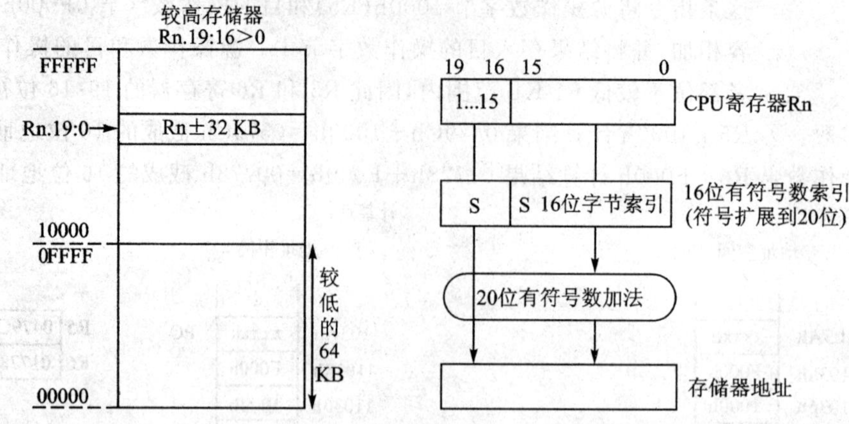

图 5-17　索引模式的上溢和下溢

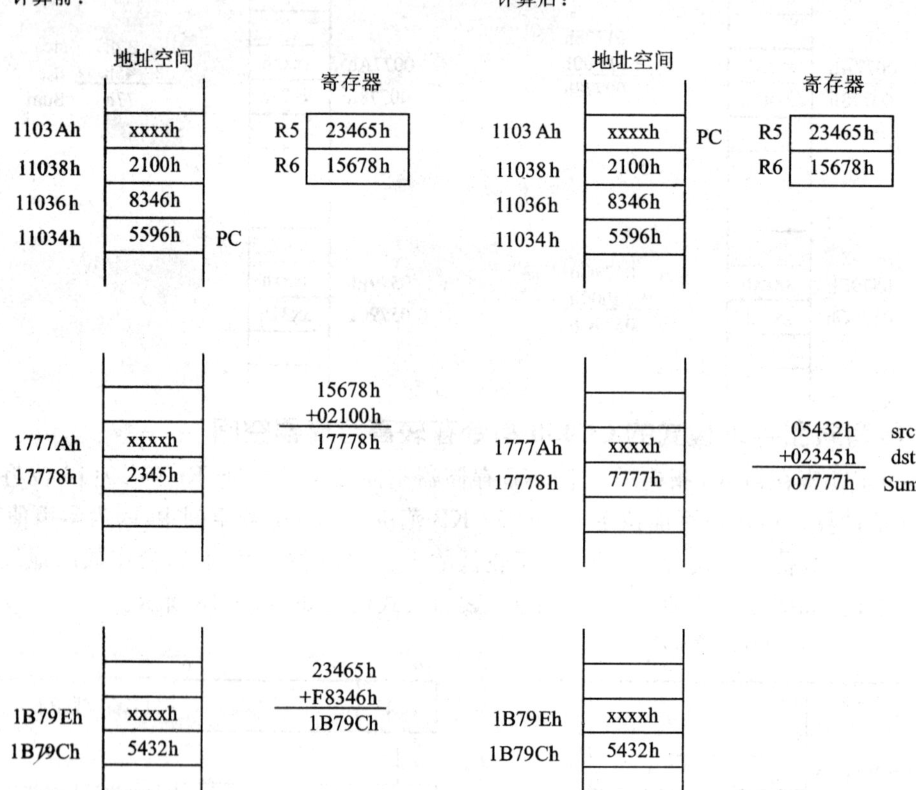

图 5-18　索引模式例子

长度：　　2 或 3 个字。

操作数：　保存在指令之后、下一个字中符号扩展的 16 位索引值将被加到 20 位的 CPU 寄存器 Rn 上。这样的一个 20 位地址可以表示的地址范围是 0～FFFFFh。操作数是所寻址存储单元的内容。

注释：　　　可用于源操作数和目的操作数。汇编程序计算索引值，并将其插入。

例如：　　　ADD.W　8346h(R5),2100h(R6);

这条指令将源操作数和目的操作数地址包含的 16 位数据相加并将 16 位计算结果存入目的操作数中。源操作数和目的操作数可位于整个地址范围内。

源操作数：　R5＋8346h。负数索引值 8346h 是经过符号扩展过的，计算结果为 23456h＋F8346h＝1B79Ch。

目的操作数：R6＋2100h＝15678h＋2100h＝17778h。

3. 具有索引寻址模式的 CC430X 指令

当使用具有索引模式的 CC430X 指令时，操作数可位于 Rn＋19 位置的任何地址空间内。

长度：　　　2 或 4 个字。

操作数：　　高四位被包含在扩展字中，16 位最低有效位包含在指令之后的字中。CPU 操作数的地址是 20 位 CPU 寄存器的内容和 20 位索引值的和。索引的寄存器没有被修改。

注释：　　　可用于源操作数和目的操作数。汇编程序计算寄存器索引，并将其插入。

例如：　　　ADDX.A　12346h(R5),32100h(R6);

这条指令将源操作数和目的操作数的 20 位数据相加，结果存入目的操作数中。

源操作数：　R5＋12346h＝23456h＋12346h＝3579Ch。

目的操作数：R6＋32100h＝45678h＋32100h＝77778h。

扩展字包含了源操作数和目的操作数的最高有效位以及对于 20 位数据的 A/L 位。指令字使用字节模式是由于 20 位数据长度的位 A/L:B/W＝01。

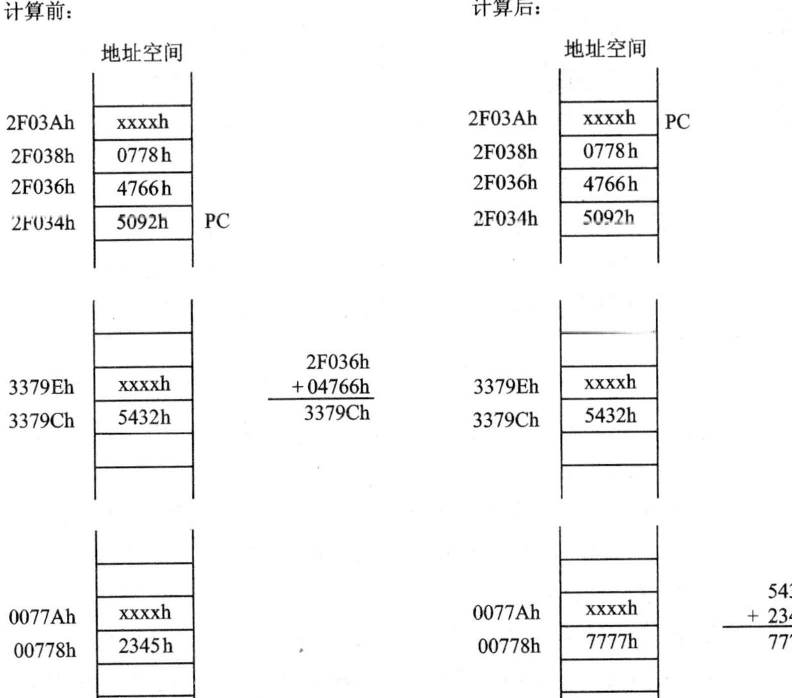

5.4.3 符号寻址模式

符号模式下，计算操作数地址是通过将有符号索引值加到 PC 上实现的。符号模式有三种可能的寻址方式：

① 在较低 64 KB 存储空间里的符号模式。

② 具有符号模式的 CC430 指令寻址较低 64 KB 以上的存储器空间。

③ 具有符号模式的 CC430X 指令。

1. 在较低 64 KB 范围内的符号寻址模式

如果 PC 指向较低 64 KB 存储空间范围内，所计算出的地址位 19:16 将被清除。这意味着计算出的存储器地址总是位于较低 64 KB 空间内，而不会超出或低于较低的 64 KB 存储范围。RAM 和外设寄存器可以以这种方式存取，已存在的 CC430 指令仍然可用，而不需要修改，如图 5-19 所示。

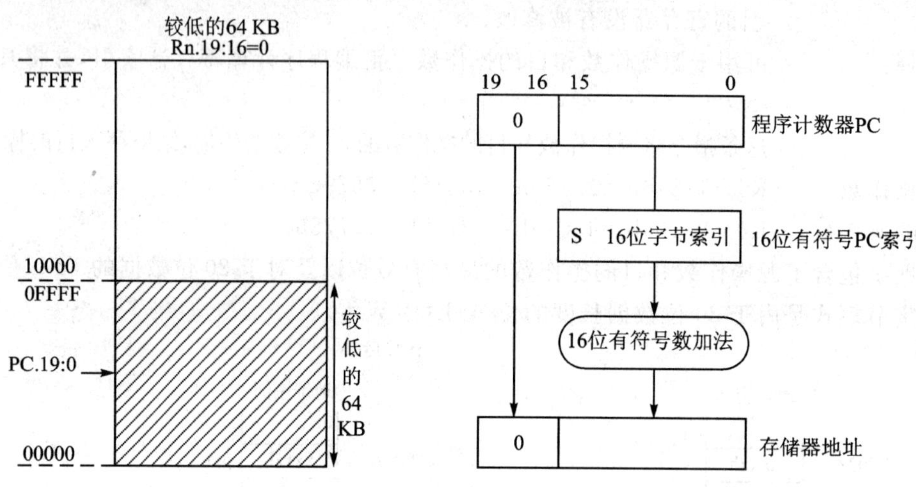

图 5-19 较低 64 KB 范围内的符号模式

操作数： 指令后的下一个字中的有符号 16 位索引值被临时加到 PC 上。结果的 19:16 位被清除从而截成一个 16 位的存储器地址，它指向 00000h～0FFFFh 范围内的一个操作数地址。这个操作数是所寻址的存储单元内容。

长度： 2 或 3 个字。

注释： 可用于源操作数和目的操作数。汇编程序计算 PC 索引值并将其插入。

例如：

```
ADD.B   EDE,TONI;
```

这条指令将源操作数字节 EDE 和目的操作数字节 TONI 内的 8 位数据相加，结果存入目的操作数字节 TONI 中。EDE 和 TONI 都位于较低的 64 KB 范围内。

源操作数： EDE 的地址为 0579h，被 PC＋4766h 所指向，而 PC 索引值 4766h 来源于 0579Ch－01036h＝04766h。则地址 01036h 就是该例中索引的位置。

目的操作数： TONI 的地址为 00778h，被 PC＋F740h 所指向，它是 00778h－1038h＝FF740h 截成 16 位数的结果。地址 01038h 即是该例中索引的位置。

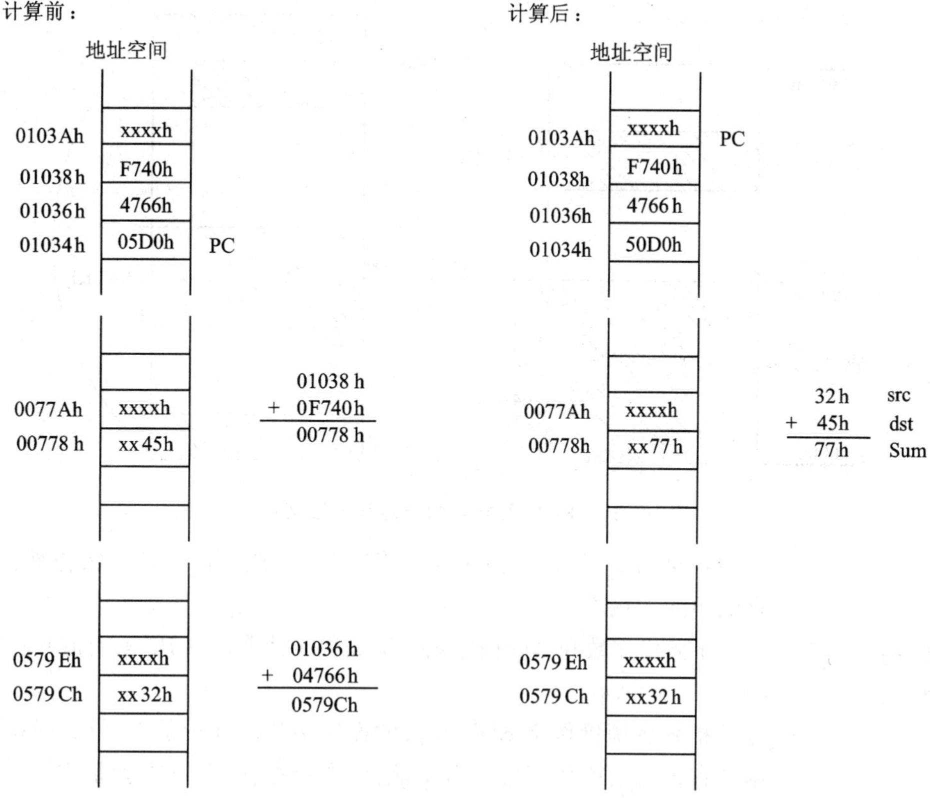

2. 在较高存储空间里的具有符号寻址模式的 CC430 指令

如果 PC 指向一个较低 64 KB 存储空间以上的地址，PC 值的 19:16 位将参与操作数的计算。操作数可能位于 PC 的 32 KB 范围存储器中，因为索引 X 是一个有符号的 16 位数。在这种情况下，操作数的地址可能超出或是低于较低 64 KB 的存储空间，如图 5－20 和 5－21 所示。

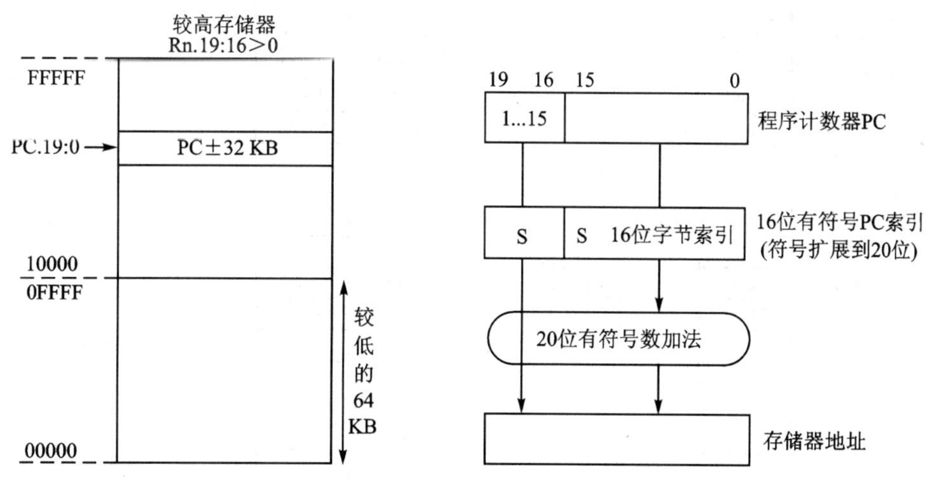

图 5－20 在较高存储空间的符号模式

长度： 2 或 3 个字。

操作数： 指令之后的下一个字中的，经符号扩展的 16 位索引值加到 20 位的 PC

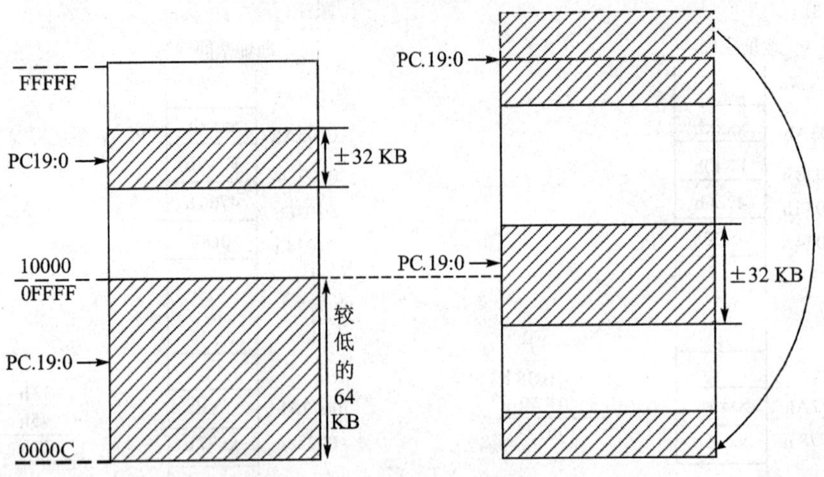

图 5-21 符号模式的上溢和下溢情形

上。结果的 20 位地址指向 0～FFFFFh 的范围内。这一操作数是所寻址存储单元的内容。

注释： 可用于源操作数和目的操作数。汇编程序计算这一 PC 索引值并将其插入。

例如：

```
ADD.W   EDE,&TONI;
```

这条指令将源操作字 EDE 和目的操作字 TONI 内的 16 位数据相加，并将结果存入目的操作字中。对于该例，指令存在 2F034h 地址中。

源操作数： 字 EDE 的地址为 3379Ch，被 PC＋4766h 所指向，它是 3379Ch－2F036h＝04766h 的 16 位结果。地址 2F036h 就是该例中索引的位置。

目的操作数： 字 TONI 的地址 00778h 被绝对地址 00778h 所指向。

计算前：

地址	地址空间	
2F03Ah	xxxxh	
2F038h	0778h	
2F036h	4766h	
2F034h	5092h	PC
3379Eh	xxxxh	
3379Ch	5432h	
0077Ah	xxxxh	
00778h	2345h	

 2F036h
+04766h
 3379Ch

计算后：

地址	地址空间	
2F03Ah	xxxxh	PC
2F038h	0778h	
2F036h	4766h	
2F034h	5092h	
3379Eh	xxxxh	
3379Ch	5432h	
0077Ah	xxxxh	
00778h	7777h	

 5432h src
+2345h dst
 7777h Sum

3. 符号寻址模式的 CC430X 指令

当使用具有符号模式的 CC430X 指令时，操作数可以位于 PC＋19 位数据的任意空间范围内。

长度：　　3 或 4 个字。

操作数：　操作数地址是 20 位 PC 值和 20 位索引值的和。索引的 4 个最高有效位被包含在扩展字中，16 个最低有效位被包含在指令之后的字中。

注释：　　可用于源操作数和目的操作数。汇编程序计算寄存器索引并将其插入。

例如：　　`ADDX.B  EDE,TONI;`

这条指令将源字节 EDE 和目的字节 TONI 内的 8 位数据相加，并将结果存入目的字节 TONI 中。

源操作数：　字节 EDE 的地址是 3579Ch，它被 PC＋14766h 所指向，是 3579Ch－21036h＝14766h 的 20 位结果。地址 21036h 就是该例中索引的地址。

目的操作数：字节 TONI 的地址是 77778h，它被 PC＋56740h 所指向，是 77778h－21038h＝56740h 的 20 位结果。地址 21038h 就是该例中索引的地址。

计算前：

地址空间

21103Ah xxxxh
21038h 6740h
21036h 4766h
21034h 50D0h
21032h 18C5h PC

7777Ah xxxxh
77778h xx45h

21038h
+ 56740h
77778h

3579Eh xxxxh
3579Ch xx32h

21036h
+ 14766h
3579Ch

计算后：

地址空间

2103Ah xxxxh PC
21038h 6740h
21036h 4766h
21034h 50D0h
21032h 18C5h

7777Ah xxxxh
77778h xx77h

32h src
+ 45h dst
77h Sum

3579Eh xxxxh
3579Ch xx32h

5.4.4 绝对寻址模式

绝对寻址模式使用指令之后字的内容作为操作数的地址。绝对寻址模式有以下两种可能的寻址方式：

① 在较低的 64 KB 存储空间内的绝对模式。

② 具有绝对模式的 CC430X 指令。

1. 在较低的 64 KB 存储空间内的绝对寻址模式

如果一条 CC430 指令用于绝对寻址模式，则绝对地址是一个 16 位的数值，因而，它指向的是较低的 64 KB 存储空间内的地址。这一地址可看作是由索引值为 0 计算出的，结果存储在指令之后的字中。RAM 和外设寄存器可以用这种方式存取，已存在的 CC430 软件仍然可用，而不需要修改。

长度：　　2 或 3 个字。

操作数：　操作数是所寻址存储单元的内容。

注释：　　可用于源操作数和目的操作数。汇编程序计算从 0 开始的索引值并将其插入。

例如：
```
ADD.W   &EDE,&TONI;
```
这条指令将绝对源操作数和目的操作数地址中的 16 位数据相加，并将结果存入目的操作数中。

源操作数：　EDE 的字地址。

目的操作数：TONI 的字地址。

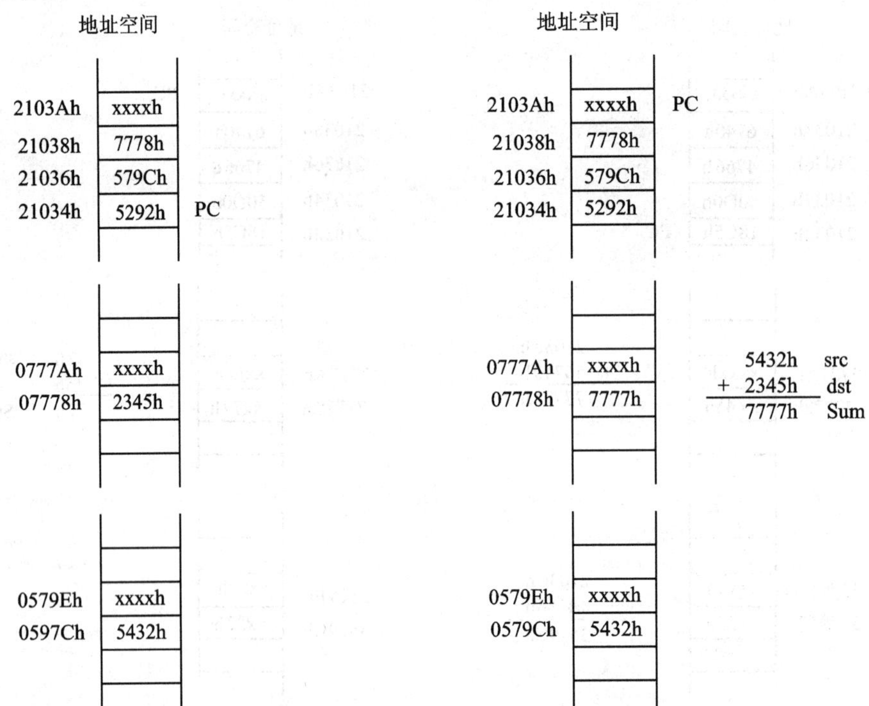

2. 具有绝对寻址模式的 CC430X 指令

如果一条 CC430X 指令用于绝对寻址模式，则绝对地址是一个 20 位的值，因而可以指向存储空间内的任意地址。这个绝对地址值由值为 0 的索引值计算而得。索引值的 4 个最高有效位包含在扩展字中，16 个最低有效位包含在指令之后的字中。

长度：　　3 或 4 个字。

操作数：　操作数是所寻址存储单元的内容。

注释：　　　可用于源操作数和目的操作数。汇编程序计算值为 0 的索引值并将其插入。

例如：　　　

```
ADDX.A  &EDE,&TONI;
```

　　　　　　这条指令将绝对源操作数和目的操作数地址中的 20 位数据相加，并将结果存入目的操作数中。

源操作数：　从 EDE 地址开始的两个字。

目的操作数：从 TONI 地址开始的两个字。

计算前：

地址	地址空间	
2103Ah	xxxxh	
21038h	7778h	
21036h	579Ch	
21034h	52D2h	
21032h	1987h	PC
7777Ah	0001h	
77778h	2345h	
3579Eh	0006h	
3579Ch	5432h	

计算后：

地址	地址空间	
2103Ah	xxxxh	PC
21038h	7778h	
21036h	579Ch	
21034h	52D2h	
21032h	1987h	
7777Ah	0007h	
77778h	7777h	
3579Eh	0006h	
3579Ch	5432h	

65432h	src
+12345h	dst
77777h	Sum

5.4.5 间接寄存器寻址模式

间接寄存器寻址模式使用 CPU 寄存器 Rsrc 中的内容作为源操作数。间接寄存器模式总是使用 20 位的地址。

长度：　　　1、2 或 3 个字。

操作数：　　操作数是所寻址存储单元的内容。源寄存器 Rsrc 不被修改。

注释：　　　只可用于源操作数。代替目的操作数的是 0(Rdst)。

例如：　　　

```
ADDX.W   @R5,2100h(R6);
```

　　　　　　这条指令将源操作数和目的操作数地址中的 16 位数据相加，并将结果存入目的操作数中。

源操作数：　由 R5 所指向的字。在该例中 R5 包含的地址是 3579Ch。

目的操作数：由 R6＋2100h 所指向的字，它是 45678h＋2100h＝7778h 的结果。

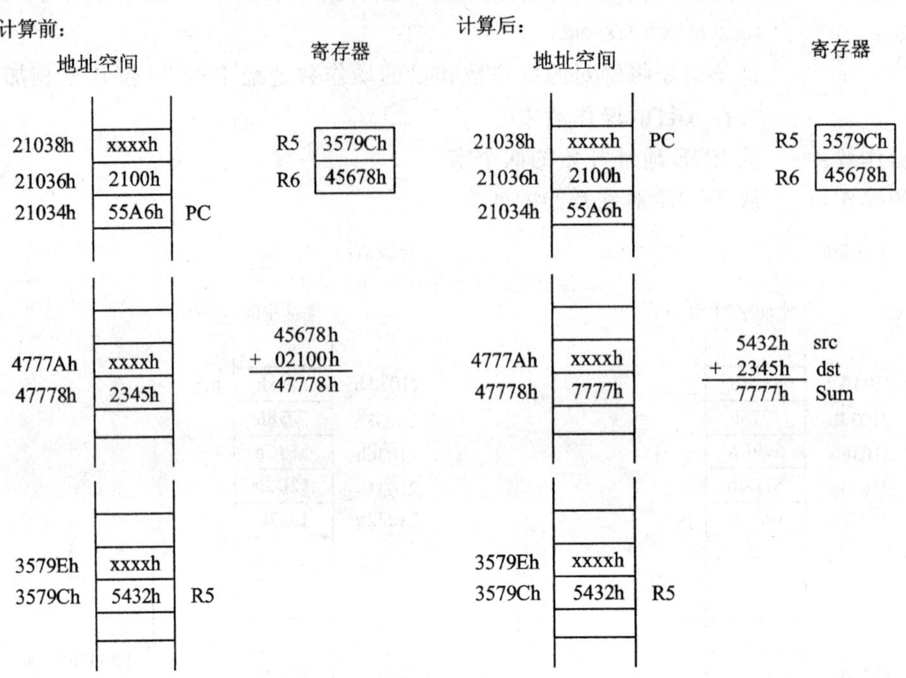

5.4.6 间接自动增量寻址模式

间接自动增量寻址模式使用 CPU 寄存器 Rsrc 的内容作为源操作数。Rsrc 在执行字节指令存取源操作数后自动加 1,在执行字指令存取源操作数后自动加 2,在执行地址字指令存取源操作数后自动加 4。如果源操作数和目的操作数使用相同的寄存器,则它包含的是用于目的操作数存取的增加了的地址。间接自动增量模式总是使用 20 位的地址。

长度:　　1、2 或 3 个字。

操作数:　　操作数是所寻址存储单元的内容。

注释:　　只可用于源操作数。

例如:　　ADD.B @R5+,0(R6);

这条指令将源操作数和目的操作数地址中的 8 位数据相加,并将结果存入目的操作数中。

源操作数:　　被 R5 所指向的字节。对于该例 R5 包含的地址是 3579Ch。

目的操作数:　　被 R6+0h 所指向的字节,在该例中它是地址 0778h 中的内容。

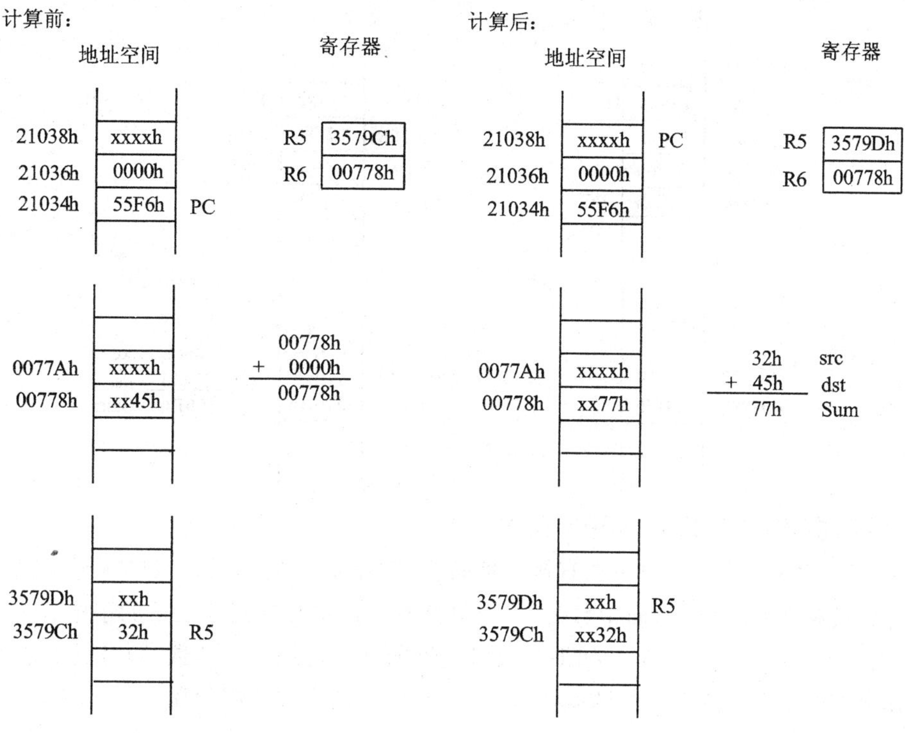

5.4.7 立即寻址模式

立即寻址模式允许存取包含在指令之后的内存中的常数作为操作数。PC 被用在间接自动增量模式。PC 指向包含在下一个字中的立即数。取完立即数后，对于字节、字和地址字指令 PC 增加 2。直接模式有两种可能的寻址方式：

① 带有 8 位或 16 位常量的 CC430 指令。

② 带有 20 位常量的 CC430X 指令。

1. 具有直接模式的 CC430 指令

如果一条 CC430 指令被用在直接寻址模式中，则常量是一个 8 位或 16 位的数值且保存在指令之后的字中。

长度：　　2 或 3 个字。如果常数发生器的常数可用作立即数则可少于一个字。

操作数：　16 位立即数的源操作数和 16 位目的操作数一起使用。

例如：　　`ADD　#3456h,&TONI;`

这条指令将立即数 3456h 和存在于 TONI 地址中的目的操作数相加。

源操作数：　16 位立即数 3456h。

目的操作数：　TONI 地址中的字。

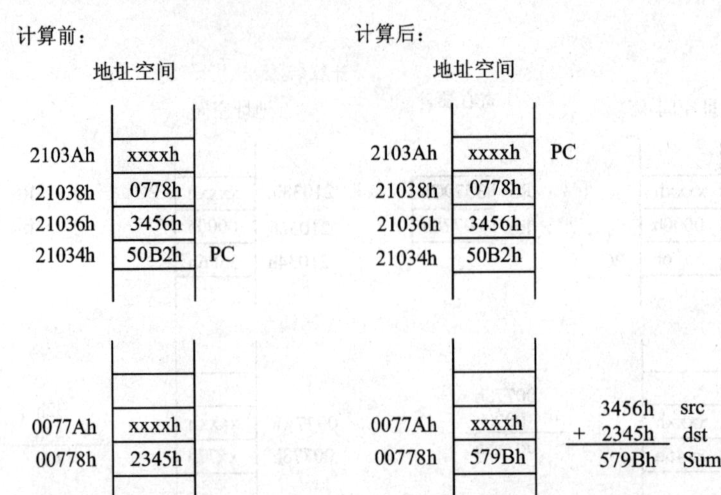

2. 具有直接模式的 CC430X 指令

如果一个 CC430X 指令被用在直接寻址模式，常数是一个 20 位的数值，则常数的 4 个最高有效位将被存入扩展字中，而常数的 16 个最低有效位被存在指令之后的字中。

长度：　　3 或 4 个字。如果常数发生器的常数可用作立即数，则可以少于 1 个字。

操作数：　　20 位立即数源操作数和 20 位目的操作数一起使用。

注释：　　只可用在源操作数中。

源操作数：　　20 位立即数 23456h。

目的操作数：　　开始于地址 TONI 的两个字。

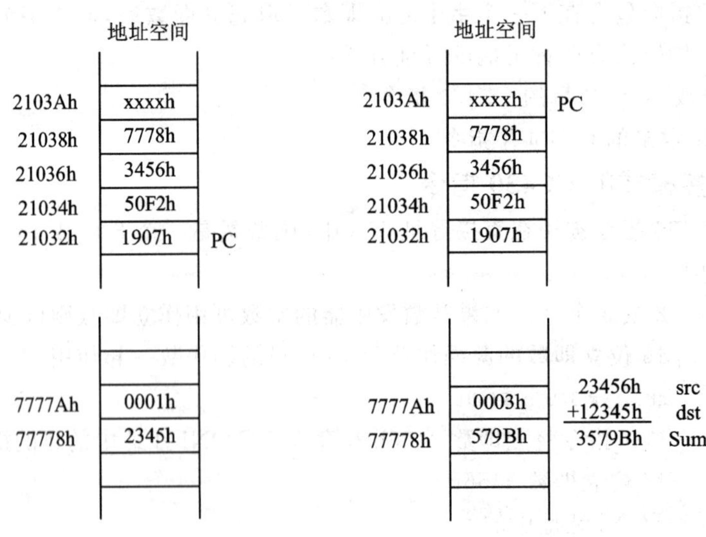

5.5　CC430 和 CC430X 指令

CC430 指令是 MSP430 CPU 的 27 条可执行指令。这些指令被用在整个 1 MB 存储空间内，除非超出其 16 位的容量。当寻址操作数或 MSP430 指令的数据长度超出 16 位时，将使用 MSP430X 指令。

当在 MSP430 和 MSP430X 之间做选择时有三种可能：

① 仅使用 MSP430 指令，唯一例外的是 CALLA 和 RETA 指令。可发生在遇到以下一些简单规则的时候。

- 放置所有常量、变量、数组、表和数据到较低的 64 KB 空间。这允许使用带有存取所有数据的 16 位寻址的 MSP430 指令。不需要 20 位的地址指针。
- 在紧接着子程序代码后面放置子程序常量。这允许使用符号寻址模式的 16 位索引以定位在 PC±32 KB 范围内的地址。

② 仅使用 MSP430X 指令，使用这种方式的缺点是降低了处理速度，因为需要额外的 CPU 处理周期，以及任何双操作数指令需要的进行字扩展而增加的程序代码。

③ 在需要的地方使用最合适的指令。

下面列出并描述了 CC430 和 CC430X 指令。

5.5.1 CC430 指令

CC430 指令总是可以使用的，不管程序是否位于较低的 64 KB 或是以外的范围内。唯一例外的是 CALL 和 RET 指令，它们仅限于较低的 64 KB 地址范围内。CALLA 和 RETA 指令已经被添加进 CC430X CPU 以处理整个地址范围内的程序，而无代码大小的限制。

1. CC430 双操作数(格式 I)指令

图 5-22 所示为 CC430 双操作数指令的格式。源操作数和目的操作数作为索引、符号、绝对和直接寻址模式的附加值。表 5-4 列出了 12 个 CC430 双操作数指令。

15 — 12	11 — 8	7	6	5 — 4	3 — 0
操作码	源操作数Rsrc	Ad	B/W	AS	目的操作数Rdst
源域或目的域15:0					
目的域15:0					

图 5-22 CC430 双操作数指令格式

表 5-4 CC430 双操作数指令

助记符	源寄存器，目的寄存器	操 作	状态位 V	N	Z	C
MOV(.B)	src,dst	src－>dst	—	—	—	—
ADD(.B)	src,dat	src+dst－>dst	*	*	*	*
ADDC(.B)	src,dst	src+dst+C－>dst	*	*	*	*
SUB(.B)	src,dst	dst+.not.src+1－>dst	*	*	*	*
SUBC(.B)	src,dst	dst+.not.src+C－>dst	*	*	*	*
CMP(.B)	src,dst	dst－src	*	*	*	*
DADD(.B)	src,dst	src+dst+C－>dst(十进制)	*	*	*	*
BIT(.B)	src,dst	src.and.dst	0	*	*	Z

续表 5-4

助记符	源寄存器，目的寄存器	操　作	状态位			
			V	N	Z	C
BIC(.B)	src,dst	.not.src.and.dst->dst	—	—	—	—
BIS(.B)	src,dst	src.or.dst->dst	—	—	—	—
XOR(.B)	src,dst	src.xor.dst->dst	*	*	*	Z
AND(.B)	src,dst	src.and.dst->dst	0	*	*	Z

说明：*=状态位被影响；—=状态位不被影响；0=状态位被清除；1=状态位被置1。

2. CC430 单操作数(格式 II)指令

图 5-23 所示为 CC430 的单操作数指令格式，RETI 除外。目的操作数作为索引、符号、绝对和直接寻址模式的附加值。表 5-5 列出了 7 个单操作数指令。

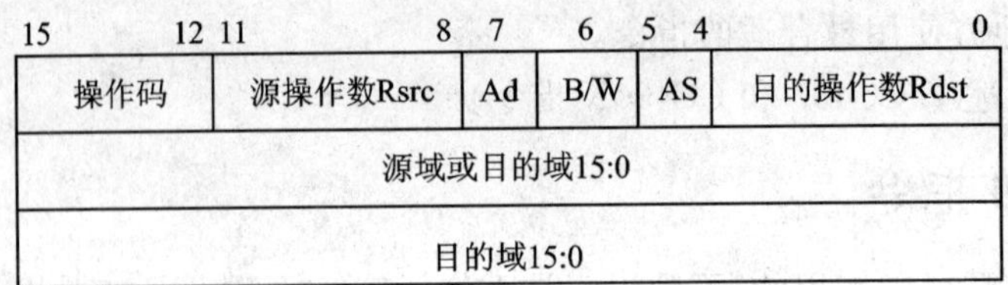

图 5-23　CC430 单操作数指令格式

表 5-5　CC430 单操作数指令

助记符	源寄存器，目的寄存器	操　作	状态位			
			V	N	Z	C
RRC(.B)	dst	C->MSB->......LSB->C	*	*	*	*
RRA(.B)	dst	MSB->MSB->....LSB->C	0	*	*	*
PUSH(.B)	src	SP->2->SP,src->SP	—	—	—	—
SWPB	dst	位 15...位 8<->位 7...位 0	—	—	—	—
CALL	dst	在较低的 64 KB 范围内调用子程序	—	—	—	—
RETI		TOS->SR,SP+2->SP TOS->PC,SP+2->SP	*	*	*	*
SXT	dst	寄存器模式：位 7->位 8...位 19 其他模式：位 7->位 8...位 15	0	*	*	Z

说明：*=状态位被影响；—=状态位不被影响；0=状态位被清除；1=状态位被置1。

3. JUMP 指令

图 5-24 所示为 CC430 和 CC430X 的 JUMP 指令格式。JUMP 指令的 10 位有符号数偏移被乘以 2，经符号扩展成为 20 位地址，然后加到 20 位 PC 上。这允许程序跳转的范围为相对于 PC 在整个 20 位地址空间的 -511～+512 个字的范围。程序跳转不会影响状态位。表 5-6 列出并描述了 8 种跳转指令。

15　　13	12　　10	9	8　　　　0
操作码	条件	S	10位有符号PC偏移值

图 5-24　条件跳转指令的格式

表 5-6　条件跳转指令

助记符	源寄存器，目的寄存器	操　作	助记符	源寄存器，目的寄存器	操　作
JEQ/JZ	标号	如果零标志位被置位则跳转到标号	JN	标号	如果负数标志位置位则跳转到标号
JNE/JNZ	标号	如果零标志位被复位则跳转到标号	JGE	标号	如果 N. XOR. V=0 则跳转到标号
JC	标号	如果进位标志位置位则跳转到标号	JL	标号	如果 N. XOR. V=1 则跳转到标号
JNC	标号	如果进位标志位复位则跳转到标号	JMP	标号	无条件跳转到标号

4. 仿真指令

除 CC430 和 CC430X 指令外，仿真指令使程序代码更容易读/写，但是它们自身没有操作码。它们将自动被汇编程序用核心指令所代替。不会因为使用仿真指令，而使程序代码和性能有所损失。表 5-7 列出了仿真指令。

表 5-7　仿真指令

指　令	解　释	仿　真	状态位			
			V	N	Z	C
ADC(.B) dst	dst 加上进位 C	ADDC(.B) #0,dst	*	*	*	*
BR dst	程序分支到间接 dst	MOV dst,PC	—	—	—	—
CLR(.B) dst	清除 dst	MOV(.B) #0,dst	—	—	—	—
CLRC	清除进位位 C	BIC #1,SR	—	—	—	0
CLRN	清除负数标志位 N	BIC #4,SR	—	0	—	—
CLRZ	清除零标志位 Z	BIC #2,SR	—	—	0	—
DADC(.B) dst	十进制数 dst 加上进位位 C	DADD(.B) #0,dst	*	*	*	*
DEC(.B) dst	dst 减 1	SUB(.B) #1,dst	*	*	*	*
DECD(.B) dst	dst 减 2	SUB(.B) #2,dst	*	*	*	*
DINT	禁止中断	BIC #8,SR	—	—	—	—
EINT	使能中断	BIS #8,SR	—	—	—	—
INC(.B) dst	dst 加 1	ADD(.B) #1,dst	*	*	*	*
INCD(.B) dst	dst 加 2	ADD(.B) #2,dst	*	*	*	*
INV(.B) dst	dst 取反	XOR(.B) # −1,dst	*	*	*	*
NOP	无操作	MOV R3,R3	—	—	—	—
POP dst	从堆栈中弹出操作数	MOV @SP+,dst	—	—	—	—
RET	从子程序返回	MOV @SP+,PC	—	—	—	—
RLA(.B) dst	dst 算术左移 1 位	ADD(.B) dst,dst	*	*	*	*
RLC(.B) dst	dst 通过进位位 C 逻辑左移一位	ADDC(.B) dst,dst	*	*	*	*
SBC(.B) dst	从 dst 减去进位位 C	SUBC(.B) #0,dst	*	*	*	*
SETC	进位位置位	BIS #1,SR	—	—	—	1
SETN	负数标志位置位	BIS #,SR	—	1	—	—
SETZ	零位标志位置位	BIS #2,SR	—	—	1	—
TST(.B) dst	测试 dst(与 0 比较)	CMP(.B) #—,dst	0	*	*	1

说明：*＝状态位被影响；—＝状态位不被影响；0＝状态位被清除；1＝状态位被置 1。

5. CC430 指令的执行

执行一条指令所需要的 CPU 时钟周期取决于指令格式和所使用的寻址模式，而非指令本身。时钟周期数以 MCLK 为参考。

6. 中断、复位和子程序返回的指令周期和长度

表 5-8 列出了中断、复位和子程序返回的 CPU 周期和长度。

表 5-8 中断、复位和子程序返回的周期和长度

动　作	执行时间(MCLK 周期)	指令长度/字
RETI 从中断返回	5	1
RET 从子程序返回	4	1
中断服务请求(第一条指令前所需周期)	6	—
WDT 复位	4	—
复位($\overline{RET}$/NMI)	4	—

7. 格式 II(单操作数)指令周期和长度

表 5-9 列出了 CC430 单操作数指令对于所有寻址模式的 CPU 周期和长度。

表 5-9 CC430 格式 II 指令周期和长度

寻址模式	RRA,RRC, SWPB,SXT	周期数 PUSH	CALL	指令长度	例　子
Rn	1	3	4	1	SWPB R5
@Rn	3	3	4	1	RRC @R9
@Rn+	3	3	4	1	SWPB @R10+
#N	N/A	3	4	2	CALL #LABEL
X(Rn)	4	4	5	2	CALL 2(R7)
EDE	4	4	5	2	PUSH EDE
&EDE	4	4	6	2	SXT &EDE

8. 跳转指令周期和长度

所有跳转指令需要一个代码字和两个 CPU 周期才能执行，不管跳转发生与否。

9. 格式 I(双操作数)指令周期和长度

表 5-10 列出了 CC430 格式 I 指令的所有寻址模式的 CPU 周期和长度。

表 5-10 CC430 格式 I 指令周期和长度

寻址模式		周期数	指令长度	例　子
源寄存器	目的寄存器			
Rn	Rm	1	1	MOV R5,R8
	PC	3	1	BR R9
	X(Rm)	4	2	ADD R5,4(R6)
	EDE	4*	2	XOR R8,EDE
	&EDE	4*	2	MOV R5,&EDE

续表 5-10

寻址模式		周期数	指令长度	例　子
源寄存器	目的寄存器			
@Rn	Rm	2	1	AND @R4,R5
	PC	4	1	BR @R8
	X(Rm)	5*	2	XOR @R5,8(R6)
	EDE	5*	2	MOV @R5,EDE
	&EDE	5*	2	XOR @R5,&EDE
@Rn+	Rm	2	1	ADD @R5+,R6
	PC	4	1	BR @R9+
	X(Rm)	5*	2	XOR @R5,8(R6)
	EDE	5*	2	MOV @R9+,EDE
	&EDE	5*	2	MOV @R9+,&EDE
#N	Rm	2	2	MOV #20,R9
	PC	3	2	BR #2AEh
	X(Rm)	5*	3	MOV @300h,0(SP)
	EDE	5*	3	ADD #33,EDE
	&EDE	5*	3	ADD #33,&EDE
X(Rn)	Rm	3	2	MOV 2(R5),R7
	PC	5	2	BR 2(R6)
	TONI	6*	3	MOV 4(R7),TONI
	X(Rm)	6*	3	ADD 4(R4),6(R9)
	&TONI	6*	3	MOV 2(R4),&TONI
EDE	Rm	3	2	AND EDE,R6
	PC	5	2	BR EDE
	TONI	6*	3	CMP EDE,TONI
	x(Rm)	6*	3	MOV EDE,0(SP)
	&TONI	6*	3	MOV EDE,&TONI
&EDE	Rm	3	2	MOV &EDE,R8
	PC	5	2	BR &EDE
	TONI	6*	3	MOV &EDE,TONI
	x(Rm)	6*	3	MOV &EDE,0(SP)
	&TONI	6*	3	MOV &EDE,&TONI

说明：* MOV,BIT 和 CMP 指令的执行使用较少的周期。

5.5.2　CC430X 扩展指令

扩展的 CC430X 指令可以让 CC430X CPU 存取整个 20 位的地址空间。大多数 CC430X 指令都需要一个额外的称为扩展字的操作码。某些扩展指令不需要这一额外的扩展字，它们在指令描述中被标记出。当用作扩展字时，所有地址、索引和立即数都有 20 位的值。

有两种类型的扩展字：

① 指令格式 I 的寄存器/寄存器模式和指令格式 II 的寄存器模式。

② 所有其他混合寻址模式的扩展字。

1. 寄存器模式扩展字

寄存器模式扩展字如图 5－25 所示，其描述见表 5－11，例子见图 5－27。

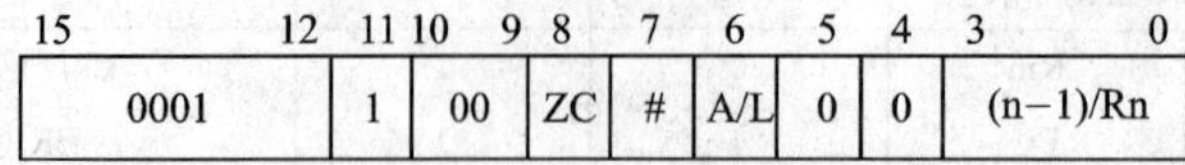

图 5－25　寄存器模式的扩展字

表 5－11　寄存器模式扩展字各位描述

位	描　述
15:11	扩展字操作码。1800h～1FFFh 的操作码为扩展字
10:9	保留
ZC	零进位。 0　扩展指令使用进位位 C 的状态。 1　扩展指令使用进位位作为 0。进位位由指令执行后最终的操作结果定义
#	重复。 0　指令重复次数由扩展字的 3:0位设置。 1　指令重复次数由 Rn 的最低 4 个有效位的值决定。详见位 3:0的描述
A/L	数据长度扩展。与 CC430 指令后的 B/W 位一起，AL 位定义了指令所使用的数据长度。 A/L　B/W　注释 0　0　保留 0　1　20 位地址字 1　0　16 位字 1　1　8 位字节
5:4	保留
3:0	重复计数。 #＝0　这四位设置重复计数值 n。这些位包含 n－1。 #＝1　这四位定义 CPU 寄存器的位 3:0以设置重复次数。Rn.3:0包含 n－1

2. 非寄存器模式扩展字

对于非寄存器模式的扩展字如图 5－26 所示，描述见表 5－12，例子如图 5－27 和 5－28 所示。

15　12	11	10　7	6	5	4	3　0
0 0 0 1	1	源寄存器位 19:16	A/L	0	0	目的寄存器位 19:16

图 5－26　非寄存器模式的扩展字

表 5－12　非寄存器模式的扩展字各位描述

位	描　述
15:11	扩展字操作码。1800h～1FFFh 的操作码是扩展字
源寄存器位 19:16	源寄存器的四个最高有效位。取决于源寄存器寻址模式，这四位最高有效位可能属于一个立即操作数，一个索引值或一个绝对地址

续表 5-12

位	描 述
A/L	数据长度扩展。与 CC430 指令后的 B/W 位一起，AL 位定义了指令所使用的数据长度。 A/L B/W 注释 A/L B/W 注释 0 0 保留 1 0 16 位字 0 1 20 位地址字 1 1 8 位字节
5:4	保留
目的寄存器位 19:16	20 位目的寄存器的四个最高有效位。取决于目的寄存器的寻址模式，这四个最高有效位可能属于一个索引值或一个绝对地址

注意：SWPBX 和 SXTX 的 B/W 和 A/L 位设置如下：

A/L	B/W		A/L	B/W	
0	0	SWPBX. A，SXTX. A	1	0	SWPB. W，SXTX. W
0	1	N/A	1	1	N/A

15 14 13 12 11	10 9	8	7	6	5 4	3 2 1 0
0 0 0 1 1	00	ZC	#	A/L	Rsvd	(n−1)/Rn
Op−code	Rsrc		Ad	B/W	As	Rdst

XORX，A R9，R8

1：重复计数位3:0

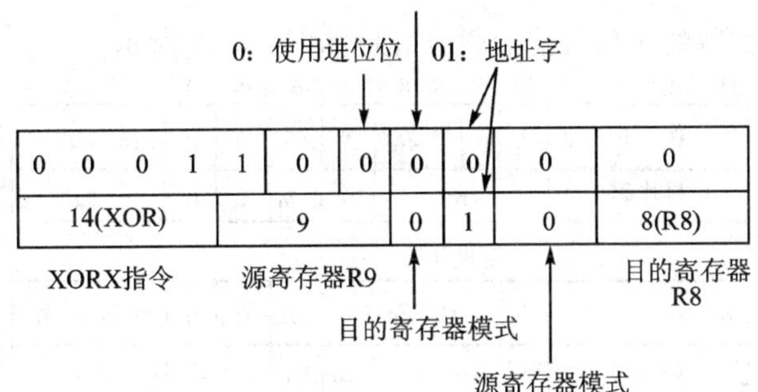

图 5-27 寄存器/寄存器扩展指令例子

15 14 13 12 11	10 9 8 7	6	5 4	3 2 1 0
0 0 0 1 1	源操作数19:16	A/L	保留	目的操作数19:16
操作码	源寄存器	Ad / B/W	As	目的寄存器
源域15:0				
目的域15:0				

XORX，A #12345h，45678h(R15)

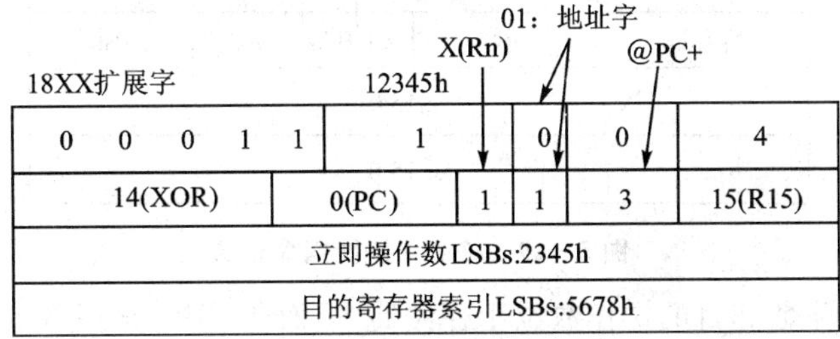

图 5-28 立即数/索引扩展指令例子

3. 扩展双操作数(格式 I)指令

全部 12 个双操作数指令具有的扩展版本如表 5-13 所列。

表 5-13 扩展双操作数指令

助记符	操作数	操 作	状态位			
			V	N	Z	C
MOVX(.B,.A)	src,dst	src−>dst	—	—	—	—
ADDX(.b,.A)	src,dst	src+dst−>dst	*	*	*	*
ADDCX(.B,.A)	src,dst	src+dst+C−>dst	*	*	*	*
SUBX(.B,.A)	src,dst	dst+.not.src+1−>dst	*	*	*	*
SUBCX(.B,.A)	src,dst	dst+.not.src+C−>dst	*	*	*	*
CMPX(.B,.A)	src,dst	dst−src	*	*	*	*
DADDX(.B,.A)	src,dst	dst+dst+C−>dst(十进制)	*	*	*	*
BITX(.B,.A)	src,dst	Src.and.dst	0	*	*	Z
BICX(.B,.A)	src,dst	.not.src.and.dst−>dst	—	—	—	—
BISX(.B,.A)	src,dst	src.or.dst−>dst	—	—	—	—
XORX(.B,.A)	src,dst	src.xor.dst−>dst	*	*	*	Z
ANDX(.B,.A)	src,dst	Src.and.dst−>dst	0	*	*	Z

说明：*＝状态位被影响；—＝状态位不被影响；0＝状态位被清除；1＝状态位被置位。

对于格式 I 指令扩展的 4 种可能的联合寻址如图 5-29 所示。

15	14	13	12	11	10	9	8	7	6	5	4	3 … 0
0	0	0	1	1	0	0	ZC	#	A/L	0	0	(n−1)/Rn
操作码				src				0	B/W	0	0	dst

源操作数

15	14	13	12	11	10 … 7	6	5	4	3 … 0
0	0	0	1	1	src.19:16	A/L	0	0	0 0 0 0
操作码				src	Ad	B/W	AS		dst
src.15:0									

0	0	0	1	1	0	0	0	0	A/L	0	0	dst.19:16
操作码				src				Ad	B/W	AS		dst
dst.15:0												

0	0	0	1	1	src.19:16	A/L	0	0	dst.19:16
操作码				src	Ad	B/W	AS		dst
src.15:0									
dst.15:0									

图 5-29 格式 I 扩展指令格式

如果 20 位源操作数和目的操作数位于存储器中，而非 CPU 寄存器中，那么对这种操作需要用到的两个字如图 5-30 所示。

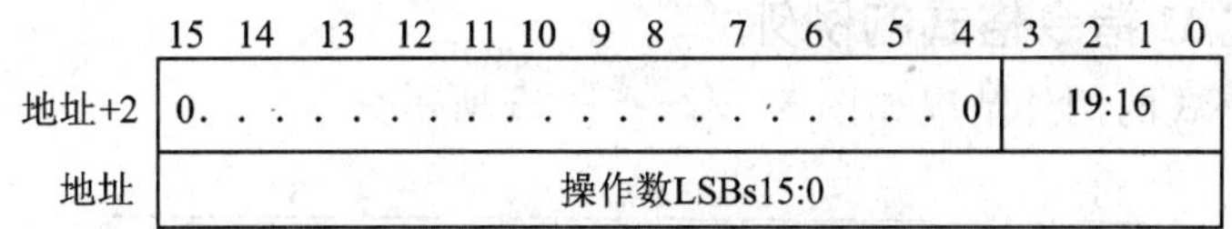

图 5－30　存储器中的 20 位地址

4. 扩展单操作数(格式 II)指令

扩展的 CC430 格式 II 指令如表 5－14 所列。

表 5－14　扩展单操作数指令

助记符	操作数	操　作	n	状态位			
				V	N	Z	C
CALLA	dst	间接调用子程序(20 位地址)		—	—	—	—
POPM.A	#n,Rdst	从堆栈中弹出 n 个 20 位的寄存器	1～16	*	*	*	*
POPM.W	#n,Rdst	从堆栈中弹出 n 个 16 位的寄存器	1～16	*	*	*	*
PUSHM.A	#n,Rsrc	压入 n 个 20 位寄存器到堆栈	1～16	*	*	*	*
PUSHM.W	#n,Rsrc	压入 n 个 16 位寄存器到堆栈	1～16	*	*	*	*
PUSHX(.B,.A)	src	压入 8/16/20 位源寄存器到堆栈		*	*	*	*
RRCM(.A)	#n,Rdst	通过进位位翻转 Rdst 右端的 n 位(16/20 位寄存器)	1～4	*	*	*	*
RRUM(.A)	#n,Rdst	以无符号数形式翻转 Rdst 右端的 n 位(16/20 位寄存器)	1～4	0	*	*	Z
RRAM(.A)	#n,Rdst	算术翻转 Rdst 右端的 n 位(16/20 位寄存器)	1～4	—	—	—	—
RLAM(.A)	#n,Rdst	算术翻转 Rdst 左端的 n 位(16/20 位寄存器)	1～4	—	—	—	—
RRCX(.B,.A)	dst	通过进位位向右翻转 dst(8/16/20 位数据)	1	*	*	*	Z
RRUX(.B,.A)	Rdst	以无符号方式向右翻转 dst(8/16/20 位)	1	0	*	*	Z
RRAX(.B,.A)	dst	算术向右翻转 dst(8/16/20 位)	1				
SWPBX(.A)	dst	高低字节互换	1				
SXTX(.A)	Rdst	Bit7－>bit8...bit19	1				
SXTX(.A)	dst	Bit7－>bit8...MSB	1				

说明：*＝状态位被影响；—＝状态位不被影响；0＝状态位被清除，1＝状态位被置位。

结合格式 II 指令，有 3 种可能的寻址模式如图 5－31 所示。

<table>
<tr><td>15</td><td>14</td><td>13</td><td>12</td><td>11</td><td>10</td><td>9</td><td>8</td><td>7</td><td>6</td><td>5</td><td>4</td><td>3～0</td></tr>
<tr><td>0</td><td>0</td><td>0</td><td>1</td><td>1</td><td>0</td><td>0</td><td>ZC</td><td>#</td><td>A/L</td><td>0</td><td>0</td><td>(n−1)/Rn</td></tr>
<tr><td colspan="9">操作码</td><td>B/W</td><td>0</td><td>0</td><td>dst</td></tr>
</table>

<table>
<tr><td>0</td><td>0</td><td>0</td><td>1</td><td>1</td><td>0</td><td>0</td><td>0</td><td>0</td><td>A/L</td><td>0</td><td>0</td><td>0 0 0 0</td></tr>
<tr><td colspan="9">操作码</td><td>B/W</td><td>1</td><td>x</td><td>dst</td></tr>
</table>

<table>
<tr><td>0</td><td>0</td><td>0</td><td>1</td><td>1</td><td>0</td><td>0</td><td>0</td><td>0</td><td>A/L</td><td>0</td><td>0</td><td>dst.19:16</td></tr>
<tr><td colspan="9">操作码</td><td>B/W</td><td>x</td><td>1</td><td>dst</td></tr>
<tr><td colspan="13">dst.15:0</td></tr>
</table>

图 5－31　扩展格式 II 指令格式

5. 扩展格式 II 指令格式的例外

格式 II 指令格式的例外情况如图 5－32～5－35 所示。

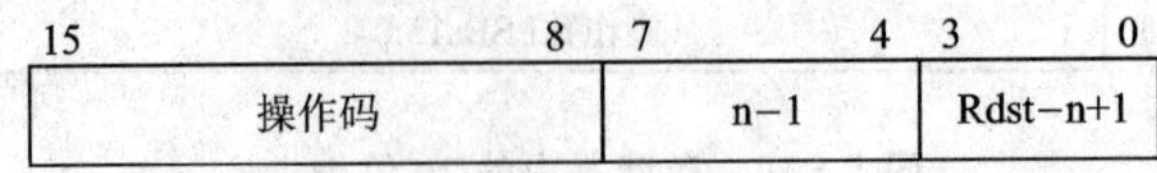

图 5－32　PUSHM/POPM 指令格式

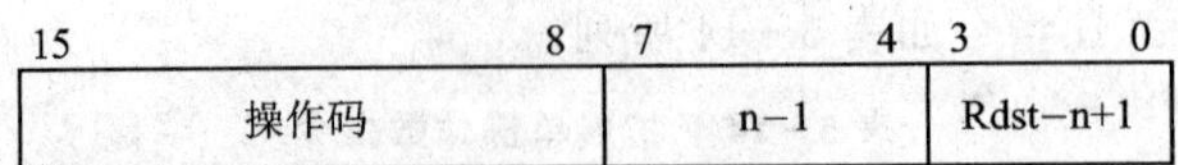

图 5－33　RRCM、RRAM、RRUM 和 RLAM 指令格式

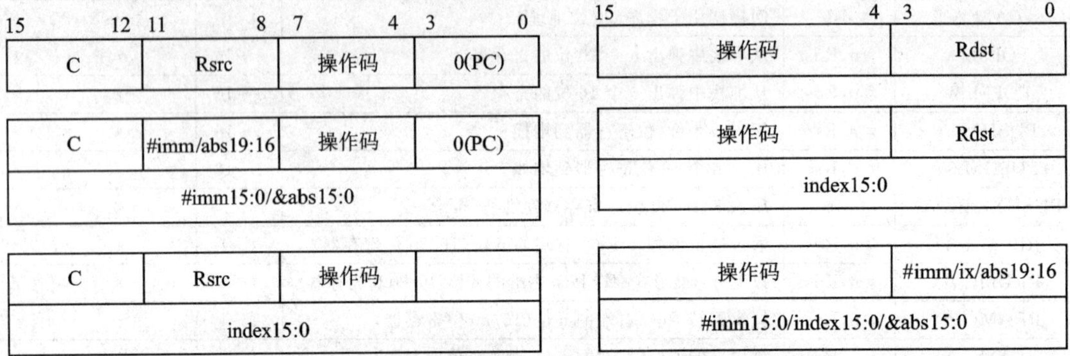

图 5－34　BRA 指令格式　　图 5－35　CALLA 指令格式

6. 扩展仿真指令

表 5－15 列出了一些扩展仿真指令。

表 5－15　扩展仿真指令

指　令	解　释	仿　真
ADCX(.B.A)	dst 加上进位位 C	ADDCX(.B.A) ＃0,dst
BRA dst	跳转到间接的 dst	MOVA dst,PC
RETA	从子程序返回	MOVA @SP＋,PC
CLRA Rdst	清除 Rdst	MOV ＃0,Rdst
CLRX(.B.A) dst	清除 dst	MOVX(.B.A) ＃0,dst
DADCX(.B.A) dst	以 dst 的十进制数加上进位位 C	DADDX(.B.A) ＃0,dst
DECX(.B.A) dst	dst 减 1	SUBX(.B.A) ＃1,dst
DECDA Rdst	Rdst 减 2	SUBA ＃2,Rdst
DECDX(.B.A) dst	dst 减 2	SUBX(.B.A) ＃2,dst
INCX(.B.A) dst	dst 增加 1	ADDX(.B.A) ＃1,dst
INCDA Rdst	Rdst 增加 2	ADDA ＃2,Rdst
INCDX(.B.A) dst	dst 增加 2	ADDX(.B.A) ＃2,dst
INVX(.B.A) dst	dst 取反	XORX(.B.A) ＃ －1,dst

续表 5-15

指　令	解　释	仿　真
RLAX(.B.A) dst	dst 算术左移一位	ADDX(.B.A) dst,dst
RLCX(.B.A) dst	dst 通过进位位 C 逻辑左移一位	ADDCX(.B.A) dst,dst
SBCX(.B.A) dst	dst 减去进位位 C	SUBCX(.B.A) #0,dst
TSTA Rdst	测试 Rdst(与 0 比较)	CMPA #0,Rdst
TSTX(.B.A) dst	测试 dst(与 0 比较)	CMPX(.B.A) #0,dst
POPX dst	从堆栈中弹出一个数给 dst	MOVX(.B.A) @SP+,dst

7. CC430X 寻址指令

CC430X 寻址指令是支持 20 位操作数,但具有受限制的寻址模式的指令。寻址模式受限于寄存器模式和立即数模式,表 5-16 所列的 MOVA 指令除外。受限制的寻址模式免除了额外的扩展字操作码,从而提高了代码密度和执行速度。寻址指令应该在一条 CC430X 指令需要相应的受限制的寻址模式的任何时间使用。

表 5-16　寻址指令,操作 20 位的寄存器数据

助记符	操作数	操　作	状态位			
			V	N	Z	C
ADDA	Rsrc,Rdst #imm20,Rdst	目的寄存器加上源寄存器	*	*	*	*
MOVA	Rsrc,Rdst #imm20,Rdst z16(Rsrc),Rdst EDE,Rdst &abs20,Rdst @Rsrc,Rdst @Rsrc+,Rdst Rsrc,z16(Rdst) Rsrc,&abs20	将源寄存器内容复制到目的寄存器	—	—	—	—
CMPA	Rsrc,Rdst #imm20,Rdst	比较源寄存器和目的寄存器	*	*	*	*
SUBA	Rsrc,Rdst #imm20,Rdst	从目的寄存器中减去源寄存器	*	*	*	*

说明：*=状态位被影响;—=状态位不被影响;0=状态位被清除;1=状态位被置位。

8. CC430X 指令的执行

执行一条 MSP430X 指令所需的 CPU 时钟周期取决于指令格式和所用的寻址模式,而与指令本身无关。时钟周期数以 MCLK 为参考。

9. CC430X 格式 II(单操作数)指令周期和长度

表 5-17 列出了 CC430X 扩展单操作数指令的所有寻址模式的 CPU 周期和长度。

表 5-17 MSP430X 格式 II 指令周期和长度

指 令	指令执行周期数/长度(字)						
	Rn	@Rn	@Rn+	#N	X(Rn)	EDE	&EDE
RRAM	n/1	—	—	—	—	—	—
RRCM	n/1	—	—	—	—	—	—
RRUM	n/1	—	—	—	—	—	—
RLAM	n/1	—	—	—	—	—	—
PUSHM	2+n/1	—	—	—	—	—	—
PUSHM. A	2+2n/1	—	—	—	—	—	—
POPM	2+n/1	—	—	—	—	—	—
POPM. A	2+2n/1	—	—	—	—	—	—
CALLA	5/1	6/1	6/1	5/2	5*/2	7/2	7/2
RRAX(. B)	1+n/2	4/2	4/2	—	5/3	5/3	5/3
RRAX. A	1+n/2	6/2	6/2	—	7/3	7/3	7/3
RRCX(. B)	1+n/2	4/2	4/2	—	5/3	5/3	5/3
RRCX. A	1+n/2	6/2	6/2	—	7/3	7/3	7/3
PUSHX(. B)	4/2	4/2	4/2	4/3	5*/3	5/3	5/3
PUSHX. A	5/2	6/2	6/2	5/3	7*/3	7/3	7/3
POPX(. B)	3/2	—	—	—	5/3	5/3	5/3
POPX. A	4/2	—	—	—	7/3	7/3	7/3

说明：* 当 Rn=SP 时增加一个周期。

10. CC430X 格式 I(双操作数)指令周期和长度

表 5-18 列出了 CC430X 扩展格式 I 指令的所有寻址模式的 CPU 周期和长度。

表 5-18 MSP430X 格式 I 指令周期和长度

寻址模式		周期数		指令长度	例 子
源寄存器	目的寄存器	. B/. W	. A	. B/. W/. A	
Rn	Rm *	2	2	2	BITX. B R5,R8
	PC	4	4	2	ADDX R9,PC
	x(Rm)	5**	7***	3	ANDX. A R5,4(R6)
	EDE	5**	7***	3	XORX R8,EDE
	&EDE	5**	7***	3	BITX. W R5,&EDE
@Rn	Rm	3	4	2	BITX @R5,R8
	PC	5	6	2	ADDX @R9,PC
	x(Rm)	6**	9***	3	ANDX @R9,PC
	EDE	6**	9***	3	XORX @R8,EDE
	&EDE	6**	9***	3	BITX. B @R5,&EDE
@Rn+	Rm	3	4	2	BITX @R5+,R8
	PC	5	6	2	ADDX. A @R9+,PC
	x(Rm)	6**	9***	3	ANDX @R5+,4(R6)
	EDE	6**	9***	3	XORX. B @R8+,EDE
	&EDE	6**	9***	3	BITX @R5+,&EDE

续表 5-18

寻址模式		周期数		指令长度	例　子
源寄存器	目的寄存器	.B/.W	.A	.B/.W/.A	
#N	Rm	3	3	33	BITX #20,R8
	PC****	4	4	3	ADDX.A #FE000h,PC
	x(Rm)	6**	8***	4	ANDX #1234,4(R6)
	EDE	6**	8***	4	XORX #A5A5h,EDE
	&EDE	6**	8**	4	BITX.B #12,&EDE
x(Rn)	Rm	4	5	3	BITX 2(R5),R8
	PC****	6	7	3	SUBX.A 2(R6),PC
	TONI	7**	10***	4	ANDX 4(R7),4(R6)
	x(Rm)	7**	10***	4	XORX.B 2(R6),EDE
	&TONI	7**	10***	4	BITX 8(SP),&EDE
EDE	Rm	4	5	3	BITX.B EDE,R8
	PC****	6	7	3	ADDX.A EDE,PC
	TONI	7**	10***	4	ANDX EDE,4(R6)
	x(Rm)	7**	10***	4	ANDX EDE,TONI
	&TONI	7**	10***	4	BITX EDE,&TONI
&EDE	Rm	4	5	3	BITX &EDE,R8
	PC****	6	7	3	ADDX.A &EDE,PC
	TONI	7**	10***	4	ANDX.B &EDE,4(R6)
	x(Rm)	7**	10***	4	XORX &EDE,TONI
	&TONI	7**	10***	4	BITX &EDE,&TONI

说明：*　重复指令需要 n+1 个周期，而 n 是被执行的指令次数。

**　对于 MOV，BIT 和 CMP 指令周期计数减 1。

***　对于 MOV，BIT 和 CMP 指令周期计数减 2。

****　对于 MOV，ADD 和 SUB 指令周期计数减 1。

11. CC430X 寻址指令周期和长度

表 5-19 列出了 CC430X 寻址指令所有寻址模式的 CPU 周期和长度。

表 5-19　寻址指令的周期和长度

寻址模式		执行时间(MCLK 周期)		指令长度/字		例　子
源寄存器	目的寄存器	MOVA BRA	CMPA ADDA SUBA	MOVA	CMPA ADDA SUBA	
Rn	Rn	1	1	1	1	CMPA R5,R8
	PC	3	3	1	1	SUBA R9,PC
	x(Rm)	4	—	2	—	MOVA R5,4(R6)
	EDE	4	—	2	—	MOVA R8,EDE
	&EDE	4	—	2	—	MOVA R5,&EDE
@Rn	Rm	3	—	1	—	MOVA @5,R8
	PC	5	—	1	—	MOVA @R9,PC

续表 5-19

寻址模式		执行时间(MCLK 周期)		指令长度/字		例 子
源寄存器	目的寄存器	MOVA BRA	CMPA ADDA SUBA	MOVA	CMPA ADDA SUBA	
@Rn+	Rm	3	—	1	—	MOVA @R5+,R8
	PC	5	—	1	—	MOVA @R9+,PC
#N	Rm	2	3	2	2	CMPA @20,R8
	PC	3	3	2	2	SUBA #FE000h,PC
x(Rn)	Rm	4	—	2	—	MOVA 2(R5),R8
	PC	6	—	2	—	MOVA 2(R6),PC
EDE	Rm	4	—	2	—	MOVA EDE,R8
	PC	6	—	2	—	MOVA EDE,PC
&EDE	Rm	4	—	2	—	MOVA &EDE,R8
	PC	6	—	2	—	MOVA &EDE,PC

5.6 指令设置描述

表 5-20 列出了所有可用的指令。

表 5-20 MSP430X 指令表

	000	040	080	0C0	100	140	180	1C0	200	240	280	2C0	300	340	380	3C0
0xxx	MOVA,CMPA,ADDA,SUBA,RRCM,RRAM,RLAM,RRUM															
10xx	RRC	RRC.B	SWPB		RRA	RRA.B	SXT		PUSH	PUSH.B	CALL		RETI	CALL.A		
14xx	PUSHM.A,CMPA,ADDA,SUBA,RRCM,RRAM,RLAM,RRUM															
18xx	格式 I 与格式 II 指令的扩展字															
1Cxx																
20xx	JNE/JNZ															
24xx	JEO/JZ															
28xx	JNC															
2Cxx	JC															
30xx	JN															
34xx	JGE															
38xx	JL															
3Cxx	JMP															
4xxx	MOV,MOV.B															
5xxx	ADD,ADD.B															
6xxx	ADDC,ADDC.B															
7xxx	SUBC,SUBC.B															
8xxx	SUB,SUB.B															
9xxx	CMP,CMP.B															
Axxx	DADD,DADD.B															
Bxxx	BIT,BIT.B															
Cxxx	BIC,BIC.B															
Dxxx	BIS,BIS.B															
Exxx	XOR,XOR.B															
Fxxx	AND,AND.B															

5.6.1 扩展指令二进制描述

详细的 CC430X 指令的二进制描述如下。

指令	指令组				src/数据 19:16	指令标识				dst	
	15	14	13	12	11 10 9 8	7	6	5	4	3 2 1 0	
MOVA	0	0	0	0	src	0	0	0	0	dst	MOVA @Rsrc,Rdst
	0	0	0	0	src	0	0	0	1	dst	MOVA @Rsrc+,Rdst
	0	0	0	0	&abs. 19:16	0	0	1	0	dst	MOVA &abs20,Rdst
					&abs. 15:0						
	0	0	0	0	src	0	0	1	1	dst	MOVA x(Rsrc),Rdst
					x. 15:0						±15 位索引值 x
	0	0	0	0	src	0	1	1	0	&abs. 19:16	MOVA Rsrc,&abs20
					&abs. 15:0						
	0	0	0	0	src	0	1	1	1	dst	MOVA Rsrc,x(Rdst)
					x. 15:0						±15 位索引值 x
	0	0	0	0	imm. 19:16	1	0	0	0	dst	MOVA #imm20,Rdst
					imm. 15:0						
CMPA	0	0	0	0	imm. 19:16	1	0	0	1	dst	CMPA #imm20,Rdst
					imm. 15:0						
ADDA	0	0	0	0	imm. 19:16	1	0	1	0	dst	ADDA #imm20,Rdst
					imm. 15:0						
SUBA	0	0	0	0	imm. 19:16	1	0	1	1	dst	SUBA #imm20,Rdst
					imm. 15:0						
MOVA	0	0	0	0	src	1	1	0	0	dst	MOVA Rsrc,Rdst
CMPA	0	0	0	0	src	1	1	0	1	dst	CMPA Rsrc,Rdst
ADDA	0	0	0	0	src	1	1	1	0	dst	ADDA Rsrc,Rdst
SUBA	0	0	0	0	src	1	1	1	1	dst	SUBA Rsrc,Rdst

指令	指令组				位 Loc.	ID		指令标识				dst	
	15	14	13	12	11 10	9	8	7	6	5	4	3 2 1 0	
RRCM. A	0	0	0	0	n−1	0	0	0	1	0	0	dst	RRCM. A #n,Rdst
RRAM. A	0	0	0	0	n−1	0	1	0	1	0	0	dst	RRAM. A #n,Rdst
RLAM. A	0	0	0	0	n−1	1	0	0	1	0	0	dst	RLAM. A #n,Rdst
RRUM. A	0	0	0	0	n−1	1	1	0	1	0	0	dst	RRUM. A #n,Rdst
RRCM. W	0	0	0	0	n−1	0	0	0	1	0	1	dst	RRCM. W #n,Rdst
RRAM. W	0	0	0	0	n−1	0	1	0	1	0	1	dst	RRAM. W #n,Rdst
RLAM. W	0	0	0	0	n−1	1	0	0	1	0	1	dst	RLAM. W #n,Rdst
RLAM. W	0	0	0	0	n−1	1	1	0	1	0	1	dst	RRUM. W #n,Rdst

指令	指令标识												dst				
	15	14	13	12	11	10	9	8	7	6	5	4	3	2	1	0	
RETI	0	0	0	1	0	0	1	1	0	0	0	0	0	0	0	0	
CALLA	0	0	0	1	0	0	1	1	0	1	0	0	dst				CALLA Rdst
	0	0	0	1	0	0	1	1	0	1	0	1	dst				CALLA x(Rdst)

	x. 15:0																
	0	0	0	1	0	0	1	1	0	1	1	0	dst				CALLA @Rdst
	0	0	0	1	0	0	1	1	0	1	1	1	dst				CALLA @Rdst+
	0	0	0	1	0	0	1	1	1	0	0	0	&abs. 19:16				CALLA &abs20
	&abs. 15:0																
	0	0	0	1	0	0	1	1	1	0	0	1	x. 19:16				CALLA EDE
	x. 15:0																CALLA &x(PC)
	0	0	0	1	0	0	1	1	1	0	1	1	imm. 19:16				CALLA #imm20
	imm. 15:0																
保留	0	0	0	1	0	0	1	1	1	0	1	0	x	x	x	x	
保留	0	0	0	1	0	0	1	1	1	1	x	x	x	x	x	x	
PUSHM. A	0	0	0	1	0	1	0	0	n−1				dst				PUSHM. A #n,Rdst
PUSHM. W	0	0	0	1	0	1	0	1	n−1				dst				PUSHM. W #n,Rdst
POPM. A	0	0	0	1	0	1	1	0	n−1				dst−n+1				POPM. A #n,Rdst
POPM. W	0	0	0	1	0	1	1	1	n−1				dst−n+1				POPM. W #n,Rdst

5.6.2 CC430 指令

以下内容列出并描述了 CC430 的指令。

1. 带进位加法

* ADC[. W] 目的操作数加上进位位。

* ADC. B 目的操作数加上进位位。

语法 ADC dst 或 ADC. W dst

ADC. B dst

操作 dst + C − >dst

仿真 ADDC #0,dst

ADDC. B #0,dst

描述 目的操作数加上进位位 C。目的操作数原来的内容丢失。

状态位 N：如果结果为负则置位，结果为正则复位。

Z：如果结果为 0 则置位，否则复位。

C：如果 dst 从 0FFFFh 增加为 0000 则置位，否则复位。如果 dst 从 0FFh 增加为 00 则置位，否则复位。

V：如果算术发生溢出则置位，否则复位。

模式位 OSCOFF、CPUOFF 以及 GIE 不受影响。

【例子】 将 R13 指向的一个 16 位计数器加到一个 R12 指向的 32 位计数器上。

```
ADD     @R13 ,0(R12)          ;加上 LSDs
ADC     2(R12)                ;将进位 C 加到 MSD 上
```

【例子】 由 R13 指向的一个 8 位计数器加到由 R12 指向的 16 位计数器上。

```
ADD.B   @R13 ,0(R12)          ;加上 LSDs
ADC.B   1(R12)                ;将进位 C 加到 MSD 上
```

2. 加　法

ADD[.W]　目的操作字加上源操作字。

ADD.B　目的操作字节加上源操作字节。

语法　ADD src,dst 或 ADD.W src,dst

　　　ADD.B src,dst

操作　src + dst - >dst

描述　源操作数被加到目的操作数上。目的操作数原来的内容丢失。

状态位　N：如果结果为负(MSB=1)则置位,结果为正(MSB=0)则复位。

　　Z：如果结果为 0 则置位,否则复位。

　　C：如果结果的 MSB 有进位则置位,否则复位。

　　V：如果两个正操作数的结果为负或两个负操作数结果为正则置位,否则复位。

模式位　OSCOFF、CPUOFF 和 GIE 不受影响。

【例子】　立即数 10 加到位于较低 64 KB 空间的计数器 CNTR 上。

```
ADD.W   #10,&CNTR       ;16 位计数器加上 10
```

【例子】　将 R5(20 位地址)指向的字数据加到 R6 上。如果进位位 C 置位,则跳转到标号 TONI。

```
ADD.W   @R5,R6          ;R6 加上((R5))的字数据。R6 的位 19:16 = 0
JC      TONI            ;如果有进位,则跳转
…                       ;无进位
```

【例子】　将 R5(20 位地址)指向的字节数据加到 R6 上。如果没有进位,则程序跳转到 TONI 标号处。表指针将自动增加 1。R6 的位 19:8=0。

```
ADD.B   @R5+,R6         ;R6 加上((R5))的字节数据。R5 = R5 + 1。R6:000xxh
JNC     TONI            ;如果无进位,则跳转
…                       ;有进位
```

3. 带进位加法

ADDC[.W]　目的操作字加上源操作字和进位 C。

ADDC.B　目的操作字节加上源操作字节和进位 C。

语法　ADDC　src,dst 或 ADDC.W src,dst

　　　ADDC.B src,dst

操作　src + dst + C - >dst

描述　源操作数和进位 C 被加到目的操作数上。目的操作数原来的内容丢失。

状态位　N：如果结果为负(MSB=1)则置位,结果为正(MSB=0),则复位。

　　Z：如果结果为 0 则置位,否则复位。

　　C：如果结果的 MSB 有进位则置位,否则复位。

　　V：如果两个正操作数的结果为负或两个负操作数的结果为正则置位,否则复位。

模式位　　　OSCOFF、CPUOFF 和 GIE 不受影响。

【例子】　　常数 15 和前一次操作的进位 C 加到位于较低 64 KB 空间里的 16 位计数器 CNTR 上。

```
ADDC.W   #15,&CNTR    ; 16 位计数器 CNTR 加上 15 和 C
```

【例子】　　将 R5(20 位地址)指向的字数据和进位 C 加到 R6 上。如果有进位则跳转到标号 TONI 处。R6 的位 19:16＝0。

```
ADDC.W   @R5,R6       ;R6 加上((R5))的字数据和进位 C
JC       TONI         ;如果有进位,则跳转
…                     ;无进位
```

【例子】　　将 R5(20 位地址)指向的字节数据和进位 C 加到 R6 上。如果没有进位,则跳转到 TONI 处。表指针自动增加 1。R6 的位 19:8＝0。

```
ADDC.B   @R5+,R6      ;R6 加上((R5))的字节数据和进位 C,R5 = R5 + 1
JNC      TONI         ;如果无进位,则跳转
…                     ;有进位
```

4. 逻辑与

AND[.W]　源操作字和目的操作字进行逻辑与运算。

AND.B　　源操作字节和目的操作字节进行逻辑与运算。

语法　　　AND src,dst 或 AND.W src,dst

　　　　　AND.B src,dst

操作　　　src.and.dst－＞dst

描述　　　将源操作数和目的操作数进行逻辑与运算,结果存入目的寄存器中。源操作数不变。

状态位　　N：如果结果为负(MSB＝1)则置位,结果为正(MSB＝0)则复位。

　　　　　Z：如果结果为 0 则置位,否则复位。

　　　　　C：如果结果非 0 则置位,否则复位。C＝Z 的非运算结果(.not.Z)。

　　　　　V：复位。

模式位　　OSCOFF、CPUOFF 及 GIE 不受影响。

【例子】　存于 R5(16 位数据)的立即数 AA55h 与位于较低 64 KB 空间里的 TOM 相与。如果结果为 0,程序跳转到标号 TONI 处。R5 的位 19:16＝0。

```
MOV     #AA55h,R5     ;R5 = AA55h
AND     R5,&TOM       ;TOM = TOM & R5
JZ      TONI          ;结果为 0,则跳转
…                     ;结果大于 0
或者
AND     #AA55h,&TOM   ;TOM = TOM & AA55h
JZ      TONI          ;如果结果为 0,则跳转
```

【例子】　　由 R5(20 位地址)指向的字节数据与 R6 中的数据进行逻辑与运算。取完字节数据后,R5 增加 1。R6 的位 19:8＝0。

```
AND.B  @R5+,R6      ;((R5))的字节数据与 R6 作与运算,R5 = R5 + 1
```

5. 位清除指令

BIC[.W]　清除目的操作字中置位的源操作字中的相应位。

BIC.B　清除目的操作字节中与源操作字节为 1 的相应位。

语法　BIC　src,dst 或 BIC.W src,dst

　　　BIC.B src,dst

操作　(.not.src).and.dst－>dst

描述　取反后的源操作数和目的操作数进行逻辑与运算,结果存入目的操作数中。源操作数不变。

状态位　N、Z、C、V 均不受影响。

模式位　OSCOFF、CPUOFF、GIE 位不受影响。

【例子】　R5 的位 15:14 被清除。R5 的位 19:16=0。

```
BIC     #0C000h,R5      ;清除 R5 的 19:16 位
```

【例子】　一个由 R5(20 位地址)指向的字类型表被用于清除 R7 中的相应位。R7 的位 19:16=0。

```
BIC.W   @R5,R7          ;根据((R5))的置位值,清除 R7 中的相应位
```

【例子】　一个由 R5(20 位地址)指向的字节类型的表被用于清除 P1 口的相应位。

```
BIC.B   @R5,&P1OUT  ;根据((R5))的置位值,清除 P1 口的相应位。
```

6. 位置位指令

BIS[.W]　置位源操作字中置位的目的操作字中的相应位。

BIS.B　置位源操作字节中置位的目的操作字节中的相应位。

语法　BIS　src,dst 或 BIS.W src,dst

　　　BIS.B src,dst

操作　src.or.dst－>dst

描述　将源操作数和目的操作数进行逻辑或运算,结果存入目的操作数中。源操作数不变。

状态位　N、Z、C、V 均不受影响。

【例子】　将 R5(16 位数据)中的位 15 和 13 置位。R5 的位 19:16=0。

```
BIS     #A000h,R5          ;置位 R5 中的位 15 与位 13
```

【例子】　一个由 R5(20 位地址)指向的字类型的表被用于置位 R7 中的相应位。R7.19:16=0。

```
BIS.W @R5,R7               ;根据((R5))的置位值,置位 R7 中的相应位
```

【例子】　一个由 R5(20 位地址)指向的字节类型的表被用于置位 PORT1 的相应位。然后 R5 增加 1。

```
BIS.B @R5+,&P1OUT       ;根据((R5))的置位值,置位 P1 端口的相应位,R5 = R5 + 1
```

7. 位测试指令

BIT[.W]　测试源操作字中置位的目的操作字中的相应位。

BIT.B　测试源操作字节中置位的目的操作字节的中相应位。

语法　BIT　src,dst 或 BIT.W src,dst

　　　BIT.B src,dst

操作　src.and.dst

描述　源操作数和目的操作数进行逻辑与运算。结果仅影响 SR 中的状态位。寄存器模式 Rdst.19:16(.W)或 Rdst.19:8(.W)不被清除。

状态位　N：如果结果为负(MSB=1)则置位,为正(MSB=0)则复位。

　Z：如果结果为 0 则置位,否则复位。

　C：如果结果不为 0 则置位,否则复位。C=Z 的非运算结果(.not.Z)。

　V：复位。

模式位　OSCOFF、CPUOFF、GIE 位不受影响。

【例子】　测试 R5(16 位数据)中位 15 和位 14 其一或两者是否为 1。如果至少一位为 1 则跳转到 TONI 标号处。R5.19:16 不受影响。

```
BIT    #C000h,R5     ;测试 R5 的 15:14 位
JNZ    TONI          ;R5 的 15:14 位至少一位为 1,则跳转
…                    ;两位都为 0
```

【例子】　通过 R5(20 位地址)指向的字数据测试 R7 中的相应位。如果 R7 的相应位中至少一位为 1,则跳转到 TONI 标号处。R7 的 19:16 不受影响。

```
BIT.W  @R5,R7        ;测试 R7 中的相应位
JC     TONI          ;相应位中至少一位为 1,则跳转
…                    ;相应位均为 0
```

【例子】　通过 R5(20 位地址)指向的字节数据测试 P1 口的相应位。如果相应位没有被置位,则跳转至 TONI 标号处。然后寻址一下个表字节。

```
BIT.B  @R5,&P1OUT    ;测试 I/O 端口 P1 的相应位。R5 = R5 + 1
JNC    TONI          ;相应位均没有置位,则跳转
...                  ;相应位中至少一个置位
```

8. 程序跳转指令

*BR,BRANCH　程序跳转到目的操作数所指的较低 64 KB 地址处。

语法　BR dst

操作　dst－>PC

仿真　MOV dst,PC

描述　程序无条件跳转到较低的 64 KB 空间中任意一个地址。所有源寄存器寻址模式可被使用。跳转指令是一个字类型指令。

状态位　状态位不受影响。

【例子】　所有寻址模式下的例子。

```
BR    #EXEC       ;跳转到标号 EXEC 处或直接跳转(如 #0A4h)
                  ;内核指令为 MOV   @PC+,PC
BR    EXEC        ;跳转到 EXEC 的内容所指的地址处
                  ;内核指令为 MOV X(PC),PC
                  ;间接寻址
BR    &EXEC       ;跳转到绝对地址的内容所指的地址处
                  ;寻址 EXEC
                  ;内核指令为 MOV X(0),PC
                  ;间接寻址
BR    R5          ;跳转到 R5 的内容所指的地址处
                  ;内核指令为 MOV R5,PC
                  ;间接的 R5
BR    @R5         ;跳转到字的内容所指的地址处
                  ;由 R5 所指向
                  ;内核指令为 MOV   @R5,PC
                  ;间接的,间接的 R5
BR    @R5+        ;跳转到 R5 内容所指的地址处,R5 所在地址加 1
                  ;内核指令为 MOV   @R5,PC
                  ;间接的,间接的 R5 自动加 1
BR    X(R5)       ;跳转到地址单元内容所指的地址处
                  ;内核指令为 MOV X(R5),PC
```

9. 子程序调用指令

CALL　调用一个位于较低 64 KB 程序空间内的子程序。

语法　CALL dst

操作　dst　->PC　16 位 dst 被评估并存储

　　　SP-2->SP

　　　PC　->@SP　用返回的地址更新 PC 至 TOS

　　　tmp　->PC　保存 16 位 dst 至 PC

描述　子程序调用是一个从位于较低 64 KB 范围内的地址到子程序所在的较高 64 KB范围内地址的过程。所有的 7 种寻址模式都可以使用。调用指令是一个字类型指令。程序使用 RET 指令返回。

状态位　状态位不受影响。PC.19:16 位被清除(64 KB 范围以内的地址)。

模式位　OSCOFF、CPUOFF、GIE 位不受影响。

【例子】　以下给出了所有寻址模式下的例子。

立即数模式：调用一个标号为 EXEC 的子程序(较低的 64 KB)或直接调用地址。

```
CALL   #EXEC       ;从地址 EXEC 处开始
CALL   #0AA04h     ;从地址 0AA04h 开始
```

符号模式：调用一个地址包含在 EXEC 中的 16 位地址的子程序 EXEC 位于地址(PC+X),X 位于 PC+32 KB 范围内。

```
CALL   EXEC       ;从@EXEC 地址开始。z16(PC)
```

绝对模式：调用一个包含在绝对地址 EXEC(较低 64 KB 范围)中的 16 位地址的子程序。

```
CALL   &EXEC          ;从地址@EXEC 开始
```

寄存器模式：调用一个包含在寄存器 R5.15:0中的 16 位地址处的子程序。

```
CALL    R5            ;从地址 R5 开始。
```

间接模式：调用一个由寄存器 R5(20 位地址)所指向的字中 16 位地址处。

```
CALL    @R5           ;从地址@R5 开始。
```

10. 清除指令

* CLR[.W]　清除目的操作数。

* CLR.B　清除目的操作数。

语法　CLR　dst 或 CLR.W dst

　　　CLR.B dst

操作　0 - >dst

仿真　MOV　#0,dst

　　　MOV.B #0,dst

描述　目的操作数被清除。

状态位　状态位不受影响。

【例子】　RAM 中的字 TONI 被清除。

```
CLR    TONI      ; 0 - >TONI
```

【例子】　寄存器 R5 被清除。

```
CLR     R5       ;
```

【例子】　RAM 中的字节 TONI 被清除。

```
CLR.B    TONI   ; 0 - >TONI
```

11. 进位位清除指令

* CLRC　清除进位位 C。

语法　CLRC

操作　0 - >C

仿真　BIC #1,SR

描述　进位位 C 被清除。这条指令为字类型指令。

状态位　N、Z、V 不受影响，C 复位。

模式位　OSCOFF、CPUOFF、GIE 位不受影响。

【例子】　由 R13 指向的 16 位十进制计数器加到由 R12 指向的 32 位计数器上。

```
CLRC                      ;C = 0,标志开始
DADD    @R13,0(R12)       ;将 16 位计数器加到 32 位计数器的低 16 字上
DADC    2(R12)            ;进位位 C 加到 32 位计数器的高字上
```

12. 负数标志位清除指令

* CLRN　清除负数标志位。

语法　CLRN

操作　0－＞N 或(.NOT.src.AND.dst－＞dst)

仿真　BIC　#4,SR

描述　常数 04h 取反(0FFFBh)然后与目的操作数进行逻辑与运算。结果存入目的操作数。这条指令是一个字类型的指令。

状态位　N 复位,Z、C、V 不受影响。

模式位　OSCOFF、CPUOFF、GIE 位不受影响。

【例子】　SR 中的负数标志位被清除了。这可避免对子程序调用的负数的特殊处理。

```
       CLRN
       CALL SUBR
       ......
SUBR   JN SUBRET     ;如果输入是一个负数:不做处理,直接返回
       ......
SUBRET RET
```

13. 零标志位清除指令

* CLRZ　清除零标志位 Z。

语法　CLRZ

操作　0－＞Z 或(.NOT.src.AND.dst－＞dst)

仿真　BIC　#2,SR

描述　常数 02h 取反(0FFFDh)后与目的操作数进行逻辑与运算,结果存入目的操作数中。零标志位清除指令是一个字类型的指令。

状态位　Z 复位,N、C、V 不受影响。

模式位　OSCOFF、CPUOFF、GIE 位不受影响。

【例子】　SR 中的零标志位被清除。

```
CLRZ
```

间接、自动增量模式：调用一个由 R5(20 位地址)所指向的 16 位地址处的子程序,然后 R5 中的 16 位地址自动增加 2。下一次软件使用 R5 作为指针,它可以改变程序执行流程,因为存取在表中的下一个字地址由 R5 所指向。

```
CALL @R5 +       ;从@R5 地址开始。R5 = R5 + 2
```

索引模式：调用一个由寄存器(R5＋X)所指向的 20 位地址中的 16 位地址处的子程序,如地址起始于 X 的表。这一地址位于较低的 64 KB 范围内,X 位于 32 KB 范围内。

```
CALL X(R5)      ;起始地址为@(R5 + X)。z16(R5)
```

14. 比较指令

CMP[.W]　比较源操作字和目的操作字。

CMP.B　　比较源操作字节和目的操作字节。

语法　　CMP　src,dst 或 CMP.W src,dst

　　　　CMP.B src,dst

操作　　(.not.src)+1+dst

　　　　或

　　　　dst-src

仿真　　BIC #2,SR

描述　　目的操作数减去源操作数。结果仅影响 SR 中的状态标志位。

　　　　寄存器模式：寄存器 Rdst.19:16(.W)或 Rdst.19:8(.B)不被清除。

状态位　N：如果结果为负(src>dst)则置位，结果为正(src=dst)则复位。

　　　　Z：如果结果为 0(src=dst)则置位，否则(src<>dst)复位。

　　　　C：如果从 MSB 有进位则置位，否则复位。

　　　　V：如果一个正的目的操作数减去一个负的源操作数结果为负，或者一个负的目的操作数减去一个正的源操作数结果为正，则置位，否则复位(没有溢出)。

模式位　OSCOFF、CPUOFF、GIE 位不受影响。

【例子】　将字 EDE 和一个 16 位的常量 1800h 比较。如果 EDE 等于这个常量，则程序跳转到标号 TONI 处。EDE 的地址位于 PC+32 KB 范围内。

```
CMP     #01800h,EDE     ;比较字 EDE 和 1800h
JEQ     TONI            ;EDE 的内容为 1800h
...                     ;不相等
```

【例子】　一个由(R5+10)指向的字数据和 R7 比较。如果 R7 的内容是一个较小的有符号 16 位数，则程序跳转到标号 TONI 处。R7 的 19:16 位不被清除。源操作数的地址属于整个存储范围内的 20 位的地址。

```
CMP.W   10(R5),R7       ;比较两个有符号数
JL      TONI            ;R7<10(R5)
...                     ;R7>=10(R5)
```

【例子】　一个由 R5(20 位地址)指向字节数据和 P1 口的输出值比较。如果相等，则程序跳转到标号 TONI 处，然后寻址下一个寄存器表字节。

```
CMP.B   @R5+,&P1OUT     ;比较 P1 和表数据。R5=R5+1
JEQ     TONI            ;内容相等
...                     ;不相等
```

15. 进位加法指令

*DADC[.W]　将进位 C 加到十进制的目的操作数中。

*DADC.B　　将进位 C 加到十进制的目的操作数中。

语法　　　DADC　dst 或 DADC.W dst

　　　　　DADC.B dst

操作　　　dst+C->dst(十进制数)

仿真 DADD #0,dst

DADD.B #0,dst

描述 将进位 C 加到十进制的目的操作数中。

状态位 N：如果 MSB 为 1 则置位。

Z：如果 dst 为 0 则置位，否则复位。

C：如果目的操作数从 9999 增加到 0000 则置位，否则复位；如果目的操作数从 99 增加到 00 则置位，否则复位。

V：未定义。

模式位 OSCOFF、CPUOFF、GIE 位不受影响。

【例子】 将保存在 R5 中的 4 数位十进制数加到 R8 指向的 8 数位十进制数上。

```
CLRC                 ;复位进位 C
                     ;下一条指令的起始条件被定义
DADD    R5,0(R8)     ;加上 LSDs + C
DADC    2(R8)        ;MSD 加上进位 C
```

【例子】 将保存在 R5 中的 2 数位十进制数加到 R8 指向的 4 数位十进制数上。

```
CLRC                 ;复位进位 C,下一条指令的起始条件被定义
DADD.B  R5,0(R8)     ;LSDs + C
DADC    1(R8)        ;MSDs 加上进位 C
```

16. 带进位加法指令

* DADD[.W] 目的操作字加上源操作字和进位 C。

* DADD.B 目的操作字节加上源操作字节和进位 C。

语法 DADD src,dst 或 DADD.W src,dst

DADD.B src,dst

操作 src + dst + c − >dst(十进制数)

描述 源操作数和目的操作数被当作 2 个(.B)或 4 个(.W)带正号的二进制编码的十进制数(BCD 码)。源操作数和进位 C 以十进制方式被加到目的操作数上，结果保存在目的操作数中。源操作数不变，目的操作数原来的内容丢失。对于一个非 BCD 数值，其计算结果是未定义的。

状态位 N：如果结果的 MSB 为 1(字>7999h，字节>79h)则置位，如果 MSB 是 0 则复位。

Z：如果结果为 0 则置位，否则复位。

C：如果 BCD 结果太大(字>9999h，字节>99h)则置位，否则复位。

V：未定义。

模式位 OSCOFF、CPUOFF、GIE 位不受影响。

【例子】 十进制数 10 被加到一个 16 位的 BCD 码计数器 DECCNTR 上。

```
DADD    #10h,&DECCNTR    ;将 10 加到 4 数位的 BCD 码计数器上
```

【例子】 将保存在 16 位 RAM 地址 BCD 和 BCD+2 中的 8 数位 BCD 码以十进制方式加到保存在 R4 和 R5(BCD+2 和 R5 存储为 MSDs)的 8 数位的

BCD 码上。先加上进位 C,然后清除进位 C。

```
CLRC                    ;清除进位
DADD.W   &BCD,R4        ;加上 LSDs。R4.19:16 = 0
DADD.W   &BCD + 2,R5    ;加上 MSDs 和进位。R5.19:16 = 0
JC       OVERFLOW       ;结果>9999,9999 为程序转到错误处理程序
...                     ;结果正确
```

【例子】　将保存在字类型 BCD(16 位地址)的 2 数位 BCD 码以十进制方式加到保存在 R4 的 2 数位 BCD 码上,同时也加上进位 C。R4.19:8=0。

```
CLRC                    ;清除进位
DADD.B   &BCD,R4        ;以十进制方式将 BCD 加到 R4 上。R4:0,00ddh
```

17. 自减 1 指令

* DEC[.W]　目的操作数自减 1。

* DEC.B　目的操作数自减 1。

语法　DEC　dst 或 DEC.W dst

　　　DEC.B dst

操作　dst－1－>dst

仿真　SUB　#1,dst

　　　SUB.B #1,dst

描述　目的操作数自减 1。原来的内容丢失。

状态位　N:如果结果为负则置位,结果为正则复位。

　　　Z:如果 dst 的值为 1 则置位,否则复位。

　　　C:如果 dst 的值为 0 则复位,否则置位。

　　　V:如果发生算术溢出则置位,否则复位。

　　　　如果目的操作数的初值为 08000h 则置位,否则复位。

　　　　如果目的操作数的初始为 080h 则置位,否则复位。

模式位　OSCOFF、CPUOFF、GIE 位不受影响。

【例子】　R10 自减 1。

```
      DEC    R10            ;R10 自减 1
;将一个包含有 255 字节的数据块从 EDE 开始的一片内
;存移到 TONI 开始的一片内存中。
;表不应交叠,目的地址 TONI 的开始地址必须不能处于
;EDE～EDE + 0FEh 的范围内。
      MOV    #EDE,R6
      MOV    #510,R10
L$1   MOV    @R6 + ,TONI - EDE - 1(R6)
      DEC    R10
      JNZ    L$1
```

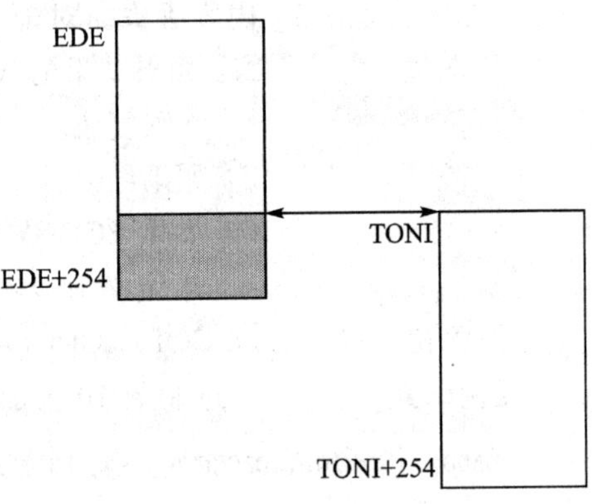

图 5－36　自减交叠

具有图 5－36 所示交叠情况时,不能使用上述程序代码进行数据传输。

18. 自减 2 指令

*DECD[.W]　目的操作数自减 2。

*DECD.B　目的操作数自减 2。

语法　DECD　dst 或 DECD.W dst

　　　DECD.B　dst

操作　dst－2－＞dst

仿真　SUB　＃2,dst

　　　SUB.B ＃2,dst

描述　目的操作数自减 2。原来的内容丢失。

状态位　N：如果结果为负则置位,结果为正则复位。

　　Z：如果 dst 的内容为 2 则置位,否则复位。

　　C：如果 dst 的内容为 0 或 1 则复位,否则置位。

　　V：如果发生了算术溢出则置位,否则复位。

　　　如果目的操作数初始值为 08001h 或 08000h 则置位,否则复位。

　　　如果目的操作数初始值为 081h 或 080h 则置位,否则复位。

模式位　OSCOFF、CPUOFF、GIE 位不受影响。

【例子】　R10 自减 2。

```
        DECD     R10          ;R10 自减 2
;将一个具有 255 字节的数据块从 EDE 起始的内存地址移到从 TONI 起始的地址内存中。表不能交叠,
;目的操作数的起始地址 TONI 必须不能处于 EDE～EDE + 0FEh 的地址范围内。
        MOV      #EDE,R6
        MOV      #255,R10
L$1     MOV.B    @R6 + ,TONI - EDE - 2(R6)
        DECD     R10
        JNZ      L$1
```

【例子】　内存中的地址 LEO 自减 2。

```
DECD.B   LEO          ;MEM(LEO)减 2,状态字节 STATUS 减 2
DECD.B   STATUS
```

19. 中断禁止指令

*DINT　禁止普通中断。

语法　DINT

操作　0－＞GIE 或(0FFF7h.AND.SR－＞SR/.NOT.src.AND.dst－＞dst)

仿真　BIC ＃8,SR

描述　禁止所有可屏蔽中断,常数 08h 取反后与 SR 进行逻辑与运算,结果存入 SR。

状态位　状态位不受影响。

模式位　GIE 复位,OSCOFF、CPUOFF 位不受影响。

【例子】　SR 寄存器中的通用中断使能位(GIE)被清除,以允许在搬运一个 32 位计数器时,不被打断。这确保了计数器在搬运过程中,不被任何中断程序修改。

```
DINT                  ;禁止所有中断事件
NOP
MOV   COUNTHI,R5      ;复制计数器
MOV   COUNTLO,R6
EINT                  ;恢复中断允许
```

注意：禁止中断。

如果任何代码序列要求不被中断打断，则 DINT 应该在代码序列之前的至少一条指令前执行，或者 DINT 后紧跟一条 NOP 指令。

20. 中断使能指令

* EINT　允许通用中断。

语法　EINT

操作　1－＞GIE 或(0008h.OR.SR－＞SR/.src.OR.dst－＞dst)

仿真　BIS　＃8,SR

描述　所有可屏蔽中断被允许，常数＃08h 和 SR 寄存器进行逻辑或运算，结果保存在 SR 中。

状态位　状态位不受影响。

模式位　GIE 置位，OSCOFF、CPUOFF 不受影响。

【例子】　SR 中的通用中断允许位(GIE)置位。

```
        PUSH.B   &P1IN
        BIC.B    @SP,&P1IFG     ;只复位被接受的标志位
        EINT                    ;重置保存在堆栈中的端口 1 中断标志，其他中断也被允许
        BIT      ＃Mask,@SP
        JEQ      MaskOK         ;当前标志位与屏蔽位相同 ，跳转
MaskOK  BIC      ＃Mask,@SP
        INCD     SP             ;内务操作：在中断程序开始的时候，回转到
                                ;PUSH 指令。改正堆栈指针
        RETI
```

注意：使能中断。

紧跟在中断使能指令(EINT)之后的一条指令总是会被执行的，即使在中断允许时，一个中断服务请求正被响应。

21. 自增 1 指令

* INC[.W]　目的操作数自增 1。

* INC.B　目的操作数自增 1。

语法　INC　dst 或 INC.W dst

　　　INC.B dst

操作　dst＋1－＞dst

仿真　ADD ＃1,dst

描述　目的操作数自增 1，原来的内容丢失。

状态位　N：如果结果为负则置位，结果为正则复位。

Z：如果 dst 的内容为 0FFFFh 则置位，否则复位。
如果 dst 的内容为 0FFh 则置位，否则复位。
C：如果 dst 的内容为 0FFFFh 则置位，否则复位。
如果 dst 的内容为 0FFh 则置位，否则复位。
V：如果 dst 的内容为 07FFFh 则置位，否则复位。
如果 dst 内容为 07Fh 则置位，否则复位。

模式位　　OSCOFF、CPUOFF、GIE 位不受影响。

【例子】　　状态字节 STATUS，进行自加 1 处理。当它等于 11 时，程序跳转到 OVFL 标号处。

```
INC.B     STATUS
CMP.B     #11,STATUS
JEQ       OVFL
```

22. 自增 2 指令

* INCD[.W]　　目的操作数自增 2。

* INCD.B　　目的操作数自增 2。

语法　　INCD　dst 或 INCD.W　dst
INCD.B　dst

操作　　dst + 2 - >dst

仿真　　ADD　#2,dst

描述　　目的操作数自增 2，原来的内容丢失。

状态位　　N：如果结果为负则置位，结果为正则复位。
Z：如果 dst 的内容为 0FFFEh 则置位，否则复位。
如果 dst 的内容为 0FEh 则置位，否则复位。
C：如果 dst 的内容为 0FFFEh 或 0FFFFh 则置位，否则复位。
如果 dst 的内容为 0FEh 或 0FFh 则置位，否则复位。
V：如果 dst 的内容为 07FFEh 或 07FFFh 则置位，否则复位。
如果 dst 的内容为 07Eh 或 07Fh 则置位，否则复位。

模式位　　OSCOFF、CPUOFF、GIE 位不受影响。

【例子】　　位于堆栈顶部(TOS)的数据项通过一个寄存器移除。

```
......
PUSH      R5      ;R5 是计算结果，它被保存在系统堆栈中
INCD      SP      ;通过让堆栈自增 2 来移除 TOS 的数据，不要使用 INCD.B，
                  ;因为 SP 是一个字对齐的寄存器
RET
```

【例子】　　位于堆栈顶部的字节自增 2。

```
INCD.B  0(SP)   ;在 TOS 的字节自增 2
```

23. 取反指令

* INV[.W]　目的操作数取反。

* INV.B　　目的操作数取反。

语法　　INV　dst 或 INV.W dst

　　　　INV.B dst

操作　　.not.dst－＞dst

仿真　　XOR ＃0FFFFh,dst

　　　　XOR.B ＃0FFh,dst

描述　　目的操作数被取反,原来的数据丢失。

状态位　N:如果结果为负则置位,结果为正则复位。

　　　　Z:如果 dst 内容为 0FFFFh 则置位,否则复位。

　　　　　如果 dst 内容为 0FFh 则置位,否则复位。

　　　　C:如果结果为 0 则置位,否则复位(等价于.NOT.Zero)。

　　　　V:如果目的操作数的初始值为负则置位,否则复位。

模式位　OSCOFF、CPUOFF、GIE 不受影响。

【例子】　R5 中的内容是反的。

```
MOV     ＃00AEh,R5      ;R5 = 000AEh
INV     R5              ;取反 R5,R5 = 0FF51h
INC     R5              ;R5 当前是取反后的结果,R5 - 0FF52h
```

【例子】　内存 LEO 中的内容是负的。

```
MOV.B   ＃0AEh,LEO      ;MEM(LEO) = 0AEh
INV.B   LEO             ;取反 LEO,MEM(LEO) = 051h
INC.B   LEO             ;MEM(LEO)是取反后的结果,MEM(LEO) = 052h
```

24. 进位跳转指令

* JC　　如果有进位则跳转。

* JHS　如果高于或相同(无符号数)则跳转。

语法　JC　label

　　　JHS label

操作　如果 C = 1:PC + (2 * Offset) －＞PC

　　　如果 C = 0:继续执行后续指令

描述　测试 SR 中的进位位 C。如果置位,那么保存在指令中的 10 位有符号数偏移量将乘以 2,经符号扩展后,再加到 20 位的 PC 上。这意味着在整个存储空间内,相对于 PC,可以在－511～＋512 个字范围内跳转。如果 C 复位,那么执行的是跳转指令之后的指令。JC 用于测试进位位 C。JHS 用于比较无符号数。

状态位　状态位不受影响。

模式位　OSCOFF、CPUOFF、GIE 位不受影响。

【例子】端口 1 的 P1IN.1 的状态决定了程序的流程。

```
BIT.B     ＃2,&P1IN       ;端口 1,位 1 置位? 结果传递给 C(Bit－＞C)
JC        Label1          ;是,则跳转到标号 Label1
...                       ;否,则继续
```

【例子】 如果 R5≥R6(无符号数),则程序从 Label2 标号处继续。

```
CMPA     #12345h,R5     ;R5≥12345h ? 结果传递给 C
JHS      Label2         ;是,那么 12344h<R5≤FFFFFh。C = 1
...                     ;否,那么 R5<12345h。继续
```

25. 相等则跳转

JEQ　如果相等则跳转。

JZ　如果为 0 则跳转。

语法　JEQ label

　　　JZ　label

操作　如果 Z = 1:PC + (2 * Offset) - >PC

　　　如果 Z = 0:继续执行指令

描述　测试 SR 中的零标志位 Z。如果置位,包含在指令中的 10 位有符号数将乘以 2,经过符号扩展后,加到 20 位 PC 上。这意味着在整个存储空间内,相对于 PC,可以在－511～＋512 个字的范围内跳转。如果 Z 复位,则执行跳转指令之后的指令。JZ 用于测试零标志位 Z。JEQ 用于比较操作数。

状态位　状态位不受影响。

模式位　OSCOFF、CPUOFF、GIE 位不受影响。

【例子】 P2IN.0 的状态决定了程序的流程。

```
BIT.B    #1,&P2IN       ;端口 2,位 0 复位?
JZ       Label1         ;是,则从标号 Label1 处开始处理
...                     ;否,置位,继续
```

【例子】 如果 R5＝15000h(20 位数据),则程序从 Label2 标号处继续。

```
CMPA     #15000h,R5     ;R5 = 15000h ? 信息传递给 SR
JEQ      Label2         ;是,R5 = 15000h。Z = 1
...                     ;否,R5 不等于 15000h。继续
```

【例子】 R7(20 位计数器)加 1。如果其值等于 0,则程序从标号 Label4 处继续。

```
ADDA     #1,R7          ;R7 加 1
JZ       Label4         ;R7 达到 0 时,程序从 Label4 继续
...                     ;R7 不等于 0。程序从这里继续
```

26. 大于或等于则跳转

JGE　如果大于或等于(有符号数)则跳转。

语法　JGE　label

操作　如果(N.xor.V) = 0:PC + (2 * Offset) - >PC

　　　如果(N.xor.V) = 1:执行后续指令

描述　测试 SR 中的负数标志位 N 和溢出标志位 V。如果两者都置位或都复位,那么包含在指令中的 10 位有符号字偏移值将乘以 2,经过符号扩展后,加到 20 位 PC 上。这意味着在整个存储空间内,相对于 PC,有－511～512 个字的范

围可以跳转。当且仅当其中之一置位，则执行跳转指令之后的程序。JGE 用于比较有符号操作数，即对于因为溢出而导致的不正确结果，由 JGE 指令所作出的决定也是正确的。

注意：如果用在 AND、BIT、RRA、SXTX 和 TST 指令之后，JGE 仿真非执行指令 JP（如果是正数则跳转）。这些指令将清除溢出标志位 V。

状态位　　状态位不受影响。

模式　　OSCOFF、CPUOFF、GIE 位不受影响。

【例子】　如果字节 EDE（较低的 64 KB）包含了正的数据，则程序跳转到标号 Label1。软件可以在整个存储空间内运行。

```
TST.B     &EDE            ;EDE 是正数？V<-0
JGE       Label1          ;是，JGE 仿真 JP
...                       ;否，80h<=EDE<=FFh
```

【例子】　如果 R6 的内容大于或等于 R7 指向的一个内存指针的数，则程序从 Label5 标号处继续。有符号数据，数据和程序位于整个存储空间内。

```
CMP       @R7,R6          ;R6>=@R7 ?
JGE       Label5          ;是，从 Label5 开始
...                       ;否，程序从这里继续
```

【例子】　如果 R5≥12345h（有符号操作数），则程序从标号 Label2 处继续。程序位于整个存储空间内。

```
CMPA      #12345h,R5      ;R5≥12345h ?
JGE       Label2          ;是，12344h<R5≤7FFFFh
...                       ;否，80000h≤R5<12345h
```

27. 小于则跳转

JL　　如果小于（有符号数）则跳转。

语法　　JL　label

操作　　如果(N.xor.V) = 1:PC + (2 * Offset) - >PC

　　　　如果(N.xor.V) = 0:执行后续指令。

描述　　测试在 SR 中的负数标志位 N 和溢出标志位 V。当且仅当其中一个置位时，包含在指令中的 10 位有符号字偏移量将乘以 2，经过符号扩展后，加到 20 位 PC 上。这意味着在整个存储空间内，相对于 PC 而言，有－511～512 个字的范围可以跳转。如果 N 和 V 两者都置位或都复位，那么程序执行跳转指令之后的指令。JL 用于比较两个有符号操作数，即对于因为溢出而导致的不正确结果，由 JL 指令做出的决定也是正确的。

状态位　　状态位不受影响。

模式位　　OSCOFF、CPUOFF、GIE 位不受影响。

【例子】　如果字节 EDE 包含一个有符号操作数小于 TONI，则程序从 Label1 标号处继续。EDE 的地址位于 PC+32 KB 范围内。

```
CMP.B     &TONI,EDE       ;EDE<TONI ?
```

```
JL       Label1          ;是
...                      ;否,TONI≤EDE
```

【例子】 如果 R6 的内容是一个有符号数且小于 R7(20 位地址)指向的内存指针的数据,则程序从标号 Label5 处继续。数据和程序位于整个存储空间内。

```
CMP      @R7,R6          ;R6<@R7 ?
JL       Label5          ;是,跳转到 Label5
...                      ;否,程序从这里继续
```

【例子】 如果 R5<12345h(有符号操作数),程序从标号 Label2 处继续。数据和程序位于整个存储范围内。

```
CMPA     #12345h,R5      ;R5<12345h ?
JL       Label2          ;是,80000h≤R5<12345h
...                      ;否,12344h<R5≤7FFFFh
```

28. 无条件跳转指令

JMP 无条件跳转。

语法 JMP label

操作 PC + (2 * Offset) - >PC

描述 包含在指令中的 10 位有符号字偏移将乘以 2,经过符号扩展后,加到 20 位 PC 上。这意味着在整个存储空间内,相对于 PC,有 −511～512 个字的范围可以跳转。JMP 指令在它相对于 PC 所限制的范围内,可用作 BR 或 BRA 指令。

状态位 状态位不受影响。

模式位 OSCOFF、CPUOFF、GIE 位不受影响。

【例子】 字节 STATUS 设置为 10。然后程序跳转到 MAINLOOP 标号处。数据位于较低的 64 KB 范围内,程序位于整个存储范围内。

```
MOV.B    #10,&STATUS     ;将 STATUS 设置为 10
JMP      MAINLOOP        ;跳转到主循环
```

【例子】 读取定时器 Timer_A3 的中断向量 TAIV,以决定程序流程。程序位于整个范围内,但是中断处理总是从较低的 64 KB 开始。

```
ADD      &TAIV,PC        ;将定时器 A 的中断向量加到 PC 上
RETI                     ;无定时器 A 中断发生
JMP      IHCCR1          ;定时器模块 1 引发了中断
JMP      IHCCR2          ;定时器模块 2 引发了中断
RETI                     ;无合法的中断,返回
```

29. 负数跳转指令

JN 如果是负数则跳转。

语法 JN label

操作 如果 N = 1: PC + (2 * Offset) - >PC

如果 N = 0: 执行后继指令

描述　　测试 SR 中的负数标志位 N。如果置位，那么包含在指令中的 10 位有符号字偏移将乘以 2，经过符号扩展后，加到 20 位的 PC 上。这意味着在整个存储空间内，相对于 PC，有－511～512 个字的范围可以跳转。如果 N 复位，则执行跳转指令之后的指令。

状态位　　状态位不受影响。

模式位　　OSCOFF、CPUOFF、GIE 位不受影响。

【例子】　测试字节变量 COUNT。如果是负数，那么程序从标号 Label0 处继续执行。数据位于较低的 64 KB 范围内，程序位于整个存储空间内。

```
TST.B    &COUNT      ;COUNT 是负数?
JN       Label0      ;是,从 Label0 处执行
...                  ;COUNT≥0
```

【例子】　R5 减去 R6。如果结果为负，那么程序从标号 Label2 处继续。程序位于整个存储空间范围内。

```
SUB      R6,R5       ;R5 - R6 - >R5
JN       Label2      ;R5 是负数:R6>R5(N = 1)
...                  ;R5≥0。程序从这里继续
```

【例子】　R7(20 位计数器)自减 1。如果它的值小于 0，则程序从标号 Label4 继续执行。程序位于整个存储范围内。

```
SUBA     #1,R7       ;R7 自减 1
JN       Label4      ;R7<0:跳转到标号 Label4
...                  ;R7≥0。程序从这里继续
```

30. 未进位则跳转指令

JNC　　如果没有进位则跳转。

JLO　　如果较低(无符号数)则跳转。

语法　　JNC　label

　　　　JLO　label

操作　　如果 C = 0:PC + (2 * Offset) - >PC

　　　　如果 C = 1:执行后继指令

描述　　测试 SR 中的进位位 C。如果复位，那么包含在指令中的 10 位有符号字偏移将乘以 2，经过符号扩展后，加到 PC 上。这意味着在整个存储空间内，相对于 PC，有－511～＋512 个字的范围可以跳转。如果 C 置位，则执行跳转指令之后的指令。

　　　　JNC 用于测试进位位 C。

　　　　JLO 用于比较无符号数。

状态位　　状态位不受影响。

模式位　　OSCOFF、CPUOFF、GIE 位不受影响。

【例子】　如果字节 EDE<15，程序从标号 Label2 处继续。无符号数，数据位于较低的 64 KB 范围内，程序位于整个存储空间内。

```
CMP.B       #15,&EDE      ;EDE<15 ? Info to C
JLO         Label2        ;是,EDE<15。C = 0
...                       ;否,EDE≥15。继续
```

【例子】 字 TONI 加到 R5 上。如果未发生进位,则程序从标号 Label0 继续。TONI 的地址位于 PC+32 KB 范围内。

```
ADD         TONI,R5       ;TONI + R5 - >R5。进位 - >C
JNC         Label0        ;无进位
...                       ;进位 = 1。程序从这里继续
```

31. 不为零则跳转指令

JNZ　如果不为零,则跳转。

JNE　如果不相等,则跳转。

语法　JNZ　label

JNE　label

操作　如果 Z = 0:PC + (2 * Offset) - >PC

如果 Z = 1:执行后续指令

描述　测试 SR 中的零标志位 Z。如果复位,那么包含在指令中的 10 位有符号字偏移将乘以 2,经过符号扩展后,加到 20 位的 PC 上。这意味着在整个存储空间内,相对于 PC,有−511~+512 个字的范围可以跳转。如果 Z 置位,则程序执行跳转指令之后的指令。

JNZ 用于测试零标志位 Z。

JNE 用于比较操作数。

状态位　状态位不受影响。

模式位　OSCOFF、CPUOFF、GIE 位不受影响。

【例子】 测试字节变量 STATUS。如果为零,程序从标号 Label3 处继续执行。STATUS 的地址位于 PC±32 KB 范围内。

```
TST.B     STATUS        ;STATUS = 0?
JNZ       Label3        ;否,从 Label3 处执行
...                     ;是,程序从这里继续执行
```

【例子】 如果字 EDE 不等于 1500,程序从标号 Label2 处继续执行。数据位于较低的 64 KB 范围内,程序位于整个存储空间内。

```
CMP       #1500,&EDE    ;EDE = 1500? Info to SR
JNE       Label2        ;否,EDE 不等于 1500
...                     ;是,R5 = 1500。继续
```

【例子】 R7(20 位计数器)减 1。如果其值不等于 0,程序从标号 Label4 处继续。程序位于整个存储范围内。

```
SUBA      #1,R7         ;R7 减 1
JNZ       Label4        ;未减到 0。跳转到标号 Label4
...                     ;减到 0,R7 = 0。程序从这里继续
```

32. 数据传送指令

MOV[.W]　数据从源操作字传送到目的操作字。

MOV.B　数据从源操作字节传送到目的操作字节。

语法　MOV　src,dst 或 MOV.W　src,dst

　　　MOV.B src,dst

操作　src－＞dst

描述　将源操作数的内容复制到目的操作数。源操作数不变。

状态位　N、Z、C、V 不受影响。

模式位　OSCOFF、CPUOFF、GIE 位不受影响。

【例子】　传送一个 16 位的常数 1800h 到绝对地址字变量 EDE(位于较低 64 KB 范围内)中。

```
MOV     #01800h,&EDE                    ;EDE = 1800h
```

【例子】　将起始地址为 EDE(字类型数据,16 位地址)的表内容复制到起始地址为 TOM 的表中。表长度为 030h 个字。两个表都位于较低的 64 KB 范围内。

```
        MOV     #EDE,R10                ;准备指针(16 位地址)
Loop    MOV     @R10+,TOM-EDE-2(R10)    ;R10 指向两个表。R10+2
        CMP     #EDE+60h,R10            ;到达表末尾?
        JLO     Loop                    ;还没有到表末尾
        ...                             ;完成复制操作
```

【例子】　将起始地址为 EDE(字节类型数据,16 位地址)的表内容复制到起始地址为 TOM 的表中。表长度均为 020h 字节。两个表都位于整个存储空间内,但都位于 R10＋32 KB 范围内。

```
        MOVA    #EDE,R10                ;准备指针(20 位)
        MOV     #20h,R9                 ;准备计数器
Loop    MOV.B   @R10+,TOM-EDE-1(R10)    ;R10 指向两个表。R10+1
        DEC     R9                      ;计数器减 1
        JNZ     Loop                    ;还没有处理完成
        ...                             ;复制完成
```

33. 空操作指令

*NOP　无操作。

语法　NOP

操作　无

仿真　MOV #0,R3

描述　不执行操作。这条指令可在软件程序检查时或设定的延时时间内用作指令排除。

状态位　状态位不受影响。

34. 堆栈弹出指令

*POP[.W]　从堆栈中弹出一个字到目的操作数中。

* POP. B　　从堆栈中弹出一个字节到目的操作数中。

语法　　POP　dst

　　　　POP.B dst

操作　　@SP－>temp

　　　　SP＋2－>SP

　　　　temp－>dst

仿真　　MOV　@SP＋,dst 或 MOV.W　@SP＋,dst

　　　　MOV.B @SP＋,dst

描述　　将栈顶(TOS)指针所指向的数据传送到目的操作数。然后 SP 增加 2。

状态位　　状态位不受影响。

【例子】　R7 和 SR 的内容从堆栈中弹出。

```
POP    R7          ;恢复 R7
POP    SR          ;恢复状态寄存器 SR
```

【例子】　RAM 中的字节变量 LEO 的内容从堆栈中恢复。

```
POP.B  LEO         ;堆栈的低字节传送到 LEO。
```

【例子】　R7 的内容从堆栈恢复。

```
POP.B  R7          ;堆栈的低字节内容传送到 R7。
```

【例子】　将 R7 和 SR 指向的存储单元的内容从堆栈中恢复。

```
POP.B  0(R7)       ;堆栈中低字节的内容传送到 R7 指向的字节变量中
                   ;例如:R7 = 203h    Mem(R7) = 系统堆栈的低字节
                   ;例如:R7 = 20Ah    Mem(R7) = 系统堆栈的低字节
POP    SR          ;堆栈中的最后一个字传送到 SR
```

注意：系统堆栈指针 SP 总是增加 2,与字节后缀无关。

35. 堆栈压入指令

PUSH[.W]　保存一个字到堆栈中。

PUSH.B　保存一个字节到堆栈中。

语法　　PUSH　dst 或 PUSH.W　dst

　　　　PUSH.B dst

操作　　SP－2－>SP

　　　　dst－>@SP

描述　　20 位堆栈指针 SP 减 2。操作数通过 SP 复制到 RAM 的字类型地址单元中。压入堆栈的字节存储在低字节中,高字节不受影响。

状态位　　状态位不受影响。

模式位　　OSCOFF、CPUOFF、GIE 位不受影响。

【例子】　保存两个 16 位的寄存器变量 R9 和 R10 到堆栈中。

```
PUSH    R9      ;保存 R9 和 R10   XXXXh
PUSH    R10     ;YYYYh
```

【例子】 保存两个字节变量 EDE 和 TONI 到堆栈中。EDE 和 TONI 的地址位于 PC+32 KB 范围内。

```
PUSH.B    EDE     ;保存 EDE      xxXXh
PUSH.B    TONI    ;保存 TONI     xxYYh
```

36. 子程序返回指令

RET 从子程序中返回。

语法 RET

操作 @SP－>PC.15:0 保存 PC 到 PC.15:0 PC.19:16 <－ 0
SP+2－>SP

描述 将 CALL 指令调用时，压入堆栈的 16 位返回地址从堆栈中恢复到 PC。程序从子程序被调用的地方继续执行。PC 的 4 个最高有效位 PC.19:16 被清除。图 5－37 所示为执行 RET 指令后的堆栈。

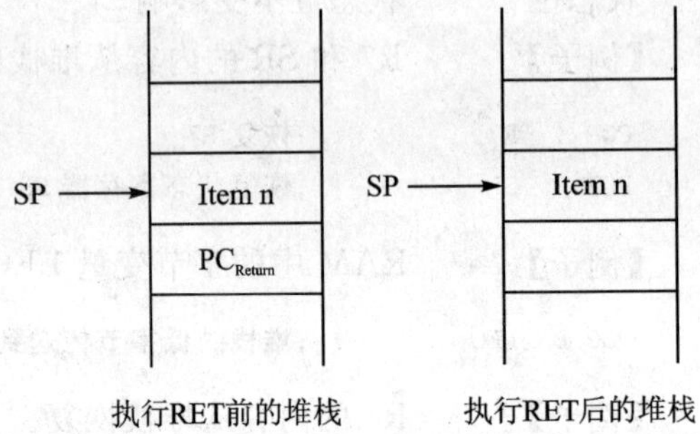

图 5－37 执行 RET 指令后的堆栈

状态位 状态位不受影响。PC.19:16 被清除。

模式位 OSCOFF、CPUOFF、GIE 位不受影响。

【例子】 在较低的 64 KB 范围内，调用一个子程序 SUBR，然后返回到 CALL 之后的较低 64 KB 范围的地址。

```
        CALL    #SUBR           ;调用从 SUBR 开始的子程序
        ...                     ;通过 RET 指令返回到这里
SUBR    PUSH    R14             ;保存 R14(16 位数据)
        ...                     ;子程序代码
        POP     R14             ;恢复 R14
        RET                     ;返回到较低的 64 KB 空间
```

37. 中断返回指令

RETI 从中断返回。

语法 RETI

操作 @SP－>SR.15:0 恢复保存的 SR 和 PC.19:16 位
SP+2－>SP
@SP－>PC.15:0 恢复保存的 PC.15:0
SP+2－>SP

描述 SR 的值恢复到中断服务程序开始时的值。这包括 4 个最高位 PC.19:16，之后 SP 递增 2。20 位 PC 由 PC.19:16(处于与状态位相同的堆栈位置)与 PC.15:0 中恢复。20 位 PC 恢复到中断服务程序开始的值。程序从被中断的最后一条指令地址继续执行。之后 SP 递增 2。

状态位　N、C、Z、V 从堆栈中恢复。

模式位　OSCOFF、CPUOFF、GIE 位不受影响。

【例子】　位于较低 64 KB 范围内的中断处理程序，一个 20 位的返回地址保存在堆栈中。

```
INTRPT  PUSHM.A   #2,R14   ;保存 R14 和 R13(20 位数据)
        ...                ;中断处理代码
        POPM.A    #2,R14   ;恢复 R13 和 R14(20 位数据)
        RETI               ;返回到在整个存储空间一个的 20 位地址处
```

38. 算术左移指令

*RLA[.W]　算术左移。

*RLA.B　算术左移。

语法　RLA　dst 或 RLA.W　dst

RLA.B　dst

操作　C <- MSB <- MSB-1...LSB+1 <- LSB <- 0

仿真　ADD dst,dst　ADD.B dst,dst

描述　如图 5-38 所示，目的操作数左移一位。最高有效位移到进位位 C 中，而最低有效位用 0 填充。RLA 指令相当于一个有符号数乘以 2。如果在执行这条指令前 dst≥04000h 且 dst<0c000h，则会出现溢出的情况。结果的符号改变了。

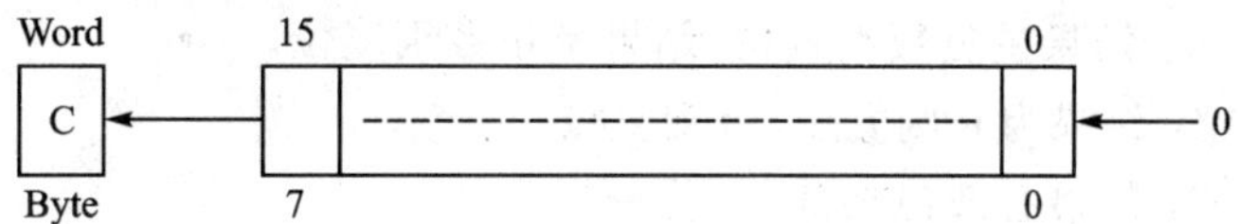

图 5-38　目的操作数——算术左移

如果在执行这条指令前 dst≥040h 且 dst<0c0h，则会出现溢出的情况。结果的符号改变了。

状态位　N：如果结果为负则置位，结果为正则复位。

Z：如果结果为零则置位，否则复位。

C：从 MSB 加载。

V：若发生算术溢出置位，初始值是 04000h<dst<0c000h，否则复位。

若发生算术溢出置位，初始值是 040h<dst<0c0h，否则复位。

模式位　OSCOFF、CPUOFF、GIE 位不受影响。

【例子】　R7 乘以 2。

```
RLA     R7      ;R7 左移一位(乘以 2)
```

【例子】　R7 的低字节乘以 4。

```
RLA.B   R7      ;R7 的低字节左移一位(乘以 2)
RLA.B   R7      ;R7 的低字节左移一位(乘以 2)
```

注意：RLA 置换。

汇编程序不识别以下指令：

```
RLA    @R5 +            RLA.B  @R5 +            RLA(.B)  @R5 +
```

它们必须替换为：

```
ADD    @R5 + , - 2(R5)    ADD.B  @R5 + , - 1(R5)    ADD(.B)  @R5
```

39. 通过进位位左移指令

* RLC[. W]	通过进位位左移。
* RLC. B	通过进位位左移。
语法	RLC dst 或 RLC.W dst RLC.B dst
操作	C <- MSB <- MSB-1....LSB+1 <- LSB <- C
仿真	ADDC dst,dst
描述	如图 5-39 所示，目的操作数左移一位，进位位 C 移入最低有效位 LSB，而最高有效位移入进位位 C。

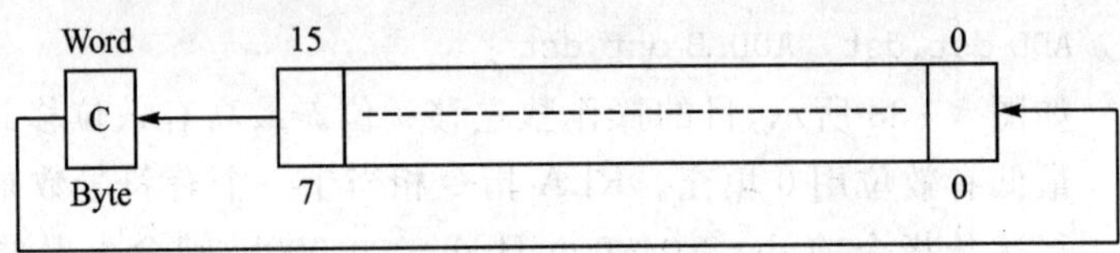

图 5-39 目的操作数——进位位左移

状态位	N：结果是负数则置位，结果是正数则复位。 Z：结果为 0 则置位，否则复位。 C：从最有效位加载。 V：如果发生算术溢出则置位，初始值为 04000h≤dst<0C000h，否则复位。 如果发生算术溢出则置位，初始值 040h≤dst<0C0h，否则复位。
模式位	OSCOFF、CPUOFF、GIE 位不受影响。

【例子】　R5 左移一位。

```
RLC     R5              ;(R5 * 2) + C - >R5
```

【例子】　输入 P1IN.1 的数据移入 R5 的 LSB 位。

```
BIT.B   #2,&P1IN        ;数据 - >进位位
RLC     R5              ;进位位 = P1IN.1 - >R5 的 LSB
```

【例子】　MEM(LEO)的内容左移一位。

```
RLC.B  LEO       ; MEM(LEO) * 2 + C - >MEM(LEO)
```

注意：RLA 置换。

汇编程序不认识以下指令：

```
RLC    @R5 +            RLC.B   @R5 +            RLC(.B)   @R5
```

它们必须替换成：

```
ADDC   @R5 + , - 2(R5)    ADDC.B   @R5 + , - 1(R5)    ADDC(.B)   @R5
```

40. 算术右移指令

RRA[.W] 目的操作字算术右移。

RRA.B 目的操作字节算术右移。

语法 RRA.B dst 或 RRA.W dst

操作 MSB->MSB->MSB-1->... LSB+1->LSB->C

描述 如图 5-40 所示，目的操作数算术右移一位。MSB 的值(符号)保持不变。RRA 操作等价于操作数除以 2。最高有效位 MSB 不变，并移入 MSB－1 位。LSB＋1 位移入 LSB 位。原来的 LSB 位移入进位位 C。

状态位 N：结果为负(MSB＝1)则置位，否则复位(MSB＝0)。

Z：结果为 0 则置位，否则复位。

C：从 LSB 加载。

V：复位。

模式位 OSCOFF、CPUOFF、GIE 位不受影响。

【例子】 R5 中的 16 位有符号数算术右移一位。

```
RRA     R5          ; R5/2->R5
```

【例子】 RAM 中的有符号字节变量 EDE 算术右移一位。

```
RRA.B   EDE         ; EDE/2->EDE
```

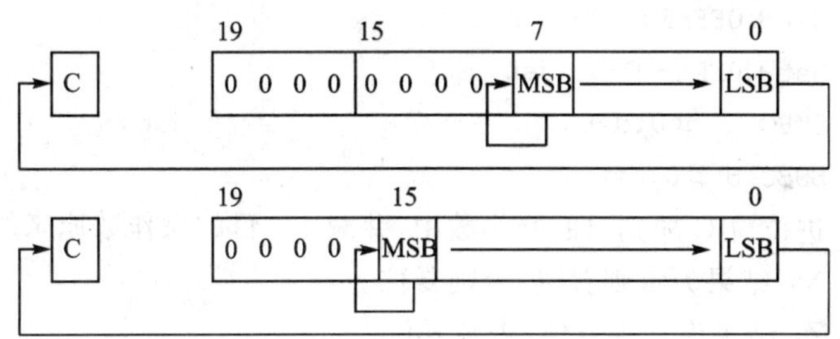

图 5-40 RRA.B 和 RRA.W 的算术右移过程

41. 通过进位位右移指令

RRC[.W] 通过进位位将目的操作字右移 位。

RRC.B 通过进位位将目的操作字节右移一位。

语法 RRC dst 或 RRC.W dst

RRC.B dst

操作 C->MSB->MSB-1->... LSB+1->LSB->C

描述 如图 5-41 所示，目的操作数右移一位，进位 C 移入 MSB 位，而 LSB 位移入进位位 C。

状态位 N：结果为负(MSB＝1)则置位，否则复位(MSB＝0)。

Z：结果为 0 则置位，否则复位。

C：从 LSB 加载。

V：复位。

模式位　　OSCOFF、CPUOFF、GIE 位不受影响。

【例子】　RAM 中的字变量 EDE 右移一位。MSB 载入 1。

```
SETC          ;为 MSB 准备进位位
RRC    EDE    ; EDE = EDE≫1 + 8000h
```

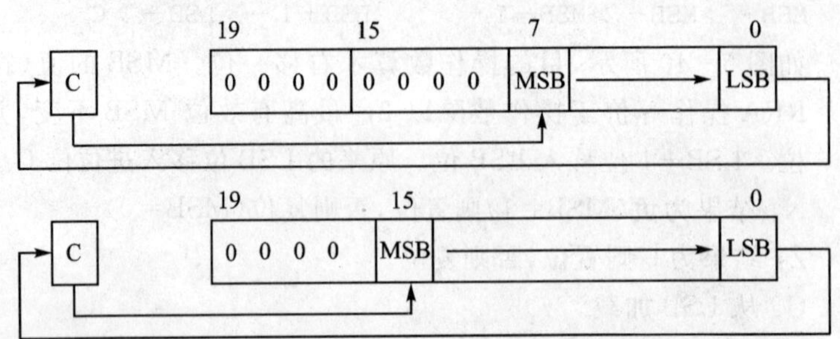

图 5-41　RRC.B 和 RRC.W 通过进位位的右移过程

42. 借位减指令

* SBC[.W]　从目的操作数中减去借位(进位位的非)。

* SBC.B　从目的操作数中减去借位(进位位的非)。

语法　　SBC　dst 或 SBC.W　dst

　　　　SBC.B　dst

操作　　dst + 0FFFFh + C ->dst

　　　　dst + 0FFh + C ->dst

仿真　　SUBC　#0,dst

　　　　SUBC.B #0,dst

描述　　进位位 C 加到目的操作数中，并减 1。目的操作数原来的内容丢失。

状态位　N：结果为负则置位，否则复位。

　　　　Z：结果为 0 则置位，否则复位。

　　　　C：结果的 MSB 进位则置位，否则复位。

　　　　　如果无借位则置位，如果有借位则复位。

　　　　V：如果有算术溢出则置位，否则复位。

模式位　OSCOFF、CPUOFF、GIE 位不受影响。

【例子】　从 R12 指向的 32 位计数器中减去 R13 指向的 16 位计数器。

```
SUB     @R13,0(R12)     ;减去 LSDs
SBC     2(R12)          ;从 MSD 中减去进位
```

【例子】　R12 指向的 16 位计数器减去 R13 指向的 8 位计数器。

```
SUB.B    @R13,0(R12)    ;减去 LSDs
SBC.B    1(R12)         ;从 MSD 中减去进位
```

注意：借位的执行。借位可看作进位的非，进位位为 0，有借位；进位位为 1，无借位。

43. 进位置位指令

* SETC　置位进位位。

语法　　SETC

操作　　1－＞C

仿真　　BIS　＃1,SR

描述　　置位进位位 C。

状态位　N:不受影响。

Z：不受影响。

C：置位。

V：不受影响。

模式位　OSCOFF、CPUOFF、GIE 位不受影响。

【例子】　十进制减法的仿真，以十进制方式从 R6 中减去 R5，假设 R5＝03987h，R6＝04137h。

```
DSUB    ADD     #06666h,R5      ;R5 中的数据从 0～9 移到 6～0Fh
                                ;R5 = 03987h + 06666h = 09FEDh
        INV     R5              ;R5 取反(结果回到 0～9)
                                ;R5 = .NOT.R5 = 06012h
        SETC                    ;准备进位位 C = 1
        DADD    R5,R6           ;仿真减法:(010000h～R5～1)
                                ;R6 = R6 + R5 + 1
                                ;R6 = 0150h
```

44. 负数标志位置位指令

* SETN　置位负数标志位。

语法　　SETN

操作　　1－＞N

仿真　　BIS　＃4,SR

描述　　置位负数标志位 N。

状态位　N：置位。

Z、C、V 不受影响。

模式位　OSCOFF、CPUOFF、GIE 位不受影响。

45. 零标志位置位指令

* SETZ　置位零标志位。

语法　　SETZ

操作　　1－＞N

仿真　　BIS　＃2,SR

描述　　零标志位 Z 置位。

状态位　N、C、V 不受影响。

Z：置位。

模式位　OSCOFF、CPUOFF、GIE 位不受影响。

46. 减法指令

SUB[.W]　目的操作字减去源操作字。

SUB.B　　目的操作字节减去源操作字节。

语法　　SUB　src,dst 或 SUB.W　src,dst

　　　　SUB.B src,dst

操作　　(.not.src)+1+dst->dst 或 dst-src->dst

描述　　从目的操作数中减去源操作数。源操作数不受影响,结果存入目的操作数中。

状态位　N:结果为负(src>dst)则置位,结果为正(src≤dst)则复位。

　　　　Z:结果为0则置位(src=dst),否则复位(src≠dst)。

　　　　C:如果MSB有进位则置位,否则复位。

　　　　V:如果一个正的目的操作数减去一个负的源操作数结果为负,或一个负的目的操作数减去一个正的源操作数结果为正,则置位,否则复位(没有溢出)。

模式位　OSCOFF、CPUOFF、GIE位不受影响。

【例子】　RAM中的字类型变量EDE减去16位的常数7654h。

```
SUB       #7654h,&EDE    ;EDE - 7654h
```

【例子】　R7减去R5(20位地址)指向的一个字数据。如果R7为0,那么程序跳转到标号TONI处,然后R5自动增加2,R7.19:16=0。

```
SUB       @R5 + ,R7      ;R7 减去表中的数据,R5 + 2
JZ        TONI           ;R7 = @R5(在减之前)
...                      ;R7≠@R5(在减之前)
```

【例子】　R12指向的字节减去字节变量CNT。地址CNT在PC±32 KB范围内,R12地址指向整个存储器范围。

```
SUB.B     CNT,0(R12)     ;@R12 - CNT
```

47. 带进位减法指令

SUBC[.W]　从目的操作字中减去源操作字和进位C。

SUBC.B　　从目的操作字节中减去源操作字节和进位C。

语法　　SUBC　src,dst 或 SUBC.W　src,dst

　　　　SUBC.B src,dst

操作　　(.not.src)+C+dst->dst 或 dst-(src-1)+C->dst

描述　　目的操作数减去源操作数。源操作数不变,结果存入目的操作数中,可用于32/48/64位操作数。

状态位　N:如果结果为负(MSB=1)则置位,结果为正(MSB=0)则复位。

　　　　Z:如果结果为0则置位,否则复位。

　　　　C:如果MSB有进位则置位,否则复位。

　　　　V:如果负的目的操作数减去正的源操作数结果为正,或正的目的操作数减去负的源操作数结果为负则置位,否则复位(没有溢出)。

模式位　OSCOFF、CPUOFF、GIE位不受影响。

【例子】　R7指向的RAM中的一个48位的计数器减去R5(20位地址)指向的一个

48 位数值(3 个字),然后 R5 指向下一个 48 位数值,R7 指向的地址位于整个存储空间中。

```
SUB     @R5 + ,0(R7)      ;减去 LSBs。R5 + 2
SUBC    @R5 + ,2(R7)      ;减去 MIDs 和 C。R5 + 2
SUBC    @R5 + ,4(R7)      ;减去 MSBs 和 C。R5 + 2
```

【例子】 R12 指向的一个字节变量减去字节变量 CNT。使用前一条指令产生的进位位,CNT 的地址位于较低的 64 KB 范围内。

```
SUBC.B  &CNT,0(R12)   ;@R12 - CNT
```

48. 字节交换指令

SWPB　　字节交换。

语法　　SWPB　dst

操作　　dst.15:8 <-> dst.7:0

描述　　操作数的高字节和低字节互换。PC.19:16 位在寄存器模式下被清除。图 5-42 和图 5-43 分别为内存中和寄存器中的字节交换。

状态位　　状态位不受影响。

模式位　　OSCOFF、CPUOFF、GIE 位不受影响。

【例子】 交换 RAM 中的字类型变量 EDE(较低的 64 KB)

```
MOV     #1234h,&EDE      ;1234h->EDE
SWPB    &EDE             ;3412h->EDE
```

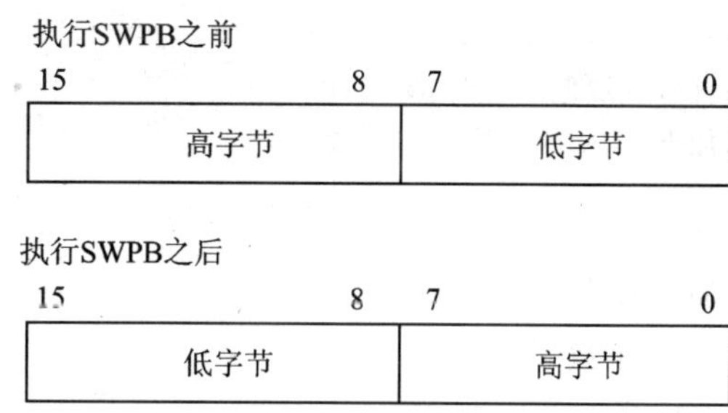

图 5-42　内存中的字节交换

执行SWPB之前

19 　16	15 　8	7 　0
x	高字节	低字节

执行SWPB之后

19 　16	15 　8	7 　0
0 … 0	低字节	高字节

图 5-43　寄存器中的字节交换

49. 符号扩展指令

SXT　　符号扩展。

语法　　SXT dst

操作　　dst.7 - >dst.15:8, dst.7 - >dst/19:8(寄存器模式)

描述　　寄存器模式：操作数的低字节符号扩展至目的寄存器的 Rdst.19:8位。

Rdst.7 = 0:Rdst.19:8 = 000h

Rdst.7 = 1:Rdst.19:8 = FFFh

其他模式：操作数低字节的符号扩展至高字节。

dst.7 = 0:高字节 = 00h;

dst.7 = 1:高字节 = FFh

状态位　　N：结果为负则置位，否则复位。

Z：结果为 0 则置位，否则复位。

C：结果非 0 则置位，否则复位。

V：复位。

模式位　　OSCOFF、CPUOFF、GIE 位不受影响。

【例子】　EDE 中的 8 位数据经过符号扩展至 16 位后，加到 R7 中的 16 位有符号数中。

```
MOV.B   &EDE,R5    ;EDE - >R5。00XXh
SXT     R5         ;符号扩展低字节至 R5.19:8
ADD     R5,R7      ;加上有符号 16 位数值
```

【例子】　EDE 中的 8 位有符号数经过符号扩展后，加到 R7 中的 20 位数值上。

```
MOV.B   EDE,R5     ;EDE - >R5。00XXh
SXT     R5         ;符号扩展低字节至 R5.19:8
ADDA    R5,R7      ;加上 R7 中的有符号 20 位数值
```

50. 测试指令

* TST[.W]　测试目的操作数。

* TST.B　测试目的操作数。

语法　　TST dst 或 TST.W dst

TST.B dst

操作　　dst + 0FFFFh + 1

dst + 0FFh + 1

仿真　　CMP #0,dst

CMP.B #0,dst

描述　　目的操作数与 0 作比较。根据比较结果置位或复位状态位。目的操作数不变。

状态位　　N：目的操作数为负数则置位，否则复位。

Z：目的操作数为 0 则置位，否则复位。

C：置位。

V：复位。

模式位　OSCOFF、CPUOFF、GIE 位不受影响。

【例子】　测试 R7。如果是负数，程序从 R7NEG 处开始执行；如果是正数但不是 0，程序从 R7POS 处开始执行。

```
        TST     R7              ;测试 R7
        JN      R7NEG           ;R7 是负数
        JZ      R7ZERO          ;R7 是 0
R7POS   ......                  ;R7 是正数但不是 0
R7NEG   ......                  ;R7 是负数
R7ZERO  ......                  ;R7 是 0
```

【例子】　测试 R7 的低字节。如果是负数，程序从 R7NEG 开始执行；如果是正数但非 0，程序从 R7POS 开始执行。

```
        TST.B       R7          ;测试 R7 的低字节
        JN          R7NEG       ;R7 的低字节是负数
        JZ          R7POS       ;R7 的低字节是 0
R7POS   ......                  ;R7 的低字节是正数但非 0
R7NEG   ......                  ;R7 的低字节是负数
R7ZERO  ......                  ;R7 的低字节是 0
```

51. 异或指令

XOR[.W]　源操作字和目的操作字作异或运算。

XOR.B　源操作字节和目的操作字节作异或运算。

语法　XOR　src,dst 或 XOR.W　src,dst

XOR.B src,dst

操作　src.xor.dst－＞dst

描述　源操作数和目的操作数进行异或运算。结果存入目的操作数中。源操作数不变。

状态位　N：结果为负(MSB=1)则置位，否则(MSB=0)复位。

Z：结果为 0 则置位，否则复位。

C：结果非 0 则置位，否则复位。

V：如果两个操作数在执行前，都是负数则置位，否则复位。

模式位　OSCOFF、CPUOFF、GIE 位不受影响。

【例子】　字类型变量 CNTR 中的触发位和地址字 TONI 中的信息位(位 1)异或。两操作数均位于较低的 64 KB 范围内。

```
XOR    &TONI,&CNTR    ;
```

【例子】　R5(20 位地址)指向的字类型表用于触发 R6 中的位。R6.19:16=0。

```
XOR     @R5,R6            ;
```

【例子】　复位 R7 的低字节中与字节变量 EDE 中的不同位。R7.19:8=0，EDE 的地址位于 PC±32 KB 范围内。

```
XOR.B    EDE,R7          ;将 R7 中不相同的位设置为 1
INV.B    R7              ;取反 R7 的低字节,高字节为 0h
```

5.6.3 扩展指令

CC430X 的扩展指令让 CC430X CPU 能够完全访问 20 位的地址空间。CC430X 的指令需要一个称为扩展字的额外操作码字。当使用扩展字时，所有地址、索引和立即数为 20 位的值。下面将罗列并描述 CC430X 的扩展指令。

1. 进位加扩展指令

*ADCX.A　将进位加到目的地址字中。
*ADCX[.W]　将进位加到目的字中。
*ADCX.B　将进位加到目的字节中。

语法　ADCX.A　dst
　　　ADCX　dst 或 ADCX.W　dst
　　　ADCX.B　dst

操作　dst + C ->dst

仿真　ADDCX.A　#0,dst
　　　ADDCX　#0,dst
　　　ADDCX.B　#0,dst

描述　进位 C 加到目的操作数中。目的操作数中原来的内容丢失。

状态位　N：结果为负(MSB=1)置位，否则(MSB=0)复位。
　　Z：结果为 0 则置位，否则复位。
　　C：如果结果的 MSB 位有进位则置位，否则复位。
　　V：如果两个正操作数的结果为负或两个负操作数的结果为正则置位，否则复位。

模式位　OSCOFF、CPUOFF、GIE 位不受影响。

【例子】　R12 和 R13 指向的 40 位计数器增加 1。

```
INCX.A    @R12        ;较低的 20 位加 1
ADCX.A    @R13        ;较高的 20 位加上进位
```

2. 扩展加法指令

ADDX.A　源地址字和目的地址字相加。
ADDX[.W]　源操作字和目的操作字相加。
ADDX.B　源操作字节和目的操作字节相加。

语法　ADDX.A　src,dst
　　　ADDX　src,dst 或 ADDX.W　src,dst
　　　ADDX.B　src,dst

操作　src + dst ->dst

描述　目的操作数加上源操作数。目的操作数先前的内容丢失。两个操作数均可位于整个地址空间。

状态位　N：结果为负(MSB=1)则置位，否则复位(MSB=0)。
　　Z：结果为 0 则置位，否则复位。

C：如果 MSB 有进位则置位，否则复位。

V：如果两个正操作数的结果为负或者两个负操作数的结果为正则置位，否则复位。

模式位　　OSCOFF、CPUOFF、GIE 位不受影响。

【例子】　位于两个字 CNTR(LSBs)和 CNTR+2(MSBs)的 20 位指针加上 10。

```
ADDX.A     #10,CNTR    ;20 位指针加上 10
```

【例子】　将 R5(20 位地址)指向的字数据加到 R6 上。如果有进位，则程序跳转到 TONI 标号处。

```
ADDX.W     @R5,R6      ;R6 加上表字
JC         TONI        ;如果进位则跳转
...                    ;无进位
```

【例子】　将 R5(20 位地址)指向的字节数据加到 R6 上。如果没有进位，则程序跳转到 TONI 标号处。表指针自动加 1。

```
ADDX.B     @R5+,R6     ;R6 加上表字节。R5+1。R6:000xxh
JNC        TONI        ;如果无进位则跳转
...                    ;发生进位
```

注意：以下两种情况下使用 ADDA 具有更好的代码密度和执行效果。

```
ADDX.A    Rsrc,Rdst
ADDX.A    #imm20,Rdst
```

3. 扩展进位加法指令

ADDCX.A　　目的地址字加上源地址字和进位。

ADDCX[.W]　目的操作字加上源操作字和进位。

ADDCX.B　　目的操作字节加上源操作字节和进位。

语法　　ADDCX.A　src,dst

　　　　ADDCX　src,dst 或 ADDCX.W　src,dst

　　　　ADDCX.B　src,dst

操作　　src + dst + C -> dst

描述　　源操作数和进位 C 加到目的操作数上。目的操作数原来的内容丢失。两操作数均可位于整个地址空间。

状态位　N：结果为负(MSB=1)则置位，否则复位(MSB=0)。

Z：结果为 0 则置位，否则复位。

C：如果 MSB 有进位则置位，否则复位。

V：如果两个正数的运算结果为负或两个负数的运算结果为正则置位，否则复位。

模式位　OSCOFF、CPUOFF、GIE 位不受影响。

【例子】　将常数 15 和上一条指令产生的进位位 C 加到位于两个字中的 20 位计数器上。

```
ADDCX.A    #15,&CNTR     ;15 + C->CNTR
```

【例子】 将 R5 指向的字数据和进位 C 加到 R6 上。如果有进位,则程序跳转到 TONI 标号处。

```
ADDCX.W    @R5,R6        ;((R5))的字数据 + C->R6
JC         TONI          ;如果有进位则跳转
...                      ;无进位
```

【例子】

```
ADDCX.B    @R5+,R6       ;((R5))的字节数据 + C->R6,R5 = R5 + 1
JNC        TONI          ;无进位则跳转
...                      ;发生进位
```

4. 逻辑与扩展指令

ANDX.A 源地址字和目的地址字逻辑与。

ANDX[.W] 源操作字和目的操作字逻辑与。

ANDX.B 源操作字节和目的操作字节逻辑与。

语法 ANDX.A src,dst

ANDX src,dst 或 ANDX.W src,dst

ANDX.B src,dst

操作 src.and.dst->dst

描述 源操作数和目的操作数进行逻辑与运算。结果存入目的操作数中。源操作数不变。两操作数都可位于整个地址空间中。

状态位 N:结果为负(MSB=1)则置位。否则复位(MSB=0)。

Z:结果为 0 则置位,否则复位。

C:结果不为 0 则置位,否则复位。

V:复位。

模式位 OSCOFF、CPUOFF、GIE 位不受影响。

【例子】 R5(20 位数据)中的屏蔽位(AAA55h)用于屏蔽地址字变量 TOM 的相应位。如果结果为 0,则程序跳转到标号 TONI 处。

```
MOVA       #AAA55h,R5    ;加载 20 位屏蔽数据到 R5
ANDX.A     R5,TOM        ;TOM 同 R5 做与运算->TOM
JZ         TONI          ;如果结果为 0,则跳转
...                      ;结果大于 0
```

或者可简写为:

```
ANDX.A     #AAA55h,TOM   ;TOM 同 AAA55h 做与运算->TOM
JZ         TONI          ;结果为 0,则跳转
```

【例子】

```
ANDX.B     @R5+,R6       ;((R5))的字节数据同 R6 做与运算,R5 = R5 + 1
```

5. 位清除扩展指令

BICX.A　根据源地址字中的置位位，清除目的地址字的相应位。

BICX[.W]　根据源操作字中的置位位，清除目的操作字的相应位。

BICX.B　根据源操作字节中的置位位，清除目的操作字节的相应位。

语法　BICX.A　src,dst

　　BICX　src,dst 或 BICX.W　src,dst

　　BICX.B　src,dst

操作　(.not.src).and.dst－>dst

描述　取反后的源操作数和目的操作数进行逻辑与运算。结果存入目的操作数中。源操作数不变。两操作数均可位于整个地址空间内。

状态位　N、Z、C、V 不受影响。

模式位　OSCOFF、CPUOFF、GIE 位不受影响。

【例子】　清除 R5(20 位数据)的 19:15 位。

```
BICX.A    #0F8000h,R5        ;清除 R5 的 19:15 位
```

【例子】　R5(20 位地址)指向的字数据用于清除 R7 中的相应位。R7.19:16＝0。

```
BICX.W    @R5,R7             ;清除 R7 中的相应位
```

【例子】　R5(20 位地址)指向的字节数据用于清除 P1 口输出的相应位。

```
BICX.B    @R5,&P1OUT         ;清除 P1 口中的相应位
```

6. 位置位扩展指令

BISX.A　根据源地址字中的置位位，置位目的地址字中的相应位。

BISX[.W]　根据源操作字中的置位位，置位目的操作字中的相应位。

BISX.B　根据源操作字节中的置位位，置位目的操作字节中的相应位。

语法　BISX.A　src,dst

　　BISX　src,dst 或 BISX.W　src,dst

　　BISX.B　src,dst

描述　将源操作数和目的操作数进行逻辑或运算。结果存入目的操作数中，源操作数不变。两操作数均可位于整个地址空间内。

状态位　N、Z、C、V 不受影响。

模式位　OSCOFF、CPUOFF、GIE 位不受影响。

【例子】　R5(20 位数据)中的位 16 和 15 置位。

```
BISX.A    #018000h,R5
```

【例子】　R5(20 位地址)指向的字数据用于置位 R7 中的相应位。

```
BISX.W    @R5,R7
```

【例子】　R5(20 位地址)指向的字节数据用于置位 P1 口输出的相应位。

```
BISX.B    @R5,&P1OUT      ;
```

7. 位测试扩展指令

BITX.A　根据源地址字中的置位位，测试目的地址字中的相应位。

BITX[.W]　根据源操作字中的置位位，测试目的操作字中的相应位。

BITX.B　根据源操作字节中的置位位，测试目的操作字节中的相应位。

语法　BITX.A　src,dst

　　　BITX　src,dst 或 BITX.W　src,dst

　　　BITX.B　src,dst

操作　src.and.dst－＞dst

描述　将源操作数和目的操作数进行逻辑与运算。结果只影响状态位。两操作数均可位于整个地址空间内。

状态位　N：结果为负(MSB＝1)则置位，否则复位。

　　　Z：结果为 0 则置位，否则复位。

　　　C：结果不为 0 则置位，否则复位。

　　　V：复位。

模式位　OSCOFF、CPUOFF、GIE 位不受影响。

【例子】　测试 R5(20 位数据)的 16 和 15 位是否置位，若是则程序跳转到 TONI 标号处。

```
BITX.A    #018000h,R5    ;测试 R5 的 16:15 位
JNZ       TONI           ;至少一位置位
...                      ;两位都复位
```

【例子】　R5(20 位地址)指向的字数据用于测试 R7 中的相应位。如果相应位中至少有一位置位则程序跳转到 TONI 标号处。

```
BITX.W    @R5,R7         ;测试 R7:C = .not.Z
JC        TONI           ;至少一位置位
...                      ;两位都复位
```

【例子】　R5(20 位地址)指向的字节数据用于测试 P1 口输入值的相应位。如果没有置位，则程序跳转到 TONI 标号处。然后寻址表的下一个地址。

```
BITX.B    @R5+,&P1IN
JNC       TONI           ;端口 1 输入值的相应位没有置位
...                      ;至少有一位置位
```

8. 清除扩展指令

*CLRX.A　清除目的地址字。

*CLRX[.W]　清除目的操作字。

*CLRX.B　清除目的操作字节。

语法　CLRX.A　dst

　　　CLRX　dst 或 CLRX.W　dst

　　　CLRX.B　dst

操作　0－＞dst

仿真　　MOVX.A　#0,dst

　　　　MOVX　#0,dst

　　　　MOVX.B　#0,dst

描述　　目的操作数被清除。

状态位　　状态位不受影响。

模式位　　OSCOFF、CPUOFF、GIE 位不受影响。

【例子】　清除 RAM 中的地址字变量 TONI。

```
CLRX.A    TONI    ;0 ->TONI
```

9. 比较扩展指令

CMPX.A　比较源地址字和目的地址字。

CMPX[.W]　比较源操作字和目的操作字。

CMPX.B　比较源操作字节和目的操作字节。

语法　　CMPX.A　src,dst

　　　　CMPX　src,dst 或 CMPX.W　src,dst

　　　　CMPX.B　src,dst

操作　　(.not.src) + 1 + dst 或 dst - src

描述　　源操作数取反加 1 后与目的操作数相加,或者目的操作数减去源操作数。结果只影响状态位,两操作数均可位于整个地址空间内。

状态位　　N:结果为负(src>dst)则置位,否则复位。

　　　　Z:结果为 0(src=dst)则置位,否则复位。

　　　　C:MSB 有进位则置位,否则复位。

　　　　V:如果正目的操作数减去负源操作数结果为负,或负目的操作数减去正的源操作数结果为正的则置位,否则复位(没有溢出)。

模式位　　OSCOFF、CPUOFF、GIE 位不受影响。

【例子】　EDE 和 20 位常数 18000h 比较。如果相等,则程序跳转到 TONI 标号处。

```
CMPX.A    #018000h,EDE
JEQ       TONI              ;相等则跳转
...                         ;不相等
```

【例子】　R5(20 位地址)指向的字数据和 R7 比较。如果 R7 中的值是一个较小的有符号 16 位数值,则程序跳转到标号 TONI 处。

```
CMPX.W    @R5,R7            ;比较两个有符号数
JL        TONI              ;R7<@R5
...                         ;R7≥@R5
```

【例子】　R5(20 位地址)指向的字节数据与端口 1 的输入值比较。如果相等,则程序跳转到 TONI 标号处。然后寻址下一个地址。

```
CMPX.B    @R5+,&P1IN        ;比较 P1 和表中的数据。R5 = R5 + 1
JEQ       TONI              ;值相等
...                         ;不相等
```

10. 十进制进位加法扩展指令

* DADCX.A　以十进制方式，将进位加到目的地址字上。
* DADCX[.W]　以十进制方式，将进位加到目的操作字上。
* DADCX.B　以十进制方式，将进位加到目的操作字节上。

语法　DADCX.A　dst
　　DADCX　dst 或 DADC.W　dst
　　DADCX.B　dst

操作　dst + C ->dst(十进制)

仿真　DADDX.A　#0,dst
　　DADDX　#0,dst
　　DADDX.B　#0,dst

描述　进位 C 以十进制方式加到目的操作数上。

状态位　N：如果结果的 MSB 为 1(地址字>79999h，字>7999h，字节>79h)则置位，否则(MSB=0)复位。
　　Z：结果为 0 则置位，否则复位。
　　C：如果 BCD 结果太大(地址字>99999h，字>9999h，字节>99h)则置位，否则复位。
　　V：未定义。

模式位　OSCOFF、CPUOFF、GIE 位不受影响。

【例子】　R12 和 R13 指向的 40 位计数器以十进制方式加 1。

```
DADDX.A   #1,0(R12)   ;较低的 20 位加 1
DADCX.A   0(R13)      ;进位加到较高的 20 位
```

11. 十进制加法扩展指令

DADDX.A　以十进制方式，将源地址字加到目的地址字上。
DADDX[.W]　以十进制方式，将源操作字加到目的操作字上。
DADDX.B　以十进制方式，将源操作字节加到目的操作字节上。

语法　DADDX.A　src,dst
　　DADDX　src,dst 或 DADDX.W　src,dst
　　DADDX.B　src,dst

操作　src + dst + C ->dst(十进制)

描述　源操作数和目的操作数被看作 2 个(.B)，4 个(.W)或 5 个(.A)二进制编码的带正号的十进制数(BCD 码)。源操作数和进位 C 以十进制方式加到目的操作数中。源操作数不受影响。目的操作数原来的内容丢失。对于非 BCD 数值其结果是未定义的。两操作数均可位于整个地址空间内。

状态位　N：如果结果的 MSB 为 1(地址字>79999h，字>7999h，字节>79h)则置位，否则复位(MSB=0)。
　　Z：结果为 0 则置位，否则复位。
　　C：如果 BCD 的结果太大(地址字>99999h，字>9999h，字节>99h)则置位，否则复位。

V：未定义。

模式位　　OSCOFF、CPUOFF、GIE 位不受影响。

【例子】　　十进制数 10 加到位于两个字地址中的 20 位的 BCD 码计数器 DECCNTR 上。

```
DADDX.A    #10h,&DECCNTR      ;10 加到 20 位 BCD 计数器上
```

【例子】　　将存储在 20 位地址为 BCD 和 BCD+2 的 8 位 BCD 码加到 R4 和 R5 的 8 位的 BCD 码上(BCD+2 和 R5 包含了 MSDs)。

```
CLRC                          ;清除进位位
DADDX.W    BCD,R4             ;加上 LSDs
DADCX.W    BCD+2,R5           ;带进位加上 MSDs
JC         OVERFLOW           ;结果>99999999:跳转到错误处理程序
...                           ;结果正确
```

【例子】　　将存储在 20 位地址为 BCD 中的 2 位 BCD 码以十进制方式加到 R4 的 2 位 BCD 码。

```
CLRC                          ;清除进位位
DADDX.B    BCD,R4             ;以十进制方式将 BCD 加到 R4 上
                              ;R4:000ddh
```

12. 自减 1 扩展指令

* DECX.A　　目的地址字减 1。

* DECX[.W]　目的操作字减 1。

* DECX.B　　目的操作字节减 1。

语法　　DECX.A　dst

DECX　dst 或 DECX.W　dst

DECX.B　dst

操作　　dst-1->dst

仿真　　SUBX.A　#1,dst

SUBX　#1,dst

SUBX.B　#1,dst

描述　　目的操作数减 1。其原来的内容丢失。

状态位　　N：结果为负则置位，否则复位。

Z：dst 的内容为 1 则置位，否则复位。

C：dst 的内容为 0 则复位，否则置位。

V：如果算术运算发生溢出则置位，否则复位。

模式位　　OSCOFF、CPUOFF、GIE 位不受影响。

【例子】　　RAM 中地址字 TONI 减 1。

```
DECX.A    TONI    ;TONI = TONI - 1
```

13. 自减 2 扩展指令

* DECDX.A　目的地址字减 2。
* DECDX[.W]　目的操作字减 2。
* DECDX.B　目的操作字节减 2。

语法　DECDX.A　dst

　　DECDX　dst 或 DECDX.W　dst

　　DECDX.B　dst

操作　dst-2->dst

仿真　SUBX.A　#2,dst

　　SUBX　#2,dst

　　SUBX.B　#2,dst

描述　目的操作数减 2。其原来的内容丢失。

状态位　N：结果为负则置位，否则复位。

　　Z：如果 dst 的内容为 2 则置位，否则复位。

　　C：如果 dst 的内容为 0 或 1 则复位，否则置位。

　　V：如果算术运算的结果发生溢出则置位，否则复位。

模式位　OSCOFF、CPUOFF、GIE 位不受影响。

【例子】　RAM 中的地址字 TONI 自减 2。

```
DECDX.A   TONI   ;TONI = TONI - 2
```

14. 自增 1 扩展指令

* INCX.A　目的地址字自增 1。
* INCX[.W]　目的操作字自增 1。
* INCX.B　目的操作字节自增 1。

语法　INCX.A　dst

　　INCX　dst 或 INCX .W　dst

　　INCX.B　dst

操作　dst+1->dst

仿真　ADDX.A　#1,dst

　　ADDX　#1,dst

　　ADDX.B　#1,dst

描述　目的操作数自增 1。其原来的内容丢失。

状态位　N：结果为负则置位，否则复位。

　　Z：如果 dst 的内容为 0FFFFFh、0FFFFh、0FFh 则置位，否则复位。

　　C：如果 dst 的内容为 0FFFFFh、0FFFFh、0FFh 则置位，否则复位。

　　V：如果 dst 的内容为 07FFFFh、07FFFh、07Fh 则置位，否则复位。

模式位　OSCOFF、CPUOFF、GIE 位不受影响。

【例子】　RAM 中的地址字 TONI 自增 1。

```
INCX.A   TONI    ;TONI = TONI + 1 (TONI 为 20 位的数据)
```

15. 自增 2 扩展指令

* INCDX.A　目的地址字自增 2。
* INCDX[.W]　目的操作字自增 2。
* INCDX.B　目的操作字节自增 2。

语法　　INCDX.A　dst

　　　　INCDX　dst 或 INCDX.W　dst

　　　　INCDX.B　dst

操作　　dst + 2 - >dst

仿真　　ADDX.A　#2,dst

　　　　ADDX　#2,dst

　　　　ADDX.B　#2,dst

描述　　目的操作数自增 2。其原来的内容丢失。

状态位　N：结果为负则置位，否则复位。

　　　　Z：如果 dst 的内容为 0FFFFEh、0FFFEh、0FEh 则置位，否则复位。

　　　　C：如果 dst 的内容为 0FFFFEh 或 0FFFFFh，0FFFEh 或 0FFFFh，0FEh 或 0FFh 则置位，否则复位。

　　　　V：如果 dst 的内容为 07FFFEh 或 07FFFFh，07FFEh 或 07FFFh，07Eh 或 07Fh 则置位，否则复位。

模式位　OSCOFF、CPUOFF、GIE 位不受影响。

【例子】　RAM 中的字节类型变量 LEO 自增 2，PC 指向较高的存储空间。

```
INCDX.B    LEO    ;LEO = LEO + 2
```

16. 取反扩展指令

* INVX.A　目的操作数取反。
* INVX[.W]　目的操作数取反。
* INVX.B　目的操作数取反。

语法　　INVX.A　dst

　　　　INVX　dst 或 INVX.W　dst

　　　　INVX.B　dst

操作　　.NOT.dst - >dst

仿真　　XORX.A　#0FFFFFh,dst

　　　　XORX　#0FFFFh,dst

　　　　XORX.B　#0FFh,dst

描述　　目的操作数取反。其原来的内容丢失。

状态位　N：结果为负则置位，否则复位。

　　　　Z：如果 dst 的内容为 0FFFFFh、0FFFFh、0FFh 则置位，否则复位。

　　　　C：结果为 0 则置位，否则复位。

　　　　V：如果目的操作数初始值是一个负数则置位，否则复位。

模式位　OSCOFF、CPUOFF、GIE 位不受影响。

【例子】 取反 R5 中的 20 位数据。

```
INVX.A    R5    ;取反 R5
INCX.A    R5    ;R5 现在已经被反转
```

【例子】 字节变量 LEO 的内容取反。PC 指向较高的存储空间。

```
INVX.B    LEO    ;取反 LEO
INCX.B    LEO    ;MEM(LEO)被反转
```

17. 数据传送扩展指令

MOVX.A 将源地址字中的数据传送到目的地址字中。

MOVX[.W] 将源操作字中的数据传送到目的操作字中。

MOVX.B 将源操作字节中的数据传送到目的操作字节中。

语法 MOVX.A src,dst

MOVX src,dst 或 MOVX.W src,dst

MOVX.B src,dst

操作 src－>dst

描述 将源操作数复制到目的操作数中。源操作数不变,目的操作数原来的内容丢失。两操作数均可位于整个地址空间中。

状态位 N、Z、C、V 不受影响。

模式位 OSCOFF、CPUOFF、GIE 位不受影响。

【例子】 将一个 20 位的常数 18000h 传送到绝对地址字 EDE 中。

```
MOVX.A    #018000h,&EDE    ;EDE = 18000h
```

【例子】 表 EDE(字类型数据,20 位地址)中的数据复制到表 TOM 中。表的长度是 30h 个字。

```
        MOVA      #EDE,R10                  ;准备指针(20 位地址)
Loop    MOVX.W    @R10+,TOM-EDE-2(R10)      ;R10 指向两个表,R10+2
        CMPA      #EDE+60h,R10              ;达到表末尾?
        JLO       Loop                      ;还未达到
        ...                                 ;复制完成
```

【例子】 表 EDE(字节类型,20 位地址)中的数据复制到表 TOM 中。表长度为 20h 字节。

```
        MOVA      #EDE,R10                  ;准备指针(20 位)
        MOV       #20h,R9                   ;准备计数器
Loop    MOVX.W    @R10+,TOM-EDE-2(R10)      ;R10 指向两个表,R10+1
        DEC       R9                        ;计数器减 1
        JNZ       Loop                      ;还没有完成
        ...                                 ;复制完成
```

MOVX.A 指令的 28 种混合寻址中的 10 种可用于 MOVA 指令,这可以节省两个字节和代码周期。如下混合寻址的例子:

```
MOVX.A    Rsrc,Rdst         MOVA   Rsrc,Rdst        ;寄存器/寄存器模式
MOVX.A    #imm20,Rdst       MOVA   #imm20,Rdst      ;立即数/寄存器
MOVX.A    &abs20,Rdst       MOVA   &abs20,Rdst      ;绝对/寄存器
MOVX.A    @Rsrc,Rdst        MOVA   @Rsrc,Rdst       ;间接/寄存器
MOVX.A    @Rsrc+,Rdst       MOVA   @Rsrc+,Rdst      ;间接,自动增量/寄存器
```

如果 16 位索引值足够用于寻址，则以下 4 种替代方式是可能的：

```
MOVX.A    z20(Rsrc),Rdst    MOVA   z16(Rsrc),Rdst   ;索引/寄存器
MOVX.A    Rsrc,z20(Rdst)    MOVA   Rsrc,z16(Rdst)   ;寄存器/索引
MOVX.A    symb20,Rdst       MOVA   symb16,Rdst      ;符号/寄存器
MOVX.A    Rsrc,symb20       MOVA   Rsrc,symb16      ;寄存器/符号
```

18. 出栈扩展指令

POPM.A　从堆栈中恢复 n 个 20 位的数据。

POPM[.W]　从堆栈中恢复 n 个 16 位的数据。

语法　POPM.A　#n,Rdst　$1 \leqslant n \leqslant 16$

　　　POPM.W　#n,Rdst 或 POPM #n,Rdst　$1 \leqslant n \leqslant 16$

操作　POPM.A：从堆栈中恢复寄存器的值到指定的 CPU 寄存器中。每个寄存器从堆栈中恢复后，SP 的值增加 4。从堆栈(每个寄存器的两个字)中弹出的 20 位值恢复到寄存器中。

POPM.W：从堆栈中恢复 16 位寄存器的值到指定的 CPU 寄存器中。每个寄存器从堆栈中恢复后，SP 的值增加 2。从堆栈(每个寄存器的两个字)中弹出的 16 位值恢复到 CPU 寄存器中。

注意：这条指令不使用扩展字。

描述　POPM.A：从 CPU 寄存器(Rdst－n＋1)开始，将压入堆栈中的 CPU 寄存器值搬运到扩展的 CPU 寄存器中。执行后，SP 增加 n＊4。

POPM.W：从 CPU 寄存器(Rdst－n＋1)开始，将压入堆栈中的 16 位寄存器值搬运到 CPU 寄存器中。执行后 SP 增加 2＊n。恢复的 CPU 寄存器中的 MSBs(Rdst.19:16)被清除。

状态位　状态位不受影响，除非 SR 参与操作。

模式位　OSCOFF、CPUOFF、GIE 位不受影响。

【例子】　从堆栈中恢复 20 位寄存器 R9、R10、R11、R12、R13。

```
POPM.A    #5,R13     ;恢复 R9,R10,R12,R13
```

【例子】　从堆栈中恢复 16 位寄存器 R9、R10、R11、R12、R13。

```
POPM.W    #5,R13
```

19. 压栈扩展指令

PUSHM.A　保存 n 个 CPU 寄存器(20 位数据)至堆栈中。

PUSHM[.W]　保存 n 个 CPU 寄存器(16 位数据)至堆栈中。

语法　PUSHM.A　#n,Rdst　$1 \leqslant n \leqslant 16$

　　　PUSHM.W　#n,Rdst 或 PUSHM #n,Rdst　$1 \leqslant n \leqslant 16$

操作　　PUSHM. A：将保存 20 位的 CPU 寄存器值搬运到堆栈中。每个寄存器保存后，SP 的值增加 4。MSBs 第一个被保存（较高的地址）。

PUSHM. W：将保存 16 位的 CPU 寄存器值搬运到堆栈中。每个寄存器保存后，SP 的值增加 2。

描述　　PUSHM. A：从 Rdst 向后开始，n 个 CPU 寄存器被保存在堆栈中。操作完成后，SP 将增加 n＊4。压入堆栈中的 CPU 寄存器数据（Rn. 19:0）不受影响。

PUSHM. W：从 Rdst 向后开始，n 个寄存器被保存在堆栈中。操作完成后，SP 增加 n＊2。压入堆栈中的 CPU 寄存器数据（Rn. 19:0）不受影响。

状态位　　状态位不受影响。

模式位　　OSCOFF、CPUOFF、GIE 位不受影响。

【例子】　　保存 5 个 20 位的寄存器 R9、R10、R11、R12、R13 到堆栈中。

```
PUSHM.A     #5,R13     ;保存 R13、R12、R11、R10、R9
```

【例子】　　保存 5 个 16 位的寄存器 R9、R10、R11、R12、R13 到堆栈中。

```
PUSHM.W     #5,R13     ;保存 R13、R12、R11、R10、R9
```

20. 出栈扩展指令

* POPX. A　　从堆栈中恢复单个地址字。
* POPX[. W]　从堆栈中恢复单个字。
* POPX. B　　从堆栈中恢复单个字节。

语法　　POPX.A　dst

POPX　　dst 或 POPX.W　dst

POPX.B　dst

操作　　从堆栈中恢复 8/16/20 位数据到目的操作数中。20 位地址是可用的。字节和字操作后，SP 增加 2，地址字操作后 SP 增加 4。

仿真　　MOVX(.B.A)　@SP+,dst

描述　　位于堆栈顶部（TOS）的数据项被写入目的操作数中。寄存器模式、索引模式、符号模式和绝对地址模式都是可用的。SP 的值在操作后将增加 2 或 4。

注意： SP 增加 2 也适用于字节操作。

状态位　　状态位不受影响。

模式位　　OSCOFF、CPUOFF、GIE 位不受影响。

【例子】　　将堆栈顶部（TOS）的 16 位数据写入 20 位地址 &EDE 中。

```
POPX.W     &EDE     ;写字数据到 EDE
```

【例子】　　将 TOS 中的 20 位数据写入 R9 中。

```
POPX.A     R9
```

21. 压栈扩展指令

PUSHX. A　　保存单个地址字到堆栈中。

PUSHX[.W] 保存单个字到堆栈中。

PUSHX.B 保存单个字节到堆栈中。

语法
```
PUSHX.A    src
PUSHX      src 或 PUSHX.W   src
PUSHX.B    src
```

操作 保存源操作数的 8/16/20 位数据到堆栈顶部 TOS 中。20 位地址是可用的。写入字节或字节类型操作数前，SP 减 2；写入地址字类型的操作数前，SP 减 4。

描述 字节或字操作时，SP 减 2；地址字操作时，SP 减 4。然后将源操作数写入 TOS。所有的 7 种寻址方式都可用于源操作数。

注意： 该指令不使用扩展字。

状态位 状态位不受影响。

模式位 OSCOFF、CPUOFF、GIE 位不受影响。

【例子】 保存位于一个 20 位地址 &EDE 变量中的字节数据到堆栈中。

```
PUSHX.B    &EDE    ;
```

【例子】 保存在 R9 中的 20 位的数据到堆栈中。

```
PUSHX.A    R9
```

22. 算术左移扩展指令

RLAM.A 算术左移一位 20 位的 CPU 寄存器内容。

RLAM[.W] 算术左移一位 16 位的 CPU 寄存器内容。

语法
```
RLAM.A    #n,Rdst                    1≤n≤4
RLAM.W    #n,Rdst 或 RLAM #n,Rdst    1≤n≤4
```

操作 C< - MSB< - MSB - 1< - ... LSB + 1< - LSB< - 0

描述 目的操作数如图 5 - 44 所示，算术左移一位、两位、三位或四位。RLAM 的作用相当于(有符号或无符号数)乘以 2、4、8 或 16。字指令 RLAM.W 将清除 Rdst.19:16 位。

注意： 这条指令不使用扩展字。

状态位 N：结果为负则置位。

A：Rdst.19=1，如果 Rdst.19=0 则复位。

W：Rdst.15=1，如果 Rdst.15=0 则复位。

Z：结果为 0 则置位，否则复位。

C：从 MSB(n=1)、MSB−1(n=2)、MSB−2(n=3)、MSB−3n=4)加载。

V：未定义。

模式位 OSCOFF、CPUOFF、GIE 位不受影响。

【例子】 R5 中的 20 位操作数左移 3 位。这相当于将操作数乘以 8。

```
RLAM.A    #3,R5    R5 = R5 * 8
```

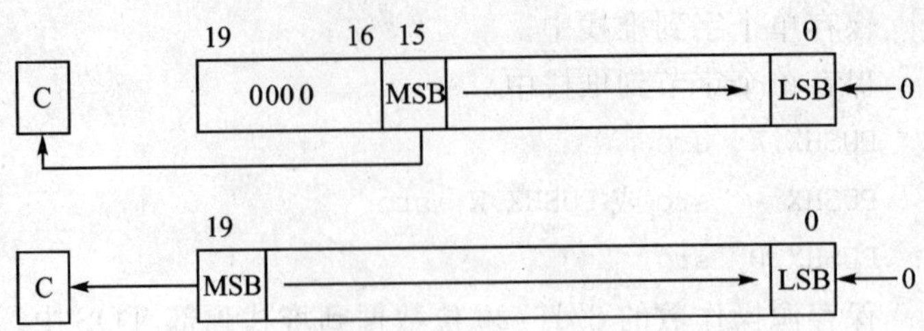

图 5-44 RLAM[.W]和 RLAM.A 的算术左移过程

23. 算术左移扩展指令

*RLAX.A 地址字算术左移。

*RLAX[.W] 字算术左移。

*RLAX.B 字节算术左移。

语法 RLAX.A dst

RLAX dst 或 RLAX.W dst

RLAX.B dst

操作 C<-MSB<-MSB-1<-...LSB+1<-LSB<-0

仿真 ADDX.A dst,dst

ADDX dst,dst

ADDX.B dst,dst

描述 目的操作数如图 5-45 所示，左移一位。MSB 移到进位 C 中，而 LSB 被 0 填充。RLAX 指令相当于将一个有符号操作数乘以 2。

状态位 N：结果为负则置位，否则复位。

Z：结果为 0 则置位，否则复位。

C：从 MSB 加载。

V：如果发生算术溢出则置位，初始值为 040000h≤dst<0C0000h，或 04000h≤dst<0C000h 或 040h≤dst<0C0h，否则复位。

模式位 OSCOFF、CPUOFF、GIE 位不受影响。

【例子】 R7 中的 20 位数值乘以 2。

```
RLAX.A    R7      ;R7 左移一位
```

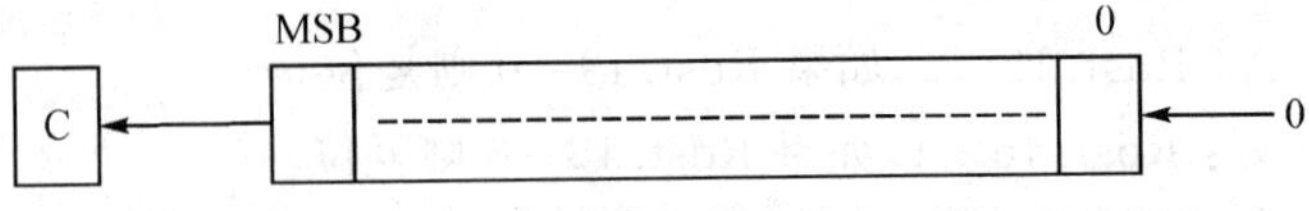

图 5-45 目的操作数算术左移过程

24. 通过进位左移扩展指令

*RLCX.A 通过进位地址字左移一位。

*RLCX[.W] 通过进位字左移一位。

*RLCX.B 通过进位字节左移一位。

语法 RLCX.A dst

RLCX　　dst 或 RLCX.W　dst

RLCX.B　dst

操作　　C<-MSB<-MSB-1<-...LSB+1<-LSB<-C

仿真　　ADDCX.A　dst,dst

ADDCX　　dst,dst

ADDCX.B　dst,dst

描述　　目的操作数如图 5-46 所示，左移一位。进位 C 被移入 LSB，而 MSB 移到进位 C 中。

状态位　　N：结果为负则置位，否则复位。

Z：结果为 0 则置位，否则复位。

C：从 MSB 加载。

V：如果发生算术溢出，初始值为 040000h≤dst≤0C0000h，04000h≤dst≤0C000h，040h≤0C0h 则置位，否则复位。

模式位　　OSCOFF、CPUOFF、GIE 位不受影响。

【例子】　　R5 中的 20 位数值左移一位。

```
RLCX.A    R5     ;R5 * 2 + C - >R5
```

【例子】　　RAM 中的字节类型变量 LEO 左移一位。

```
RLCX.B    LEO    ;RAM(LEO) * 2 + C - >RAM(LEO)
```

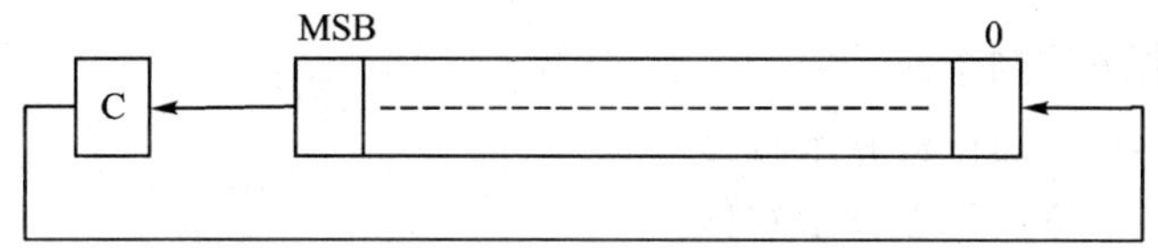

图 5-46　目的操作数通过进位左移一位

25. 算术右移扩展指令

RRAM.A　20 位 CPU 寄存器的内容算术右移一位。

RRAM[.W]　16 位 CPU 寄存器的内容算术右移一位。

语法　　RRAM.A　＃n,Rdst　　1≤n≤4

RRAM.W　＃n,Rdst 或 RRAM ＃n,Rdst　1≤n≤4

操作　　如图 5-47 所示，目的操作数算术右移一位、两位、三位或四位。MSB 仍然保持它的值（符号）。RRAM 的操作等价于有符号数除以 2、4、8、16。MSB 位的值不变并移到 MSB－1 中。LSB＋1 移到 LSB 中，而 LSB 的值移到进位 C 中。字指令 RRAM.W 将清除 Rdst.19:16 位。

注意：这条指令不使用扩展字。

状态位　　N：如果结果是负的。

- A：Rdst.19＝1 则置位，否则复位；
- W：Rdst.15＝1 则置位，否则复位。

Z：结果为 0 则置位，否则复位。

C：从 LSB(n=1)，LSB+1(n=2)，LSB+2(n=3)，LSB+3(n=4)加载。

V：复位。

模式位　　OSCOFF、CPUOFF、GIE 位不受影响。

【例子】　R5 中的有符号 20 位数据算术右移两位。

```
RRAM.A      #2,R5        ;R5/4->R5
```

【例子】　R15 中的 20 位有符号数乘以 0.75，即(0.5+0.25) * R15。

```
PUSHM.A     #1,R15       ;将扩展的 R15 压入堆栈
RRAM.A      #1,R15       ;R15 * 0.5->R15
ADDX.A      @SP+,R15     ;R15 * 0.5 + R15 = 1.5 * R15->R15
RRAM.A      #1,R15       ;(1.5 * R15) * 0.5 = 0.75 * R15->R15
```

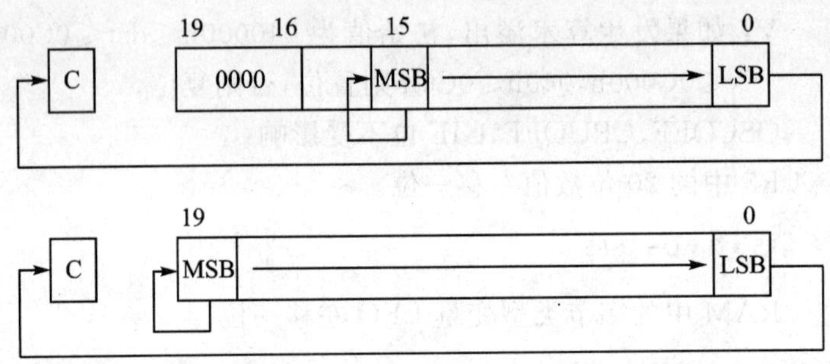

图 5-47　RRAM[.W]和 RRAM.A 算术右移过程

26. 算术右移扩展指令

RRAX.A　　20 位操作数算术右移。

RRAX[.W]　16 位操作数算术右移。

RRAX.B　　8 位操作数算术右移。

语法

```
RRAX.A   Rdst
RRAX.W   Rdst
RRAX     Rdst
RRAX.B   Rdst
RRAX.A   dst
RRAX     dst 或 RRAX.W   dst
RRAX.B   dst
```

操作　　MSB->MSB->MSB-1...LSB+1->LSB->C

描述　　目的操作数的寄存器模式：目的操作数如图 5-48 所示，右移一位。MSB 保持其原来的值(符号)。字指令 RRAX.W 将清除 Rdst.19:16 位，字节指令 RRAX.B 将清除 Rdst.19:8位。LSB 移到进位 C 中。RRAX 在此处的操作相当于有符号数除以 2。

目的操作数的其他所有模式：目的操作数如图 5-49 所示，右移一位。MSB 位保持其原来的值(符号)，LSB 移到进位 C 中。RRAX 在此处等价于有符号数除以 2。所有寻址模式，除了立即数模式，可用在整个存储空间中。

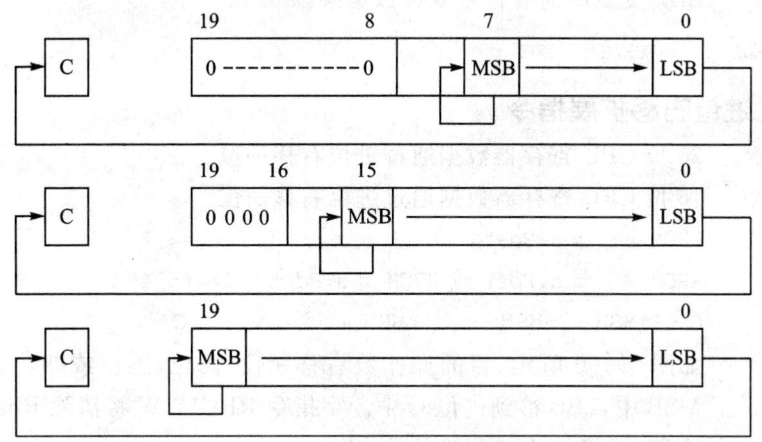

图 5－48　RRAX(.B,.A)算术右移一位——寄存器模式

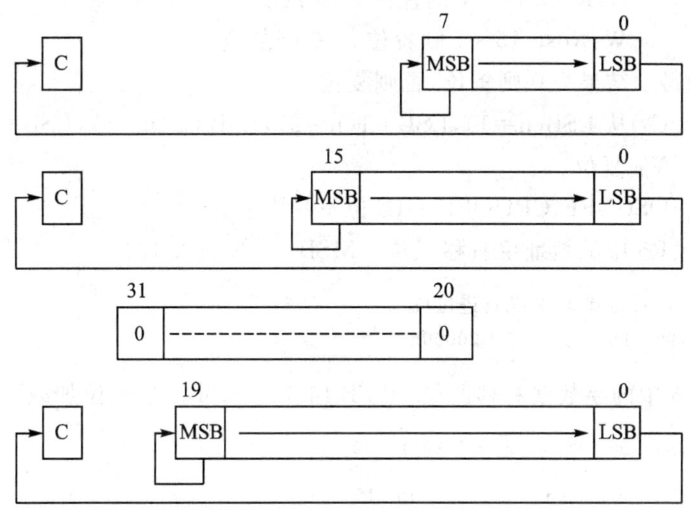

图 5－49　RRAX(.B,.A)算术右移——非寄存器模式

状态位　　N：结果为负则置位，否则复位。

.A：dst.19＝1 则置位，＝0 则复位；

.W：dst.15＝1 则置位，＝0 则复位；

.B：dst.7＝1 则置位，＝0 则复位。

Z：结果为 0 则置位，否则复位。

C：从 LSB 加载。

V：复位。

模式位　　OSCOFF、CPUOFF、GIE 位不受影响。

【例子】　R5 中的 20 位有符号数右移四位。

```
RPT     #4
RRAX.A  R5          ;R5/16->R5
```

【例子】 EDE 变量中的有符号 8 位数据乘以 0.5。

```
RRAX.B  &EDE        ;EDE/2 - >EDE
```

27. 通过进位右移扩展指令

RRCM.A 20 位 CPU 寄存器数据通过进位右移一位。

RRCM[.W] 16 位 CPU 寄存器数据通过进位右移一位。

语法 RRCM.A #n,Rdst 1≤n≤4

RRCM.W #n,Rdst 或 RRCM #n,Rdst 1≤n≤4

操作 C - >MSB - >MSB - 1...LSB + 1 - >LSB - >C

描述 如图 5 - 50 所示，目的操作数右移一位、两位、三位或四位。进位 C 移到 MSB 中，LSB 移到进位 C 中。字指令 RRCM.W 将清除 Rdst.19:16 位。

注意：这条指令不使用扩展字。

状态位 N：如果结果为负。

.A：Rdst.19=1 则置位，=0 则复位；

.W：Rdst.15=1 则置位，=0 则复位。

Z：结果为 0 则置位，否则复位。

C：从 LSB(n=1)，LSB+1(n=2)，LSB+2(n=3)，LSB+3(n=4)加载。

V：复位。

模式位 OSCOFF、CPUOFF、GIE 位不受影响。

【例子】 R5 中的地址字右移三位。MSB−2 被载入 1。

```
SETC               ;为 MSB - 2 准备进位位
RRCM.A    #3,R5    ;R5 = R5>>3 + 20000h
```

【例子】 R6 中的字数据右移两位。LSB 加载到 MSB。进位位加载到 MSB−1。

```
RRCM.W    #2,R6    ;R6 = R6>>2。R6.19:16 = 0
```

图 5 - 50 RRCM[.W]和 RRCM.A 的通过进位 C 右移过程

28. 通过进位右移扩展指令

RRCX.A 20 位操作数通过进位右移一位。

RRCX[.W] 16 位操作数通过进位右移一位。

RRCX.B 8 位操作数通过进位右移一位。

语法 RRCX.A Rdst

RRCX.W Rdst

RRCX　　Rdst
RRCX.B　Rdst
RRCX.A　dst
RRCX　　dst 或 RRCX.W dst
RRCX.B　dst

操作　C－>MSB－>MSB－1...LSB＋1－>LSB－>C

描述　目的操作数的寄存器模式如图 5－51 所示，目的操作数右移一位。字指令 RRCX.W 将清除 Rdst.19∶16 位。字节指令 RRCX.B 将清除 Rdst.19∶8 位。进位 C 被移到 MSB 中，而 LSB 移到进位 C 中。

目的操作数的其他所有模式如图 5－52 所示，目的操作数右移一位。进位 C 移到 MSB 中，LSB 移到进位 C 中。所有寻址模式中，除了立即数模式外，都可以位于整个存储空间中。

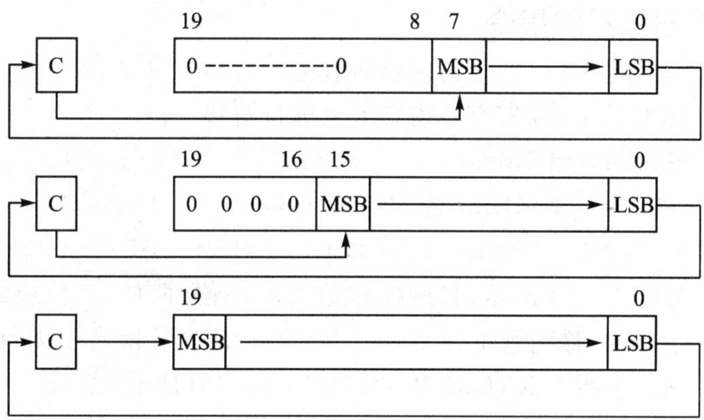

图 5－51　带进位的 RRCX(.B,.A)右移过程——寄存器模式

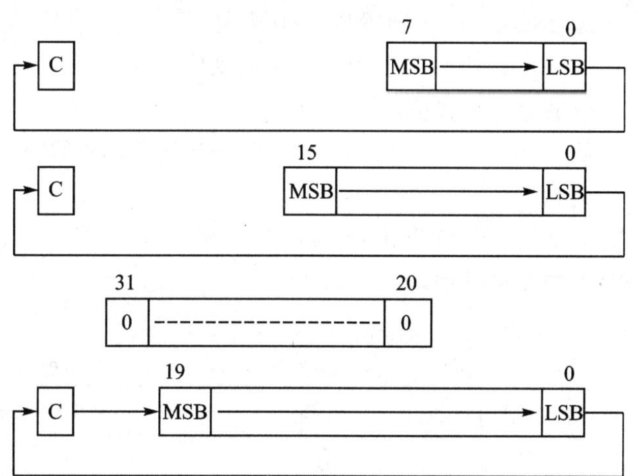

图 5－52　通过进位的 RRCX(.B,.A)右移过程——非寄存器模式

状态位　N：结果为负则置位。
.A：dst.19＝1 则置位，＝0 则复位；
.W：dst.15＝1 则置位，＝0 则复位；

.B：dst.7＝1 则置位，＝0 则复位。

Z：结果为 0 则置位，否则复位。

C：从 LSB 加载。

V：复位。

模式位　OSCOFF、CPUOFF、GIE 位不受影响。

【例子】　在地址 EDE 中的 20 位操作数右移一位。MSB 被 1 填充。

```
SETC            ;置位进位位为 MSB 作准备
RRCX.A    EDE   ;EDE = EDE>>1 + 80000h
```

【例子】　字变量 R6 右移 12 位。

```
RPT       #12
RRCX.W    R6    ;R6 = R6>>12。R6.19:16 = 0
```

29. 通过进位右移扩展指令

RRUM.A　20 位的 CPU 寄存器内容通过进位右移一位。

RRUM[.W]　16 位的 CPU 寄存器内容通过进位右移一位。

语法

```
RRUM.A    #n,Rdst                  1≤n≤4
RRUM.W    #n,Rdst 或 RRUM #n,Rdst   1≤n≤4
```

操作　0->MSB->MSB-1...LSB+1->LSB->C

描述　如图 5-53 所示，目的操作数右移一位、两位、三位或四位。0 移到 MSB 中，LSB 移到进位位 C 中。RRUM 的效果相当于无符号数除以 2、4、8、16。字指令 RRUM.W 将清除 Rdst.19:16 位。

注意：这条指令不使用扩展字。

状态位　N：如果结果为负则置位。

.A：Rdst.19＝1 则置位，＝0 则复位；

.W：Rdst.15＝1 则置位，＝0 则复位。

Z：结果为 0 则置位，否则复位。

C：从 LSB(n＝1)，LSB＋1(n＝2)，LSB＋2(n＝3)，LSB＋3(n＝4)加载。

V：复位。

模式位　OSCOFF、CPUOFF、GIE 位不受影响。

【例子】　R5 中的无符号地址字除以 16。

```
RRUM.A    #4,R5     ;R5 = R5>>4。R5/16
```

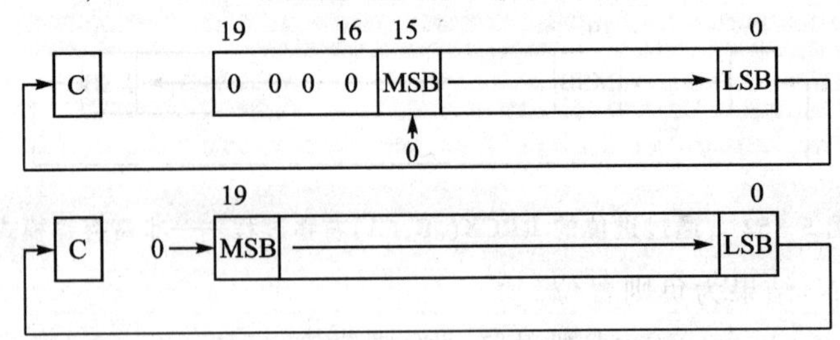

图 5-53　无符号的 RRUM[.W]和 RRUM.A 右移过程

【例子】 R6 中的字数据右移一位。MSB R6.15 填充 0。

```
RRUM.W   #1,R6      ;R6 = R6/2。R6.19:15 = 0
```

30. 无符号右移扩展指令

RRUX.A 20 位无符号的 CPU 寄存器内容右移一位。

RRUX[.W] 16 位无符号的 CPU 寄存器内容右移一位。

RRUX.B 8 位无符号的 CPU 寄存器内容右移一位。

语法
```
RRUX.A    Rdst
RRUX.W    Rdst
RRUX      Rdst
RRUX.B    Rdst
```

操作 C = 0 - >MSB - >MSB - 1...LSB + 1 - >LSB - >C

描述 RRUX 只能用于寄存器模式，如图 5 - 54 所示，目的操作数右移一位。字指令 RRUX.W 将清除 Rdst.19:16 位。字节指令 RRUX.B 将清除 Rdst.19:8位。0 被移到 MSB 位，而 LSB 移到进位位 C 中。

状态位 N：结果为负则置位。

.A：dst.19=1 则置位，=0 则复位；

.W：dst.15=1 则置位，=0 则复位；

.B：dst.7 =1 则置位，=0 则复位。

Z：结果为 0 则置位，否则复位。

C：从 LSB 加载。

V：复位。

模式位 OSCOFF、CPUOFF、GIE 位不受影响。

【例子】 R6 中的字右移 12 位。

```
RPT        #12
RRUX.W     R6     ;R6 = R6>>12。R6.19:16 = 0
```

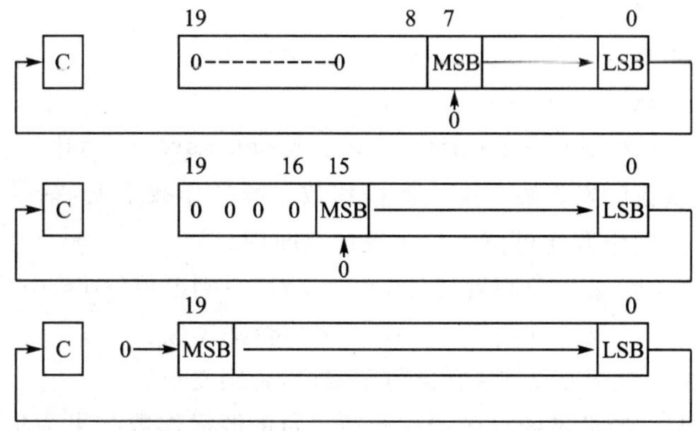

图 5 - 54 无符号 RRUX(.B,.A)右移过程——寄存器模式

31. 借位减法扩展指令

* SBCX.A 从目的地址字中减去借位。

* SBCX[. W]　从目的操作字中减去借位。

* SBCX. B　从目的操作字节中减去借位。

语法　SBCX. A　dst

SBCX　dst 或 SBCX. W　dst

SBCX. B　dst

操作　dst + 0FFFFFh + C - >dst

dst + 0FFFFh + C - >dst

dst + 0FFh + C - >dst

仿真　SBCX. A　#0,dst

SBCX　#0,dst

SBCX. B　#0,dst

描述　目的操作数加上进位 C 减去 1。目的操作数原来的内容丢失。

状态位　N：结果为负则置位，否则复位。

Z：结果为 0 则置位，否则复位。

C：MSB 有进位则置位，否则复位，无借位则置位，有借位则复位。

V：如果发生算术溢出则置位，否则复位。

模式位　OSCOFF、CPUOFF、GIE 位不受影响。

【例子】　R12 指向的一个 16 位计数器减去 R13 指向的一个 8 位计数器。

```
SUBX.B    @R13,0(R12)    ;减去 LSDs
SBCX.B    1(R12)         ;从 MSD 中减去进位 C
```

注意：借位代换。借位可当作是进位的非，进位为 0，有借位；进位为 1，无借位。

32. 减法扩展指令

SUBX. A　从目的地址字中减去源地址字。

SUBX[. W]　从目的操作字中减去源操作字。

SUBX. B　从目的操作字节中减去源操作字节。

语法　SUBX. A　src,dst

SUBX　src,dst 或 SUBX. W　src,dst

SUBX. B　src,dst

操作　(. not. src) + 1 + dst - >dst 或 dst - src - >dst

描述　从目的操作数中减去源操作数。源操作数不变，结果存入目的操作数中。两操作数均可位于整个地址空间内。

状态位　N：结果为负则置位(src－>dst)，否则复位(src≤dst)。

Z：结果为 0 则置位(src＝dst)，否则复位。

C：如果从 MSB 有进位则置位，否则复位。

V：如果正的目的操作数减去负的源操作数结果为负，或负的目的操作数减去正的源操作数结果为正则置位，否则复位(没有溢出)。

模式位　OSCOFF、CPUOFF、GIE 位不受影响。

【例子】　从 EDE(LSBs)和 EDE＋2(MSBs)中减去一个 20 位的常数 87654h。

```
SUBX.A      #87654h,EDE       ;
```

【例子】 从 R7 减去 R5(20 位地址)指向的字数据。执行完减操作后,R7 的内容为 0,则程序跳转到 TONI 标号处,R5 自动增加 2。R7.19:16=0。

```
SUBX.W      @R5+,R7           ;R7 中减去表数据。R5+2
JZ          TONI              ;R7=@R5(减法执行前)
...                           ;R7≠@R5(减法执行前)
```

【例子】 指向整个地址空间的字节寄存器 R12 减去字节变量 CNT。CNT 的地址范围为 PC±512 KB。

```
SUBX.B      CNT,0(R12)        ;@R12-CNT
```

注意: SUBA 在以下情况下使用时,可有更高的代码密度和执行效果。

```
SUBX.A      Rsrc,Rdst
SUBX.A      #imm20,Rdst
```

33. 进位减法扩展指令

SUBCX.A 从目的地址字中减去源地址字和进位。

SUBCX[.W] 从目的操作字中减去源操作字。

SUBCX.B 从目的操作字节中减去源操作字节。

语法
```
SUBCX.A   src,dst
SUBCX     src,dst 或 SUBCX.W   src,dst
SUBCX.B   src,dst
```

操作 (.not.src)+C+dst->dst 或 dst-(src-1)+C->dst

描述 目的操作数减去源操作数。源操作数不变,结果存入目的操作数中。两操作数均可位于整个地址空间内。

状态位 N:结果为负(MSB=1)则置位,否则复位(MSB=0)。

Z:结果为 0 则置位,否则复位。

C:如果从 MSB 有进位则置位,否则复位。

V:如果正的目的操作数减去负的源操作数结果为负,或负的日的操作数减去正的源操作数结果为正则置位,否则复位(没有溢出)。

模式位 OSCOFF、CPUOFF、GIE 位不受影响。

【例子】 R5 减去一个 20 位的常数 87654h 和前一指令产生的进位 C。

```
SUBCX.A     #87654h,R5        ;R5=R5-87654h-C
```

【例子】 RAM 中的一个 48 位的计数器减去 R5(20 位地址)指向的一个 48 位(3 个字)的数据。R5 自动增加 1,指向下一个 48 位的数据。

```
SUBX.W      @R5+,0(R7)        ;减去 LSBs。R5=R5+2
SUBCX.W     @R5+,2(R7)        ;减去 MIDs 和 C。R5+2
SUBCX.W     @R5+,4(R7)        ;减去 MSBs 和 C。R5+2
```

【例子】 R12 指向的字节数据减去字节类型变量 CNT。同时使用前一条指令产生的进位值 C。20 位地址。

```
SUBCX.B    &CNT,0(R12)    ;@R12-CNT
```

34. 字节互换扩展指令

SWPBX.A　　较低字的字节互换。

SWPBX[.W]　字的字节互换。

语法　　SWPBX.A　dst

　　　　SWPBX　　dst 或 SWPBX.W　dst

操作　　dst.15:8　<->　dst.7:0

描述　　寄存器模式：Rn.15:8位和 Rn.7:0位互换。当使用.A 扩展时，Rn.19:16 位不变。当使用.W 扩展时，Rn.19:16 位被清除。

其他模式：当使用.A 扩展时，目的地址的位 31:20 被清除。位 19:16 不变，而 15:8位和 7:0位互换。当使用“.W”扩展时，地址字的 15:8位和 7:0 位互换。字节互换示例见图 5-55～图 5-58。

状态位　　状态位不受影响。

模式位　　OSCOFF、CPUOFF、GIE 位不受影响。

【例子】　　互换 RAM 中地址字变量 EDE 的字节。

```
MOVX.A     #23456h,&EDE    ;23456h->EDE
SWPBX.A    EDE             ;25634h->EDE
```

【例子】　互换 R5 中的字节。

```
MOVA       #23456h,R5      ;23456h->R5
SWPBX.W    R5              ;05634h->R5
```

执行SWPBXA之前

19　　16	15　　　　8	7　　　　0
x	高字节	低字节

执行SWPBX.A之后

19　　16	15　　　　8	7　　　　0
x	低字节	低字节

图 5-55　寄存器模式下的 SWPBX.A 字节互换

执行SWPBXA之前

31　　20	19　　16	15　　　　8	7　　　　0
x	x	高字节	Low Byte

执行SWPBXA之后

31　　20	19　　16	15　　　　8	7　　　　0
0	x	低字节	High Byte

图 5-56　内存中的 SWPBX.A 字节互换

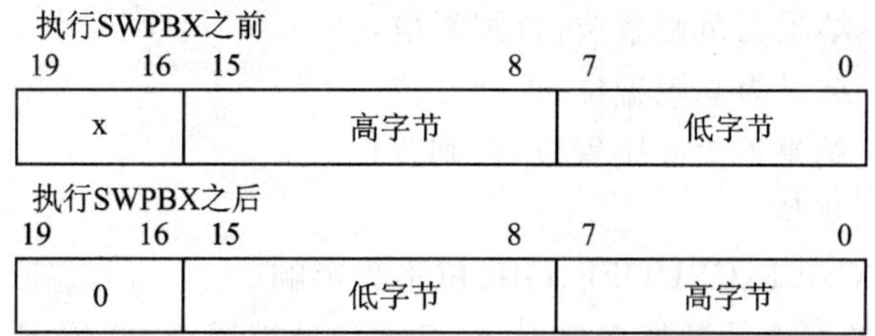

图 5-57　寄存器模式下的 SWPBX[.W]字节互换

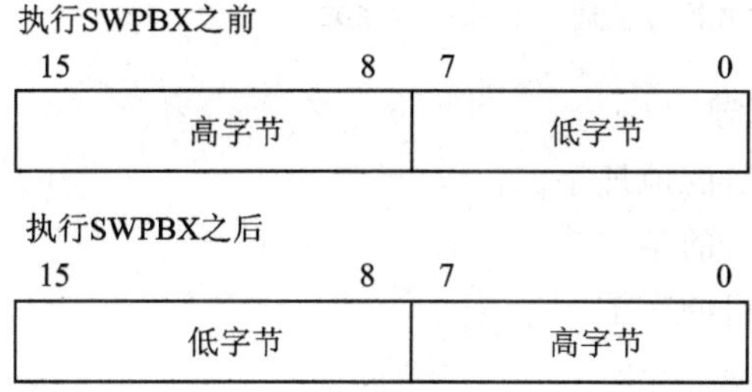

图 5-58　内存中的 SWPBX[.W]字节互换

35. 符号扩展指令

SXTX.A　　扩展较低字节的符号至地址字。

SXTX[.W]　扩展较低字节的符号至字。

语法　　SXTX.A　　dst

　　　　SXTX　　　dst 或 SXTX.W　dst

操作　　dst.7->dst.15:8,Rdst.7->Rdst.19:8(寄存器模式)

描述　　寄存器模式：操作数(Rdst.7)低字节的符号扩展到 Rdst.19:8位。

　　　　其他模式：SXTX.A 操作数(dst.7)低字节的符号扩展至 dst.19:8。dst.31:20 位被清除;SXTX[.W]：操作数(dst.7)低字节的符号扩展到 dst.15:8。符号扩展示例见图 5-59 和图 5-60。

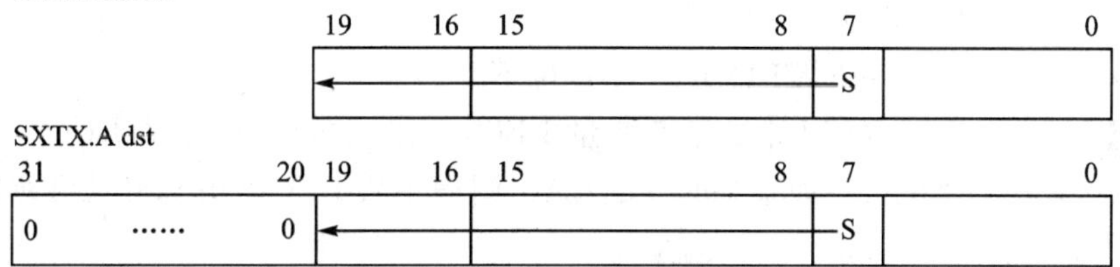

图 5-59　SXTX.A 符号扩展

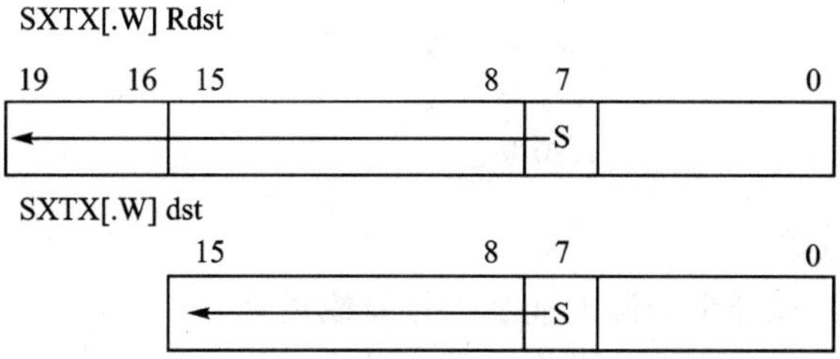

SXTX[.W] Rdst

19　16　15　8　7　0

S

SXTX[.W] dst

15　8　7　0

S

图 5-60　SXTX[.W]符号扩展

状态位　　N：结果为负则置位，否则复位。

Z：结果为 0 则置位，否则复位。

C：结果不为 0 则置位，否则复位。

V：复位。

模式位　　OSCOFF、CPUOFF、GIE 位不受影响。

【例子】　有符号 8 位数据变量 EDE.7:0符号扩展至 20 位 EDE.19:8。EDE+2 的 31:20 位被清除。

```
SXTX.A    &EDE    ;EDE 符号扩展 - >EDE + 2/EDE
```

36. 位测试扩展指令

* TSTX.A　　测试目的地址字。

* TSTX[.W]　测试目的字。

* TSTX.B　　测试目的字节。

语法　　TSTX.A　dst

TSTX　　dst 或 TSTX.W　dst

操作　　dst + 0FFFFFh + 1

dst + 0FFFFh + 1

dst + 0FFh + 1

仿真　　CMPX.A　#0,dst

CMPX　　#0,dst

CMPX.B　#0,dst

描述　　目的操作数与 0 比较。根据结果设置相应的状态位。目的操作数不受影响。

状态位　　N：如果结果为负则置位，否则复位。

Z：如果目的操作数的值为 0 则置位，否则复位。

C：置位。

V：复位。

模式位　　OSCOFF、CPUOFF、GIE 位不受影响。

【例子】　测试 RAM 中的字节变量 LEO，如果是负数，程序从 LEONEG 标号处继续执行。如果是非 0 的正数，则程序从 LEOPOS 标号处继续执行。

```
          TSTX.B    LEO        ;测试 LEO
          JN        LEONEG     ;LEO 是负数
          JZ        LEOZERO    ;LEO 是 0
LEOPOS    ......               ;LEO 是正数但非 0
LEONEG    ......               ;LEO 是负数
LEOZERO   ......               ;LEO 是 0
```

37. 异或扩展指令

XORX.A　　目的地址字和源地址字进行异或运算。

XORX[.W]　目的操作字和源操作字进行异或运算。

XORX.B　目的操作字节和源操作字节进位异或运算。

语法　XORX.A　src,dst

XORX　src,dst 或 XORX.W　src,dst

XORX.B　src,dst

操作　src.xor.dst－＞dst

描述　目的操作数和源操作数进行异或运算。结果存入目的操作数中。源操作数不变。两操作数均可位于整个存储空间内。

状态位　N：结果为负则置位(MSB＝1),否则复位(MSB＝0)。

Z：结果为 0 则置位,否则复位。

C：结果非 0 则置位,否则复位。

V：如果两操作数在执行前都是负数则置位,否则复位。

模式位　OSCOFF、CPUOFF、GIE 位不受影响。

【例子】　根据地址字 TONI(20 位地址)的置位位,翻转地址字 CNTR(20 位数据)的相应位。

```
XORX.A    TONI,&CNTR
```

【例子】　R5(20 位地址)指向的字数据,用于触发 R6 中的相应位。

```
    XORX.W     @R5,R6       ;
```

【例子】　复位字节变量 EDE 中与 R7 低字节中不相同的位。

```
XORX.B    EDE,R7        ;将 R7 中不相同的位置位
INV.B     R7            ;取反 R7 的低字节。R7.19:8 = 0
```

5.6.4　寻址指令

CC430X 寻址指令可以支持 20 位操作数,限制寻址模式的指令。寻址模式被限制于寄存器寻址模式和立即数寻址模式,MOVA 指令除外。限制寻址模式可以避免额外地扩展字操作码的需要,从而提高代码密度和执行速度。CC430X 的寻址指令将在下面的内容中列出并详述。

1. 地址字加法指令

ADDA　20 位的目的寄存器加上 20 位的源寄存器。

语法　ADDA　Rsrc,Rdst

ADDA　＃imm20,Rdst

操作　src＋Rdst－＞Rdst

描述　20 位的目的 CPU 寄存器加上 20 位的源操作数。目的操作数原来的内容丢失。源操作数不变。

状态位　N：如果结果为负(Rdst.19＝1)则置位,否则(Rdst.19＝0)复位。

Z：如果结果为 0 则置位,否则复位。

C：如果 20 位的结果有进位则置位,否则复位。

V：如果两个正的操作数相加的结果为负或两个负的操作数相加的结果为正

则置位,否则复位。

模式位　　OSCOFF、CPUOFF、GIE 位不受影响。

【例子】　R5 加上 0A4320h。如果结果有进位,则跳转到 TONI 处。

```
ADDA    #0A4320h,R5        ;R5 + A4320h->R5
JC      TONI               ;如果有进位则跳转
...                        ;没有进位
```

2. 跳转到目的地址

*BRA　　跳转到目的地址。

语法　　BRA　dst

操作　　dst->PC

仿真　　MOVA　dst,PC

描述　　在整个地址空间内,任意 20 位地址的无条件跳转。所有的 7 种寻址模式都可以使用。该跳转指令是一个地址字指令。如果目的地址包含一个存储器位置 X,它将包含在两个字中 X(LSBs)和(X+2)(MSBs)。

状态位　　N、Z、C、V 不受影响。

模式位　　OSCOFF、CPUOFF、GIE 位不受影响。

【例子】　以下给出了所有寻址模式的例子。

立即数模式:跳转到位于 20 位地址空间任意位置的 EDE 标号处或直接跳转到地址。

```
BRA     #EDE             ;MOVA   #imm20,PC
BRA     #01AA04h
```

符号模式:跳转到包含在地址 EDEC(LSBs)和 EXEC+2(MSBs)中的 20 位地址处。EXEC 的地址(PC+X)中 X 位于+32 KB 范围内。间接寻址。

```
BRA     EXEC             ;MOVA   z16(PC),PC
```

注意: 如果 16 位索引值不够用,则可以用以下指令,使用 20 位的索引值。

```
MOVX.A     EXEC,PC       ;20 位索引值的 1 MB 范围
```

绝对模式:跳转到包含在地址 EXEC(LSBs)和 EXEC+2(MSBs)中的 20 位地址处。间接寻址模式。

```
BRA     &EXEC            ;MOVA   &abs20,PC
```

寄存器模式:跳转到由寄存器 R5(LSBs)指向的字中所包含的 20 位地址处。

```
BRA     @R5              ;MOVA   @R5,PC
```

间接、自动增量模式:跳转到由寄存器 R5 指向的字中所包含的 20 位地址处,然后 R5 中的地址增加 4。下一次 S/W 流程使用 R5 作为指针,它可以改变程序的执行,R5 指向的数据为存取下表中的地址。间接,间接 R5。

```
BRA     @R5+             ;MOVA   @R5+,PC。R5 + 4
```

索引模式:跳转到包含在寄存器(R5+X)(例如,一个从 X 地址开始的表)指向的 20 位地

址处。(R5+X)指向地址的 LSBs,(R5+X+2)指向地址的 MSBs。X 位于 R5+32 KB 范围内。间接,间接(R5+X)。

```
BRA    X(R5)          ;MOVA   z16(R5),PC
```

注意: 如果 16 位的索引值不够用,则可以使用如下指令所示的 20 位索引值 X。

```
MOVX.A    X(R5),PC      ;20 位索引具有 1 MB 的空间范围
```

3. 子程序调用指令

CALLA　　调用一个子程序。

语法　　CALLA　dst。

操作　　dst->tmp　　20 位的 dst 被评估并保存

SP-2->SP

PC.19:16->@SP　　更新 PC 将返回地址压入 TOS(MSBs)

SP-2->SP

PC.15:0->@SP　　更新 PC 并压入 TOS(LSBs)

tmp->PC　　保存 20 位的 dst 到 PC

描述　　子程序调用可以发生在整个地址空间中的任意一个 20 位地址处。所有 7 种源操作数寻址模式都可以使用。子程序调用指令是一个地址字指令。如果目的地址包含于存储位单元 X 中,则它包含在两个字中——X(LSBs)和(X+2)(MSBs)。堆栈中的这两个字作为返回地址。子程序返回由 RETA 指令完成。

状态位　　N、Z、C、V 不受影响。

模式位　　OSCOFF、CPUOFF、GIE 位不受影响。

【例子】　　下面给出了所有寻址模式下的例子。

立即数模式:调用标号为 EXEC 的子程序或直接调用一个地址。

```
CALLA     #EXEC       ;从 EXEC 地址开始
CALLA     #01AA04h    ;从地址 01AA04h 开始
```

符号模式:调用一个包含在地址 EXEC(LSBs)和 EXEC+2(MSBs)中的 20 位地址处的子程序。EXEC 所处地址(PC+X)中的 X 在+32 KB 范围内。间接寻址。

```
CALLA     EXEC        ;从地址@EXEC 开始。z16(PC)
```

绝对模式:调用一个包含在绝对地址 EXEC(LSBs)和 EXEC+2(MSBs)中的 20 位地址处的子程序。间接寻址。

```
CALLA     &EXEC       ;从地址@EXEC 开始
```

寄存器模式:调用一个包含在寄存器 R5 的 20 位地址处的子程序。间接 R5 寻址。

```
CALLA     R5          ;从@R5 开始
```

间接模式:调用一个包含在寄存器 R5(LSBs)指向的字指针的 20 位地址处的子程序。MSBs 包含地址(R5+2)。间接 R5 寻址。

```
CALLA     @R5      ;从地址@R5 开始
```

间接、自动增量模式：调用一个包含在寄存器 R5 指向的字指针的 20 位地址处的子程序，然后 R5 中的 20 位地址增加 4。下一次 S/W 流程，使用 R5 作为指针，因为存取由 R5 指向的表中的下一个字可以改变程序执行顺序。间接 R5 寻址。

```
CALLA     @R5 +       ;从地址@R5 开始。R5 + 4
```

索引模式：调用一个包含在寄存器(R5＋X)(例如从地址 X 开始的表)指向的 20 位地址处的子程序。(R5＋X)指向 LSBs，(R5＋X＋2)指向字地址的 MSBs。X 在 R5＋32 KB 范围内。间接，间接寄存器(R5＋X)。

```
CALLA     X(R5)       ;从地址@(R5 + X)开始。z16(R5)
```

4. 地址字清除指令

*CLRA　　清除 20 位目的寄存器

语法　　CLRA　Rdst

操作　　0－>Rdst

仿真　　MOVA　#0,Rdst

描述　　目的寄存器内容被清除。

状态位　　状态位不受影响。

【例子】　　R10 中的 20 位被清除。

```
CLRA   R10   ;0 - >R10
```

5. 地址字比较指令

CMPA　　比较 20 位源操作数和 20 位目的操作数。

语法　　CMPA　Rsrc,Rdst

　　　　CMPA　#imm20,Rdst

操作　　(.not.src) + 1 + Rdst 或 Rdst - src

描述　　从 20 位目的 CPU 寄存器中减去 20 位源操作数。结果只影响状态位。

状态位　　N：如果结果为负(src>dst)则置位，否则复位(src≤dst)。

　　　　Z：如果结果为 0(src＝dst)则置位，否则复位。

　　　　C：如果从结果的 MSB 有进位则置位，否则复位。

　　　　V：如果一个正的目的操作数减去一个负的源操作数结果为负，或一个负的目的操作数减去一个正的源操作数结果为正则置位，否则复位(没有溢出)。

模式位　　OSCOFF、CPUOFF、GIE 位不受影响。

【例子】　　R6 和 20 位的立即数比较。如果相等则程序跳转到标号 EQUAL 处。

```
CMPA     #12345h,R6     ;R6 和 12345h 比较
JEQ      EQUAL          ;R6 = 12345h
...                     ;不相等
```

【例子】　　R6 和 R5 中的 20 位值相比较。如果 R5 的值(有符号数)大于或等于 R6，则程序跳转到 GRE 标号处。

```
CMPA    R6,R5           ;比较 R6 和 R5(R5 - R6)
JGE     GRE             ;R5≥R6
...                     ;R5<R6
```

6. 地址字减 2 指令

*DECDA　　20 位目的寄存器减 2。

语法　　DECDA　Rdst

操作　　Rdst - 2 - >Rdst

仿真　　SUBA　　#2,Rdst

描述　　目的寄存器减 2。其原来的内容丢失。

状态位　　N：结果为负则置位，否则复位。

　　Z：如果 Rdst 的内容为 2 则置位，否则复位。

　　C：如果 Rdst 的内容为 0 或 1 则复位，否则置位。

　　V：如果发生算术溢出则置位，否则复位。

模式位　　OSCOFF、CPUOFF、GIE 位不受影响。

【例子】　　R5 中的 20 位值减 2。

```
DECDA   R5      ;R5 减 2
```

7. 地址字加 2 指令

*INCDA　　20 位目的寄存器加 2。

语法　　INCDA　Rdst

操作　　Rdst + 2 - >Rdst

仿真　　ADDA　　#2,Rdst

描述　　目的寄存器加 2。其原来的内容丢失。

状态位　　N：如果结果为负则置位，否则复位。

　　Z：如果 Rdst 的内容为 0FFFFEh 则置位，否则复位；
　　　如果 Rdst 的内容为 0FFFEh 则置位，否则复位；
　　　如果 Rdst 的内容为 0FEh 则置位，否则复位。

　　C：如果 Rdst 的内容为 0FFFFEh 或 0FFFFFh 则置位，否则复位；
　　　如果 Rdst 的内容为 0FFFEh 或 0FFFFh 则置位，否则复位；
　　　如果 Rdst 的内容为 0FEh 或 0FFh 则置位，否则复位。

　　V：如果 Rdst 的内容为 07FFFEh 或 07FFFFh 则置位，否则复位；
　　　如果 Rdst 的内容为 07FFEh 或 07FFFh 则置位，否则复位；
　　　如果 Rdst 的内容为 07Eh 或 07Fh 则置位，否则复位。

模式位　　OSCOFF、CPUOFF、GIE 位不受影响。

【例子】　　R5 中的 20 位值增加 2。

```
INCDA   R5      ;R5 + 2 - >R5
```

8. 地址字传送指令

MOVA　　将源操作数的 20 位值传送到目的操作数中。

语法　　MOVA　Rsrc,Rdst
　　　　MOVA　#imm20,Rdst
　　　　MOVA　z16(Rsrc),Rdst
　　　　MOVA　EDE,Rdst
　　　　MOVA　&abs20,Rdst
　　　　MOVA　@Rsrc,Rdst
　　　　MOVA　Rsrc,z16(Rdst)
　　　　MOVA　Rsrc,&abs20

操作　　src -> Rdst
　　　　Rsrc->dst

描述　　20 位源操作数的内容传送到 20 位目的操作数中。源操作数不变，目的操作数原来的内容丢失。

状态位　N、Z、C、V 不受影响。

模式位　OSCOFF、CPUOFF、GIE 位不受影响。

【例子】　将 R9 中的 20 位数值复制到 R8。

```
MOVA    R9,R8              ;R9->R8
```

【例子】　写 20 位立即数值 12345h 到 R12。

```
MOVA    #12345h,R12    ;12345h->R12
```

【例子】　复制通过(R9+100h)寻址的 20 位值到 R8。源操作数在地址(R9+100h)LSBs 和(R9+102h)MSBs 中。

```
MOVA    100h(R9),R8        ;索引：+32K。传送两个字
```

【例子】　传送在 20 位绝对地址 EDE(LSBs)和 EDE+2(MSBs)中的 20 位数值到 R12。

```
MOVA    &EDE,R12           ;&EDE->12。传送两个字
```

【例子】　传送在 20 位地址 EDE(LSBs)和 EDE+2(MSBs)中的 20 位数值到 R12。PC 索引±32 KB。

```
MOVA    EDE,R12            ;EDE->R12。传送两个字
```

【例子】　复制由 R9(20 位地址)指向的 20 位数值到 R8。源操作数在地址@R9LSBs 和@(R9+2)MSBs 中。

```
MOVA    @R9,R8             ;@R9->R8。传送两个字
```

【例子】　复制由 R9(20 位地址)指向的 20 位数值到 R8。然后 R9 增加 4。源操作数在地址@R9LSBs 和@(R9+2)MSBs 中。

```
MOVA    @R9+,R8            ;@R9->R8。R9+4。传送两个字
```

【例子】　复制 R8 中的 20 位数值到地址为(R9+100h)的目的地址中。目的操作数在地址@(R9+100h)LSBs 和@(R9+102h)MSBs 中。

```
MOVA    R8,100h(R9)        ;索引：±32K。传送两个字
```

【例子】　传送在 R13 中的 20 位数值到绝对地址 EDE(LSBs)和 EDE+2(MSBs)中。

```
MOVA    R13,&EDE          ;R13->EDE。传送两个字
```

【例子】　传送 R13 中的 20 位数值到 20 位地址 EDE(LSBs)和 EDE+2(MSBs)中。PC 索引±32 KB。

```
MOVA    R13,EDE           ;R13->EDE。传送两个字
```

9. 地址字子程序返回指令

* RETA　从子程序返回。

语法　RETA

操作　@SP->PC.15:0　保存 PC 的 LSBs(15:0)到 PC.15:0

SP+2->SP

@SP->PC.19:16　保存 PC 的 MSBs(19:16)到 PC.19:16

SP+2->SP

仿真　MOVA　@SP+,PC

描述　通过 CALLA 指令压入到堆栈中的 20 位地址信息被恢复到 PC。程序从被调用的子程序之后的语句继续执行。SR 中的 SR.11:0位不受影响。这允许传送带有这些位的信息。

状态位　N、Z、C、V 不受影响。

模式位　OSCOFF、CPUOFF、GIE 位不受影响。

【例子】　调用一个在 20 位地址空间中任意地址处的一个子程序 SUBR,然后返回到 CALLA 之后的地址。

```
        CALLA      #SUBR            ;调用以 SUBR 开始的子程序
        ...                         ;通过 RETA 返回到这里
SUBR    PUSHM.A    #2,R14           ;保存 R14 和 R13(20 位数据)
        ...                         ;子程序代码
        POPMA.A    #2,R14           ;恢复 R13 和 R14(20 位数据)
        RETA                        ;子程序返回
```

10. 地址字测试指令

* TSTA　测试 20 位的目的寄存器。

语法　TSTA　Rdst

操作　dst+0FFFFFh+1

dst+0FFFFh+1

dst+0FFh+1

仿真　CMPA　#0,Rdst

描述　将目的操作数和 0 比较。状态位根据结果进行设置。目的操作数不受影响。

状态位　N:如果目的寄存器为负数,则置位,否则复位。

Z:如果目的寄存器的内容为 0,则置位,否则复位。

C:置位。

V：复位。

模式位　OSCOFF、CPUOFF、GIE 位不受影响。

【例子】　测试 R7 中的 20 位数值。如果为负，则程序从 R7NEG 处继续；如果为正但不为 0，则程序从 R7POS 处继续。

```
         TSTA    R7              ;测试 R7
         JN      R7NEG           ;R7 是负数
         JZ      R7ZERO          ;R7 是 0
R7POS    ......                  ;R7 是正数但不为 0
R7NEG    ......                  ;R7 是负数
R7ZERO   ......                  ;R7 是 0
```

11. 地址字减法指令

SUBA　从 20 位目的寄存器中减去 20 位源操作数。

语法　SUBA　Rsrc,Rdst

SUBA　#imm20,Rdst

操作　(.not.src) + 1 + Rdst - >Rdst 或 Rdst - src - >Rdst

描述　从 20 位目的寄存器中减去 20 位源操作数。结果写入目的寄存器中，源操作数不受影响。

状态位　N：如果结果为负(src>dst)则置位，否则复位(src≤dst)。

Z：如果结果为 0(src=dst)则置位，否则复位。

C：如果从 MSB(Rdst.19)位有进位则置位，否则复位。

V：如果正的目的操作数减去负的源操作数结果为负，或负的目的操作数减去正的源操作数结果为正则置位，否则复位(没有溢出)。

模式位　OSCOFF、CPUOFF、GIE 位不受影响。

【例子】　从 R6 减去 R5 的 20 位数值。如果有进位，则程序从标号 TONI 处继续。

```
SUBA    R5,R6       ;R6 - R5 - >R6
JC      TONI        ;发生进位
...                 ;无进位
```

第6章 Flash 存储控制器

6.1 Flash 存储器简介

Flash 存储器是可字节、字和长字寻址和编程的存储设备。Flash 存储器有一个集成的控制器，用于控制编程和擦除操作。该模块包含三个寄存器、一个时序发生器、一个提供编程和擦除电压的电压发生器。累计的高电压时间不能太长，在另一个擦除周期开始前(详见相应器件的数据手册)，每一个 32 位字被写入的次数不能超过 4 次(用字节、字和长字写模式)。

Flash 存储器特性如下：

- ❑ 内部编程电压发生器；
- ❑ 可使用字节、字(两个字节)和长字(四个字节)编程；
- ❑ 超低功耗；
- ❑ 支持段擦除、块擦除(特定器件)以及全部擦除；
- ❑ 边沿 0 和边沿 1 读模式；
- ❑ 当程序的执行在不同的 Flash 块中时，每一个块(特定器件)可被单独擦除。

注意： 并非所有器件都支持块操作，详见相应的数据手册。

Flash 存储器及控制器的结构框图如图 6-1 所示。

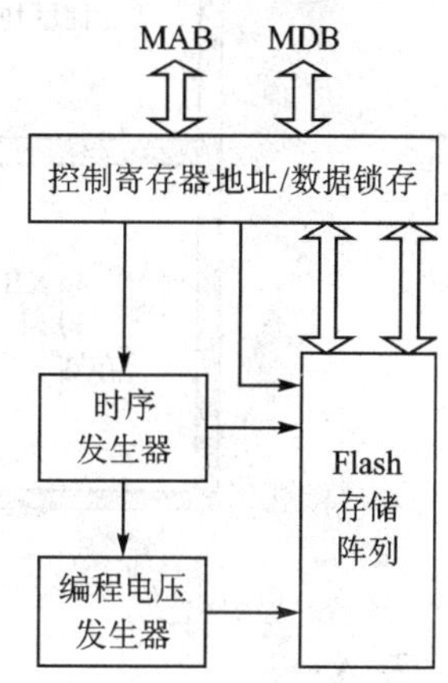

图 6-1 Flash 存储器模块结构框图

6.2 Flash 存储器分段结构

Flash 主存储器被分割成 512 字节大小的段。单个位、字节或字可被写入 Flash 存储器中，但是段是最小的可擦除单位。

Flash 存储器分为主存储段和信息段。但是主存储段和信息段的操作并无差别。代码和数据可位于两个段的任意一个段中。两个段的不同之处在于它们的大小。

共有 4 个信息段，信息段 A～D。每一个信息存储段都包含 128 字节，并且各段可被单独擦除。

引导程序加载存储器(BSL)由 4 个段组成，段 A～D。每一个 BSL 存储器段包含 512 字节，并且各段可被单独擦除。

主存储段的大小为 512 字节。各存储块的开始地址和结束地址以及器件整个存储器的空间分配详见相应的数据手册。

图 6-2 所示为一个 256 KB 的 Flash 存储器，其具有 4 个 64 KB 的块（段 A～D）和信息段。

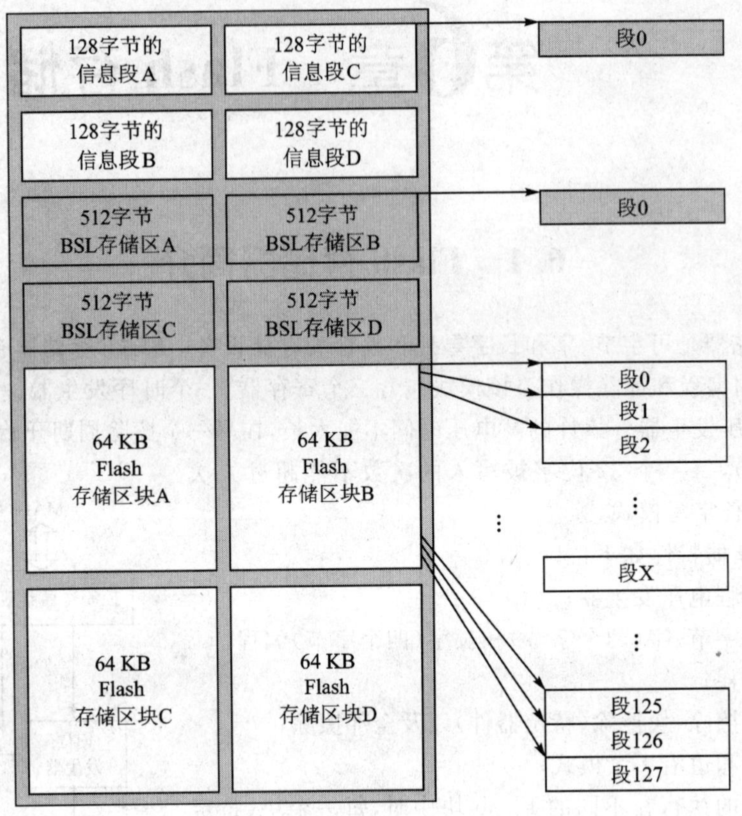

图 6-2　256 KB Flash 存储器例子

段 A

信息存储器的段 A 可以通过 LOCKA 位锁定，与其他的段区分开。如果 LCOKA=1，则段 A 不能被写入或擦除，同时所有其他信息段的段擦除也受保护。如果 LOCKA=0，则段 A 可与其他存储器段一样被写入或擦除。

当向 LOCKA 写 1 时，LOCKA 状态被触发。而写 0 到 LOCKA 时无效，这样就可以使得当前已经存在的 Flash 编程程序不被改变。

```
                                        ;解锁信息段存储器
    BIC     #FWKEY + LOCKINFO,&FCTL4    ;清除 LOCKINFO
                                        ;解锁信息段 A
    BIT     #LOCKA,&FCTL3               ;测试 LOCKA
    JZ     SEGA_UNLOCKED                ;已经解锁?
    MOV     #FWKEY + LOCKA,&FCTL3       ;否,解锁段 A
SEGA_UNLOCKED                           ;是,继续
                                        ;SegmentA 被解锁

                                        ;锁定段 A
    BIT      #LOCKA,&FCTL3              ;测试 LOCKA
```

```
    JNZ     SEGA_LOCKED                     ;已经锁定?
    MOV     #FWKEY + LOCKA,&FCTL3           ;否,锁定段 A
SEGA_LOCKED                                 ;是,继续
                                            ;SegmentA 被锁定
                                            ;锁定信息存储器
    BIS      #FWKEY + LOCKINFO,&FCTL4       ;置位 LOCKINFO
```

6.3 Flash 存储器操作

默认的 Flash 存储器操作模式为读模式。在读模式中,Flash 存储器不能被擦除或写入,Flash 的时序发生器和电压发生器是关闭的,存储器的操作特性类似于 ROM。

在擦除时的读和存取操作,当一个不同的 Flash 块被擦除时,Flash 存储器允许在另一个段执行 Flash 中的程序。也可以从任意一个未被执行擦除操作的段中读取数据。

注意: 擦除过程中的读和存取。

当执行擦除操作时,读取在 Flash 存储器配置的至少一个扇区是有效的。如果有一个扇区有效,包括完整的 Flash 编程存储器,则在擦除期间,从编程存储器、信息存储器和引导加载内存的读操作都将是无效的。

Flash 存储器可在不需要外加外部电压的情况下实现在系统编程(ISP)。CPU 可以对 Flash 存储器编程。Flash 存储器的写入/擦除模式,可通过 BLKWRT、WRT、MERAS 以及 ERASE 位选择:字节/字/长字(32 位)写,块写,段擦除,块擦除(仅主存储器),主存擦除(主存储器所有块)及块擦除期间读操作(除了从当前块读取)。

对一个正在编程或擦除的页、主存或块进行读或写操作是不允许的。任何 Flash 擦除或编程都可从 Flash 存储器或 RAM 中开始。

6.3.1 擦除 Flash 存储器

一个被擦除后的 Flash 存储器位的逻辑值为 1。每一位都可单独由 1 编程为 0;但是,如果要由 0 重新编程为 1,则需要进行擦除操作。Flash 的最小擦除单位是一个段,通过 ERASE 和 MERAS 位可有 3 种擦除模式供选择,如表 6-1 所列。

表 6-1 擦除模式

MERAS	ERASE	擦除模式
0	1	段(Segment)擦除
1	0	通过假写地址擦除所选的块(Bank)[1]
1	1	主存擦除(Mass)(存储器的所有块,但信息段 A~D 以及 BSL 段 A~D 不被擦除)

注:(1) 块操作并非所有器件都支持,详见相应器件的数据手册。

1. 擦除周期

一个擦除周期是通过对被擦除段范围内的某个地址进行一次假写操作来启动的。假写启动擦除操作。图 6-3 显示了擦除周期的时序。在假写后,BUSY 位立即置位,并在整个擦除周期内一直保持置位状态。当擦除周期完成后,BUSY、MERAS 以及 ERASE 将自动清除。

主存擦除周期的时序与器件的 Flash 存储数量无关。所有器件的擦除周期时序都是相同的。

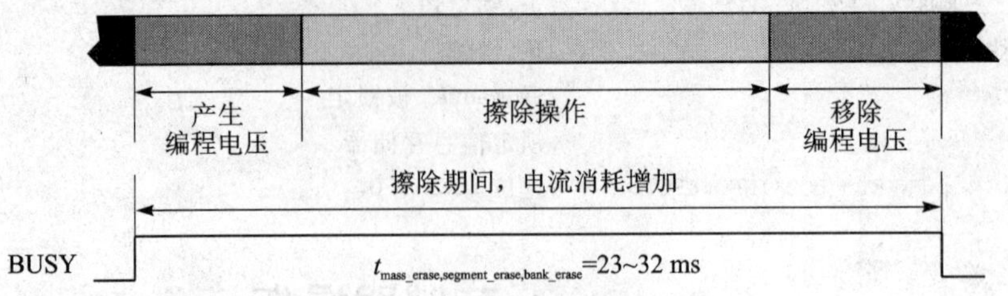

图 6-3 擦除周期时序

2. 擦除主存

主存储器由一个或多个块组成。每一个块都可被单独擦除(块擦除)。所有主存块可用主存擦除模式一起擦除。

3. 擦除信息存储器或 Flash 段

信息存储器 A~D 和 BSL 段 A~D 均可采用段擦除模式擦除。但在块擦除或主存擦除期间,不能被擦除。

4. Flash 擦除的初始化

一个擦除周期可从 Flash 存储器初始化开始。在块擦除期间,代码可从 Flash 或 RAM 中执行。所执行的代码不能在将被擦除的存储块中。

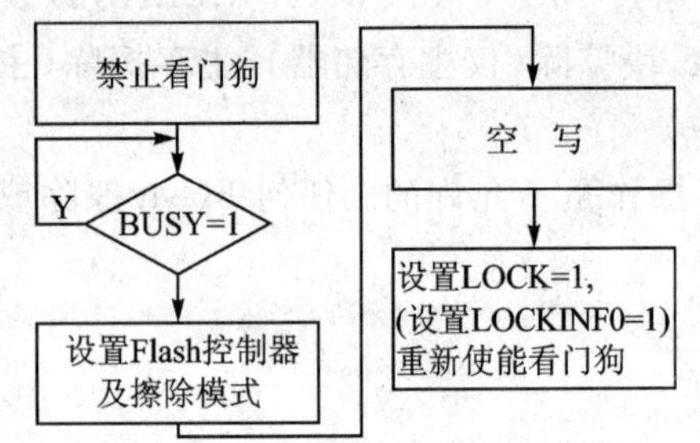

图 6-4 Flash 的擦除周期

在段擦除期间,CPU 被挂起直到擦除周期完成。擦除周期结束后,CPU 将恢复执行假写之后的代码指令。

当从 Flash 存储器中初始化启动一个擦除周期,可能会把擦除操作之后要执行的代码擦除。如果发生这种情况,那么擦除周期之后,CPU 的执行是不可预料的。

从 Flash 中初始化擦除的程序流程图如图 6-4 所示。

```
;擦除 Flash 中的段
;假设编程主存,信息存储器或 BSL 也要求 LOCKINFO 被清除。
;假设 ACCVIE = NMIIE = OFIE = 0
      MOV    #WDTPW + WDTHOLD,&WDTCTL    ;禁止看门狗
L1    BIT    #BUSY,&FCTL3               ;测试忙标志位
      JNZ    L1                         ;如果忙则一直循环
      MOV    #FWKEY,&FCTL3              ;解锁
      MOV    #FWKEY + ERASE,&FCTL1      ;允许段擦除
      CLR    &0FC10h                    ;假写
L2    BIT    #BUSY,&FCTL3               ;测试忙标志位
      JNZ    L2                         ;如果忙则一直循环
      MOV    #FWKEY + LOCK,&FCTL3       ;擦除,锁定
      ;...                               ;重新使能 WDT ?
```

5. 从 RAM 中启动擦除操作

擦除操作可从 RAM 中启动。在这种情况下，CPU 不会挂起，而是继续从 RAM 中执行代码。当从 RAM 中执行代码时，主存擦除（所有主存储器块）操作启动。BUSY 位用于确定擦除操作是否结束。如果 Flash 正忙于完成擦除一个存储块，则此时另外一个不同段的 Flash 地址能够用于读数据或者获取指令。当 Flash 处于忙状态时，对该 Flash 段开始一个擦除或编程操作，都将导致一个非法存取的错误，ACCIFG 将置位，同时擦除操作的结果也将无法预料。

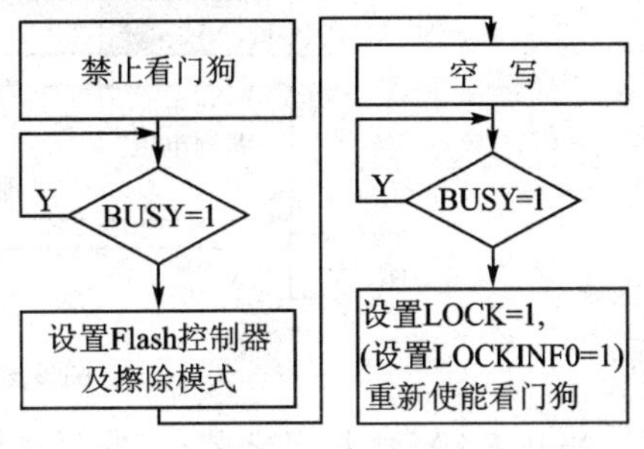

图 6-5　从 RAM 中启动的擦除操作

从 RAM 中启动擦除操作的程序流程图如图 6-5 所示。

```
;从 RAM 中启动段擦除操作
;假设对主存编程,编程信息段或 BSL 也需要将 LOCKINFO 复位
;假设 ACCVIE = NMIIE = OFIE = 0
        MOV     #WDTPW + WDTHLOD,&WDTCTL       ;禁止看门狗
L1      BIT     #BUSY,&FCTL3                   ;测试 BUSY 标志位
        JNZ     L1                             ;如果忙则一直循环
        MOV     #FWKEY,&FCTL1                  ;解锁
        MOV     #FWKEY + ERASE,&FCTL1          ;允许页擦除操作
        CLR     &0FC10h                        ;假写
L2      BIT     #BUSY,&FCTL3                   ;测试忙标志位
        JNZ     L2                             ;如果忙则一直循环
        MOV     #FWKEY + LOCK,&FCTL3           ;擦除,置位 LOCK
        ;...                                   ;重新使能 WDT ?
```

6.3.2　写 Flash 存储器

写模式，通过 WRT 和 BLKWRT 位进行选择，如表 6-2 所列。

写模式使用一系列特有的写指令。使用长字写模式的速度大约要比字节/字写模式快 2 倍。使用长字块写模式的速度大约比字节/字写模式快 4 倍。因为电压发生器在并行完成块写和长字写时，保持打开状态。在字节/字写模式、长字写模式或长字块写模式下，任何修改目的操作数的指令均可被用于修改一个 Flash 地址。

表 6-2　写模式

BLKWRT	WRT	写模式
0	1	字节/字写
1	0	长字写
1	1	长字块写

当写操作正在进行时，BUSY 置位；当写操作完成时，BUSY 复位。如果是从 RAM 启动写操作，当 BUSY 为 1 时，CPU 不能存取 Flash；否则，将产生非法存取的错误，ACCVIFG 将置位，同时 Flash 的写操作将无法预料。

1. 字节/字写

字节/字写操作可从 Flash 存储器或 RAM 中启动。当从 Flash 存储器中启动时，CPU 将一直挂起直到写完成。写完成后，CPU 恢复执行写操作之后的指令代码。字节/字写时序如

图 6－6 所示。

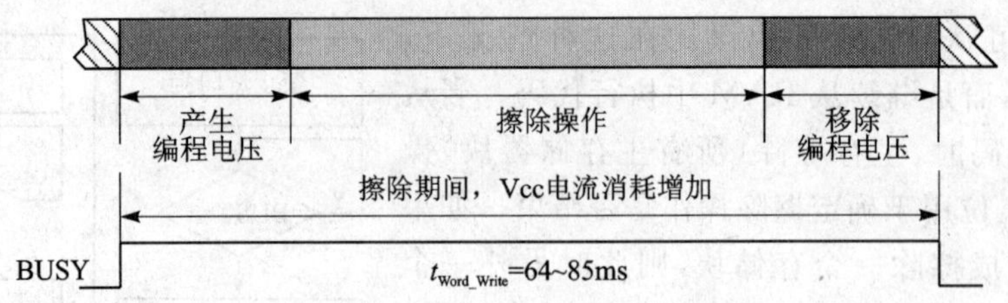

图 6－6　字节/字/长字写时序

当从 RAM 中执行字节/字的写操作时，CPU 继续从 RAM 中执行代码。当 CPU 再次存取 Flash 时，BUSY 必须为 0，否则将产生非法存取错误，ACCVIFG 置位，同时写入的结果也将不可预料。

在字节/字写模式时，内部产生的编程电压在整个 128 字节的块写入过程中均供给电压。累计的编程时间 t_{CPT} 不得超过任何块的总编程时间。每一个字节或字写操作的时间都将被加到该段的编程时间上。如果达到或超过最大累计编程时间，则该段必须擦除，进一步对其编程或者使用其数据都会返回无法预料的结果（详见具体芯片的数据手册）。

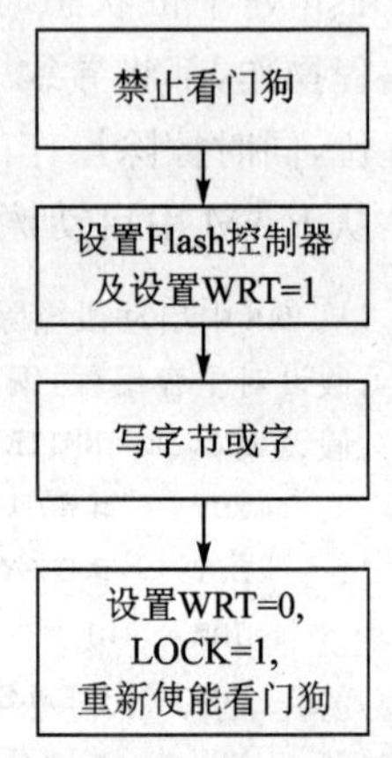

图 6－7　从 Flash 存储器中启动字节/字写

2. 从 Flash 存储器启动字节/字写

从 Flash 启动字节/字写的程序流程图如图 6－7 所示。

```
;从 Flash 存储器启动字节/字写
;假设 0X0FF1E 已经被擦除
;假设 ACCVIE = NMIIE = OFIE = 0
    MOV     #WDTPW + WDTHOLD,&WDTCTL      ;禁止 WDT
    MOV     #FWKEY,&FCTL3                 ;解锁
    MOV     #FWKEY + WRT,&FCTL1           ;允许写操作
    MOV     #0123h,&0FF1Eh                ;0123h->0x0FE1E
    MOV     #FWKEY,&FCTL1                 ;写操作，清除 WRT
    MOV     #FWKEY + LOCK,&FCTL3          ;锁定
    ...                                   ;重新使能 WDT?
```

3. 从 RAM 中启动字节/字写

图 6－8 所示为从 RAM 中启动字节/字写的流程图。

```
;从 RAM 中启动字节/字写
;假设 0X0FF1E 已经被擦除
;假设 ACCVIE = NMIIE = OFIE = 0
      MOV     #WDTPW + WDTHOLD,&WDTCTL      ;禁止 WDT
L1    BIT     #BUSY,&FCTL3                  ;测试 BUSY 标志位
      JNZ     L1                            ;如果忙则一直循环
      MOV     #FWKEY,&FCTL3                 ;解锁
      MOV     #FWKEY + WRT,&FCTL1           ;允许写操作
      MOV     #0123h.&0FF1Eh                ;0123h->0x0FF1E
```

```
L2   BIT    # BUSY,&FCTL3              ;测试 BUSY 标志位
     JNZ    L2                         ;如果忙则一直循环
     MOV    #FWKEY,&FCTL1              ;清除 WRT
     MOV    #FWKEY + LOCK,&FCTL3       ;锁定
     ...                               ;重新使能 WDT ?
```

4. 长字写

长字写操作可从 Flash 存储器或 RAM 中启动。当 32 位的数据被写入 Flash 控制器并且开始编程操作时，BUSY 标志位置 1。当从 Flash 存储器中启动时，CPU 将挂起直到写操作完成。写操作完成后，CPU 恢复执行写操作之后的代码指令，长字写时序如图 6－6 所示。

一个长字由 4 个连续且对齐到 32 位地址（仅有低两位地址位是不相同的）的字节组成。这些字节可以以任何顺序或者以字节和字组合方式被写入。如果一个字节或字被写入的次数大于 1，那么最后被写入的 4 个字节数据将被存储到 Flash 存储器中。

如果在 4 字节写入有效前，写入 Flash 存储器的 32 位地址超出 Flash 的地址范围，则当前写入的数据被丢弃，同时最后写入的字节/字决定了新的 32 位对齐地址。

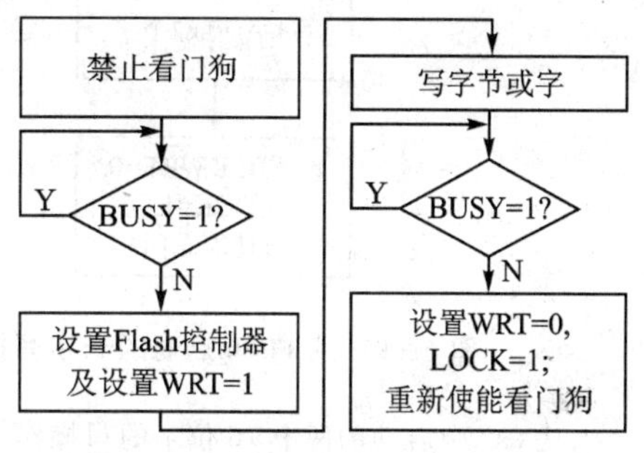

图 6－8　从 RAM 中启动字节/字写

当 32 位的数据都生效时，写周期执行。当从 RAM 区执行时，CPU 继续执行代码。在 CPU 再次访问 Flash 前，BUSY 位必须为 0，否则一个非法操作将会发生，ACCVIFG 位置位，同时写入的结果也是不可预料的。

在长字写入模式下，内部产生的编程电压在整个 128 字节的块写入期间均供给电压。累计编程时间 t_{CPT} 不能超过任何块的编程时间。每个字节或者字的写入时间被加到该段的累计编程时间上。如果达到或者超过最大累计时间，该段必须被擦除，进一步对其编程或者使用其数据，都会返回无法预料的结果。

对于每个字节或者字的写入，该块所需的时间受编程电压累计的约束。如果达到或者超出累计的编程时间，在进一步编程或者使用之前，该块必须被擦除（详见芯片数据手册的说明）。

5. 从 Flash 存储器启动的长字写操作

从 Flash 存储器启动的长字写操作的流程图如图 6－9 所示。

```
;从 Flash 存储器中启动的长字写操作
;假设 0X0FF1C 和 0X0FF1E 已经被擦除
;假设 ACCVIE = NMIIE = OFIE = 0
     MOV    # WDTPW + WDTHOLD,&WDTCTL   ;禁止看门狗
     MOV    # FWKEY,&FCTL3             ;解锁
     MOV    # FWKEY + BLKWRT,&FCTL1    ;允许双字写操作
     MOV    # 0123h,&0FF1Ch            ;0123h－>0x0FF1C
     MOV    # 4576h.&0FF1Eh            ;04576h－>0x0FF1E
     MOV    # FWKEY,&FCTL1             ;写操作,清除 BLKWRT
     MOV    # FWKEY + LOCK,&FCTL3      ;锁定
```

```
      ;...                                    ;重新使能 WDT ?
```

6. 从 RAM 中启动长字写操作

从 RAM 中启动长字写操作的流程图如图 6－10 所示。

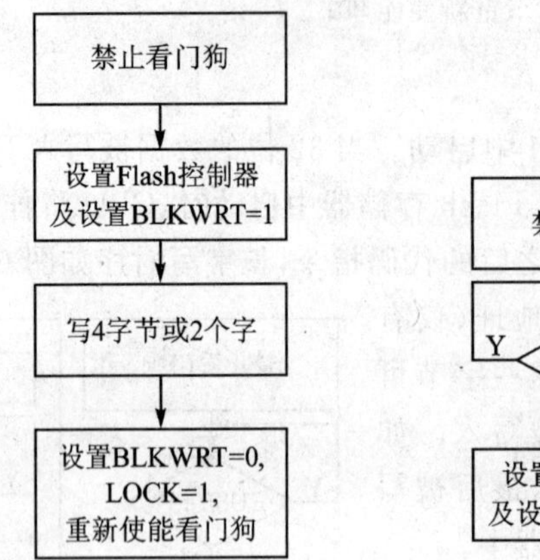

图 6－9　从 Flash 启动的长字写操作

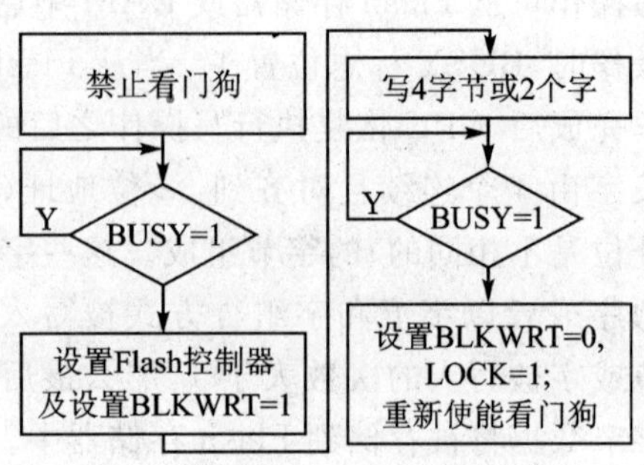

图 6－10　从 RAM 中启动长字写操作

```
;从 RAM 中启动的两个 16 位字的写操作
;假设 0x0FF1C 和 0x0FF1E 已经被擦除
;假设 ACCVIE = NMIIE = OFIE = 0
      MOV    #WDTPW + WDTHOLD,&WDTCTL         ;禁止看门狗
L1    BIT    #BUSY,&FCTL3                     ;测试 BUSY 标志位
      JNZ    L1                               ;如果忙则一直循环
      MOV    #FWKEY,&FCTL3                    ;解锁
      MOV    #FWKEY + BLKWRT,&FCTL1           ;允许写操作
      MOV    #0123h,&0FF1Ch                   ;0123h－>0x0FF1C
      MOV    #4567h,&0FF1Eh                   ;4567h－>0x0FF1E
L2    BIT    #BUSY,&FCTL3                     ;测试 BUSY 标志位
      JNZ    L2                               ;如果忙则一直循环
      MOV    #FWKEY,&FCTL1                    ;清除 WRT
      MOV    #FWKEY + LOCK,&FCTL3             ;锁定
      ;...                                    ;重新使能 WDT ?
```

7. 块　写

当需要对许多连续的字节或字进行编程时，块写可以加速 Flash 的写处理进程。对于 128 个字节块进行写入的过程中，Flash 编程电压一直保持不变。累计编程时间 t_{CPT} 不能超过该块的总写入时间。

块写入不能从内部的 Flash 存储器启动。块写入必须从 RAM 区启动。在整个块写入过程中，BUSY 位置位。在该块写入每 4 个字节或者每 2 个字之间，必须检查 WAIT 位。当 WAIT 位置位，4 个字节或者 2 个 16 位的字可以被写入。当进行连续的块写入时，在当前块完成之后，BLKWRT 位必须清零。在 Flash 的恢复时间 t_{END} 之后，启动下一个块的写入时，BLKWRT 位必须置位。BUSY 位在每个块写入完成之后清零，以指示下一个块的写入。图 6－11 展示了块写入的时序图。

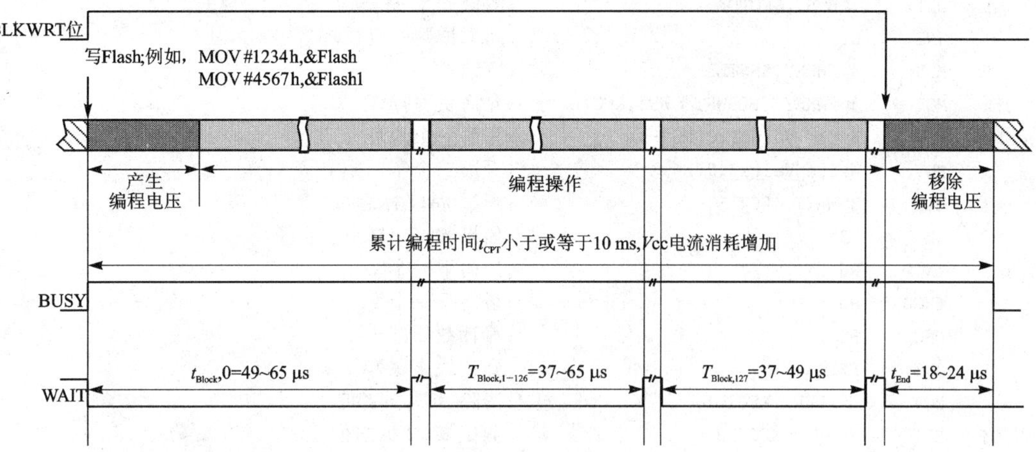

图 6-11　块写操作时序

8. 块写操作流程及示例

图 6-12 所示为块写操作的流程，示例代码如下所示。

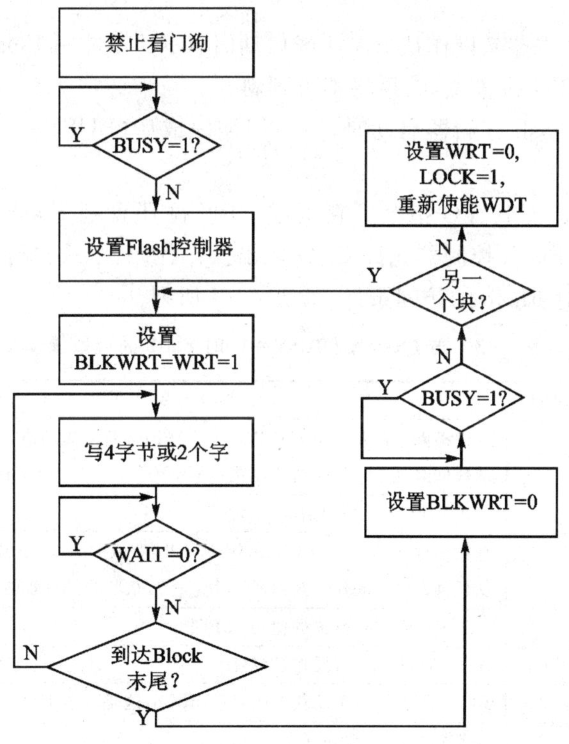

图 6-12　块写操作流程

```
;从 0F000h 地址开始写一个块
;程序必需从 RAM 中执行，假设 Flash 已经被擦除
;假设 ACCVIE = NMIIE = OFIE = 0
        MOV     #32,R5                      ;用作写计数器
        MOV     #0F000h,R6                  ;写操作指针
        MOV     #WDTPW + WDTHOLD,&WDTCTL    ;禁止看门狗
```

```
L1    BIT     #BUSY,&FCTL3                  ;测试 BUSY 标志位
      JNZ     L1                            ;如果忙则一直循环
      MOV     #FWKEY,&FCTL3                 ;解锁
      MOV     #FWKEY + BLKWRT + WRT,&FCTL1  ;允许块写操作
L2    MOV     Write_Value1,0(R6)            ;写第一个地址
      MOV     Write_Value2,2(R6)            ;写第二个字
L3    BIT     #WAIT,&FCTL3                  ;测试 WAIT 标志位
      JZ      L3                            ;如果 WAIT = 0 则一直循环
      INCD    R6                            ;指向下一个字
      INCD    R6                            ;指向下一个字
      DEC     R5                            ;写计数器减 1
      JNZ     L2                            ;到达块末尾?
      MOV     #FWKEY,&FCTL1                 ;清除 WRT, BLKWRT
L4    BIT     #BUSY,&FCTL3                  ;测试 BUSY 标志位
      JNZ     L4                            ;如果忙则一直循环
      MOV     #FWKEY + LOCK,&FCTL3          ;锁定
      ...                                   ;如果需要则重新使能 WDT
```

6.3.3 写入或擦除期间，Flash 存储器的存储操作

当 BUSY=1，写入或擦除操作从 RAM 区启动时，CPU 不能写 Flash 存储器；否则一个非法操作将发生，ACCVIFG 位置位，结果将不可预料。

当写操作从内部 Flash 存储器启动时，在写周期完成后(BUSY=0)，CPU 继续执行下面的代码。

操作代码 3FFFh 是 JMP PC 指令。它引起 CPU 循环直到 Flash 操作完成。当操作完成，同时 BUSY=0 时，Flash 控制器允许 CPU 取出操作代码，继续执行代码。

当 BUSY=1 时，对 Flash 的访问条件，如表 6-3 所列。

表 6-3 当 Flash 忙(BUSY=1)时 Flash 的存取操作

Flash 操作	Flash 存取	WAIT	结 果
区块擦除	读	0	从被擦除了的块：ACCVIFG=0,03FFFh 是所读的值 从任何其他 Flash 存储器位置：ACCVIFG=0,读操作有效
	写	0	ACCVIFG=1。写操作被忽略
	获取指令	0	从被擦除了的块：ACCVIFG=0,CPU 获取的为 03FFFh,这是 JMP PC 指令 从任何其他 Flash 位置:ACCVIFG=0,获取的是有效的指令
段擦除	读	0	ACCVIFG=0：所读的值为 03FFFh
	写	0	ACCVIFG=1：写操作被忽略
	获取指令	0	ACCVIFG=0;CPU 获取的是 03FFFh,这是一条 JMP PC 指令
字/字节写或长字写操作	读	0	ACCVIFG=0;读的值为 03FFFh
	写	0	ACCVIFG=1;写操作被忽略
	获取指令	0	ACCVIFG=0;CPU 获取的是 03FFFh,这是一条 JMP PC 指令
块写操作	任意	0	ACCVIFG=1：LOCK=1,退出块写操作
	读	1	ACCVIFG=0：读的值为 03FFFh
	写	1	ACCVIFG=0：写有效
	获取指令	1	ACCVIFG=1：LOCK=1,退出块写操作

在任何 Flash 的操作期间中断都将自动被禁止。

在 Flash 擦除周期前，看门狗定时器（在看门狗模式下）应该关闭。复位将终止擦除操作，并且结果将是不可预料的。在擦除周期完成之后，可以重新使能看门狗。

6.3.4 Flash 存储器的校验

Flash 存储器编程周期的结果，可以通过对完成的 Flash 存储器内容使用与/或操作进行计算或者存储校验码（CRC）来进行校验。CRC 模块可用于实现该目标（详见芯片的数据手册）。在系统的运行时间内，已知的校验码可以重新计算，并与存储在 Flash 存储器中的预期值进行比较。编程校验 Flash 存储器的内容是在 RAM 区执行的。若要预先知道哪些是弱存储单元，可以结合器件的边沿读模式来读取 Flash。如果边沿读模式是可用的，它由寄存器位 FCTL4.MRG0 和 FCTL4.MRG1 控制。

6.3.5 配置和访问 Flash 存储控制器

FCTLx 寄存器是一个 16 位、有安全键值保护的读/写寄存器。任何读或者写操作必须使用字指令，写操作必须在高字节加入安全键值 0A5h。向 FCTLx 寄存器写入数据，其高字节如果是 0A5h 以外的值，将引起键值错误，KEYV 标志将置位，触发一个 PUC 系统复位。任何对 FCTLx 寄存器的读操作，其高字节为 096h。

在擦除或者字节/字/双字写入操作时，对于 FCTL1 的写入将会引起一个非法操作，ACCVIFG 将置位。在块写入模块下，当 WAIT＝1 时，允许对 FCTL1 进行写操作；但是在块写入模块下，当 WAIT＝0 时，对 FCTL1 的写操作，将会引起非法操作，ACCVIFG 置位。

- 当 BUSY＝1 时，对 FCTL2（该寄存器当前未被执行）的写入操作将会引起一个非法操作。
- 当 BUSY＝1 时，FCTLx 寄存器可以被读。读操作不会引起非法操作。

6.3.6 Flash 存储控制器的中断

Flash 控制器有两个中断来源 KEYV 和 ACCVIFG。当一个非法操作发生时，ACCVIFG 位置位。在写入或者擦除之后，如果 ACCVIE 位重新置位，置位的 ACCVIFG 标志将产生一个中断请求。ACCVIE 存在于特殊功能寄存器 SFRIE1 中（详见系统复位、中断、操作模式、系统控制器模块（SYS）中的介绍）。ACCVIFG 源自 NMI 中断向量，所以 ACCVIFG 申请的中断不受 GIE 是否置位的影响。ACCVIFG 也可以用软件检测，以确定是否有一个非法操作发生。ACCVIFG 必须被软件清零。

错误键值标志 KEYV，在任何 Flash 控制器被写入一个错误的安全键值时置位。当这种情况发生时，PUC 立即发生，芯片复位。

6.3.7 编程器件的 Flash 存储器

对于 MSP430 Flash 型芯片有 3 种编程方法。所有方式都支持在线编程（ISP）：

- 通过 JTAG 接口编程；
- 通过引导加载程序编程；
- 通过自定义方式编程。

1. 通过 JTAG 接口编程 Flash 存储器

CC430 芯片能够通过 JTAG 接口编程。JTAG 接口需要 4 根信号线(在 20 脚或者 28 脚的芯片中需要 5 根信号线),地、可选的 VCC 和 RST/NMI。

JTAG 接口由熔丝进行保护。烧断熔丝将会完全关闭 JTAG 口,并且是不可逆的,进一步通过 JTAG 口访问芯片是不可能的。更多细节请参阅 www. ti. com/msp430 的应用报告 *Programming a Flash -Based MSP430 Using the JTAG Interface*。

2. 通过引导加载程序 BSL 编程 Flash 存储器

每个 CC430 Flash 型芯片都包含一个引导加载区。BSL 通过 UART 串行接口使用户能够读取或者编程 Flash 存储器或者 RAM。通过 BSL 访问 CC430 的 Flash 存储器,并由用户自定义的 256 字节口令进行保护。更多的细节请参阅 www. ti. com/msp430 的用户手册 *Features of the MSP430 Bootstrap Loader*。

3. 通过用户自定义方式编程 Flash 存储器

CC430 CPU 对其自身的 Flash 存储器的写入,允许在线并由外部用户自定义编程写入,如图 6-13 所示。用户可以选择通过任何手段(UART,SPI 等)给 MSP430 提供数据。用户开发的软件可以接受数据,可以对 Flash 存储器进行编程。由于这种类型的解决方案是由用户开发的,它能够完全用户化,从而适应编程、擦除或者更新 Flash 存储器的应用需求。

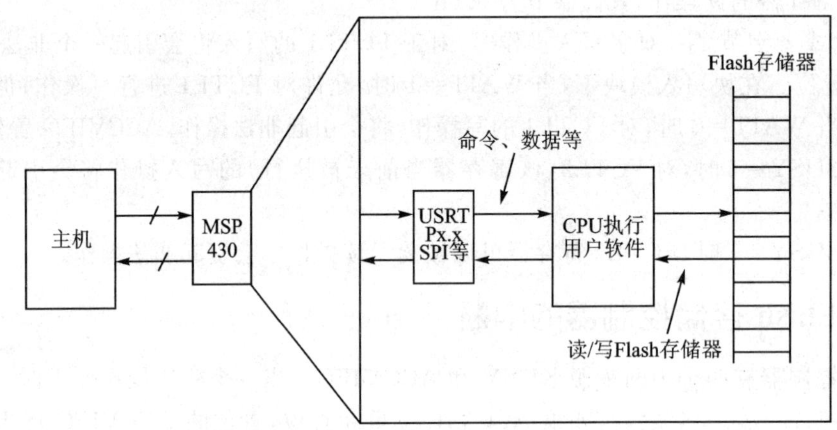

图 6-13　用户自定义编程方式

6.4　Flash 存储寄存器

Flash 控制寄存器列表见表 6-4。基地址可以在具体芯片的数据手册里面找到,表 6-4 中给出了偏移地址。

表 6-4　Flash 控制寄存器

寄存器	简短形式	寄存器类型	寄存器访问	地址偏移	初始状态
Flash 存储控制器 1	FCTL1	读/写	字	00h	9600h
	FCTL1_L	读/写	字节	00h	00h
	FCTL1_H	读/写	字节	01h	96h

续表 6-4

寄存器	简短形式	寄存器类型	寄存器访问	地址偏移	初始状态
Flash 存储控制器 3	FCTL3	读/写	字	04h	9658h
	FCTL3_L	读/写	字节	04h	58h
	FCTL3_H	读/写	字节	05h	96h
Flash 存储控制器 4	FCTL4	读/写	字	06h	9600h
	FCTL4_L	读/写	字节	06h	00h
	FCTL4_H	读/写	字节	07h	96h

1. Flash 存储控制寄存器 1(FCTL1)

15	14	13	12	11	10	9	8
FRKEY 读密码时为 96h,FWKEY 写时必须为 A5h							
7	6	5	4	3	2	1	0
BLKWRT	WRT	SWRT	保留	保留	MERAS	ERASE	保留

FRKEY/ FWKEY　位 15～8　FCTLx 的密钥。读结果是 96h,写时必须是 A5h,否则引起 PUC。

BLKWRT　位 7　见下表。

WRT　位 6　见下表。

BLK	WRT	Write Mode
0	1	字节/字写
1	0	长字写
1	1	长字块写

SWRT　位 5　灵活写。假如该位置位,编程时间会缩短。编程质量必须由边沿读模式确认。

MERAS　位 2　全部擦除和段擦除。MERASE 和 ERASE 两位组合选择不同的擦除模式。擦除操作完成之后这两位自动复位。

ERASE　位 1

MERAS	ERASE	擦除周期
0	0	没有擦除操作
0	1	段擦除
1	0	块擦除(一个块空间)
1	1	主存擦除(Flash 存储器的所有块)

2. Flash 存储控制寄存器 3(FCTL3)

15	14	13	12	11	10	9	8
FRKEY 读密码时为 96h,FWKEY 写时必须为 A5h							
7	6	5	4	3	2	1	0
保留	LOCKA	保留	LOCK	WAIT	ACCVIFG	KEYV	BUSY

FWKEY　位 15～8　FCTLx 的密钥。读结果是 96h,写时必须是 A5h,否则引起 PUC。

LOCKA　位 6　锁信息 A 段。对该位写 1 能改变该位状态。写 0 无效。
0　信息 A、B、C、D、被解锁;　1　信息 A 段被写保护。

LOCK　位 4　Flash 锁定控制位。该位对 Flash 的写和擦除操作进行解锁。该位可以在字/字节写入或擦除的任意时刻置位。在块写模式中，当 BLKWRT = WAIT = 1，LOCK 置位时，BLKWRT 和 WAIT 会立即复位，该模式正常终止。

0 解锁； 1 锁定。

WAIT 位 3 WAIT 位用来检测当前字/字节是否已经写完毕，确认是否可以启动下一个字/字节的写操作。

0 Flash 没有准备好下一个字节的写操作；

1 Flash 准备好下一个字节的写操作。

ACCVIFG 位 2 非法访问中断标志。

0 没有中断产生； 1 中断产生。

KEYV 位 1 Flash 安全键值出错。该位指示了一个不正确的 FCTLx 安全键值被写入到 Flash 控制寄存器中，KEYV 会置位。并触发 PUC。KEYV 位必须由软件复位。

0 FCTLx 安全键值写入正确； 1 FCTLx 安全键值写入不正确。

BUSY 位 0 忙标志位。该位指示 Flash 是否正忙于当前的擦除或者编程。

0 不忙； 1 忙。

3. Flash 存储控制寄存器 4(FCTL4)

15	14	13	12	11	10	9	8
FRKEY 读密码时为 96h，FWKEY 写时必须为 A5h							

7	6	5	4	3	2	1	0
LOCKINFO	保留	MRG1	MRG0	保留			VPE

FWKEY 位 15～8 FCTLx 安全键值。读操作为 096h，写操作为 0A5h，否则将发生 PUC。

LOCKINFO 位 7 信息段锁定。如果该位置位，信息存储区不能在段擦除模式下擦除，也不能够被写入。

MRG1 位 5 边沿读 1 模式。该位使能边沿读 1 模式。仅当从 Flash 存储区读时，边沿读 1 位才有效。在存取周期内，边沿模式自动关闭。如果 MRG1 和 MRG0 都置位，则 MRG1 有效，MRG0 被忽略。

0 边沿 1 读模式关闭； 1 边沿 1 读模式使能。

MRG0 位 4 边沿读 0 模式。该位使能边沿读 0 模式。仅当从 Flash 存储区读时，边沿读 0 位才有效。在存取周期内，边沿模式自动关闭。如果 MRG1 和 MRG0 都置位，则 MRG1 有效，MRG0 被忽略。

0 边沿 0 读模式关闭； 1 边沿 0 读模式使能。

VPE 位 0 编程期间电压改变错误位。该位由硬件置位，只能被软件清除。如果在编程期间 DV_{CC} 改变很大，该位置位指示一个无效的结果。如果 VPE 置位，则 ACCVIFG 位置位。

4. 中断使能寄存器 1(SFRIE1、SFRIE1_L、SFRIE1_H)

15	14	13	12	11	10	9	8

7	6	5	4	3	2	1	0
		ACCVIE					

ACCVIE 位 5 Flash 存储器非法访问中断使能。该位使能 ACCVIFG 中断。由于 SFRIE1 的其他位被其他模块使用，建议使用 BIS.B 或者 BIC.B 指令置位或者清除该位，而不用 MOV.B 或者 CLR.B 指令。

第7章 RAM 控制器

RAM 控制器(RAMCTL)控制 RAM 的操作。

7.1 RAM 控制器介绍

RAM 控制器(RAMCTL)提供了访问不同节电模式下 RAM 的途径。RAMCTL 可以在 CPU 关闭时,减少 RAM 的漏电流。为了降低功耗,也可以关掉 RAM。在保持模式下,RAM 的内容是保持的,而在关机状态下,RAM 中的内容将丢失。RAM 被划分若干段,典型值是每段占 4 KB 空间。实际的块划分与大小详见数据手册。每个段的开启或关闭可由 RAM 控制器寄存器 0(RCCTL0)中的 RAM 段关闭控制位(RCRSyOFF)来控制。RCCTL0 寄存器是由密码保护的,只有字写入正确的密钥,RCCTL0 寄存器中的内容才可以被修改。任何对 RC-CTL0 的字节写操作或密钥错误的字写操作,将被忽略。

7.2 RAMCTL 操作

1. 活动模式

活动模式下,可以在任何时刻对 RAM 进行读/写访问。假如某段 RAM 内的某单元需要保存一个数据,那么整个 RAM 段都不允许关闭。

2. 低功耗模式

低功耗模式下,CPU 被关闭。一旦 CPU 被关闭,RAM 就进入保持模式,进而减少漏电流。

3. RAM 关闭模式

RAM 内的每一段均可以通过置位对应的 RCRSyOFF 位进行单独地关闭。从关闭的 RAM 段内读数据,得到的数据全部都是 0。存储 RAM 段的所有数据在关闭后都将丢失,即使重新上电,该段也是如此。

4. 堆栈指针 SP

程序的堆栈区位于 RAM 内,假如需要执行中断程序或者进入低功耗,那么保存堆栈的 RAM 区内的段不可以被关闭,否则将导致程序出错。

5. USB 缓冲存储器

对于具有 USB 接口的器件,USB 缓冲存储器位于 RAM 中。段 7 是用于 USB 缓存的。如果不需要 USB 操作或 USB 没有使用,可以置位 RCRS7OFF 以关闭 RAM。

7.3 RAMCTL 模块寄存器

RAMCTL 模块寄存器如表 7-1 所列。基址可以在该器件数据手册上找到，该地址偏移量见表 7-1。

注意：所有寄存器，可进行字或字节访问操作。对于通用寄存器 ANYREG，后缀"_L"(ANYREG_L)是指寄存器的低字节(位 0～7)，后缀"_H"(ANYREG_H)是指寄存器的高字节(位 8～15)。

表 7-1 RAMCTL 模块寄存器

寄存器	简 写	寄存器类型	寄存器访问方式	地址偏移量	初始状态
RAM 控制寄存器 0	RCCTL0	读/写	字访问	00h	6900h
	RCCTL0_L	读/写	字节访问	00h	00h
	RCCTL0_H	读/写	字节访问	01h	69h

RAM 控制寄存器 0(RCCTL0)

15	14	13	12	11	10	9	8
RCKEY 读出为 69h，写入必须为 5Ah							

7	6～4	3	2	1	0
RCRS7OFF	保留	RCRS3OFF	RCRS2OFF	RCRS1OFF	RCRS0OFF

RCKEY	位 15～8	RAM 控制器密钥。通常读的结果是 69h，写时必须是 5Ah，否则对 RAMCTL 的写入操作将被忽略。
RCRS7OFF	位 7	RAM 控制器的段 7 关闭控制位。该位置位，将关闭 RAM 的段 7，所有保存在段 7 的数据都将丢失。在具有 USB 接口的器件中，段 7 用作 USB 缓冲区。具体的 RAM 空间大小和地址见指定的数据手册。
保留	位 6～4	保留位。通常读出为 0。
RCRSyOFF	位 3～0	RAM 控制器第 y 段关闭控制位。该位置 1，将关闭相应的 RAM 段 y，且该部分 y 保存的所有数据都将丢失。具体每个 RAM 段的地址范围与大小见指定的数据手册。

第8章 数字I/O口

8.1 数字I/O的介绍

CC430最多可以提供12路数字I/O端口(P1~P11以及PJ)。大多数端口都有8个I/O引脚,但是,某些I/O端口可能会少于8个引脚(详见数据手册的端口说明)。每个I/O引脚可以独立配置为输入或输出方向,每个I/O口线可以单独读出或写入。所有端口都可以单独软件配置为内部上拉或下拉,以及具备可软件配置的端口驱动能力。

P1和P2的端口具有中断功能。P1和P2端口的每一个I/O线引入的中断,可单独被使能,并可以配置为上升沿或下降沿来触发中断。P1端口所有I/O引脚的中断都来源于同一个中断向量P1IV,P2端口所有I/O引脚的中断来源于另一个中断向量P2IV。在某些器件中,额外提供有具备中断功能的端口(详见数据手册)。

每个端口可以作为字节长度端口被访问,也可以把端口合并为字长宽度,作为字长度端口被访问。端口配对P1/P2,P3/P4,P5/P6,P7/P8等联合起来,分别称为PA,PB,PC,PD等。当对PA口进行字写操作时,所有16位被写入该端口。当以字节访问方式对PA口的低字节进行写操作时,高字节保持不变。同样地,以字节访问方式对PA的高字节进行写操作时,PA端口的低字节保持不变(对于其他端口,也是同样的)。使用字节指令写入PA口高字节时,低字节保持不变。其他端口同理,当写入的数据长度小于端口最大长度时,那些没有用到的位保持不变。所有的端口寄存器都使用这个规则来命名,除了中断向量寄存器P1IV和P2IV。它们只能进行字节操作,根本不存在PAIV这个寄存器。

利用字操作读取端口PA ,可以使所有16位数据传递到目的地址。利用字节操作读取端口PA(P1或者P2)的高字节或者低字节,并且将它们存储到存储器时,可以只把高字节或者低字节分别传递到目的地址。利用字节操作读取PA口数据,并写入普通寄存器时,整个字节都被写入寄存器中的低字节。寄存器中其他高位字节会自动清零。端口PB、PC、PD和PE都可以进行相同的操作。当读入的数据长度小于端口最大长度时,那些没有用到的位被视为0,PJ口也一样。

数字I/O端口的功能如下:

- 各I/O引脚可独立编程;
- 可以任意方式组合输入、输出;
- 可独立设置P1和P2口中断;
- 独立的输入、输出数据寄存器;
- 可独立配置端口上拉电阻或者下拉电阻。

8.2 数字 I/O 操作

用户可以软件配置数字 I/O 端口。数字 I/O 端口的设置和操作，将在 8.3 节说明。

8.2.1 输入寄存器 PxIN

当 I/O 引脚被配置为普通 I/O 口时，输入寄存器中的每一个位反映了对应 I/O 口信号的输入值。

❑ 位为 0：输入为低电平；

❑ 位为 1：输入为高电平。

注意：写只读寄存器 PxIN。在写操作被激活时，写 PxIN 只读寄存器会导致电流消耗的增加。

8.2.2 输出寄存器 PxOUT

当 I/O 引脚被配置为普通 I/O 口，并且为输出方向时，输出寄存器 PxOUT 中的每一个位就对应 I/O 口的电平输出值。

❑ 位为 0：输出为低电平；

❑ 位为 1：输出为高电平。

如果引脚被配置为普通 I/O 口、输入方向且使能上拉/下拉寄存器，则 PxOUT 寄存器中的每一位对应的引脚就被选择为上拉或下拉。

❑ 位为 0：引脚下拉；

❑ 位为 1：引脚上拉。

8.2.3 方向寄存器 PxDIR

PxDIR 寄存器中的每一位选择相应引脚的输入输出方向，而不管该引脚实现的功能。当引脚被设置为其他功能时，方向寄存器 PxDIR 对应的位必须根据该引脚所实现的功能设置为所要求的方向值。

❑ 位为 0：引脚为输入方向；

❑ 位为 1：引脚为输出方向。

8.2.4 上拉/下拉电阻使能寄存器 PxREN

PxREN 寄存器中的每一位使能相应 I/O 引脚的上拉/下拉电阻。PxOUT 寄存器中相应的位选择该引脚是被上拉或者下拉。

❑ 位为 0：上拉/下拉电阻禁止；

❑ 位为 1：上拉/下拉电阻使能。

表 8-1 归纳了正确配置 I/O 时，寄存器 PxDIRx、PxRENx 和 PxOUTx 的用法。

表 8-1 I/O 配置

寄存器 PxDIRx	寄存器 PxRENx	寄存器 PxOUTx	I/O 配置
0	0	X	输入
0	1	0	输入且端口下拉
0	1	1	输入且端口上拉
1	X	X	输出

8.2.5 输出驱动能力寄存器 PxDS

PxDS 寄存器中的每一位选择端口为全驱动能力或者减弱驱动能力。默认为减弱驱动能力。

❑ 位为 0：端口为减弱驱动能力方式；

❑ 位为 1：端口为全驱动能力方式。

注意：驱动能力与电磁干扰(EMI)。所有输出端口默认为减弱驱动能力方式，以减少电磁干扰。使用全驱动力方式会导致电磁干扰(EMI)的增加。

8.2.6 功能选择寄存器 PxSEL

端口引脚常常与外围模块的功能复用。详见器件的数据手册，以决定引脚的功能。PxSEL 寄存器中的每一位选择对应引脚的功能——普通 I/O 功能或者外围模块功能。

❑ 位为 0：引脚选择为普通 I/O 功能；

❑ 位为 1：引脚选择为外围模块功能。

设置 PxSELx=1 不会自动设置引脚的输入输出方式。其他外围模块功能需要根据模块功能所要求的方向来设置 PxSELx 位。详见数据手册中的引脚原理图。

注意：当 PxSEL=1 时，P1 和 P2 口的中断功能被关闭。当 PxSEL 的任意一位被置位时，相应引脚的 I/O 中断功能被禁止。因此，此时不论 P1IE 和 P2IE 寄存器相应状态如何，从这些引脚引入的信号将不能触发 P1 或者 P2 口的中断。

当一个端口的引脚被选择作为外围模块的输入时，进入外围模块的输入信号就会在相应器件引脚上锁存。当 PxSELx=1 时，内部输入信号将跟随该引脚的信号。但是，如果 PxSELx=0，在 PxSELx 被复位前，外围模块的输入值会保持为该引脚当前输入信号值不变。

8.2.7 P1 和 P2 口中断

在配置好寄存器 PxIFG、PxIE、PxIES 后，P1 和 P2 口的每一个引脚都具有中断功能。所有 P1 口的中断标志位都区分优先级，比如 P1IFG.0 具有最高优先级，并且 P1 口的中断标志位连接到同一个中断向量。最高优先级允许中断在 P1IV 寄存器中产生一个偏移量。这个偏移量会被程序计数器识别或者加到程序计数器(PC)，使得系统自动跳转到相应的中断服务程序。禁止 P1 口中断不会影响 P1IV 寄存器中的值。P2 口具有相同的功能。PxIV 寄存器只能以字形式访问。

寄存器 PxIFGx 的每一位是相应 I/O 引脚的中断标志位，当该引脚选择的中断触发沿信号出现在该引脚时，PxIFGx 被置位。此时若相应的 PxIE 位和 GIE 位被置位，PxIFGx 中断标志向 CPU 请求一个中断。软件同样可以置位 PxIFG 标志位，这也就提供了一种由软件产生中断的方法。

- 位为 0：没有中断请求；
- 位为 1：有中断请求。

只有跳变的电平才能产生中断，静态电平不能产生中断。如果在一个 Px 口中断服务程序执行期间或者 Px 口中断服务程序的 RETI 指令执行之后，有任何一个 PxIFGx 位被置位，则该中断标志位紧接着就会触发另外一个中断。这样就可以保证每一个跳变都可以被识别。

注意： 当 PxOUT、PxDIR 或者 PxREN 寄存器值改变时的 PxIFG 标志位。写 P1OUT、P1DIR、P1REN、P2OUT、P2DIR 或者 P2REN 寄存器，可能会导致相应的 P1IFG 或者 P2IFG 标志位置位。

任何对 P1IV 寄存器的访问(读或写)都会自动复位当前最高响应优先级的中断标志位。如果另外一个中断标志位被置位，在处理完先前的中断后，另一个中断会立即被触发。例如，假设 P1IFG.0 拥有最高优先级，如果 P1IFG.0 和 P1IFG.2 被置位，中断服务程序访问 P1IV 寄存器时，P1IFG.0 会自动复位。在中断服务程序的 RETI 指令执行以后，P1IFG.2 标志位会触发另一个中断。P2 口中断有相同的功能，P2 中断源来自另一个的中断向量并使用 P2IV 寄存器。

1. P1IV、P2IV 的软件例程

下面的软件例程演示了 P1IV 的推荐用法和处理开销。P1IV 的值被加入到程序计数器中，并自动跳转到相应的中断服务程序。P2IV 处理方式与 P1IV 相同。

右边空白处的数字显示了每条指令执行所必须消耗的 CPU 周期。不同中断源的软件开销包含进入中断的潜在时间和中断返回时间，但不包括处理任务本身所需的时间。

```
;P1IFGx 的中断处理程序                                        周期数
P1_HND ...                 ;中断等待时间                      6
ADD &P1IV,PC               ;加偏移量到跳转表                  3
RETI                       ;中断向量 0：无中断                5
JMP P1_0_HND               ;中断向量 2：P1 口 位 0            2
JMP P1_1_HND               ;中断向量 4：P1 口 位 1            2
JMP P1_2_HND               ;中断向量 6：P1 口 位 2            2
JMP P1_3_HND               ;中断向量 8：P1 口 位 3            2
JMP P1_4_HND               ;中断向量 10：P1 口 位 4           2
JMP P1_5_HND               ;中断向量 12：P1 口 位 5           2
JMP P1_6_HND               ;中断向量 14：P1 口 位 6           2
JMP P1_7_HND               ;中断向量 16：P1 口 位 7           2
P1_7_HND                   ;中断向量 16：P1 口 位 7
...                        ;任务从此处开始执行
RETI                       ;跳回主程序                        5
P1_6_HND                   ;中断向量 14：P1 口 位 6
...                        ;任务从此处开始执行
RETI                       ;跳回主程序                        5
P1_5_HND                   ;中断向量 12：P1 口 位 5
...                        ;任务从此处开始执行
```

```
RETI                      ;跳回主程序                    5
P1_4_HND                  ;中断向量 10：P1 口 位 4
...                       ;任务从此处开始执行
RETI                      ;跳回主程序                    5
P1_3_HND                  ;中断向量 8：P1 口 位 3
...                       ;任务从此处开始执行
RETI                      ;跳回主程序                    5
P1_2_HND                  ;中断向量 6：P1 口 位 2
...                       ;任务从此处开始执行
RETI                      ;跳回主程序                    5
P1_1_HND                  ;中断向量 4：P1 口 位 1
...                       ;任务从此处开始执行
RETI                      ;跳回主程序                    5
P1_0_HND                  ;中断向量 2：P1 口 位 0
...                       ;任务从此处开始执行
RETI                      ;跳回主程序                    5
```

2. 中断触发沿选择寄存器 P1IES、P2IES

寄存器 PxIES 的每一位选择相应的 I/O 引脚的中断触发沿。

- ❑ 位为 0：上升沿时，PxIFGx 中断标志位被置位；
- ❑ 位为 1：下降沿时，PxIFGx 中断标志位被置位。

注意：写 PxIESx 寄存器。写 P1IES 和 P2IES 可以导致相应中断标志位置位。

PxIESx	PxINx	PxIFGx
0→1(上跳沿)	0(输入)	可能被置位
0→1(上跳沿)	1(输出)	不变
1→0(下跳沿)	0(输入)	不变
1→0(下跳沿)	1(输出)	可能被置位

3. 中断使能寄存器 P1IE、P2IE

寄存器 PxIE 的每一位使能相应的 PxIFG 中断标志位。

- ❑ 位为 0：Px 口中断关闭；
- ❑ 位为 1：Px 口中断使能。

8.2.8 配置未使用的端口引脚

未使用的 I/O 引脚应该设置为普通 I/O 功能、输出方向，并且在 PCB 板上不连接这些引脚，以防止浮动的输入并可降低功耗。因为这些引脚没有被连接，所以它们的输出值不用关心。或者，可以通过设置未使用引脚的 PxREN 存器来使能上拉/下拉电阻，以避免浮动输入的干扰。

关闭未使用的引脚，可以参考系统复位、中断和操作模式的有关内容。

注意：配置 PJ 端口和复用 JTAG 引脚。记住在应用中，要特别注意保证对 PJ 口进行合适的配置，以防范浮动输入的干扰。因为 PJ 端口与 JTAG 功能复用，在仿真环境中，浮动输入可能不会被注意到。默认情况下，PJ 端口被初始化为高阻态。

8.3 数字 I/O 端口寄存器

表 8-2 中列出了所有数字 I/O 端口寄存器。起始地址可以在芯片数据手册中找到。每个端口从它的基址地址开始进行分组。在表 8-2 中给出了地址偏移量。

1. P1IV，P1 口中断向量寄存器

15～6	5～1	0
0	P1IV	0

P1IVx 位 15～0 P1 口中断向量值。

表 8-2 P1 口中断向量值

P1IVx 目录	中断源	中断标志	中断优先级	P1IVx 目录	中断源	中断标志	中断优先级
00h	无中断			0Ah	P1.4 口中断	P1IFG.4	
02h	P1.0 口中断	P1IFG.0	最高	0Ch	P1.5 口中断	P1IFG.5	
04h	P1.1 口中断	P1IFG.1		0Eh	P1.6 口中断	P1IFG.6	
06h	P1.2 口中断	P1IFG.2		10h	P1.7 口中断	P1IFG.7	最低
08h	P1.3 口中断	P1IFG.3					

2. P2IV，P2 口中断向量寄存器

15～6	5～1	0
0	P2IV	0

P2IVx 位 15～0 P2 口中断向量。

P2IVx 目录	中断源	中断标志	中断优先级	P2IVx 目录	中断源	中断标志	中断优先级
00h	无中断			0Ah	P2.4 口中断	P2IFG.4	
02h	P2.0 口中断	P2IFG.0	最高	0Ch	P2.5 口中断	P2IFG.5	
04h	P2.1 口中断	P2IFG.1		0Eh	P2.6 口中断	P2IFG.6	
06h	P2.2 口中断	P2IFG.2		10h	P2.7 口中断	P2IFG.7	最低
08h	P2.3 口中断	P2IFG.3					

3. P1IES，P1 口中断触发沿选择寄存器

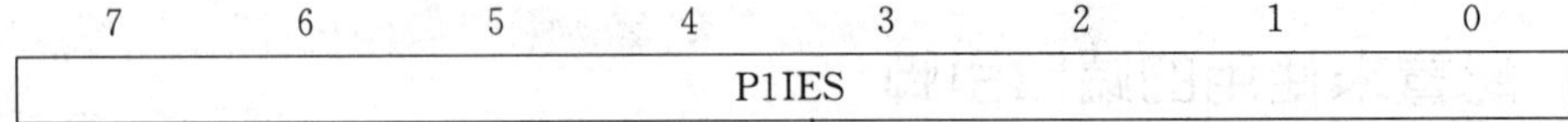

P1IES 位 7～0 P1 口中断触发沿选择。

0 上升沿，P1IFGx 标志位置位； 1 下降沿，P1IFGx 标志位置位。

4. P1IE，P1 口中断使能寄存器

7	6	5	4	3	2	1	0
P1IE							

P1IE 位 7～0 P1 口中断使能。

0 关闭相应端口中断； 1 使能相应端口中断。

5. P1IFG,P1 口中断标志寄存器

7	6	5	4	3	2	1	0
P1IFG							

P1IFG　位 7～0　P1 口中断标志。

0　无中断请求;1　有中断请求。

6. P2IES,P2 口中断触发沿选择寄存器

7	6	5	4	3	2	1	0
P2IES							

P2IES　位 7～0　P2 口中断触发沿选择。

0　上升沿,P2IFGx 标志位置位;1　下降沿,P2IFGx 标志位置位。

7. P2IE,P2 口中断使能寄存器

7	6	5	4	3	2	1	0
P2IE							

P2IE　位 7～0　P2 口中断使能。

0　关闭相应端口中断;1　使能相应端口中断。

8. P2IFG,P2 口中断标志寄存器

7	6	5	4	3	2	1	0
P2IFG							

P2IFG　位 7～0　P2 口中断标志。

0　无中断请求;1　有中断请求。

9. PxIN,端口 x 口输入寄存器

7	6	5	4	3	2	1	0
PxIN							

PxIN　位 7～0　端口 x 输入,只读。

10. PxOUT,Px 口输出寄存器

7	6	5	4	3	2	1	0
PxOUT							

PxOUT　位 7～0　端口 x 输出。

当 I/O 口配置为输出模式时:

0　输出低电平;1　输出高电平。

当 I/O 口配置为输入模式,并且上拉/下拉使能时:

0　选择为下拉;1　选择为上拉。

11. PxDIR,端口 X 方向寄存器

7	6	5	4	3	2	1	0
PxDIR							

PxDIR　位 7～0　端口 x 方向选择位。

0　端口配置为输入；1　端口配置为输出。

12. PxREN，端口 x 寄存器使能寄存器

7	6	5	4	3	2	1	0
PxREN							

PxREN　位 7～0　端口 x 上拉/下拉电阻使能。

0　关闭上拉/下拉；1　使能上拉/下拉。

13. PxDS，端口 x 输出驱动能力寄存器

7	6	5	4	3	2	1	0
PxDS							

PxDS　位 7～0　端口 x 输出驱动能力选择位。

0　减弱输出驱动能力方式；1　全输出驱动能力方式。

第9章　端口映射控制器

9.1　端口映射控制器简介

端口映射控制器可灵活地将数字功能映射到端口引脚上。

端口映射控制器的特性如下：

- ❑ 配置受密钥保护；
- ❑ 默认映射提供到每一个端口引脚(取决于具体器件)；
- ❑ 在程序运行期间映射可以重新配置；
- ❑ 每一个输出信号可被映射到某些输出引脚上。

9.2　端口映射控制器的操作

端口映射可由用户软件配置。

9.2.1　访　问

为了可以写任意一个端口映射控制寄存器，必须向 PMAPPWD 寄存器写入正确的密钥。PMAPPWD 寄存器总是读为 096A5h。写密钥为 02D52h，这可以允许对所有端口控制寄存器进行写操作。读操作总是可行的。

当写操作允许的时候如果一个非法的密钥被写入，则之后任意的写操作将被阻止。建议应用程序通过写合法的密钥来完成映射配置。

端口映射控制器有一个随着每执行一条(汇编)指令就会增加 1 的超时计数器，当它计数到 32 时，写操作将被再次锁定。任何对端口映射控制寄存器的访问都会复位这一计数器。在端口映射配置期间应该禁止中断，应用程序应注意防止在执行中断服务程序时意外地使端口映射寄存器被永久锁定。例如，可以通过使用重配置性能。

访问状态被反映在 PMAPLOCK 位。

默认情况下，端口映射控制器只允许在 PUC 之后进行一次配置。第二次试图通过写正确的密钥来进行写操作将被忽略，寄存器依然是被锁定的。禁止再次永久地锁定则需要一个 PUC 信号。如果在运行期间需要重新配置端口的映射，则在第一次写操作期间 PMAPRECFG 位必须被置位。如果在最近一次配置期间 PMAPRECFG 被清除，则不可能有更多次的配置。

9.2.2　映　射

对于每一个端口引脚 Px. y，端口提供的映射功能，可使用映射寄存器 PxMAPy 得到。给这一寄存器设置一个确定的值，就可以将一个模块的输入和输出信号映射到相应的端口引脚 Px.y 上。通过将相应的 PxSEL.y 位设置为 1，端口引脚本身将从一个通用的 I/O 口功能切换为所选择的外设/第二功能。如果模块的输出或输入功能要被使用，则可以通过设置 PxDIR.y 位来定义。如果 PxDIR.y=0，引脚将被设置为输入，如果 PxDIR.y=1，引脚将被设置为输出。也有一些外设(例如 USCI 模块)控制着引脚的方向以及其他功能(例如开漏)，这些参数都在映射表里予以说明。

映射与器件类型相关。请参考器件的数据手册，查看其可用的功能及其特殊值。推荐使用映射助记符将 PxMAPy 的值抽象出来，以方便使用。表 9-1 列出了一些公共设备的映射助记符的例子。

所有可映射的端口引脚提供了 PM_ANALOG(0FFh)功能。设置端口引脚 Px.y 的端口映射寄存器 PxMAPy 为 PM_ANALOG，并设置 PxSEL.y=1，这将禁止输出驱动器和输入施密特触发器，以防止当使用模拟信号时产生寄生交叉电流。

表 9-1　端口映射助记符及其功能例子

PxMAPy 助记符	输入引脚功能 PxSEL.y=1，PxDIR.y=0	输出引脚功能 PxSEL.y=1，PxDIR.y=1
PM_NONE	无	DVSS
PM_ACLK	无	ACLK
PM_MCLK	无	MCLK
PM_SMCLK	无	SMCLK
PM_TA0CLK	Timer_A0 时钟输入	DVSS
PM_TA0CCR0A	Timer_A0 CCR0 捕获输入 CCI0A	TA0 CCR0 比较输出 Out0
PM_TA0CCR1A	Timer_A0 CCR1 捕获输入 CCI1A	TA0 CCR1 比较输出 Out1
PM_TA0CCR2A	Timer_A0 CCR2 捕获输入 CCI2A	TA0 CCR2 比较输出 Out2
PM_TA0CCR3A	Timer_A0 CCR3 捕获输入 CCI3A	TA0 CCR3 比较输出 Out3
PM_TA0CCR4A	Timer_A0 CCR4 捕获输入 CCI4A	TA0 CCR4 比较输出 Out4
PM_TA1CLK	Timer_A1 时钟输入	DVSS
PM_TA1CCR0A	Timer_A1 CCR0 捕获输入 CCI0A	TA1 CCR0 比较输出 Out0
PM_TA1CCR1A	Timer_A1 CCR1 捕获输入 CCI1A	TA1 CCR1 比较输出 Out1
PM_TA1CCR2A	Timer_A1 CCR2 捕获输入 CCI2A	TA1 CCR2 比较输出 Out2
PM_TBCLK	Timer_B 时钟输入	DVSS
PM_TBOUTH	Timer_B 输出高阻态	DVSS
PM_TBCCR0A	Timer_B CCR0 捕获输入 CCI0A	TB CCR0 比较输出 Out0 方向由 Timer_B(TBOUTH)控制
PM_TBCCR1A	Timer_B CCR1 捕获输入 CCI1A	TB CCR1 比较输出 Out1 方向由 Timer_B(TBOUTH)控制
PM_TBCCR2A	Timer_B CCR2 捕获输入 CCI2A	TB CCR2 比较输出 Out2 方向由 Timer_B(TBOUTH)控制
PM_TBCCR3A	Timer_B CCR3 捕获输入 CCI3A	TB CCR3 比较输出 Out3 方向由 Timer_B(TBOUTH)控制
PM_TBCCR4A	Timer_B CCR4 捕获输入 CCI4A	TB CCR4 比较输出 Out4 方向由 Timer_B(TBOUTH)控制

续表 9-1

PxMAPy 助记符	输入引脚功能 PxSEL. y=1,PxDIR. y=0	输出引脚功能 PxSEL. y=1,PxDIR. y=1
PM_TBCCR5A	Timer_B CCR5 捕获输入 CCI5A	TB CCR5 比较输出 Out5 方向由 Timer_B(TBOUTH)控制
PM_TBCCR6A	Timer_B CCR6 捕获输入 CCI6A	TB CCR6 比较输出 Out6 方向由 Timer_B(TBOUTH)控制
PM_UCA0RXD/	USCI_A0 UART RXD(方向由 USCI -输入控制)	
PM_UCA0SOMI	USCI_A0 SPI 从出主入(方向由 USCI 控制)	
PM_UCA0TXD/	USCI_A0 UART TXD(方向由 USCI—输出控制)	
PM_UCA0SIMO	USCI_A0 SPI 从入主出(方向由 USCI 控制)	
PM_UCA0CLK	USCI_A0 时钟输入/输出(方向由 USCI 控制)	
PM_UCA0STE	USCI_A0 SPI 从机发送使能(方向由 USCI 控制)	
PM_UCB0SOMI/	USCI_B0 SPI 从出主入(方向由 USCI 控制)	
PM_UCB0SCL	USCI_B0 I2C 时钟(开漏,方向由 USCI 控制)	
PM_UCB0SIMO/	USCI_B0 SPI 从入主出(方向由 USCI 控制)	
PM_UCB0SDA	USCI_B0 I2C 数据(开漏,方向由 USCI 控制)	
PM_UCB0CLK	USCI_B0 时钟输入/输出(方向由 USCI 控制)	
PM_UCB0STE	USCI_B0 从机发送使能(方向由 USCI 控制)	
PM_ANALOG	禁止输出驱动器和输入施密特触发器以防止当应用模拟信号时产生寄生交叉电流	

9.2.3 软件示例

下面是一个关于如何配置端口映射的程序示例。

```
__no_init volatile unsigned short PMAPPWD @ 0x1C0;
__no_init volatile unsigned short PMAPCTL @ 0x1C2;
__no_init volatile unsigned char  PxMAPy[4 * 8] @ 0x1C8;
const unsigned char port_mapping[4 * 8] =
{
                                    //端口 P1
    PM_TA0CCR0A,
    PM_TA0CCR1A,
    PM_TA0CCR2A,
    PM_TA0CCR3A,
    PM_TA0CCR4A,
    PM_TA1CCR0A,
    PM_TA1CCR1A,
    PM_TA1CCR2A,
                                    //端口 P2
    PM_UCA0RXD,
    PM_UCA0TXD,
    PM_NONE,
    PM_NONE,
    PM_UCB0SOMI,
```

```
    PM_UCA0SIMO,
    PM_UCB0CLK,
    PM_UCB0STE,
                                              //端口 P3
    PM_NONE,
    PM_NONE,
    PM_NONE,
    PM_NONE,
    PM_NONE,
    PM_NONE,
    PM_NONE,
    PM_NONE,
                                              //端口 P4
    PM_NONE,
    PM_NONE,
    PM_NONE,
    PM_NONE,
    PM_NONE,
    PM_NONE,
    PM_NONE,
    PM_NONE
  };
void configure_ports()
{
    int  i;
    __disable_interrupt();                    //禁止所有中断
                                              //对端口映射寄存器进行写访问
 #ifdef PORT_MAP_RECFG
    PMAPCTL = PMAPRECFG;                      //允许在运行期间重新配置
 #endif
    for(i = 0;i<4 * 8;i + + )                 //配置端口映射
    {
        PxMAPy[i] = port_mapping[i];
    }
    PMAPPWD = 0;                              //禁止端口映射寄存器的写访问
 #ifdef PORT_MAP_EINT
    __enable_interrupt();                     //重新使能所有中断
 #endif
}                                             //configure_ports()
```

9.3 端口映射控制寄存器

端口映射控制寄存器如表 9-2 所列。字节访问的端口映射寄存器如表 9-3 所列。映射寄存器也可以以字方式访问，如表 9-4 所列。

表 9-2　端口映射控制寄存器

寄存器	缩　写	寄存器类型	地址偏移	初始状态
端口映射密钥寄存器	PMAPPWD	读/写	000h	PUC 复位
端口映射控制寄存器	PMAPCTL	读/写	002h	PUC 复位

表 9-3　端口 Px——字节访问的端口映射寄存器

寄存器	缩　写	寄存器类型	地址偏移	初始状态
端口 Px. 0 映射寄存器	PxMAP0	读/写	000h	根据器件
端口 Px. 1 映射寄存器	PxMAP1	读/写	001h	根据器件
端口 Px. 2 映射寄存器	PxMAP2	读/写	002h	根据器件
端口 Px. 3 映射寄存器	PxMAP3	读/写	003h	根据器件
端口 Px. 4 映射寄存器	PxMAP4	读/写	004h	根据器件
端口 Px. 5 映射寄存器	PxMAP5	读/写	005h	根据器件
端口 Px. 6 映射寄存器	PxMAP6	读/写	006h	根据器件
端口 Px. 7 映射寄存器	PxMAP7	读/写	007h	根据器件

表 9-4　端口 Px——字访问的端口映射寄存器

寄存器	缩　写	寄存器类型	地址偏移	初始状态
端口 Px. 0/Px. 1 映射寄存器	PxMAP01	读/写	000h	根据器件
端口 Px. 2/Px. 3 映射寄存器	PxMAP23	读/写	002h	根据器件
端口 Px. 4/Px. 5 映射寄存器	PxMAP45	读/写	004h	根据器件
端口 Px. 6/Px. 7 映射寄存器	PxMAP67	读/写	006h	根据器件

1. PMAPPWD，端口映射控制器密钥寄存器

15	14	13	12	11	10	9	8
PMAPPWDx，读为 09A5h，写必须为 02D52h							

PMAPPWDx　位 15～0　端口映射密钥。

在对端口映射寄存器进行写操作前，读总是为 096A5h，写必须为 02D52h。

2. PMAPCTL，端口映射控制寄存器

15～2	1	0
保留	PMAPRECFG	PMAPLOCKED

保留　位 15～2　保留。

PMAPRECFG　位 1　端口映射重配置控制位。

0　只能配置一次；1　允许端口的重配置。

PMAPLOCKED　位 0　端口映射锁定位。只读。

0　允许对映射寄存器的访问；1　映射寄存器的访问被锁定。

3. PxMAPy，端口 Px. y 映射寄存器

7	6	5	4	3	2	1	0
PMAPx							

PMAPx　位 7～0　选择引脚的第二功能。要根据相应器件进行设置，详见器件数据手册。

第10章 DMA 控制器

10.1 直接存储器存取(DMA)简介

DMA 控制器可以在整个 CC430 寻址范围内把数据从一个地址传输到另外一个地址，而无需 CPU 干预。例如，DMA 控制器可以把 ADC12_A 转换结果寄存器中的值直接传输到 RAM 中。

包含 DMA 控制器模块的器件最多有 8 个通道，因此，根据 DMA 通道的个数不同，在本章中有些特性并不对所有的器件都适用，详见相应器件的数据手册。

使用 DMA 控制器将增加外设的效率，也可以降低系统的功耗，通过允许 CPU 保持在低功耗的模式下，无需唤醒 CPU 来完成数据在外设间的传输。

DMA 的特性包括：

- 最多高达 8 个独立的传输通道；
- 可配置的 DMA 通道的优先级；
- 每次传输仅需要两个 MCLK 时钟周期；
- 字节、字和字与字节混合传输特性；
- 字块大小多达 65 536 个字或字节；
- 可配置的传输触发源；
- 可选择的跳变沿触发或电平触发方式；
- 4 种寻址方式；
- 单次、块或者突发块传输模式。

图 10-1 是 DMA 控制器结构框图。

10.2 DMA 操作

DMA 控制器由用户软件配置。DMA 的建立和操作将在接下来的部分讨论。

10.2.1 DMA 的寻址模式

DMA 控制器有 4 种寻址方式。对于每个 DMA 通道的寻址方式都是独立可配置的。例如，通道 0 可以在 2 个固定的地址间传输，而通道 1 可在 2 个块地址间传输。这 4 种寻址方式见图 10-2。

四种寻址方式如下：

- 固定地址到固定地址；

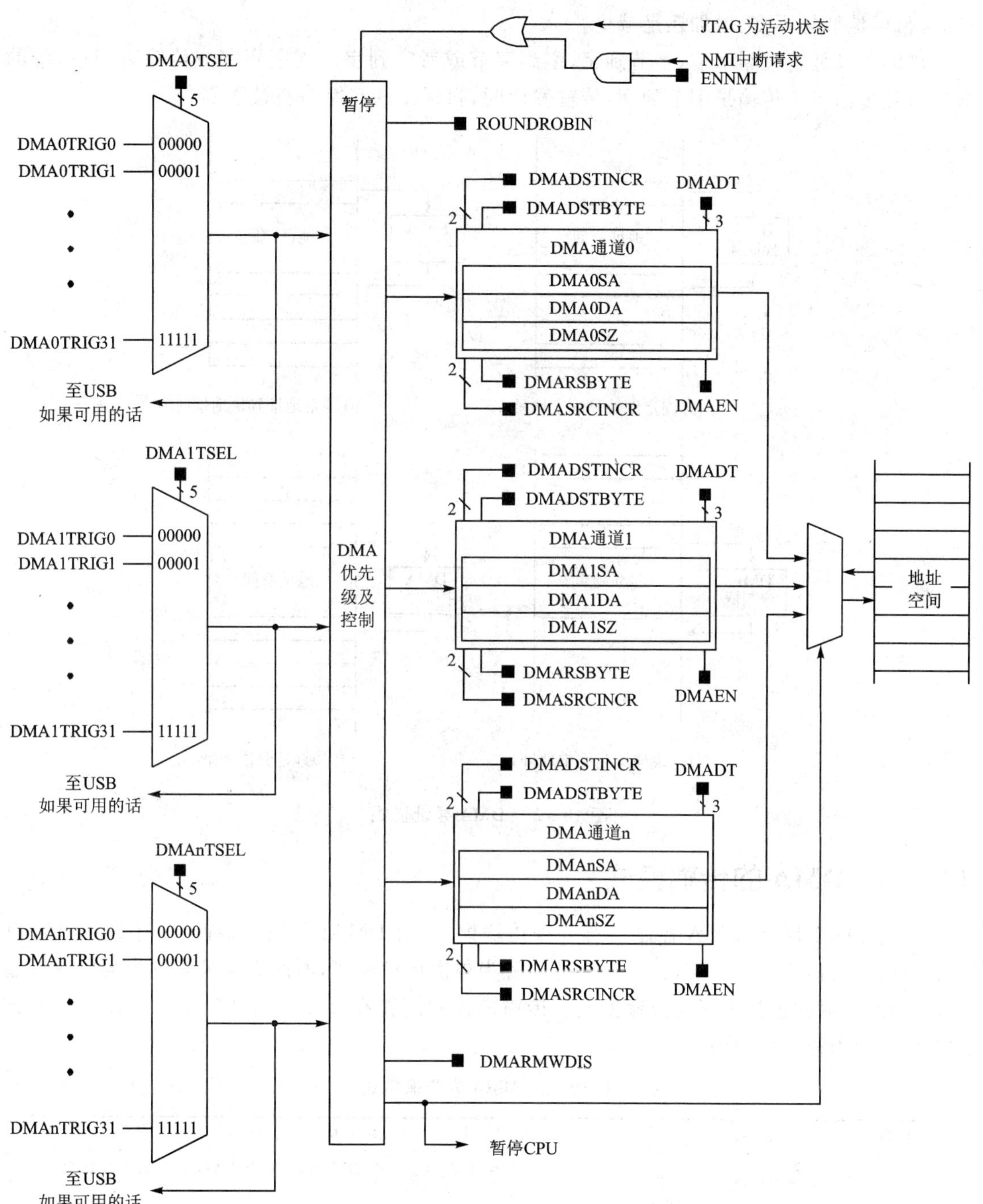

图 10-1 DMA 控制器结构框图

❑ 固定地址到块地址；

❑ 块地址到固定地址；

❑ 块地址到块地址。

寻址方式由 DMASRCINCRx 和 DMADSTINCRx 控制位配置。DMASRCINCRx 位选择在每次传输结束后，源地址是不变、增加还是减少。DMADSTINCRx 位选择在每次传输结束后，目标地址是不变、增加还是减少。

传输可以是字节到字节，字节到字，字到字节或者字到字。当字到字节传输时，只有源的低字节被传输。当传输是字节到字，传输发生时，目标字的高字节将被清零。

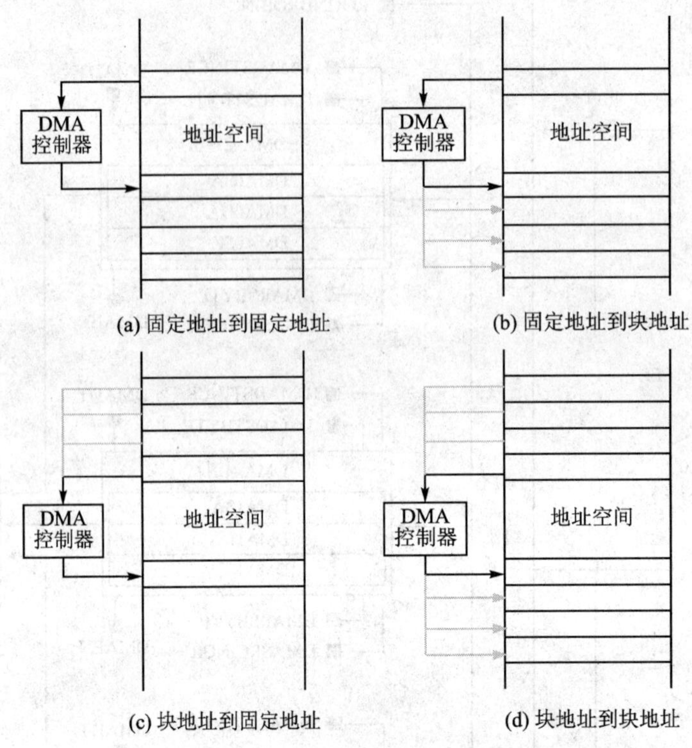

图 10-2　DMA 寻址模式

10.2.2　DMA 的传输模式

如表 10-1 所列，DMA 控制器有 6 种传输模式，由 DMADTx 位选择。每个通道都可以独立地配置其传输模式。例如，通道 0 可配置为单次传输模式，而通道 1 可配置为突发块传输模式，通道 2 可配置为重复块传输模式。传输模式的配置和寻址方式是独立的。任何寻址方式都可以使用每种传输模式。

表 10-1　DMA 的传输模式

DMADTx	传输模式	描　述
000	单次传输	每次传输都需要一个单独的触发。在 DMAxSZ 减为 0 后，DMAEN 会被自动清除
001	块传输	触发一次后，整个块都被传输。传输结束后，DMAEN 自动复位
010，011	突发块传输	传输是在 CPU 交叉存取下的块传输。DMAEN 位会在突发块传输结束后，自动清除
100	重复单次传输	每次传输需要一个触发。DMAEN 保持使能
101	重复块传输	一个完整的块传输需要一个触发。DMAEN 保持使能
110、111	重复突发块传输	传输是在 CPU 交叉存取下的块传输。DMAEN 保持使能

通过 DMAxCTL DSTBYTE 和 SRCBYTE 区域选择，可以确定哪两种类型的数据可以被传输。源和目标都可以是字或者字节，也可以是字节到字节、字到字之间的传输或者是其任意组合。

1. 单次传输

在单次传输模式中，每次传输都需要一个单独的触发。单次传输状态如图 10－3 所示。

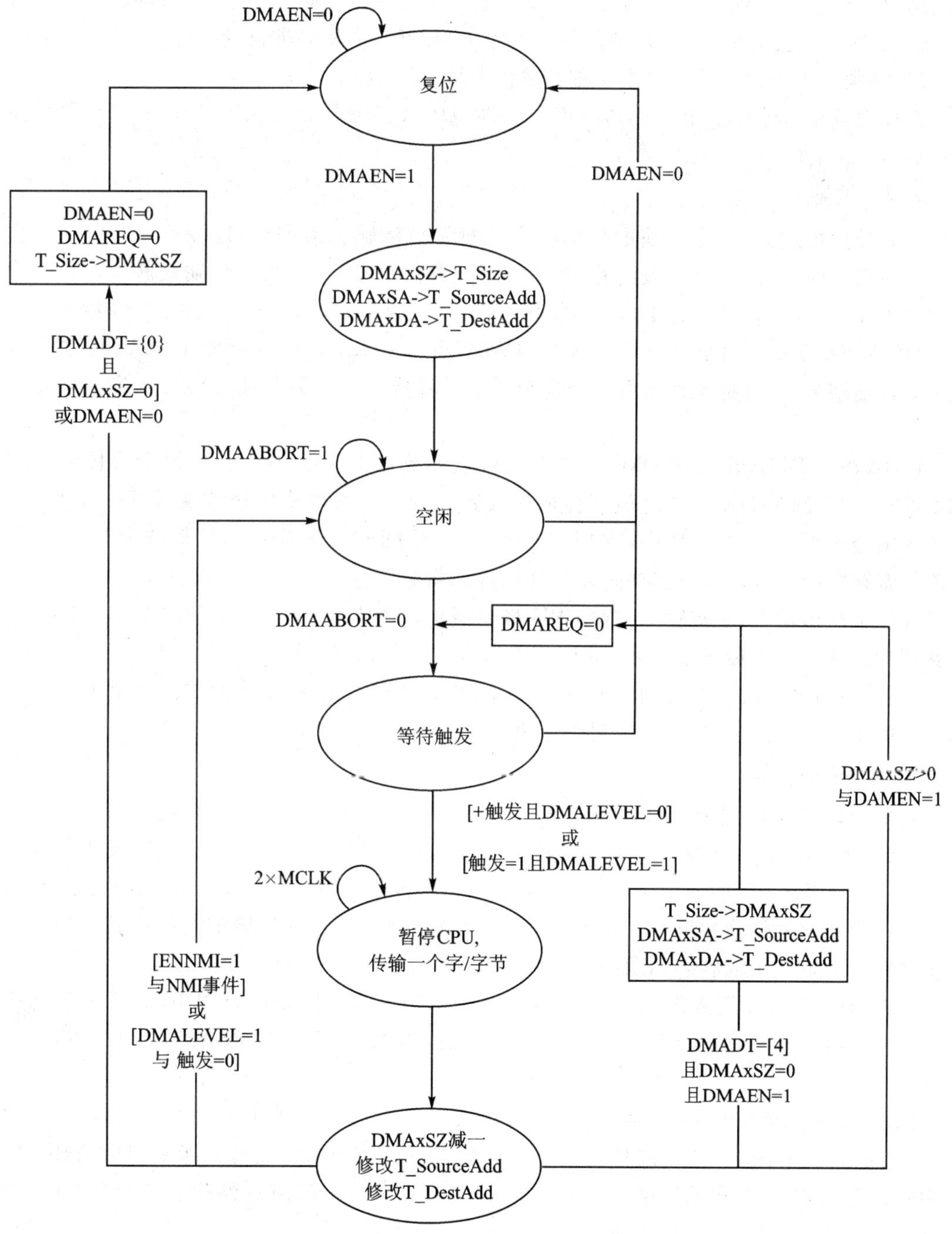

图 10－3 DMA 单次传输状态图

DMAxSZ 寄存器用来定义每次传输的数据量。DMADSTINCRx 和 DMASRCINCRx 用来选择在传输结束后,目标地址和源地址是否增加或减少。如果 DMAxSZ=0,则没有传输发生。

DMAxSA、DMAxDA 和 DMAxSZ 都会被复制到临时寄存器中。在每次传输结束后,DMAxSA 和 DMAxDA 的临时值都会增加或者减少。在每次传输结束后,DMAxSZ 寄存器中的值会减少。当 DMAxSZ 寄存器的值减少至 0 时,将会从临时寄存器中重载,并且相应的 DMAIFG 标志将会置位。当 DMADTx=0 时,DMAEN 位将会被自动清除。当 DMAxSZ 减至 0 时,必须为下一次传输的产生而重新置位 DMAEN 位。

在单次重复传输模式中,当 DMAEN=1 时,DMA 控制器始终保持允许,在每次触发条件发生后,传输工作就会发生。

2. 块传输

在块传输模式中,一个整块的数据将会在触发后传输。当 DMADTx={1}时,在一次块传输结束后,DMAEN 位将会被清除,并需要重新置位,以便下一次块传输被触发。在一个块传输被触发后,在传输的过程中,其他的触发将会被忽略。块传输状态如图 10-4 所示。

DMAxSZ 寄存器用来定义块的大小,DMADSTINCRx 和 DMASRCINCRx 用来选择在每次块传输结束后,目标地址和源地址是否增加或者减少。如果 DMAxSZ=0,则没有块传输发生。

DMAxSA、DMAxDA 和 DMAxSZ 都会被复制到临时寄存器中。在每次块传输结束后 DMAxSA 和 DMAxDA 的临时值都会增加或者减少。在每次块传输结束后,DMAxSZ 寄存器中的值会减少,并且指示块中还剩余多少数据。当 DMAxSZ 寄存器的值减少至 0 时,将会从临时寄存器中重载,并且相应的 DMAIFG 标志将会置位。

在一个块传输中,块传输完成前 CPU 将会停止。块传输将会在 2×MCLK×DMAxSZ 个时钟周期完成。在块传输结束后,CPU 将会以其先前的状态运行。

在重复块传输模式中,在每个块传输结束后,DMAEN 位将保持置位。一个重复块传输结束后的下一个触发信号,将触发另一个块传输。

3. 突发块传输

在突发块传输模式中,传输是在 CPU 交叉存取下的块传输。在一个块中每传输 4 个字节/字,CPU 将运行 2 个 MCLK 时钟,如此导致了 20%的 CPU 运行量。在突发块传输结束后,CPU 将会以 100%的利用率运行,并且 DMAEN 位将被清除。DMAEN 位需要重新置位,以便下一次块突发传输被触发。在一个突发块传输被触发后,在传输的过程中其他的触发将会被忽略。突发块传输状态如图 10-5 所示。

DMAxSZ 寄存器用来定义块的大小,DMADSTINCRx 和 DMASRCINCRx 用来选择在每次块传输结束后,目标地址和源地址是否增加或者减少。如果 DMAxSZ=0,就不会发生传输。

DMAxSA、DMAxDA 和 DMAxSZ 都会被复制到临时寄存器中。在每次块传输结束后,DMAxSA 和 DMAxDA 的临时值都会增加或者减少。在每次块传输结束后,DMAxSZ 寄存器中的值会减少,并且指示块中还剩余多少数据。当 DMAxSZ 寄存器的值减少至 0 时,将会从临时寄存器中重载,并且相应的 DMAIFG 标志将会置位。

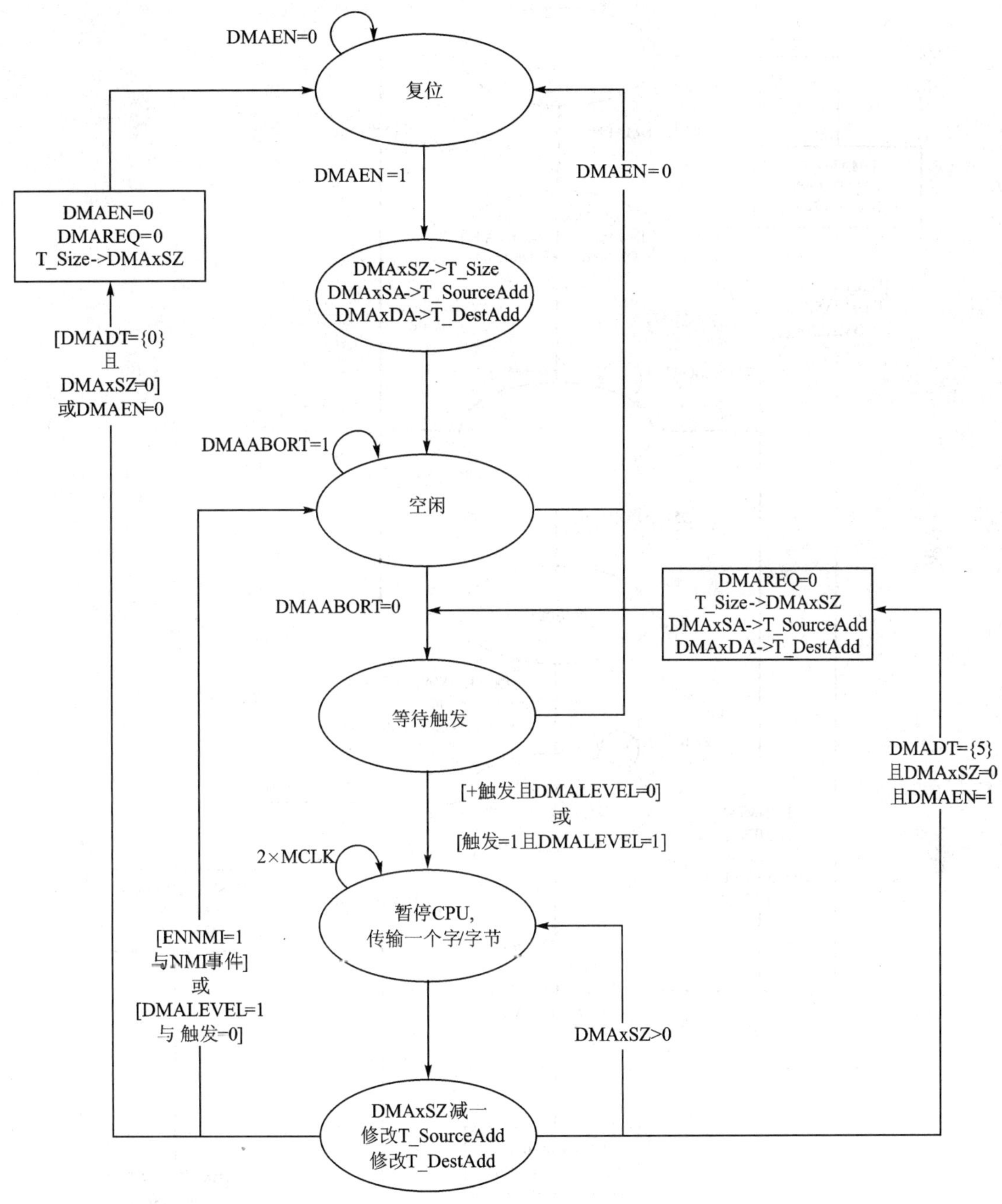

图 10-4　DMA 块传输状态图

重复突发块传输模式中，在每个突发块传输结束后，DMAEN 位将保持置位，并且不再需要额外的触发信号来启动另一次突发块传输。另一次突发块传输将在前一个突发块传输结束后直接进行。如此，传输必须以通过清除 DMAEN 位或者不可屏蔽中断来停止。重复突发块传输模式中，CPU 不断在 20％的使用率下运行，直到重复突发块传输停止。

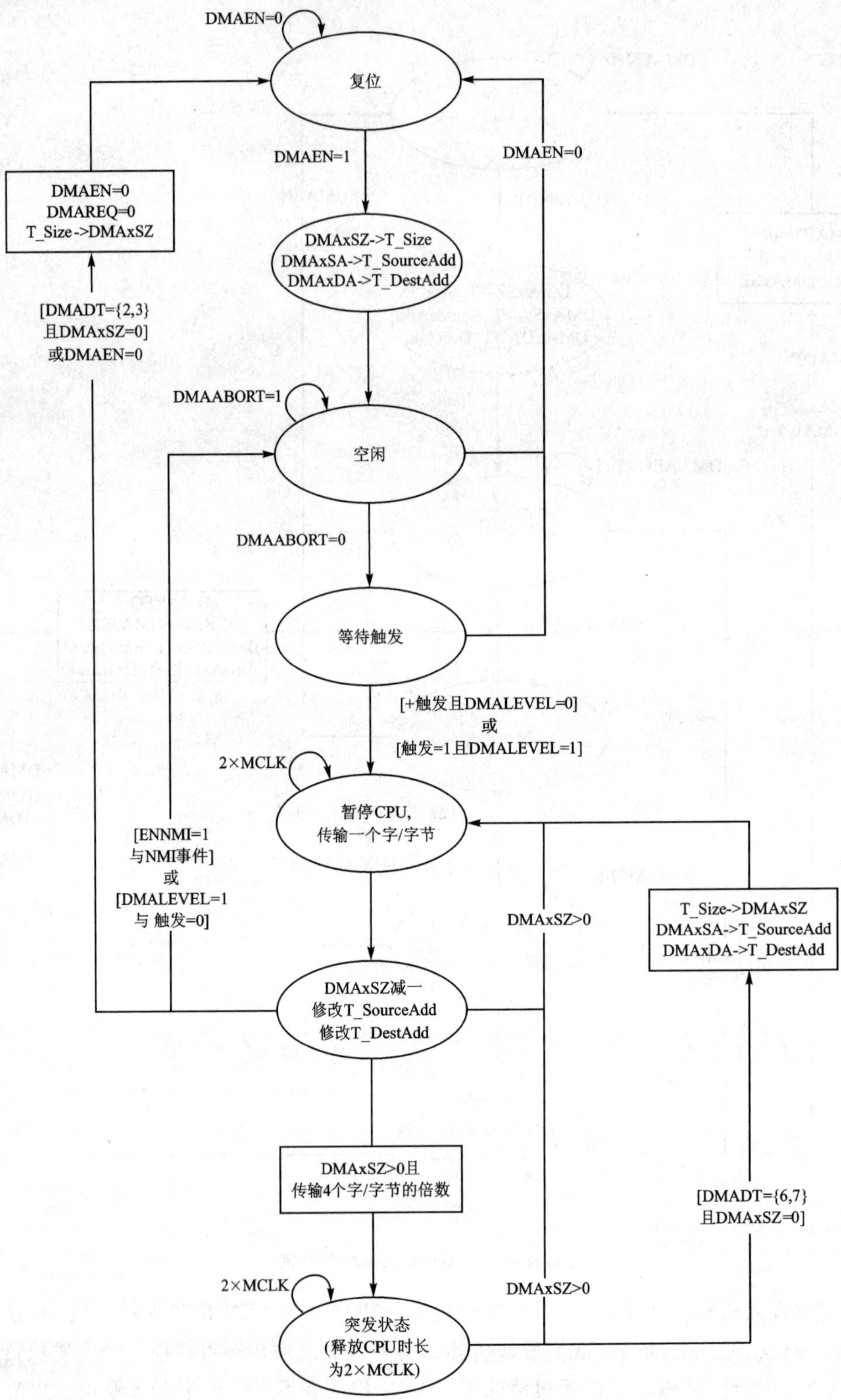

DMAEN=0
复位
DMAEN=1
DMAEN=0
DMAEN=0
DMAREQ=0
T_Size->DMAxSZ
DMAxSZ->T_Size
DMAxSA->T_SourceAdd
DMAxDA->T_DestAdd
[DMADT={2,3}
且DMAxSZ=0]
或DMAEN=0
DMAABORT=1
空闲
DMAABORT=0
等待触发
[+触发且DMALEVEL=0]
或
[触发=1且DMALEVEL=1]
2×MCLK
暂停CPU,
传输一个字/字节
[ENNMI=1
与NMI事件]
或
[DMALEVEL=1
与 触发=0]
DMAxSZ>0
T_Size->DMAxSZ
DMAxSA->T_SourceAdd
DMAxDA->T_DestAdd
DMAxSZ减一
修改T_SourceAdd
修改T_DestAdd
DMAxSZ>0且
传输4个字/字节的倍数
[DMADT={6,7}
且DMAxSZ=0]
2×MCLK
DMAxSZ>0
突发状态
(释放CPU时长
为2×MCLK)

图 10-5 DMA 突发块传输状态图

10.2.3 DMA 传输的启动

每个 DMA 通道都可以独立地由 DMAxTSELx 配置触发源。DMAxTSELx 位应该在 DMACTLxDMAEN 位为 0 时被改写，否则可能会引发不可预料的 DMA 触发条件产生。表 10-2 描述了每种模块类型的触发操作。可用触发源列表数据及其各自的 DMAxTSELx 值详见器件的数据手册。

当选择触发条件时，必须确保触发条件还未发生，否则传输将不会发生。

注意： DMA 触发选择和 USB。当器件包含 USB 模块时，从 DMA 通道 0、1 或 2 中选择的触发源，可以用作 USB 时间标志事件选择。请参阅 USB 模块的描述以获取更多详细信息。

1. 边沿触发

当 DMALEVEL=0 时，选择为跳变沿触发方式，上升沿触发信号启动传输。在单次传输模式中，每次传输都需要一次触发。当使用块或者突发块模式时，仅需要一个触发来启动块或者突发块传输。

2. 电平触发

当 DMALEVEL=1 时，选择为电平触发方式。为了适当的操作，电平触发仅用在当外部触发 DMAE0 被选做触发源时。只要触发源信号为高电平，并且 DMAEN 位置位，就会触发 DMA 传输。

为了保证块或突发块传输结束，在传输过程中，触发信号必须始终保持高电平。在块或突发块传输时，如果触发信号变低，DMA 控制器将会保持在当前状态，直到触发源信号重新变高或者直到 DMA 寄存器被软件修改。如果当触发信号再次变高时，DMA 寄存器没有被软件修改，传输将会恢复到触发信号变低前的状态。

当 DMALEVEL=1 时，建议 DMADTx={0, 1, 2, 3}时，选择传输模式。因为 DMAEN 位是在配置传输结束后自动复位的。

3. DMA 传输过程中的停止执行指令

DMA 传输发生时，DMARMWDIS 位控制 CPU 挂起过程。DMARMWDIS=0 时，当接收到触发信号传输开始时，CPU 会立即被停止。在这种情况下，CPU 读或写更改操作，将会被 DMA 传输打断。当 DMARMWDIS=1 时，DMA 控制寄存器将会在 CPU 完成当前的读/写操作指令之后，才停止 CPU 运行，然后启动传输（见表 10-2）。

表 10-2 DMA 触发操作

模 块	操 作
DMA	当 DMAREQ 位被置位时，传输被触发。传输开始后，DMAREQ 自动复位。 当 DMAxIFG 标志置位时，传输被触发。DMA0IFG 触发通道 1，DMA1IFG 触发通道 2，DMA2IFG 触发通道 0。传输开始后，没有 DMAxIFG 标志会自动复位。一次传输由外部触发源 DMAE0 触发
Timer_A	当 TACCR0 CCIFG 标志被置位时，传输被触发。传输开始后，TACCR0 CCIFG 标志自动复位。如果 TACCR0 CCIE 被置位，TACCR0 CCIFG 标志不会触发传输。当 TACCR2 CCIFG 标志被置位时，传输被触发。传输开始后，TACCR2 CCIFG 标志自动复位。如果 TACCR2 CCIE 被置位，TACCR2 CCIFG 标志不会触发传输

续表 10-2

模 块	操 作
Timer_B	当 TBCCR0 CCIFG 标志被置位时,传输被触发。传输开始后,TBCCR0 CCIFG 标志自动复位。如果 TBCCR0 CCIE 被置位,TBCCR0 CCIFG 标志不会触发传输。当 TBCCR2 CCIFG 标志被置位时,传输被触发。传输开始后,TBCCR2 CCIFG 标志自动复位。如果 TBCCR2 CCIE 被置位,TBCCR2 CCIFG 标志不会触发传输
USCI_Ax	当 USCI_Ax 收到一个新的数据时,触发一次传输。传输开始后,UCAxRXIFG 自动复位。如果 UCAxRXIE 被置位,UCAxRXIFG 不会触发传输。当 USCI_Ax 准备好传输一个新的数据时,触发一次传输。传输开始后,UCAxRXIFG 自动复位。如果 UCAxRXIE 被置位,UCAxRXIFG 不会触发传输
USCI_Bx	当 USCI_Bx 收到一个新的数据时,触发一次传输。传输开始后,UCBxRXIFG 自动复位。如果 UCBxRXIE 被置位,UCBxRXIFG 不会触发传输。当 USCI_Bx 准备好传输一个新的数据时,触发一次传输。传输开始后,UCBxRXIFG 自动复位。如果 UCBxRXIE 被置位,UCBxRXIFG 不会触发传输
DAC12_A	当 DAC12_xCTL0 DAC12IFG 标志被置位时,传输被触发。传输开始后,DAC12_x CTL0DAC12IFG 标志自动复位。如果 DAC12_xCTL0 DAC12IE 被置位,DAC12_xCTL0DAC12IFG 标志不会触发传输
ADC12_A	传输由 ADC12IFGx 标志触发。当一个单通道转换完成后,相应的 ADC12IFGx 为触发源。如果用到序列转换,ADC12IFGx 在转换序列的最后一次被触发。在一次转换结束后,传输被触发并且 ADC12IFGx 置位。软件设置 ADC12IFGx 不会触发传输。当相关的 ADC12MEMx 寄存器被 DMA 控制器访问时,所有的 ADC12IFGx 标志自动复位
MPY	在硬件乘法器准备一个新的操作数时,DMA 传输被触发
保留	没有传输被触发

10.2.4　停止 DMA 传输

有两种方法可以停止正在进行的 DMA 传输:

- ❑ 如果 DMACTL1 寄存器的 ENNMI 位被置位时,单次、块和突发块传输可以被 NMI 中断所停止。
- ❑ 可以通过清除 DMAEN 位来停止突发块传输。

10.2.5　DMA 通道优先级

默认的 DMA 通道优先级顺序是从 DMA0～DMA7。如果两三个触发同时发生或者未被解决,最高优先级的通道将会首先完成传输(单次、块或者突发块传输),然后是第二优先级的通道,最后是第三优先级的通道。即使较高优先级的通道被触发也不会停止当前正在传输的通道。等到正在进行中的传输结束之后,较高优先级的传输才开始。

DMA 通道的优先级由 ROUNDROBIN 位来配置。当 ROUNDROBIN 位被置位时,传输完成的通道的优先级变为最低。通道的优先级总保持相同,举 3 个通道的例子 DMA0-DMA1-DMA2。当 ROUNDROBIN 位被清除时,通道优先级返回到默认值。

DMA 优先级	传输引发	新的 DMA 优先级
DMA0-DMA1-DMA2	DMA1	DMA2-DMA0-DMA1
DMA2-DMA0-DMA1	DMA2	DMA0-DMA1-DMA2
DMA0-DMA1-DMA2	DMA0	DMA1-DMA2-DMA0

10.2.6 DMA 传输周期

在每个单次传输、块传输或者突发块传输时，DMA 控制器需要一个或两个 MCLK 时钟周期来同步。同步后，每个字节/字需要两个 MCLK 时钟周期来传输，传输后，需要一个周期的等待时间。因为 DMA 控制器使用 MCLK，DMA 周期决定于 CC430 的操作模式和时钟系统的设置。

如果 MCLK 时钟活动，但是 CPU 关闭，DMA 控制器将使用 MCLK 时钟来完成每次传输，无需重新使能 CPU。当 MCLK 时钟关闭时，DMA 控制器将临时开启 MCLK 时钟，以 DCOCLK 为时钟源，以完成单次、整个块或者突发块传输。在每次传输结束后，CPU 继续保持关闭，MCLK 关闭。各种操作模式下的最大 DMA 周期，如表 10-3 所列。

表 10-3 DMA 单次传输的最大周期

CPU 操作模式时钟源	最大 DMA 周期
活动模式 MCLK＝DCOCLK	4 个 MCLK 周期
活动模式 MCLK＝LFXT1CLK	4 个 MCLK 周期
低功耗模式 LPM0/1 MCLK＝DCOCLK	5 个 MCLK 周期
低功耗模式 LPM3/4 MCLK＝DCOCLK	5 个 MCLK 周期＋5 μs*
低功耗模式 LPM0/1 MCLK＝LFXT1CLK	5 个 MCLK 周期
低功耗模式 LPM3 MCLK＝LFXT1CLK	5 个 MCLK 周期
低功耗模式 LPM4 MCLK＝LFXT1CLK	5 个 MCLK 周期＋5 μs*

注：* 额外的 5 μs 需要用于启动 DCOCLK。其参数 $t_{(LPMx)}$ 请参见数据手册。

10.2.7 系统中断下使用 DMA

DMA 传输不会被系统中断所打断。系统中断将会被挂起直到传输完成。当 ENNM 位被置位时，NMI 中断可以打断 DMA 控制器。

系统中断服务程序将会被 DMA 传输打断。如果系统中断服务程序或者其他程序必须在没有中断的情况下运行，DMA 控制器必须在这段程序执行前被禁止。

10.2.8 DMA 控制器中断

每个 DMA 通道都有自己的 DMAIFG 标志。当相应的 DMAxSZ 计数到 0 时，每个 DMAIFG 标志都可以在任何模式下被置位。如果相应的 DMAIE 位和 GIE 位被设置，则会产生一个中断请求。

所有的 DMAIFG 标志都是有优先级顺序的，DMA0IFG 优先级最高，并且和一个单独的中断向量结合。高优先级允许中断，在 DMAIV 寄存器里产生一个值。这个值加上 PC 值然后自动跳转到相应的程序分支。禁止 DMA 中断不会影响 DMAIV 的值。

任何访问，读或写 DMAIV 寄存器都会自动复位高优先级挂起的中断标志。如果又有一个中断标志被设置，则该中断会在原先的中断服务程序结束后，立刻响应。例如，假设 DMA0 有最高的中断优先级。如果 DMA0IFG 和 DMA2IFG 都处于置位状态，这时中断服务程序访问了 DMAIV 寄存器后，DMA0IFG 会被自动复位。当中断服务程序执行完 RETI 指令时，DMA2IFG 将会触发另一个中断。

DMAIV 软件示例

下面的软件示例是 8 通道的 DMA 控制器 DMAIV 的推荐用法，DMAIV 值加到 PC 上自动跳转到相应的程序。

右边的区域显示每个指令所消耗的 CPU 周期。该示例程序内不同中断源的软件开销包括中断响应和中断返回的周期，但是不包括任务处理本身需要的周期。

```
; DMAxIFG 的中断处理                                        周期数
DMA_HND   ...                   ;中断等待时间                6
    ADD        &DMAIV,PC        ;跳转表加上偏移量            3
    RETI                        ;向量 0：无中断              5
    JMP        DMA0_HND         ;向量 2：DMA 通道 0          2
    JMP        DMA1_HND         ;向量 4：DMA 通道 1          2
    JMP        DMA2_HND         ;向量 6：DMA 通道 2          2
    JMP        DMA3_HND         ;向量 8：DMA 通道 3          2
    JMP        DMA4_HND         ;向量 10：DMA 通道 4         2
    JMP        DMA5_HND         ;向量 12：DMA 通道 5         2
    JMP        DMA6_HND         ;向量 14：DMA 通道 6         2
    JMP        DMA7_HND         ;向量 16：DMA 通道 7         2
DMA7_HND                        ;向量 16：DMA 通道 7
    ...                         ;任务从这里开始
    RETI                        ;返回到主程序                5
DMA6_HND                        ;向量 14：DMA 通道 6
    ...                         ;中断程序从这里开始
    RETI                        ;返回到主程序                5
DMA5_HND                        ;向量 12：DMA 通道 5
    ...                         ;中断程序从这里开始
    RETI                        ;返回到主程序                5
DMA4_HND                        ;向量 10：DMA 通道 4
    ...                         ;中断程序从这里开始
    RETI                        ;返回到主程序                5
DMA3_HND                        ;向量 8：DMA 通道 3
    ...                         ;中断程序从这里开始
    RETI                        ;返回到主程序                5
DMA2_HND                        ;向量 6：DMA 通道 2
    ...                         ;中断程序从这里开始
    RETI                        ;返回到主程序                5
DMA1_HND                        ;向量 4：DMA 通道 1
    ...                         ;中断程序从这里开始
    RETI                        ;返回到主程序                5
DMA0_HND                        ;向量 2：DMA 通道 0
    ...                         ;中断程序从这里开始
    RETI                        ;返回到主程序                5
```

10.2.9 DMA 控制器配合 USCI_B I2C 模块的使用

USCI_B I2C 为 DMA 控制器提供两个触发源。当 USCI_B I2C 模块需要接收数据和发送数据的时候，均可触发 DMA 的传输。

10.2.10 DMA 控制器配合 ADC12 的使用

内部集成 DMA 控制器的 CC430 器件，可以自动地从 ADC12MEMx 寄存器移动数据到另一个位置。DMA 传输可以在没有 CPU 的干预下完成，并且不受任何低功耗模式的影响。DMA 模块增加了 ADC12 模块的数据吞吐量，并且当数据传输发生时，允许 CPU 保持在关闭状态以提高低功耗应用的性能。

DMA 传输可以被 ADC12IFGx 标志触发。当 CONSEQx＝{0，2}时，被用作转换的 ADC12MEMx 的 ADC12IFGx 标志可以触发一次 DMA 传输。当 CONSEQx＝{1，3}时，在序列转换中最后 ADC12MEMx 的 ADC12IFGx 标志可以触发一次 DMA 传输。当 DMA 控制器访问相应的 ADC12MEMx 的时候，任何 ADC12IFGx 标志都会被自动清除。

10.2.11 DMA 控制器配合 DAC12 的使用

内部集成 DMA 控制器的 CC430 器件，可以自动地把数据移动到 DAC12_xDAT 寄存器中。DMA 传输可以在没有 CPU 的干预下完成，并且不受任何低功耗模式的影响。DMA 模块增加了 DAC12 模块的数据吞吐量，并且当数据传输发生的时候，允许 CPU 保持在关闭状态以提高低功耗应用的性能。

在应用中，需要产生一个周期性的波形时，利用 DMA 控制器下的 DAC12 是很方便的。例如，在一个应用中产生正弦波，可以把正弦波的值存储在表中。DMA 控制器可以在特定的时间间隔，自动并且连续不断地传输到 DAC12 以产生正弦波，并且不占用 CPU 的资源。当 DMA 控制器访问 DAC12_xDAT 寄存器的时候，DAC12_xCTL 的 DAC12IFG 标志位将会自动清除。

10.3 DMA 寄存器

DMA 模块的寄存器如表 10－4 所列。基地址可以在器件的数据手册中找到。每个通道在其各自的基地址开始传输。基地址的偏移量如表 10－4 所列。

表 10－4 DMA 寄存器

寄存器	缩 写	寄存器类型	访问形式	地址偏移	初始状态
DMA 控制寄存器 0	DMACTL0	读/写	字	00h	0000h
	DMACTL0_L	读/写	字节	00h	00h
	DMACTL0_H	读/写	字节	01h	00h
DMA 控制寄存器 1	DMACTL1	读/写	字	02h	0000h
	DMACTL1_L	读/写	字节	02h	00h
	DMACTL1_H	读/写	字节	03h	00h
DMA 控制寄存器 2	DMACTL2	读/写	字	04h	0000h
	DMACTL2_L	读/写	字节	04h	00h
	DMACTL2_H	读/写	字节	05h	00h
DMA 控制寄存器 3	DMACTL3	读/写	字	06h	0000h
	DMACTL3_L	读/写	字节	06h	00h
	DMACTL3_H	读/写	字节	07h	00h

续表 10－4

寄存器	缩　写	寄存器类型	访问形式	地址偏移	初始状态
DMA 控制寄存器 4	DMACTL4	读/写	字	08h	0000h
	DMACTL4_L	读/写	字节	08h	00h
	DMACTL4_H	读/写	字节	09h	00h
DMA 中断向量寄存器	DMAIV	只读	字	0Eh	0000h
	DMAIV_L	只读	字节	0Eh	00h
	DMAIV_H	只读	字节	0Fh	00h
DMA 通道 0 控制器	DMA0CTL	读/写	字	00h	0000h
	DMA0CTL_L	读/写	字节	00h	00h
	DMA0CTL_H	读/写	字节	01h	00h
DMA 通道 0 源地址	DMA0SA	读/写		02h	未定义
DMA 通道 0 目的地址	DMA0DA	读/写		06h	未定义
DMA 通道 0 传输大小	DMA0SZ	读/写	字	0Ah	未定义
	DMA0SZ_L	读/写	字节	0Ah	未定义
	DMA0SZ_H	读/写	字节	0Bh	未定义
DMA 通道 1 控制器	DMA1CTL	读/写	字	00h	0000h
	DMA1CTL_L	读/写	字节	00h	00h
	DMA1CTL_H	读/写	字节	01h	00h
DMA 通道 1 源地址	DMA1SA	读/写		02h	未定义
DMA 通道 1 目的地址	DMA1DA	读/写		06h	未定义
DMA 通道 1 传输大小	DMA1SZ	读/写	字	0Ah	未定义
	DMA1SZ_L	读/写	字节	0Ah	未定义
	DMA1SZ_H	读/写	字节	0Bh	未定义
DMA 通道 2 控制器	DMA2CTL	读/写	字	00h	0000h
	DMA2CTL_L	读/写	字节	00h	00h
	DMA2CTL_H	读/写	字节	01h	00h
DMA 通道 2 源地址	DMA2SA	读/写		02h	未定义
DMA 通道 2 目的地址	DMA2DA	读/写		06h	未定义
DMA 通道 2 传输大小	DMA2SZ	读/写	字	0Ah	未定义
	DMA2SZ_L	读/写	字节	0Ah	未定义
	DMA2SZ_H	读/写	字节	0Bh	未定义
DMA 通道 3 控制器	DMA3CTL	读/写	字	00h	0000h
	DMA3CTL_L	读/写	字节	00h	00h
	DMA3CTL_H	读/写	字节	01h	00h
DMA 通道 3 源地址	DMA3SA	读/写		02h	未定义
DMA 通道 3 目的地址	DMA3DA	读/写		06h	未定义
DMA 通道 3 传输大小	DMA3SZ	读/写	字	0Ah	未定义
	DMA3SZ_L	读/写	字节	0Ah	未定义
	DMA3SZ_H	读/写	字节	0Bh	未定义
DMA 通道 4 控制器	DMA4CTL	读/写	字	00h	0000h
	DMA4CTL_L	读/写	字节	00h	00h
	DMA4CTL_H	读/写	字节	01h	00h

续表 10－4

寄存器	缩　写	寄存器类型	访问形式	地址偏移	初始状态
DMA 通道 4 源地址	DMA4SA	读/写		02h	未定义
DMA 通道 4 目的地址	DMA4DA	读/写		06h	未定义
DMA 通道 4 传输大小	DMA4SZ	读/写	字	0Ah	未定义
	DMA4SZ_L	读/写	字节	0Ah	未定义
	DMA4SZ_H	读/写	字节	0Bh	未定义
DMA 通道 5 控制器	DMA5CTL	读/写	字	00h	0000h
	DMA5CTL_L	读/写	字节	00h	00h
	DMA5CTL_H	读/写	字节	01h	00h
DMA 通道 5 源地址	DMA5SA	读/写		02h	未定义
DMA 通道 5 目的地址	DMA5DA	读/写		06h	未定义
DMA 通道 5 传输大小	DMA5SZ	读/写	字	0Ah	未定义
	DMA5SZ_L	读/写	字节	0Ah	未定义
	DMA5SZ_H	读/写	字节	0Bh	未定义
DMA 通道 6 控制器	DMA6CTL	读/写	字	00h	0000h
	DMA6CTL_L	读/写	字节	00h	00h
	DMA6CTL_H	读/写	字节	01h	00h
DMA 通道 6 源地址	DMA6SA	读/写		02h	未定义
DMA 通道 6 目的地址	DMA6DA	读/写		06h	未定义
DMA 通道 6 传输大小	DMA6SZ	读/写	字	0Ah	未定义
	DMA6SZ_L	读/写	字节	0Ah	未定义
	DMA6SZ_H	读/写	字节	0Bh	未定义
DMA 通道 7 控制器	DMA7CTL	读/写	字	00h	0000h
	DMA7CTL_L	读/写	字节	00h	00h
	DMA7CTL_H	读/写	字节	01h	00h
DMA 通道 7 源地址	DMA7SA	读/写		02h	未定义
DMA 通道 7 目的地址	DMA7DA	读/写		06h	未定义
DMA 通道 7 传输大小	DMA7SZ	读/写	字	0Ah	未定义
	DMA7SZ_L	读/写	字节	0Ah	未定义
	DMA7SZ_H	读/写	字节	0Bh	未定义

1. DMA 控制寄存器 0(DMACTL0)

15～13	12～8	7～5	4～0
保留	DMA1TSEL	保留	DMA0TSEL

DMA1TSEL　位 12～8　DMA 触发选择。这几位用来选择 DMA 传输触发条件。

00000　DMA1TRIG0

00001　DMA1TRIG1

⋮　⋮

11110　DMA1TRIG30

11111　DMA1TRIG31

DMA0TSEL　位 4～0　同 DMA1TSEL。

2. DMA 控制寄存器 1(DMACTL1)

15～13	12～8	7～5	4～0
保留	DMA3TSEL	保留	DMA2TSEL

DMA3TSEL　位 12～8　DMA 触发选择。这几位用来选择 DMA 传输触发条件。

00000　DMA3TRIG0
00001　DMA3TRIG1
⋮　⋮
11110　DMA3TRIG30
11111　DMA3TRIG31

DMA2TSEL　位 4～0　同 DMA3TSEL。

3. DMA 控制寄存器 2(DMACTL2)

15～13	12～8	7～5	4～0
保留	DMA5TSEL	保留	DMA4TSEL

DMA5TSEL　位 12～8　DMA 触发选择。这几位用来选择 DMA 传输触发条件。

00000　DMA5TRIG0
00001　DMA5TRIG1
⋮　⋮
11110　DMA5TRIG30
11111　DMA5TRIG31

DMA4TSEL　位 4～0　同 DMA5TSEL。

4. DMA 控制寄存器 3(DMACTL3)

15～13	12～8	7～5	4～0
保留	DMA7TSEL	保留	DMA6TSEL

DMA7TSEL　位 12～8　DMA 触发选择。这几位用来选择 DMA 传输触发条件。

00000　DMA7TRIG0
00001　DMA7TRIG1
⋮　⋮
11110　DMA7TRIG30
11111　DMA7TRIG31

DMA6TSEL　位 4～0　同 DMA7TSEL。

5. DMA 控制寄存器 4(DMACTL4)

15～3	2	1	0
0	DMARMWDIS	ROUNDROBIN	ENNMI

DMARMWDIS　位 2　禁止读和改写。当此位置位时，禁止任何发生在 CPU 读/写操作时的 DMA 传输。

0　CPU 读/写操作时，允许发生 DMA 传输；
1　CPU 读/写操作时，禁止发生 DMA 传输。

ROUNDROBIN　位 1　循环特性。此位允许 DMA 通道优先级的循环特性。

0　DMA 通道的优先级是 DMA0 - DMA1 - DMA2 -…- DMA7；

1　DMA 通道优先级在每次传输后改变。

ENNMI　　位 0　使能 NMI。此位使能由 NMI 中断引起的 DMA 传输中断。NMI 中断一次 DMA 传输时，当前的传输一般会正常完成，下一个传输将会被阻止，并且 DMAABORT 会置位。

0　NMI 中断不中断 DMA 传输；

1　NMI 中断中断 DMA 传输。

6．DMA 通道 x 控制寄存器(DMAxCTL)

15	14～12	11～10	9～8
保留	DMADT	DMADSTINCR	DMASRCINCR
7	6	5	4
DMADSTBYTE	DMASRCBYTE	DMALEVEL	DMAEN
3	2	1	0
DMAIFG	DMAIE	DMAABORT	DMAREQ

DMADT　　位 14～12　DMA 传输模式。

000　单次传输；　　100　重复单次传输；

001　块传输；　　101　重复块传输；

010　突发块传输；　　110　重复突发块传输；

011　突发块传输；　　111　重复突发块传输。

DMADSTINCR　　位 11～10　DMA 目标地址增量。此位选择当一个字节/字传输完成后目标地址自动增加或者减小。当 DMADSTBYTE = 1 时，目标地址加/减 1。当 DMADSTBYTE=0 时，目标地址加/减 2。DMAxDA 被复制到一个临时的寄存器中，这个临时寄存器将会加或者减。DMAxDA 的值不会增加或者减小。

00　目标地址不变；　　10　目标地址减小；

01　目标地址不变；　　11　目标地址增加。

DMASRCINCR　　位 9～8　DMA 源地址增量。此位选择当一个字节/字传输完成后源地址自动增加或者减小。当 DMASRCBYTE = 1 时，源地址加/减 1。当 DMASRCBYTE=0 时，源地址加/减 2，DMAxSA 被复制到一个临时的寄存器中，这个临时寄存器将会加或者减。DMAxS 的值不会增加或者减小。

00　源地址不变；　　10　源地址减小；

01　源地址不变；　　11　源地址增加。

DMADSTBYTE　　位 7　DMA 目标字节控制位。此位选择目标数据存放单元是字或者字节。

0　字；

1　字节。

DMASRCBYTE　　位 6　DMA 源字节控制位。该位选择源数据单元是字还是字节。

0　字；

1　字节。

DMALEVEL　　位 5　DMA 电平控制位。该位选择是边沿触发还是电平触发。

0　边沿触发；

1　电平触发。

DMAEN　　位 4　DMA 使能控制位。

0　禁止；

		1　使能。
DMAIFG	位 3	DMA 中断标志。 0　没有中断产生； 1　有中断产生。
DMAIE	位 2	DMA 中断使能控制位。 0　禁止； 1　使能。
DMAABORT	位 1	DMA 异常中断控制位。该位表明 DMA 在传输过程中有无被 NMI 打断。 0　DMA 传输过程中没有被打断； 1　DMA 传输过程中被打断过。
DMAREQ	位 0	DMA 请求。软件控制 DMA 启动，该位会自动复位。 0　没有启动 DMA； 1　启动 DMA。

7. DMA 源地址寄存器(DMAxSA)

31～20	19～0
保留	DMAxSA

DMAxSA　位 19～0　DMA 源地址。源地址寄存器指向单次传输 DMA 源地址，或者指向块传输的首源地址。源地址寄存器的值在块传输或者突发块传输中保持不变。DMAxSA 寄存器有两个字。位 31～20 保留，并且读出总为 0。读或者写位 19～16 需要使用扩展指令。使用字指令写 DMAxSA 的时候，位 19～16 会被清零。

8. DMA 目的地址寄存器(DMAxDA)

31～20	19～0
保留	DMAxDA

DMAxDA　位 19～0　DMA 目标地址。目标地址寄存器指向单次传输 DMA 目标地址或者指向块传输的首目的地址。目标地址寄存器的值在块传输或者突发块传输中保持不变。DMAxDA 寄存器有两个字。位 31～20 保留并且读出总为 0。读或者写位 19～16 需要使用扩展指令。当使用字指令写 DMAxDA 的时候，位 19～16 会被清零。

9. DMA 传输数据量地址寄存器(DMAxSZ)

15	14	13	12	11	10	9	8
DMAxSZ							

DMAxSZ　位 15～0　DMA 传输数据量。DMAxSZ 寄存器定义了每块传输的字节/字数据的数量。DMAxSZ 寄存器每字或字节传输后减 1。当 DMAxSZ 减至 0 时，它立即自动重载其原来的初始值。

00000h　传输禁止；

00001h　传输 1 个字节或字；

00002h　传输 2 个字节或字；

⋮　　⋮

0FFFFh　传输 65 535 个字节或字。

10. DMA 中断向量寄存器(DMAIV)

15～6	5～1	0
0	DMAIV	0

DMAIV　位 15～0　DMA 中断向量值。

DMAIV 值	中断源	中断标志	优先级	DMAIV 值	中断源	中断标志	优先级
00h	无中断产生			0Ah	DMA 通道 4	DMA4IFG	
02h	DMA 通道 0	DMA0IFG	最高	0Ch	DMA 通道 5	DMA5IFG	
04h	DMA 通道 1	DMA1IFG		0Eh	DMA 通道 6	DMA6IFG	
06h	DMA 通道 2	DMA2IFG		10h	DMA 通道 7	DMA7IFG	最低
08h	DMA 通道 3	DMA3IFG					

第11章 32位硬件乘法器

11.1 硬件乘法器(32位)介绍

32位硬件乘法器是一个并行结构,并不属于CPU。这意味着它的工作不会影响CPU的活动。硬件乘法寄存器属于外部寄存器,可以通过CPU指令进行读或者写操作。

硬件乘法器支持:

- 无符号数乘法;
- 有符号数乘法;
- 无符号数乘加;
- 有符号数乘加;
- 8位、16位、24位和32位操作;
- 饱和乘法模式;
- 小数乘法模式;
- 兼容16位硬件乘法器的8位和16位操作数;
- 在没有进行符号位扩展的情况下,仍可进行8位和24位的乘法操作。

32位硬件乘法器的结构框图如图11-1所示。

11.2 硬件乘法器(32位)操作

硬件乘法器支持8位、16位、24位、32位的无符号数乘法操作,有符号数乘法操作,无符号数乘加操作,有符号数乘加操作。操作数长度由操作数的地址被写入"字"或者"字节"来决定。操作类型由第一个被写入的操作数类型决定。

硬件乘法器有两个32位的操作数寄存器,操作数1(OP1)和操作数2(OP2),以及一个使用RES0~RES3的64位结果寄存器。为了兼容16×16的硬件乘法器,8位或者16位的操作结果可以通过访问RESLO、RESHI和SUMEXT三个寄存器得到。RESLO存储16×16结果的低字,RESHI存储16×16结果的高字,而SUMEXT存储结果的信息。

8位或者16位操作的结果需要3个MCLK周期以准备就绪,除了使用间接寻址模式访问结果外,均可在执行写入OP2后的下一个指令可以读出结果。当使用间接寻址模式访问结果时,在结果准备就绪之前,需要一个NOP指令延时。

在写入OP2或者OP2H进入RES0后,除了使用间接寻址模式去访问结果外,24位或者32位的操作结果可以通过连续指令被读出。在使用间接寻址模式访问结果时,在结果准备就绪之前,需要一个NOP指令延时。

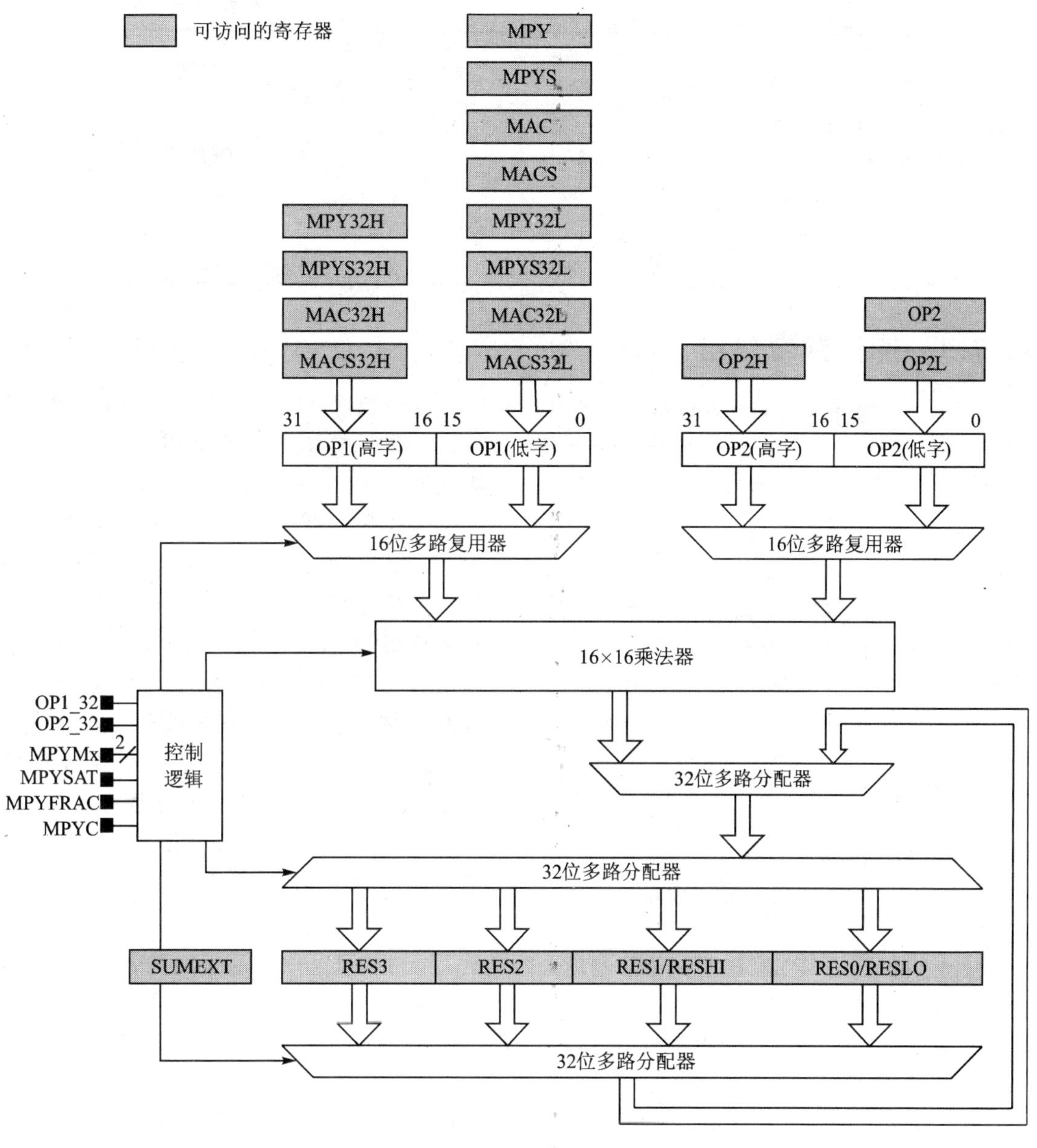

图 11-1　32 位硬件乘法器的结构框图

表 11-1 总结了对于各种长度操作数的组合操作，64 位结果的每一个字何时可用。当第二个操作数为 32 位时，OP2L 和 OP2H 都必须被写入。由于需要两个 16 位的部分被写入，结果可能会多变。因此，此表显示了两点，一点是 OP2L 的写入操作，另一点是 OP2H 的写入操作。最坏的情况决定了实际结果的可用性。

表 11-1　结果可能性(MPYFRAC=0，MPYSAT=0)

操作数 (OP1×OP2)	结果准备就绪所需的 MCLK 周期数					之后操作
	RES0	RES1	RES2	RES3	MPYC 位	
8/16×8/16	3	3	4	4	3	OP2 写入

续表 11-1

操作数(OP1×OP2)	结果准备就绪所需的 MCLK 周期数					之后操作
	RES0	RES1	RES2	RES3	MPYC 位	
24/32×8/16	3	5	6	7	7	OP2 写入
8/16×24/32	3	5	6	7	7	OP2L 写入
	N/A	3	4	4	4	OP2H 写入
24/32×4/32	3	8	10	11	11	OP2L 写入
	N/A	3	5	6	6	OP2H 写入

11.2.1 操作数寄存器

表 11-2 OP1 寄存器

OP1 寄存器	操 作
MPY	无符号数乘法——操作数位 0～15
MPYS	有符号数乘法——操作数位 0～15
MAC	无符号数乘加——操作数位 0～15
MACS	无符号数乘法——操作数位 0～15
MPY32L	无符号数乘法——操作数位 0～15
MPY32H	无符号数乘法——操作数位 16～31
MPYS32L	有符号数乘法——操作数位 0～15
MPYS32H	有符号数乘法——操作数位 16～31
MAC32L	无符号数乘加——操作数位 0～15
MAC32H	无符号数乘加——操作数位 16～31
MACS32L	有符号数乘加——操作数位 0～15
MACS32H	有符号数乘加——操作数位 16～31

操作数 1(OP1)内置 12 个寄存器，如表 11-2 所列，这些寄存器用来装载数据到乘法器，同时也用于选择乘法模式。当将第一个操作数的低字写入乘法器指定的地址时，便选定了乘法运算的类型，但并不启动任何乘法运算。当将第一个操作数的高字写入后缀为 32H 的高字寄存器，此时乘法器假设 OP1 为 32 位，否则 OP1 为 16 位。在写第 2 个操作数(OP2)之前写入的最后一个操作数的地址，决定了第一个操作数(OP1)的长度。比如说：对于操作数 OP1，先写入 MPY32L，再写入 MPY32H，那么操作数 OP1 的所有 32 位数据都将参加运算，且 OP1 被设置为 32 位。如果先写入 MPY32H，再写入 MPY32L，那么乘法器就会忽略先写入的 MPY32H，而认为 OP1 为 16 位，且数据写入 MPY32L。

在操作数 OP1 用于连续操作时，可以执行重复乘法操作，而此时无需装载 OP1。执行这样的操作时，没必要重新写入 OP1。

写入第二个操作数到寄存器 OP2 将会启动乘法操作(OP2 寄存器见表 11-3)。在数据写入 OP2 后，乘法器按 OP1 选定的操作类型，启动对 16 位的第二操作数与存储在 OP1 中值的乘法运算。当数据写入 OP2L，乘法器按 OP1 选定的操作类型，启动与 OP1 的运算，乘法器会认为 OP2 是 32 位的，并期待将 OP2 的高字写入 OP2H。如果在写 OP2H 之前没有写 OP2L，那么 OP2L 的写入操作会被视为无效的。

表 11-3 OP2 寄存器

OP2 寄存器名称	操 作
OP2	启动乘法操作和一个 16 位长度的操作数 2(OP2)——操作数位 0～15
OP2L	启动乘法操作和一个 32 位长度的操作数 2(OP2)——操作数位 0～15
OP2H	继续乘法操作和一个 32 位长度的操作数 2(OP2)——操作数位 16～31

对于 8 位或者 24 位的操作数，可以通过字节指令访问操作数寄存器。在一次有符号运算过程中，假如使用字节指令访问乘法器，乘法器会自动引入一个有符号位的扩展字节。对于 24 位操作数来说，只有高字是必须以字节指令写入。如果 24 位操作数被寄存器定义为符号位扩展，那么低字必须被写入操作数寄存器，因为该寄存器定义了操作数是有符号的还是无符号的。

对于一个 32 位的操作数，当将操作数的长度改变为 16 位时，无论是通过修改操作数长度的位，还是写入与之对应的操作数寄存器，该 32 位操作数的高字保持不变。在一个 16 位操作数执行过程中，操作数的高字被忽略。

注意：在乘法操作期间改变第一个操作数或者第二个操作数。

默认情况下，当所选择的乘法操作正在进行时，改变 OP1 或者 OP2 的值，将得到不可靠的结果，因为此时新的操作数正在改变，操作结果还没有准备就绪。写入 OP2 或者 OP2L 将会中止任何正在进行的计算操作，同时启动一次新的操作。此时尚未准备好的结果对其后的 MAC 或者 MACS 操作来说，都是不可靠的。

为了避免这种情况，可以置位 MPYDLYWRTEN。这样，所有写入任何 MPY32 寄存器的操作，将由于 MPYDLY32＝0 被延时，直到 64 位结果准备就绪为止，或者由于 MPYDLY32＝1 被延时，直到 32 位结果准备就绪为止。对于 MAC 或者 MACS 操作，则通常要求 64 位结果完全准备就绪。

如表 11－1 所列，对于不同的操作模式，需要等待 CPU 指令周期数，直到结果寄存器准备就绪，保证数据有效。

11.2.2 结果寄存器

乘法操作结果通常是 64 位长度。可以通过访问 RES0～RES3 得到结果。使用有符号的操作 MPYS 或者 MACS 时，结果通常会进行符号位的扩展。如果在 MACS 操作之前，结果寄存器被转载了初始值，那么用户软件必须注意，被写入结果寄存器的值应该是具有符号扩展位的 64 位数据。

注意：在乘法操作期间，改变结果寄存器。在写入 OP2 或者 OP2L 之后，直到初始化操作完成为止，用户不能通过软件修改结果寄存器的值。

除了 RES0～RES3，为了兼容 16×16 硬件乘法器，8 位操作数或者 16 位操作数的 32 位结果可以访问 RESLO、RESHI 和 SUMEXT 得到。在这种情况下，结果的低位寄存器 RESLO 保存计算结果的低 16 位，结果高寄存器 RESHI 保存高 16 位。RES0 和 RES1 等同于 RESLO 和 RESHI，相应的用法和计算结果的访问相同。

结果扩展寄存器 SUMEXT 的内容取决于乘法器的操作模式，如表 11－4 所列。如果所有的操作数为 16 位长度或者更小时，32 位的结果决定符号和进位位。如果其中一个操作数比 16 位大，则结果为 64 位。

MPYC 位反映了乘法器的进位，如表 11－4 所列，如果没有选择使用小数模式或者整数模式，那么该位可以用作结果的第 33 位或者第 65 位。对于 MAC 或者 MACS 操作，MPYC 位反映了 32 位结果或者 64 位结果的进位。若不考虑 MAC 和 MACS 的连续操作时，MPYC 作为结果的第 33 位或者第 65 位。

表 11-4　SUMEXT 和 MPYC 的内容

模　式	SUMEXT	MPYC
MPY	SUMEXT 总是为 0000h	MPYC 总是 0
MPYS	SUMEXT 包含结果的符号扩展 0000h　结果为正或者零 0FFFFh　结果为负	MPYC 包含结果的符号 0　结果为正或者零 1　结果为负
MAC	SUMEXT 包含结果进位 0000h　结果没有进位 0001h　结果有进位	MPYC 包含结果进位 0　结果没有进位 1　结果有进位
MACS	SUMEXT 包含结果的符号扩展 0000h　结果为正或者零 0FFFFh　结果为负	MPYC 包含结果进位 0　结果没有进位 1　结果有进位

MACS 上溢和下溢

在 MACS 模式下，乘法器不会自动监测上溢和下溢。例如，乘法器工作在 16 位输入和 32 位结果的状态，也就是说，只使用 RESLO 和 RESHI 寄存器，可表示正数的有效范围从 0～07FFF FFFFh，负数的有效范围从 0FFFF FFFFh～08000 000。当两个负数的和进入正数的表示范围时，将产生下溢。当两个正数的和进入到负数的表示范围时，将产生上溢。

SUMEXT 寄存器包含了结果产生上溢和下溢的标记，0FFFFh 表示产生 32 位上溢，0000h 表示产生 32 位下溢。MPY32CTL0 的 MPYC 位可以用来监测溢出情况的产生。如果进位位与 SUMEXT 寄存器中反映的标记不同，则上溢或下溢产生。用户软件必须对这些情况做相应处理。

11.2.3　软件示例

下面是针对所有乘法器运行模式的例子。所有 8×8 模式使用绝对地址访问寄存器，因为在使用预定义文件的标号时，汇编语言不允许.B(字节访问)访问字寄存器。

软件中，无需进行符号扩展。在进行有符号操作的过程中，使用字节指令访问乘法器会自动产生一个符号扩展字节。

```
                                  ;32×32 无符号乘法
MOV     #01234h,&MPY32L           ;装载第一个操作数的低字
MOV     #01234h,&MPY32H           ;装载第一个操作数的高字
MOV     #05678h,&OP2L             ;装载第二个操作数的低字
MOV     #05678h,&OP2H             ;装载第二个操作数的高字
;...                              ;处理结果

                                  ;16×16 无符号乘法
MOV     #01234h,&MPY              ;装载第一个操作数
MOV     #05678h,&OP2              ;装载第二个操作数
;...                              ;处理结果

                                  ;8×8 有符号乘法，绝对寻址
```

```
MOV.B   #012h,&MPY_B                ;装载第一个操作数
MOV.B   #034h,&OP2_B                ;装载第二个操作数
;...                                ;处理结果

                                    ;32×32 有符号乘法
MOV     #01234h,&MPYS32L            ;装载第一个操作数的低字
MOV     #01234h,&MPYS32H            ;装载第一个操作数的高字
MOV     #05678h,&OP2L               ;装载第二个操作数的低字
MOV     #05678h,&OP2H               ;装载第二个操作数的高字
;...                                ;处理结果

                                    ;16×16 有符号乘法
MOV     #01234h,&MPYS               ;装载第一个操作数
MOV     #05678h,&OP2                ;装载第二个操作数
;...                                ;处理结果

                                    ;8×8 有符号乘法,绝对寻址
MOV.B   #012h,&MPYS_B               ;装载第一个操作数
MOV.B   #034h,&OP2_B                ;装载第二个操作数
;...                                ;处理结果
```

11.2.4 小数部分

32 位乘法器提供定点计算的信号处理功能。在对定点计算的信号处理过程中,小数通常使用一个固定的小数点表示。为了区分不同范围的小数,采用 Q 格式。不同的 Q 格式表示小数点的不同位置。如图 11-2 所示,显示了 16 位有符号数的 Q15 格式。小数点后的每一位都有 1/2 的精度。最高位(MSB)是符号位。最大的负数为 08000h,最大的正数是 07FFFh。因此,16 位有符号数的 Q15 格式可以表示的数据范围为-1.0~0.999 969 482(近似 1.0)。

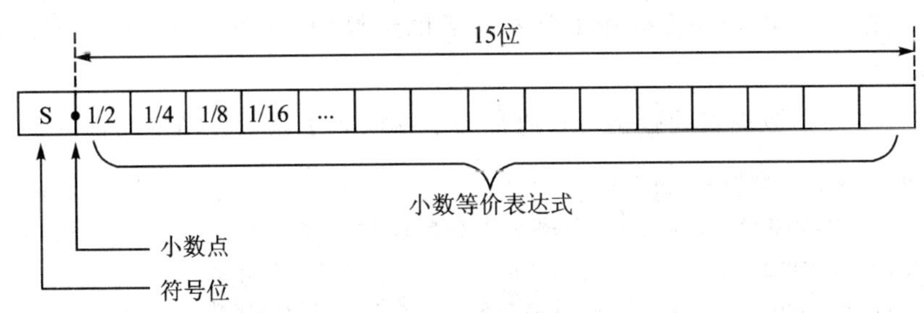

图 11-2 Q15 格式表示图

如图 11-3 所示,可以通过右移小数点来增加数据表示的范围。16 位有符号数的 Q14 格式可以表示的数据范围为-2.0~1.999 938 965(近似 2.0)。

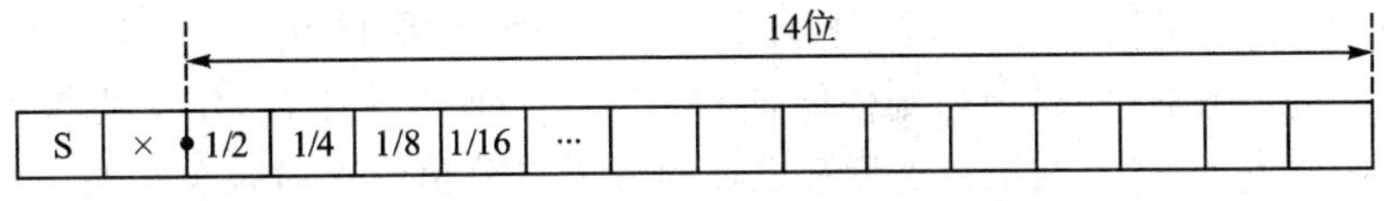

图 11-3 Q14 格式表示图

乘法器采用 16 位有符号数的 Q15 格式和 32 位有符号数的 Q31 格式的优点在于：这两种表示法的乘法结果都在－1.0～1.0 的范围内，并且总是处在相同的范围内。

1. 小数模式

两个采用默认乘法模式（MPYFRAC＝0 和 MPYSAT＝0）的小数相乘，将得到带有 2 位符号位的结果。例如：两个 16 位 Q15 格式的数相乘，结果将得到一个 32 位 Q30 格式的数据。为了手动将结果转换为 Q15 格式，那么第一个位 15 结尾位和符号扩展位必须被移除。然而，当乘法器的小数模式被采用时，两个 16 位 Q15 格式数据的乘法结果的符号冗余位会自动从结果中被移除。此时再从结果寄存器 RES1 中读取 16 位 Q15 格式的乘法结果。两个 32 位 Q31 格式的数据相乘，所得 32 位 Q31 格式的结果可通过寄存器 RES2 和 RES3 读出。表 11－5 所列为小数模式下的结果可能性。

表 11－5　小数模式下的结果可能性（MPYFRAC＝1，MPYSAT＝0）

操作数（OP1×OP2）	结果准备就绪所需的 MCLK 周期数					之后操作
	RES0	RES1	RES2	RES3	MPYC 位	
8/16×8/16	3	3	4	4	3	OP2 写入
24/32×8/16	3	5	6	7	7	OP2 写入
8/16×24/32	3	5	6	7	7	OP2L 写入
	N/A	3	4	4	4	OP2H 写入
24/32×24/32	3	8	10	11	11	OP2L 写入
	N/A	3	5	6	6	OP2H 写入

小数模式可以通过置位 MPY32CTL0 寄存器中的 MPYFRAC 位来使能。当 MPYFRAC＝1 时，结果寄存器的实际值并没有被修正。当通过软件访问这个结果时，计算结果要左移一位，形成最终的 Q 格式结果。这样就允许用户通过软件选择读取移位（小数）的结果还是未移位的结果。小数模式只能在需要的时候使能，在使用完之后需关闭。

在小数模式下，SUMEXT 寄存器包含了 16×16 位操作数相乘且左移后的结果的符号扩展位 32、33 位和 32×32 位操作数相乘且左移后的结果的符号扩展位 64、65 位，而不仅是 32 位或者 64 位。

MPYC 位不受小数模式的影响。它通常用于读取非小数运算结果的进位。

```
;下例使用 16×16 小数模式的乘法
BIS     #MPYFRAC,&MPY32CTL0         ;激活小数模式
MOV     &FRACT1,&MPYS               ;装载第一个 Q15 格式的操作数
MOV     &FRACT2,&OP2                ;装载第二个 Q15 格式的操作数
MOV     &RES1,&PROD                 ;保持 Q15 格式的结果
BIC     #MPYFRAC,&MPY32CTL0         ;返回到正常模式
```

2. 饱和模式

在饱和模式下，乘法器可以防止有符号数操作结果的上溢或者下溢。当寄存器 MPY32CTL0 的位 MPYSAT＝1，则使能饱和模式。如果发生上溢，结果将被设置成最大的正有效值。如果发生下溢，结果将被设置成负的最大有效值。这对减少控制系统中由于人为控制所造成的上溢与下溢情况非常有用。饱和模式只能在需要的时候使能，在使用完之后

关闭。

当 MPYSAT=1 时，结果寄存器的实际值没有被修正。当软件访问结果时，如果此时产生上溢或下溢，则结果寄存器的数值会自动被调整为最大正有效值或者负的最大有效值。调整后的结果也可用于连续的乘加操作。这也就允许用户软件在饱和模式和非饱和模式下进行读操作的切换。

饱和模式的 16×16 操作只能应用在有符号的 32 位运算中，也就是说寄存器 RES0 和 RES1。在 MAC 或者 MACS 操作的饱和模式下，混合使用 16×16 操作，以及 32×32，16×32 或者 32×16 操作，其结果都是不可预知的。

对于 32×32，16×32 和 32×16 的操作，其饱和运算结果只能在 RES3 已准备就绪的情况下被计算。无论 MPYSAT 是否置位，在完整的结果准备就绪之前读取 RES0～RES2 将会得到非饱和结果。对于非 5xx 器件，在完整的结果准备就绪前，执行读取 RES0～RES2 操作，将得到不饱和结果，且与 MPYSAT 位的设置无关。表 11－6 所列为饱和模式下的结果可能性。

表 11－6　饱和模式下的结果可能性(MPYSAT=1)

操作数 (OP1×OP2)	结果准备就绪所需的 MCLK 周期数					之后操作
	RES0	RES1	RES2	RES3	MPYC 位	
8/16× 8/16	3	3	N/A	N/A	3	OP2 写入
24/32× 8/16	7	7	7	7	7	OP2 写入
8/16× 24/32	7	7	7	7	7	OP2L 写入
	4	4	4	4	4	OP2H 写入
24/32×24/32	11	11	11	11	11	OP2L 写入
	6	6	6	6	6	OP2H 写入

使能饱和模式将不会影响寄存器 SUMEXT 的内容，也不会影响位 MPYC 的值。

```
;下例进行饱和模式下的 16×16 小数乘加操作
;激活小数模式与饱和模式
BIS     #MPYSAT + MPYFRAC,&MPY32CTL0
MOV     &A1,&MPYS                      ;装载 A1 作为第一项操作数
MOV     &K1,&OP2                       ;装载 K1 以得到 A1 * K1
MOV     &A2,&MACS                      ;装载 A2 作为第二项操作数
MOV     &K2,&OP2                       ;装载 K2 以得到 A2 * K2
MOV     &RES1,&PROD                    ;保存结果 A1 * K1 + A2 * K2
BIC     #MPYSAT + MPYFRAC,&MPY32CTL0   ;返回到正常模式
```

图 11－4 显示了在进行 16×16 乘法操作时，32 位饱和模式的流程与所有其他情况下 64 位饱和模式的流程。首先，饱和结果取决于 MPYC 进位和结果的最高位；其次，如果小数模式使能，则计算结果主要取决于未左移结果的两个最高位，也就是说，此时结果是在小数模式禁止情况下的结果。

注意： 小数模式下的饱和。

如果在小数模式下，进行(－1.0)×(－1.0)的乘法，结果＋1.0 就超出了范围，因此，饱和结果将为最大正有效值。当使用乘加操作时，此时的操作结果是饱和的，正如 MPYFRAC=0——只有在读得的结果寄存器值为饱和时，才考虑小数模式。这种计算提供了动态范围，并

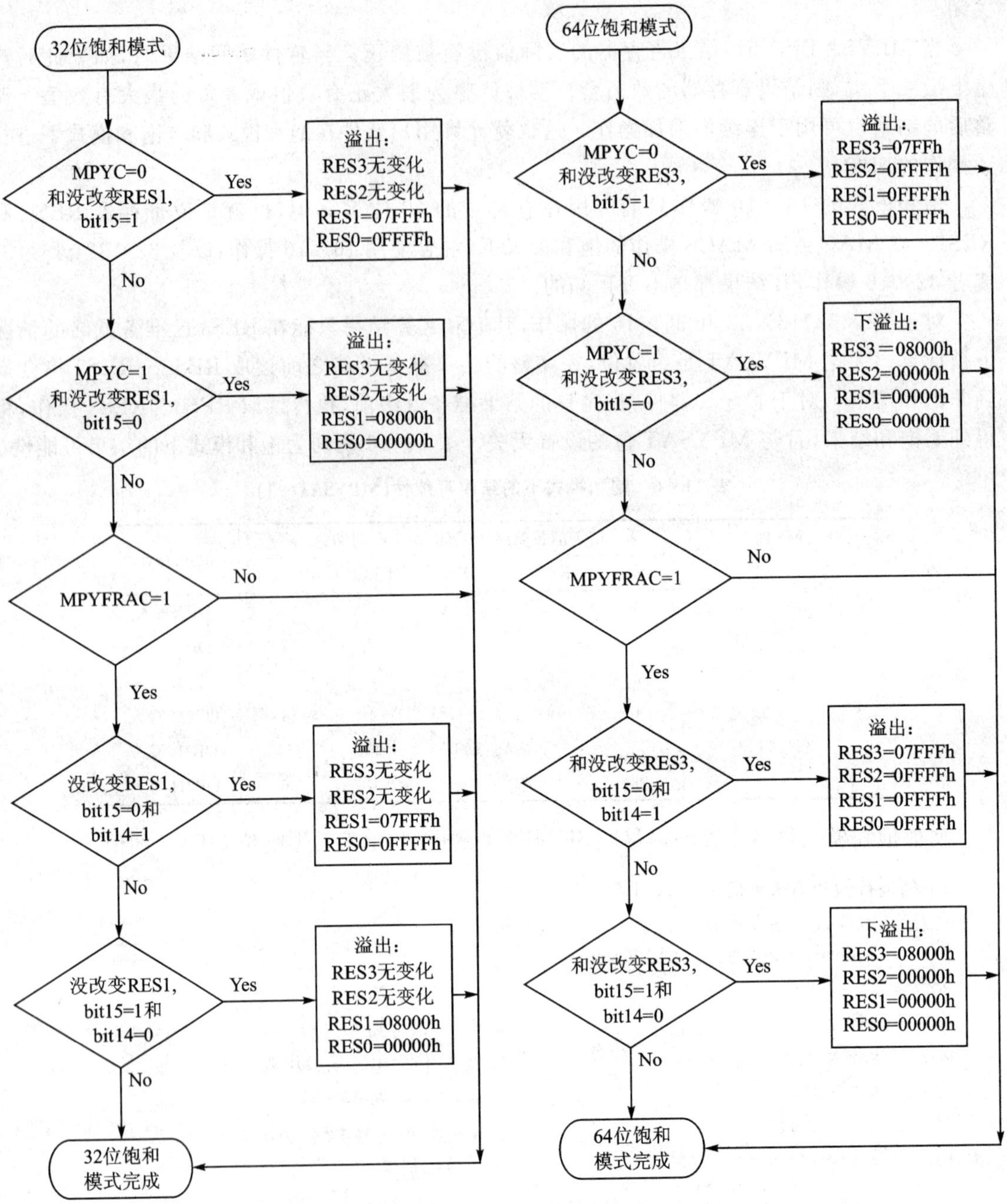

32位饱和模式

MPYC=0
和没改变RES1,
bit15=1

Yes

溢出:
RES3无变化
RES2无变化
RES1=07FFFh
RES0=0FFFFh

No

MPYC=1
和没改变RES1,
bit15=0

Yes

溢出:
RES3无变化
RES2无变化
RES1=08000h
RES0=00000h

No

MPYFRAC=1

No

Yes

没改变RES1,
bit15=0和
bit14=1

Yes

溢出:
RES3无变化
RES2无变化
RES1=07FFFh
RES0=0FFFFh

No

没改变RES1,
bit15=1和
bit14=0

Yes

溢出:
RES3无变化
RES2无变化
RES1=08000h
RES0=00000h

No

32位饱和
模式完成

64位饱和模式

MPYC=0
和没改变RES3,
bit15=1

Yes

溢出:
RES3=07FFh
RES2=0FFFFh
RES1=0FFFFh
RES0=0FFFFh

No

MPYC=1
和没改变RES3,
bit15=0

Yes

下溢出:
RES3=08000h
RES2=00000h
RES1=00000h
RES0=00000h

No

MPYFRAC=1

No

Yes

和没改变RES3,
bit15=0和
bit14=1

Yes

溢出:
RES3=07FFFh
RES2=0FFFFh
RES1=0FFFFh
RES0=0FFFFh

No

和没改变RES3,
bit15=1和
bit14=0

Yes

下溢出:
RES3=08000h
RES2=00000h
RES1=00000h
RES0=00000h

No

64位饱和
模式完成

图 11-4　饱和模式流程图

且如果需要,结果就可以是饱和的。

下面的例子说明了一种特殊情况,这种情况说明了小数模式下的饱和状态。它同样使用了 MPY32 模块的 8 位功能。

```
;激活小数模式与饱和模式
;清除 MPY32CTL0 中的所有位
MOV        #MPYSAT + MPYFRAC,&MPY32CTL0
```

```
                                    ;预装载结果寄存器以演示溢出
MOV       #0,&RES3                  ;
MOV       #0,&RES2                  ;
MOV       #07FFFh,&RES1             ;
MOV       #0FA60h,&RES0             ;
MOV.B     #050h,&MACS_B             ;8 位有符号 MAC 操作数
MOV.B     #012h,&OP2_B              ;启动 16×16 位操作
MOV       &RES0,R6                  ;R6 = 0FFFFh
MOV       &RES1,R7                  ;R7 = 07FFFh
```

结果饱和是因为之前的结果没有被转换成小数造成上溢。两个正数 00050h 和 00012h 相乘得到 0005A0h。0005A0h 加上 07FFF FA60h 的结果，在 MPYC 位未被置位的情况下，存储在 8000 059Fh 单元。由于未修正的结果 RES1 的最高位为 1 且 MPYC=0，根据 11-4 饱和模式流程图，结果是饱和的。

注意：饱和结果的有效性。

饱和结果只有在 RES0～RES3，操作数 1，2 的长度和 MPYC 位没有被修改的情况下有效。如果对预载结果使用饱和模式，用户软件必须保证 MPY32CTL0 寄存器的 MPYC 位已经载入被写入结果的符号位，否则饱和模式将会错误地使结果饱和。

11.2.5 小 结

图 11-5 显示了 MPY32 模块各种可选择模式的完整的乘法流程图。

在独立处理模块的 16 位操作（32 位结果）和 32 位操作（64 位结果）的过程中，当使用 MAC/MACS 操作与混和 16 位操作数/结果以及 32 位操作数/结果时，重要的是理解它们之间的关联。进行混合操作时，用户软件必须声明这些变量。以下的代码说明了这个问题。

```
;使用 16×16 MACS 操作进行混合 32×24 乘法操作
MOV      #MPYSAT,&MPY32CTL0       ;激活饱和模式
MOV      #052C5h,&MPY32L          ;装载第一个操作数的低字
MOV      #06153h,&MPY32H          ;装载第一个操作数的高字
MOV      #001ABh,&OP2L            ;装载第二个操作数的低字
MOV.B    #023h,&OP2H_B            ;装载第二个操作数的高字
                                  ;...要求延时 5 NOP
MOV      &RES0,R6                 ;R6 = 00E97h
MOV      &RES1,R7                 ;R7 = 0A6EAh
MOV      &RES2,R8                 ;R8 = 04F06h
MOV      &RES3,R9                 ;R9 = 0000Dh
                                  ;注意 MPYC = 0!
MOV       #0CCC3h,&MACS           ;有符号 MAC 操作
MOV       #0FFB6h,&OP2            ;16×16 位乘法操作
MOV      &RESLO,R6                ;R6 = 0FFFFh
MOV      &RESHI,R7                ;R7 = 07FFFh
```

第二个操作得出饱和计算结果，因为 16×16 位 MACS 操作结果是 32 位，当操作开始进行时，MACS 操作已经饱和。进位位 MPYC 在当前的操作为 0，但是结果寄存器 RES1 最高

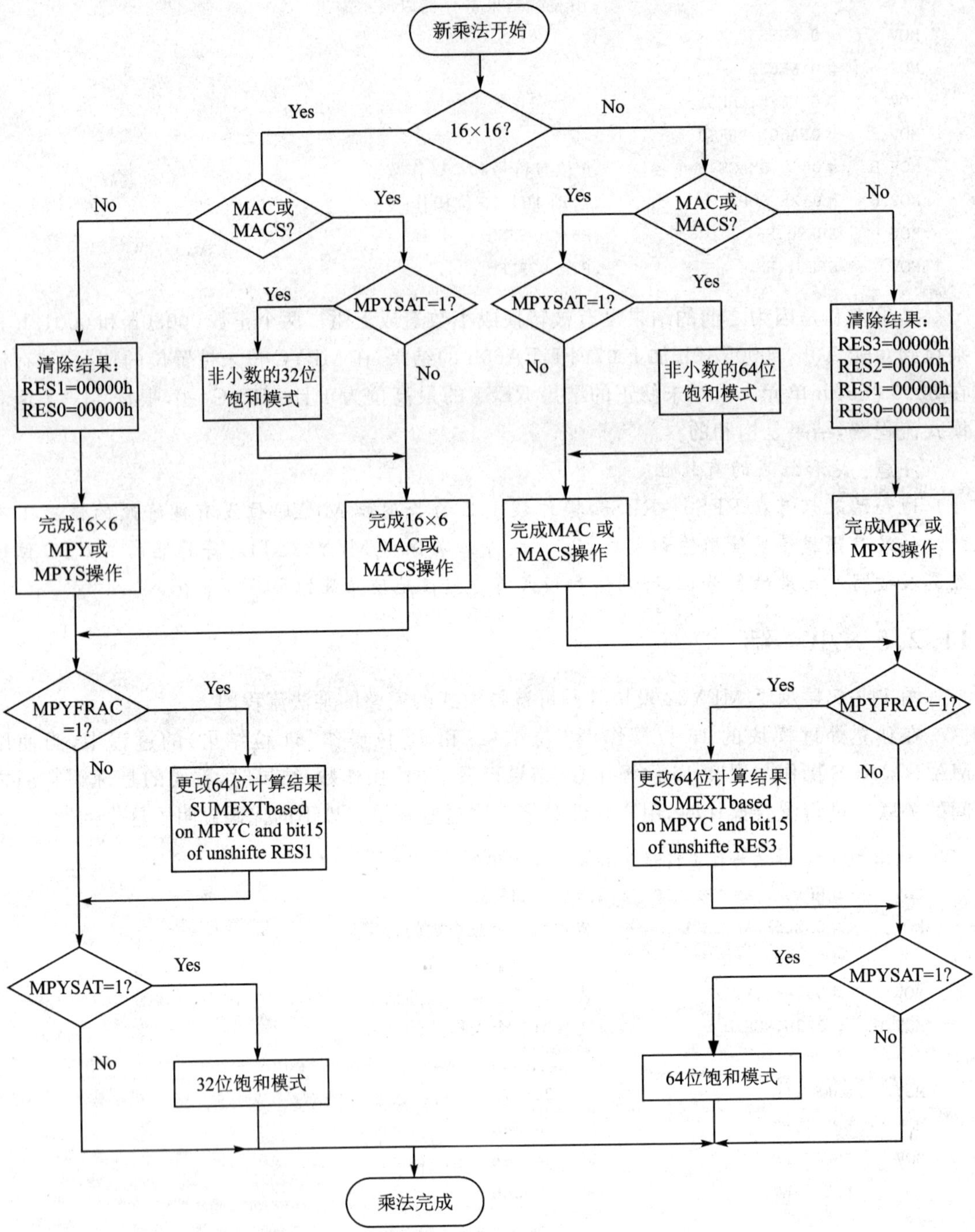

图 11－5 乘法流程图

位里面被设置为 1。在流程图里面可以看到，在启动基于当前值且决定于最近的初始化操作的新操作之后，乘加操作的结果寄存器的内容是饱和的。

在乘法操作之前，如果 MPYC 位没有被正确地设置，饱和会导致问题，如下面的代码所示。

```
;预装载结果寄存器以演示溢出
MOV      #0,&RES3                         ;
MOV      #0,&RES2                         ;
MOV      #0,&RES1                         ;
MOV      #0,&RES0                         ;
MOV      #MPYSAT + MPYC,&MPY32CTL0        ;MPYC 饱和模式,置位 MPYC
MOV.B    #082h,&MACS_B                    ;8 位有符号 MAC 操作
MOV.B    #04Fh,&OP2_B                     ;启动 16×16 位乘法操作
MOV      &RES0,R6                         ;R6 = 00000h
MOV      &RES1,R7                         ;R7 = 08000h
```

尽管结果寄存器被装载入 0,最后的结果仍然是饱和的。这是由于 MPYC 位被置 1 引起乘加操作的结果饱和至 08000 0000h。加入一个负数,会引发下溢,最后的结果仍然会饱和至 08000 0000h。

11.2.6 结果寄存器间接寻址

当使用间接寻址或者间接增量寻址模式访问结果寄存器时,根据表 11－1,乘法器需要 3 个周期直到结果可用为止,在载入第二个操作数和获取结果之前至少需要 1 个指令周期。

```
;使用间接寻址访问乘法器的 16×16 结果
MOV      #RES0,R5              ;R5 存储 RES0 地址,作为间接地址
MOV      &OPER1,&MPY           ;装载第一个操作数
MOV      &OPER2,&OP2           ;装载第一个操作数
NOP                            ;需要一个延时周期
MOV      @R5+,&xxx             ;搬运 RES0
MOV      @R5,&xxx              ;搬运 RES1
```

如果是一个 32×16 的乘法操作,在读取第一个结果寄存器 RES0 和第二个结果寄存器 RES1 之间也需要一个指令周期。

```
;使用间接寻址访问乘法器的 32×16 结果
MOV      #RES0,R5                  ;R5 存储 RES0 地址,作为间接地址
MOV      &OPER1L,&MPY32L           ;装载第一个操作数的低字
MOV      &OPER1H,&MPY32H           ;装载第一个操作数的高字
MOV      &OPER2,&OP2               ;装载第二个操作数(16 位)
NOP                                ;需要一个延时周期
MOV      @R5+,&xxx                 ;搬运 RES0
NOP                                ;需要一个额外的延时周期
MOV      @R5,&xxx                  ;搬运 RES1
                                   ;无需一个额外的延时周期!
MOV      @R5,&xxx                  ;搬运 RES2
```

11.2.7 中断使用

如果在向 OP1 写入数据之后,向 OP2 写入数据之前,一个中断发生,并且乘法器被用在中断服务程序中进行操作,则原来的乘法器模式选择丢失,同时结果也是无法预知的。为了避

免这种情况，在使用硬件乘法器之前，应该关闭中断，不在中断服务子程序里使用乘法器，或者使用 32 位乘法器的保存与恢复功能。

```
;在使用硬件乘法器之前关闭中断
DINT                              ;关闭中断
NOP                               ;DINT 指令需要一个延时周期
MOV     #xxh,&MPY                 ;装载第一个操作数
MOV     #xxh,&OP2                 ;装载第二个操作数
EINT                              ;如果结果寄存器在中断服务程序中被存储与被
                                  ;重新存储，则在处理结果前，中断可能被开启
```

保存和恢复

如果硬件乘法器被用在中断服务子程序中，它的状态可以通过使用寄存器 MPY32CTL0 来保存和恢复。下面的例程展示了如何完整地保存乘法器的当前状态，从而允许在中断服务子程序使用乘法器。由于 MPYSAT 位和 MPYFRAC 位的状态未知，因此在下面的例程代码中，在保存寄存器之前，它们应该被清零。

```
;使用乘法器的中断服务程序
MPY_USING_ISR
PUSH    &MPY32CTL0                    ;保存乘法模式等
BIC     #MPYSAT + MPYFRAC,&MPY32CTL0  ;清除 MPYSAT + MPYFRAC
PUSH    &RES3                         ;保存结果 3
PUSH    &RES2                         ;保存结果 2
PUSH    &RES1                         ;保存结果 1
PUSH    &RES0                         ;保存结果 0
PUSH    &MPY32H                       ;保存操作数 1,高字
PUSH    &MPY32L                       ;保存操作数 1,低字
PUSH    &OP2H                         ;保存操作数 2,高字
PUSH    &OP2L                         ;保存操作数 2,低字
...                                   ;ISR 的主内容
                                      ;使用标准 MPY 程序
;
POP     &OP2L                         ;重新存储 2,低字
POP     &OP2H                         ;重新存储 2,高字
                                      ;启动假乘法操作,但是结果被跟下来的重新
                                      ;存储操作重写
POP     &MPY32L                       ;重新存储操作数 1,低字
POP     &MPY32H                       ;重新存储操作数 1,高字
POP     &RES0                         ;保存结果 0
POP     &RES1                         ;保存结果 1
POP     &RES2                         ;保存结果 2
POP     &RES3                         ;保存结果 3
POP     &MPY32CTL0                    ;重新保存乘法器模式等
RETI                                  ;中断服务程序结束
```

11.2.8 使用 DMA

在具有 DMA 控制器的器件中，当完整的乘法结果可用时，乘法器将会触发一次传输命令。DMA 控制器需要从 MPY32RES0 开始直到 MPY32RES3 连续读取结果。不是所有的寄存器都需要被读取。触发时间是充足的，以至于当 MPY32RES0 准备好时，DMA 控制器就开始读取，当允许使用 DMA 快速访问时，MPY32RES3 也能在时钟周期内被准确读取。进入 DMA 控制器的信号是“乘法器准备好”。详见 DMA 控制器的用户手册。

11.3 硬件乘法器(32 位)寄存器

MPY32 寄存器如表 11－7 所列。该基址地址可以在这个器件的数据手册找到。地址偏移量如表 11－7 所列。

注意： 所有寄存器都可字或字节访问。对于一个通用寄存器 ANYREG，后缀“_L”(ANYREG_L)指的是寄存器的低字节(位 0～7)，后缀“_H”(ANYREG_H)指的是寄存器的高字节(位 8～15)。

表 11－7 MPY32 的寄存器

寄存器	简 称	读/写类型	寄存器访问类型	地址偏移量	初始状态
16 位操作数 1(乘法)	MPY	读/写	字访问	00h	未定义
	MPY_L	读/写	字节访问	00h	未定义
	MPY_H	读/写	字节访问	01h	未定义
8 位操作数 1(乘法)	MPY_B	读/写	字节访问	00h	未定义
16 位操作数 1(有符号数乘法)	MPYS	读/写	字访问	02h	未定义
	MPYS_L	读/写	字节访问	02h	未定义
	MPYS_H	读/写	字节访问	03h	未定义
8 位操作 1(有符号数乘法)	MPYS_B	读/写	字节访问	02h	未定义
16 位操作数 1(乘加)	MAC	读/写	字访问	04h	未定义
	MAC_L	读/写	字节访问	04h	未定义
	MAC_H	读/写	字节访问	05h	未定义
8 位操作数 1(乘加)	MAC_B	读/写	字节访问	04h	未定义
16 位操作数 1(有符号数乘加)	MACS	读/写	字访问	06h	未定义
	MACS_L	读/写	字节访问	06h	未定义
	MACS_H	读/写	字节访问	07h	未定义
8 位操作数 1(有符号数乘加)	MACS_B	读/写	字节访问	06h	未定义
16 位操作数 2	OP2	读/写	字访问	08h	未定义
	OP2_L	读/写	字节访问	08h	未定义
	OP2_H	读/写	字节访问	09h	未定义
8 位操作数 2	OP2_B	读/写	字节访问	08h	未定义
16×16 位结果低字	RESLO	读/写	字访问	0Ah	未定义
	RESLO_L	读/写	字节访问	0Ah	未定义
	RESLO_H	读/写	字节访问	0Bh	未定义

续表 11－7

寄存器	简　称	读/写类型	寄存器访问类型	地址偏移量	初始状态
16×16 位结果高字	RESHI	读/写	字访问	0Ch	未定义
	RESHI_L	读/写	字节访问	0Ch	未定义
	RESHI_H	读/写	字节访问	0Dh	未定义
16×16 位总和扩展寄存器	SUMEXT	读/写	字访问	0Eh	未定义
	SUMEXT_	读/写	字节访问	0Eh	未定义
	SUMEXT	读/写	字节访问	0Fh	未定义
32 位操作数 1(乘法，低字)	MPY32L	读/写	字访问	10h	未定义
	MPY32L_L	读/写	字节访问	10h	未定义
	MPY32L_H	读/写	字节访问	11h	未定义
32 位操作数 1(乘法，高字)	MPY32H	读/写	字访问	12h	未定义
	MPY32H_L	读/写	字节访问	12h	未定义
	MPY32H_H	读/写	字节访问	13h	未定义
24 位操作数 1(乘法，高字节)	MPY32H_B	读/写	字节访问	12h	未定义
32 位操作数 1(有符号数乘法，低字)	MPYS32L	读/写	字访问	14h	未定义
	MPYS32L_L	读/写	字节访问	14h	未定义
	MPYS32L_H	读/写	字节访问	15h	未定义
32 位操作数 1(有符号数乘法，高字)	MPYS32H	读/写	字访问	16h	未定义
	MPYS32H_L	读/写	字节访问	16h	未定义
	MPYS32H_H	读/写	字节访问	17h	未定义
24 位操作数 1(有符号数乘法，高字节)	MPYS32H_B	读/写	字节访问	16h	未定义
32 位操作数 1(乘加，低字)	MAC32L	读/写	字访问	18h	未定义
	MAC32L_L	读/写	字节访问	18h	未定义
	MAC32L_H	读/写	字节访问	19h	未定义
32 位操作数 1(乘加，高字)	MAC32H	读/写	字访问	1Ah	未定义
	MAC32H_L	读/写	字节访问	1Ah	未定义
	MAC32H_H	读/写	字节访问	1Bh	未定义
24 位操作数 1(乘加，高字节)	MAC32H_B	读/写	字节访问	1Ah	未定义
32 位操作数 1(有符号数乘加，低字)	MACS32L	读/写	字访问	1Ch	未定义
	MACS32L_L	读/写	字节访问	1Ch	未定义
	MACS32L_H	读/写	字节访问	1Dh	未定义
32 位操作数 1(有符号数乘加，高字)	MACS32H	读/写	字访问	1Eh	未定义
	MACS32H_L	读/写	字节访问	1Eh	未定义
	MACS32H_H	读/写	字节访问	1Fh	未定义
24 位操作数 1(有符号数乘加，高字节)	MACS32H_B	读/写	字节访问	1Eh	未定义
32 位操作数 2(低字)	OP2L	读/写	字访问	20h	未定义
	OP2L_L	读/写	字节访问	20h	未定义
	OP2L_H	读/写	字节访问	21h	未定义

续表 11－7

寄存器	简　称	读/写类型	寄存器访问类型	地址偏移量	初始状态
32 位操作数 2(高字)	OP2L	读/写	字访问	22h	未定义
	OP2L_L	读/写	字节访问	22h	未定义
	OP2L_H	读/写	字节访问	23h	未定义
24 位操作数 2(高字节)	OP2L_B	读/写	字节访问	22h	未定义
32×32 位结果 0(最小有效字)	RES0	读/写	字访问	24h	未定义
	RES0_L	读/写	字节访问	24h	未定义
	RES0_H	读/写	字节访问	25h	未定义
32×32 位结果 1	RES1	读/写	字访问	26h	未定义
	RES1_L	读/写	字节访问	26h	未定义
	RES1_H	读/写	字节访问	27h	未定义
2×32 位结果 2	RES2	读/写	字访问	28h	未定义
	RES2_L	读/写	字节访问	28h	未定义
	RES2_H	读/写	字节访问	29h	未定义
32×32 位结果 3(最大有效字)	RES3	读/写	字访问	2Ah	未定义
	RES3_L	读/写	字节访问	2Ah	未定义
	RES3_H	读/写	字节访问	2Bh	未定义
MPY32 控制寄存器 0	MPY32CTL0	读/写	字访问	2Ch	未定义
	MPY32CTL0_L	读/写	字节访问	2Ch	未定义
	MPY32CTL0_H	读/写	字节访问	2Dh	未定义

寄存器列表在表 11－8 中是等效的。

表 11－8　可替代寄存器

寄存器	可替代 1	可替代 2
16 位操作数 1(乘法)	MPY	MPY32L
8 位操作数 1(乘法)	MPY_B 或 MPY_L	MPY32L_B 或 MPY32L_L
16 位操作数 1(有符号数乘法)	MPYS	MPYS32L
8 位操作数 1(有符号数乘法)	MPYS_B	MPYS32L_B 或 MPYS32L_L
16 位操作数 1(乘加)	MAC	MAC32L
8 位操作数 1(乘加)	MAC_B	MAC32L_B 或 MAC32L_L
16 位操作数 1(有符号数乘加)	MACS	MACS32L
8 位操作数 1(有符号数乘加)	MACS_B	MACS32L_B 或 MACS32L_L
16×16 位结果低字	RESL0	RES0
16×16 位结果高字	RESHI	RES1

32 位硬件乘法器控制寄存器 0(MPY32CTL0)

15～10	9	8	7	6
保留	MPYDLY32	MPYDLYWRTEN	MPYOP2_32	MPYOP1_32

5　4	3	2	1	0
MPYMx	MPYSAT	MPYFRAC	保留	MPYC

保留	位 15～10	保留位。
MPYDLY32	位 9	延迟写模式。 0　写操作被延迟直到 64 位结果(RES0～RES3)可用； 1　写操作被延迟直到 32 位结果(RES0～RES3)可用。
MPYDLYWRTEN	位 8	延迟写使能。 所有写入 MPY32 寄存器的操作被延迟直到 64(MPYDLY32＝0)或者 32 位(MPYDLY32＝1)结果准备就绪。 0　写操作不延迟；　1　写操作延迟。
MPYOP2_32	位 7	乘法器操作数 2 的宽度。 0　16 位；1　32 位。
MPYOP1_32	位 6	乘法器操作数 1 的宽度。 0　16 位；1　32 位。
MPYMx	位 5～4	乘法器模式。 00　MPY——乘法；　10　MAC——乘加； 01　MPYS——有符号数乘法；　11　MACS——有符号乘加。
MPYSAT	位 3	饱和模式。 0　饱和模式禁止；1　饱和模式使能。
MPYFRAC	位 2	小数模式。 0　小数模式禁止；1　小数模式使能。
保留	位 1	保留位。
MPYC	位 0	乘法器的进位标志。如果未选择饱和模式或者小数模式，该位被作为乘法结果的第 33 位或者第 65 位，因为当切换到饱和模式或者小数模式时，该位不变化。 0　结果没有进位位；1　结果有进位位。

第12章 CRC16 模块

循环冗余校验(CRC)模块可以提供一个给定的数据序列的校验字。本章介绍 CRC 模块的操作和使用。

注意： MSP430F543x 与 MSP430F541x 非 A 版本的 CRC 模块，不支持该模块描述的位翻转功能。寄存器 CRCDIRB 和 CRCRESR，以及它们各自的功能无法使用。

12.1 CRC 模块介绍

使用 CRC 模块可以生成一个给定数据序列的校验字。该校验字的生成是通过将数据位 0、4、11、15 的反馈来实现的。如图 12-1 所示，CRC 校验字的生成遵循 CRC-CCITT-BR 多项式，见式(12-1)。

$$f(X) = X^{16} + X^{12} + X^5 + 1 \tag{12-1}$$

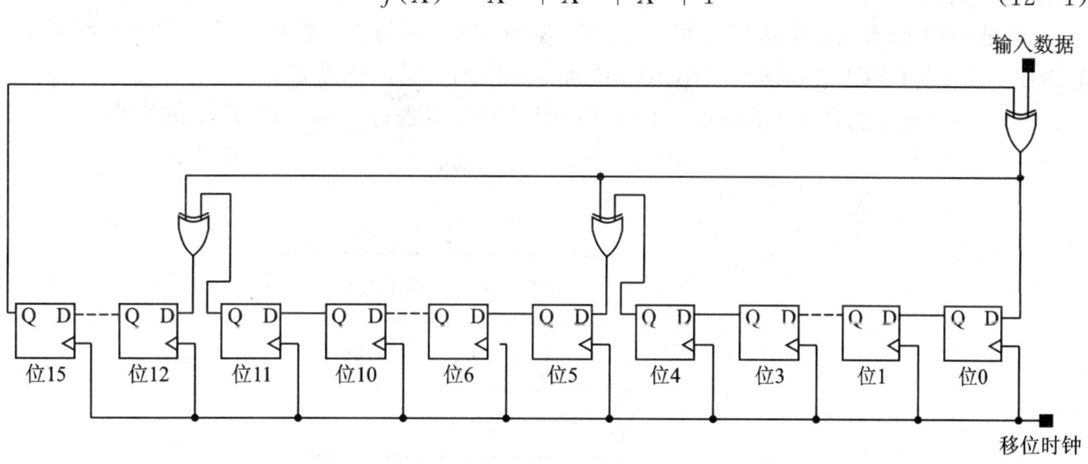

图 12-1 CRC-CCITT 标准的 LFSR 过程，位 0 为结果的最高位

在 CRC 模块以一个固定的种子值进行初始化后，对相同的输入数据序列将生成相同的校验字，而对于不同的输入数据序列将生成不同校验字。

12.2 CRC 校验和生成

首先，通过向结果寄存器 CRCINIRES 中写入一个 16 位字(种子值)来初始化 CRC 发生器。任何需要参与 CRC 运算的数据，必须以相同的顺序写进 CRC 输入数据寄存器 CRCDI，以使得 CRC 计算出独有的校验字。实际的校验和可以从寄存器 CRCINIRES 中读出，以对计算出的校验和与所期望的校验字进行比较，从而实现校验。

校验字的生成描述了如何计算校验字的方法，计算的校验字是借助外部工具计算出来的，在下面的文档中，被称为校验和。校验和存储在器件的存储器中，用来检验 CRC 计算结果的正确性。

12.2.1 CRC 流程

为了实现 CRC 的并行处理，线性反馈移位寄存器的(LFSR)功能是通过异或树来完成的。在 8 位数据从最低位依次移入 LFSR，生成校验字的过程中，LFSR 执行相同的操作。在开始校验字生成运算之前，必须向 CRCINIRES 寄存器写入种子值来初始化寄存器，以启动生成校验字的计算。软件或硬件(比如 DMA)能够传输数据到 CRCDI 或者 CRCDIRB 寄存器，比如来自内存的数据。CRCDI 或 CRCDIRB 寄存器中的数据参与 CRC 校验计算，生成的校验结果可以在下一次读/访问时，从结果寄存器中(CRCINIRES 与 CRCRESR)读取。校验可以产生字或字节的校验字。

如果处理的是字数据，偶地址上的低字节在第一个时钟(MCLK)周期期间处理，高字节在第二个时钟周期期间处理，因此，字处理将花费两个时钟周期，而字节处理只消耗一个时钟周期。

对于以字模式写入 CRCDIRB 的数据字节或以字节模式写入 CRCDIRB 的数据字节，在 CRC 引擎添加它们进行校验运算之前会被翻转。其中每个字节的位被翻转。以字方式写入 CRCDI 的数据字节或以字节模式写入 CRCDI 的数据字节在被 CRC 引擎使用前不会按位翻转。

如果校验和本身(伴随翻转的位顺序)参与 CRC 运算(当数据写入 CRCDI 或 CRCDIRB)，那么在 CRCINIRES 与 CRCRESR 寄存器中的结果应该为零。

图 12-2 所示为使用 CRCDI 与 CRCINIRES 寄存器进行 CRC-CCITT 的流程。

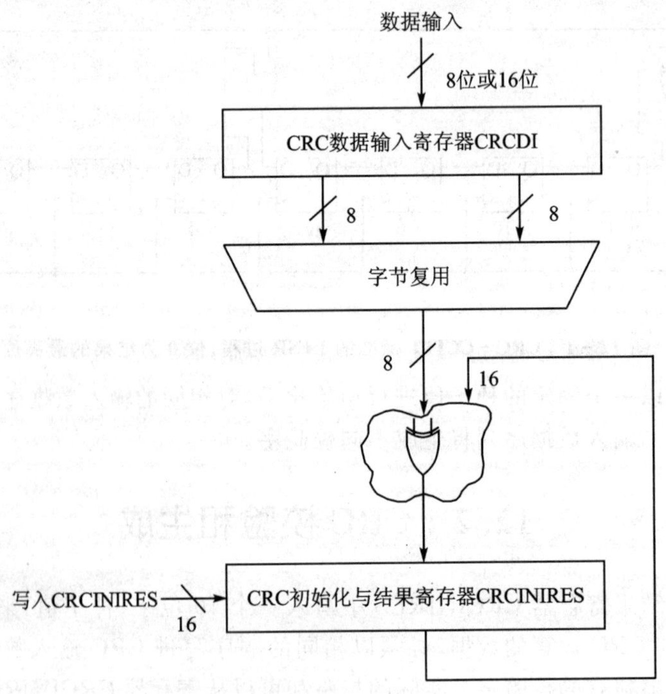

图 12-2 使用 CRCDI 与 CRCINIRES 寄存器进行 CRC-CCITT 的流程

12.2.2 汇编例子

1. 通用汇编例子

这个例子演示片上 CRC 模块的操作。

```
...
PUSH R4                           ;保存寄存器
PUSH R5
MOV   #StartAddress,R4            ;StartAddress<EndAddress
MOV   #EndAddress,R5
MOV  &INIT, &CRCINIRES            ;INIT->CRCINIRES
L1    MOV @R4+,&CRCDI             ;存入数据输入寄存器 CRCDI
CMP  R5,R4                        ;到达结束地址?
JLO  L1                           ;没有到达
MOV  &Check_Sum,&CRCDI            ;到达,包括校验和
TST  &CRCINIRES                   ;结果 = 0?
JNZ  CRC_ERROR                    ;否, CRCRES≠0: 错误
                                  ;是, CRCRES = 0: 信息 OK
POP  R5                           ;恢复寄存器
POP  R4
```

2. 参考数据序列

CRC 算法的实现细节按照下述使用字或字节访问方式的数据序列与 CRC 输入数据进行描述。CRC 翻转字节寄存器同理。

```
...
mov      #0FFFFh,&CRCINIRES        ;初始化 CRC
mov.b    #00031h,&CRCDI_L          ;"1"
mov.b    #00032h,&CRCDI_L          ;"2"
mov.b    #00033h,&CRCDI_L          ;"3"
mov.b    #00034h,&CRCDI_L          ;"4"
mov.b    #00035h,&CRCDI_L          ;"5"
mov.b    #00036h,&CRCDI_L          ;"6"
mov.b    #00037h,&CRCDI_L          ;"7"
mov.b    #00038h,&CRCDI_L          ;"8"
mov.b    #00039h,&CRCDI_L          ;"9"
cmp      #089F6h,&CRCINIRES        ;比较结果
                                   ;CRCRESR 为 06F91h
jeq      &Success                  ;无错误
br       &Error                    ;跳转到错误处理
mov      #0FFFFh,&CRCINIRES        ;初始化 CRC
mov.w    #03231h,&CRCDI            ;"1" & "2"
mov.w    #03433h,&CRCDI            ;"3" & "4"
mov.w    #03635h,&CRCDI            ;"5" & "6"
mov.w    #03837h,&CRCDI            ;"7" & "8"
mov.b    #039h, &CRCDI_L           ;"9"
```

```
cmp     #089F6h,&CRCINIRES          ;比较结果
                                    ;CRCRESR 为 06F91h
jeq     &Success                    ;无错误
br      &Error                      ;跳转到错误处理
...
mov     #0FFFFh,&CRCINIRES          ;初始化 CRC
mov.b   #00031h,&CRCDIRB_L          ;"1"
mov.b   #00032h,&CRCDIRB_L          ;"2"
mov.b   #00033h,&CRCDIRB_L          ;"3"
mov.b   #00034h,&CRCDIRB_L          ;"4"
mov.b   #00035h,&CRCDIRB_L          ;"5"
mov.b   #00036h,&CRCDIRB_L          ;"6"
mov.b   #00037h,&CRCDIRB_L          ;"7"
mov.b   #00038h,&CRCDIRB_L          ;"8"
mov.b   #00039h,&CRCDIRB_L          ;"9"
cmp     #029B1h,&CRCINIRES          ;比较结果
                                    ;CRCRESR 为 08D94h
jeq     &Success                    ;无错误
br      &Error                      ;跳转到错误处理
...
mov     #0FFFFh,&CRCINIRES          ;初始化 CRC
mov.w   #03231h,&CRCDIRB            ;"1" & "2"
mov.w   #03433h,&CRCDIRB            ;"3" & "4"
mov.w   #03635h,&CRCDIRB            ;"5" & "6"
mov.w   #03837h,&CRCDIRB            ;"7" & "8"
mov.b   #039h, &CRCDIRB_L           ;"9"
cmp     #029B1h,&CRCINIRES          ;比较结果
                                    ;CRCRESR 为 08D94h
jeq     &Success                    ;无错误
br      &Error                      ;跳转到错误处理
```

12.3 CRC 模块寄存器

CRC 模块寄存器如表 12-1 所列。基址可以从相应的器件数据手册找到。该地址偏移量见表 12-1。

表 12-1 CRC 模块寄存器

寄存器	简 写	寄存器类型	寄存器访问	地址偏移	初始状态
CRC 数据输入寄存器	CRCDI	读/写	字访问	0000h	0000h
	CRCDI_L		字节访问	0000h	00h
	CRCDI_H		字节访问	00001h	00h
CRC 数据输入翻转字节寄存器[1]	CRCDIRB	读/写	字访问	0002h	0000h
	CRCDIRB_L		字节访问	0002h	00h
	CRCDIRB_H		字节访问	0003h	00h

续表 12 - 1

寄存器	简　写	寄存器类型	寄存器访问	地址偏移	初始状态
CRC 初始化与结果寄存器	CRCINIRES	读/写	字访问	00004h	FFFFh
			字节访问	00004h	FFh
			字节访问	00005h	FFh
CRC 结果翻转寄存器[1]	CRCRESR	读/写	字访问	0006h	FFFFh
	CRCRESR_L		字节访问	0006h	FFh
	CRCRESR_H		字节访问	0007h	FFh

注：[1] MSP430F543x 与 MSP430F541x 非 A 版本不可用。

注意：所有寄存器都可进行字或字节访问。对于通用寄存器 ANYREG，后缀“_L”(ANYREG_L)指的寄存器低字节(0～7 位)，后缀“_H”(ANYREG_H)是指寄存器高字节(8～15 位)。

1. CRC 数据输入寄存器(CRCDI)

15～0
CRCDI

CRCDI　位 15～0　CRC 数据输入。写入 CRCDI 内的数据根据 CRC - CCITT 标准 CRCINIRES 寄存器内的当前数据依照相应多项式累加。

2. CRC 数据输入翻转寄存器(CRCDIRB)

15～0
CRCDIRB

CRCDIRB　位 15～0　CRC 输入数据翻转。写入 CRCDIRB 内的数据根据 CRC - CCITT 标准与 CRCINIRES 和 CRCRESR 寄存器内的当前数据依照相应多项式累加。读该寄存器返回寄存器 CRCDI 的内容。

3. CRC 初始化与结果寄存器(CRCINIRES)

15～0
CRCINIRES

CRCINIRES　位 15～0　CRC 的初始化与结果。该寄存器(按照 CRC - CCITT 标准计算)保存当前 CRC 值。通过写入 CRCINIIES 寄存器的值来初始化 CRC 计算。刚写入的值可以从 CRCINIRES 寄存器读取。

4. CRC 翻转结果寄存器(CRCRESR)

15～0
CRCRESR

CRCRESR　位 15～0　CRC 翻转的结果。该寄存器(按照 CRC - CCITT 标准计算)保存当前 CRC 值。但是数据位的顺序前后相反，(比如 CRCRES[15]＝CRCRESR[0])(见示例代码)。

第13章　AES 加速器

AES 加速器模块是利用硬件实现 AES128 加密和解密的。本章主要描述 AES 加速器。

13.1　AES 加速器介绍

AES 加速器模块根据先进的加密标准(AES)(FIPS PUB 197),使用 128 位密钥对 128 位数据进行硬件加密和解密。

AES 加速器的特点是:

- ❑ 根据先进的加密标准(FIPS PUB 197),采用 128 位密钥进行加密和解密;
- ❑ 实时加密和解密;
- ❑ 离线生成解密密钥;
- ❑ 可字节或字访问密钥、输入与输出数据寄存器;
- ❑ AES 准备好中断标志。

AES 加速器结构框图,如图 13－1 所示。

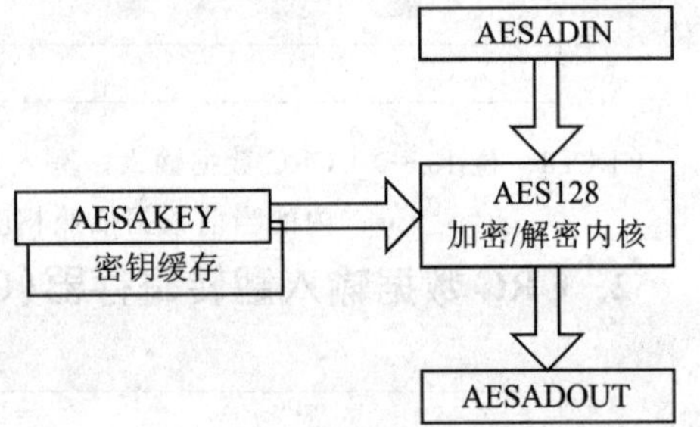

图 13－1　AES 加速器的结构框图

13.2　AES 加速器的操作

AES 加速器可以由用户软件配置。AES 的设置和运行将在以下部分讨论。

在内部,AES 算法使用一个名为“态”(State)的二维字节数组。对于 AES－128,态(State)阵列有 4 行,每行 4 字节。输入的数据字节被分配给图 13－2 所示的态(State)阵列,以 in[0]作为第一个数据字节写入 AES 加速器的数据输入寄存器 AESADIN。加密和解密操作在态(State)阵列中进行,随后,最终的结果将以 out[0]作为第一个数据字节从 AES 加速器数据输出寄存器 AESADOUT 中读出。

AES 模块允使用字与字节方式访问所有的数据寄存器 AESAKEY、AESADIN 与 AESADOUT。当对同一个寄存器进行读出或写入操作时,不能混合使用字和字节访问方式。但是,允许字节访问一个寄存器,然后字访问另一个寄存器。

注意:访问限制。

当 AES 加速器正忙时(AESBUSY＝1),AESADOUT 通常读出为 0,计数器 AESDOUTCNTx、输出数据读完成标志位 AESDOUTRD 及其输入数据写入完成标志位 AESDINWR 处于复位状态,任何尝试改变 AESOPx、AESDINWR 或 AESKEYWR 的操作,将被忽略。任何对 AESAKEY 或 AESADIN 的写入将中断当前操作,同时已经完成的模块被复位(除

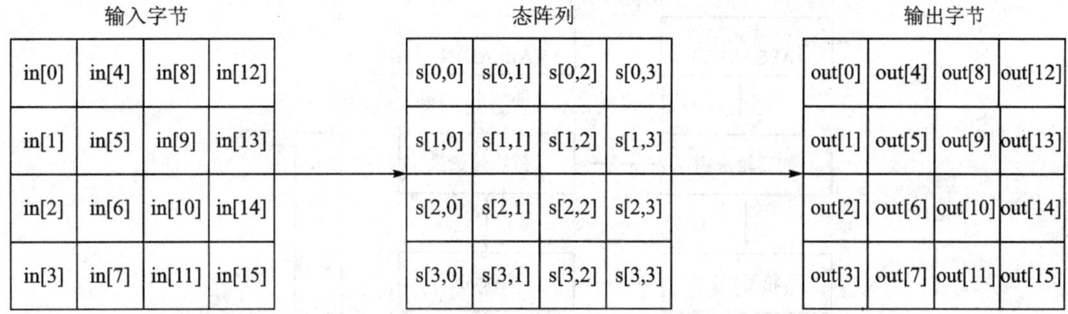

图 13-2 AES 态阵列的输入与输出

AESRDYIE 与 AESOPx 外)，且 AES 错误标志位 AESERRFG 置位。

AESADIN 和 AESAKEY 是只写寄存器，读总是为 0。

写入 AESADIN 的数据内容影响相应的输出数据，例如，写 in[0]改变 out[0]，写 in[1]改变 out[1]等。但是，插入操作是允许的。例如，第一次读 out[0]，然后写 in[0]，并继续读 out[1]，写 in[1]等。

13.2.1 加 密

图 13-3 显示加密过程。一系列转换，通过 AESAKEY 寄存器提供密钥，将写入 AESADIN 寄存器的明文变换为可以从寄存器 AESADOUT 读取的密文。

执行加密的步骤如下：

① 设置 AESOPx=00，选择加密操作。更改 AESOPx 位，可以清除 AESKEYWR 标志位。新的密钥必须在下一步中载入。

② 如果需要使用预先定义的密钥，将 128 位密钥加载到 AESAKEY 寄存器，或者软件置位 AESKEYWR 标志位。当密钥的 16 字节全部被写入时，密钥写入完成标志位 AESKEYWR 置 1，指示密钥写入完成。当不改变 AESOPx 而直接加载预先定义的密钥时，第一次对寄存器 AESAKEY 进行写操作，将清零标志位 AESKEYWR。在执行下一个步骤之前，必须完成密钥的装载。

③ 如果要对先前操作的输出数据进行加密，将 128 位数据加载到 AESADIN 寄存器，或者由软件置位 AESDINWR 标志。当 16 个数据字节全部被写入时，AESDINWR 标志置位，指示数据字节写入完成。当 AESDINWR=1 时，AES 模块启动当前数据的加密操作。

④ 当 AES 模块正处于加密状态时，AESBUSY 位置 1。加密需要耗费 167 个 MCLK 时钟周期。加密完成后，AESRDYIFG 位置 1，此时结果可以从 AESADOUT 中读出。当 16 个字节全部被读出后，AESDOUTRD 标志置 1，指示数据字节读出完成。执行读 AESADOUT 或写 AESAKEY、AESADIN 操作，AESRDYIFG 标志位将被清除。

⑤ 如果有更多的数据需要使用步骤②中装载的相同密钥进行加密，则在读出 AESADOUT 寄存器中的先前数据后，新的数据就可以写入 AESADIN。当另外 16 字节数据被写入后，AES 模块自动使用步骤②中装载的密钥启动加密。

当使用输出反馈密码块(OFB)模式时，置位 AESDINWR 标志将引发下一步的加密，AES 模块自动使用先前加密的输出数据作为输入数据，并启动加密。

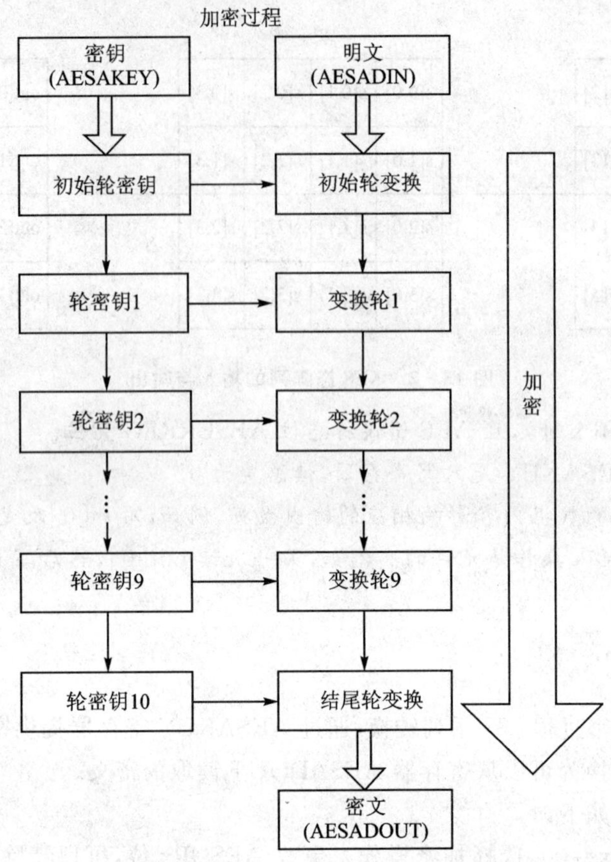

图 13-3 AES-128 加密处理

13.2.2 解 密

图 13-4 显示解密过程,解密是加密的一个逆变换,使用 AESAKEY 寄存器提供的密钥,将 AESADIN 寄存器中的密文转换为可以从 AESADOUT 寄存器读出的明文。

解密的执行步骤如下:

① 设置 AESOPx=01,选择采用与加密相同的密钥进行解密操作。如果解密所需的第一个轮密钥(轮密钥 10)已经产生,同时按照步骤②被装载,则选择 AESOPx=11。更改 AESOPx 位会清除 AESKEYWR 标志位。在第②步中,一个新的密钥必须被加载。

② 如果需使用预先设定的密钥,将 128 位密钥加载到 AESAKEY 寄存器,或者软件置位 AESKEYWR 标志位。当所有 16 字节被写入时,AESKEYWR 标志位置 1,指示密钥写入完成。当不改变 AESOPx 时,直接装载先前的密钥,第一次对 AESAKEY 寄存器进行写操作时,将清零 AESKEYWR 标志。在执行下一步操作之前,必须完成密钥的加载。

③ 如果需对先前操作的输出数据进行解密,加载 128 位数据到 AESADIN 寄存器,或者由软件置位 AESDINWR 标志位。当所有的 16 字节被写入时,AESDINWR 标志置 1,指示数据字节装载完成。只要 AESDINWR=1,AES 模块马上启动当前数据的解密操作。

④ 当 AES 正处于加解密时,AESBUSY 位为 1。AESOPx=01 时,解密需要耗费 214 个 MCLK 时钟周期,而 AESOPx=11 时,解密需要耗费 167 个 MCLK 时钟周期。解密完成后,

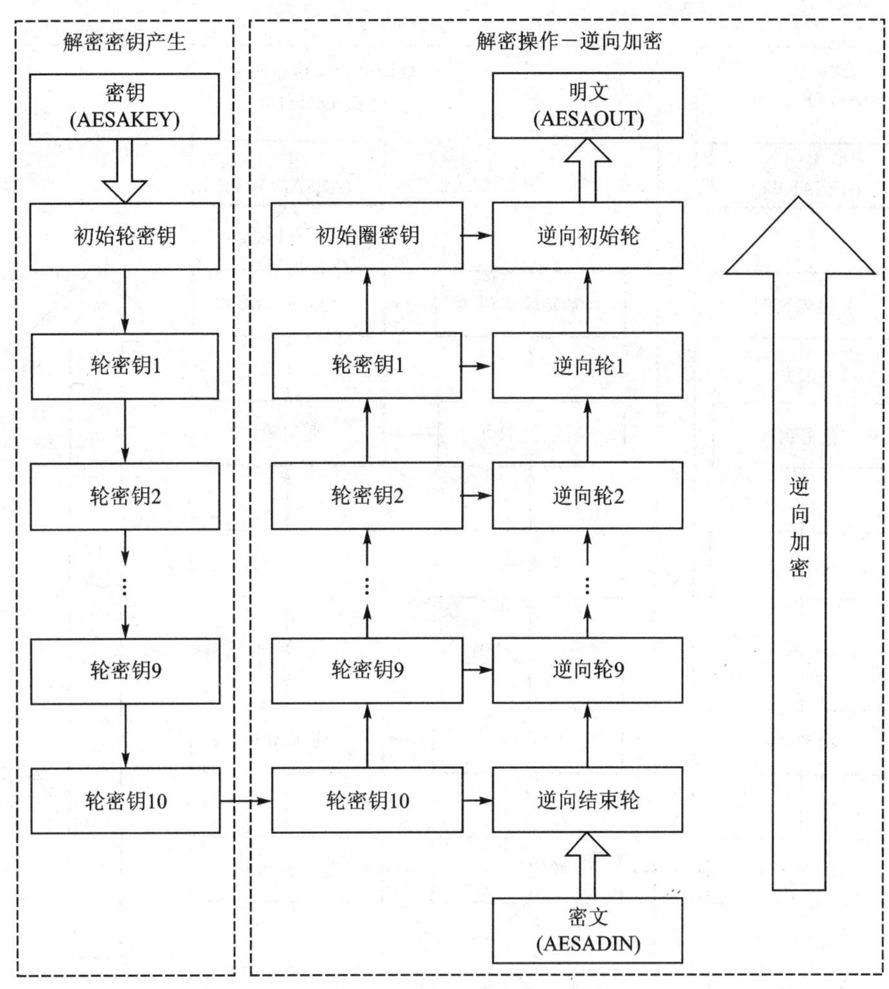

图 13-4　AES-128 解密过程(AESOPx=01)

AESRDYIFG 置 1,此时结果可以从 AESADOUT 寄存器中读取。当所有 16 字节被读出时,AESDOUTRD 标志置 1,指示数据读出完成。执行读 AESADOUT 或写 AESAKEY、AESADIN 操作,AESRDYIFG 标志会被清除。

⑤ 如果有更多的数据需要使用步骤②加载的相同密钥进行解密。在读取 AESADOUT 寄存器中的当前数据之后,新的数据就可以被写入 AESADIN 寄存器。当另外 16 字节数据全部写入时,AES 模块自动使用步骤②装载的密钥启动解密。

13.2.3　解密密钥的产生

图 13-5 显示使用预生成解密密钥进行解密的过程。在这种情况下,当 AESOPx=10 时,解密密钥首先被计算,接着可以将预先计算的密钥与 AESOPx=11 时的解密操作一起使用。

要生成实际解密过程的解密密钥,必须采用以下步骤:

① 设置 AESOPx=10,选择解密密钥的生成模式。改变 AESOPx 位将清除 AESKEYWR 标志位,在第②步中,一个新的密钥必须被加载。

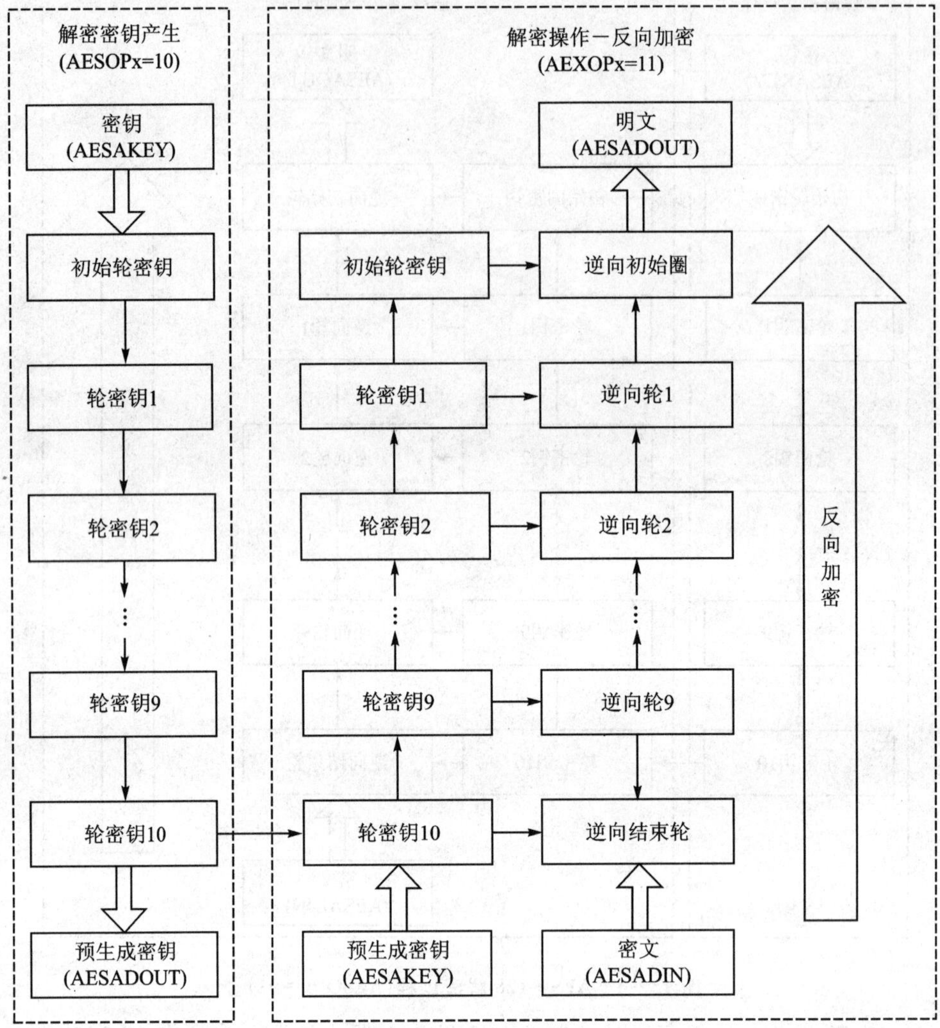

图 13-5 S-128 使用 AESOPx=10 或 11 的解密过程

② 加载 128 位密钥到 AESAKEY 寄存器，或者通过软件置位 AESKEYWR 标志位，如果需要使用预先定义的密钥。当所有 16 字节被写入时，AESKEYWR 标志位置 1，指示写入完成。此时将立即启动生成解密所需的第一轮密钥的操作。

③ 当 AES 模块正在进行密钥生成操作时，AESBUSY 位为 1。密钥的生成需要耗费 52 个 CPU 时钟周期。密钥生成后，AESRDYIFG 位置 1，此时结果可从 AESADOUT 读取。当所有 16 字节全部被读取，AESDOUTRD 标志位置 1，指示数据读取完成。执行读 AESADOUT 或写 AESAKEY、AESADIN 操作，AESRDYIFG 标志位被清除。

④ 如果数据使用生成的密钥进行解密，AESOPx 必须设置为 11。然后生成密钥必须被加载，或者如果密钥只是在 AESOPx=10 时产生的，软件置位 AESKEYWR 足以表明密钥已有效。随后，必须遵守 13.2.2 小节所述步骤，加载数据等。

13.2.4 低功耗模式下使用 AES 加速器

在低功耗模式下，AES 的加速器模块提供 MCLK 时钟自动激活功能。当 AES 加速器处于忙状态时，AES 会自动激活 MCLK，此时忽略时钟源控制位的设置。时钟保持有效，直至 AES 加速器完成其操作为止。

13.2.5 AES 加速器的中断

AES 模块完成对提供数据所选定的操作时，AESRDYIFG 中断标志位置 1。如果此时 AESRDYIE 和 GIE 位也置 1，将产生一个中断请求，如果 CPU 响应 AES 中断服务程序，或者 AESADOUT 被读取，或者 AESADIN 或 AESAKEY 被写入，则 AESRDYIFG 会自动清零。在上电清零信号(PUC)或 AESSWRST＝1 后，AESRDYIFG 被复位。AESRDYIE 将在上电清零信号(PUC)后被复位，但当 AESSWRST＝1 时，AESRDYIE 不会复位。

13.2.6 分组加密模式

所有的分组加密模式可以通过软件控制 AES 加速器完成。一个单独的应用报告介绍了分组加密模式及其软件实现方式。

13.3 AES 加速器寄存器

AES 加速器寄存器如表 13－1 所列。

表 13－1 AES 加速器寄存器

寄存器	简　称	寄存器类型	地址偏移量	初始状态
AES 加速器控制寄存器 0	AESACTL0	读/写	000h	PUC 后重置
保留	保留	读/写	002h	PUC 后重置
AES 加速器状态寄存器	AESASTAT	只读	004h	PUC 后重置
AES 加速器密钥寄存器	AESAKEY	读/写	006h	PUC 后重新
AES 加速器输入数据寄存器	AESADIN	读/写	008h	PUC 后重置
AES 加速器输出数据寄存器	AESADOUT	读/写	00Ah	PUC 后重置

1. AES 加速器控制寄存器 0(AESACTL0)

15～13	12	11	10～9	8
保留	AESRDYIE	AESERRFG	保留	AESRDYIFG

7	6～2	1～0
AESSWRST	保留	AESOPx

保留　　位 15～13　　保留位。

AESRDYIE　　位 12　　AES 准备好中断使能。AESRDYIE 在 AESSWRST＝1 时不会复位。

AESERRFG　　位 11　　AES 错误标志位。当 AES 处于操作过程中时，对 AESAKEY 或 AESADIN 执行写操作，该位置位。该位必须由软件来清除。

0　没有出错；1　出错发生。

保留　　位 10～9　　保留位。

AESRDYIFG　位 8　AES 准备好中断标志位。当设定的 AES 操作完成或结果可以从 AESADOUT 寄存器中读取时，AESRDYIFG 置位。AESADOUT 被读取或 AESAKEY、AESADIN 被写入时，AESRDYIFG 自动清零。

0　没有中断请求；1　中断请求。

AESSWRST　位 7　AES 软件复位。AESSWRST＝1 时，除了 AESRDYIE 和 AESOPx 位，立即复位 AES 加速器模块，即使 AES 处于忙状态时。AESSWRST 位自动复位，并通常读为 0。

0　没有复位；1　复位 AES 加速器模块。

保留　位 6～2　保留位。

AESOPx　位 1～0　AES 操作模式位。AESOPx 位在 AESSWRST＝1 时，不会被复位。

00　加密；

01　解密，所提供的密钥与加密相同；

10　生成第一轮解密所需的密钥；

11　解密。所提供的密钥是第一轮解密所需的关键。

2. AES 加速器状态寄存器(AESASTAT 只读)

15～12	11～8	7～4
AESDOUTCNTx	AESDINCNTx	AESKEYCNTx

3	2	1	0
AESDOUTRD	AESDINWR	AEKEYWR	AESBUSY

AESDOUTCNTx　位 15～12　通过 AESADOUT 进行字节读。AESDOUTRD 被复位时，AESDOUTCNTx 复位。

AESDOUTCNTx＝0 和 AESDOUTRD＝0，没有字节被读取。

AESDOUTCNTx＝0 和 AESDOUTRD＝1，所有字节被读取。

AESDINCNTx　位 11～8　通过 AESADIN 进行字节写。AESDINWR 被复位时，AESDINCNTx 复位。

AESDINCNTx＝0 和 AESDINWR＝0，没有字节被写入。

AESDINCNTx＝0 和 AESDINWR＝1，所有字节被写入。

AESKEYCNTx　位 7～4　通过 AESAKEY 进行字节写。复位时 AESKEYWR 复位。

AESKEYCNTx＝0 和 AESKEYWR＝0，没有字节被写入。

AESKEYCNTx＝0 和 AESKEYWR＝1，所有字节被写入。

AESDOUTRD　位 3　从 AESADOUT 读取全部 16 字节。

当 PUC，AESSWRST，一个错误条件，改变 AESOPx，当 AES 加速器处于忙状态时，当重新读取输出数据，任一情况发生时，AESDOUTRD 被复位。

0　不是所有的字节读取；1　所有字节读取。

AESDINWR　位 2　全部 16 字节写入 AESADIN。该位可以通过软件进行修改。通过软件改变其状态，也可复位 AEDINCNTx 位。

当 PUC，AESSWRST，一个错误条件，改变 AESOPx，一开始就写入数据，当 AES 加速器处于忙状态任一情况发生时，AESDINWR 被复位。因为改变 AESOPx 时，AESDINWR 被复位，所以通过软件设置，再次表明当前的数据仍然有效(例如，输出反馈 OFB)。

0　不是所有的字节写入；1　所有字节写。

AEKEYWR	位 1	全部 16 字节写入 AESAKEY。该位可以通过软件进行修改。通过软件改变其状态，也可复位 AESKEYCNTx 位。 当 PUC，AESSWRST，一个错误条件，改变 AESOPx，或开始写入一个新的密钥，任一情况发生时，AESKEYWR 被复位。因为 AESOPx 改变时，AEKEYWR 被复位，所以可以通过软件设置该位，再次表明，加载的密钥仍然有效。 0　并非所有的字节都写入；1　所有字节已经写入。
AESBUSY	位 0	AES 加速器模块忙状态，AES 正在进行加密、解密或者密钥产生操作。 0　不忙；1　忙。

3. AES 加速器密钥寄存器(AESAKEY)

15～8	7～0
AESKEY1x(密钥字节 n+1)	AESKEY0x(密钥字节 n)

AESKEY1x	位 15～8	以字方式写 AESAKEY 时，AES 密钥的第 n +1 字节。不要以字节方式访问这些位。不要混淆字与字节访问方式。读总是为 0。 PUC 或 AESSWRST=1 后，密钥被复位。
AESKEY0x	位 7～0	以字方式写 AESAKEY 时，AES 密钥的第 n 字节。 当以字节方式写 AESAKEY_L 时，AES 的下一个密钥字节。 不要混淆字和字节访问。读总是为 0。PUC 或 AESSWRST=1 后，密钥被复位。

4. AES 加速器数据输入寄存器(AESADIN)

15～8	7～0
AESDIN1x(DIN 字节 n+1)	AESDIN0x(DIN 字节 n)

AESDIN1x	位 15～8	以字方式写 AESADIN 时，AES 数据输入的第 n +1 字节。不要以字节方式访问这些位。不要混淆字与字节访问方式。读总是为 0。
AESDIN0x	位 7～0	以字方式写 AESADIN 时，AES 数据输入的第 n 字节。以字节方式写 AESADIN_L 时，AES 的下一个数据输入字节。不要混淆字和字节访问。读总是为 0。

5. AES 加速器数据输出寄存器(AESADOUT)

15～8	7～0
AESDOUT1x(DOUT 字节 n+1)	AESDOUT0x(DOUT 字节 n)

AESDOUT1x	位 15～8	以字方式读 AESADOUT 时，AES 数据输出的第 n+1 字节。不要以字节方式使用这些位。不要混淆字与字节访问方式。
AESDOUT0x	位 7～0	以字方式读 AESADOUT 时，AES 数据输出的第 n 字节。以字节方式读 AESADOUT_L 时，AES 的下一个输出字节。不要混淆字和字节访问。

第14章　定时器 Timer_A

Timer_A 是一个具有多路捕获/比较寄存器的 16 位的定时/计数器。在给定的器件中，有多种 Time_A 模块(详见器件数据手册)。本章介绍 Timer_A 的操作与用法。

14.1　Timer_A 介绍

Timer_A 是一个 16 位的定时/计数器，同时多达 7 个捕获/比较寄存器。Timer_A 支持多路捕获/比较功能、PWM 输出以及间隔定时功能。Timer_A 也具有扩展中断向量的能力。中断可以来自定时器溢出或者任意的捕获/比较寄存器。

Timer_A 的特征包括：

- ❑ 具有 4 种工作模式的异步 16 位定时/计数器；
- ❑ 可选择配置的时钟源；
- ❑ 多达 7 个可配置的捕获/比较寄存器；
- ❑ 可配置的 PWM 输出功能；
- ❑ 异步输入和同步锁存；
- ❑ 所有 Timer_A 中断具备快速解码的中断向量寄存器。

Timer_A 的结构框图如图 14－1 所示。

注意：

① 字计数的使用。

整个章节使用到了计数。这意味着计数器必须在计数操作过程发生时得以进行。如果一个特定的值被直接写入计数器，则相关的操作不会发生。

② 命名。

在一个给定的器件中，可能有多个实例化的 Timer_A。前缀 TAx 被使用，其中 x 是大于或等于零表示某个 Timer_A 的实例。对于只有一个实例的器件，x＝0。后缀 n，其中 n＝0～6，代表 Timer_A 实例相关联的特定捕获/比较寄存器。

14.2　Timer_A 操作

Timer_A 模块由用户软件配置。Timer_A 的配置和操作将在下面讨论。

14.2.1　16 位定时/计数器

16 位定时/计数寄存器 TAxR，在每个时钟信号的上升沿做增一计数或减一计数(这取决于操作模式)。TAxR 可以通过软件读或写。此外，当定时器溢出时，可以产生中断。

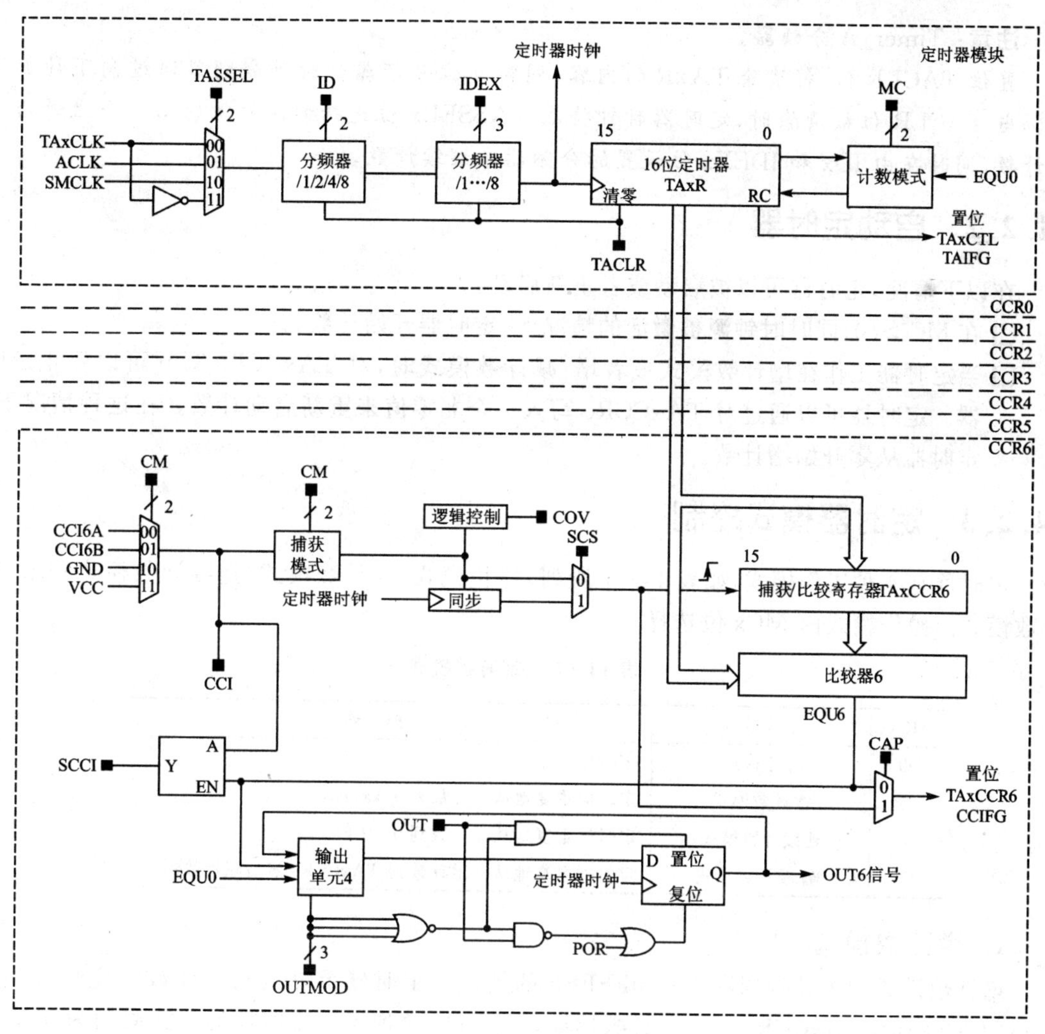

图 14-1　Timer_A 结构框图

TAxR 可以通过置位 TACLR 清除。当计数器工作在增/减计数模式时，置位 TACLR 也会清除时钟分频器和计数方向。

注意：修改 Timer_A 寄存器。

建议在修改 Timer_A 寄存器操作（中断使能，中断标志，TACLR 的操作除外）之前，先停止计数器，以避免产生错误操作。

当定时器时钟 TACLK 与 CPU 时钟不同步时，任何对 TAxR 的读操作将会导致定时器不运行，或结果不可预知。另外，当定时器正在运行时，可以通过多次读取，并在软件中采用多数表决的方法确定正确的读数。任何对 TAxR 的写操作将立即生效。

时钟源的选择和分频

定时器时钟 TACLK 可以选择来自 ACLK、SMCLK 或者外部的 TAxCLK。时钟源由 TASSELx 位来选择。选定的时钟源可以直接到达定时器，或者通过 IDx 位经过 2、4、8 分频后到达定时器，选定的时钟源可以通过 IDEXx 进行 2、3、4、5、6、7 或者 8 分频。当 TACLR 置位时，定时器时钟源分频器被复位。

注意： Timer_A 分频器。

置位 TACLR 位，将清除 TAxR 的内容，同时复位分频器。时钟分频器通过向下计数实现。当 TACLR 位被清除时，定时器时钟将在 TASSELx 位选择的时钟源的第一个上升沿开始计数，同时在由 IDx 和 IDEXx 位设置的分频器中继续计数。

14.2.2 启动定时器

在以下情况，定时器可以被启动或者重新启动：

- 在 MC>{0}同时时钟源被激活的情况下，定时器开始计数。
- 当定时器工作在增计数模式或者增/减计数模式时，对 TAxCCR0 写 0 可以停止定时器。定时器可以通过对 TAxCCR0 写入一个非零值来重新启动计数。在这种情况下，定时器从零开始增计数。

14.2.3 定时器模式控制

定时器有 4 种工作模式，如表 14-1 所列，停止模式、增计数模式、连续计数模式和增/减计数模式。操作模式由 MCx 位选择。

表 14-1　定时器模式

MCx	工作模式	描　述
00	停止模式	定时器停止
01	增计数模式	定时器重复地从 0 计数到 TAxCCR0
10	连续计数模式	定时器重复地从 0 计数到 0FFFFh
11	增/减计数模式	定时器重复地从 0 增计数到 TAxCCR0 然后减计数到 0

1. 增计数模式

增计数模式用于计数周期不是 0FFFFh 的情况。定时器重复地从 0 计数到比较寄存器 TAxCCR0 的值，TAxCCR0 定义了计数周期，如图 14-2 所示。定时器的计数周期为 TAxCCR0+1。当定时器的值与 TAxCCR0 相等时，定时器重新从零开始计数。当定时器 TAxR 的值大于 TAxCCR0 时，再选择增计数模式，定时器立即从 0 开始重新计数。

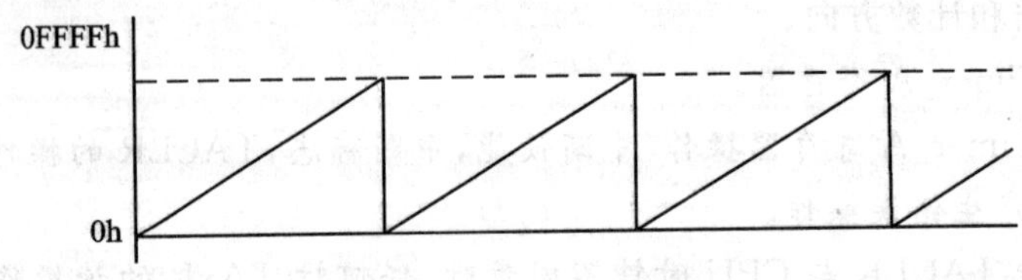

图 14-2　增计数模式

当定时器计数到 TAxCCR0 的值时，中断标志位 TAxCCR0 CCIFG 置 1。当计数器由 TAxCCR0 计数到 0 时，中断标志 TAIFG 置 1。图 14-3 描述了标志位的置位周期。

2. 改变周期寄存器 TAxCCR0

当定时器正在运行时，改变 TAxCCR0，如果新的计数周期大于或等于旧的计数周期，那么定时器将一直计数到新的计数周期。如果新的计数周期小于当前的计数值，那么定时器 TAR 立即复位回归到 0。但是，在定时器回到 0 之前会增加一个额外的计数。

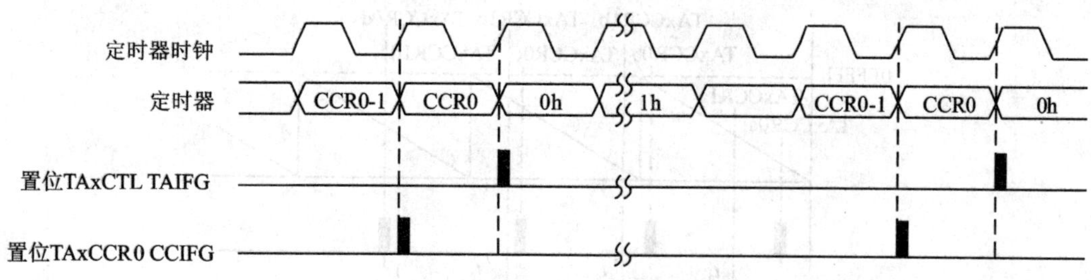

图 14-3　增计数模式的标志位置位

3. 连续计数模式

在连续计数模式中，定时器重复计数到 0FFFFh，然后又从 0 开始重新计数，如图 14-4 所示。其他捕获/比较寄存器和捕获/比较寄存器 TAxCCR0 工作方式一样。

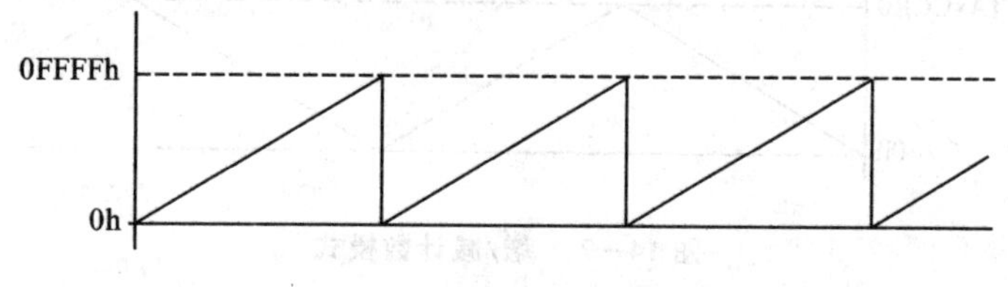

图 14-4　连续计数模式

当定时器从 0FFFFh 计数到 0 时，中断标志位 TAIFG 置位，图 14-5 描述了标志位的置位情况。

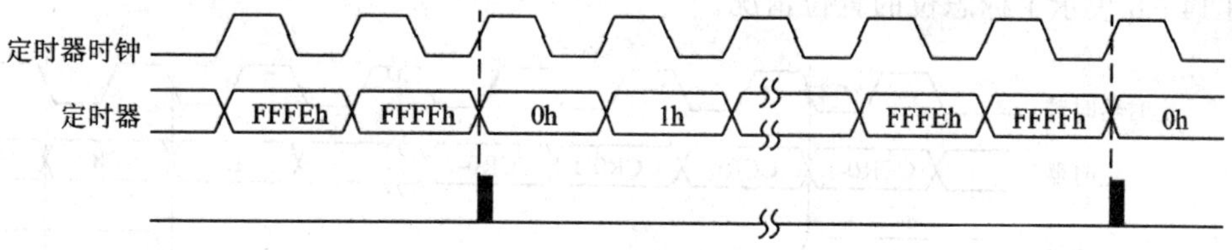

图 14-5　连续计数模式标志位的置位

4. 连续计数模式的使用

连续计数模式可用来产生独立的定时间隔和输出频率。每个定时间隔完成时，触发一个中断。在中断服务子程序里，将下一个定时间隔的值写入 TAxCCRn 寄存器。图 14-6 显示了两个独立的定时间隔 t_0 和 t_1，被写入各自的捕获/比较寄存器的情况。在此应用中，定时间隔由硬件控制，而不是软件，同时也不受中断延时的影响。使用捕获/比较寄存器，最多可以产生 7(n=0～6)个独立的时间间隔或者输出频率。

5. 增/减计数模式

增/减计数模式在定时周期不是 0FFFFh 且需要产生对称脉冲的情况下使用。在增/减计数模式下，定时器重复增计数到寄存器 TAxCCR0 的值，然后反向减计数到 0，如图 14-7 所示。计数周期是 TAxCCR0 值的 2 倍。

定时器的计数方向是锁定的。这就允许在定时器被停止后，按照停止前计数器的计数方向重新启动计数。如果不需要这样，必须置位 TACLR 位，以清除计数方向。置位 TACLR 也将清除 TAxR 的值和 TACLK 分频器。

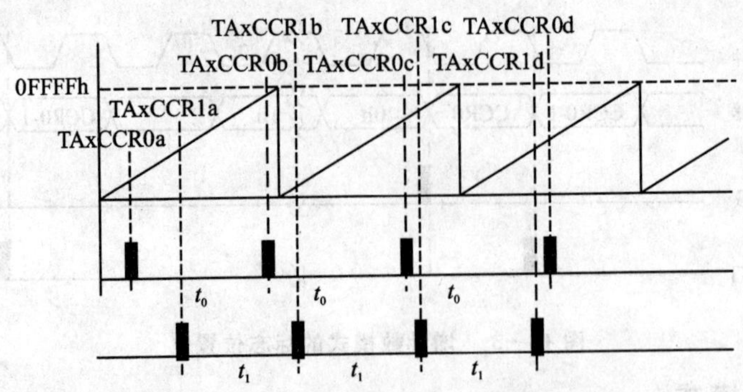

图 14-6 连续计数模式的定时间隔

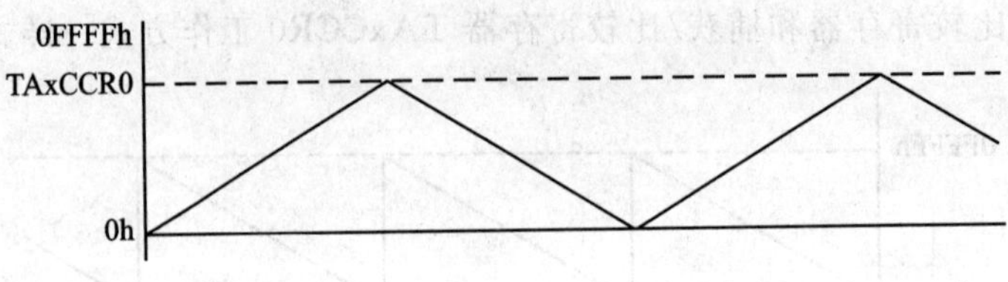

图 14-7 增/减计数模式

在增/减计数模式下，中断标志位 TAxCCR0 CCIFG 和 TAIFG 在一个周期内仅置位一次，且相隔 1/2 个计数周期。当定时器 TAxR 的值从 TAxCCR0-1 增计数到 TAxCCR0 时，中断标志 TAxCCR0 CCIFG 置位，当定时器从 0001h 减计数到 0000h 时，中断标志 TAIFG 置位。图 14-8 表示了标志位的置位情况。

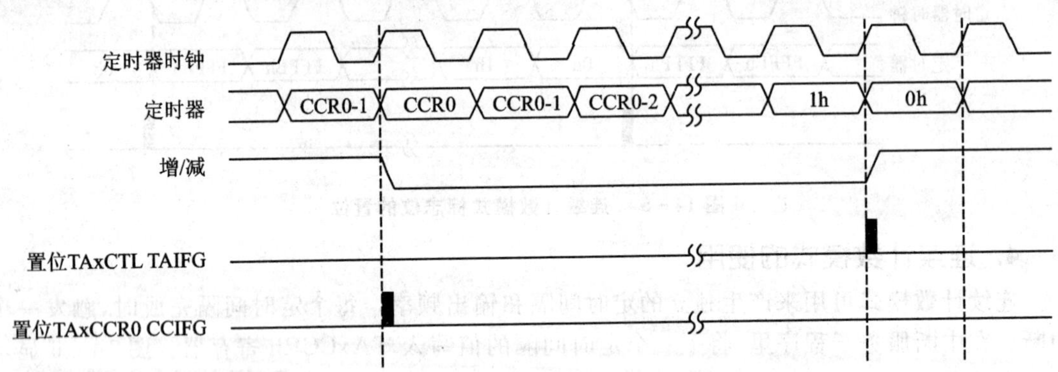

图 14-8 增/减计数模式标志位的置位

6. 改变周期寄存器 TAxCCR0

当计数器正处于减计数方向运行时，此时改变 TAxCCR0 的值，则定时器将继续减计数到 0，在定时器减计数到 0 后，新的周期才有效。

当定时器正处于增计数运行，新的计数周期大于或等于原来的计数周期，或者比当前的计数值大，定时器会增计数到新的计数周期，再反向减计数。当计数器正处于增计数运行时，新的计数周期小于当前的计数值，定时器立即开始减计数。但是，在定时器减计数之前需要一个额外的计数。

7. 增/减计数模式的使用

增/减计数模式支持在输出信号之间需要死区时间的应用(见 Timer_A 输出单元)。例如,为了避免过载情况,驱动一个 H 桥的两路输出不能同时为高。图 14-9 描述的 t_{dead} 为

$$t_{dead}=t_{timer}\times(\text{TAxCCR1}-\text{TAxCCR2})$$

式中:t_{dead}——死区时间;

t_{timer}——定时器的时钟周期;

TAxCCRn——捕获/比较寄存器 n 的值。

TAxCCRn 寄存器没有缓冲,当它们被写入时会立即更新。因此,任何需要的死区时间都不会自动保持。

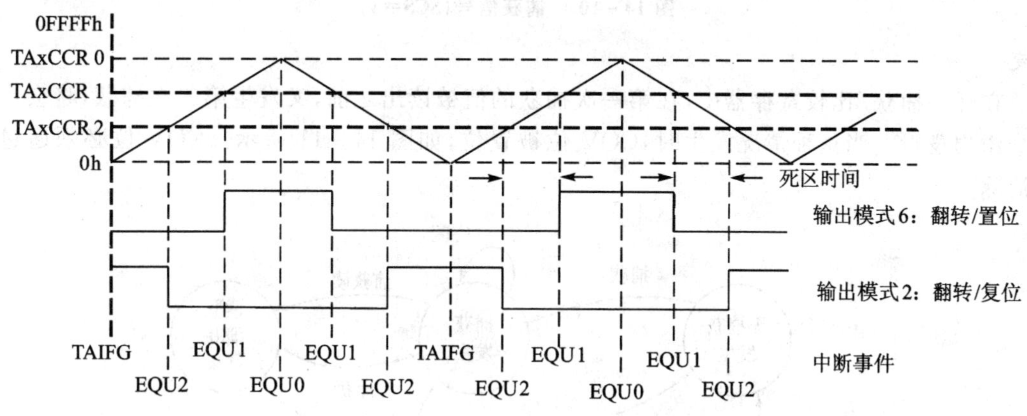

图 14-9 增/减模式的输出单元

14.2.4 捕获/比较模块

在目前的 Timer_A 中,最多有 7 个相同的捕获/比较模块。每个模块都可用于捕获定时器的数据或者产生定时间隔。

1. 捕获模式

当 CAP=1 时,选择为捕获模式。捕获模式用来记录事件发生的时间。它可用于速度计算或时间测量。由 CCISx 位选择捕获输入 CCIxA 和 CCIxB 是与外部的引脚相连还是来自内部的信号。CM 位选择捕获输入信号的触发沿为上升沿、下降沿或者两者都捕获。捕获发生在所选定输入信号的触发沿。如果一个捕获发生:

❑ 定时器的值被复制到 TAxCCRn 寄存器;

❑ 中断标志 CCIFG 置位。

输入信号的电平可以在任意时刻通过 CCI 位读取得到。不同的器件可能由不同的信号连接 CCIxA 和 CCIxB。这些信号的连接详见器件的数据手册。

捕获信号与定时器时钟可能是异步的,这将会引起时间竞争。置位 SCS 位将会在下一个定时器时钟同步捕获信号与定时器时钟。建议置位 SCS 位使捕获信号和定时器时钟同步,如图 14-10 所示。

注意: 更改捕获输入信号。在捕获模式时,改变捕获输入信号,可能会导致意外捕获的事件发生。为避免这种情况,捕获输入信号只能在捕获模式关闭时(CM={0}或 CAP=0)被

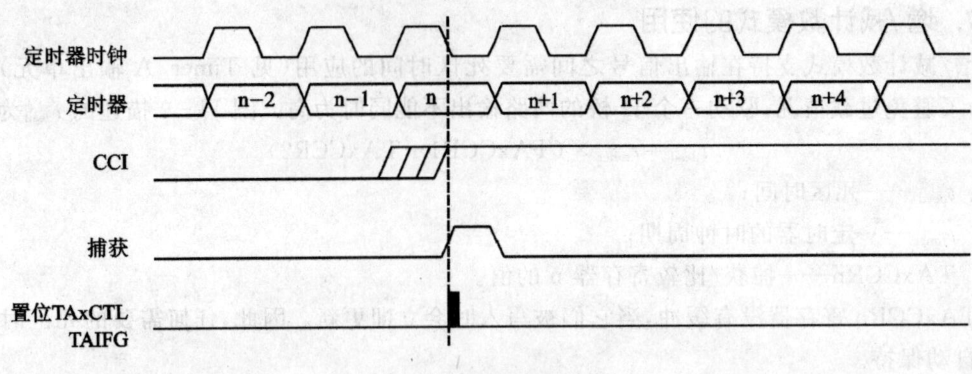

图 14－10　捕获信号(SCS＝1)

改变。

在任一捕获/比较寄存器中，在第一次捕获的值被读出之前，又发生第二次捕获，将会产生一个溢出逻辑。当这种情况发生时，COV 位被置位，如图 14－11 所示。COV 位必须通过软件清除。

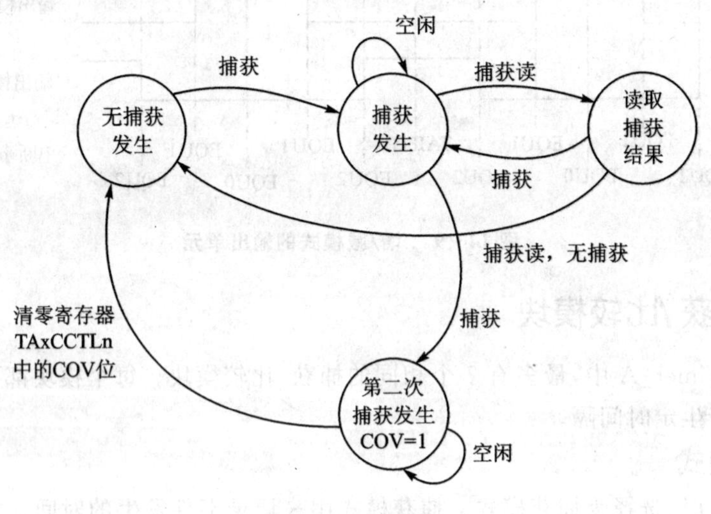

图 14－11　捕获循环

2. 软件初始化捕获

捕获可以通过软件初始化实现。CMx 位用于选择捕获的边沿。软件设置 CCIS1＝1，翻转 CCIS0 位使得捕获信号在 VCC 和 GND 之间切换。每次 CCIS0 改变状态，就初始化捕获。

```
MOV     #CAP + SCS + CCIS1 + CM_3,&TACCTLx          ;设置 TACCTLx
XOR     #CCIS0,&TACCTLx                             ;TACCTLx = TAR
```

注意：捕获软件引发的。通常情况下，在捕获模式中改变捕获输入可能会导致意外的捕获事件。对于这种在 VCC 和 GND 之间切换捕获输入的情况，不需要禁用捕捉模式。

3. 比较模式

当 CAP＝0 时，选择比较模式。比较模式用来产生 PWM 输出信号或者特定时间间隔的中断。当 TAxR 计数到 TAxCCRn 的值时(其中 n 代表指定的捕获/比较寄存器)：

- ❑ 中断标志 CCIFG 置位；
- ❑ 内部信号 EQUn=1；
- ❑ EQUn 根据输出模式影响输出；
- ❑ 输入信号 CCI 被锁存在 SCCI。

14.2.5 输出单元

每个捕获/比较模块都包含一个输出单元。输出单元用来产生输出信号，如 PWM 信号。每个输出单元有 8 种工作模式，可以产生基于 EQU0 和 EQUn 的各种信号。

1. 输出模式

输出模式取决于 OUTMODx 位，如表 14-2 所列。除模式 0 外，其他的输出都在定时器时钟的上升沿发生变化。输出模式 2、3、6 和 7 不适合输出单元 0，因为 EQUn=EQU0。

表 14-2 输出模式

OUTMODx	输出模式	描 述
000	输出	输出信号 OUTn 取决与寄存器 CCTLx 中的 OUT 位。当 OUT 被更新时，输出信号 OUTn 立即更新
001	置位	在定时器计数到 TAxCCRn 时，输出置位，并保持置位直到定时器复位为止，或者另外的输出模式被选择并影响输出
010	翻转/复位	在定时器计数到 TAxCCRn 时，输出翻转，在定时器计数到 TAxCCR0 时复位
011	置位/复位	在定时器计数到 TAxCCRn 时，输出置位，在定时器计数到 TAxCCR0 时复位
100	翻转	在定时器计数到 TAxCCRn 时，输出翻转，输出周期是定时器周期的两倍
101	复位	在定时器计数到 TAxCCRn 时，输出复位，并保持复位直到另外的输出模式被选择并影响输出为止
110	翻转/置位	在定时器计数到 TAxCCRn 时，输出翻转，在定时器计数到 TAxCCR0 时置位
111	复位/置位	在定时器计数到 TAxCCRn 时，输出复位，在定时器计数到 TAxCCR0 时置位

2. 输出举例——定时器处于增计数模式

当定时器计数到 TAxCCRn 或者从 TAxCCR0 计数到 0 时，OUTn 按选定的输出模式发生变化。如图 14-12 所示，该例使用 TAxCCR0 和 TAxCCR1。

3. 输出举例——定时器处于连续计数模式

当定时器计数到 TAxCCRx 和 TAxCCR0 时，OUTn 按选定的输出模式发生变化。如图 14-13 所示，该例使用 TAxCCR0 和 TAxCCR1。

4. 输出举例——定时器处于增/减计数模式

当定时器在任意计数方向上等于 TAxCCRn 和 TAxCCR0 时，OUTn 按选定的输出模式发生变化。如图 14-14 所示，该例使用 TAxCCR0 和 TAxCCR1。

注意：输出模式之间的切换。

当切换输出模式时，在切换过程中，OUTMOD 的一个位必须保持置位，除非切换到模式 0。否则，输出可能出现差错，因为或非(NOR)门电路将解码输出模式 0。一种安全的切换方法是使用模式 7 作为切换转换的中间过度状态，程序代码如下。

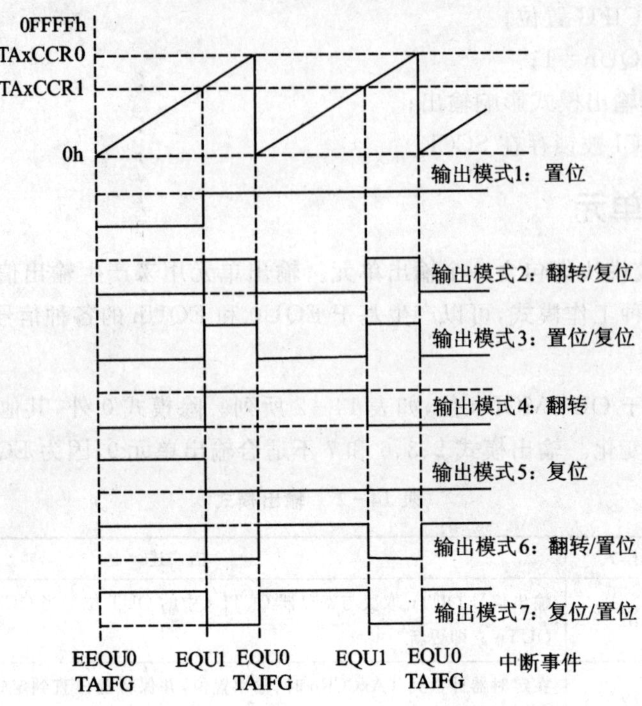

图 14－12　输出举例——定时器处于增计数模式

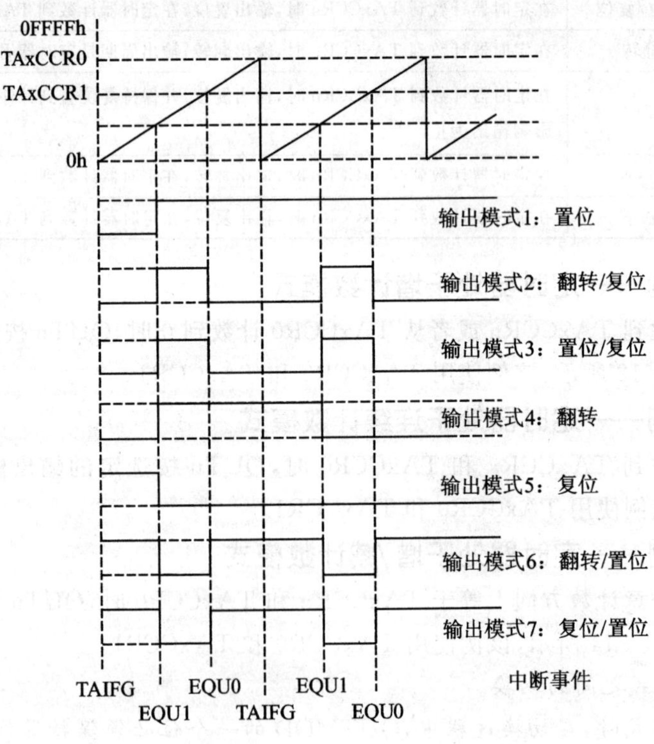

图 14－13　输出举例——定时器处于连续计数模式

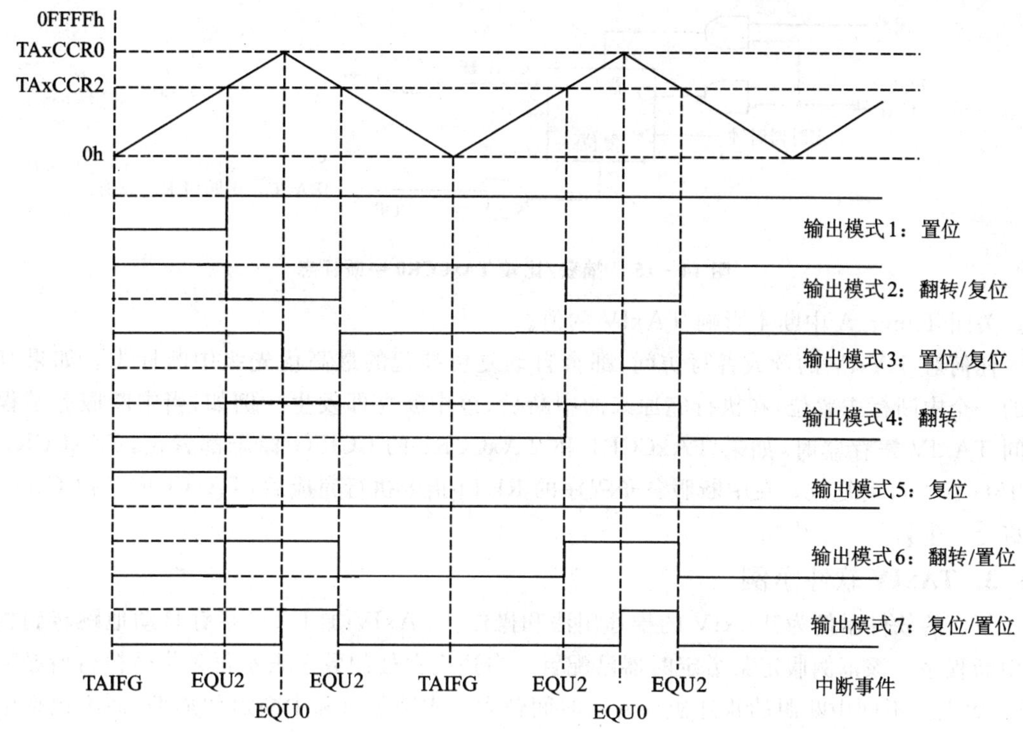

图 14-14 输出举例——定时器工作在增/减计数模式

```
BIS    #OUTMOD_7,&TACCTLx      ;设置输出模式 = 7
BIC    #OUTMODx,&TACCTLx       ;清零不需要的位
```

14.2.6 Timer_A 中断

16 位 Timer_A 中断有两个中断向量：

- TACCR0 CCIFG 的 TACCR0 中断向量；
- 所有其他 CCIFG 标志和 TAIFG 的 TAIV 中断向量。

在捕获模式下，当一个定时器捕获到相应的 TAxCCRn 寄存器时，CCIFG 标志将置位。在比较模式下，如果 TAxR 计数到相应的 TAxCCRn 值，CCIFG 标志将置位。软件也可以置位或者复位 CCIFG 标志。当相应的 CCIE 位和 GIE 位置位时，CCIFG 标志将会产生一个中断请求。

1. TACCR0 中断

TAxCCR0 CCIFG 拥有 Timer_A 中断的最高优先级，并且有一个专用的中断向量，如图 14-15 所示。当进入 TAxCCR0 中断服务程序时，TAxCCR0 CCIFG 标志自动复位。

2. TAxIV，中断向量发生器

TAxCCRy CCIFG 和 TAIFG 按照一定的优先次序共用一个中断向量。中断向量寄存器 TAxIV 用于确定哪个中断源申请中断。

使能了的具有最高优先级的中断，将在 TAxIV 寄存器中产生一个地址偏移量(见相关寄存器章节)。这个偏移量可以用于与程序计数器相加，从而使系统自动进入相应的中断服务程

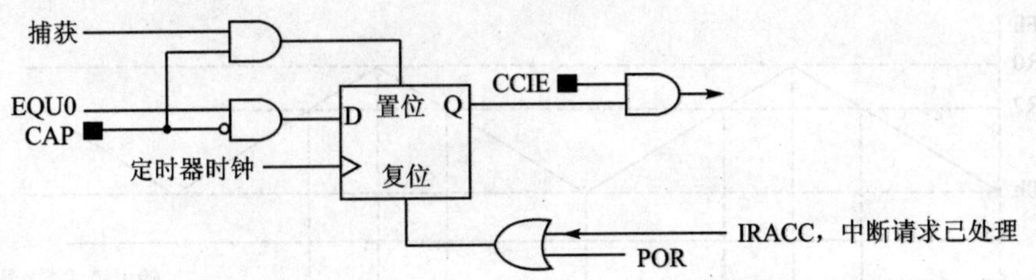

图 14-15　捕获/比较 TAxCCR0 中断标志

序。关闭 Timer_A 中断不影响 TAxIV 的值。

任何对 TAxIV 的读或者写访问，都会自动复位挂起的最高优先级中断标志。如果有另外的一个中断标志置位，在执行完原来的中断后，该中断立即发生。例如，当中断服务子程序访问 TAxIV 寄存器时，如果 TAxCCR1 和 TAxCCR2 的 CCIFG 标志都置位，TAxCCR1 的 CCIFG 标志自动复位。在中断服务子程序的 RETI 指令执行完成后，TAxCCR2 的 CCIFG 标志将会产生另外一个中断。

3. TAxIV 软件示例

下面的软件示例为 TAxIV 的推荐用法和操作。TAxIV 加上 PC 指针自动地跳转到相应的中断程序。该范例假定某个定时器已配置。右边空白处的数字表示每条指令执行所必需的 CPU 周期。不同中断源的软件额外开销时间包含了中断延时和中断返回周期，而不包括中断处理本身。潜在时间如下。

- ❑ 捕获/比较模块 TA0CCR0：11 个周期。
- ❑ 捕获/比较模块 TA0CCR1、TA0CCR2、TA0CCR3、TA0CCR4、TA0CCR5、TA0CCR6：16 个周期。
- ❑ 定时器溢出 TAIFG：14 个周期。

```
; TA0CCR0 CCIFG 的中断服务程序                                周期
CCIFG_0_HND
                                  ;启动中断的等待时间          6
; ...
RETI 5
                                  ;TA0IFG,TA0CCR1 到 TA0CCR6 CCIFG 的中断服务程序
TA0_HND ...                       ;中断等待时间                6
ADD &TA0IV,PC                     ;加偏移量到跳转表            3
RETI                              ;中断向量 0：无中断          5
JMP CCIFG_1_HND                   ;中断向量 2：TA0CCR1         2
JMP CCIFG_2_HND                   ;中断向量 4：TA0CCR2         2
JMP CCIFG_3_HND                   ;中断向量 6：TA0CCR3         2
JMP CCIFG_4_HND                   ;中断向量 8：TA0CCR4         2
JMP CCIFG_5_HND                   ;中断向量 10：TA0CCR5        2
JMP CCIFG_6_HND                   ;中断向量 12：TA0CCR6        2
TA0IFG_HND                        ;中断向量 14：TA0IFG 中断标志位
...                               ;任务从此处开始执行
RETI 5
CCIFG_6_HND                       ;中断向量 12：TA0CCR6
...                               ;任务从此处开始执行
```

```
RETI                        ;返回到主程序                5
CCIFG_5_HND                 ;中断向量 10：TA0CCR5
...                         ;任务从此处开始执行
RETI                        ;返回到主程序                5
CCIFG_4_HND                 ;中断向量 8：TA0CCR4
...                         ;任务从此处开始执行
RETI                        ;返回到主程序                5
CCIFG_3_HND                 ;中断向量 6：TA0CCR3
...                         ;任务从此处开始执行
RETI                        ;返回到主程序                5
CCIFG_2_HND                 ;中断向量 4：TA0CCR2
...                         ;任务从此处开始执行
RETI                        ;返回到主程序                5
CCIFG_1_HND                 ;中断向量 2：TA0CCR1
...                         ;任务从此处开始执行
RETI                        ;返回到主程序                5
```

14.3 Timer_A 寄存器

Timer_A 寄存器如表 14-3 所列，其为最大可配置寄存器。基地址可以在器件的数据手册里找到。偏移地址如表 14-3 所列。

注意：所有寄存器都可进行字或字节访问。对于通用寄存器 ANYREG，后缀"_L"(ANYREG_L)是指寄存器的低字节(位 0～7)，后缀"_H"(ANYREG_H)是指寄存器的高字节(位 8～15)。

表 14-3 Timer_A 寄存器

寄存器	简 写	寄存器读写类型	寄存器访问形式	地址偏移量	初始状态
Timer_A 控制器	TAxCTL	读/写	字访问	00h	0000h
	TAxCTL_L	读/写	字节访问	00h	00h
	TAxCTL_H	读/写	字节访问	01h	00h
Timer_A 捕获/比较控制器 0	TAxCCTL0	读/写	字访问	02h	0000h
	TAxCCTL0_L	读/写	字节访问	02h	00h
	TAxCCTL0_H	读/写	字节访问	03h	00h
Timer_A 捕获/比较控制器 1	TAxCCTL1	读/写	字访问	04h	0000h
	TAxCCTL1_L	读/写	字节访问	04h	00h
	TAxCCTL1_H	读/写	字节访问	05h	00h
Timer_A 捕获/比较控制器 2	TAxCCTL2	读/写	字访问	06h	0000h
	TAxCCTL2_L	读/写	字节访问	06h	00h
	TAxCCTL2_H	读/写	字节访问	07h	00h
Timer_A 捕获/比较控制器 3	TAxCCTL3	读/写	字访问	08h	0000h
	TAxCCTL3_L	读/写	字节访问	08h	00h
	TAxCCTL3_H	读/写	字节访问	09h	00h

续表 14-3

寄存器	简　写	寄存器读写类型	寄存器访问形式	地址偏移量	初始状态
Timer_A 捕获/比较控制器 4	TAxCCTL4	读/写	字访问	0Ah	0000h
	TAxCCTL4_L	读/写	字节访问	0Ah	00h
	TAxCCTL4_H	读/写	字节访问	0Bh	00h
Timer_A 捕获/比较控制器 5	TAxCCTL5	读/写	字访问	0Ch	0000h
	TAxCCTL5_L	读/写	字节访问	0Ch	00h
	TAxCCTL5_H	读/写	字节访问	0Dh	00h
Timer_A 捕获/比较控制器 6	TAxCCTL6	读/写	字访问	0Eh	0000h
	TAxCCTL6_L	读/写	字节访问	0Eh	00h
	TAxCCTL6_H	读/写	字节访问	0Fh	00h
Timer_A 计数器	TAxR	读/写	字访问	10h	0000h
	TAxR_L	读/写	字节访问	10h	00h
	TAxR_H	读/写	字节访问	11h	00h
Timer_A 捕获/比较 0	TAxCCR0	读/写	字访问	12h	0000h
	TAxCCR0_L	读/写	字节访问	12h	00h
	TAxCCR0_H	读/写	字节访问	13h	00h
Timer_A 捕获/比较 1	TAxCCR1	读/写	字访问	14h	0000h
	TAxCCR1_L	读/写	字节访问	14h	00h
	TAxCCR1_H	读/写	字节访问	15h	00h
Timer_A 捕获/比较 2	TAxCCR2	读/写	字访问	16h	0000h
	TAxCCR2_L	读/写	字节访问	16h	00h
	TAxCCR2_H	读/写	字节访问	17h	00h
Timer_A 捕获/比较 3	TAxCCR3	读/写	字访问	18h	0000h
	TAxCCR3_L	读/写	字节访问	18h	00h
	TAxCCR3_H	读/写	字节访问	19h	00h
Timer_A 捕获/比较 4	TAxCCR4	读/写	字访问	1Ah	0000h
	TAxCCR4_L	读/写	字节访问	1Ah	00h
	TAxCCR4_H	读/写	字节访问	1Bh	00h
Timer_A 捕获/比较 5	TAxCCR5	读/写	字访问	1Ch	0000h
	TAxCCR5_L	读/写	字节访问	1Ch	00h
	TAxCCR5_H	读/写	字节访问	1Dh	00h
Timer_A 捕获/比较 6	TAxCCR6	读/写	字访问	1Eh	0000h
	TAxCCR6_L	读/写	字节访问	1Eh	00h
	TAxCCR6_H	读/写	字节访问	1Fh	00h
Timer_A 中断向量	TAxIV	读/写	字访问	2Eh	0000h
	TAxIV_L	读/写	字节访问	2Eh	00h
	TAxIV_H	读/写	字节访问	2Fh	00h
Timer_A 扩展 0	TAxEX0	读/写	字访问	20h	0000h
	TAxEX0_L	读/写	字节访问	20h	00h
	TAxEX0_H	读/写	字节访问	21h	00h

1. Timer_A 控制寄存器(TAxCTL)

15～10	9～8	7～6
未用	TASSEL	ID

5～4	3	2	1	0
MC	未用	TACLR	TAIE	TAIFG

保留　位 15～10　未用。

TASSELx　位 9～8　Timer_A 时钟源选择。

00　TAxCLK；　10　SMCLK；

01　ACLK；　11　反相 TAxCLK。

IDx　位 7～6　输入分频器。这些位和 IDEXx 位一起选择输入时钟的分频值。

00　/1；　10　/4；

01　/2；　11　/8。

MCx　位 5～4　模式控制。当 Timer_A 不用于节电模式时，设置 MCx=00h。

00　停止模式：定时器被停止；

01　增计数模式：定时器增计数到 TAxCCR0；

10　连续计数模式：定时器增计数到 0FFFFh；

11　增/减计数模式：定时器增计数到 TAxCCR0 然后减计到 0000h。

TACLR　位 2　Timer_A 清除位。置位该位将复位 TAxR，TACLK 分频和计数方向。该位会自动复位，且读出的值通常总为 0。

TAIE　位 1　Timer_A 中断允许位。该位使能 TAIFG 中断请求。

0　中断禁止；1　中断使能。

TAIFG　位 0　Timer_A 中断标志位。

0　无中断请求；1　有中断请求。

2. Timer_A 计数器(TAxR)

15～0
TAxR

TAxR　位 15～0　Timer_A 寄存器。TAxR 寄存器是 Timer_A 的计数器。

3. 捕获/比较控制寄存器(TAxCCTLn)

15～14	13～12	11	10	9	8
CM	CCIS	SCS	SCCI	未用	CAP

7～5	4	3	2	1	0
OUTMOD	CCIE	CCI	OUT	COV	CCIFG

CM　位 15～14　捕获模式。

00　禁止捕获模式；　10　下降沿捕获；

01　上升沿捕获；　11　上升沿与下降沿都捕获。

CCIS　位 13～12　捕获/比较输入选择。这些位选择 TAxCCRn 的输入信号。信号的连接详见器件的数据手册。

00　CCIxA；　10　GND；

01　CCIxB；　11　VCC。

SCS　位 11　同步捕获源。该位用来同步定时器时钟和捕获信号。

0　异步捕获；1　同步捕获。

SCCI　位 10　同步捕获/比较输入。所选定的 CCI 输入信号由 EQUx 锁存,并可通过该位读出。

未用　位 9　未用位。

CAP　位 8　捕获模式。

0　比较模式;1　捕获模式。

OUTMOD　位 7~6　输出模式。由于 EQUx=EQU0,模式 2、3、6 和 7 不适用于 TAxCCR0。

000　OUT 位的值;　100　翻转;

001　置位;　101　复位;

010　翻转/复位;　110　翻转/置位;

011　置位/复位;　111　复位/置位。

CCIE　位 4　捕获/比较中断使能。该位使能相应的 CCIFG 标志的中断请求。

0　中断禁止;1　中断使能。

CCI　位 3　捕获/比较输入。选定的输入信号能够通过该位读出。

OUT　位 2　输出信号。对于模式 0,该位直接控制输出状态。

0　输出低电平;1　输出高电平。

COV　位 1　捕获溢出标志。该位表示一个捕获溢出发生。COV 位必须软件复位。

0　没有捕获溢出发生;　1　捕获溢出发生。

CCIFG　位 0　捕获/比较中断标志。

0　没有中断请求;1　有中断请求。

4. Timer_A 中断向量寄存器(TAxIV)

15~4	3~1	0
0	TAIV	0

TAIV　位 15~0　Timer_A 中断向量值。

TAIV 内容	中断源	中断标志	中断优先级
00h	无中断源		
02h	捕获/比较 1	TAxCCR1 CCIFG	最高
04h	捕获/比较 2	TAxCCR2 CCIFG	
06h	捕获/比较 3	TAxCCR3 CCIFG	
08h	捕获/比较 4	TAxCCR4 CCIFG	
0Ah	捕获/比较 5	TAxCCR5 CCIFG	
0Ch	捕获/比较 6	TAxCCR6 CCIFG	
0Eh	定时器溢出	TAxCTL TAIFG	最低

5. Timer_A 扩展寄存器 0(TAxEX0)

15~3	2~0
未用	IDEX

未用　位 15~3　未用位。只读,通常读出为 0。

IDEX　位 2~0　输入分频器扩展。这些位和 ID 位一起选择输入时钟的分频。

000　/1;　100　/5;

001　/2;　101　/6;

010　/3;　110　/7;

011　/4;　111　/8;

第15章 实时时钟 RTC_A

15.1 RTC_A 简介

RTC_A 模块提供实时时钟和日历功能，也可以配置成一个通用的计数器。RTC_A 的特性包括：

- ❑ 可配置成实时时钟模式或者通用计数器；
- ❑ 日历模式提供秒、分、小时、星期、日期、月份和年份；
- ❑ 具有中断能力；
- ❑ 实时时钟模式里，可选择 BCD 码或者二进制格式；
- ❑ 实时时钟模式里，具有可编程闹钟报警模式；
- ❑ 实时时钟模式里，具有时间偏差的校准逻辑。

RTC_A 的结构框图如图 15-1 所示。

注意： 实时时钟初始化。实时时钟模块的大多数寄存器没有初始条件，在使用这个模块之前，必须通过软件对寄存器进行初始化配置。

15.2 RTC_A 的操作

实时时钟模块可以通过设置 RTCMODE 位，配置成具有日历功能的实时时钟或者一个 32 位的通用计数器。

15.2.1 计数器模式

当 RTCMODE 复位时，选择计数器模式。在这个模式中，提供了一个可以通过软件直接访问的 32 位的计数器。从日历模式切换到计数器模式会复位计数器(RCTNT1、RCTNT2、RCTNT3、RCTNT4)的值，以及预分频计数器(RT0PS、RT1PS)的值。

时钟计数器的时钟源可来自 ACLK、SMCLK 或者是分频之后的 ACLK 或 SMCLK。分频之后的时钟，源自分频器 RT0PS、RT1PS 分频后的 ACLK 或 SMCLK。RT0PS 和 RT1PS 能分别输出 ACLK 和 SMCLK 的 2 分频、4 分频、8 分频、16 分频、32 分频、64 分频、128 分频和 256 分频。RT0PS 的输出可以与 RT1PS 进行级联。级联的输出可作为 32 位计数器的时钟源。

4 个独立的 8 位计数器级联成为 32 位的计数器，这样能提供计数时钟的 8 位、16 位、24 位、32 位溢出间隔。RTCTEV 位选择各自的触发条件。置位 RTCTEVIE 位之后，一个 RTCTEV 事件能够触发一个中断。计数器 RTCNT1～RTCNT4，每一个都可以单独访问，并能被写入。

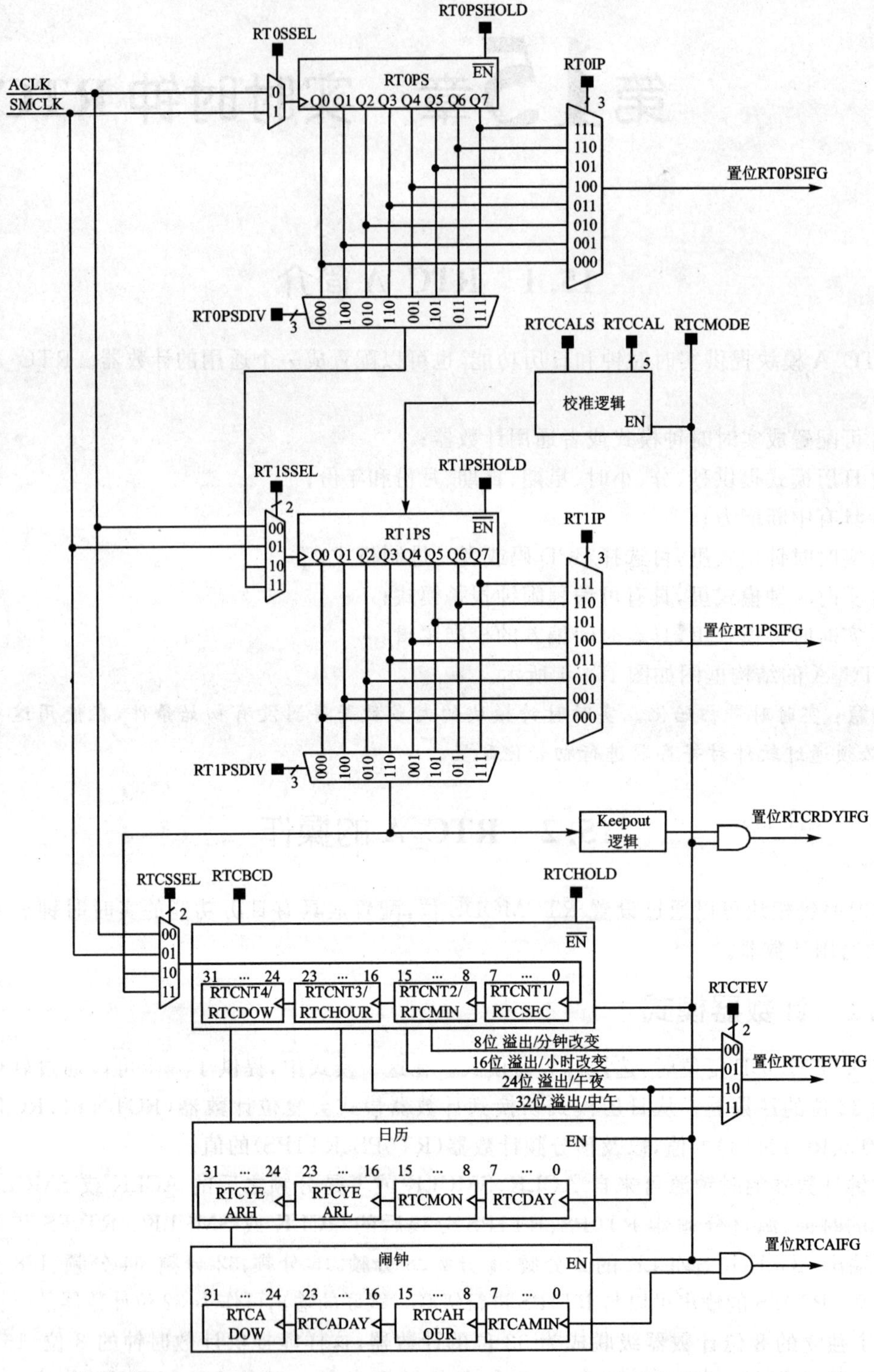

RT0PSHOLD
RT0SSEL
ACLK
SMCLK
RT0PS
EN
Q0 Q1 Q2 Q3 Q4 Q5 Q6 Q7
RT0IP
111 110 101 100 011 010 001 000
置位RT0PSIFG
RT0PSDIV
000 100 010 110 001 101 011 111
RTCCALS RTCCAL RTCMODE
校准逻辑
EN
RT1SSEL
RT1PSHOLD
RT1PS
EN
00 01 10 11
Q0 Q1 Q2 Q3 Q4 Q5 Q6 Q7
RT1IP
111 110 101 100 011 010 001 000
置位RT1PSIFG
RT1PSDIV
000 100 010 110 001 101 011 111
Keepout 逻辑
置位RTCRDYIFG
RTCSSEL RTCBCD RTCHOLD
EN
RTCNT4/RTCDOW
RTCNT3/RTCHOUR
RTCNT2/RTCMIN
RTCNT1/RTCSEC
RTCTEV
8位 溢出/分钟改变
16位 溢出/小时改变
24位 溢出/午夜
32位 溢出/中午
置位RTCTEVIFG
日历
EN
RTCYEARH
RTCYEARL
RTCMON
RTCDAY
闹钟
EN
置位RTCAIFG
RTCADOW
RTCADAY
RTCAHOUR
RTCAMIN

图 15-1　RTC_A 结构框图

RT0PS 和 RT1PS 可以被配置成两个 8 位的计数器，或者级联成一个 16 位的计数器。通过设置各自的 RT0PSHOLD 和 RT1PSHOLD 位，可以暂停 RT0PS 和 RT1PS 功能，并还原为独立的模块。当 RT0PS 和 RT1PS 级联时，通过置位 RT0PSHOLD 可以控制 RT0PS 和 RT1PS 同时停止。根据不同的配置，32 位的计数器可以有不同的方法被停止。如果 32 位的计数器时钟源直接源于 ACLK 或者 SMCLK，则可以通过置位 RTCHOLD 被停止；如果它是源于 RT1PS 的输出，则可以通过置位 RT1PSHOLD 或者 RTCHOLD 被停止；最后，如果它源于 RT0PS 和 RT1PS 的级联，则可通过置位 RT0PSHOLD、RT1PSHOLD 或者 RTCHOLD 被停止。

注意： 访问 RTCNTx 寄存器。

当计数器时钟与 CPU 时钟是异步时，任何读 RTCNT1、RTCNT2、RTCNT3、RTCNT4、RT0PS 或 RT1PS 寄存器的操作都应该发生在计数器没有被操作的情况下，否则，所读的结果将是无法预料的。另一种选择是：计数器在运行时可被多次读取，软件通过多数表决方式，获得正确的读取结果。对于任一寄存器 RTCNTx、RT0PS 或 RT1PS 的读取操作，都会立即生效。

15.2.2 日历模式

置位 RTCMODE，选择为日历模式。在日历模式，实时时钟模块可选择以 BCD 码或者以十六进制提供秒、分、小时、星期、月份和年份。通过计算能否被 4 整除，日历模型可以判断闰年，这个算法可精确到 1901—2099 年。

1. 实时时钟和预分频器

分频器自动将 RT0PS 和 RT1PS 配置成为 1 s 间隔的时钟，并提供给实时时钟。RT0PS 源于 ACLK，为了实时时钟日历能正确地运行，ACLK 必须是 32 768 Hz。RT1PS 与 RT0PS 的 ACLK/256 分频输出进行级联。实时时钟源于 RT1PS 的 128 分频输出，因而提供所需的 1 s时钟间隔。从日历模式切换到计数器模式时，会将秒、分、小时、星期、月份和年份计数器全部置 1。另外，RT0PS 和 RT1PS 也会被清零。

当 RTCBCD＝1 时，日历寄存器被选为 BCD 码格式。必须在时间设置之前，选择好格式。改变 RTCBCD 的状态将会清除秒、分、小时、星期和年计数器，并将天数和月份计数置 1。另外，RT0PS 和 RT1PS 也会被清零。

在日历模式下，用户可不关心 RT0SSEL、RT1SSEL、RT0PSDIV、RT1PSDIV、RT0PSHOLD、RT1PSHOLD 和 RTCSSEL 位。置位 RTCHOLD 会停止实时计数器、分频计数器以及 RT0PS 、RT1PS。

2. 实时时钟的闹钟功能

实时时钟模块提供了一个灵活的闹钟系统。该模块提供了一个单独的、用户可编程的闹钟，通过操作该闹钟的秒、分、小时、星期、月份和年份寄存器，可根据需要进行编程设置。可编程闹钟功能只有在日历模式运行时才有效。

每一个闹钟寄存器包含一个闹钟使能位(AE)，可用来使能相应的闹钟寄存器。通过设置不同闹钟寄存器的 AE 位，可以设计多种多样的闹钟。

【例 1】用户需要在每小时的第 15 分钟(也就是 00:15:00、01:15:00、02:15:00 等时刻)进行一次闹铃。这只需将 RTCAMIN 设置成 15 即可。通过设置 RTCAMIN 的 AE 位和清除其他所有闹钟寄存器的 AE 位，就会使能闹钟。使能时，AF 位就会在 00:14:59 到 00:15:00、01:14:59 到 01:15:00、02:14:59 到 02:15:00 等时刻被置位。

【例 2】用户希望在每天的 04:00:00 设置一个闹钟。这只需将 RTCAHOUR 设置成 4 即可。通过设置 RTCAHOUR 的 AE 位和复位所有其他闹钟寄存器的 AE 位，就会使能闹钟。当使能后，AF 就会在 03:59:59 到 04:00:00 时刻被置位。

【例 3】用户希望设置闹钟时刻在 06:30:00，这只需将 RTCAHOUR 设置成 6，RTCAMIN 设置成 30 即可。通过设置 RTCAHOUR 和 RTCAMIN 的 AE 位，就会使能闹钟。一旦闹钟使能，AF 位将会在每个 06:29:59 到 06:30:00 的过渡时刻被置位。在这种情形下，每天的 06:30:00 都会产生闹铃。

【例 4】用户希望在每一个星期二的 06:30:00 设置一次闹钟。这只需将 RTCADOW 设置成 2，RTCAHOUR 设置成 6，RTCAMIN 设置成 30 即可。通过设置 RTCADOW、RTCAHOUR 和 RTCAMIN 的 AE 位，闹钟即被使能。一旦使能，AF 位将会在 RTCDOW 位从 1 到 2 的过渡后和 06:29:59 到 06:30:00 的过渡时刻被置位。

【例 5】用户希望在每一个月的第五天的 06:30:00 设置一次闹钟。这只需将 RTCADAY 设置成 5，RTCAHOUR 设置成 6，RTCAMIN 设置成 30 即可。通过设置 RTCADAY、RTCAHOUR 和 RTCAMIN 的 AE 位，闹钟即被使能。一旦使能，AF 位将要在 06:29:59 到 06:30:00 的过渡时刻和 RTCADAY 等于 5 的时刻被置位。

注意：

① 无效的闹钟设置。硬件不会去检测用户的闹铃设置是否有效，所以需要用户确认自己的闹铃设置。

② 无效的时间和日期值。写入到 RTCSEC、RTCMIN、RTCHOUR、RTCDAY、RTCDOW、RTCYEARH、RTCYEARL、RTCAMIN、RTCAHOUR、RTCADAY 和 RTCADOW 寄存器指定的合法范围之外的无效日期、时间信息或者是日期值，将会导致不可预知的结果。

③ 设置闹钟。为了防止发生潜在的错误的闹钟情形发生，在设置新的时间值到实时时钟寄存器之前，闹钟应当在禁止状态并且复位 RTCAIE、RTCAIFG 和 AE 位。

3. 在日历模式下读/写实时时钟寄存器

因为系统时钟和实时时钟的时钟源可能是异步的，所以在访问实时时钟寄存器的时候要格外小心。

在日历模式下，实时时钟寄存器每秒钟更新一次。为了防止在更新的时候，读取到的实时时钟的数据是错误的，RTC 模块提供了一个禁止进入窗口。这个禁止进入窗口大约位于更新期间的 128/32768 秒中心时间里。在禁止进入窗口期间和设置禁止进入窗口期间，只读位 RTCRDY 处于复位状态。在 RTCRDY 位复位时，对时钟寄存器的任何读取操作都被认为是无效的，并且时间读取被忽略。

一个简单而安全的读取实时时钟寄存器的方法是利用 RTCRDYIFG 中断标志位。置位 RTCRDYIE 位使能 RTCRDYIFG 中断。一旦中断使能，在 RTCRDY 位上升沿到来时，将会产生中断请求，致使 RTCRDYIFG 被置位。这时候，该应用几乎有完整的一秒钟时间去安全地读取任一一个实时时钟寄存器。这一同步的处理方式可以防止在时间跳变过程中读取时间值。当中断得到响应时，RTCRDYIFG 会自动复位，也可以软件复位。

在计数器模式下，RTCRDY 位保持复位。可以不关心 RTCRDYIE 位，并且 RTCRDY-

IFG 保持复位。

注意：读/写实时时钟寄存器。

计数器时钟和 CPU 时钟异步而 RTCRDY 复位时，任何对 RTCSEC、RTCMIN、RTCHOUR、RTCDOW、RTCDAY、RTCMON、RTCYEARL 和 RTCYEARH 寄存器的读取操作都有可能导致错误的数据被读取。为了安全地读取计数器数据，可以使用判断 RTCRDY 位状态或之前描述的同步程序。另一种选择是：在运行时，可多次读取计数器寄存器，通过软件采取多数表决的方式，以此确定正确的数据。希望读取 RT0PS 和 RT1PS 的值，只能通过多次读取计数寄存器，同时由软件采取多数表决方式来确定正确的数据，或者暂停计数器。

对任何计数寄存器的写操作都会立即生效。然而在写过程中，计数器是停止的。此外，RT0PS 和 RT1PS 寄存器也被复位，这有可能导致在写操作的过程中丢失近一秒的时间。合法数据范围之外的写操作与无效的时间类型结合，都将导致不可预见的行为。

15.2.3 实时时钟中断

RTC_A 模块具备 5 个中断源，每一个中断源都有独立的使能位与标志位。

1. 日历模式下的实时时钟中断

在日历模式下，有 5 个可用的中断源，即 RT0PSIFG、RT1PSIFG、RTCRDYIFG、RTCTEVIFG 和 RTCAIFG。这些标志位具有优先级，并且结合为一个独立的中断向量。中断向量寄存器(RTCIV)用于决定哪一个中断标志请求被响应。

使能的、且具有最高优先级的中断将在 RTCIV 寄存器(详见寄存器描述部分)中产生一个偏移量。这一偏移量可以被加到程序计数器(PC)上，以自动跳转到相应的中断服务程序中。禁止 RTC 中断，将不影响 RTCIV 的值。

任何对 RTCIV 寄存器的访问(读或写)都将使其未处理的最高优先级的中断标志位复位。如果另外一个中断标志位被置位，在响应完之前的中断后，另一个的中断将立即触发。此外，所有标志位都可以通过软件清除。

用户可编程的闹铃事件是实时时钟中断 RTCAIFG 的触发源。置位 RTCAIE 位使能该中断功能。除了用户可编程的闹铃之外，RTC_A 模块还提供一个区间闹钟，这个区间闹钟可作为实时时钟中断的触发源，置位 RTCTEVIFG。区间闹钟可被配置为：当 RTCMIN 或 RTCHOUR 的值在每天午夜 0 点(00:00:00)或者每天正午 12 点(12:00:00)发生变化时，产生一个闹铃事件。触发事件可由 RTCTEV 位进行选择，置位 RTCTEVIE 位使能该中断。

RTCRDY 位触发实时时钟中断，RTCRDYIFG。这个功能在同步系统时钟和读时间寄存器时，比较有用。置位 RTCRDYIE 位使能该中断。

通过 RT0IP 位，RT0PSIFG 可被用于产生可选的时间间隔中断。在日历模式中，RT0PS 时钟源来自频率为 32 768 Hz 的 ACLK，因此间隔可为 16 384 Hz、8 192 Hz、4 096 Hz、2 048 Hz、1 024 Hz、512 Hz、256 Hz 或 128 Hz。置位 RT0PSIE 可使能该中断。

通过 RT1IP 位，RT1PSIFG 可被用于产生可选的时间间隔中断。在日历模式中，RT1PS 的时钟源来自 PT0PS 的输出时钟，其值为 128 Hz(32 768/256 Hz)。因此，间隔值为 64 Hz、32 Hz、16 Hz、8 Hz、4 Hz、2 Hz、1 Hz 或 0.5 Hz 都是可能的。置位 RT1PSIE 位将使能中断。

2. 计数器模式下的实时时钟中断

在计数器模式下，有 3 个可用中断源，分别是 RT0PSIFG、RT1PSIFG 和 RTCTEVIFG。

RTCAIFG位和RTCRDYIFG位被清除。RTCRDYIE和RTCAIE位可忽略。

通过RT0IP位配置间隔时间，使得RT0PSIFG触发间隔中断。在计数器模式，RT0PS的时钟源来自ACLK或者SMCLK，也可以来自基于ACLK或者SMCLK时钟源的2分频、4分频、8分频、16分频、32分频、64分频、128分频和256分频。设置RT0PSIE位可以使能中断。

通过RT1IP位配置间隔时间，使得RT1PSIFG触发间隔中断。在计数器模式下，RT1PS位时钟源来自ACLK、SMCLK或者是RT0PS位的输出，也可以来自以上时钟源的2分频、4分频、8分频、16分频、32分频、64分频、128分频和256分频后产生的新时钟。设置RT1PSIE位可以使能中断。

实时时钟模块提供了一个能触发实时时钟中断(RTCTEVIFG)的定时器。这个定时器是32位的，它可以被配置成8位、16位、24位或者32位中的一种，溢出时引发一个触发事件。触发事件可由RTCTEV位进行选择，置位RTCTEVIE位就使能了中断。

3. RTCIV程序示例

以下示例程序是RTCIV及其处理的推荐使用方法。RTCIV的值加到PC上，以自动跳转到相应的中断服务程序中。最右边的数字是每条指令执行所需要的CPU周期数。

```
;RTC中断标志的中断处理程序
RTC_HND                          ;中断时间                  6
   ADD      &RTCIV,PC            ;跳转表格加上偏移值        3
   RETI                          ;向量0:无中断              5
   JMP      RTCRDYIFG_HND        ;向量2:RTCRDYIFG           2
   JMP      RTCTEVIFG_HND        ;向量4:RTCTEVIFG           2
   JMP      RTCAIFG              ;向量6:RTCAIFG             5
   JMP      RT0PSIFG             ;向量8:RT0PSIFG            5
   JMP      RT1PSIFG             ;向量A:RT1PSIFG            5
   RETI                          ;向量C:保留                5
RTCRDYIFG_HND                    ;向量2:RTCRDYIFG标志位
     to                          ;中断程序从这里开始
    RETI                                                    5
RTCTEVIFG_HND                    ;向量4:RTCTEVIFG
     to                          ;中断程序从这里开始
    RETI                         ;返回到主程序              5
RTCAIFG_HND                      ;向量6:RTCAIFG
     to                          ;中断程序从这里开始
RT0PSIFG_HND                     ;向量8:RT0PSIFG
     to
RT1PSIFG_HND                     ;向量A:RT1PSIFG
     to
```

15.2.4 实时时钟校准

实时时钟具有校准逻辑，它允许根据标准晶体振荡频率以步进-2×10^{-6}或者$+4\times10^{-6}$进行校准，以便保持更高精度的时间。

RTCCALx位用来校准频率。当RTCCALS位置位时，每一个RTCCALx的最低有效位会进行一次$+4\times10^{-6}$的校准。当RTCCALS位复位时，每一个RTCCALx的最低有效位会进行一次-2×10^{-6}的校准。

为了校准频率，可以将 RTCCLK 信号从相应的引脚输出。RTCCALF 位可以用来选择输出信号的频率。在校准过程中，RTCCLK 位是可以被测量的。测量的结果可以应用到 RTCCALS 和 RTCCALx 位，以有效降低时钟的初始偏移值。比如，假定 RTCCLK 位的输出频率是 512 Hz，RTCCLK 位的测量值是 511.965 8 Hz。这里的频率误差大约小于正常值 6.7×10^{-5}。为了校正 6.7×10^{-5} 的频率误差，RTCCALS 位将要被置位，并且 RTCCALx 位也要被设置成 17(67/4)。

在计数器模式下（RTCMODE=0），校准逻辑是禁止的。

注意：校准输出频率。校准设置发生改变时，在 RTCCLK 引脚观察 512 Hz 和 256 Hz 的输出频率是不会受到影响的。而 1 Hz 的输出频率受其影响。

15.3 实时时钟寄存器

RTC_A 的寄存器如表 15-1 所列，其中一些寄存器可以按字方式访问。实时时钟模块最基本的寄存器，可以在器件数据手册里找到。

表 15-1 实时时钟寄存器

寄存器	缩　写	读/写类型	访问形式	地址偏移	初始状态
RTC 控制器 0、1	RTCCTL01	读/写	字	00h	4000h
RTC 控制器 0	RTCCTL0 或 RTCCTL01_L	读/写	字节	00h	00h
RTC 控制器 1	RTCCTL1 或 RTCCTL01_H	读/写	字节	01h	40h
RTC 控制器 2、3	RTCCTL23	读/写	字	02h	0000h
RTC 控制器 2	RTCCTL2 或 RTCCTL23_L	读/写	字节	02h	00h
RTC 控制器 3	RTCCTL3 或 RTCCTL23_H	读/写	字节	03h	00h
预分频定时器 0 控制	RTCPS0CTL	读/写	字	08h	0100h
	RTCPS0CTLL 或 RTCPS0CTL_L	读/写	字节	08h	00h
	RTCPS0CTLH 或 RTCPS0CTL_H	读/写	字节	09h	01h
预分频定时器 1 控制	RTCPS1CTL	读/写	字	0Ah	0100h
	RTCPS1CTLL 或 RTCPS1CTL_L	读/写	字节	0Ah	00h
	RTCPS1CTLH 或 RTCPS1CTL_H	读/写	字节	0Bh	01h
预分频定时器 0、1 计数器	RTCPS	读/写	字	0Ch	未定义

续表 15－1

寄存器	缩　写	读/写类型	访问形式	地址偏移	初始状态
预分频定时器 0 计数器	RT0PS 或 RTCPS_L	读/写	字节	0Ch	未定义
预分频定时器 1 计数器	RT1PS 或 RTCPS_H	读/写	字节	0Dh	未定义
实时时钟中断向量	RTCIV	读	字	0Eh	0000h
	RTCIV_L	读	字节	0Eh	00h
	RTCIV_H	读	字节	0Fh	00h
实时时钟秒、分/实时时钟计数器 1、2	RTCTIM0 或 RTCNT12	读/写	字	10h	未定义
实时时钟秒/实时时钟计数器 1	RTCSEC/RTCNT1 或 RTCTIM0_L	读/写	字节	10h	未定义
实时时钟分/实时时钟计数器 2	RTCMIN/RTCNT2 或 RTCTIM0_H	读/写	字节	11h	未定义
实时时钟小时、天或星期/实时时钟计数器 3、4	RTCTIM1 或 RTCNT34	读/写	字	12h	未定义
实时时钟小时/实时时钟计数器 3	RTCHOUR/RTCNT3 或 RTCTIM1_L	读/写	字节	12h	未定义
实时时钟星期/实时时钟计数器 4	RTCHOUR/RTCNT4 或 RTCTIM1_H	读/写	字节	13h	未定义
实时时钟日期	RTCDATE	读/写	字	14h	未定义
实时时钟天数	RTCDAY 或 RTCDATE_L	读/写	字节	14h	未定义
实时时钟月份	RTCMON 或 RTCDATE_H	读写	字节	15h	未定义
实时时钟年	RTCYEAR	读/写	字	16h	未定义
	RTCYEARL 或 RTCYEAR_L	读/写	字节	16h	未定义
	RTCYEARH 或 RTCYEAR_H	读/写	字节	17h	未定义
实时时钟分、小时闹铃	RTCAMINHR	读/写	字	18h	未定义
实时时钟分闹铃	RTCAMIN 或 RTCAMINHR_L	读/写	字节	18h	未定义
实时时钟小时闹铃	RTCAHOUR 或 RTCAMINHR_H	读/写	字节	19h	未定义
实时时钟星期、某天闹铃	RTCADOWDAY	读/写	字	1Ah	未定义
实时时钟星期闹铃	RTCADOW 或 RTCADOWDAY_L	读/写	字节	1Ah	未定义
实时时钟某天闹铃	RTCADAY 或 RTCADOWDAY_H	读/写	字节	1Bh	未定义

1. 实时时钟控制寄存器 0(RTCCTL0)

7	6	5	4
保留	RTCTEVIE	RTCAIE	RTCRDYIE
3	2	1	0
保留	RTCTEVIFG	RTCAIFG	RTCRDYIFG

RTCTEVIE　位 6　实时时钟时钟事件中断使能。

0　中断禁止;1　中断使能。

RTCAIE　位 5　实时时钟闹铃中断使能。该位在日历模式下始终为 0。

0　中断禁止;1　中断使能。

RTCRDYIE　位 4　实时时钟闹铃中断使能。

0　中断禁止;1　中断使能。

RTCTEVIFG　位 2　实时时钟时钟事件标志位。

0　没有时钟事件发生;1　时钟事件发生。

RTCAIFG　位 1　实时时钟闹铃标志位。在计数器模式(RTCMODE=0)下,该位为 0。

0　没有时钟事件发生;1　时钟事件发生。

RTCRDYIFG　位 0　实时时钟闹铃标志位。

0　实时时钟数据不能安全读取;1　实时时钟数据可以安全读取。

2. RTCCTL1,实时时钟控制寄存器 1

7	6	5	4	3~2	1~0
RTCBCD	RTCHOLD	RTCMODE	RTCRDY	RTCSSEL	RTCTEV

RTCBCD　位 7　实时时钟 BCD 选择。该应用仅限于日历模式。在计数模式下,该项设置是无效的。改变该位时会使得秒、分、时、周、年清零,使得天和月变为 1。

0　二进制/十六进制形式;1　BCD 形式。

RTCHOLD　位 6　实时时钟禁止位。

0　实时时钟(32 位计数器或者日历模式)正在运作;

1　计数器模式(RTCMODE=0)只在 32 位计数器停止;在日历模式(RTCMODE= 1)日历停止,就像预分频计数器,RT0PS 和 RT1PS,RT0PSHOLD 和 RT1PSHOLD 位不起作用一样。

RTCMODE　位 5　实时时钟模式。

0　32 位计数器模式;

1　日历模式。在日历模式与计数器模式之间的切换会复位实时时钟/计数器寄存器,切换到日历模式会将秒、分、小时、星期和年清零,将日期和月份置 1。之后,实时时钟寄存器需要由软件设置。BT0PS 和 BT1PS 也会被清除。

RTCRDY　位 4　实时时钟准备位。

0　实时时钟值处于转换过渡(仅日历模式);

1　实时时钟值可安全读取(仅日历模式)。这个位指示实时时钟里的值能被安全读取(仅日历模式)。在计数器模式,RTCRDY 保持清零。

RTCSSEL　位 3~2　实时时钟源选择位。选择 RTC/32 计数器的输入时钟源。在 RTC 日历模式,这两位无效,输入时钟源自动设置为来自 RT1PS 输出。

00　ACLK;　　10　来自 PT1PS 输出;

01　SMCLK;　　11　来自 PT1PS 输出。

RTCTEV　　位 1～0　RTC 时间事件。

RTC 模式	RTCTEV	中断间隔
计数模式(RTCMODE=0)	00	8 位溢出
	01	16 位溢出
	10	24 位溢出
	11	32 位溢出
日历模式(RTCMODE=1)	00	分钟跳变
	01	小时跳变
	10	每天凌晨(00:00)
	11	每天正午(12:00)

3. 实时时钟控制寄存器 2(RTCCTL2)

7	6	5～0
RTCCALS	保留	RTCCAL

RTCCALS　位 7　实时时钟补偿标志。

0　频率下调；1　频率上调。

RTCCAL　位 5～0　实时时钟补偿。最低位 LSB 表示大概为 $+4\times10^{-6}$(RTCCALS)或者 -2×10^{-6}(RTCCALS=0)调整频率。

4. 实时时钟控制寄存器 3(RTCCTL3)

7～2	1～0
保留	RTCCALF

RTCCALF　位 1～0　RTC 频率校准。

校准测量时，选择频率输出到 RTCCLK 引脚上。相对应的端口必须配置为外围模块功能。RTCCLK 在计数模式不可用，此时保持为低且 RTCCALF 位的值无效。

00　没有频率输出到 RTCCLK 引脚；　10　256 Hz；

01　512 Hz；　11　1 Hz。

5. 实时时钟计数寄存器 1(RTCNT1)——计数器模式

7	6	5	4	3	2	1	0
RTCNT1							

RTCNT1　位 7～0　RTCNT1 寄存器是对于 RTCNT1 的计数。

6. 实时时钟计数寄存器 2(RTCNT2)——计数器模式

7	6	5	4	3	2	1	0
RTCNT2							

RTCNT2　位 7～0　RTCNT2 寄存器是对于 RTCNT2 的计数。

7. 实时时钟计数寄存器 3(RTCNT3)——计数器模式

7	6	5	4	3	2	1	0
RTCNT3							

RTCNT3　位 7～0　RTCNT3 寄存器是对于 RTCNT3 的计数。

8. 实时时钟计数寄存器 4(RTCNT4)——计数器模式

7	6	5	4	3	2	1	0
RTCNT4							

RTCNT4　位 7～0　RTCNT4 寄存器是对于 RTCNT4 的计数。

9. 实时时钟秒寄存器(RTCSEC)——十六进制格式的日历模式

7	6	5	4	3	2	1	0
0	0	秒(0～59)					

10. 实时时钟秒寄存器(RTCSEC)——BCD 码格式的日历模式

7	6	5	4	3	2	1	0
0	秒——高位(0～5)			秒——低位(0～9)			

11. 实时时钟分寄存器(RTCMIN)——十六进制格式的日历模式

7	6	5	4	3	2	1	0
0	0	分(0～59)					

12. 实时时钟分寄存器(RTCMIN)——BCD 码格式的日历模式

7	6	5	4	3	2	1	0
0	分——高位(0～5)			分——低位(0～9)			

13. 实时时钟小时寄存器(RTCHOUR)——十六进制格式的日历模式

7	6	5	4	3	2	1	0
0	0	0	小时(0～24)				

14. 实时时钟小时寄存器(RTCHOUR)——BCD 码格式的日历模式

7	6	5	4	3	2	1	0
0	0	小时——高位(0～2)		小时——低位(0～9)			

15. 实时时钟星期寄存器(RTCDOW)——日历模式

7	6	5	4	3	2	1	0
0	0	0	0	0	星期(0～6)		

16. 实时时钟天寄存器(RTCDAY)——十六进制格式的日历模式

7	6	5	4	3	2	1	0
0	0	0	月中某天(1～28,29,30,31)				

17. 实时时钟天寄存器(RTCDAY)——BCD 码格式的日历模式

7	6	5	4	3	2	1	0
0	0	天——高位(0～3)		天——低位(0～9)			

18. 实时时钟月份寄存器(RTCMON)——十六进制格式的日历模式

7	6	5	4	3	2	1	0
0	0	0	0	月份(1～12)			

19. 实时时钟月份寄存器(RTCMON)——BCD 码格式的日历模式

7	6	5	4	3～0
0	0	0	月份——高位(0～1)	月份——低位(0～9)

20. 实时时钟年低字节寄存器(RTCYEARL)——十六进制格式的日历模式

7	6	5	4	3	2	1	0
年——0～4 095 的低字节							

21. 实时时钟年低字节寄存器(RTCYEARL)——BCD 码格式的日历模式

7	6	5	4	3	2	1	0
十年(0～9)				年——最低位(0～9)			

22. 实时时钟年高字节寄存器(RTCYEARH)——十六进制格式的日历模式

7	6	5	4	3	2	1	0
0	0	0	0	年——4 096 的高字节			

23. 实时时钟年高字节寄存器(RTCYEARH)——BCD 码格式的日历模式

7	6	5	4	3	2	1	0
0	世纪——高位(0～4)			世纪——低位(0～9)			

24. 实时时钟闹钟分寄存器(RTCAMIN)——十六进制格式的日历模式

7	6	5	4	3	2	1	0
AE	0	分(0～59)					

25. 实时时钟闹钟分寄存器(RTCAMIN)——BCD 码格式日历模式

7	6	5	4	3	2	1	0
AE	分——高位(0～5)			分——低位(0～9)			

26. 实时时钟闹钟小时寄存器(RTCAHOUR)——十六进制格式的日历模式

7	6	5	4	3	2	1	0
AE	0	0	小时(0～24)				

27. 实时时钟闹钟小时寄存器(RTCAHOUR)——BCD 码格式的日历模式

7	6	5	4	3	2	1	0
AE	0	小时——高位(0～2)		小时——低位(0～9)			

28. 实时时钟闹钟星期寄存器(RTCADOW)——日历模式

7	6	5	4	3	2	1	0
AE	0	0	0	0	星期(0～6)		

29. 实时时钟闹钟天寄存器(RTCADAY)——十六进制格式的日历模式

7	6	5	4	3	2	1	0
AE	0	0	月中的某天(1～28,29,30,31)				

30. 实时时钟闹钟天寄存器(RTCADAY)——BCD 码格式的日历模式

7	6	5	4	3	2	1	0
AE	0	天——高位(0～3)		天——低位(0～9)			

31. 实时时钟预分频定时器 0 控制寄存器(RTCPS0CTL)

15	14	13	12	11	10	9	8
保留	RT0SSEL	RT0PSDIV			保留	保留	RT0PSHOLD
7	6	5	4	3	2	1	0
保留			RT0IP			RT0PSIE	RT0PSIFG

RT0SSEL　位 14　预分频定时器 0,时钟源选择位。选择时钟源输入到 PT0PS 计数器。在 RTC 日历模式这些位是无效的。RT0PS 时钟输入自动默认设置为 ACLK。RT1PS 时钟输入自动默认设置为 RT0PS。

0　ACLK;1　SMCLK。

RT0PSDIV　位 13～11　预分频定时器 0 分频,这些位控制 RT0PS 计数器的分频数。在 RTC 日历模式,这些位对于 RT0PS 和 RT1PS 是无效的。RT0PS 时钟输出自动默认设置为/256。RT1PS 时钟输出自动默认为设置为/128。

000　/2;　010　/8;　100　/32;　110　/128;

001　/4;　011　/16;　101　/64;　111　/256。

RT0PSHOLD 位 8　预分频定时器 0 保持。在 RTC 时钟日历模式,这位是无效的。RT0PS 停止是由 RTCHOLD 位控制。

0　RT0PS 是运行;1　RT0PS 是保持。

RT0IP　位 4～2　预分频定时器 0 中断间隔。

000　/2;　010　/8;　100　/32;　110　/128;

001　/4;　011　/16;　101　/64;　111　/256。

RT0PSIE　位 1　预分频定时器 0 中断使能。

0　中断禁止;1　中断使能。

RT0PSIFG　位 0　预分频定时器 0 中断标志位。

0　没有时间事件产生;1　有时间事件产生。

32. 实时时钟预分频定时器 1 控制寄存器(RTCPS1CTL)

15～14	13～11	10～9	8
RT1SSEL	RT1PSDIV	保留	RT1PSHOLD
7～5	4～2	1	0
保留	RT1IP	RT1PSIE	RT1PSIFG

RT1SSEL 位 15～14 预分频定时器 1 时钟源选择。选择 RT1PS 计数器时钟源。在 RTC 日历模式这些是无效的。RT1PS 时钟输入自动默认为 RT0PS 的输出。

00 ACLK； 10 RT0PS 输出；

01 SMCLK； 11 RT0PS 输出。

RT1PSDIV 位 13～11 预分频定时器 1 时钟分频器，这位控制 PT0PS 计数器的分频值。在 RTC 日历模式对于 RT0PS 和 PT1PS 这些位是无效的。RT0PS 时钟输出自动默认设置为/256。RT1PS 时钟输出是自动默认设置到/128。

000 /2； 010 /8； 100 /32； 110 /128；

001 /4； 011 /16； 101 /64； 111 /256。

RT1PSHOLD 位 8 预分频定时器 1 保持。在 RTC 时钟日历模式这些位是无效的。RT1PS 停止是由 RTCHOLD 位控制。

RT1IP 位 4～2 预分频定时器 1 中断间隔。

000 /2； 010 /8； 100 /32； 110 /128；

001 /4； 011 /16； 101 /64； 111 /256。

RT1PSIE 位 1 预分频定时器 1 中断允许。

0 中断不允许；1 中断允许。

RT1PSIFG 位 0 预分频定时器 1 中断标志。

0 没有中断事件发生；1 有事中断件发生。

33. 实时时钟预分频定时器 0 计数寄存器(RT0PS)

7	6	5	4	3	2	1	0
RT0PS							

RT0PS 位 7～0 预分频定时器 0 计数值。

34. 实时时钟预分频定时器 1 计数寄存器(RT1PS)

7	6	5	4	3	2	1	0
RT1PS							

RT1PS 位 7～0 预分频定时器 1 计数值。

35. 实时时钟中断向量寄存器(RTCIV)

15～5	4～1	0
0	RTCIV	0

RTCIV 值	中断源	中断标志	中断优先级
00h	无中断产生		
02h	RTC 准备好	RTCRDYIFG	最高
04h	RTC 定时间隔	RTCTEVIFG	
06h	RTC 用户闹铃	RTCAIFG	
08h	RTC 预分频器 0	RT0PSIFG	
0Ah	RTC 预分频器 1	RT1PSIFG	
0Ch	保留		
0Eh	保留		
10h	保留		最低

第16章 USCI 的 UART 模式

16.1 通用串行通信接口(USCI)概述

通用串行通信接口(USCI)模块支持多种串行通信模式。不同的 USCI 模块支持不同的模式。每一个不同的 USCI 模块以不同的字母命名,例如,USCI_A 和 USCI_B 不同等。如果一个以上相同的 USCI 模块在一个器件上,这些模块以递增的数字命名,例如,一个器件有两个 USCI_A 模块,它们被命名为 USCI_A0 和 USCI_A1。如果需要,可以参阅具体器件的数据手册来确定某种器件带有哪些模块。

USCI_Ax 模块支持:

- UART 模块;
- 脉冲整形的 IrDA 通信;
- 自动波特率检测的 LIN 通信;
- SPI 模式。

USCI_Bx 模块支持:

- I^2C 模式;
- SPI 模式。

16.2 USCI 简介——UART 模式

在异步模式下,USCI_Ax 模块通过 2 个外部引脚 UCAxRXD 和 UCAxTXD 连接 CC430 和外部系统。当 UCSYNC 位清零时,UART 模式被选择。

UART 模块特征包括:

- 7 位或者 8 位数据,奇校验、偶校验或者无校验;
- 独立的发送和接收移位寄存器;
- 独立的发送和接收缓冲寄存器;
- 最低有效位优先或者最高有效位优先的数据发送和接收;
- 内置线路空闲和地址位通信协议的多处理器系统;
- 接收机起始边沿检测,自动从 LPMx 模式唤醒;
- 支持可编程、小数调整的波特率;
- 状态标志位用于错误检测和抑制;
- 状态标志位用于地址检测;
- 独立的发送和接收中断能力。

图 16-1 显示了 USCI_Ax 配置为 UART 模式的框图。

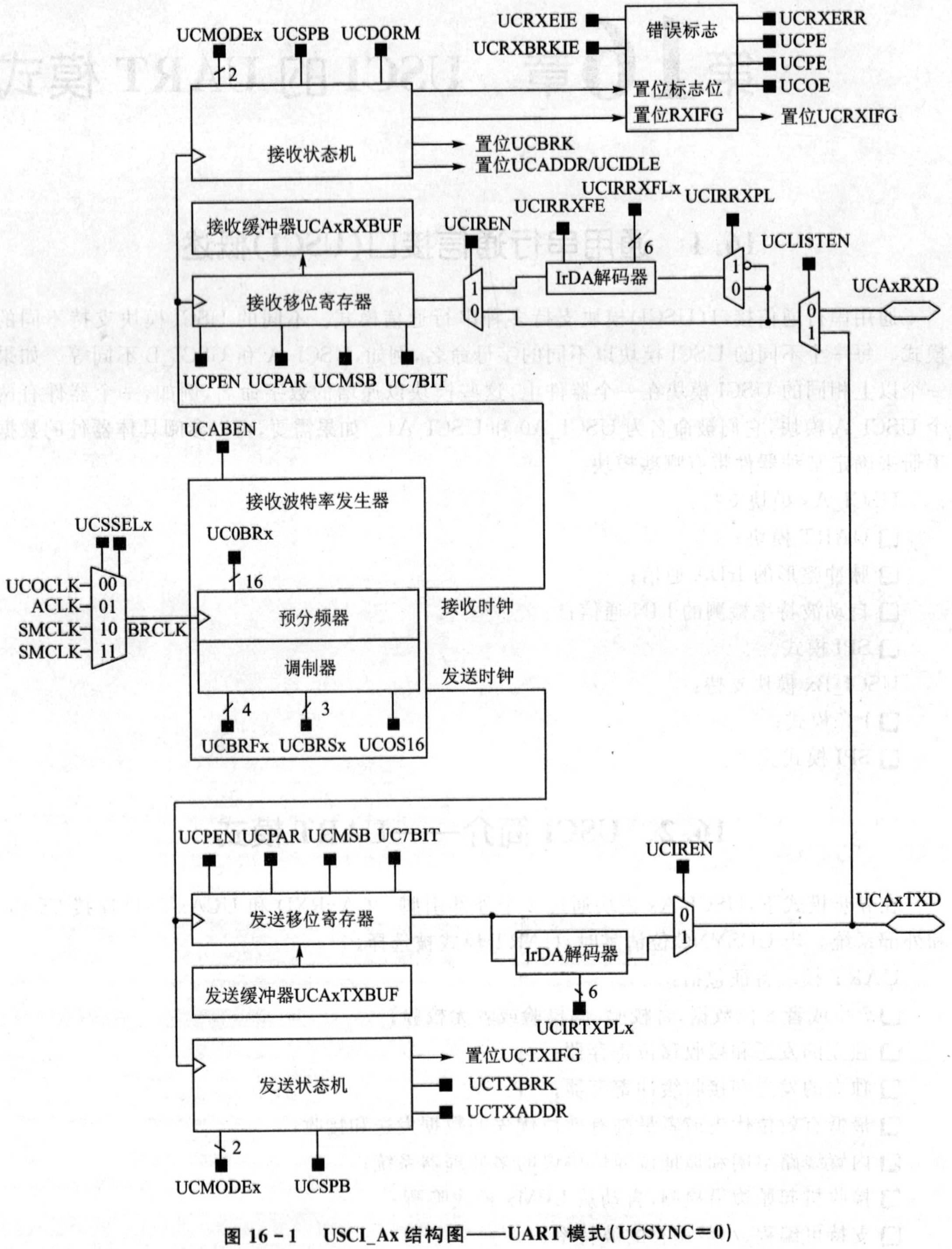

图 16-1　USCI_Ax 结构图——UART 模式(UCSYNC=0)

16.3　USCI 操作——UART 模式

在 UART 模式下，USCI 以异步于其他设备的比特速率实现字符的收发。每一个字符的发送时间是由 USCI 选择的波特率决定的。发送和接收使用相同的波特率。

16.3.1　USCI 的初始化及复位

USCI 通过一次 PUC 或者置位 UCSWRST 复位。在一次 PUC 后，UCSWRST 位自动置位，保持 USCI 在复位状态。当 UCSWRST 位置位时，将复位 UCRXIE、UCTXIE、UCRXIFG、UCRXERR、UCBRK、UCPE、UCOE、UCFE、UCSTOE 和 UCBTOE 位，而置位 UCTXIFG 位。UCSWRST 清零将释放 USCI，使其进入操作状态。

注意： USCI 模块的初始化及重新配置。推荐的 USCI 初始化/重配置的处理过程如下：

① 置位 UCSWRST(BIS.B　#UCSWRST，&UCAxCTL)。

② 在 UCSWRST=1 时，初始化所有 USCI 寄存器(包括 UCAxCTL1)。

③ 端口配置。

④ 通过软件清除 UCSWRST 位(BIC.B　#UCSWRST，&UCAxCTL1)。

⑤ 通过 UCRXIE 与/或 UCTXIE 使能中断。

16.3.2　字符格式

UART 字符格式如图 16-2 所示，包括一个起始位，七位或八位数据位，一个奇校验/偶检验/无校验位，一个地址位(地址位模式)，以及一个或两个停止位。UCMSB 位控制着传送的方向和选择是最低有效位 LSB 优先还是最高有效位 MSB 优先，LSB 优先是 UART 串口通信的典型应用。

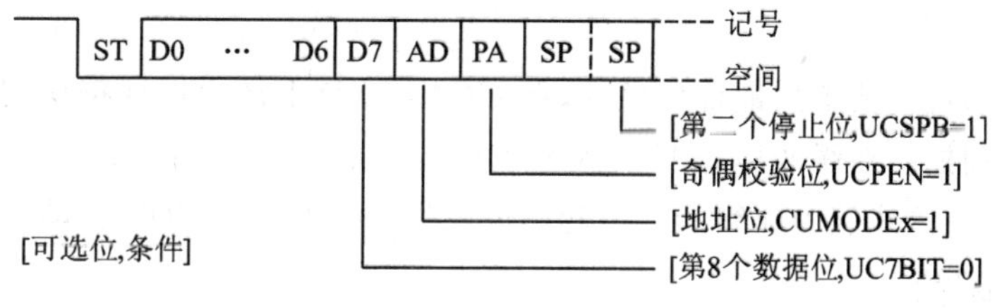

图 16-2　字符格式

16.3.3　异步通信格式

两个设备进行异步通信时，无需多机通信格式协议。当三个或更多个设备通信时，USCI 支持线路空闲多机通信格式和地址位多机通信格式。

1. 线路空闲多机通信格式

当 UCMODEx=01 时，选择空闲线路多机格式。在发送或者接收线路上，数据块被空闲位隔开，如图 16-3 所示。在一个字符的一个或两个停止位后，当检测到接收 10 个或更多的连续的 1(标志)时，表示接收线路空闲。在识别到空闲线路后，波特率发生器关闭直到检测到下一个开始边沿为止。当检测到空闲线路时，UCIDLE 位置位。

在空闲线路时期之后，接收到的第一个字符是地址符。对于每一个字符块来说，UCIDLE位是被作为地址标签使用的。在空闲线路多机格式下，该位在收到一个地址符时置位。

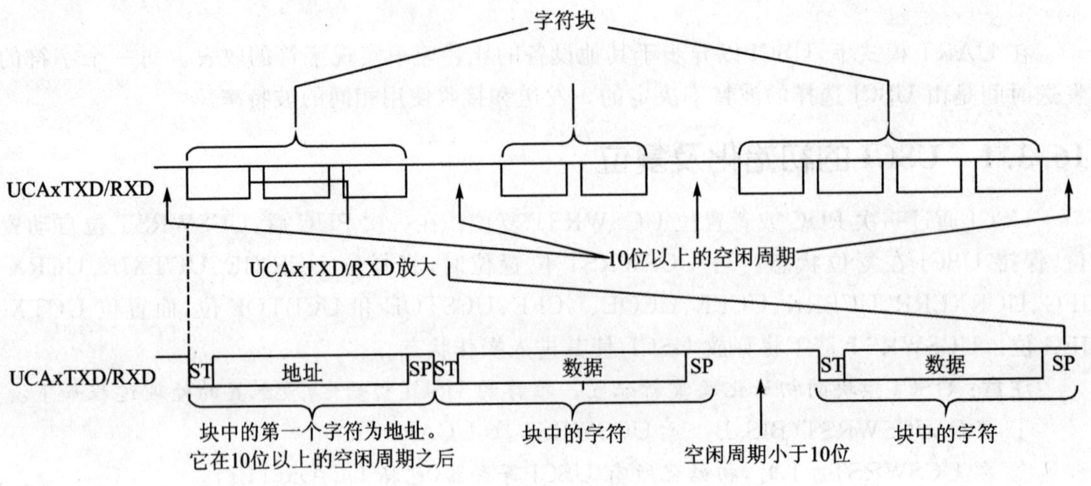

图 16-3　空闲线路格式

在空闲线路多机格式中，UCDORM 位用来控制数据的接收。当 UCDORM=1 时，所有的非地址字符都被拼装但是并不传送到 UCAxRXBUF 中，也不产生中断。当接收到地址字符时，该字符被传送到 UCAxRXBUF 中，UCRXIFG 位置位，当 UCRXEIE=1 时，任何可用的错误标志也置位。当 UCRXEIE=0，并且接收到地址字符，但是有帧错误或奇偶校验错误时，该字符不被传送到 UCAxRXBUF 中，同时 UCRXIFG 位也不置位。

如果接收到地址，用户软件可以验证该地址，并复位 UCDORM 以继续接收数据。如果 UCDORM 保持置位，只有地址字符才可以被接收到。如果在接收一个字符期间清除 UCDORM，接收中断标志将会在该次接收完成时置位。UCDORM 位不会被 USCI 的硬件自动修改。

在空闲线路多机模式下的地址传送中，在 UCAxTXD 上产生地址符识别的 USCI 会产生一个精确的空闲周期。双缓冲标志 UCTXADDR 指示是否下一个载入 UCAxTXBUF 的字符是以一个 11 位的空闲线路为前缀的。当起始位产生时，UCTXADDR 自动清除。

2. 发送空闲帧

发送一个空闲帧，以识别在相关数据之前的地址字符的过程如下：

① 置位 UCTXADDR，然后向 UCAxTXBUF 写入地址字符。UCAxTXBUF 必须准备好发送新的数据(UCTXIFG=1)。

这会产生一个 11 位的空闲周期，其后才是地址字符。当地址字符从 UCAxTXBUF 发送到移位寄存器后，UCTXADDR 自动复位。

② 将期望的数据字符写入 UCAxTXBUF。UCAxTXBUF 必须准备好发送新的数据(UCTXIFG=1)。

一旦移位寄存器准备好发送新数据，写入 UCAxTXBUF 的数据立即被发送到移位寄存器，并且被发送出去。在发送的地址和数据之间或者发送的数据之间，空闲线路时间不能超时。否则，发送的数据将被误认为是一个地址。

3. 地址位多机通信格式

当 UCMODEx=10 时，选择地址位多机模式。每个处理过的字符都包括一个作为地址识别的附加位，如图 16-4 所示。字符块的第一个字符所带的一个置位的地址位，指示该字符是一个地址。当接收到的字符的地址位置位时，USCI 的 UCADDR 置位，同时将接收到的字符发送到 UCAxRXBUF。

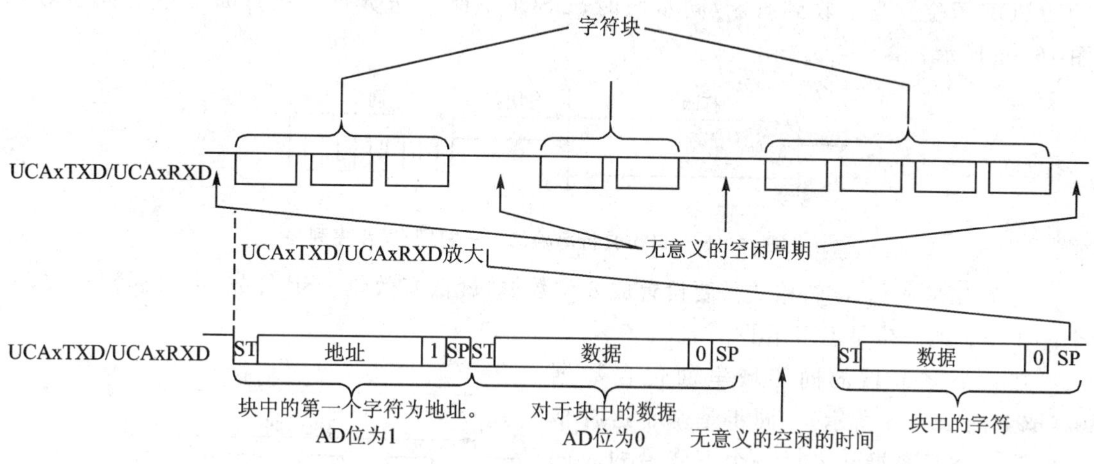

图 16-4　地址位多机格式

在地址位多机模式下，UCDORM 用于控制数据的接收。当 UCDORM 位置位，地址位为 0 的数据字符被拼装，但是并不传送到 UCAxRXBUF 中，也不产生中断。当包含一个置位的地址位的字符被接收时，地址被发送到 UCAxRXBUF，UCRXIFG 位置位，当 UCRXEIE=1 时，错误标志被置位。当 UCRXEIE=0，并且接收到包含一个置位的地址位的字符，但是有帧错误或奇偶校验错误时，该字符不被传送到 UCAxRXBUF 中，同时 UCRXIFG 位也不置位。

如果接收到地址，用户软件可以验证该地址，并且复位 UCDORM 以继续接收数据。如果 UCDORM 保持置位，只有地址位为 1 的地址字符才可以被接收到。UCDORM 位不会被 USCI 的硬件自动修改。

当 UCDORM=0，所有接收的字符都将置位接收中断标志 UCRXIFG。如果 UCDORM 在接收一个字符期间清零，在接收完成后，接收中断标志将置位。

对于地址位多机模式下的地址传送，一个字符的地址位由 UCTXADDR 位控制。UCTXADDR 位的值被加载到由 UCAxTXBUF 传输到发送移位寄存器的字符地址位中。当起始位产生时，UCTXADDR 自动清零。

4. 暂停接收和产生

在 UCMODEx=00，01，10 的情况下，无论奇偶校验位、地址模式或者其他字符如何设置，当所有的数据奇偶校验位以及停止位为低电平时，接收机检测到一个暂停。当一个暂停被检测到时，UCBRK 位置位。如果暂停中断使能位 UCBRKIE 置位，接收中断标志 UCRXIFG 也将置位。在这种情况下，由于所有的数据为 0，UCAxRXBUF 里的值为 00h。

要发送一个暂停，置位 UCTXBRK 位，然后将 00h 写入 UCAxTXBUF。UCAxTXBUF 必须处于准备好发送新数据的状态（UCTXIFG=1），这将产生一个所有位为低电平的暂停。当开始位产生时，UCTXBRK 自动清零。

16.3.4 自动波特率检测

当在 UART 模式下设置 UCMODEx=11 时，选择自动波特率检测。对于自动波特率检测，一个数据帧将以一个包含打断和同步域的同步序列为前缀。当收到 11 个或者更多个连续的 0 时，一个打断被检测到。如果打断的长度超过 21 位的时长时，打断超时错误标志 UCBTOE 置位。当接收到打断/同步域时，USCI 不能发送数据。在打断之后的同步域如图 16-5 所示。

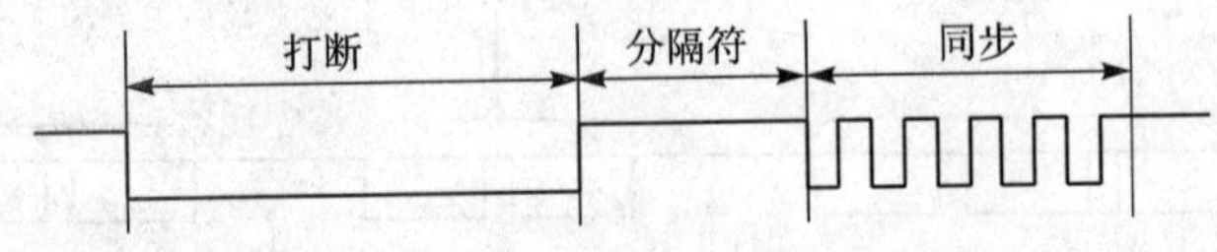

图 16-5　自动波特率检测——打断/同步序列

对于 LIN 通信，字符格式需要设置成 8 位数据，最低有效位 LSB 优先，无奇偶校验位，一个停止位。地址位是不可用的。

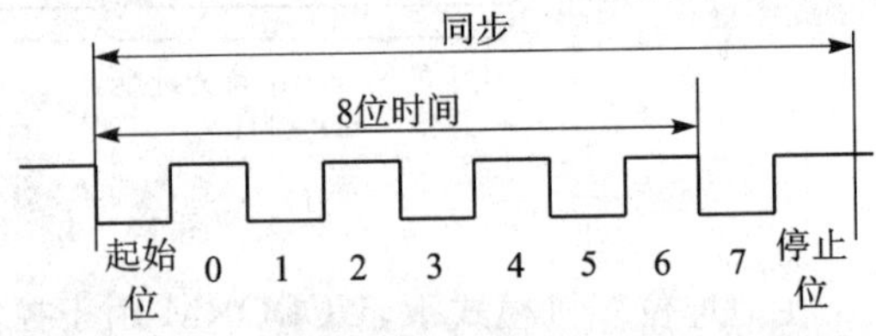

图 16-6　自动波特率检测——同步域

在一个字节域的同步域里面包含数据 055h(如图 16-6 所示)。同步是基于这种格式的第一个下降沿和最后一个下降沿的时间测量。如果自动波特率检测通过置位 UCABDEN 使能位使能，发送波特率发生器用于时间测量。否则，这种格式被接收，但是不进行测量。测量的结果发送到波特率控制寄存器 UCAxBR0、UCAxBR1 和 UCAxMCTL。如果同步域的长度超出测量的时间，则同步超时错误标志 UCSTOE 置位。

在这种模式下，UCDORM 位用于控制数据的接收。当 UCDORM 置位，所有字节被接收，但是不发送到 UCAxRXBUF，也不产生中断。当一个打断/同步域被检测到时，UCBRK 标志置位。在打断/同步域之后的字符被发送到 UCAxRXBUF，同时 UCRXIFG 中断标志置位，任何可用的错误标志也置位。如果 UCBRKIE 置位，打断/同步的接收置位 UCRXIFG。UCBRKIE 通过软件复位或者通过读接收缓冲器 UCAxRXBUF 复位。

当一个打断/同步域被接收时，用户软件必须复位 UCDORM 以继续接收数据。如果 UCDORM 保持置位，那么只有在打断/同步域的下一个接收之后的字符才可以被接收。UCDORM 位不会被 USCI 的硬件自动修改。

当 UCDORM=0 时，所有的接收字符将会置位接收中断标志 UCRXIFG。如果在一个字符接收期间，UCDORM 清零，在字符接收完之后，接收中断标志将置位。

计数器用于检测波特率限制在 07FFFh(32 767)值。这意味着在过采样模式下，在检测的最小波特率为 488 波特，而在低频模式下为 30 波特。

自动波特率检测模式能够在一些有限制的全双工通信系统中应用。当接收到一个打断/同步域时，USCI 不能发送数据，如果在帧错误下接收到一个 0h 字节时，此时任何数据的发送将受到破坏。后一种情况可以通过检测接收的数据和 UCFE 位来发现。

发送打断/同步域的过程如下：

① 设置 UMODEx=11，置位 UCTXBRK。

② 在 UCAxTXBUF 里写入 055h。UCAxTXBUF 必须处于新数据准备就绪状态(UCTXIFG=1)。这会产生一个 13 位的打断域，随后是一个打断分隔符和同步字符。打断分隔符的长度由 UCDELIMx 位控制。当同步字符由 UCAxTXBUF 发送到移位寄存器时，UCTXBRK 自动复位。

③ 将期望的数据字符写入 UCAxTXBUF。UCAxTXBUF 必须处于新数据准备好(UCTXIFG=1)。只要移位寄存器为新数据准备好，写入 UCAxTXBUF 的数据将被发送到移位寄存器，且发送出去。

16.3.5 IrDA 编码和解码

当 UCIREN 位置位时，使能 IrDA 编码和解码，同时为 IrDA 通信提供硬件位整形。

1. IrDA 编码

编码器会给来自 UART 的每一个发送位 0 发送一个脉冲，如图 16-7 所示。脉冲持续时间由 UCIRTXPLx 位决定，这些位具体规定了来自 UCIRTXCLK 源的半时钟周期的数目。

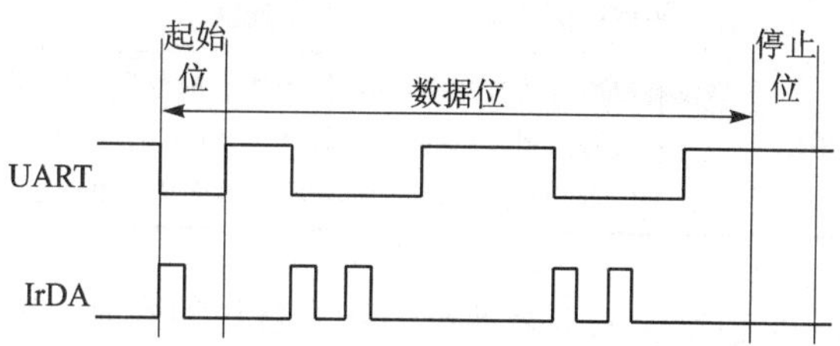

图 16-7 UART 与 IrDA 数据格式

为了设置由 IrDA 标准要求的 3/16 位周期的脉冲时间，BITCLK16 时钟设置为 UCIRTXCLK=1，脉冲长度通过 UCIRTXPLx=6−1=5 设置为 6 个半时钟周期。

当 UCIRTXCLK=0 时，基于 BRCLK 的脉冲长度 t_{PULSE} 的计算公式为

$$UCIRTXPLx = t_{PULSE} \times 2 \times f_{BRCLK} - 1$$

当 UCIRTXCLK=0 时，分频因子必须设置为大于或等于 5 的值。

2. IrDA 解码

当 UCIRRXPL=0 时，解码器检测高脉冲，否则它检测低脉冲。除了模拟尖峰滤波器，通过置位 UCIRRXFE，可以使能另外一个可编程数字滤波器。当 UCIRRXFE 置位，只有超过编程的滤波长度的脉冲才可以通过。短脉冲被忽略。编程的滤波长度 UCIRRXFLx 的计算公式为

$$UCIRRXFLx = (t_{PULSE} - t_{WAKE}) \times 2 \times f_{BRCLK} - 4$$

式中：t_{PULSE}——最小接收脉冲宽度；

t_{WAKE}——从任何低功耗模式唤醒的时间，当器件处于活动模式时其值为 0。

16.3.6 自动错误检测

抑制尖峰脉冲可以防止 USCI 意外启动。任何在 UCAxRXD 上的短于抗尖峰脉冲 t_τ(约为 150 ns)的脉冲都将会被忽略。详细的参数请参阅具体器件的数据手册。

当在 UCAxRXD 上的低电平时间超过 t_τ 时，多数表决原则对开始位进行表决。如果多数表决没有检测到一个有效的开始位，USCI 停止字符的接收，等待在 UCAxRXD 上的下一个低电平。多数表决原则也用于字符的每一位，以防止位错误。

在接收字符时，USCI 模块自动检测帧错误，奇偶校验错误，溢出错误和打断状态检测。当位 UCFE、UCPE、UCOE 和 UCBRK 各自的条件被检测到时，它们置位。当错误标志 UCFE、UCPE 或者 UCOE 置位时，UCRXERR 也置位。错误状态如表 16-1 所列。

表 16-1　接收错误情况

错误情况	错误标志	描　述
帧错误	UCFE	当检测到一个低电平的停止位时，帧错误发生。当使用两个停止位时，两个位都用来检测帧错误。当帧错误被检测到，UCFE 位置位
奇偶校验错误	UCPE	奇偶校验位错误是字符中 1 的个数与奇偶校验位的值不匹配。当一个地址位包含在字符中时，地址位也包括在校验计算里。当一个校验错误被检测到，UCPE 位置位
接收溢出	UCOE	当一个字符写入 UCAxRXBUF，前一个字符还没有被读出时，一个溢出错误发生。当溢出错误发生时，UCOE 位置位
打断情况	UCBRK	当没有使用自动波特率功能时，当所有的数据，校验位和停止位为低电平时，一个打断被检测到。当打断状态被检测到，UCBRK 位将会置位。如果打断中断使能位 UCBRKIE 置位，那么打断状态也会置位中断标志 UCRXIFG

当 UCRXEIE=0、一个帧错误或者奇偶校验错误被检测到时，UCAxRXBUF 不会接收字符。当 UCRXEIE=1 时，字符被接收到 UCAxRXBUF 里，相应的错误位将置位。

当 UCFE、UCPE、UCOE、UCBRK 或者 UCRXERR 中的任何一位置位时，它将保持置位状态直到用户软件复位它或者 UCAxRXBUF 被读出。UCOE 必须通过读 UCAxRXBUF 复位。否则，它将不能正常工作。检测溢出建议采用下面的流程。在一个字符被接收以及 UCAxRXIFG 置位后，首先读 UCAxSTAT 以检测错误标志，包括溢出标志 UCOE。接着读 UCAxRXBUF，在读 UCAxSTAT 和 UCAxRXBUF 期间 UCAxRXBUF 被重写，将会清除所有的错误标志，包括 UCOE。因此，UCOE 标志应该在读取 UCAxRXBUF 之后被检查，以检测溢出状态。

注意：在这种情况下 UCRXERR 标志不会置位。

16.3.7　USCI 接收使能

USCI 模块通过清除 UCSWRST 位使能，接收机准备接收数据，并处于空闲状态。接收波特率发生器处在就绪状态，但是没有时钟，也不会产生任何时钟。

起始位的下降沿使能波特率发生器，UART 状态机检查有效的起始位。如果没有检测到有效的起始位，UART 状态机将回到空闲状态，同时波特率发生器再次关闭。如果检测到一个有效的起始位，一个字符也将被接收。

当设置 UCMODEx=01 选择空闲线路多机模式时，UART 状态机将在接收到一个字符之后检测空闲线路。如果检测到一个起始位，另外一个字符将会被接收。否则在接收到 10 个 0 之后，UCIDLE 标志置位，UART 状态机将回到空闲状态，波特率发生器关闭。

抑制接收数据尖峰脉冲

抑制尖峰脉冲可以防止 USCI 意外启动。任何在 UCAxRXD 上的短于抗尖峰脉冲 t_τ(约为 150 ns)的脉冲将会被 USCI 忽略,然后进行初始化,如图 16-8 所示。详细的参数请参阅具体器件的数据手册。

当在 UCAxRXD 一个尖峰脉冲时间比 t_τ 长,或者一个有效的起始位发生,USCI 接收操作开始,多数表决原则开始进行表决,如图 16-9 所示。如果多数表决没有检测到一个有效的开始位,则 USCI 停止字符的接收。

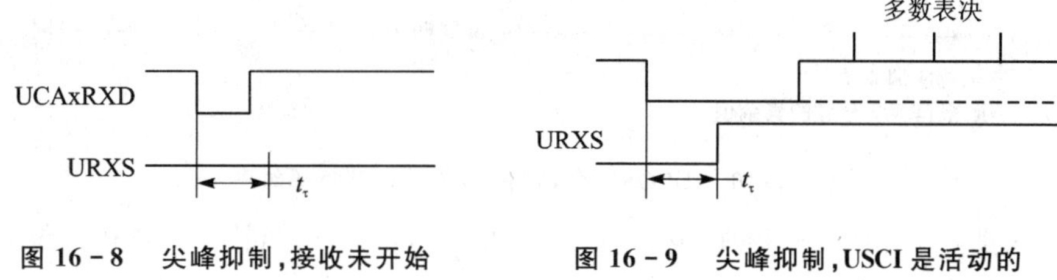

图 16-8　尖峰抑制,接收未开始　　图 16-9　尖峰抑制,USCI 是活动的

16.3.8 USCI 发送使能

USCI 模块通过清除 UCSWRST 位使能,发送机准备发送数据,并处于空闲状态。发送波特率发生器处在就绪状态,但是没有时钟,也不会产生任何时钟。

发送通过向 UCAxTXBUF 写入数据开始。当向 UCAxTXBUF 写入数据后,波特率发生器使能,当发送移位寄存器为空时,在下一个 BITCLK 将 UCAxTXBUF 里的数据载入发送移位寄存器。当新数据写入 UCAxTXBUF 后 UCTXIFG 置位。

在前一个字节发送完后,只要在 UCAxTXBUF 里的新数据是有效的,发送就将持续。如果前一个数据发送完毕后,没有新数据在 UCAxTXBUF 里,发送机将返回空闲状态,波特率发生器关闭。

16.3.9 UART 波特率的产生

USCI 波特率发生器可以从非标准频率源产生标准波特率。它将通过 UCOS16 位提供两种操作模式。

1. 低频波特率的产生

当 UCOS16=0 时选择低频模式。该模式允许从低频时钟源产生波特率(例如从 32 768 Hz 晶振产生 9 600 波特)。通过使用低频的输入频率,模块的功耗降低。在高频和高分频下使用这种模式,将会使多数表决作用在更小的时间窗口内,因此降低了多数表决的优势。

在低频模式下,波特率发生器使用一个分频计数器和一个调整器产生位时钟时序。这种组合支持波特率发生的分频因子。在这种模式下,最大的 USCI 波特率是 UART 时钟源频率 BRCLK 的 1/3。

每一位的时序如图 16-10 所示。对于每一位的接收,多数表决原则确定该位的值。这些采样发生在 $N/2-1/2$,$N/2$ 和 $N/2+1/2$ 的 BRCLK 周期处,在这里,N 是每个 BITCLK 中 BRCLKs 的数目。

基于 UCBRSx 的调整设置如表 16-2 所列。在这个表中,1 个 1 表示 $m=1$ 时相应的

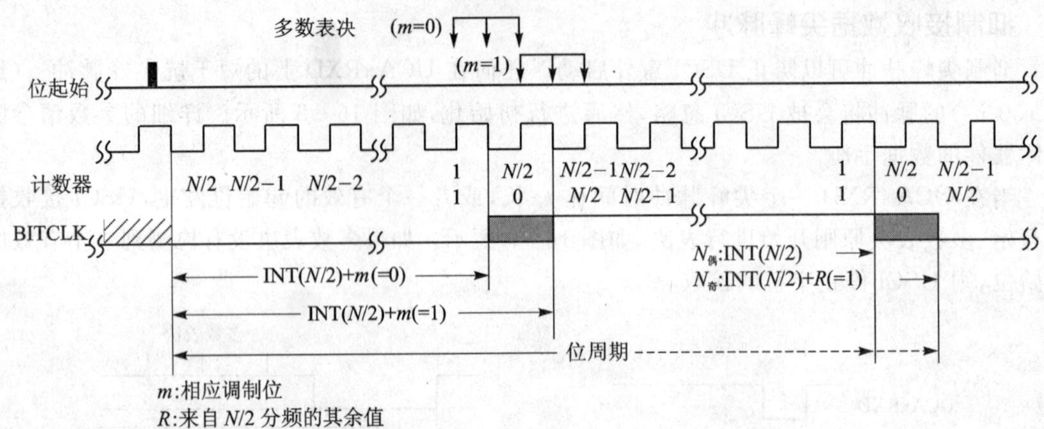

图 16-10 UCOS16=0 时的 BITCLK 波特率时序

BITCLK 周期是一个 BRCLK 周期，它比 $m=0$ 时的 BITCLK 周期长。调整在 8 位后进行，但是在新的开始位后重新启动。

表 16-2 BITCLK 调制格式

UCBRSx	位 0(起始位)	位 1	位 2	位 3	位 4	位 5	位 6	位 7
0	0	0	0	0	0	0	0	0
1	0	1	0	0	0	0	0	0
2	0	1	0	0	0	1	0	0
3	0	1	0	1	0	1	0	0
4	0	1	0	1	0	1	0	1
5	0	1	1	1	0	1	0	1
6	0	1	1	1	0	1	1	1
7	0	1	1	1	1	1	1	1

2. 过采样波特率的产生

当 UCOS16=1 时，选择过采样模式。该模式支持在较高的输入时钟频率下采样 UART 位。在多数表决原则下的结果常常是在一个位时钟周期的 1/16 位置。当 IrDA 编码器和解码器使能时，这种模式也很容易支持在 3/16 位时的 IrDA 脉冲。

该模式使用一个分频器和调整器产生 BITCLK16 时钟，该时钟比 BITCLK 快 16 倍。附加的分频器和调整器从 BITCLK16 产生 BITCLK。这种组合方式支持 BITCLK16 和 BITCLK 产生分数分频的波特率发生。在这种情况下，最大的 USCI 波特率是 UART 时钟源频率 BRCLK 的 1/16。当 UCBRx 设置为 0 或者 1 时，第一分频器和调整器被旁路，BRCLK 等于 BITCLK16，在这种情况下，BITCLK16 没有调整的可能，因此 UCBRFx 位被忽略。

BITCLK16 的调整是基于 UCBRFx 的设置，如表 16-3 所列。在这个表中，1 个 1 表示 $m=1$ 时相应的 BITCLK16 周期是一个 BRCLK 周期，它比 $m=0$ 时的 BITCLK16 周期长。调整在每一个新位时序后重新开始。

BITCLK 的调整是基于 UCBRSx 的设置，如表 16-2 所列。

表 16-3 BITCLK16 调制格式

	在上一个 BITCLK 的下降沿后 BITCLK16 位的次序															
UCBRFx	0	1	2	3	4	5	6	7	8	9	10	11	12	13	14	15
00h	0	0	0	0	0	0	0	0	0	0	0	0	0	0	0	0
01h	0	1	0	0	0	0	0	0	0	0	0	0	0	0	0	0
02h	0	1	0	0	0	0	0	0	0	0	0	0	0	0	0	1
03h	0	1	1	0	0	0	0	0	0	0	0	0	0	0	0	1
04h	0	1	1	0	0	0	0	0	0	0	0	0	0	0	1	1
05h	0	1	1	1	0	0	0	0	0	0	0	0	0	0	1	1
06h	0	1	1	1	0	0	0	0	0	0	0	0	0	1	1	1
07h	0	1	1	1	1	0	0	0	0	0	0	0	0	1	1	1
08h	0	1	1	1	1	0	0	0	0	0	0	0	1	1	1	1
09h	0	1	1	1	1	1	0	0	0	0	0	0	1	1	1	1
0Ah	0	1	1	1	1	1	0	0	0	0	0	1	1	1	1	1
0Bh	0	1	1	1	1	1	1	0	0	0	0	1	1	1	1	1
0Ch	0	1	1	1	1	1	1	0	0	0	1	1	1	1	1	1
0Dh	0	1	1	1	1	1	1	1	0	0	1	1	1	1	1	1
0Eh	0	1	1	1	1	1	1	1	0	1	1	1	1	1	1	1
0Fh	0	1	1	1	1	1	1	1	1	1	1	1	1	1	1	1

16.3.10 波特率的设置

对于给定的 BRCLK 时钟源，波特率用于决定分频因子 N 为

$$N=f_{\mathrm{BRCLK}}/\mathrm{Baudrate}$$

分频因子 N 通常不是一个整数值，因此至少一个分频器和一个调整器被用作分频因子，使其尽可能接近。

如果 N 值大于或等于 16，则通过置位 UCOS16 可以选择过采样波特率发生模式。

1. 低频波特率模式的设置

在低频模式下，通过分频器实现的分频因子的整数部分为

$$\mathrm{UCBRx}=\mathrm{INT}(N)$$

通过调整器实现的分数部分的公式为

$$\mathrm{UCBRSx}=\mathrm{round}[(N-\mathrm{INT}(N))\times 8]$$

通过一个计数增加或者减小 UCBRSx 的值会对任何给定的位给一个较低的极限位错误。为了检测是否是这种情况，UCBRSx 设置的每一位都必须经过详细的错误计算。

2. 过采样波特率模式的设置

在过采样模式下分频器设置为

$$\mathrm{UCBRx}=\mathrm{INT}(N/16)$$

第一阶段的调整器设置为

$$\mathrm{UCBRFx}=\mathrm{round}([(N/16)-\mathrm{INT}(N/16)]\times 16)$$

当需要更高的精度时，UCBRSx 调整器的值可以用 0～7 的值实现。为了发现任何给定位的最低极限位误差的设置，对于 UCBRSx 的从 0～7 的设置，UCBRFx 的初始设置以及通过加 1 减 1 的 UCBRFx 设置，都必须经过详细的误差计算。

16.3.11 位发送的时序

每个字符的时序是每个位时序的总和。使用波特率发生器的调整特征可减少累计误码。每一位的误差可以通过下面的步骤计算。

1. 低频波特率模式的位时序

在低频模式下，基于 UCBRx 和 UCBRSx 的设置来计算 $T_{bit,TX}[i]$的长度，即

$$T_{bit,TX}[i]=(1/f_{BRCLK})(UCBRx+m_{UCBRSx}[i])$$

式中：$m_{UCBRSx}[i]$的值为表 16－2 中的值。

2. 过采样波特率模式的位时序

在过采样波特率模式下，基于波特率发生器 UCBRx、UCBRFx、UCBRSx 的设置计算 $T_{bit,TX}[i]$的长度，即

$$T_{bit,TX}[i]=\frac{1}{f_{CRCLK}}((16+m_{UCBRSx}[i])\times UCBRx+\sum_{j=0}^{15}m_{UCBFx}[j])$$

式中：$\sum_{j=0}^{15}m_{UCBRFx}[j]$为表 16－3 中对应行的和；$m_{UCBRSx}[i]$的值为表 16－2 中的值。

结束位时间 $T_{bit,TX}[i]$等于所有以前位和当前位时间的总和，即

$$T_{bit,TX}[i]=\sum_{j=0}^{i}T_{bit,TX}[j]$$

通过将这个时间与理想位时间 $t_{bit,ideal,TX}[i]$相比较，来计算误码率，即

$$t_{bit,ideal,TX}[i]=(1/Baudrate)(i+1)$$

归一化误差与理想位时间(1/baudrate)之比的结果为

$$Error_{TX}[i]=(t_{bit,TX}[i]-t_{bit,ideal,TX}[i])\times Baudrate\times 100\%$$

16.3.12 位接收的时序

接收时序误差包含两个误差源。第一个是位与位之间的时序误差，类似于发送位时序误差。第二个误差是在起始位发生和起始位被 USCI 模块接收之间的误差。图 16－11 显示了在 UCAxRXD 引脚上的数据和内部波特率时钟之间的异步时序误差。这也会导致另一个同步误差。同步误差时间 t_{SYNC}在－0.5 BRCLKs 和＋0.5 RCLKs 之间，而且不依赖于所选择的波特率发生模式。

理想的采样时间 $t_{bit,ideal,RX}[i]$在位周期的中间为

$$t_{bit,ideal,RX}[i]=(1/Baudrate)(i+0.5)$$

实际的采样时间 $t_{bit,RX}[i]$等于根据发送时序部分的公式计算的以前所有位的时间总和，加上当前位 i 的一半的 BITCLK 时间，加上同步误差时间 t_{SYNC}。

在低频波特率模式下 $t_{bit,RX}[i]$的计算公式为

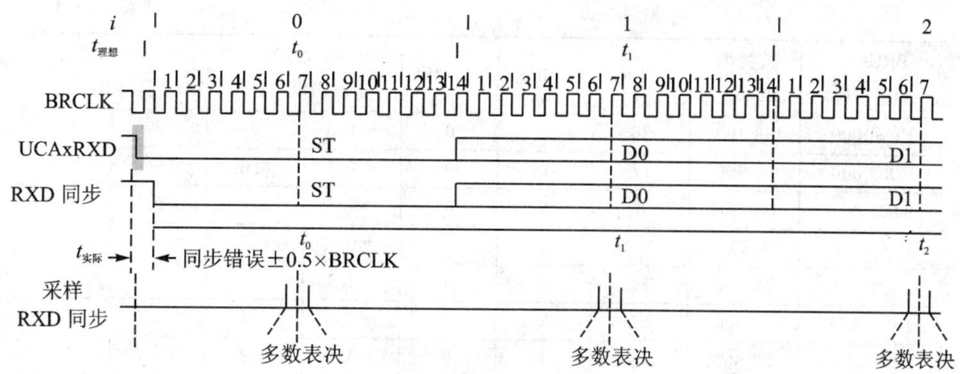

图 16-11 接收误差

$$t_{\text{bit,TX}}[i] = t_{\text{SYNC}} + \sum_{j=0}^{i-1} T_{\text{bit,RX}}[j] + \frac{1}{f_{\text{BRCLK}}}\left(\text{INT}\left(\frac{\text{UCBRx}}{2}\right) + m_{\text{UCBRSx}}[i]\right)$$

$$T_{\text{bit,RX}}[i] = (1/f_{\text{BRCLK}})(\text{UCBRx} + m_{\text{UCBRSx}}[i])$$

式中：$m_{\text{UCBRSx}}[i]$的值为表 16-2 中的值。

对于过采样波特率模式，位 i 的采样时间 $t_{\text{bit,RX}}[i]$的计算公式为

$$t_{\text{bit,RX}}[i] = t_{\text{SYNC}} + \sum_{j=0}^{i-1} T_{\text{bit,RX}}[i] + \frac{1}{f_{\text{BRCLK}}}\left((8 + m_{\text{UCBRSx}}[i]) \times \text{UCBRx} + \sum_{j=0}^{7+m_{\text{UCBRSx}}[i]} m_{\text{UCBRFx}}[j]\right)$$

$$T_{\text{bit,RX}}[i] = \frac{1}{f_{\text{BRCLK}}}\left((16 + m_{\text{UCBRSx}}[i]) \times \text{UCBRx} + \sum_{j=0}^{15} m_{\text{UCBRFx}}[j]\right)$$

式中：$\sum_{j=0}^{7+m_{\text{UCBRSx}}[i]} m_{\text{UCBRFx}}[j]$ 为表 16-3 中对应行从 0 列到$(7+m_{\text{UCBRS}}[i])$列的列值总和；$m_{\text{UCBRSx}}[i]$的值为表 16-2 中的值。

归一化误差与理想位时间(1/baudrate)之比的结果为

$$\text{Error}_{\text{RX}}[i] = (t_{\text{bit,RX}}[i] - t_{\text{bit,ideal,RX}}[i]) \times \text{Baudrate} \times 100\%$$

16.3.13 典型波特率及其误差

在 ACLK 为 32 768 Hz 晶振和典型 SMCLK 频率下，UCBRx、UCBRSx 和 UCBRFx 的标准波特率数据如表 16-4 和 16-5 所列。请确保所选择的 BRCLK 频率没有超过器件的最大 USCI 允许频率，详见具体器件的数据手册。

表 16-4 常用波特率、设置和误差，UCOS16=0

BRCLK 频率/Hz	波特率 baud	UCBRx	UCBRSx	UCBRFx	最大 TX 误码率/%		最大 RX 误码率/%	
32 768	1200	27	2	0	−2.8	1.4	−5.9	2.0
32 768	2 400	13	6	0	−4.8	6.0	−9.7	8.3
32 768	4 800	6	7	0	−12.1	5.7	−13.4	19.0
32 768	9 600	3	3	0	−21.1	15.2	−44.3	21.3
1 000 000	9 600	104	1	0	−0.5	0.6	−0.9	1.2
1 000 000	19 200	52	0	0	−1.8	0	−2.6	0.9

续表 16-4

BRCLK 频率/Hz	波特率 baud	UCBRx	UCBRSx	UCBRFx	最大 TX 误码率/%		最大 RX 误码率/%	
1 000 000	38 400	26	0	0	−1.8	0	−3.6	1.8
1 000 000	57 600	17	3	0	−2.1	4.8	−6.8	5.8
1 000 000	115 200	8	6	0	−7.8	6.4	−9.7	16.1
1 048 576	9 600	109	2	0	−0.2	0.7	−1.0	0.8
1 048 576	19 200	54	5	0	−1.1	1.0	−1.5	2.5
1 048 576	38 400	27	2	0	−2.8	1.4	−5.9	2.0
1 048 576	57 600	18	1	0	−4.6	3.3	−6.8	6.6
1 048 576	115 200	9	1	0	−1.1	10.7	−11.5	11.3
4 000 000	9 600	416	6	0	−0.2	0.2	−0.2	0.4
4 000 000	19 200	208	3	0	−0.2	0.5	−0.3	0.4
4 000 000	38 400	104	1	0	−0.5	0.6	−0.9	1.2
4 000 000	57 600	69	4	0	−0.6	0.8	−1.8	1.1
4 000 000	115 200	34	6	0	−2.1	0.6	−2.5	3.1
4 000 000	230 400	17	3	0	−2.1	4.8	−6.8	5.8
4 194 304	9 600	436	7	0	−0.3	0	−0.3	0.2
4 194 304	19 200	218	4	0	−0.2	0.2	−0.3	0.6
4 194 304	57 600	72	7	0	−1.1	0.6	−1.3	1.9
4 194 304	115 200	36	3	0	−1.9	1.5	−2.7	3.4
8 000 000	9 600	833	2	0	−0.1	0	−0.2	0.1
8 000 000	19 200	416	6	0	−0.2	0.2	−0.2	0.4
8 000 000	38 400	208	3	0	−0.2	−.5	−0.3	0.8
8 000 000	57 600	138	7	0	−0.7	0	−0.8	0.6
8 000 000	115 200	69	4	0	−0.6	0.8	−1.8	1.1
8 000 000	230 400	34	6	0	−2.1	0.6	−2.5	3.1
8 000 000	460 800	17	3	0	−2.1	4.8	−6.8	5.8
8 388 608	9 600	873	7	0	−0.1	0.06	−0.2	0.1
8 388 608	19 200	436	7	0	−0.3	0	−0.3	0.2
8 388 608	57 600	145	5	0	−0.5	0.3	−1.0	0.5
8 388 608	115 200	72	7	0	−1.1	0.6	−1.3	1.9
12 000 000	9 600	1 250	0	0	0	0	−0.05	0.05
12 000 000	19 200	625	0	0	0	0	−0.2	0
12 000 000	38 400	312	4	0	−0.2	0	−0.2	0.2
12 000 000	57 600	208	2	0	−0.5	0.2	−0.6	0.5
12 000 000	115 200	104	1	0	−0.5	0.6	−0.9	1.2
12 000 000	230 400	52	0	0	−1.8	0	−2.6	0.9
12 000 000	460 800	26	0	0	−1.8	0	−3.6	1.8
16 000 000	9 600	1 666	6	0	−0.05	0.05	−0.05	0.1
16 000 000	19 200	833	2	0	−0.1	0.05	−0.2	0.1
16 000 000	38 400	416	6	0	−0.2	0.2	−0.2	0.4

续表 16-4

BRCLK 频率/Hz	波特率 baud	UCBRx	UCBRSx	UCBRFx	最大 TX 误码率/%		最大 RX 误码率/%	
16 000 000	57 600	277	7	0	-0.3	0.3	-0.5	0.4
16 000 000	115 200	138	7	0	-0.3	0.3	-0.5	0.4
16 000 000	230 400	69	5	0	-0.6	0.8	-1.8	1.1
16 000 000	460 800	34	6	0	-2.1	0.6	-2.5	3.1
16 777 216	9 600	1 747	5	0	-0.04	0.03	-0.08	0.05
16 777 216	19 200	873	7	0	-0.09	0.06	-0.2	0.1
16 777 216	57 600	291	2	0	-0.2	0.2	-0.5	0.2
16 777 216	115 200	145	5	0	-0.5	0.3	-1.0	0.5
20 000 000	9 600	2 083	2	0	-0.05	0.02	-0.09	0.02
20 000 000	19 200	1 041	6	0	-0.06	0.06	-0.1	0.1
20 000 000	38 400	520	7	0	-0.2	0.06	-0.2	0.2
20 000 000	57 600	347	2	0	-0.06	0.2	-0.3	0.3
20 000 000	115 200	173	5	0	-0.4	0.3	-0.8	0.5
20 000 000	230 400	86	7	0	-1.0	0.6	-1.0	1.7
20 000 000	460 800	43	3	0	-1.4	1.3	-3.3	1.8

表 16-5 常用波特率、设置及误差，UCOS16=1

BRCLK 频率/Hz	波特率 baud	UCBRx	UCBRSx	UCBRFx	最大 TX 误码率/%		最大 RX 误码率/%	
1 000 000	9 600	6	0	8	-1.8	0	-2.2	0.4
1 000 000	19 200	3	0	4	-1.8	0	-2.6	0.9
1 048 576	9 600	6	0	13	-2.3	0	-2.2	0.8
1 048 576	19 200	3	1	6	-4.6	3.2	-5.0	4.7
4 000 000	9 600	26	0	1	0	0.9	0	1.1
4 000 000	19 200	13	0	0	1.8	0	-1.9	0.2
4 000 000	38 400	6	0	8	-1.8	0	-2.2	0.4
4 000 000	57 600	4	5	3	-3.5	3.2	-1.8	6.4
4 000 000	115 200	4	5	3	-3.5	3.2	-1.8	6.4
4 194 304	9 600	27	0	5	0	0.2	0	0.5
4 194 304	19 200	13	0	10	-2.3	0	-2.4	0.1
4 194 304	57 600	4	4	7	-2.5	2.5	-1.3	5.1
4 194 304	115 200	2	6	3	-3.9	2.0	-1.9	6.7
8 000 000	9 600	52	0	1	-0.4	0	-0.4	0.1
8 000 000	19 200	26	0	1	0	0.9	0	1.1
8 000 000	38 400	13	0	0	-1.8	0	-1.9	0.2
8 000 000	57 600	8	0	11	0	0.88	0	1.6
8 000 000	115 200	4	5	3	-3.5	3.2	-1.8	6.4
8 000 000	230 400	2	3	2	-2.1	4.8	-2.5	7.3
8 388 608	9 600	54	0	10	0	0.2	-0.05	0.3

续表 16－5

BRCLK 频率/Hz	波特率 baud	UCBRx	UCBRSx	UCBRFx	最大 TX 误 码率/%		最大 RX 误码率/%	
8 388 608	19 200	27	0	5	0	0.2	0	0.5
8 388 608	57 600	9	0	2	0	2.8	−0.2	3.0
8 388 608	115 200	4	4	7	−2.5	2.5	−1.3	5.1
12 000 000	9 600	78	0	1	0	0	0.05	0.05
12 000 000	19 200	39	0	1	0	0	0	0.2
12 000 000	38 400	19	0	8	−1.8	0	−1.8	0.1
12 000 000	57 600	13	0	0	−1.8	0	−1.9	0.2
12 000 000	115 200	6	0	8	−1.8	0	−2.2	0.4
12 000 000	230 400	3	0	4	−1.8	0	−2.6	0.9
16 000 000	9 600	104	0	3	0	0.2	0	0.3
16 000 000	19 200	52	0	1	−0.4	0	−0.4	0.1
16 000 000	38 400	26	0	1	0	0.9	0	1.1
16 000 000	57 600	17	0	6	0	0.9	−0.1	1.0
16 000 000	115 200	8	0	6	0	0.9	0	1.6
16 000 000	230 400	4	5	3	−3.5	3.2	−1.8	6.4
16 000 000	460 800	2	3	2	−2.1	4.8	−2.5	7.3
16 777 216	9 600	109	0	4	0	0.2	−0.02	0.3
16 777 216	19 200	54	0	10	0	0.2	−0.05	0.3
16 777 216	57 600	18	0	3	−1.0	0	−1.0	0.3
16 777 216	115 200	9	0	2	0	2.8	−0.2	3.0
20 000 000	9 600	130	0	3	−0.2	0	−0.2	0.04
20 000 000	19 200	65	0	2	0	0.4	−0.03	0.4
20 000 000	38 400	32	0	9	0	0.4	0	0.5
20 000 000	57 600	21	0	11	−0.7	0	−0.7	0.3
20 000 000	115 200	10	0	14	0	2.5	−0.2	2.6
20 000 000	230 400	5	0	7	0	2.5	0	3.5
20 000 000	460 800	2	6	10	−3.2	1.8	−2.8	4.6

对于每一位中间的理想扫描时间，接收误差是累计时间误差。最坏的情况是接收一个8位数据的字符和带奇偶检验位和一个停止位的误差，包括同步误差。

对于每一位的理想周期时间，接收误差是累计时间误差。最坏的情况是发送一个8位数据的字符和带奇偶检验位和停止位的误差。

16.3.14 在低功耗模式下使用 USCI 模块的 UART 模式

USCI 模块提供在低功耗模式下的自动时钟激活功能。由于器件处于低功耗模式下，USCI 时钟源是不活动的。当在需要时，USCI 模块将会激活时钟源，无论控制位是否设置它。时钟保持激活直到 USCI 模块返回到空闲状态为止。在 USCI 模块返回到空闲状态后，对时钟源的控制恢复到控制位的设置状态。

16.3.15 USCI 中断

USCI 只有一个发送和接收共用的中断向量。USCI_Ax 和 USC_Bx 不共用中断向量。

1. USCI 发送中断操作

发送端置位 UCTXIFG 中断标志，表明 UCAxTXBUF 已经准备好接收另一个字符。如果 UCTXIE 和 GIE 也置位的话，一个中断请求发生。如果一个字节写入 UCAxTXBUF，UCTXIFG 将会自动复位。

在一次 PUC 后或者 UCSWRST＝1 时，UCTXIFG 置位。在一次 PUC 后或者 UCSWRST＝1 时，UCTXIE 复位。

2. USCI 接收中断操作

每次一个字符被接收同时载入 UCAxRXBUF，UCRXIFG 中断标志置位。如果 UCTXIE 和 GIE 也置位的话，一个中断请求发生。UCRXIFG 和 UCRXIE 通过一次系统复位 PUC 信号或者 UCSWRST＝1 复位。当 UCAxRXBUF 被读出时，UCRXIFG 自动复位。

其他的中断控制特征包括：

- ❑ 当 UCAxRXEIE＝0 时，误差字符将不会置位 UCRXIFG；
- ❑ 当 UCDORM＝1 时，在多机模式下的非地址字符将不会置位 UCRXIFG；
- ❑ 当 UCBRKIE＝1 时，打断情况将会置位 UCBRK 位和 UCRXIFG 标志。

3. UCAxIV 中断向量发生器

USCI 中断标志按照优先级次序结合同一个中断向量。中断向量寄存器 UCAxIV 用来判断哪个标志位申请中断。使能的最高优先级的中断在 UCAxIV 寄存器里产生一个数值，它可以被计算或者加到程序计数器里然后自动跳转到相应的软件子程序里。禁止中断不会影响 UCAxIV 的值。

任何对 UCAxIV 寄存器的访问，读或者写，将会自动复位挂起的最高优先级的中断标志。如果另一个中断标志置位，在响应完第一个中断后，另外一个中断立即发生。

4. UCAxIV 程序示例

下面程序示例演示了 UCAxIV 的推荐使用方法。UCAxIV 的值被加到 PC 里，自动跳转到相应的中断服务子程序。下面是与 USCI_A0 相关的例程。

```
USCI_UART_ISR
        ADD     &UCA0IV,PC      ;跳转表格加上偏移量
        RETI                    ;中断向量 0:无中断
        JMP     RXIFG_ISR       ;中断向量 2:RXIFG
TXIFG_ISR                       ;中断向量 4:TXIFG
        ...                     ;中断程序从这里开始
        RETI                    ;中断返回
RXIFG_ISR                       ;中断向量 2
        ...                     ;中断程序从这里开始
        RETI                    ;中断返回
```

16.4 USCI 寄存器——UART 模式

在 UART 模式下可应用的 USCI 寄存器如表 16-6 所列。

表 16-6 USCI_Ax 寄存器

寄存器	缩 写	读/写类型	访问形式	地址偏移	初始状态
USCI_Ax 控制字 0	UCAxCTLW0	读/写	字	00h	0001h
USCI_Ax 控制器 1	UCAxCTL1	读/写	字节	00h	01h
USCI_Ax 控制器 0	UCAxCTL0	读/写	字节	01h	00h
USCI_Ax 波特率控制字	UCAxBRW	读/写	字	06h	0000h
USCI_Ax 波特率控制器 0	UCAxBR0	读/写	字节	06h	00h
USCI_Ax 波特率控制器 1	UCAxBR1	读/写	字节	07h	00h
USCI_Ax 调整器控制	UCAxMCTL	读/写	字节	08h	00h
保留——读为 0		读	字节	09h	00h
USCI_Ax 状态寄存器	UCAxSTAT	读/写	字节	0Ah	00h
保留——读为 0		读	字节	0Bh	00h
USCI_Ax 接收缓存	UCAxRXBUF	读/写	字节	0Ch	00h
保留——读为 0		读	字节	0Dh	00h
USCI_Ax 发送缓存	UCAxTXBUF	读/写	字节	0Eh	00h
保留——读为 0		读	字节	0Fh	00h
USCI_Ax 自动波特率控制	UCAxABCTL	读/写	字节	10h	00h
保留——读为 0		读	字节	11h	00h
USCI_Ax IrDA 控制器	UCAxIRCTL	读/写	字	12h	0000h
USCI_Ax IrDA 发送控制器	UCAxIRTCTL	读/写	字节	12h	00h
USCI_Ax IrDA 接收控制器	UCAxIRRCTL	读/写	字节	13h	00h
USCI_Ax 中断控制器	UCAxICTL	读/写	字	1Ch	0000h
USCI_Ax 中断使能	UCAxIE	读/写	字节	1Ch	00h
USCI_Ax 中断标志	UCAxIFG	读/写	字节	1Dh	00h
USCI_Ax 中断向量	UCAxIV	读	字	1Eh	0000h

1. USCI_Ax 控制寄存器 0(UCAxCTL0)

7	6	5	4	3	2 1	0
UCPEN	UCPAR	UCMSB	UC7BIT	UCSPB	UCMODEx	UCSYNC

UCPEN 位 7 奇偶检验位允许。

0 校验位禁止；

1 校验位允许。校验位由 UCAxTXD 产生,由 UCAxRXD 接收。在地址位多机模式下,地址位包含校验计算。

UCPAR 位 6 校验位选择。当校验位禁止时,不使用 UCPAR。

0 奇校验;1 偶检验。

UCMSB 位 5 高位优先选择。控制发送和接收移位寄存器的方向。

0 低位优先;1 高位优先。

UC7BIT　　位 4　　字符长度。选择 7 位或者 8 位的字符长度。

0　8 位数据；1　7 位数据。

UCSPB　　位 3　　停止位选择。停止位的个数。

0　一个停止位；1　两个停止位。

UCMODEx　　位 2～1　　USCI 模式。当 UCSYNC＝0 时，UCMODEx 选择异步模式。

00　UART 模式；　　10　地址位多处理器模式；

01　空闲线路多处理器模式；　　11　自动波特率检测的 UART 模式。

UCSYNC　　位 0　　同步模式。

0　异步模式；1　同步模式。

2. USCI_Ax 控制寄存器 1(UCAxCTL1)

7	6	5	4	3	2	1	0
UCSSELx		UCRXEIE	UCBRKIE	UCDORM	UCTXADDR	UCTxBRK	UCSWRST

UCSSELx　　位 7～6　　USCI 时钟源选择。这些位选择 BRCLK 的时钟源。

00　UCLK；　10　SMCLK；

01　ACLK；　11　SMCLK。

UCRXEIE　　位 5　　接收字符错误中断使能。

0　不接收出错字符，不置位 UCRXIFG 位；

1　不接收出错字符，置位 UCRXIFG。

UCBRKIE　　位 4　　接收打断字符中断使能。

0　接收打断字符，不置位 UCRXIFG；

1　接收打断字符，置位 UCRXIFG。

UCDORM　　位 3　　睡眠。使 USCI 进入睡眠模式。

0　不睡眠，所有接收字符都会置位 UCRXIFG。

1　睡眠，只有在空闲线路的字符或者地址位的字符将置位 UCRXIFG。在自动波特率检测的 UART 模式下，只有打断和同步域的组合可以置位 UCRXIFG。

UCTXADDR　　位 2　　发送地址。当在多机模式下，下一帧发送的数据将会被标记为地址。

0　发送的下一帧是数据；1　发送的下一帧是地址。

UCTxBRK　　位 1　　发送打断。下次写入发送缓冲期的时候发送一个打断。在自动波特率检测的 UART 模式下，要产生要求的中断/同步域，055h 必须被写入 UCAxTXBUF。否则在发送缓冲器里必须写入 0h。

0　发送的下一帧不是打断；

1　发送的下一帧是一个打断或者打断/同步。

UCSWRST　　位 0　　软件复位使能。

0　禁止，USCI 复位释放操作；

1　使能，USCI 在复位后，逻辑电平保持不变。

3. USCI_Ax 波特率控制寄存器 0(UCAxBR0)

7	6	5	4	3	2	1	0
UCBRx——低字节							

4. USCI_Ax 波特率控制寄存器 1(UCAxBR1)

7	6	5	4	3	2	1	0
UCBRx——高字节							

UCBRx　　波特率发生器的时钟分频因子。

5. USCI_Ax 调整控制寄存器(UCAxMCTL)

7～4	3～1	0
UCBRFx	UCBRSx	UCOS16

UCBRFx　位 7～4　第一调整阶段选择。

当 UCOS16＝1 时,这些位确定 BITCLK16 的调整模式;

当 UCOS16＝0 时,这些位被忽略。

UCBRSx　位 3～1　第二调整阶段选择。这些位确定 BITCLK 的调整模式。

UCOS16　位 0　过采样模式使能。

0　禁止;1　使能。

6. USCI_Ax 状态寄存器(UCAxSTAT)

7	6	5	4	3	2	1	0
UCLISTEN	UCFE	UCOE	UCPE	UCBRK	UCRXERR	UCADDR/UCIDLE	UCBUSY

UCLISTEN　位 7　侦听使能。该位置位就选择一个闭环回路模式。

0　禁止;

1　使能,UCAxTXD 端发送的数据就返回给数据接收端。

UCFE　位 6　帧错误标志。

0　没有错误;

1　接收到的字符以低电平的 STOP 位结束。

UCOE　位 5　溢出错误标志。当之前在接收缓存 UCAxBUF 内的数据还没有被读取,新的数据又被装载时会导致该位置位。UCOE 会在读取接收缓存后自动复位,所以不要去软件清零以免发生功能失常的现象。

0　没有溢出错误;1　出现溢出错误。

UCPE　位 4　奇偶校验错误。

0　没有奇偶校验错误;1　出现就校验错误。

UCBRK　位 3　打断检测标志位。

0　没有出现打断条件;1　发生打断条件。

UCRXERR　位 2　接收错误标志。该位表明接收该字符时出现错误。当该位置位时。UCRXERR 会在接收缓存被读之后自动清零。

0　没有检测到接收错误;1　检测到接收错误。

UCADDR　位 1　在地址位多机模式中,接收到了地址。当接收缓存 UCAxRXBUF 被读取时,UCADDR 位自动复位。

0　接收的字符是数据;1　接收的字符是地址。

UCIDLE　在空闲多级模式中,当接收缓存 UCAxRXBUF 被读取时,UCIDLE 位自动复位。

0　未检测到空闲线路;1　检测到空闲线路。

UCBUSY　位 0　USCI 忙状态。该位表明的是当前 USCI 接收或者发送状况。

0　USCI 空闲;

1　USCI 忙碌状态(正在接收或者发送)。

7. USCI_Ax 接收缓冲寄存器(UCAxRXBUF)

7	6	5	4	3	2	1	0
UCRXBUFx							

UCRXBUFx　位 7～0　数据接收缓冲器是用户可以访问的,包含从接收移位寄存器收到的最后字符。读 UCAxRXBUF 将复位接收错误标志位 UCADDR 或者 UCIDLE 位以及 UCRXIFG。在 7 位数据模式下,UCAxRXBUF 是低位优先的,最高位通常是复位的。

8. USCI_Ax 发送缓冲寄存器(UCAxTXBUF)

7	6	5	4	3	2	1	0
UCTXBUFx							

UCTXBUFx　位 7～0　数据发送缓冲器是用户可以访问的,它保持数据到被移入发送移位寄存器,并发送数据到到 UCAxTXD。写数据发送缓冲器将清除 UCTXIFG 位。在 7 位模式在,最高位未使用,处于复位状态。

9. USCI_Ax IrDA 发送控制寄存器(UCAxIRTCTL)

7	6	5	4	3	2	1	0
UCIRTXPLx						UCIRTXCLK	UCIREN

UCIRTXPLx　位 7～2　发送脉冲长度。

脉冲长度 $t_{PULSE}=(UCIRTXPLx+1)/(2\times f_{IRTXCLK})$

UCIRTXCLK　位 1　IrDA 发送脉冲时钟选择。

0　BRCLK;1　当 UCOS16=1 时,BITCLK16。否则为 BRCLK。

UCIREN　位 0　IrDA 编码器/解码器使能。

0　IrDA 编码器/解码器禁止;1　IrDA 编码器/解码器使能。

10. USCI_Ax IrDA 接收控制寄存器(UCAxIRRCTL)

7	6	5	4	3	2	1	0
UCIRRXFLx						UCIRRXPL	UCIRRXFE

UCIRRXFLx　位 7～2　接收滤波器长度。接收的最小的脉冲长度计算为

$t_{MIN}=(UCIRRXFLx+4)/(2\times f_{IRTXCLK})$

UCIRRXPL　位 1　IrDA 接收输入 UCAxRXD 极性。

0　当检测到一个光脉冲时 IrDA 发送器发送一个高电平;

1　当检测到一个光脉冲时 IrDA 发送器发送一个低电平。

UCIRRXFE　位 0　IrDA 接收滤波器使能。

0　接收滤波器禁止;1　接收滤波器使能。

11. USCI_Ax 波特率控制寄存器(UCAxABCTL)

7	6	5	4	3	2	1	0
保留		UCDELIMx		UCSTOE	UCBTOE	保留	UCABDEN

UCDELIMx　位 5～4　打断/同步分隔符长度。

00　1 位;　10　3 位;

01　2 位；　11　4 位。

UCSTOE　位 3　同步域超时错误。

0　没有错误；1　同步域的长度超出可测量时间。

UCBTOE　位 2　打断超时错误。

0　没有错误；1　打断域的长度超出 22 位时长。

UCABDEN　位 0　自动波特率检测使能。

0　波特率检测禁止，不测量打断和同步域的长度；

1　波特率检测使能，测量打断和同步域的长度，波特率的设置据此而改变。

12. USCI_Ax 中断使能寄存器(UCAxIE)

7	6	5	4	3	2	1	0
保留						UCTXIE	UCRXIE

UCTXIE　位 1　发送中断使能。

0　中断关闭；1　中断使能。

UCRXIE　位 0　接收中断使能。

0　中断关闭；1　中断使能。

13. USCI_Ax 中断标志寄存器(UCAxIFG)

7	6	5	4	3	2	1	0
保留						UCTXIFG	UCRXIFG

UCTXIFG　位 1　发送中断标志位。当 UCAxTXBUF 为空时 UCTXIFG 置位。

0　没有中断挂起；1　中断挂起。

UCRXIFG　位 0　接收中断标志位。当 UCAxRXBUF 已经收到一个完整的字符，UCRXIFG 置位。

0　没有中断挂起；1　中断挂起。

14. USCI_Ax 中断向量寄存器(UCAxIV)

15～3	2	1	0
0	UCIVx		0

UCIVx　位 2～1

UCAxIV 值	中断源	中断标志	中断优先级
000h	无中断		
0002h	数据接收	UCRXIFG	最高
0004h	发送缓存空	UCTXIFG	最低

第17章 USCI的SPI模式

17.1 通用串行通信接口(USCI)概述

通用串行通信接口模块支持多种串行通信模式。不同的USCI支持不同的模式。每一个不同的USCI模式分别以不同的字母命名。例如,USCI_A、USCI_B等。如果在一个器件上应用多于一种能被识别出来的USCI模块,那么这些模块的名字就随着数量的增加而被命名。例如,如果一个器件有两种USCI_A模块,那么它们将被命名为USCI_A0和USCI_A1。如果这种情况出现,那么请看器件的数据手册以确定哪种器件使用哪种模块。

提供USCI_Ax系列模块:

- ❑ UART模式;
- ❑ 用于IrDA通信的脉冲整形;
- ❑ 用于LIN通信的波特率自动检测;
- ❑ SPI模式。

提供USCI_Bx系列模块:

- ❑ I^2C模式;
- ❑ SPI模式 。

17.2 USCI简介——SPI模式

在同步模式下,USCI通过3个或4个引脚把CC430和外部系统连接,这些引脚分别是:UCxSIMO、UCxSOMI、UCxCLK和UCxSTE。当UCSYNC位置位时,选择SPI模式。根据UCMODEx模式位来确定SPI模式,以选择用3个或4个引脚。

SPI模式特性包括:

- ❑ 7~8位的数据长度;
- ❑ 最高有效位在前或者最低有效位在前的数据发送和接收;
- ❑ 3引脚或4引脚的SPI操作;
- ❑ 主/从模式;
- ❑ 独立的发送和接收移位寄存器;
- ❑ 独立的发送和接收缓冲寄存器;
- ❑ 可连续进行发送和接收;
- ❑ 极性和相位控制可选的时钟;
- ❑ 主模式下可编程的时钟频率;

❑ 对接收和发送的独立的中断能力；

❑ LPM4 下的从模式工作。

图 17－1 所示为 USCI 当配置为 SPI 模式时的结构框图。

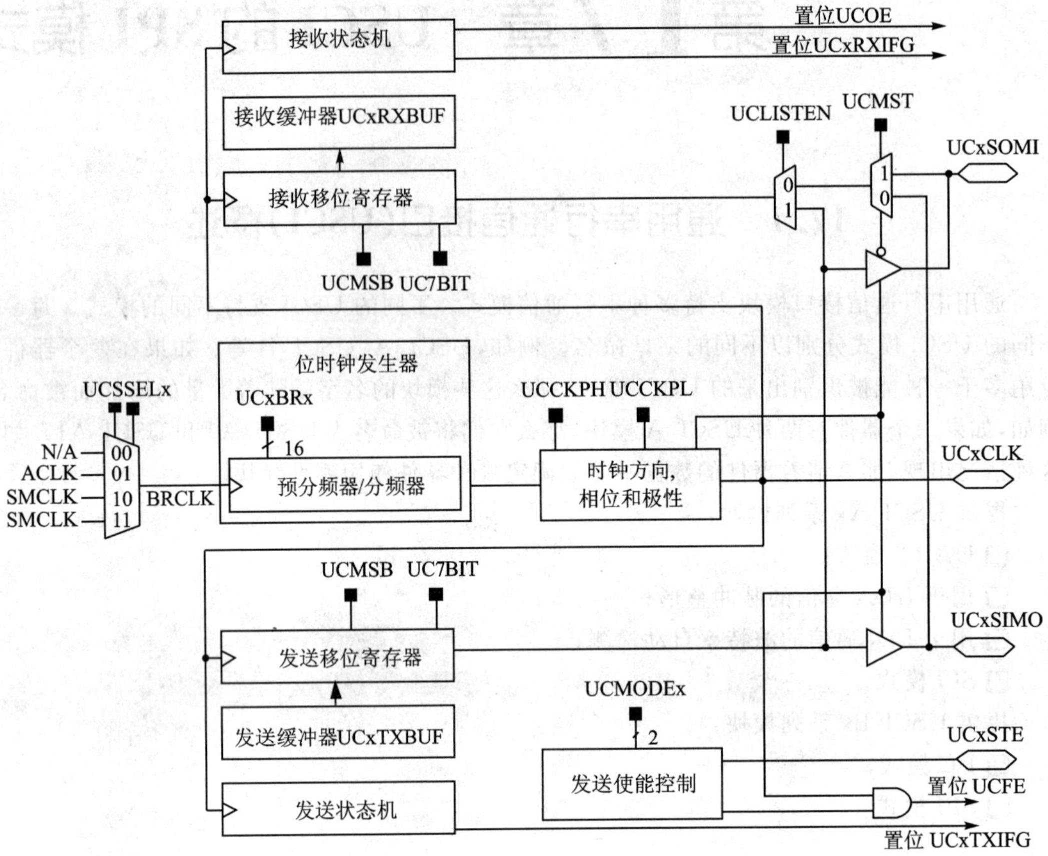

图 17－1　USCI 结构框图(SPI 模式)

17.3　USCI 操作——SPI 模式

在 SPI 模式,串行数据的发送和接收是多个器件通过共用主机提供的时钟实现的。额外的引脚 UCxSTE 用于主机控制使能器件进行数据的收发。

SPI 的数据交换需要 3 根或 4 根信号线。

❑ UCxSIMO 从机输入,在主机输出模式 UCxSIMO 是数据输出线;在从机模式 UCxSIMO 为数据输入线。

❑ UCxSOMI 从机输出,在主机输入模式 UCxSOMI 为数据输入线;在从机模式 UCxSOMI 为数据输出线。

❑ UCxCLK USCI SPI 时钟主机模式 UCxCLK 为输出信号;从机模式 UCxCLK 为输入信号。

❑ UCxSTE 为从机发送使能线。在 4 线模式下使用,可允许在单个总线上有多个主机存在，而在 3 线模式下不使用。表 17－1 描述了 UCxSTE 的操作。

表 17－1 UCxSTE 操作

UCMODEx	UCxSTE 活动状态	UCxSTE	从 机	主 机
01	高	0	非活动	活动
		1	活动	非活动
10	低	0	活动	非活动
		1	非活动	活动

17.3.1 USCI 初始化及复位

USCI 通过 PUC 或 UCSWRST 位进行复位。PUC 之后，UCSWRST 位自动置位，并保持 USCI 在复位状态。当置位时，UCSWRST 位复位 UCRXIE、UCTXIE、UCRXIFG、UCOE 及 UCFE 位，并置位 UCTXIFG 标志位。清除 UCSWRST 将释放 USCI 用于操作。

注意： 初始化或重配置 USCI 模块。推荐的 USCI 初始化/重配置的操作过程如下。

① 置位 UCSWRST(BIS.B #UCSWRST,&UCxCTL1)。

② 初始化所有 USCI 寄存器(包括 UCxCTL1)在 UCSWRST=1 的情况下。

③ 配置端口。

④ 软件清除 UCSWRST(BIC.B #UCSWRST,&UCxCTL1)。

⑤ 通过 UCRXIE 与/或 UCTXIE 使能中断(可选)。

17.3.2 字符格式

USCI 模块在 SPI 模式下支持 7 位或 8 位数据长度，这可以通过 UC7BIT 位进行选择。在 7 位数据模式下，UCxRXBUF 是 LSB 有效的，而 MSB 总为 0。UCMSB 位控制着发送数据的方向是 LSB 在前还是 MSB 在前。

注意：

① 默认字符格式。SPI 默认的发送字符格式是 LSB 在前。对于与其他 SPI 接口进行通信而言，可能需要用到 MSB 在前的模式。

② 用于图形的字符格式。本章所涉及的图形都是使用 MSB 在前的格式。

17.3.3 主机模式

图 17－2 所示为 USCI 作为主机，使用 3 线和 4 线配置时的连线图。当数据被写入 UCxTXBUF 寄存器后，将启动 USCI 的数据发送。当发送(TX)移位寄存器为空时，UCxTXBUF 中的数据被移入 TX 移位寄存器。UCxSIMO 引脚是以 MSB 在前还是 LSB 在前的方式发送数据，这将取决于 UCMSB 的设置。在时钟的上升沿，数据从 UCxSOMI 引脚移入接收移位寄存器。当字符被接收时，接收数据从接收(RX)移位寄存器转移到接收数据缓冲寄存器 UCxRXBUF 中，同时接收中断标志位 UCRXIFG 被置位，表明 RX/TX 操作完成。

置位发送中断标志位 UCTXIFG，表示数据已经从 UCxTXBUF 转移到 TX 移位寄存器中，并且 UCxTXBUF 准备好接收新的数据。它并不表示 RX/TX 已经完成。

在主机模式下，要将数据接收至 USCI，数据必须被写入 UCxTXBUF，因为接收和发送操

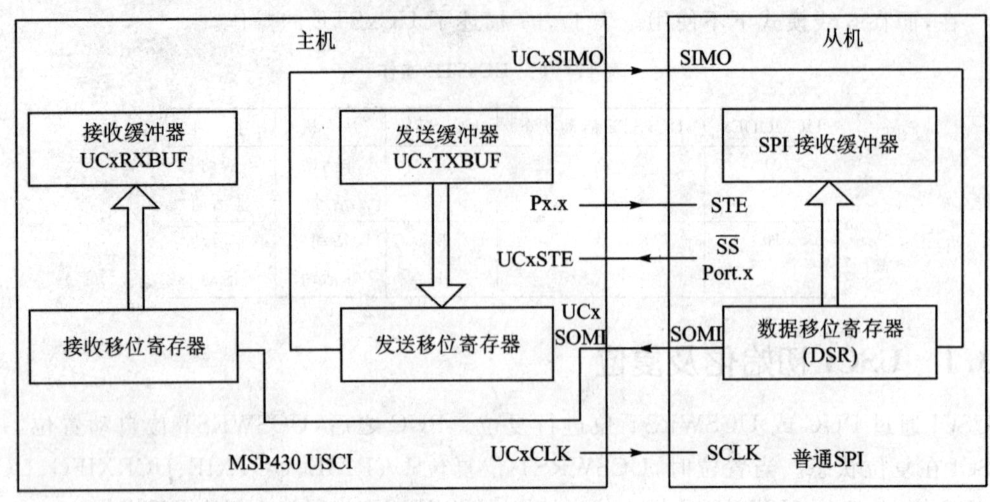

图 17－2　USCI 为主机，外部为从机连接图

作是同时进行的。

4 线 SPI 主机模式

在 4 线主机模式下，UCxSTE 用于防止和另外一个主机发生冲突，如表 17－1 中所描述控制主机。当 UCxSTE 在主机为非活动状态时：

❑ UCxSIMO 和 UCxCLK 被设置为输入，并不再驱动总线。

❑ 错误位 UCFE 置位，表明一个完全无效的通信被用户所处理。

❑ 内部状态机复位，移位操作中止。

如果数据被写入 UCxTXBUF，而主机保持在被 UCxSTE 设置的非活动状态时，一旦 UCxSTE 让主机恢复为活动模式，则数据传输立即开始。如果一个正在进行的传输被 UCx-STE 将主机设置为非活动状态而打断，则当 UCxSTE 使主机恢复为活动模式时，数据必须重新写入 UCxTXBUF，以重新发送。UCxSTE 输入引脚在 3 线主机模式中不使用。

17.3.4　从机模式

图 17－3 所示为 USCI 作为从机的 3 线和 4 线模式的连线图。UCxCLK 作为 SPI 时钟输入线，必须由外部的主机提供信号。数据发送速率由这一时钟信号决定，而不是由内部的位时钟发生器决定。在 UCxCLK 驱动下，发送到 UCxSOMI 引脚的数据先被写入 UCxTXBUF，并移入 TX 移位寄存器。在 UCxCLK 的上升沿，数据从 UCxSIMO 引脚移入接收移位寄存器。当达到所设置的接收位数时，数据被移入 UCxRXBUF 寄存器中。当数据从 RX 移位寄存器移到 UCxRXBUF 时，UCRXIFG 中断标志位置位，表示数据已经被接收。当前一次接收的数据未从 UCxRXBUF 中读取，而新的数据又被写入 UCxRXBUF 时，溢出错误标志位 UCOE 置位。

4 线 SPI 从机模式

在 4 线从机模式下，由 SPI 主机提供的 UCxSTE 信号被用于使能从机的发送和接收操作。当 UCxSTE 处于从机活动状态时，从机可正常操作。当 UCxSTE 处于从机非活动状态时：

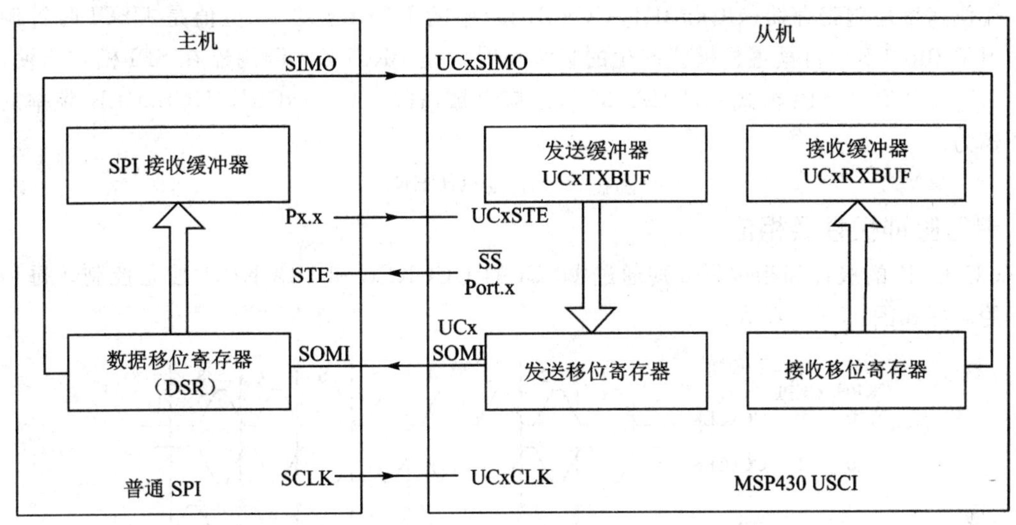

图 17-3　USCI 为从机，外部为主机的连线图

- ❑ 任何在 UCxSIMO 引脚的接收操作都将被中止。
- ❑ UCxSOMI 设置为输入方向。
- ❑ 移位操作中止直到 UCxSTE 线使从机恢复为发送活动状态。
- ❑ UCxSTE 输入信号在 3 线从机模式下不可用。

17.3.5　SPI 使能

当 USCI 模块通过清除 UCSWRST 位而被使能时，它将处于准备接收和发送状态。在主机模式，位时钟发生器准备就绪，但不产生时钟信号。在从机模式，位时钟发生器被禁止，时钟信号由主机提供。

发送或接收操作由 UCBUSY=1 指示。

PUC 或置位 UCSWRST 位将立即禁止 USCI，并且任何正在进行的传输将终止。

1. 发送使能

在主机模式，写数据到 UCxTXBUF 将激活时钟发生器，且开始发送数据。

在从机模式，由主机提供时钟信号。在 4 线模式下，当 UCxSTE 使能从机为活动状态时，数据发送开始。

2. 接收使能

当数据传输处于活动状态时，SPI 接收数据。接收和发送操作是同时进行的。

17.3.6　串行时钟控制

在 SPI 总线上，由主机提供 UCxCLK 信号。当 UCMST=1 时，由 USCI 位时钟发生器在 UCxCLK 引脚产生位时钟信号。通过 UCSSELx 位选择用于产生位时钟的时钟源。当 UCMST=0 时，USCI 的时钟信号由主机提供到 UCxCLK 引脚，位时钟发生器不被使用，UCSSELx 位的状态可忽略。SPI 接收器和发送器的操作是并行的，且使用相同的时钟信号传输数据。

在位速率控制寄存器(UCxxBR1,UCxxBR0)中的 UCBRx 的 16 位值是 USCI 时钟源的分频因子 BRCLK。可被主机模式产生的最大位时钟是 BRCLK。调制器在 SPI 模式未使用。当 USCI_A 工作于 SPI 模式时,UCAxMCTL 应该被清除。UCAxCLK/UCBxCLK 频率的计算公式为

$$f_{\text{BitClock}} = f_{\text{BRCLK}} / \text{UCBRx}$$

串行时钟极性及相位

UCxCLK 的极性和相位可分别通过 USCI 的 UCCKPL 和 UCCKPH 独立控制。每种情况下的时序如图 17-4 所示。

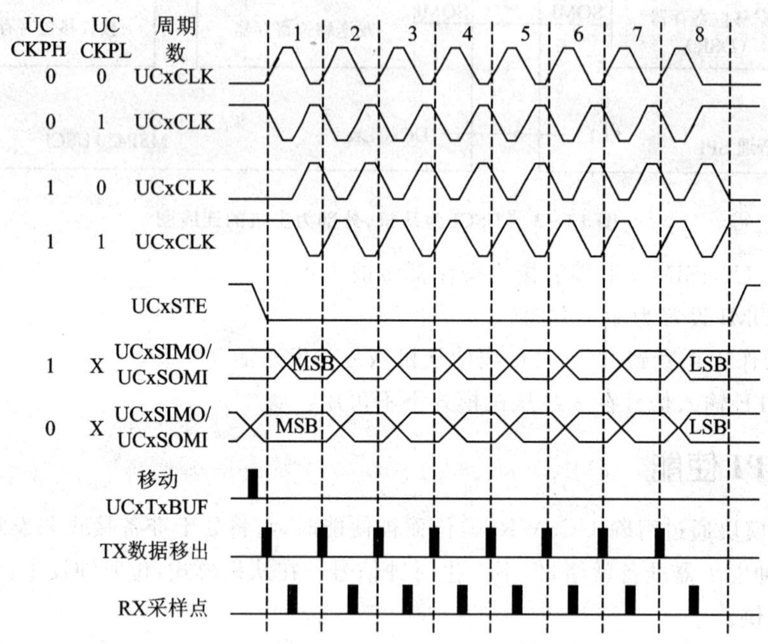

图 17-4 USCI SPI 的时序,UCMSB=1

17.3.7 在低功耗模式下使用 SPI 模式

USCI 模块提供自动时钟激活功能,以方便在低功耗模式下使用。当 USCI 时钟源因为器件处于低功耗模式而为非活动状态时,USCI 模块在需要时将自动激活它,而不管时钟源控制位的设置。时钟将一直处于活动状态直到 USCI 模块返回空闲状态为止。USCI 模块回到空闲状态后,时钟源将恢复到其控制位所设置的状态。

在 SPI 从机模式下,不需要内部时钟源,因为时钟信号由外部的主机提供。当器件处于 LPM4 和所有时钟都禁止的情况时,它可在 SPI 从机模式下操作,接收或发送中断可以将 CPU 从低功耗模式中唤醒。

17.3.8 SPI 中断

USCI 只有一个中断向量,接收和发送共享这一中断向量。USCI_Ax 和 SUCI_Bx 不共享相同的中断向量。

1. SPI 发送中断操作

UCTXIFG 中断标志位被发送端置位，以表示 UCxTXBUF 已经已经准备好接收另一个字符。如果 UCTXIE 和 GIE 位也置位，则产生一个中断请求。如果一个字符被写入到 UCxTXBUF 中，则 UCTXIFG 将自动复位。PUC 之后或当 UCSWRST＝1 时，UCTXIFG 被置位。PUC 之后或当 UCSWRST＝1 时，UCTXIE 复位。

注意： 在 SPI 模式下写 UCxTXBUF。当 UCTXIFG＝0 时，将数据写入 UCxTXBUF 可能导致错误的数据传输。

2. SPI 接收中断操作

每一次当接收到一个字符且载入到 UCxRXBUF 时，UCRXIFG 中断标志位将置位。如果 UCRXIE 和 GIE 位也置位，则产生一个中断请求。系统复位 PUC 信号之后或当 UCSWRST＝1 时，将复位 UCRXIFG 和 UCRXIE 位。当 UCxRXBUF 被读取时，UCRXIFG 将自动复位。

3. UCxIV，中断向量发生器

USCI 中断标志位是有优先级的，并且结合成一个单一的中断向量。中断向量寄存器 UCxIV 被用于确定哪一个标志位请求中断。使能的具有最高优先级的中断将在 UCxIV 寄存器中产生一个数值（偏移量），它可以加到程序计数器（PC）上，以实现自动跳转到相应的中断服务程序。禁止中断，不会影响 UCxIV 的值。

任何访问，读或写，UCxIV 寄存器都将自动复位挂起的最高优先级的中断标志位。如果另外一个中断标志位被置位，当先前的中断服务完成后，将立即产生另一个中断。

4. UCxIV 软件示例

以下软件示例是推荐的 UCxIV 的用法。UCxIV 的值加到 PC 上，以实现自动跳转到相应的中断服务程序。以下示例用于 USCI_B0。

```
USCI_SPI_ISR
        ADD      &UCB0IV,PC        ;跳转表格加上偏移量
        RETI                       ;中断向量 0:无中断
        JMP      RXIFG_ISR         ;中断向量 2:RXIFG
TXIFG_ISR                          ;中断向量 4:TXIFG
        ...                        ;中断服务程序从这里开始
        RETI                       ;返回
RXIFG_ISR                          ;中断向量 2
        ...                        ;中断服务程序从这里开始
        RETI                       ;返回
```

17.4 USCI 寄存器——SPI 模式

应用于 SPI 模式的 USCI 寄存器列于表 17－2 和表 17－3 中。其基地址可在相应器件的数据手册中找到。地址偏移量列于表 17－2 和表 17－3 中。

表 17-2 USCI_Ax 寄存器

寄存器	缩 写	寄存器类型	寄存器访问	地址偏移	初始状态
USCI_Ax 控制字 0	UCAxCTLW0	读/写	字	00h	0001h
USCI_Ax 控制 1	UCAxCTL1	读/写	字节	00h	01h
USCI_Ax 控制 0	UCAxCTL0	读/写	字节	01h	00h
USCI_Ax 位率控制字	UCAxBRW	读/写	字	06h	0000h
USCI_Ax 位率控制 0	UCAxBR0	读/写	字节	06h	00h
USCI_Ax 位率控制 1	UCAxBR1	读/写	字节	07h	00h
USCI_Ax 调制控制	UCAxMCTL	读/写	字节	08h	00h
USCI_Ax 状态	UCAxSTAT	读/写	字节	0Ah	00h
保留——读为 0		读	字节	0Bh	00h
USCI_Ax 接收缓冲器	UCAxRXBUF	读/写	字节	0Ch	00h
保留——读为 0		读	字节	0Dh	00h
USCI_Ax 发送缓冲器	UCAxTXBUF	读/写	字节	0Eh	00h
保留——读为 0		读	字节	0Fh	00h
USCI_Ax 中断控制	UCAxICTL	读/写	字	1Ch	0200h
USCI_Ax 中断使能	UCAxIE	读/写	字节	1Ch	00h
USCI_Ax 中断标志	UCAxIFG	读/写	字节	1Dh	02h
USCI_Ax 中断向量	UCAxIV	读	字	1Eh	0000h

表 17-3 USCI_Bx 寄存器

寄存器	缩 写	寄存器类型	寄存器访问	地址偏移	初始状态
USCI_Bx 控制字 0	UCBxCTLW0	读/写	字	00h	0101h
USCI_Bx 控制 1	UCBxCTL1	读/写	字节	00h	01h
USCI_Bx 控制 0	UCBxCTL0	读/写	字节	01h	01h
USCI_Bx 位率控制字	UCBxBRW	读/写	字	06h	0000h
USCI_Bx 位率控制 0	UCBxBR0	读/写	字节	06h	00h
USCI_Bx 位率控制 1	UCBxBR1	读/写	字节	07h	00h
USCI_Bx 调制控制	UCBxMCTL	读/写	字节	08h	00h
USCI_Bx 状态	UCBxSTAT	读/写	字节	0Ah	00h
保留——读为 0		读	字节	0Bh	00h
USCI_Bx 接收缓冲器	UCBxRXBUF	读/写	字节	0Ch	00h
保留——读为 0		读	字节	0Dh	00h
USCI_Bx 发送缓冲器	UCBxTXBUF	读/写	字节	0Eh	00h
保留——读为 0		读	字节	0Fh	00h
USCI_Bx 中断控制	UCBxICTL	读/写	字	1Ch	0200h
USCI_Bx 中断使能	UCBxIE	读/写	字节	1Ch	00h
USCI_Bx 中断标志	UCBxIFG	读/写	字节	1Dh	02h
USCI_Bx 中断向量	UCBxIV	读	字	1Eh	0000h

1. USCI_Ax 控制寄存器 0(UCAxCTL0)
USCI_Bx 控制寄存器 0(UCBxCTL0)

7	6	5	4	3	2	1	0
UCCKPH	UCCKPL	UCMSB	UC7BIT	UCMST	UCMODEx		UCSYNC

UCCKPH　位 7　时钟相位选择。

0　数据在第一个 UCLK 的边沿改变,并在下降沿被捕获;

1　数据在第一个 UCLK 的边沿被捕获,并在下降沿改变。

UCCKPL　位 6　时钟极性选择。

0　非活动状态为低电平;

1　非活动状态为高电平。

UCMSB　位 5　MSB 在前选择。控制接收和发送移位寄存器的方向。

0　LSB 在前;1　MSB 在前。

UC7BIT　位 4　字符长度。选择 7 位或 8 位字符长度。

0　8 位数据;1　7 位数据。

UCMST　位 3　主机模式选择。

0　从机模式;1　主机模式。

UCMODEx　位 2～1　USCI 模式。UCMODEx 位选择同步模式当 UCSYNC=1 时。

00　3 线 SPI;

01　4 线 SPI 且 UCxSTE 活动状态为高电平:当 UCxSTE=1 时,从机使能;

10　4 线 SPI 且 UCxSTE 活动状态为低电平:当 UCxSTE=0 时,从机使能。

UCSYNC　位 0　同步模式选择。

0　异步模式;1　同步模式。

2. USCI_Ax 控制寄存器 1(UCAxCTL1)
USCI_Bx 控制寄存器 1(UCBxCTL1)

7	6	5	4	3	2	1	0
UCSSELx		未使用					UCSWRST

UCSSELx　位 7～6　USCI 时钟源选择。这两位选择 BRCLK 在主机模式下的源时钟。UCxCLK 总被用在从机模式。

00　NA;　　10　SMCLK;

01　ACLK;　11　SMCLK。

未使用　位 5～1　未使用。

UCSWRST　位 0　软件复位使能。

0　禁止,USCI 复位释放可被操作;

1　使能,USCI 逻辑保持在复位状态。

3. USCI_Ax 位率控制寄存器 0(UCAxBR0)
USCI_Bx 位率控制寄存器 0(UCBxBR0)

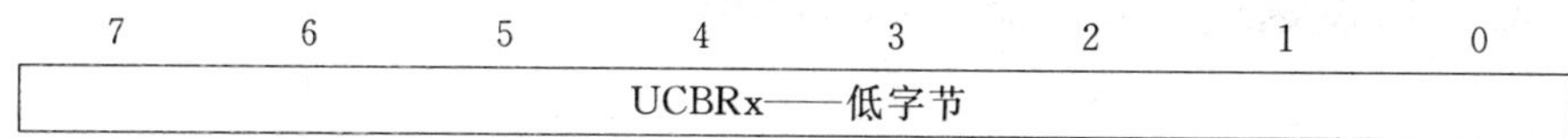

7	6	5	4	3	2	1	0
UCBRx——低字节							

4. USCI_Ax 位率控制寄存器 1(UCAxBR1)
USCI_Bx 位率控制寄存器 1(UCBxBR1)

7	6	5	4	3	2	1	0
UCBRx——高字节							

UCBRx　位 7～0　位时钟预分频。(UCxxBR0＋BCxxBR1×256)的 16 位值构成 UCBRx 的预分频值。

5. USCI_Ax 调制控制寄存器(UCAxMCTL)

7	6	5	4	3	2	1	0
0	0	0	0	0	0	0	0

Bit7～0　写为 0。

6. USCI_Ax 状态寄存器(UCAxSTAT)
USCI_Bx 状态寄存器(UCBxSTAT)

7	6	5	4	3	2	1	0
UCLISTEN	UCFE	UCOE	未使用				UCBUSY

UCLISTEN　位 7　侦听使能。UCLISTEN 位选择循回模式。

0　禁止;

1　使能,发送器的输出在内部反馈给接收器。

UCFE　位 6　帧错误标志。这一位表示在 4 线主机模式下有总线冲突。UCFE 在 3 线主机或从机模式下未使用。

0　没错误;1　发生总线冲突。

UCOE　位 5　溢出错误标志。当 UCxRXBUF 中前一次的字符未被读取而新的字符又被写入时,这一位置位。当 UCxRXBUF 被读取时,UCOE 自动清除。这一位不能用软件清除,否则将不能正确地工作。

0　无错误;1　发生溢出错误。

未使用　位 4～1　未使用。

UCBUSY　位 0　USCI 忙标志。这一位指示是否有发送或接收操作正在进行。

0　USCI 处于非活动状态;1　USCI 处于发送或接收状态。

7. USCI_Ax 接收缓冲寄存器(UCAxRXBUF)
USCI_Bx 接收缓冲寄存器(UCBxRXBUF)

7	6	5	4	3	2	1	0
UCRXBUFx							

UCRXBUFx　位 7～0　接收数据缓冲器是用户可访问的,用于保存来自接收移位寄存器的最新的字符。读 UCxRXBUF 将复位接收错误标志位和 UCRXIFG。在 7 位数据模式下,UCxRXBUF 被调整为 LSB 对齐且 MSB 总为 0。

8. USCI_Ax 发送缓冲寄存器(UCAxTXBUF)
USCI_Bx 发送缓冲寄存器(UCBxTXBUF)

7	6	5	4	3	2	1	0
UCTXBUFx							

UCTXBUFx　位 7～0　发送数据缓冲器是用户可访问的,它保持的数据被移入到发送移位寄存器中,并发送出去。写发送数据缓冲器将清除 UCTXIFG。在 7 位数据模式,UCxTXBUF 的 MSB 位未使用且为 0。

9. USCI_Ax 中断使能寄存器(UCAxIE)
USCI_Bx 中断使能寄存器(UCBxIE)

7	6	5	4	3	2	1	0
保留						UCTXIE	UCRXIE

UCTXIE　位 1　发送中断使能。

0　中断禁止;1　中断使能。

UCRXIE　位 0　接收中断使能。

0　中断禁止;1　中断使能。

10. USCI_Ax 中断标志寄存器(UCAxIFG)
USCI_Bx 中断标志寄存器(UCBxIFG)

7	6	5	4	3	2	1	0
保留						UCTXIFG	UCRXIFG

UCTXIFG　位 1　发送中断标志位。当 UCxxTXBUF 为空时,UCTXIFG 被置位。

0　无中断未响应;1　有中断未响应。

UCRXIFG　位 0　接收中断标志位。当 UCxxRXBUF 接收到一个完整的字符时,UCRXIFG 被置位。

0　无中断未响应;1　有中断未响应。

11. USCI_Ax 中断向量寄存器(UCAxIV)
USCI_Bx 中断向量寄存器(UCBxIV)

15	14	13	12	11	10	9	8
0	0	0	0	0	0	0	0
7	**6**	**5**	**4**	**3**	**2**	**1**	**0**
0	0	0	0	0	UCIVx		0

UCIVx　位 15～0　USCI 中断向量值。

UCAxIV/UCBxIV 值	中断源	中断标志位	中断优先级
000h	无中断产生	—	
002h	接收到数据	UCRXIFG	最高
004h	发送缓冲器为空	UCTXIFG	最低

第18章 USCI的I^2C模式

18.1 通用串行通信接口(USCI)概述

通用串行通信接口(USCI)模块支持多种串行通信模式。不同的USCI模块支持不同的模式。每一个USCI模块以不同的字母命名。例如,USCI_A不同于USCI_B,等。如果不止一个相同的USCI模块被集成在同一个器件上,那么这些模块将以递增的数字命名。例如,当一个设备上有两个USCI_A模块时,它们可以用USCI_A0和USCI_A1来命名。如有需要,可以通过查阅器件的数据手册来确定在器件上集成有哪些USCI模块。

USCI_Ax模块支持:

- ❑ UART模式;
- ❑ 用于IrDA通信的脉冲整形;
- ❑ 用于LIN通信的波特率自动检测;
- ❑ SPI模式。

USCI_Bx模块支持:

- ❑ I^2C模式;
- ❑ SPI模式。

18.2 USCI简介——I^2C模式

在I^2C模式中,USCI模块为器件提供了与I^2C兼容设备连接的两线I^2C串行总线接口。外扩设备通过两线I^2C接口与USCI模块相连,以实现两设备在I^2C总线上串行地发送/接收串行数据。

I^2C模式特性包括:

- ❑ 遵循Philips半导体公司的I^2C规范v2.1;
- ❑ 7位和10位的设备寻址方式;
- ❑ 广播模式;
- ❑ 开始/重新开始/停止;
- ❑ 多主机发送/接收模式;
- ❑ 从设备接收/发送模式;
- ❑ 支持标准模式100 kbps和高达400 kbps的高速模式;
- ❑ 主设模式下,可编程UCxCLK频率;
- ❑ 低功耗设计;

❑ 从设备检测到开始信号将自动唤醒 LPMx 模式；

❑ LPM4 模式下从设备操作。

图 18－1 所示为 USCI 配置为 I²C 模式时的结构框图。

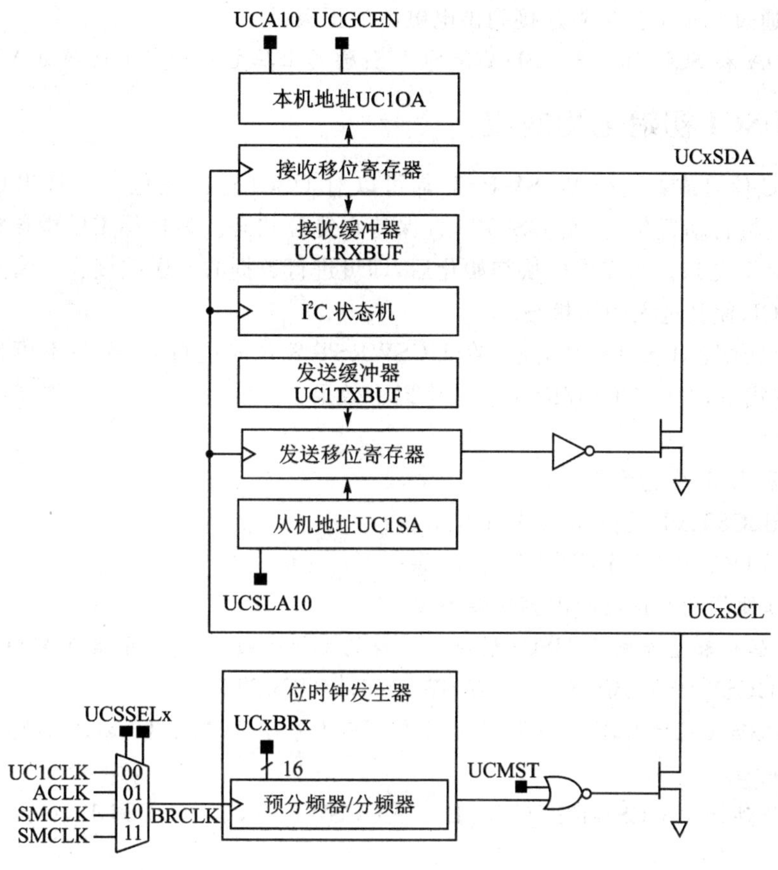

图 18－1 USCI 模块结构图——I²C 模式

18.3 USCI 操作——I²C 模式

USCI 模块内的 I²C 模式与其他器件的标准 I²C 兼容。图 18－2 给出了一个 I²C 总线的例子。每个 I²C 设备都有唯一的地址可供识别，并可以以发送器或接收器的模式工作。当进

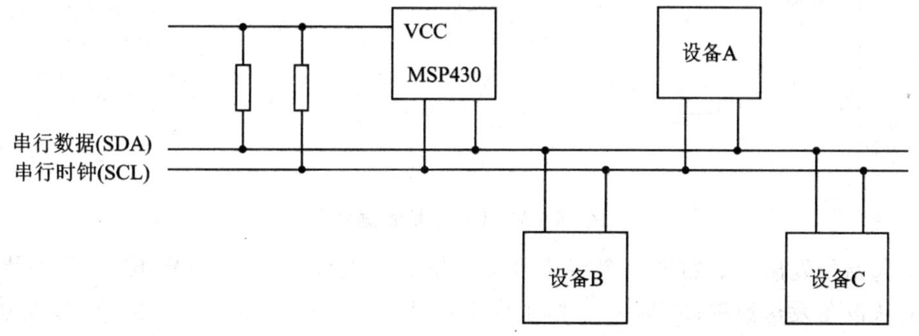

图 18－2 I²C 总线连接图示

行数据传输时，I^2C 总线上的设备可以被视为主设备或者从设备。主设备启动数据的发送，并产生时钟信号 SCL。任一能被主设备寻址到的设备都可视为一个从设备。

I^2C 数据通过串行数据线(SDA)和串行时钟线(SCL)进行传输。SDA 和 SCL 均为双向的，它们必须通过一个上拉电阻连接到供电电源的正极。

注意：SDA 和 SCL 的电平。SDA 和 SCL 引脚的上拉电平一定不得超过 VCC。

18.3.1 USCI 初始化和复位

通过 PUC 信号或者置位 UCSWRST 都可以对 USCI 进行复位。一旦出现 PUC 信号，UCSWRST 位将自动置位，并使 USCI 一直保持在复位状态。为选择 I^2C 操作模式，UCMODEx 位必须设置成 11。当完成模块初始化后，即可进行数据的发送或接收。清除 UCSWRST 可以释放 USCI，使其进入操作状态。

配置或重新配置 USCI 模块，应该在 UCSWRST 置位时进行，以避免不可预料的行为发生。在 I^2C 模式下，置位 UCSWRST 将产生以下效果：

❑ I^2C 通信停止；

❑ SDA 和 SCL 变为高阻态；

❑ UCBxI2CSTAT 的位 6～0 被清除；

❑ 寄存器 UCBxIE 和 UCBxIFG 被清除；

❑ 所有其他位和寄存器的内容保持不变。

注意：初始化和重新配置 USCI 模块。推荐的 USCI 初始化/重配置步骤为：

① 置位 UCSWRST(BIS.B　#UCSWRST,&UCxCTL1)。

② 在 UCSWRST=1 时，初始化设置所有 USCI 寄存器(包括 UCxCTL1)。

③ 配置端口。

④ 通过软件清除 UCSWRST(BIC.B　#UCSWRST,&UCxCTL1)。

⑤ 使能中断(可选)。

18.3.2 I^2C 串行数据

主设备为每个数据位传输提供时钟脉冲。I^2C 模式下进行的是字节操作。数据的最高有效位 MSB 先发送，如图 18-3 所示。

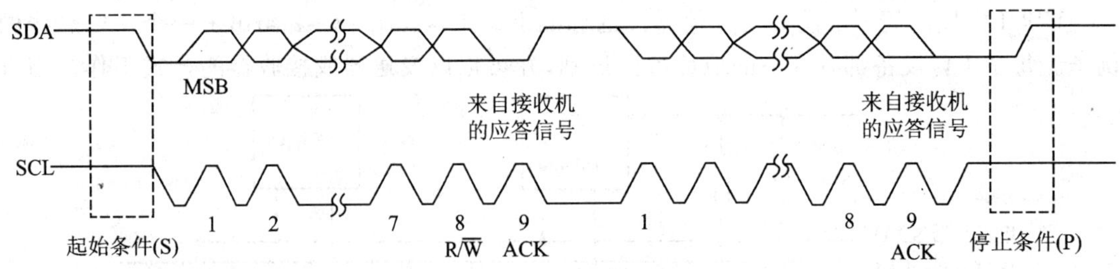

图 18-3　I^2C 模块数据发送

每个起始位发出之后的第一个字节包含 7 位从机地址和一个 R/W 位。当 R/W=0 时，主设备向从设备发送数据；R/W=1 时，主设备从从设备接收数据。应答位 ACK 是接收方在对应的第九个 SCL 时钟发出的应答信号。

START 起始条件和 STOP 停止条件都是由主设备产生的,其时序如图 18-3 所示。在 SCL 为高时,SDA 由高至低的跳变产生一个 START 起始条件;在 SCL 为高时,SDA 由低到高的跳变产生一个 STOP 停止条件。总线忙标志位 UCBBUSY 在 START 起始条件出现后置位,在 STOP 停止条件出现后清零。SCL 为高电平期间 SDA 上的数据必须保持稳定,其时序如图 18-4 所示。SDA 的高低状态改变,只能在 SCL 为低电平时,否则将会误产生起始或停止条件。

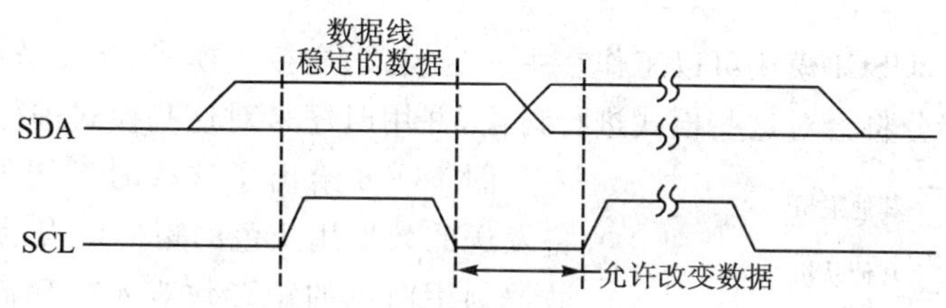

图 18-4　I²C 总线上的位传输

18.3.3　I²C 寻址模式

I²C 模式支持 7 位和 10 位寻址模式。

1. 7 位寻址

7 位寻址的格式如图 18-5 所示,第一个字节包括 7 位从机地址和一个 R/W 读写控制位。应答位 ACK 是接收方每接收到一个字节后发出的应答信号。

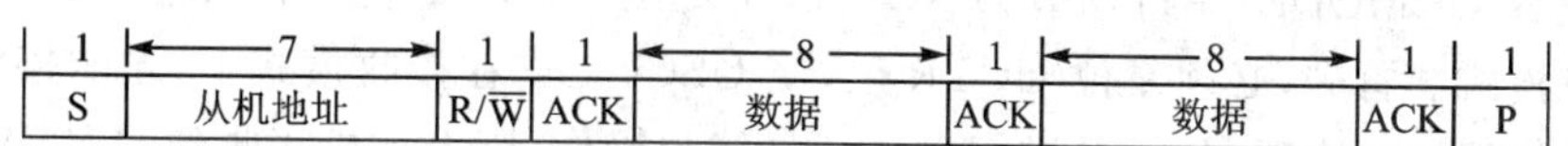

图 18-5　I²C 模块 7 位寻址格式

2. 10 位寻址

10 位寻址的格式如图 18-6 所示,第一个字节数据由 11110b 加上 10 位从地址的高两位和 R/W 标志位构成。每个字节结束后,由接收方发送 ACK 应答信号。下一个发送字节是 10 位从地址中剩下的低 8 位数据,在这之后是 ACK 应答信号和 8 位数据。请参考 I²C 从机 10 位寻址模式和 I²C 主机 10 位寻址模式的详细介绍,以了解如何使用 USCI 模块的 10 位寻址模式。

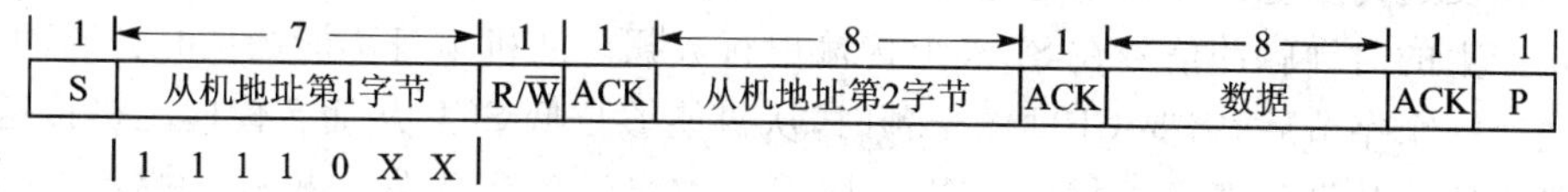

图 18-6　I²C 模块 10 位寻址格式

3. 重复起始条件

主设备可以在不停止当前传输状态的情况下,通过再次发送一个起始位来改变 SDA 上数据流的传输方向,这被称为重复起始。重复起始位产生后,从设备的地址和表示数据流方向的 R/W 位需要重新发送。重复起始条件格式如图 18-7 所示。

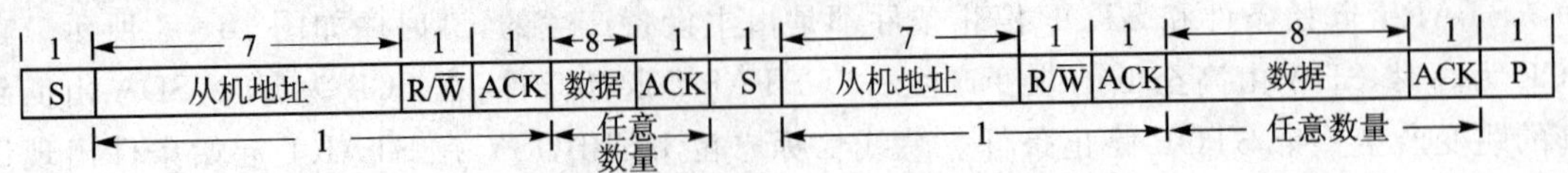

图 18-7 重复起始条件下的 I²C 模块重复寻址格式

18.3.4 I²C 模块操作模式

在 I²C 模式下，USCI 模块可以工作在主发送模式、主接收模式、从发送模式或者从接收模式。接下来的几部分将会对这些模式进行讨论，并用时序来对这些模式进行阐述。

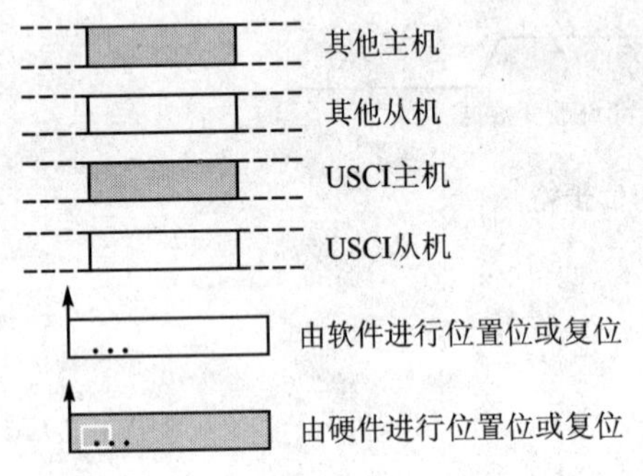

图 18-8 I²C 时序图图例

图 18-8 给出了这些时序图的图示说明。主设备发送的数据用灰色的矩形块表示，而从设备发送的数据则用白色的矩形块表示。稍高的矩形块表示的是由 USCI 模块发送的数据，不管它是作为主机还是从机。

USCI 模块的行为用带箭头的灰色矩形块表示，其箭头所指的位数据流位置就是动作发生的地方。那些必须软件处理的动作，则由带箭头的白色矩形方块表示，箭头指向的是位数据流中动作发生的位置。

1. 从机模式

通过设置 UCMODEx=11，USCYNC=1，并复位 UCMST 位，可以配置 USCI 模块工作在 I²C 从机模式。首先，必须复位 UCTR 位，使 USCI 工作在接收模式下，才能接收到主机发送的 I²C 从机地址。之后，从机是进行发送还是接收操作，则由从机接收到的 R/W 位决定。

USCI 模块中的 UCBxI2COA 寄存器是用来设置从机自身地址。而 UCA10 位则是用来选择几位寻址方式，当 UCA10=0，选用 7 位寻址方式；当 UCA10=1，选用 10 位寻址方式。若要响应广播可以置位 UCGCEN 位。

当在总线上检测到起始信号时，USCI 模块将会接收传送过来的地址，并将之与存储在 UCBxI2C0A 中存储的本器件地址相比较。若接收地址与本器件地址一致，则置位 UCST-TIFG 位。

2. I²C 从机发送模式

当主机发送的从地址和其本地地址相匹配，并且 R/W 为 1 时，从机进入发送模式。从机依靠主机产生的时钟脉冲信号在 SDA 上传输串行数据。从机本身不能产生时钟脉冲，但是当从机发送完一个字节后，需要 CPU 的干预时，从机能够拉低 SCL 从而暂停向主机传送数据。

如果主机向从设备请求数据，USCI 模块将会被自动配置为发送模式，并置位 UCTR 和 UCTXIFG。在数据未被写入到发送缓存 UCBxTXBUF 之前，SCL 时钟线是一直被拉低的。当地址被响应后(即从机收到自己的地址，并确认是和自己通信)，清除 UCSTTIFG 标志，然后开始数据传输。一旦数据被转移到移位寄存器之后，UCTXIFG 将再次被置位。从机发送了一个字节的数据并被主机接收响应之后，写入到 UCBxTXBUF 中的下一个数据也便开始传输，若此时发送缓冲区为空，则从机会在应答周期内挂起总线，SCL 一直保持低电平，直到新的数据被写进 UCBxTXBUF。假如主机在发送停止位 STOP 之前，发送了一个 NACK 信号，则从机的 UCSTPIFG 置位。若 NACK 发送之后，主机发送的是一个重复起始位 START，则从机重新返回到地址接收状态。从机发送框图如图 18-9 所示。

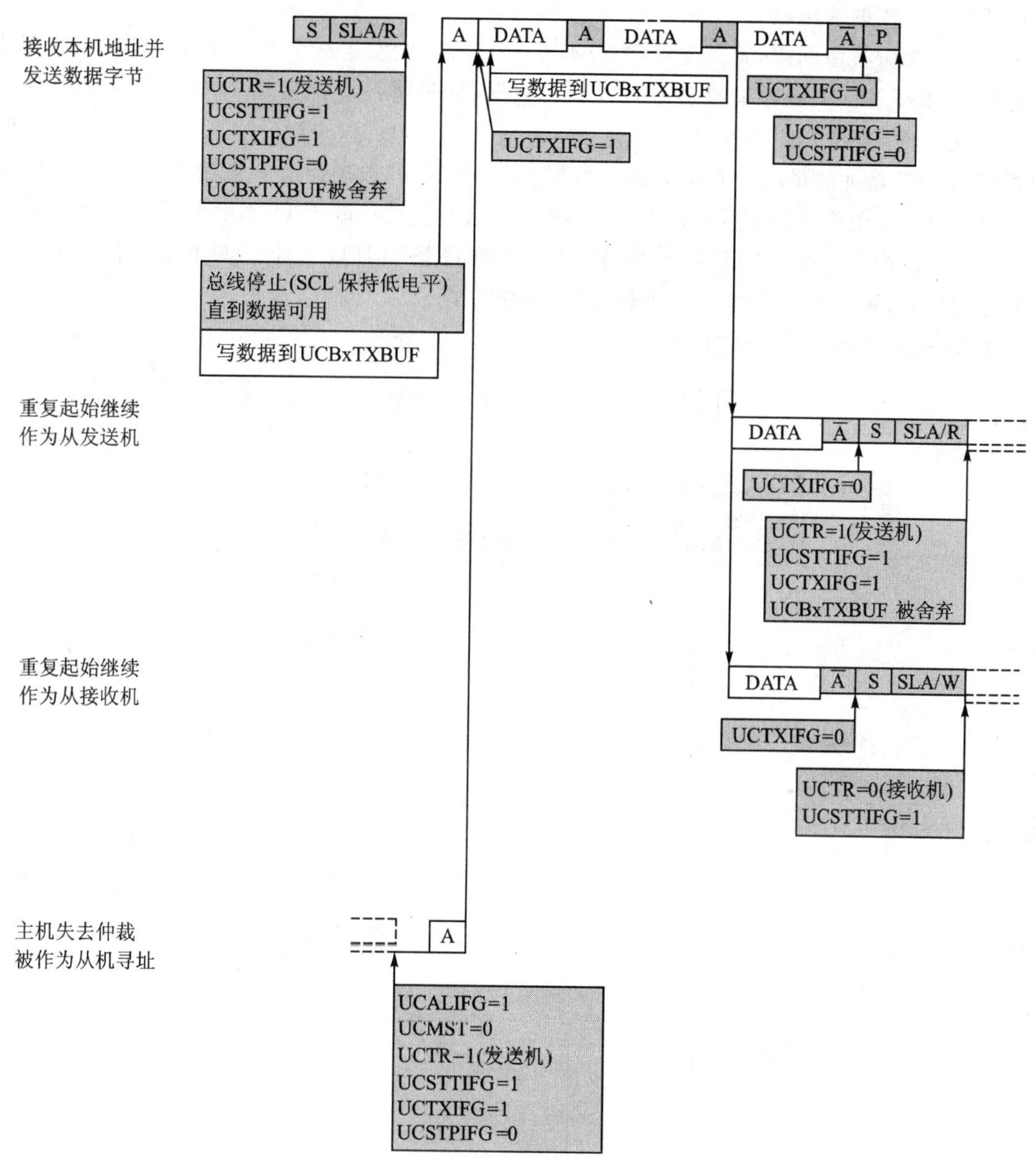

图 18-9 I²C 从机发送模式

3. I²C 从机接收模式

当接收到主机发送的从机地址和其本地地址相匹配，并且 R/W 为 0 时，从机进入接收模式。在从机接收模式下，从机根据主机产生的时钟脉冲信号，在 SDA 上接收串行数据。从设备不能产生时钟脉冲，但是当一个字节接收完毕需要 CPU 的干预时，从机可拉低 SCL 时钟线。

如果从机需要接收主机发送过来的数据，则 USCI 模块将会被自动配置为接收模式，并将 UCTR 位复位。在接收完第一个数据字节后，接收中断标志位 UCRXIFG 置位。USCI 模块会自动应答接收到的数据，并开始接收下一个数据字节。

如果在接收完成之后，没有把这个数据从接收缓存 UCBxRXBUF 内读走，总线会一直拉低 SCL。一旦 UCBxRXBUF 接收到的新数据被读取，从机会立即发送一个应答信号给主机，然后开始下个数据的接收。

在下一个应答周期内，置位 UCTXNACK，会导致从机发送一个 NACK 信号给主机，即使从机的 UCBxRXBUF 还没有准备好接收新的数据，从机将会立即发送 NACK 给主机。如果在 SCL 为低时，置位 UCTXNACK 将会释放总线，并马上发送一个 NACK 信号给主机，同时 UCBxRXBUF 将加载最后一次接收到的数据。由于先前的数据还没有被读出，这将造成数据丢失。所以为避免数据的丢失，应在 UCTXNACK 置位之前，读出 UCBxRXBUF 中的数据。

当主设备产生一个 STOP 停止条件时，从机的 UCSTPIFG 置位。如果主设备产生一个重复起始信号，则从机将重新返回到地址接收状态。

图 18－10 所示为 I²C 从机接收操作图。

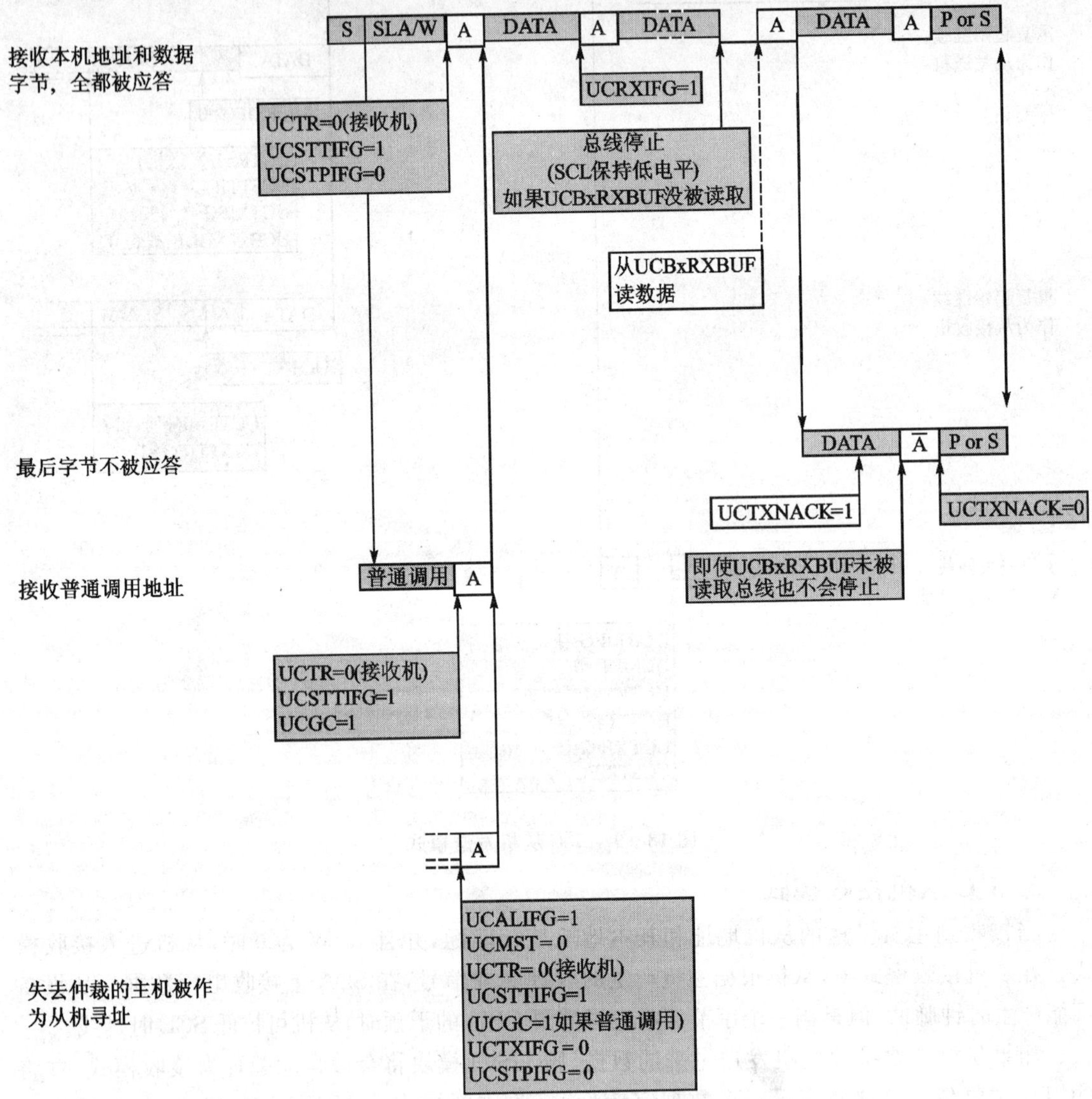

接收本机地址和数据字节，全都被应答

S | SLA/W | A | DATA | A | DATA | A | DATA | A | P or S

UCTR=0(接收机)
UCSTTIFG=1
UCSTPIFG=0

UCRXIFG=1

总线停止
(SCL保持低电平)
如果UCBxRXBUF没被读取

从UCBxRXBUF
读数据

最后字节不被应答

DATA | $\overline{A}$ | P or S

UCTXNACK=1

UCTXNACK=0

即使UCBxRXBUF未被
读取总线也不会停止

接收普通调用地址

普通调用 | A

UCTR=0(接收机)
UCSTTIFG=1
UCGC=1

A

失去仲裁的主机被作为从机寻址

UCALIFG=1
UCMST= 0
UCTR= 0(接收机)
UCSTTIFG=1
(UCGC=1如果普通调用)
UCTXIFG = 0
UCSTPIFG = 0

图 18－10　I²C 从机接收模式

4. I^2C 从机 10 位寻址模式

如图 18－11 所示，当 UCA10＝1 时，选用 10 位寻址模式。在 10 位寻址模式下，整个地址接收完毕后，从设备处于接收模式。当前为接收状态时，USCI 模块会在复位 UCTR 位的同时置位 UCSTTIFG。若需要将从机转换到发送模式，则需要主机在发送一个重复起始条件后，紧跟着发送最开始的地址字节，同时发送 R/W 位为置位状态。若标志位 UCSTTIFG 之前被软件清除，那么此时将会被置位。同时，从机转变为发送模式，UCTR＝1。

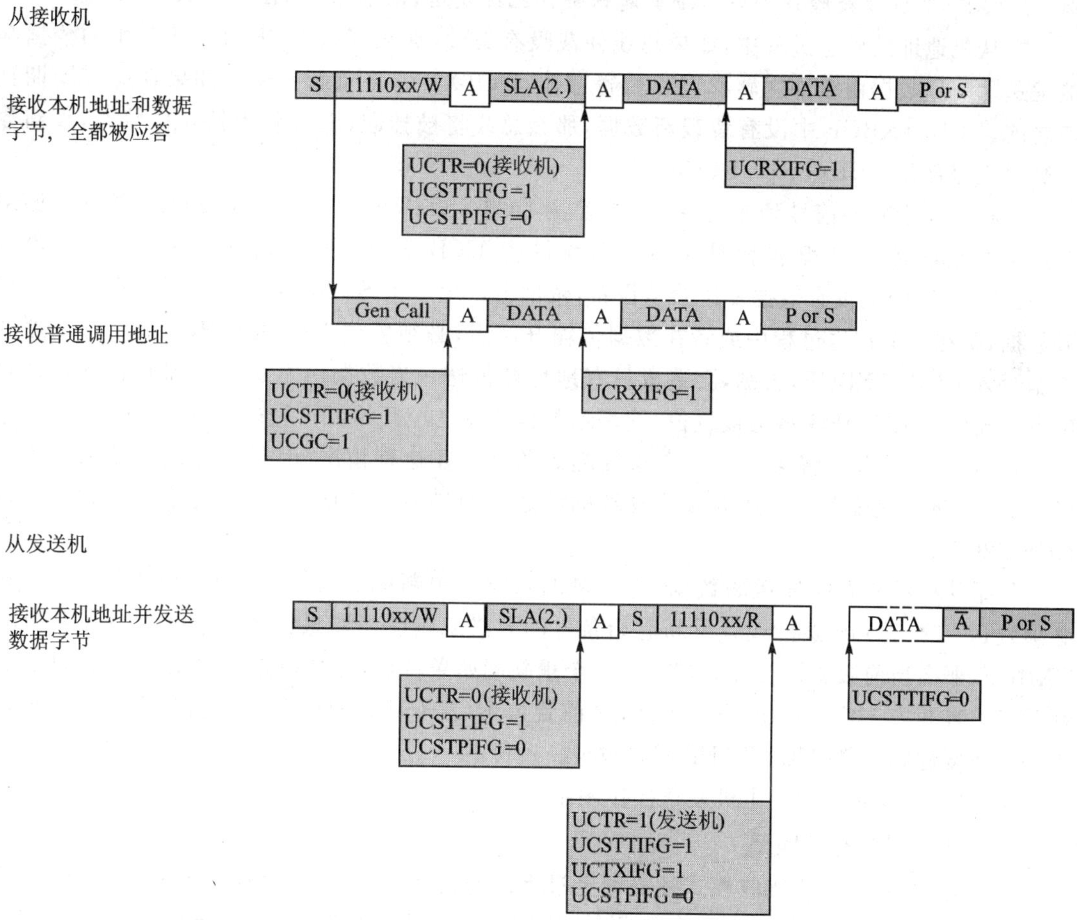

从接收机

接收本机地址和数据字节，全都被应答

S | 11110xx/W | A | SLA(2.) | A | DATA | A | DATA | A | P or S

UCTR=0(接收机)
UCSTTIFG=1
UCSTPIFG=0

UCRXIFG=1

接收普通调用地址

Gen Call | A | DATA | A | DATA | A | P or S

UCTR=0(接收机)
UCSTTIFG=1
UCGC=1

UCRXIFG=1

从发送机

接收本机地址并发送数据字节

S | 11110xx/W | A | SLA(2.) | A | S | 11110xx/R | A | DATA | $\bar{A}$ | P or S

UCTR=0(接收机)
UCSTTIFG=1
UCSTPIFG=0

UCSTTIFG=0

UCTR=1(发送机)
UCSTTIFG=1
UCTXIFG=1
UCSTPIFG=0

图 18－11 I^2C 从机 10 位寻址模式

5. 主机模式

选择 I^2C 模式的同时，设置 UCMODEx＝11，USCYNC＝1，并置位 UCMST 位，可以使 USCI 模块工作在 I^2C 主模式。当主机是一个多主机系统的一部分时，必须对 UCMM 置位，并将其自身地址写入寄存器 UCBxI2COA 中。当 UCA10＝0 时，选择 7 位寻址模式；当 UCA10＝1 时，选择 10 位寻址模式。若要响应广播，则可以置位 UCGCEN 位。

6. I^2C 主机发送模式

初始化之后，主发送模块还需要一些必要的初始化工作：把目标从地址写入寄存器 UCBxI2CSA 中，通过 UCSLA10 位选择从地址的大小，置位 UCTR 来选择发送模式，置位 UCTXSTT 来产生一个起始条件。

USCI 模块首先检测总线是否空闲，然后产生一个起始条件，传送从地址。当 START 条件产生时，UCTXIFG 将会置位，并将要发送的数据写进 UCBxTXBUF。一旦从设备对地址作出应答，UCTXSTT 位即刻清零。

注意： 在多主机系统中 TXIFG 的处理。在一个多主机系统(UCMM=1)中，如果总线难以获取，USCI 模块将等待并检测总线释放。总线难以获取可能恰好发生在 UCTXSTT 位已经被置位之后。当等待总线变得可用时，USCI 可能基于 SCL 时钟线激活来更新 TXIFG。检测 UCTXSTT 位以校验是否 START 起始条件已经发送，以确保 TXIFG 被正确处理。

在从机地址的发送过程中，如果总线仲裁没有失效，那么写入 UCBxTXBUF 中的数据会被发送。一旦数据由缓冲区转移到移位寄存器，UCTXIFG 将重新置位。如果在应答周期到来之前，UCBxTXBUF 中没有装载新数据，那么总线将被挂起，SCL 将保持拉低状态，直到数据被写入缓存器 UCBxTXBUF。

从机下一个应答信号到来之后，主机置位 UCTXSTP，可以产生一个 STOP 条件。如果在从机的地址传送过程或者是 USCI 模块等待 UCBxTXBUF 写入数据的过程中，置位 UCTXSTP，则即使没有数据发送给从设备，依旧会产生一个 STOP 条件。如果传送的是单字节数据，则在字节传送过程中或者在数据传输开始后，必须置位 UCTXSTP，不要将任何新的数据写入 UCBxTXBUF，否则，会造成只有地址被传送。当数据由发送缓冲器转移到发送移位寄存器时，UCTXIFG 将会被置位，这表示数据传输已经开始，可以置位 UCTXSTP。

置位 UCTXSTT 将会产生一个重复起始条件。在这种情况下，可以通过复位或者置位 UCTR 位，将主机配置为发送端或接收端的状态。如果需要的话，还可以把不同的地址写入 UCBxI2CSA。

如果从机没有响应发送的数据，则主机的未响应中断标志位 UCNACKIFG 置位。主机必须发送一个 STOP 条件或者重新起始条件的方式来响应。如果已经有数据被写入 UCBxTXBUF，那么当前数据被舍弃。如果在一个重新起始条件后，这个数据还要发送出去，那么必须重新将其写入 UCBxTXBUF。当然，之前置位 UCTXSTT 的信息同样会被舍弃。若要产生一个重复起始条件，UCTXSTT 需要被重新置位。

图 18-12 所示为 I^2C 主机发送操作图示。

7. I^2C 主机接收模式

初始化之后，主设备接收模式还必须经过下面的初始化工作：把目标从机地址写入寄存器 UCBxI2CSA 中，通过 UCSLA10 位选择从地址的大小，清除 UCTR 位来选择接收模式，置位 UCTXSTT 来产生一个起始条件。

USCI 模块首先检测总线是否空闲，然后产生一个起始条件，发送从机地址。一旦从设备对地址作出应答，主机的 UCTXSTT 位即刻清零。

当主机接收到从设备对地址的应答信号后，主设备将接收到从设备发送的第一个数据字节，并发送应答信号，同时置位 UCRXIFG 标志位。在接收从设备数据的过程中，UCTXSTP 和 UCTXSTT 不会被置位。若主设备没有读取 UCBxRXBUF，那么主设备将在接收最后一个数据位时挂起总线，直到 UCBxRXBUF 被读取。

如果从设备没有响应主机发送的地址，则未响应中断标志位 UCNACKIFG 置位。主设备必须发送一个 STOP 条件或者重新起始条件来做出响应。

置位 UCTXSTP，将会产生一个停止条件。置位 UCTXSTP 操作后，主设备将在接收完

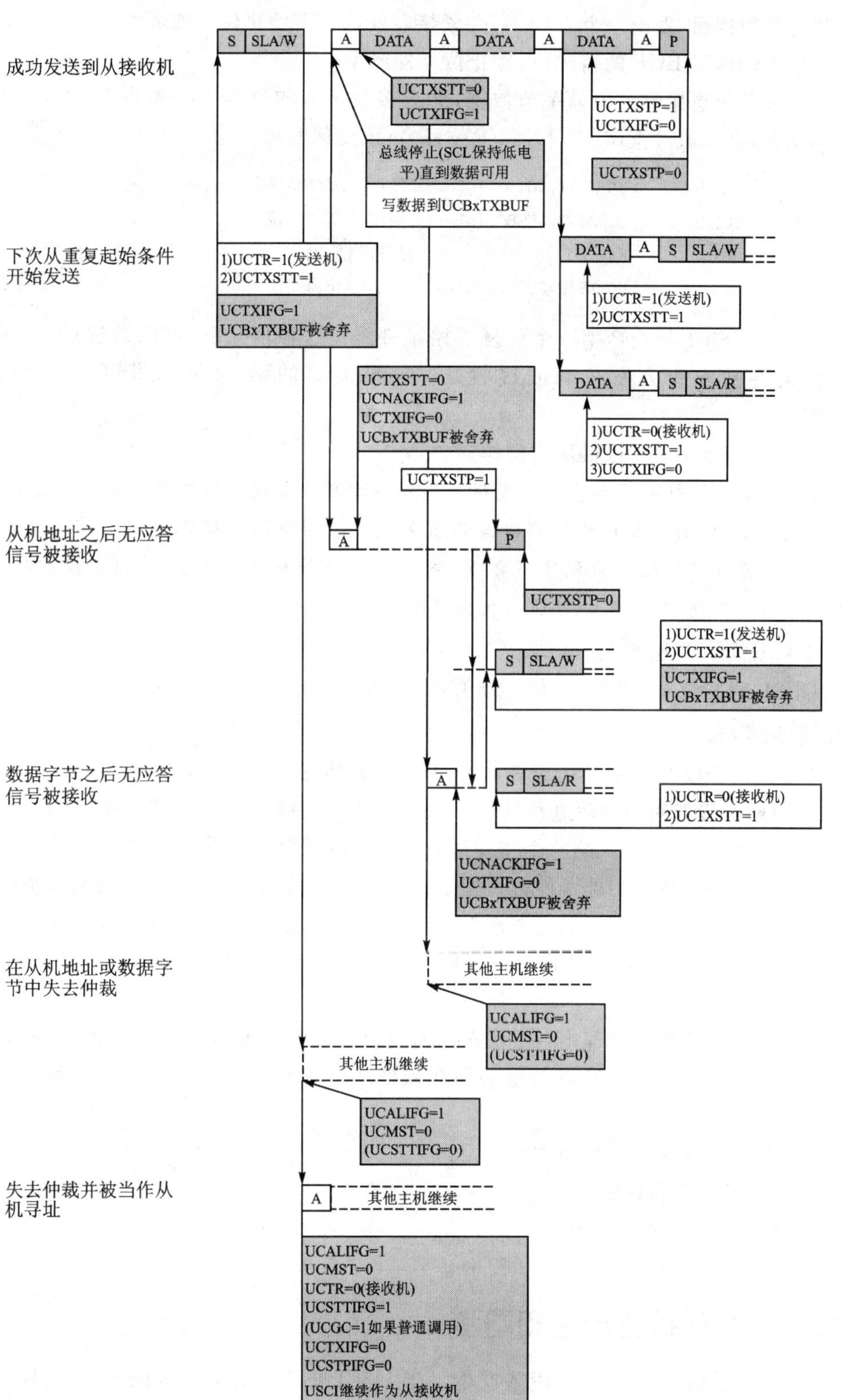

图 18-12　I²C 主机发送模式

从设备传送的数据后，发出一个 NACK，并紧接着发送一个停止位。或者如果在 USCI 模块正在等待读取 UCBxRXBUF 的情况下，停止位立即产生。

如果主设备只想接收一个单字节数据，那么接收字节的过程中必须将 UCTXSPT 置位。在这种情况下，可以通过查询 UCTXSTT 位，决定该位何时被清除。

```
          BIS.B    #UCTXSTT,&UCB0CTL1     ;发送 START 条件
POLL_STT  BIT.B    #UCTXSTT,&UCB0CTL1     ;测试 UCTXSTT 位
          JC       POLL_STT               ;当被清除时
          BIS.B    #UCTXSTP,&UCB0CTL1     ;发送停止条件
```

置位 UCTXSTT 将会产生一个重复起始条件。在这种情况下，可以通过对 UCTR 的置位或复位来将其配置为发送端或接收端。如果需要的话，还可以把不同的地址写入 UCBxI2CSA。

图 18-13 所示为 I^2C 主机接收操作。

注意：无需重复起始的连续主机发送。当在不使用重复起始条件的情况下，进行多个 I^2C 主设备数据传输时，当前模块的数据传输必须在下一个模块的初始化完成之前结束。这就必须保证在下一个 I^2C 传输初始化完成之前，发送停止条件标志位 UCTXSTP 被清零，并设置 UCTXSTT＝1；否则，将会影响当前的数据传输。

8. I^2C 主机 10 位寻址模式

当 UCSLA10＝1 时，选择 10 位寻址模式，如图 18-14 所示。

9. 总线仲裁

当两个或两个以上的主发送设备在总线上同时传送数据时，总线仲裁机制就被启动。图 18-15 对两个设备间的仲裁进程进行了举例说明。总线仲裁使用的数据就是相互竞争的设备发送到 SDA 上的数据。第一个主发送设备产生的逻辑高电平，将被与其竞争的主发送设备发送的逻辑低电平覆盖。总线仲裁过程是：发送二进制数据最低的串行数据设备将获得总线的优先权。失去总线控制权的主发送设备将转换成从接收模式，并置位总线仲裁失去标志位 UCALIFG。如果两个以上的设备发送的第一个字节的内容相同，则总线仲裁机制会在后续的字节中继续产生作用。

如果在总线仲裁处理进程中，在 SDA 上有重复起始条件或者停止条件传送，那么在总线仲裁处理进程中的所有主发送设备都必须在帧格式中的同一个位置发送重复起始或者停止条件。

总线仲裁不会在下列几组间发生：

- 重复起始条件和数据位之间；
- 停止条件和数据位之间；
- 重复起始条件和停止条件之间。

18.3.5 I^2C 时钟的产生和同步

I^2C 总线上的时钟 SCL 由主设备产生。当 USCI 处于主设备发送模式下时，BITCLK 由 USCI 位时钟发生器提供，同时通过 UCSSELx 位选择时钟源。在从模式下，位时钟发生器不启用，而且 UCSSELx 位无效。寄存器 UCBxBR1 和 UCBxBR0 中 UCBRx 的 16 位数据是

成功接收来自从发送机的数据

下次从重复起始条件开始发送

从机地址之后无应答信号被接收

在从机地址或数据字节中失去仲裁

失去仲裁并被作为从机寻址

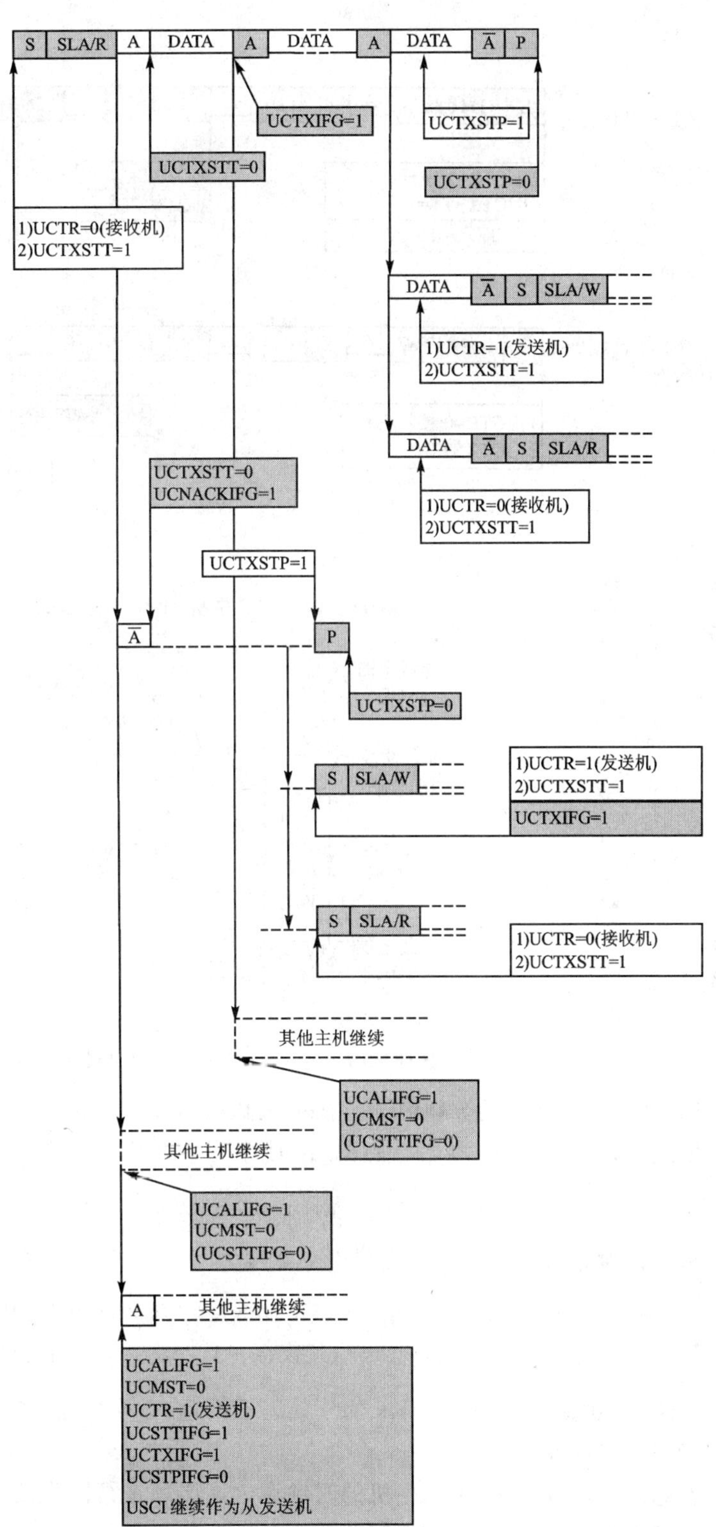

图 18-13 I²C 主机接收模式

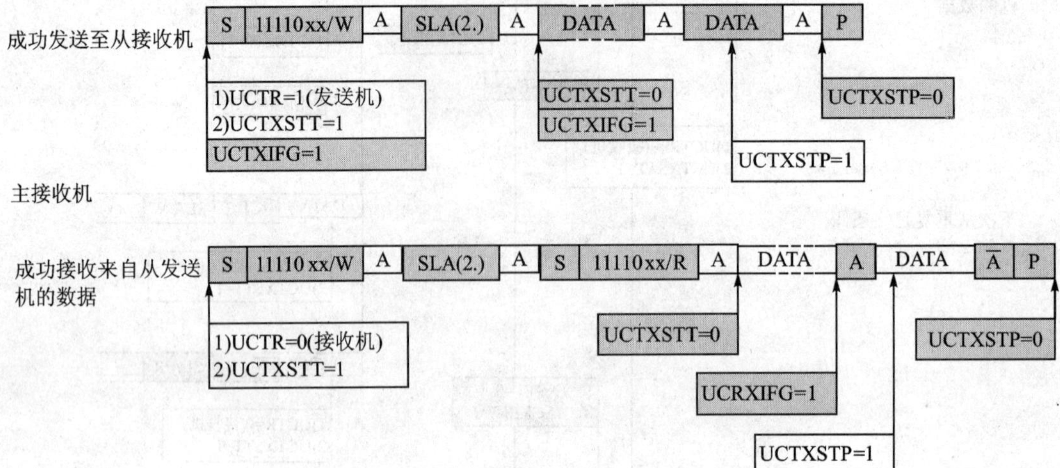

图 18-14　I²C 主机 10 位寻址模式

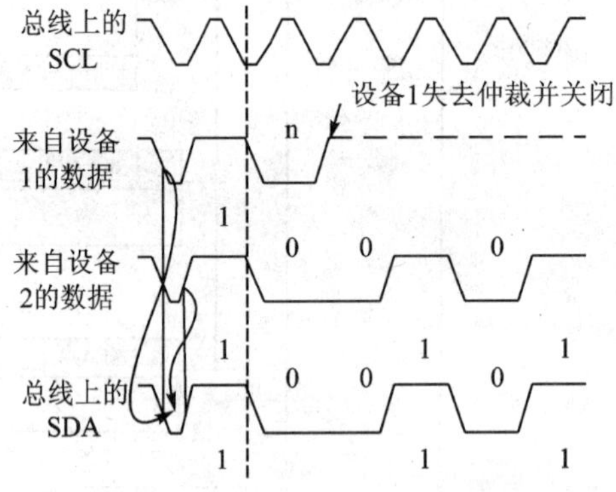

图 18-15　两主机发送之间的总线仲裁处理

USCI 时钟源 BRCLK 的分频因子。在单主机模式下，可用的最大位时钟为 $f_{BRCLK}/4$；在多主设备模式下，最大位时钟为 $f_{BRCLK}/8$。位时钟 BITCLK 的频率为

$$f_{BitClock}=f_{BRCLK}/UCBRx$$

SCL 时钟信号产生的最小高低电平宽度为

$$t_{LOW,MIN}=t_{HIGH,MIN}=(UCBRx/2)/f_{BRCLK}（当 UCBRx 为偶数）$$

$$t_{LOW,MIN}=t_{HIGH,MIN}=(UCBRx-1/2)/f_{BRCLK}（当 UCBRx 为奇数）$$

USCI 时钟源频率和 UCBRx 的分频因子设置，必须根据 I²C 总线协议规定的最小高低电平周期间隔来选择。

在总线仲裁进程中，不同主机的时钟源之间必须进行同步处理。在 SCL 总线上第一个发送低电平周期的主设备，将会强制其他设备同时传送低电平。SCL 总线将会由低电平发送时间最长的设备拉低。其他设备必须等待 SCL 释放后，才能传输高电平周期。图 18-16 给出了一个时钟同步的示例。这个过程允许低速设备把高速设备速度拉低。

时钟扩展

USCI 模块支持时钟扩展，并可以和上述操作模式中讲述的一样进行使用。

在下列几种情况下，如果 USCI 模块已经释放了 SCL 时，UCSCLLOW 位可以用来检查是否有其他的设备拉低 SCL：

- ❑ USCI 处于主机活动模式下，一个连接的从设备将 SCL 拉低。
- ❑ USCI 处于主机活动模式下，在仲裁进程中其他主设备把 SCL 拉低。

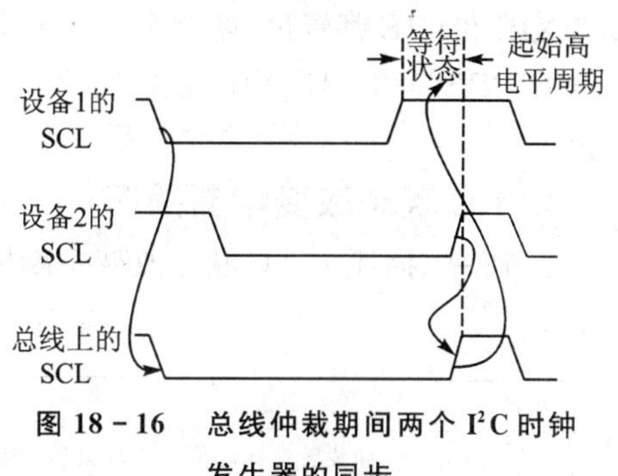

图 18-16　总线仲裁期间两个 I²C 时钟发生器的同步

如果 USCI 模块由于作为主发送设备等待数据写入 UCBxTXBUF，或者是作为接收设备等待从 UCBxRXBUF 中读取数据，而把 SCL 总线拉低时，UCSCLLOW 位同样可用。

由于逻辑检查是根据把外部的 SCL 和内部的 SCL 相比较之后产生 SCL，所以在每一个 SCL 产生上升沿的瞬间，UCSCLLOW 位就有可能被置位。

18.3.6　在低功耗模式下 USCI 模块 I²C 模式的使用

在使用低功耗模式时，USCI 模块提供了自动时钟激活功能。如果因为器件处于低功耗状态，而导致 USCI 模块的时钟源关断时，若需要，USCI 模块都可忽略时钟源控制位设置，而自动激活。然后直到 USCI 模块重新回到空闲状态，否则钟源都会保持激活状态。USCI 恢复空闲状态后，时钟源的控制权则返回到相应的时钟控制位。

在 I²C 从模式下，由于时钟是由外部主设备提供的，所以内部时钟源并不需要工作。在器件处于 LPM4 状态下，并且所有内部时钟源被禁止时，USCI 可以工作在 I²C 从模式下。接收或者发送中断可以将 CPU 从任何一种低功耗状态下唤醒。

18.3.7　USCI 在 I²C 模式下的中断

USCI 模块只有一个中断向量，该中断向量为发送、接收以及状态变换所复用。USCI_Ax 和 USCI_Bx 不使用同一个中断向量。

每个中断标志都有自己的中断允许位。当一个中断被使能，同时 GIE 位置位时，该中断标志位将会产生中断请求。在集成有 DMA 控制器的设备上，DMA 传输将由 UCTXIFG 和 UCRXIFG 标志位来控制。

1. I²C 发送中断操作

当发送中断标志位 UCTXIFG 置位时，说明发送缓存 UCBxTXBUF 已经为发送下一个字符做好了准备。如果此时 UCTXIE 和 GIE 同时置位，则会产生一个中断请求信号。当有字符写入 UCBxTXBUF 或者接收到 NACK 信号时，UCTXIFG 会自动复位。当选择 I²C 模式并且 UCSWRST=1 时，UCTXIFG 置位。而 PUC 产生后或者 UCSWRST=1 时，UCTXIE 是复位状态的。

2. I²C 接收中断操作

当接收到一个字节并装载到 UCBxRXBUF 时，中断标志位 UCRXIFG 置位。如果此时

UCRXIE 和 GIE 都置位，就会产生一个中断请求信号。当一个 PUC 产生后或 UCSWRST=1 时，UCRXIFG 和 UCTXIE 会被复位。在读接收缓存 UCxRXBUF 之后，UCRXIFG 会自动复位。

3. I²C 状态改变中断操作

表 18-1 描述了 I²C 状态改变中断标志位。

表 18-1 I²C 状态改变中断标志位

中断标志	中断条件
UCALIFG	仲裁丢失标志位。仲裁丢失可能发生在两个或两个以上的主发送设备同时发送数据时，或者是当 USCI 模块工作在主模式，但对于系统中其他主机作为从设备来寻址时。当仲裁丢失时，UCALIFG 位置位。当 UCALIFG 位置位时，UCMST 位清零，同时 I²C 模块变成一个从设备
UCNACKIFG	无应答中断标志位。当接收不到预期返回的应答信号时，此标志位置位。当接收到一个 START 起始条件时，此标志位自动清零
UCSTTIFG	起始条件检测到标志位。在从模式下，当 I²C 模块检测到带有其本地地址的起始条件到来时，UCSTTIFG 位置位。UCSTTIFG 位只能在从模式下使用，并且在接收到停止条件时自动清零
UCSTPIFG	停止条件检测到标志位。在从模式下，当 I²C 模块检测到停止条件到来时，UCSTPIFG 位置位。UCSTPIFG 只能在从模式下使用，并且在接收到起始条件时，自动清零

4. UCBxIV 中断向量寄存器

USCI 中的中断标志位是有优先级的，它们触发的是同一个中断向量。中断向量寄存器 UCBxIV 用来决定哪个标志位请求中断。最高优先级的中断会在 UCBxIV 寄存器内产生一个数字偏移量，这个偏移量可以加到程序计数器 PC 上，使之跳转到相应的中断服务程序。禁止中断不会影响 UCBxIV 寄存器的值。

5. UCBxIV 软件示例

下面的软件示例给出了 UCBxIV 的推荐使用例子。UCBxIV 值加到 PC 值上来实现自动跳转到相应的中断服务程序中。此示例使用的是 USCI_B0。

```
USCI_I2C_ISR
        ADD     &UCB0IV,PC      ;跳转表格加上偏移量
        RETI                    ;中断向量 0:无中断
        JMP     ALIFG_ISR       ;中断向量 2:ALIFG
        JMP     NACKIFG_ISR     ;中断向量 4:NACKIFG
        JMP     STTIFG_ISR      ;中断向量 6:STTIFG
        JMP     STPIFG_ISR      ;中断向量 8:STPIFG
        JMP     RXIFG_ISR       ;中断向量 10:RXIFG
TXIFG_ISR                       ;中断向量 12
        ...                     ;中断服务程序从这里开始
        RETI                    ;返回
ALIFG_ISR                       ;中断向量 2
        ...
        RETI                    ;返回
NACKIFG_ISR                     ;中断向量 4
        ...
```

```
        RETI                    ;返回
STTIFG_ISR                      ;中断向量 6
        ...
        RETI                    ;返回
STPIFG_ISR                      ;中断向量 8
        ...
        RETI                    ;返回
RXIFG_ISR                       ;中断向量 10
        ...
        RETI                    ;返回
```

18.4 USCI 寄存器——I^2C 模式

在 I^2C 模式下，使用的 USCI 寄存器见表 18-2。基地址可以在器件指定的数据手册中找到，地址偏移量如表 18-2 所列。

表 18-2 USCI_Bx 寄存器

寄存器	缩　写	读写形式	访问类型	地址偏移	初始状态
USCI_Bx 控制字 0	UCBxCTLW0	读/写	字	00h	0001h
USCI_Bx 控制器 1	UCBxCTL1	读/写	字节	00h	01h
USCI_Bx 控制器 0	UCBxCTL0	读/写	字节	01h	00h
USCI_Bx 波特率控制字	UCBxBRW	读/写	字	06h	0000h
USCI_Bx 波特率控制器 0	UCBxBR0	读/写	字节	06h	00h
USCI_Bx 波特率控制器 1	UCBxBR1	读/写	字节	07h	00h
USCI_Bx 状态	UCBxSTAT	读/写	字节	0Ah	00h
保留——读为 0		读	字节	0Bh	00h
USCI_Bx 接收缓存	UCBxRXBUF	读/写	字节	0Ch	00h
保留——读为 0		读	字节	0Dh	00h
USCI_Bx 发送缓存	UCBxTXBUF	读/写	字节	0Eh	00h
保留——读为 0		读	字节	0Fh	00h
USCI_Bx I^2C 本机地址	UCBxI2COA	读/写	字	10h	0000h
USCI_Bx I^2C 从机地址	UCBxI2CSA	读/写	字	12h	0000h
USCI_Bx 中断控制	UCBxICTL	读/写	字	1Ch	0200h
USCI_Bx 中断使能	UCBxIE	读/写	字节	1Ch	00h
USCI_Bx 中断标志	UCBxIFG	读/写	字节	1Dh	02h
USCI_Bx 中断向量	UCBxIV	读	字	1Eh	0000h

1. USCI_Bx 控制寄存器 0(UCBxCTL0)

7	6	5	4	3	2	1	0
UCA10	UCSLA10	UCMM	保留	UCMST	UCMODEx		UCYNC

UCA10　　位 7　　本机地址模式选择。

0　7 位本机地址模式；1　10 位本机地址模式。

UCSLA10　位 6　从机地址模式选择。
0　7 位从机地址模式；1　10 位从机地址模式。

UCMM　位 5　多主机环境的选择。
0　单主机环境，该系统内没有别的主机，地址比较单元禁止；
1　多主机环境。

UCMST　位 3　主机模式选择。当一个主机在多主机环境下的总线仲裁中丢失控制权后，UCMST 位就会自动复位，把自己设置成从机模式。
0　从机模式；1　主机模式。

UCMODEx 位 2～1　USCI 模块工作模式。当 UCSYNC=1 时，UCMODEx 位选择为同步模式。
00　3 线 SPI；
01　4 线 SPI、UCxSTE 高有效：当 UCxSTE=1 时，从机使能；
10　4 线 SPI、UCxSTE 低有效：当 UCxSTE=0 时，从机使能；
11　I^2C 模式。

UCYNC　位 0　同步模式使能。
0　异步模式；1　同步模式。

2. USCI_Bx 控制寄存器 1(UCBxCTL1)

7	6	5	4	3	2	1	0
UCSSELx		保留	UCTR	UCTXNACK	UCTXSTP	UCTXSTT	UCSWRST

UCSSELx　位 7～6　USC 时钟源选择。这些位选择 BRCLK 的时钟源。
00　UCLKI；　10　SMCLK；
01　ACLK；　11　SMCLK。

UCTR　位 4　发送接收。
0　接收；1　发送。

UCTXNACK　位 3　发送一个 NACK。当一个 NACK 发送完毕时，UCTXNACK 自动复位。
0　正常应答；1　产生 NACK 信号。

UCTXSTP　位 2　在主模式下，发送停止条件。在从模式下该位忽略。在主接收模式下，NACK 信号在停止条件之前。在停止产生后，UCTXSTP 自动清零。
0　无停止条件产生；1　产生停止条件。

UCTXSTT　位 1　在主模式下，发送起始条件。在从模式下该位忽略。在主接收模式下，NACK 信号在重复起始条件之前。当起始条件和地址信息发送后，该位自动复位。
0　无起始位；1　发送起始位。

UCSWRST　位 0　软件复位使能。
0　禁止。USCI 复位释操作；
1　使能。在复位状态中 USCI 保持其逻辑状态。

3. USCI_Bx 波特率控制寄存器 0(UCBxBR0)

7	6	5	4	3	2	1	0
UCBRx(高字节)							

4. USCI_Bx 波特率控制寄存器 1(UCBxBR1)

7	6	5	4	3	2	1	0
UCBRx(高字节)							

UCBRx　位 7～0　位时钟预分频。(UCxxBR0＋UCxxBR1×256)的 16 位数值构成 UCBRx 的预分频值。

5. USCI_Bx 状态寄存器(UCBxSTAT)

7	6	5	4	3	2	1	0
未使用	UCSCLLOW	UCGC	UCBBUSY	未使用			

UCSCLLOW　位 6　SCL 低电平。

0　SCL 为高;1　SCL 为低。

UCGC　位 5　接收到广播地址。当接收到起始信号时,自动复位。

0　没有接收到广播地址;1　接收到广播地址。

UCBBUSY　位 4　总线忙。

0　总线空闲;1　总线忙。

6. USCI_Bx 接收缓冲寄存器(UCBxRXBUF)

7	6	5	4	3	2	1	0
UCRXBUFx							

UCRXBUFx　位 7～0　接收数据缓冲是用户可访问的,其内容是来自接收移位寄存器的最新接收的数据。读 UCBxRXBUF 将复位 UCRXIFG。

7. USCI_Bx 发送缓冲寄存器(UCBxTXBUF)

7	6	5	4	3	2	1	0
UCTXBUFx							

UCTXBUFx　位 7～0　发送数据缓冲是用户可访问的,其保存的数据将移入发送移位寄存器中并发送出去。写发送数据缓冲将清除 UCTXIFG。

8. USCIBx I²C 本地地址寄存器(UCBxI2COA)

15	14～10	9	8	7～0
UCGCEN	0	I2COAx		I2COAx

UCGCEN　位 15　广播响应使能。

0　不响应广播;1　响应广播。

I2COAx　位 9～0　I²C 本地地址。在 7 位寻址模式下,位 6 是 MSB,位 7～9 可以忽略。在 10 位寻址模式下,位 9 是 MSB。

9. USCI_Bx I²C 从机地址寄存器(UCBxI2CSA)

15～10	9	8	7～0
0	I2CSAx		I2CSAx

I2CSAx　位 9～0　I²C 从机地址。I2CSAx 包含了 USCI_Bx 寻址的外扩设备的从地址。这些位只有在 USCI_Bx 模块设置为主机模式下才可用。在 7 位寻址模式下,位 6 是 MSB,位 7～9 可以忽略。在 10 位寻址模式下,位 9 是 MSB。

10. USCI_Bx I²C 中断使能寄存器(UCBxIE)

7	6	5	4	3	2	1	0
保留	保留	UCNACKIE	UCALIE	UCSTPIE	UCSTTIE	UCTXIE	UCRXIE

UCNACKIE 位 5 未响应中断使能。

0 中断禁止;1 中断使能。

UCALIE 位 4 仲裁丢失中断使能。

0 中断禁止;1 中断使能。

UCSTPIE 位 3 停止条件中断使能。

0 中断禁止;1 中断使能。

UCSTTIE 位 2 起始条件中断使能。

0 中断禁止;1 中断使能。

UCTXIE 位 1 发送中断使能。

0 中断禁止;1 中断使能。

UCRXIE 位 0 接收条件中断使能。

0 中断禁止;1 中断使能。

11. USCI_Bx I²C 中断标志寄存器(UCBxIFG)

7	6	5	4	3	2	1	0
保留	保留	UCNACKIFG	UCALIFG	UCSTPIFG	UCSTTIFG	UCTXIFG	UCRXIFG

UCNACKIFG 位 5 未响应中断标志位。UCNACKIFG 在接收到起始位后,自动复位。

0 没有中断产生;1 产生中断。

UCALIFG 位 4 总线仲裁失效中断标志位。

0 没有中断产生;1 产生中断。

UCSTPIFG 位 3 接收到停止位中断标志位。UCSTPIFG 在接收到起始信号之后,自动复位。

0 没有中断产生;1 产生中断。

UCSTTIFG 位 2 起始条件中断标志位。UCSTTIFG 在接收到停止信号后,自动复位。

0 没有中断产生;1 产生中断。

UCTXIFG 位 1 USCI 发送中断标志位。UCNACKIFG 在发送缓存 UCBxTXBUF 为空时,置位。

0 没有中断产生;1 产生中断。

UCRXIFG 位 0 接收中断标志位。UCRXIFG 会在接收完一个字符之后,置位;在读接收缓存之后,复位。

0 没有中断产生;1 产生中断。

12. USCI_Bx 中断向量寄存器(UCBxIV)

15～4	3	2	1	0
0	UCIVx			0

UCIVx 位 15～0 USCI 中断向量值。

UCBxIV 值	中断源	中断标志	中断优先级
000h	无中断源		
002h	仲裁失效	UCALIFG	最高
004h	无应答	UCNACKIFG	↓
006h	起始条件	UCSTTIFG	
008h	停止条件	UCSTPIFG	
00Ah	接收到数据	UCRXIFG	
00Ch	发送缓存为空	UCTXIFG	最低

第19章 基于CC1101内核的无线射频模块(RF1A)

本章描述低于1 GHz的RF1A模块,RF1A模块基于分立器件CC1101。

19.1 RF1A无线射频模块介绍

RF1A无线射频模块将低于1 GHz的射频收发器CC1101集成到MSP430系统中。CC1101射频内核具有一个中低频接收机。接收到的射频信号(RF)由低噪声放大器(LNA)放大,并在求积分(I和Q)过程中被降压转换至中频(IF)。在IF下,I/Q信号被ADC数字化。自动增益控制(AGC)、精确信道滤波和调制解调位/数据包同步均以数字化方式完成。

发射器部分是基于射频频率(RF)的直接合成。频率合成器包含一个完全的片上LC压控振荡器(VCO)和一个90°移相器,以便在接收模式下,向降压转换器生成I和Q的本地振荡器(LO)信号。一个26 MHz晶体振荡器生成合成器的基准频率,以及ADC、数字部分的时钟信号。数字基带包括对频道配置、数据包处理和数据缓冲的支持。

基于CC1101无线射频模块的特点如下。

- ❑ 频带为300~348 MHz,389~464 MHz,779~928 MHz;
- ❑ 0.8~500 kBaud的可编程数据速率;
- ❑ 高灵敏度(1.2 kBaud,868 MHz,1%误包率条件下为-110 dBm);
- ❑ 卓越的接收机选择性和阻塞性能;
- ❑ 所有支持的频率下,高达+10 dBm的可编程输出功率;
- ❑ 支持2-FSK、2-GFSK、MSK、OOK以及灵活的ASK波形整形;
- ❑ 提供对数据包导向系统的灵活支持:片上支持同步字检测、地址检查、灵活的数据包长度以及自动CRC处理;
- ❑ 支持发送前自动空闲信道评估(CCA)(用于载波监听系统);
- ❑ 数字接收信号强度指示(RSSI)输出;
- ❑ 适于符合EN 300 220(欧洲)和FCC CFR Part 15(美国)的目标系统;
- ❑ 基于CC1101内核RF1A射频模块的简化框图,如图19-1所示。

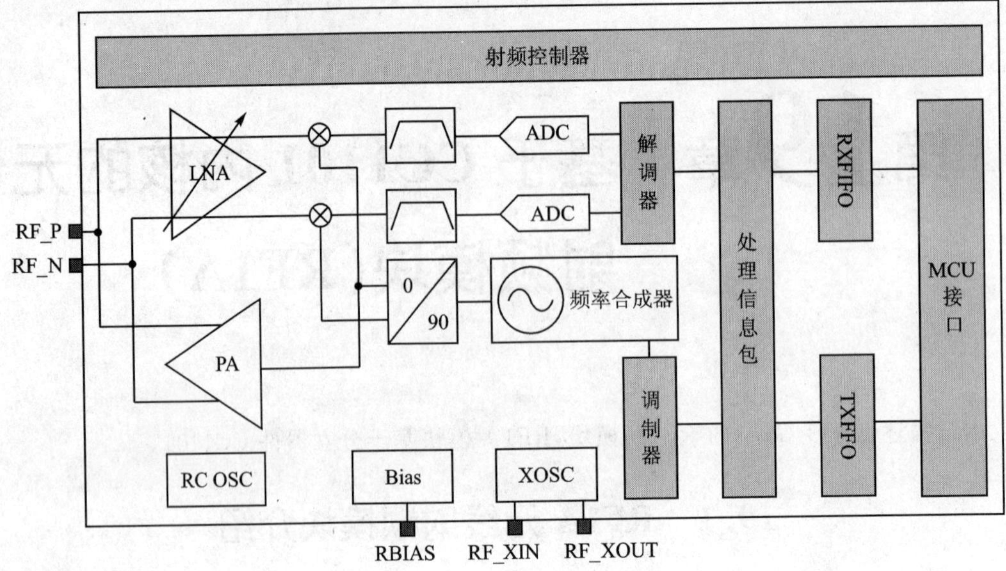

图 19-1　基于 CC1101 内核射频模块的简化框图

19.2　射频接口操作

用户软件通过射频接口配置射频内核。射频接口将在以下各章节进行讨论。19.3 节将详细描述射频内核及其操作。

19.2.1　射频接口

图 19-2 概述了射频接口及其连接到射频内核的接口。

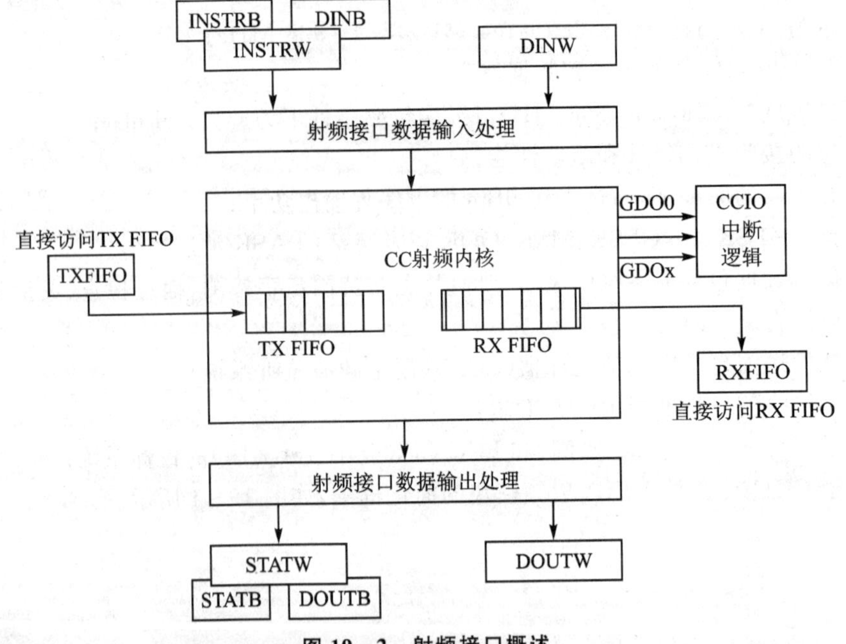

图 19-2　射频接口概述

射频接口和射频内核之间通过逻辑通道进行通信，如图 19-3 所示。每向射频内核发送一条指令，将更新内核发送到接口线路上的状态信息，每向射频内核发送一个数据字节，内核将回发一个数据字节到接口线路上。根据这一指示，在任何一个方向的一些数据可以是"虚拟"或"不关心"的数据。为了避免"假"写操作，可以使用自动读取功能。

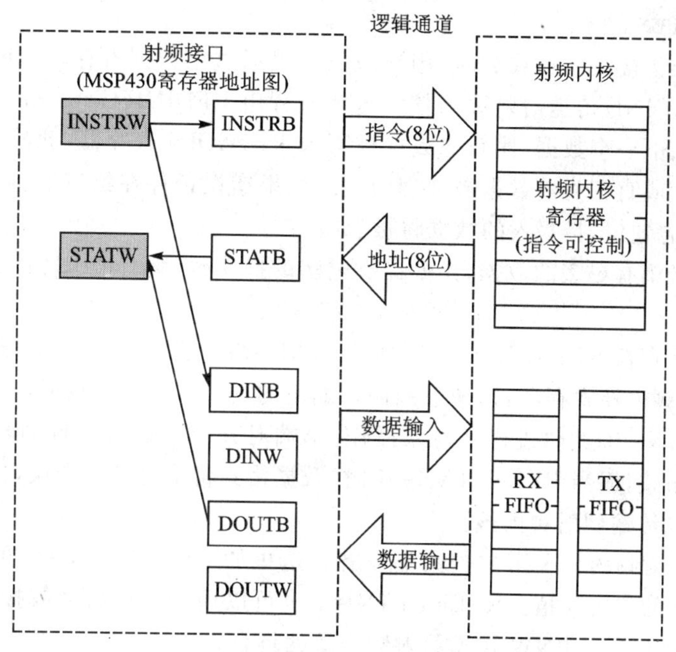

图 19-3　射频接口与射频内核之间的逻辑通道

1. 指令与状态寄存器

由写到寄存器 RF1AINSTRxW 或 RF1AINSTRxB 的指令来控制射频内核。通过寄存器 RF1ADINB 或 RF1ADINW 可以提供额外的数据(详见对 RF1ADIN 寄存器的描述)。结果数据可以从寄存器 RF1ADOUTxB 或 RF1ADOUTxW(详见对 RF1ADOUT 寄存器的描述)读取。每对指令寄存器进行一次写访问，都将更新射频内核的状态，并且可以从 RF1ASTATxB 或 RF1ASTATxW 寄存器读取状态字节(详见对 RF1ADOUT 寄存器的描述)。

使用 RF1AINSTRW 寄存器，允许应用程序在提供滤波命令字节的同时，提供第一个数据字节。其他数据参数必须写入 RF1ADIN 寄存器。

当所使用的参数分别由 RF1ADIN 寄存器写入时，RF1AINSTRB 寄存器可用于单字节指令(如滤波指令)与其他所有指令。

每次射频接口和内核进行数据传输时，更新射频内核状态。内核状态可随时通过字节状态寄存器 RF1ASTATB 读取。

字状态寄存器 RF1ASTATW 可以与字指令寄存器 RF1AINSTRW 结合使用。这规定了射频内核状态随着最后一条指令和第一个从无线返回的数据字节一起更新。如果指令被写入字节指令寄存器 RF1AINSTRB，此时读取 RF1ASTATW，将导致输出数据错误，并置位 OUTERR 标志。

SNOP 指令选通脉冲可以用来更新内核状态，而不会造成其他动作。

一条指令的结束,可以是提供完整的指令,这些指令包括所有必须的数据字节(对于指令要求有限的数据字节场合),也可是向指令寄存器写入一条新指令。如果一条要求给定(有限)数据字节的指令被一条新指令中止,操作数错误标志 OPERR 置 1。被中止的指令可能已经被部分执行,这将造成不可预知内核状态。

2. 数据寄存器

当射频内核准备接收用户数据时,用户数据可以通过字数据寄存器 RF1ADINW 或字节数据寄存器 RF1ADINB 传递给射频内核。这个过程由 RFDINIFG=1 指示。如果射频内核尚未准备接收写入下一个数据,而新的数据被写入 RF1ADIN 寄存器,此时 CPU 将被挂起给定数目的时钟周期或直到先前数据被处理为止。如果错误条件在给定时钟周期后仍然存在,则 OPOVERR 标志置位,且写入的数据将被忽略。

如果指令不希望有更多的数据,比如提供过多的操作数,则 OPERR 标志置 1。多余的操作数将被忽略。

使用字数据寄存器 RF1ADINW,字数据将采用小端对齐格式(CC430 器件默认的数据对齐格式)传递到射频内核寄存器,即使射频内核期望的是大端对齐的数据。

当 RFENDIAN=0,此时进行字写入操作,小端对齐的字数据将自动转换为射频内核所要求的数据对齐格式,而当 RFENDIAN=1 时,数据格式将不会发生变换,按照最低地址第一位开始的数据格式传输到射频内核。

基于 CC1101 射频内核采用数据大端对齐。这里的 RFENDIAN=1 可以用来简化采用两片 RF 解决方案的代码移植。RFENDIAN=1 也可以用于发送数据或接收数据,以及功率放大表的数据通过 RF1ADINW 传递给射频内核的场合。

通过向寄存器 RF1ADINW 写入字数据,可以使一个 16 位字数据传递到射频内核。

通过向寄存器 RF1ADINB 写入字节数据,可以将字节数据传递到射频内核。以字节方式访问寄存器 RF1ADINW 的低字节等同于访问 RF1ADINB。

数据可通过字寄存器 RF1ADOUTW 或者字节寄存器 RF1ADOUTB 从射频内核读出。使用这些寄存器,读 RF1ADOUT 寄存器前需要向 RF1ADIN 寄存器写入同样数量的数据,(即使被写入的数据可能会被射频内核忽略),否则 OUTERR 标志置位。同样,如果射频内核在处理指令没有提供任何数据,则 OUTERR 标志置位。

对字读来说,数据的字节顺序可以由 RFENDIAN 来选择,与前面描述的处理方式相同。

❑ 从射频内核中读 16 位字是通过读 RF1ADOUTW 来实现的。

❑ 从射频内核中读取字节数据是通过读 RF1ADOUTB 来实现。

访问 RF1ADOUTW 寄存器的低字节和访问 RF1ADOUTB 寄存器是一样的。

注意: 字节数。应提供要读取射频内核数据的确切字节个数。例如,如果只需读取一个字节数据,不要使用 16 位字访问方式,因为 OUTERR 标志将被置位。

3. 自动读

如果可以不关心提供给射频内核的数据(例如,如果寄存器是只读的),则自动读功能可以用来避免通过 RF1ADIN 寄存器提供假写入数据的操作。

自动读取下一个字节,寄存器 RF1AINSTR1B、RF1ASTAT1W、RF1ASTAT1B、RF1ADOUT1B 和 RF1ADOUT1W 可用于代替寄存器 RF1AINSTRB、RF1ASTATW、RF1ASTATB、RF1ADOUTB 和 RF1ADOUTW。使用这些寄存器允许直接读取下一个字

节，而不必执行一次假写 RF1ADINB 的操作。

自动读下两个字节（即一个字），寄存器 RF1AINSTR2B、RF1AINSTR2W、RF1ASTAT2B、RF1ASTAT2W、RF1ADOUT2B 和 RF1ADOUT2W 可用于代替寄存器 RF1AINSTRB、RF1AINSTRW、RF1ASTATB、RF1ASTATW、RF1ADOUTB 和 RF1ADOUTW。使用这些寄存器可以直接读取下一个字(下两个连续字节)，而不必执行一次假写 RF1ADINW 的操作。单字节自动读寄存器如表 19－1 所列。

表 19－1　单字节自动读寄存器

寄存器	自动读寄存器	不使用自动读功能的 C 代码	使用自动读功能的 C 代码

RFIAINSTRB	RF1AINSTR1B	RF1AINSTRB = instr;
		RF1ADINB = 0; //假写
		byte_dat = RF1ADOUTB;
			RF1AINSTR1B = instr;
			// 无需假写!
			byte_dat = RF1ADOUTB;

RF1AINSTRW	RF1AINSRT1W	RF1AINSTRW = instr<<8;
		(1)// 无需假写!
		byte_dat = RF1ADOUTB;
			RF1AINSTR1W = instr<<8;
			// 无需假写!
			byte_dat = RF1ADOUTB;

RF1ASTATB	RF1ASTAT1B	rf_stat = RF1ASTATB;
		RF1ADINB = 0; //假写
		byte_dat = RF1ADOUTB;
			rf_stat = RF1ASTAT1B;
			//无需假写!
			byte_dat = RF1ADOUTB;

RF1ASTATW	RF1ASTAT1W	rf_stat_dat = RF1ASTATW;
		RF1ADINB = 0;//假写
		byte_dat = RF1ADOUTB;
			rf_stat_dat = RF1ASTAT1W;
			//无需假写!
			byte_dat = RF1ADOUTB;

RF1ADOUTB	RF1ADOUT1B	first_byte = RF1ADOUTB;
		RF1ADINB = 0; //假写
		byte_dat = RF1ADOUTB;
			first_byte = RF1ADOUT1B;
			//无需假写!
			byte_dat = RF1ADOUTB;

RF1ADOUTW	RF1ADOUT1W	first_word = RF1ADOUTW;
		RF1ADINB = 0; //假写
		byte_dat = RF1ADOUTB;
			first_word = RF1ADOUT1W;
			//无需假写!
			byte_dat = RF1ADOUTB;

注：(1) 无需假写入字节，因为写 RF1AINSTRW 操作已经假写入一个字节。

双字节/单字自动读寄存器如表 19－2 所列。

表 19－2　双字节/单字自动读寄存器

寄存器	自动读寄存器	不使用自动读功能的 C 代码	使用自动读功能的 C 代码

RFIAINSTRB	RF1AINSTR2B	RF1AINSTRB = instr;
		RF1ADINW = 0; //假写
		byte_dat = RF1ADOUTW;
			RF1AINSTR2B = instr;
			//无需假写!
			byte_dat = RF1ADOUTW;

RF1AINSTRW	RF1AINSRT2W	RF1AINSTRW = instr<<8;
		(1)RF1ADINB = 0;//假写
		word_dat = RF1ADOUTW;
			RF1AINSTR2W = instr<<8;
			//无需假写!
			word_dat = RF1ADOUTW;

RF1ASTATB	RF1ASTAT2B	rf_stat = RF1ASTATB;
		RF1ADINB = 0; //假写
		word _dat = RF1ADOUTW;
			rf_stat = RF1ASTAT2B;
			//无需假写!
			word _dat = RF1ADOUTW;

续表 19-2

寄存器	自动读寄存器	不使用自动读功能的 C 代码	使用自动读功能的 C 代码

RF1ASTATW	RF1ASTAT2W	rf_stat_dat = RF1ASTATW;
		RF1ADINB = 0;//假写
		word_dat = RF1ADOUTW;
			rf_stat_dat = RF1ASTAT2W;
			//无需假写!
			word_dat = RF1ADOUTW;

RF1ADOUTB	RF1ADOUT2B	first_byte = RF1ADOUTB;
		RF1ADINB = 0; //假写
		word_dat = RF1ADOUTW;
			first_byte = RF1ADOUT2B;
			//无需假写!
			word_dat = RF1ADOUTW;

RF1ADOUTW	RF1ADOUT2W	first_word = RF1ADOUTW;
		RF1ADINB = 0; //假写
		word_dat = RF1ADOUTW;
			first_word = RF1ADOUT2W;
			//无需假写!
			word_dat = RF1ADOUTW;

注：(1) 需要假写入一个字节，因为写 RF1AINSTRW 操作已经假写入一个字节。

4. 延时读/写

如果 CPU 对某个射频接口寄存器进行一次读或写访问，这将导致一个错误条件，CPU 将挂起 4 个 CPU 时钟周期，直至该错误情况得到解决。如果 4 个 CPU 时钟周期到，错误条件未得到解决，则读或写访问被执行，以避免可能出现的死机情况。这将导致相应的错误标志被置位。

5. 错误标志

表 19-3 列出了接口错误条件及其标志。还有一个错误向量发生寄存器 RF1AERRV，该寄存器允许利用与中断向量字寄存器相同的机制来解码错误条件。任何读取 RF1AERRV 寄存器的操作将自动复位最高响应的错误标志。如果另一个错误标志被置位，RFERRIFG 中断标志保持置位，同时另一中断在响应最初中断后将被立即触发。写访问 RF1AERRV 寄存器自动复位所有错误标志。此外，所有错误标志可以通过软件清除。这些标志为软件调试提供了方便。理想情况下，一个调试好的软件应该不会出现任何射频接口错误。

表 19-3　射频接口错误条件

错误条件	错误标志	描　述
操作数错误	OPERR	提供给某个内核指令的操作数不足或过多，OPERR 置 1。如果提供给内核的操作数不足，在所要求的操作数全部被传送到内核前，写入一条新内核指令，会中止当前内核指令的继续执行。被中止的内核指令可能已经被部分执行，因此将导致一个不可预知的内核状态。如果提供给内核的操作数过多，超出的操作数被忽略
输出数据不可用错误	OUTERR	在执行读操作时，内核未能提供足够可用的数据，OUTERR 置 1
操作数覆盖错误	OPOVERR	当射频内核仍在处理 RF1ADIN 寄存器中的操作数时，此刻尝试对该寄存器进行新写入操作。新写入的数据被忽略
低电压错误	LVERR	当内核电压 PMMCOREVx=00b 或 01b 时，此刻尝试启动射频内核进入除 SLEEP 和 IDLE 以外的某个状态时，从 IDLE 到下一个状态的转换将停止，直到 PMMCOREVx≥10b 且软件清零 LVERR 标志为止。在错误条件被处理后，触发 LVERR 置位的内核指令被忽视，因此必须将内核指令重新传送射频内核。即内核电压等级设置为 PMMCOREVx≥10b，并确保电压到达期望的电压，重新发送内核指令

6. 例 子

```
                                        //OPERR——没有足够的操作数
RF1AINSTRB = SNGLREGWR + 0x00;          //写射频内核寄存器 IOCFG2,预期 1 字节
RF1AINSTRB = SNOP;                      //错误！未提供一个操作数给 SNGLREGWR 指令
                                        //=> 操作数错误标志 OPERR 置位
                                        //先前的滤波选通指令无操作数提供
                                        //OPERR——过多的操作数
RF1AINSTRB = SNGLREGWR + 0x00;          //写射频内核寄存器 IOCFG2,预期 1 字节
RF1ADINB = 0x00;                        //正常
RF1ADINB = 0x01;                        //错误！多余的操作数
                                        //=> 操作数错误标志 OPERR 置位
                                        //SNGLREGWR 滤波选通指令只需 1 字节
                                        //多余数据被忽略
                                        //OPOVERR——操作数覆盖错误
RF1AINSTRB = REGWR + 0x00;              //从 IOCFG2 开始,对射频内核寄存器进行写操作
RF1ADINB = 0x00;                        //射频内核仍在处理 RF1ADINB 寄存器中的操作数
RF1ADINB = 0x01;                        //此刻尝试对该寄存器进行新写入操作
                                        //=>OPOVERR 标志位置位,且数据被忽略
                                        //如果接口与内核之间的同步过程花费太长时间
                                        //OUTERR——输出数据不可用错误
RF1AINSTRB = REGRD + 0x00;              //从 IOCFG2 开始读取射频内核寄存器
data = RF1ADOUTB;                       //错误！
                                        //=>OUTERR 标志置位,因为假写丢失
```

19.2.2 射频接口中断

射频接口提供大量中断标志来控制射频内核与 CPU 之间的数据流。中断标志如表 19-4 所列。

表 19-4 射频接口的中断标志

中断标志	中断条件
RFRXIFG	直接访问接收和发送 FIFO 被使能(RFFIFOEN=1),且 RX FIFO 的数据可用,则 RFRXIFG 置位。读 RF1ARXFIFO 自动清除该标志,如果有更多可用数据,RFRXIFG 重新自动置位
RFTXIFG	直接访问接收 FIFO 和发送 FIFO 被使能(RFFIFOEN=1),且数据可以写入 TX FIFO,则 RFTXIFG 置位。写入 RF1ATXFIFO 清除该标志,如果需要写入更多的数据,RFTXIFG 重新自动置位
RFINSRTIFG	射频内核准备好接收下一个内核指令,即先前的指令被完全处理且提供了内核指令所要求的操作数
RFDINIFG	射频内核准备好接收新的数据
RFSTATIFG	更新射频内核状态,且可通过 RF1ASTAT 寄存器访问到。如果内核指令是通过 RF1AINSTRW 以字指令方式提供的,在第一个数据字节也可用时,RFSTATIFG 置位
RFDOUTIFG	射频内核输出数据,且可以通过 RF1ADOUT 寄存器读取。如果相应的数据以 16 位数据被提供,只有 16 位数据都可用时,该标志才置位。对于自动读取功能,在所选的数据可用后,该标志才置位。每次读取 RF1ADOUT 寄存器,该标志将被清除,如果在读访问后仍然有可用的数据,RFDOUTIFG 会重新置位

续表 19－4

中断标志	中断条件
RFERRIFG	射频内核接口出现错误条件。错误条件可以使用错误标志编码。只要错误标志(OPERR、OUTERR、OPOVERR 或 LVERR)置位，错误中断标志就会置位。所有的错误标志被清除时，RFERRIFG 自动清除

19.2.3 射频内核中断

射频内核向射频接口提供了中断信号。有 3 个可编程的输出信号 GDO0、GDO1 与 GDO2，它们可被传送到引脚，以及通过硬件连接将信号输出到中断逻辑。

对于每一个中断信号，都有一个相应的中断标志 RFIFGx、中断使能位 RFIEx、中断边沿选择位 RFIESx 以及输入位 RFINx。输入位 RFINx 允许查询一个信号的实际状态，中断边沿选择位 RFIESx 允许在信号边沿的正边缘(RFIES＝0)或负边缘(RFIES＝1)触发中断，并且 RFIEx 使能相应的 RFIFGx 以触发中断。

注意：更改 RFIES 位可能会导致相应的 RFIFG 中断标志置位。

射频内核的中断标志位具有优先级，和射频接口中断共用一个单源中断向量。中断向量寄存器 RF1AIV 用来确定哪个射频内核中断标志请求中断。具有最高优先级且被使能了的中断将在 RF1AIV 寄存器产生一个偏移量，这个偏移量可被加到程序计数器以自动进入相应的中断程序。未使能的中断不会影响 RF1AIV 中的数值。

任何对 RF1AIV 寄存器的读访问，将自动复位具有最高响应优先级的中断标志。如果另一个中断标志置位，在执行先前的中断服务程序后，将立即产生另一个中断。写访问 RF1AIV 寄存器，自动复位所有正请求响应的中断标志。

表 19－5 列出了可用的 CC1101 射频内核中断源及相关的中断标志，还列出了硬件中断源，哪些事件引起低到高转变，哪些事件引起高到低转变。

表 19－5　CC1101 射频内核中断表

中断标志	中断条件
RFIFG0	可编程使用射频内核的 IOCFG0(0x02)寄存器
RFIFG1	可编程使用射频内核的 IOCFG1(0x01)寄存器
RFIFG2	可编程使用射频内核的 IOCFG2(0x00)寄存器
RFIFG3	上升沿：RX FIFO 满载或在 RX FIFO 门限之上； 下降沿：RX FIFO 耗尽在 RX FIFO 门限之下(等价于 GDOx_CFG＝0)
RFIFG4	上升沿：RX FIFO 满载或在 RX FIFO 门限之上或数据包结束； 下降沿：RX FIFO 为空(等价于 GDOx_CFG＝1)
RFIFG5	上升沿：TX FIFO 满载或在 TX FIFO 门限之上； 下降沿：TX FIFO 在 TX FIFO 门限之下(等价于 GDOx_CFG＝2)
RFIFG6	上升沿：TX FIFO 满； 下降沿：TX FIFO 在 TX FIFO 门限之下(等价于 GDOx_CFG＝3)
RFIFG7	上升沿：RX FIFO 溢出； 下降沿：RX FIFO 被冲洗(等价于 GDOx_CFG＝4)
RFIFG8	上升沿：TX FIFO 未溢出； 下降沿：TX FIFO 被冲洗(等价于 GDOx_CFG＝5)

续表 19 - 5

中断标志	中断条件
RFIFG9	上升沿:发送/接收同步字; 下降沿:数据包处理结束或者在接收模式时,可选的地址字节校验错误或者 RX FIFO 溢出或者在发送模式时,TX FIFO 溢出(等价于 GDOx_CFG=6)
RFIFG10	上升沿:接收数据包 CRC 校验正确; 下降沿:从 RX FIFO 读出第一个字节(等价于 GDOx_CFG=7)
RFIFG11	上升沿:前导质量到达(PQI)高于可编程的 PQT 值; 下降沿:LPW(等价于 GDOx_CFG=8)
RFIFG12	上升沿:当 RSSI 值低于门限值时,清除通道评估(取决于当前 CCA_MODE 设置); 下降沿:RSSI 值高于门限值(等价于 GDOx_CFG=9)
RFIFG13	上升沿:载波监听。RSSI 值高于门限值; 下降沿:RSSI 值低于门限值(等价于 GDOx_CFG=14)
RFIFG14	上升沿:WOR 事件 0; 下降沿:WOR 事件 0+1ACLK(等价于 GDOx_CFG=36)
RFIFG15	上升沿:WOR 事件 1; 下降沿:RF 晶体振荡器稳定或者 WOR 事件 0 触发(等价于 GDOx_CFG=37)

19.2.4 射频中断处理

射频模块在器件中断向量表中有一个入口地址和两个中断向量字寄存器 RF1AIFIV 与 RF1AIV,它们用来确定由哪个接口中断标志或者射频内核中断标志请求中断响应。

具有最高优先级且使能的接口中断与内核中断分别在 RF1AIFIV 与 RF1AIV 寄存器产生一个偏移值,(见寄存器介绍)。这个偏移值可被加到程序计数器,以自动跳转到相应的中断服务程序。未使能的中断不影响 RF1AIFIV 和 RF1AIV 值。

任何对 RF1AIFIV 读访问,将自动复位具有最高响应优先级的射频接口中断标志。如果另一个中断标志置位,在执行完先前的中断服务程序后,立即触发另一个中断。写访问 RF1AIFIV 寄存器自动复位所有正请求中断响应的射频接口中断标志。此外,所有标志都可以通过软件清除。

任何对 RF1AIV 的读访问,将自动复位具有最高响应优先级的射频内核中断标志。如果另一个中断标志置位,在执行完先前的中断服务程序后,立即触发另一个中断。写访问 RF1AIV 寄存器自动复位所有正请求中断响应的射频内核中断标志。此外,所有标志都可以通过软件清除。

RF1AIFIV 与 RF1AIV 软件示例

下面的程序示例说明了 RF1AIFIV 与 RF1AIV 的推荐用法与软件开销。RF1AIFIV 或 RF1AIV 值被加到程序计数器 PC 上,并自动跳转到相应的中断服务程序。该软件通过对访问相应中断向量字寄存器进行排序,定义了接口中断的优先级与内核中断的优先级。

右边空白处的数字显示每条指令所需的 CPU 周期。软件开销包括不同中断源的中断延迟时间和中断返回时间,但不包括处理任务本身所消耗的时间。

```
; 射频中断标志位的中断处理
; 射频接口中断具有更高的优先级
```

```
RADIO_HND                       ;中断潜在时间                  6
                                ;射频接口中断
ADD &RF1AIFIV,PC                ;加偏移量到跳转表              3
JMP RF_CORE_HND                 ;中断向量 0:无 I/F 中断        2
JMP ..._HND                     ;中断向量 2:...                2
JMP ..._HND                     ;中断向量 4:...                2
...                             ;...
JMP ..._HND                     ;中断向量 12:...               2
                                ;中断向量 14:...
...                             ;此处开始任务
RETI                                                           5
..._HND                         ;中断向量 xyz:...
...                             ;此处开始任务
RETI                                                           5

RF_CORE_HND                     ;射频内核中断
ADD &RF1AIV,PC                  ;加偏移量到跳转表              3
RETI                            ;中断向量 0:无中断             5
JMP ..._HND                     ;中断向量 2:...                2
JMP ..._HND                     ;中断向量 4:...                2
...                             ...
JMP ..._HND                     ;中断向量 30:...               2
                                ;中断向量 32:...
...                             ;此处开始任务
RETI                                                           5
..._HND                         ;中断向量 xyz:...
...                             ;此处开始任务
RETI                                                           5

                                ;射频中断标志位的中断处理
                                ;射频内核中断具有更高的优先级
RADIO_HND                       ;中断潜在时间                  6
                                ;射频内核中断
ADD &RF1AIV,PC                  ;加偏移量到跳转表              3
JMP RF_IF_HND                   ;中断向量 0:无内核中断         2
JMP ..._HND                     ;中断向量 2:...                2
JMP ..._HND                     ;中断向量 4:...                2
...
JMP ..._HND                     ;中断向量 30:...               2
                                ;中断向量 32:...
...                             ;此处开始任务
RETI                                                           5
..._HND                         ;中断向量 xyz:...
...                             ;此处开始任务
RETI                                                           5
```

```
RF_IF_HND                          ;射频接口中断
ADD &RF1AIFIV,PC                   ;加偏移量到跳转表                3
RETI                               ;中断向量 0：无中断              5
JMP ..._HND                        ;中断向量 2：...                 2
JMP ..._HND                        ;中断向量 4：...                 2
...                                ;...
JMP ..._HND                        ;中断向量 12：...                2
                                   ;中断向量 14：...
...                                ;此处开始任务
RETI                                                                5
..._HND                            ;中断向量 xyz：...
...                                ;此处开始任务
RETI                                                                5
```

19.2.5 使用 DMA 控制器的射频模块

设置 RFFIFOEN=1,射频接口支持 DMA 访问接收 FIFO 和发送 FIFO。

若 RFFIFOEN=1,此时进行数据传送,当 RFTXIFG 标志置位时,会触发一次 DMA 数据传输。在 DMA 传输期间,对 RF1ATXFIFO 寄存器的写操作,将自动复位 RFTXIFG。如果 RFTXIE 置位,那么 RFTXIFG 不会触发一次 DMA 传输。

若 RFFIFOEN=1,此时进行数据接收,当 RFRXIFG 标志置位时,会触发一次 DMA 数据传输。在 DMA 传输期间,对 RF1ARXFIFO 寄存器的读访问,将自动复位 RFRXIFG。如果 RFRXIE 置位,则在 RFRXIFG 不会触发一次 DMA 传输。

当 RFFIFIO=0 时,中断标志 RFDINIFG 和 RFDOUTIFG 可以用来触发 DMA 传输。RFRXIFG 同 RFDOUTIFG,RFTXIFG 同 RFDINIFG,它们分别共享相同的 DMA 触发信号。

若 RFFIFOEN=0,此时将数据写入射频核心,当 RFDINIFG 标志置位时,会触发一次 DMA 传输。在 DMA 传输期间,对 RF1ADIN 寄存器的写访问,将自动复位 RFDINIFG。如果 RFDINIE 置位,RFDINIFG 不会触发一次 DMA 传输。

19.3 CC1101 射频内核

19.3.1 CC430 射频内核与 CC1101 的不同点

CC430 射频内核核心与分立 CC1101 器件存在以下不同。

- ❑ 不支持前向纠错(FEC)和交错。
- ❑ 系统复位后(PUC)射频模块处于 SLEEP 状态,而不是 IDLE 状态。
- ❑ 滤波命令 SRES 复位内核,并设置状态机工作于 SLEEP 状态,而不是 IDLE 状态。
- ❑ 滤波命令 SXOFF 切换射频内核工作为 SLEEP 状态,而不是 XOFF 状态。
- ❑ WOR 的时钟源来自 ACLK,而不是 CC1101 集成的 R/C 振荡器。
- ❑ 射频内核处于 SLEEP 状态时,可以执行指令。
- ❑ 利用 Timer_A 支持同步和异步操作(详见器件的数据手册)。除 GDO0_CFG 设置为

0x2D 之外，输入将取自 Timer_A(详见数据手册中指定端口)。如果 GDO1_CFG 或 GDO2_CFG 设置为 0x2D，信号表示，即 GDO0 配置为输入(当 GDO0_CFG＝0x2D)或取自 Timer_A 的串行发送数据(当 GDO0_CFG 不等于 0x2D)，也就是说，与 CC1101 的 GDO1 和 GDO2 的功能相同。

- 寄存器 0x30 PARTNUM—— 芯片 ID 读出为 0(0x00)。
- 寄存器 0x31 VERSION——芯片 ID 读出为 6(0x06)。
- 寄存器 0x20 WORCTRL 的 RC_PD 位用作 ACLK_PD 位。RC_PD 置位时，禁用输入到 WOR 定时器的 ACLK(未请求 ACLK)。RC_PD 复位时，启用输入到 WOR 定时器的 ACLK(请求 ACLK)。SWOR 滤波命令自动清理该位，并使能 WOR 定时器。
- WORCTRL 的默认设置改变(现：0xF8)，WOREVT0(现：0x00)和 WOREVT1(现：0x80)，由于改变 WOR 定时器的时钟源(现为 32 kHz，原为 26 MHz/750 或 27 MHz/750)。
- 以下信号被添加到 GDOx 多工器。
  30(0x1E)：RSSI_VALID；
  31(0x1F)：RX_TIMEOUT。
- 在寄存器 0x18 MCSM0，位 2 和 3(CC1101 器件中用作 PO_TIMEOUT)保留，即只读“r0”。
- PA_PD 和 LNA_PD 信号反馈到 GDOx 多工器，PA_PD 只在 TX 状态时为低。LNA_PD 只在 RX 状态时为低。否则，信号为 1(即使在 SLEEP 状态)。
- SFTX 或 SFRX 滤波命令除了能在 IDLE、TXFIFO_UNDERFLOW 和 RXFIFO_OVERFLOW 状态下执行，还可以在 SLEEP 状态执行。这允许将射频模块设置工作在睡眠状态，提前读取 RX FIFO 接收的数据或准备好 TXFIFO 下一次的发送数据。
- 在寄存器 0x01 IOCFG1 的第 7 位，GDO_DS 保留，即只读“r0”。
- 寄存器 0x27 RCCTRL1 和寄存器 0x28 RCCTRL0 保留，即只读“r0”。
- IOCFG0.GDO0_CFGx 默认设置从 0x3F(RFCLK/192)改变为 0x2E(3 态)。

19.3.2 CC1101 射频内核的指令系统

表 19－6 和表 19－7 列举了可与 CC1101 射频内核通信的指令。表 19－6 列出了可用的指令选通脉冲(command strobe)，表 19－7 列出了所有其他可用的指令。以下是常用术语。

- i：[……]表示需要写入射频接口指令寄存器的值。
- s：[……]表示在内核指令被传送给射频接口时，内核返回到状态寄存器的值。
- “输入”栏的 i：[……]对应“输出”栏 s：[……]。
- [ssss ssss]表示状态字节，如表 19－8 所列。
- “输入”栏的 d：[……]表示写入寄存器 RFA1DIN 的一个字节数据。
- “输出”栏的 d：[……]表示从寄存器 RFA1DOUT 读取一个字节数据。
- “输入”栏的 d：[……]对应“输出”栏的 d：[……]。
- [---- ----]表示“不关心”的数据。

表 19-6　CC1101 射频内核指令集——滤波命令

指令助记符	输　入	输　出	描　述
SRES	i:[x011 0000]	n/a	脉冲选通指令:复位射频内核 无返回值。相应的 STATIFG 不会置位
SFSTXON	i:[x011 0001]	s:[ssss ssss]	脉冲选通指令:启用和校准频率合成器(如果 MCSM0. FS_AUTOCAL=1)。如果处于接收状态(RX),且进行空闲信道评估(CCA),进入一个等待状态,此时只有合成器正在运行(用于快速 RX /TX)。 当 x=0 时,返回包含 TX FIFO 中可用字节个数的状态字节。 当 x=1 时,返回包含 RX FIFO 可用字节个数的状态字节
SXOFF	i:[x011 0010]	s:[ssss ssss]	脉冲选通指令:射频内核进入 SLEEP 状态,当 x=0 时返回包含 TX FIFO 中的可用字节数的状态字节;当 x=1 时返回包含 RX FIFO 中的可用字节数的状态字节
SCAL	i:[x011 0011]	s:[ssss ssss]	脉冲选通指令:校准频率合成器,并将其关闭。在没有设置为手动校正时,可从空闲模式发送 SCAL 脉冲选通指令(MCSM0. FS_AUTOCAL=0) 当 x=0 时,返回包含 TX FIFO 可用字节个数的状态字节 当 x=1 时,返回包含 RX FIFO 可用字节个数的状态字节
SRX	i:[x011 0100]	s:[ssss ssss]	脉冲选通指令:启动 RX。如果 MCSM0. FS_AUTOCAL=1,从 IDLE 进入 RX 前,首先进行校准。如果在 RX 状态且进行空闲信道评估(CCA),如果信道空闲,只进入 TX 模式 当 x=0 时,返回包含 TX FIFO 可用字节个数的状态字节 当 x=1 时,返回包含 RX FIFO 可用字节个数的状态字节
STX	i:[x011 0101]	s:[ssss ssss]	脉冲选通指令:如果 MCSM0. FS_AUTOCAL=1,从 IDLE 进入 TX 前,首先进行校准。否则如果当前处于 IDLE 状态,发送 STX,进入 TX 状态 当 x=0 时,返回包含 TX FIFO 可用字节个数的状态字节 当 x=1 时,返回包含 RX FIFO 可用字节个数的状态字节
SIDLE	i:[x011 0110]	s:[ssss ssss]	脉冲选通指令:退出 RX/TX 状态,关闭频率合成器,并退出 WOR 模式,如可用 当 x=0 时,返回包含 TX FIFO 可用字节个数的状态字节 当 x=1 时,返回包含 RX FIFO 可用字节个数的状态字节
SWOR	i:[x011 1000]	s:[ssss ssss]	脉冲选通指令:启动自动 RX 轮询序列(无线唤醒,WOR) 当 x=0 时,返回包含 TX FIFO 可用字节个数的状态字节 当 x=1 时,返回包含 RX FIFO 可用字节个数的状态字节
SPWD	i:[x011 1001]	s:[ssss ssss]	脉冲选通指令:射频内核进入 SLEEP 状态 当 x=0 时,返回包含 TX FIFO 可用字节个数的状态字节 当 x=1 时,返回包含 RX FIFO 可用字节个数的状态字节
SFRX	i:[x011 1010]	s:[ssss ssss]	脉冲选通指令:冲洗 RX FIFO 缓冲区。只能在 IDLE 状态或 RXFIFO_OVERFLOW 状态,发布 SFRX 脉冲选通指令 当 x=0 时,返回包含 TX FIFO 可用字节个数的状态字节 当 x=1 时,返回包含 RX FIFO 可用字节个数的状态字节

续表 19－6

指令助记符	输　入	输　出	描　述
SFTX	i:[x011 1011]	s:[ssss ssss]	脉冲选通指令:冲洗 TX FIFO 缓冲区。只能在 IDLE 状态或 TXFIFO_OVERFLOW 状态,发送 SFTX 脉冲选通指令 当 x=0 时,返回包含 TX FIFO 可用字节个数的状态字节 当 x=1 时,返回包含 RX FIFO 可用字节个数的状态字节
SWORRST	i:[x011 1100]	s:[ssss ssss]	脉冲选通指令:复位 WOR 定时器为事件 1 的数值 当 x=0 时,返回包含 TX FIFO 可用字节个数的状态字节 当 x=1 时,返回包含 RX FIFO 可用字节个数的状态字节
SNOP	i:[x011 1101]	s:[ssss ssss]	脉冲选通指令:无操作。可以用来读取射频内核的状态字节 当 x=0 时,返回包含 TX FIFO 可用字节个数的状态字节 当 x=1 时,返回包含 RX FIFO 可用字节个数的状态字节

表 19－7　基于 CC1101 射频内核的指令集

指令助记符	输　入	输　出	描　述
SNGLREGRD	i:[10aa aaaa] d:[---- ----]	s:[ssss ssss] d:[dddd dddd]	当 a≤0x2E 时,读访问地址为[a]的寄存器 返回状态字节[s]和寄存器[d]的内容 状态字节包含当前 RX FIFO 中可用的字节个数
SNGLREGWR	i:[00aa aaaa] d:[dddd dddd]	s:[ssss ssss] d:[dddd dddd]	当 a≤0x2E 时,写入数据[d]到地址为[a]的寄存器中 状态字节包含当前 TX FIFO 中可用的字节个数
REGRD	i:[11aa aaaa] d:[---- ----]	s:[ssss ssss] d:[dddd dddd]	当 a≤0x2E 时,读访问起始地址为[a]的多个寄存器 返回状态字节[s]和寄存器[d]的内容 状态字节包含当前 RX FIFO 中可用的字节个数
REGWR	i:[01aa aaaa] d:[dddd dddd]	s:[ssss ssss] d:[dddd dddd]	当 a≤0x2E 时,写入数据[d]到起始地址为[a]的多个寄存器 返回状态字节[s] 状态字节包含当前 TX FIFO 中可用的字节个数
STATREGRD	i:[11aa aaaa] d:[---- ----]	s:[ssss ssss] d:[dddd dddd]	读访问单个射频内核状态寄存器返回状态字节[s],0x30≤a≤0x3D 时,射频内核状态寄存器[a]中的内容
SNGLPATABRD	i:[1011 1110] d:[---- ----]	s:[ssss ssss] d:[dddd dddd]	读取功放设置表中的一个字节 返回状态字节[s]和功放表[d]的一个字节。状态字节包含在 RX FIFO 可用的字节个数
SNGLPATABWR	i:[0011 1110] d:[dddd dddd]	s:[ssss ssss] d:[dddd dddd]	写入一个字节[d]到功放设置表返回状态字节[s]。状态字节包含在 TX FIFO 中可用的字节个数
PATABRD	i:[1111 1110] d:[---- ----]	s:[ssss ssss] d:[dddd dddd]	读访问功放设置表 返回状态字节[s]和功放表[d]的内容 状态字节包含在 RX FIFO 中可用的字节个数
PATABWR	i:[0111 1110] d:[dddd dddd]	s:[ssss ssss] d:[dddd dddd]	写入数据字节[d]到功放设置表返回状态字节[s] 状态字节包含在 TX FIFO 中可用的字节个数
SNGLRXRD	i:[1011 1111] d:[---- ----]	s:[ssss ssss] d:[dddd dddd]	从接收缓存中(RX FIFO)读取一个数据字节 返回状态字节[s] 状态字节包含在 RX FIFO 中可用的字节个数

续表 19－7

指令助记符	输　入	输　出	描　述
SNGLTXWR	i:[0011 1111] d:[dddd dddd]	s:[ssss ssss] d:[dddd dddd]	写入一个数据字节[d]到发送缓存中(TX FIFO) 返回状态字节[s] 状态字节包含在 TX FIFO 中可用的字节个数
RXFIFORD	i:[1111 1111] d:[---- ----]	s:[ssss ssss] d:[dddd dddd]	从接收缓存中(RX FIFO)读取数据字节 返回状态字节[s] 状态字节包含在 RX FIFO 中可用的字节个数
TXFIFOWR	i:[0111 1111] d:[dddd dddd]	s:[ssss ssss] d:[dddd dddd]	写入数据字节[d]到发送缓存中(TX FIFO)。返回状态字节[s] 状态字节包含在 TX FIFO 中可用的字节个数

1. 状态字节

当每条指令发送到射频内核时，便会更新内核状态，且可以通过 RF1ASTAT 寄存器读回。表 19－8 总结了状态字节包含的信息。

7	6	5	4	3	2	1	0
RF_RDYn	RF_STATEx			FIFO_BYTES_AVAILx			

表 19－8　射频内核的状态字节

RF_RDYn	位 7	射频内核准备好标志位。 0　射频内核准备就绪，晶体振荡器已经稳定； 1　射频内核未准备好，晶体振荡器尚未稳定
RF_STATEx	位 6～4	射频内核主状态机的当前状态。 000　IDLE　IDLE 状态(也报告一些过渡状态，SETTLING 或 CALIBRATE 除外) 001　RX　接收模式 010　TX　发送模式 011　FSTXON　快速 TX 就绪 100　CALIBRATE　频率合成器校准运行中 101　SETTLING　PLL 正在建立 110　RXFIFO_OV　RX FIFO 溢出 111　TXFIFO_OV　TX FIFO 溢出
FIFO_BYTES_AVAILx	位 3～0	在 RX FIFO 或 TX FIFO 中空闲的字节个数，取决于指令的最高位(MSB)，当最高位(MSB)＝1 时，表示可以从 RX FIFO 读取的字节个数。当最高位(MSB)＝0 时，表示可以向 TX FIFO 写入的字节个数。当 FIFO_BYTES_AVAILx＝1111，那么有 15 个或更多的字节可用或空闲

2. 功率放大表的访问

功率放大表(PATABLE)是一个 8 字节表，其定义了功率放大(PA)控制的设置，以用于这 8 个 PA 功率值(由 3 位 PA_POWERx 值进行选择)中的每一个值。从最低位[0]到最高位[7]完成对该表的读/写操作，一次读/写一个字节。索引计数器用来控制对该表的存取操作。每使用 SNGLPATABRD、SNGLPATABWR、PATABRD 和 PATABWR 这些指令中的一个，读取或写入该表一个字节，索引计数器就增 1。当达到最高值计数器时，索引计数器自动回到零。除了功率放大表的读/写指令以外，任何一条其他指令对 RF1AINSTR 寄存器进行写入操作，索引计数器将清零。

19.3.3 数据速率编程

发送时所使用的数据速率，或接收时所需要的数据速率，均由 MDMCFG3. DRATE_M 和 MDMCFG4. DRATE_E 配置寄存器编程控制。该数据速率可由式(19－1)计算得出，可编程数据速率取决于晶体振荡器的频率。

$$R_{DATA}=\frac{(256+\text{DRATE\_M})\times 2^{\text{DRATE\_E}}}{2^{28}}\times f_{XOSC} \tag{19-1}$$

式(19－2)可用来找到对应于给定数据速率的匹配值。

$$\text{DRATE\_E}=\left[\text{lb}\left(\frac{R_{DATA}\times 2^{20}}{f_{XOSC}}\right)\right]$$

$$\text{DRATE\_M}=\frac{R_{DATA}\times 2^{28}}{f_{XOSC}\times 2^{\text{DRATE\_E}}}-256 \tag{19-2}$$

如果 DRATE_M 靠近其最近的整数且变为 256，则增加 DRATE_E，并使用 DRATE_M=0。

可以根据表 19－9，以最小步长为 0.8～500 kBaud 对数据速率进行设置。

表 19－9 数据速率步长

数据速率/kBaud			数据速率步长
最低数据速率	典型数据速率	最高数据速率	
0.8	1.2/2.4	3.17	0.006 2
3.17	4.8	6.35	0.012 4
6.35	9.6	12.7	0.024 8
12.7	19.6	25.4	0.049 6
25.4	38.4	50.8.	0.099 2
50.8	76.8	101.6	0.198 4
101.6	153.6	203.1	0.396 7
203.1	250	406.3	0.793 5
406.3	500	500	1.586 9

19.3.4 接收机信道滤波器带宽

为满足不同信道宽度的要求，接收机信道滤波器是可编程控制的。MDMCFG4. CHANBW_E 和 MDMCFG4. CHANBW_M 配置寄存器控制接收机信道滤波器带宽，随同晶体振荡器频率而进行调节。式(19－3)表明了寄存器设置与信道滤波器带宽之间的关系。表 19－10 列出了 CC1101 所支持的信道滤波器带宽。

$$BW_{channel}=\frac{f_{XOSC}}{8\times(4+\text{CHANBW\_M})\times 2^{\text{CHANBW\_E}}} \tag{19-3}$$

为了获得最佳性能,应该对信道滤波器带宽加以选择,以使信号带宽最多占 80%的信道滤波器带宽。晶体误差引起的信道中心容差也应该从该信道滤波器带宽中减去。下面的例子对此进行了诠释。

表 19-10 信道滤波器带宽(假定使用 26 MHz 的晶振) kHz

MDMCFG4. CHANBW_M	MDMCFG4. CHANBW_E			
	00	01	10	11
00	812	406	203	102
01	650	325	162	81
10	541	270	135	68
11	464	232	116	58

将信道滤波器带宽设置为 500 kHz 后,信号应该处于 500 kHz 的 80%之内,即 400 kHz。假设发送器件和接收器件频率均为 915 MHz,$\pm 2\times10^{-5}$ 频率波动,则总的频率波动为 915 MHz$\pm 4\times10^{-5}$,即±37 kHz。如果整个发送信号带宽将在 400 kHz 内被接收,那么发送信号带宽应该为(400−2×37) kHz 的最大值,即 326 kHz。

通过补偿发送器和接收机之间的频率偏移,可以减少滤波器带宽,并提高灵敏度。详见 *DN005 - CC11xx Sensitivity versus Frequency Offset and Crystal Accuracy*(SWRA122)。

19.3.5 解调器、符号同步器与数据判定

射频内核包含一个高级的高度可配置的解调器。信道滤波和频率偏移补偿以数字方式进行。为了生成 RSSI 电平,应对信道内的信号电平进行评估。为了提高性能,数据滤波也包括在其中。

1. 频率偏移补偿

CC1101 射频内核拥有非常高的频率精度(详见器件指定数据手册的频率合成特性)。这一特性可用于补偿频率偏移和漂移。

当使用 2-FSK、GFSK 或 MSK 调制时,通过估算接收数据的中心点,该解调器将在确定的极限值范围内对发送器和接收机之间出现的偏移进行补偿。FOCCFG 寄存器控制频率偏移补偿的配置。通过补偿发送器与接收机之间的大频率偏移,可提高灵敏度,请参见 *DN005 - CC11xx Sensitivity versus Frequency Offset and Crystal Accuracy*(SWRA122)。

作为信道带宽的一部分,利用 FOCCFG. FOC_LIMIT 配置寄存器,可选择该算法的跟踪范围。

如果设置了 FOCCFG. FOC_BS_CS_GATE 位,则偏移补偿器将冻结,直到载波监听置位为止。当无线电设备长期处于没有数据流量的 RX 状态下时,这可能会有所帮助,因为在跟踪噪声时,该算法可能会漂移至边界。

跟踪环路有两个增益系数,其会影响建立时间和算法的噪声灵敏度。FOCCFG. FOC_PRE_K 在检测到同步字以前设置该增益,而 FOCCFG. FOC_POST_K 在找到同步字以后才选择增益。

注意: ASK 或 OOK 调制不支持频率偏移补偿。

估计出的频率偏移值可写入 FREQEST 状态寄存器，它可以用于永久频率偏移补偿。通过来自 FREQEST 的值写入 FSCTRL0. FREQOFF，频率合成器将根据该估计频率偏移自动调节。DN015——永久频率偏移补偿(SWRA159)对这种永久频率补偿算法作了更详细的介绍。

2. 位同步

位同步算法从输入符号中提取时钟。该算法要求对期望的数据速率如 19.3.3 小节中描述的那样进行配置。为了校准输入符号速率的错误，需不断执行重新同步。

3. 字节同步

字节同步是通过一个连续的同步字搜索完成的。同步字是一个 16 位可配置字段(重复可得到 32 位)，其在数据包起始时在发送模式下由调制器自动插入。首先发送同步字的 MSB。解调器使用该字段在位流中搜寻字节边界。同步字还可起到系统标识符的作用，因为如果在 RX 模式时，该同步字检测在寄存器 MDMCFG2 中被激活，那么就只有带有正确预定义同步字的数据包才能被接收。同步字检测器与用户配置的 16 位或 32 位同步字相关联。该相关阈值可设置为 15/16 位匹配、16/16 位匹配或 30/32 位匹配。使用下述的前导质量指示器机制与载波监听条件进行与/或操作，可进一步限定同步字。同步字由 SYNC1 和 SYNC0 寄存器配置。

为了减少错误检测同步字的可能性，可以使用一种叫做前导质量指示(PQI)的机制用来限定同步字。一个检测到的同步字要想被接收，则其必须超过前导质量的阈值。

19.3.6 数据包处理硬件支持

内核提供了对数据包导向无线协议的内置硬件支持。

在发送模式下，可对数据包处理器进行配置，以添加如下要素到存储于 TX FIFO 内的数据包中：

- 一个可编程前导字节数。
- 一个 2 字节的同步字，可将其复制以生成一个 4 字节同步字(推荐)。不可能只插入前导或者只插入一个同步字。
- 通过数据字段计算的 CRC 校验和。

建议设置为 4 字节的前导码和 4 字节同步字，前导长度为 8 字节的 500 kBaud 数据速率除外。另外，数据字段和可选 2 字节 CRC 校验和可执行下列操作：

- 利用 PN9 序列进行数据白化。

接收模式下，数据包处理支持功能将通过执行如下操作(如果已开启)解析数据包：

- 前导检测。
- 同步字检测。
- CRC 计算与 CRC 校验。
- 1 字节地址检查。
- 数据包长度检查(对可编程最大长度进行长度字节检查)。
- 去白。

可以选择将两个带有 RSSI 值、链路质量指示(LQI)以及 CRC 状态的状态字节(参见表 19-11和表 19-12)都加入 RX FIFO 中。

表 19-11 接收数据包状态字节 1
(数据后添加的第一个字节)

位	字段名称	描 述
7:0	RSSI	RSSI 值

表 19-12 接收数据包状态字节 2
(数据后添加的第二个字节)

位	字段名称	描 述
7	CRC_OK	1:接收数据 OK(或 CRC 关闭)的 CRC; 0:接收数据中的 CRC 错误
6:0	LQI	表示链路质量

注意: 控制数据包处理特性的寄存器域只有在内核处于 IDLE 状态下时才可更改。

1. 数据白化

从无线通信角度来看,无线数据传输的理想情况是随机和 DC 自由。这就带来了在占用带宽上最为均匀的功率分配的问题,同时也带来了接收机统一工作条件下(无数据相关性)的调节环路。

实际数据通常会包含许多 0 和 1 的长序列。在这种情况下,通过在发送之前白化数据,以及在接收机中去白化数据,便可提高性能。通过设置 PKTCTRL0. WHITE_DATA=1,除前导和同步字以外的所有数据,在发送前将通过一个 9 位伪随机(PN9)序列进行异或运算,如图 19-4 所示。在接收机端,数据由相同的伪随机序列进行异或运算。同样,将白化数据反过来运算,便可在接收机中得到原始数据。PN9 序列被全部初始化为 1。

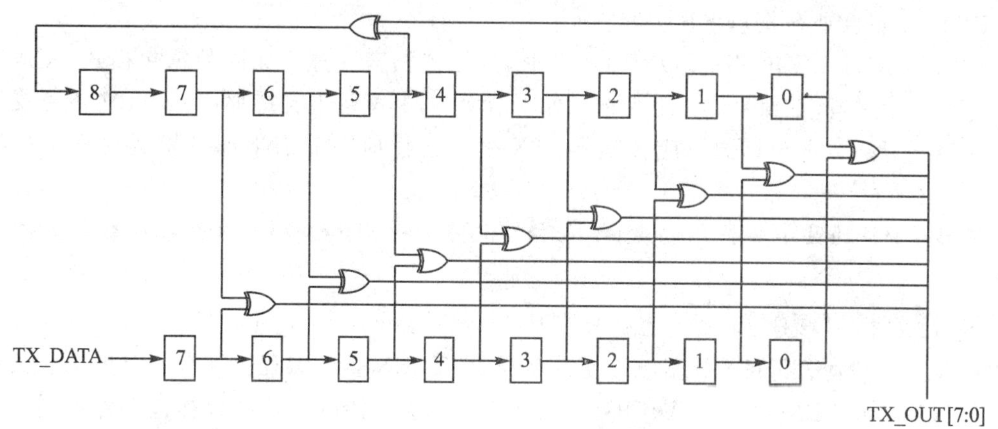

在提供第一个TX_OUT[7:0]字节的XOR操作之前第一个TX_DATA 字节被移入。
在提供第二个TX_OUT[7:0]字节的XOR操作之前第二个TX_DATA 字节被移入。

图 19-4 TX 模式下的数据白化

2. 数据包格式

可以对数据包格式进行配置,其各项组成如下(数据包格式见图 19-5):前导、同步字、可选长度字节、可选地址字节、有效负载及可选 2 字节 CRC。

前导的形式是一个交互的 1、0 序列(10101010…)。前导的最小长度是可以通过 MDMCFG1. NUM_PREAMBLE 的值进行编程的。当开启 TX 模式时,调制器将开始发送前导。当编程的前导字节数被发送完毕时,调制器就开始发送同步字,然后发送来自 TX FIFO 的数据(如果是有效数据的话)。若 TX FIFO 为空,调制器将继续发送前导字节,直到第一个字节被写入 TX FIFO 为止。调制器随后将发送同步字,然后发送数据字节。

同步字是设置于 SYNC1 和 SYNC0 两个寄存器中的 2 字节值。同步字提供了输入数据

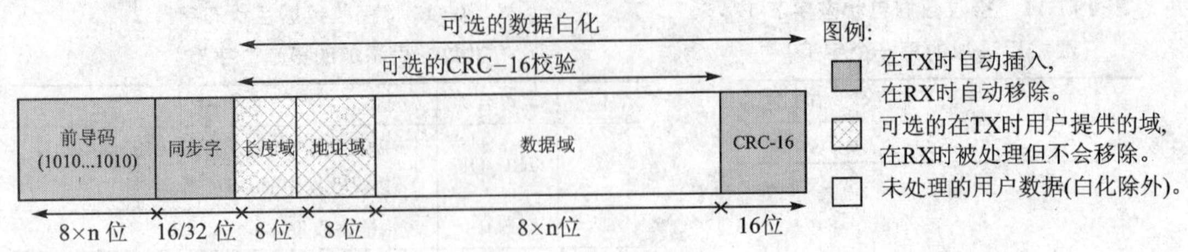

图 19-5　数据包格式

包的字节同步。一个一字节同步字可通过设置前导形式的 SYNC1 值来仿真。通过设置 MDMCFG2. SYNC_MODE=3 或 7 亦可仿真一个 32 位同步字。该同步字随后将被重复 2 次。

内核可支持固定数据包长度协议和可变数据包长度协议。可变或固定数据包长度模式可用于长达 255 字节的数据包。对更长的数据包而言,必须使用无长度限制的数据包模式。

通过设置 PKTCTRL0. LENGTH_CONFIG=0,可选择固定数据包长度模式。理想的数据包长度由 PKTLEN 寄存器来设置。

在可变数据包长度模式下,即 PKTCTRL0. LENGTH_CONFIG=1,通过同步字后面的第一个字节来配置数据包长度。数据包长度被定义为有效负载数据,但不包括长度字节和可选 CRC。PKTLEN 寄存器用于设置 RX 模式中允许的最大数据包长度。任何长度字节值大于 PKTLEN 的接收数据包将被丢弃。

PKTCTRL0. LENGTH_CONFIG=2 时,数据包长度设置为无限数据包模式,发送和接收工作将继续进行,直到手动关闭为止。如下节所述,其可用于支持那些 CC1101 本不支持的不同长度配置的数据包格式。应该确定,TX 模式在任何字节前半部分发送过程中都没有关闭。

注意: 支持的最小数据包长度(不包括可选长度字节和 CRC)为有效负载数据的一个字节。

3. 任意长度域配置

可在接收和发送期间对数据包长度寄存器 PKTLEN 重新编程。结合固定数据包长度模式(PKTCTRL0. LENGTH_CONFIG=0),此举实现了支持可变长度数据包以外不同长度域配置的可能性(在可变包长度模式下,长度字节就是同步字之后的第一个字节)。在接收之初,数据包长度设置为一个较大的值。MCU 读出足够的字节以解释数据包中的长度域。然后,根据这个值来设定 PKTLEN 值。当数据包处理器中的字节计数器等于 PKTLEN 寄存器时,便到达了数据包的末端。因此,在内部计数器到达数据包长度值之前,MCU 必须能够编程正确的长度值。

4. 数据包长度>255

数据包自动控制寄存器 PKTCTRL0 可以在 TX 和 RX 模式下完成重新编程,这样一来就使得发送和接收长于 256 字节的数据包成为可能,并且还可以利用数据包处理硬件支持。在数据包一开始,必须激活无限数据包长度模式(PKTCTRL0. LENGTH_CONFIG=2)。在 TX 端,将 PKTLEN 寄存器设置为 mod(length,256)。在 RX 端,MCU 读取足够的字节以解释数据包中的长度域,并将 PKTLEN 寄存器设置为 mod(length,256)。当数据包剩余字节少于 256 字节时,MCU 关闭无限数据包长度模式,并开启固定数据包长度模式。当内部字节计数器达到 PKTLEN 值时,则发送或接收终止(无线电设备进入由 TXOFF_MODE 或 RXOFF_MODE 决定的状态)。另外,还可使用自动 CRC 添加/校验(通过设置 PKTCTRL0. CRC_EN=1)。

例如,当发送一个 600 字节的数据包时,MCU 应完成如下步骤(如图 19-6 所示):

① 设置 PKTCTRL0. LENGTH_CONFIG=2。

② 预编程 PKTLEN 寄存器为 mod(600,256)=88。

③ 发送至少 345 字节(600-255),例如填充 64 字节 TX FIFO 六次(发送了 384 字节)。

④ 设置 PKTCTRL0. LENGTH_CONFIG=0。

⑤ 数据包计数器达到 88 时结束发送。总计发送了 600 字节。

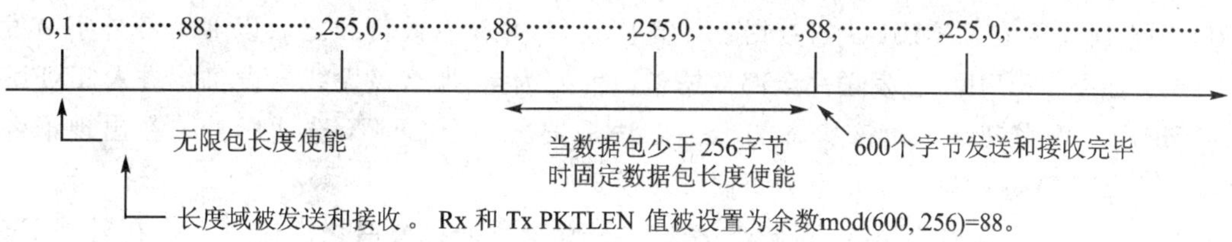

图 19-6　数据包长度>255

5. 接收模式下的数据包滤波

内核支持三种不同类型的数据包滤波:地址滤波、最大长度滤波和 CRC 滤波。

(1) 地址滤波

设置 PKTCTRL1. ADR_CHK 为 0 以外的任何值便可开启数据包地址滤波器。该包处理器引擎会将数据包中的目标地址字节与 ADDR 寄存器中的编程节点地址,以及 PKTCTRL1. ADR_CHK=10 时的 0x00 广播地址或者 PKTCTRL1. ADR_CHK=11 时的 0x00 和 0Xff 广播地址进行比较。如果接收到的地址匹配一个有效地址,则接收该数据包,并将其写入 RX FIFO。如果地址匹配失败,则丢弃该数据包,并重新启动接收模式(与 MCSM1. RXOFF_MODE 设置无关)。

当使用无限数据包长度模式并且地址滤波开启时,如果接收到的地址匹配一个有效地址,那么 0xFF 便会被写入 RX FIFO,之后是地址字节,最后是有效负载数据。

(2) 最大长度滤波

在可变数据包长度模式下,即 PKTCTRL0. LENGTH_CONFIG=1,PKTLEN. PACKET_LENGTH 寄存器值用于设置最大允许的数据包长度。如果接收到的长度字节具有一个比该允许长度的更大值,则丢弃该数据包,并且重新启动接收模式(与 MCSM1. RXOFF_MODE 设置无关)。

(3) CRC 滤波

如果 CRC 校验失败,则设置 PKTCTRL1. CRC_AUTOFLUSH=1 来开启数据包滤波。如果 CRC 校验失败,CRC 自动刷新功能将会刷新整个 RX FIFO。自动刷新 RX FIFO 以后,后面的状态则取决于 MCSM1. RXOFF_MODE 的设置。

当使用自动刷新功能时,可变数据包长度模式下的最大数据包长度为 63 字节,而固定数据包长度模式下则为 64 字节。请注意,开启 PKTCTRL1. APPEND_STATUS 之后,最大允许的数据包长度减小 2 字节,目的是在 RX FIFO 中为数据包末尾添加的 2 个状态字节留出空间。由于 CRC 校验失败时,整个 RX FIFO 被刷新,之前接收到的数据包必须在接收当前数据包以前从 FIFO 读取出来。在 CRC 校验为 OK 以前,MCU 不能读取当前数据包。

6. 发送模式下的数据包处理

必须把即将要被发送的有效负载写入 TX FIFO 中。开启可变数据包长度以后,长度字节必须最先被写入。长度字节具有一个与数据包有效负载相当的值(包括可选地址字节)。如果接收机端开启了地址识别,则写入 TX FIFO 的第二个字节必须为地址字节。

如果开启了固定数据包长度,则写入 TX FIFO 的第一个字节应为地址字节(假设接收机使用了地址识别)。调制器会首先发送编程的前导字节数。如果 TX FIFO 中的数据可用,则调制器会发送 2 字节(可选 4 字节)同步字,之后是 TX FIFO 中的有效负载。如果开启了 CRC,则在所有取自 TX FIFO 的数据上计算校验和,并在有效负载之后以 2 个额外字节发送该结果。如果 TX FIFO 在发送完全部数据包以前变为空,那么该无线电设备将进入 TXFIFO_UNDERFLOW 状态。退出该状态的唯一方法是发出一个 SFTX 选通脉冲。在出现下溢以后,对 TX FIFO 进行写操作并不会重启 TX 模式。

如果开启了数据白化功能,则同步字之后的所有数据将被白化。这一工作在可选 FEC/交错以前便完成。可将 PKTCTRL0. WHITE_DATA 设置为 1 来开启数据白化功能。

7. 接收模式下的数据包处理

在接收模式下,解调器和数据包处理器将会搜索一个有效的前导和同步字。如果找到,解调器就获得了位和字节同步机制,并将接收第一个有效负载字节。

如果白化功能开启了,则在这个阶段数据将被去白。

当可变数据包长度模式开启时,则第一个字节为长度字节。数据包处理器把这个值作为数据包长度存储,并接收该长度字节显示数目的字节。如果使用了固定数据包长度模式,则数据包处理器将会接收编程字节的数目。

接下来,数据包处理器可编程选择校验地址,并在地址匹配时才继续进行接收。若自动 CRC 校验开启,则数据包处理器会计算 CRC,并将其与附加 CRC 校验和相匹配。

在有效负载末端,数据包处理器将可编程选择写入 2 个包含 CRC 状态、链路质量指示 LQI 和 RSSI 值的额外数据包状态字节(请参见表 19-11 和表 19-12)。

8. 固件中的数据包处理

在固件中执行数据包导向无线协议时,MCU 需要知道一个数据包何时被接收到/发送出去。另外,数据包长度大于 64 字节时,需要在 RX 模式下读取 RXFIFO,在 TX 模式下重填 TX FIFO。这就是说,MCU 需要知道能够写入 RX FIFO 和 TX FIFO 或从 RX FIFO 和 TX FIFO 读取的字节。获得该必要状态信息的解决方案有如下两种:

(1) 中断驱动法

当接收到/发送出一个同步字或者接收到/发送出一个完整数据包时,在 RX 和 TX 模式下均可使用射频内核中断标志 RFIFG6 来请求中断响应(GDOx_CFG=0x06 时,可编程选择射频内核中断标志 RFIFG0、RFIFG1、RFIFG2 的某一个置位)。另外,有两个射频内核中断与 RX FIFO 有关(RFIFG3 与 RFIFG4 或者可编程选择 GDOx_CFG=0x00 与 GDOx_CFG=0x01)。有两个射频内核中断与 TX FIFO 有关,(RFIFG5 与 RFIFG6 或者可编程选择 GDOx_CFG=0x02 与 GDOx_CFG=0x03),它们能够用来作为中断源,从而提供 RX FIFO 和 TX FIFO 中分别有多少个字节的相关信息。推荐使用这些中断标志方法。

(2) SPI 轮询

可以以某个给定速率对 PKTSTATUS 寄存器轮询,以获取 GDO2 和 GDO0 当前值的相关信息。可以以某个给定速率对 RXBYTES 和 TXBYTES 寄存器轮询,以获取 RX FIFO 和 TX FIFO 中所含字节数的相关信息。另外,在 SPI 总线上每发送一个报头字节、数据字节或指令选通脉冲时,可从 MISO 线路上返回的芯片状态字节读取到 RX FIFO 和 TX FIFO 中所含的字节数。

19.3.7 调制格式

内核可支持幅移、频移和相移调制格式。可在 MDMCFG2. MOD_FORMAT 寄存器中设置所要的调制格式。

另外,也可以选择使用调制器对数据流进行曼彻斯特编码,以及使用解调器对其进行解码。将 MDMCFG2. MANCHESTER_EN 设置为 1 便可激活该选项。

1. 频移键控

CC1101 内核具备了使用高斯型 2-FSK(2-GFSK)的可能性。利用 1 个 BT=0.5 的高斯滤波器便可对 2-FSK 信号进行波形整形,从而产生 1 个 GFSK 调制信号。这种频谱整形特性可改善相邻信道功率(ACP)和占用带宽。

在一些带突发频移的"真正的"2-FSK 系统中,从本质上来说,频谱较宽。通过让频移"更软化",可使频谱大大变窄。因此,使用 GFSK 可在相同带宽中传输更高的数据速率。

当使用 2-FSK/GFSK 调制时,DEVIATN 寄存器规定了 RX 模式中输入信号的预计频率偏差,并且应与可靠、稳健地完成解调的 TX 偏差一样。

利用 DEVIATN 寄存器中的 DEVIATION_M 和 DEVIATION_E 值对频率偏差进行编程。该值为指数/尾数形式,最终的偏差可由式(19-4)得出

$$f_{\text{dev}} = \frac{f_{\text{XOSC}}}{2^{17}} \times (8 + \text{DEVIATION\_M}) \times 2^{\text{DEVIATION\_E}} \tag{19-4}$$

表 19-13 为 2-FSK/GFSK 调制的符号编码。

表 19-13 2-FSK/GFSK 调制的符号编码

格 式	符 号	编 码
2-FSK/2-GFSK	0	偏差
	1	+偏差

2. 最小转换键控

使用 MSK 相当于用半正弦整形偏移 QPSK(数据编码可能会有所不同)时,整个传输(前导、同步字和有效负载)都将被 MSK 调制。相移在恒定的转换时间内完成。可通过 DEVIATN. DEVIATION_M 设置,修改用于改变相位的符号周期部分,这相当于改变该符号的形成。使用 MSK 时,DEVIATN 寄存器设置在 RX 模式中不起作用。

使用 MSK 时,应通过将 MDMCFG2 MANCHESTER_EN 设置为 0 来禁用曼彻斯特编码/解码。

CC1101 中实施的 MSK 调制格式就是对同步字和数据进行了转化(例如,相对于信号发生器)。

3. 振幅调制

CC1101 内核可支持两种不同的振幅调制方式:开关键控(OOK)和幅移键控(ASK)。OOK 调制只是简单地开、关 PA,从而相应地调制得到 1 和 0。CC1101 内核支持的 ASK 变量允许对调制深度进行编程(1 和 0 之间的差别度),以及脉冲振幅的整形。脉冲整形产生了一

个更多带宽限制的输出频谱。

使用 OOK/ASK 时，SmartRF® Studio [8]首选 FSK/MSK 设置的 AGC 设置并非最佳。*DN022 - CC11xx OOK/ASK Register Settings*（SWRA215）介绍了一些如何从 SmartRF® Studio [8]的首选设置中找到最佳 OOK/ASK 设置的指导方法。当使用 OOK/ASK 时，DEVIATN 寄存器设置在 TX 或 RX 模式中都不起作用。

19.3.8 接收信号限定符和链路质量信息

CC1101 内核有数个限定符，这些限定符可用于提高检测到有效同步字的可能性。

- ❑ 同步字限定符；
- ❑ 前导质量阈值；
- ❑ RSSI；
- ❑ 载波监听；
- ❑ 空闲信道评估；
- ❑ 链路质量指示器。

1. 同步字限定符

如果在 MDMCFG2 寄存器中启用了 RX 模式下的同步字检测功能，则 CC1101 内核不会开始填充 RX FIFO，并在检测到同步字以前执行数据包滤波。可通过 MDMCFG2. SYNC_MODE 来对同步字限定符模式进行设置，表 19-14 对其进行了总结。

表 19-14 同步字限定符模式

MDMCFG2. SYNC_MODE	同步字限定符模式	MDMCFG2. SYNC_MODE	同步字限定符模式
000	无前导/同步	100	无阈值以上前导/同步＋载波监听
001	检测到 15/16 同步字位	101	阈值以上 15/16＋载波监听
010	检测到 16/16 同步字位	110	阈值以上 16/16＋载波监听
011	检测到 30/32 同步字位	111	阈值以上 30/32＋载波监听

2. 前导质量阈值(PQT)

前导质量阈值(PQT)同步字限定符增加了这样一个要求：接收的同步字必须以一个高于编程阈值质量的前导开始。

前导质量阈值的另一种用途是作为可选 RX 终止定时器的限定符。

每接收到一个与前一位不同的位时，前导质量评估器便会将内部计数器加 1，同时每接收到一个与最近的位相同的位时，该计数器便减 8。利用寄存器域 PKTCTRL1. PQT 可配置该阈值。该计数器的计数器阈值 4×PQT 用来控制同步字检测。将该阈值设置为 0，则会禁用该同步字的前导质量限定符。

使用 RFIFG11 可以观察到前导质量到达或将 IOCFGx. GDOx_CFG 设置为 8，可在其中的一个 GDO 引脚上观测到一个“前导质量达到”信号，也可以校验 PKTSTATUS 寄存器中 PQT_REACHED 位来确定前导质量是否达到。该信号/位置位表明接收到的信号超出了 PQT。

3. 接收信号强度指示器(RSSI)

RSSI 值是对当前信道中信号功率电平的评估值。该值基于 RX 信号链中当前的增益设置和信道中测得的信号电平。

在 RX 模式下,RSSI 值能连续地从 RSSI 状态寄存器中读取,直到解调器检测到一个同步字为止(同步字检测有效)。此时,RSSI 读取值被冻结,直到下一次芯片进入 RX 状态为止。

注意: 从无线电设备进入 RX 模式到 RSSI 寄存器中出现一个有效的 RSSI 值需要一些时间。关于如何估算 RSSI 响应时间请参见 *DN505 - RSSI interpretation and timing* (SWRA114)。

RSSI 值以 dBm 为单位,精度为 $\frac{1}{2}$ dB。RSSI 更新速率 f_{RSSI} 取决于接收机滤波器带宽(请参见 19.3.4 小节对 $BW_{channel}$ 进行的定义)和 AGCCTRL0. FILTER_LENGTH。

$$f_{RSSI} = \frac{2 \times BW}{2^{FILTER\_LENGTH}} \tag{19-5}$$

如果开启了 PKTCTRL1. APPEND_STATUS,则数据包的最后一个 RSSI 值便自动被添加到有效负载之后第一个字节。

从 RSSI 状态寄存器中读取的 RSSI 值为一个 2 的补数。可使用下列步骤将 RSSI 读数转换为一个绝对功率电平(RSSI_dBm)。

① 读取 RSSI 状态寄存器。

② 将读数从一个十六进制数转换为一个十进数(RSSI_dec)。

③ 如果 RSSI_dec≥128,则 RSSI_dBm=(RSSI_dec-256)/2-RSSI_offset。

④ 另外,如果 RSSI_dec<128,则 RSSI_dBm=(RSSI_dec)/2-RSSI_offset。

表 19-15 列举了 RSSI_offset 的一些典型值。图 19-7 和 19-8 为 RSSI 读数的典型曲线图,其为不同数据速率下输入功率级的一个函数。

表 19-15 典型的 RSSI_offset 值

数据速率 kBaud	RSSI_offset [dB] 433 MHz	RSSI_offset [dB] 868 MHz	数据速率 kBaud	RSSI_offset [dB] 433 MHz	RSSI_offset [dB] 868 MHz
1.2	74	74	250	74	74
38.4	74	74	500	74	74

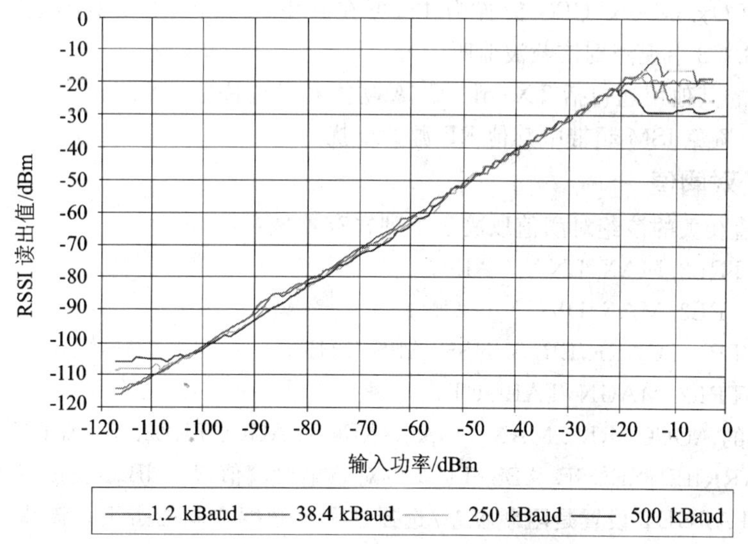

图 19-7 433 MHz 时不同数据速率下典型 RSSI 值与输入功率电平的关系

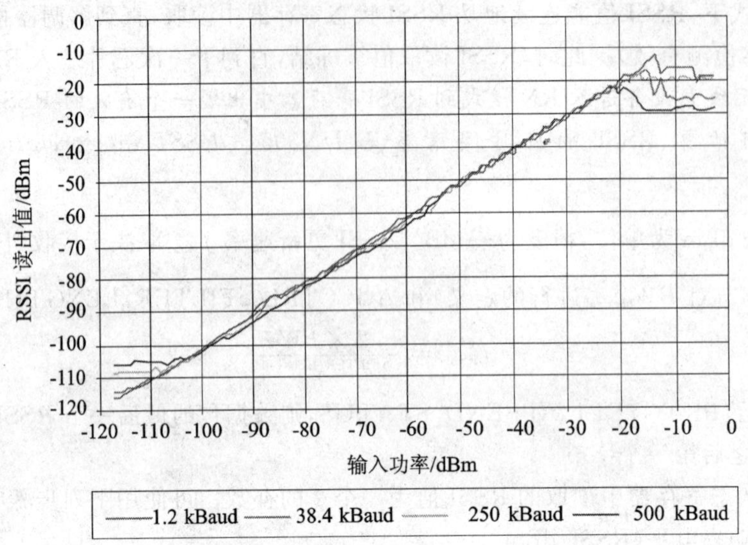

图 19-8　868 MHz 时不同数据速率下典型 RSSI 值与输入功率电平的关系

4. 载波监听(CS)

载波监听(CS)可用作一个同步字限定符,也可用于空闲信道评估。基于下面 2 种能够单独调节的条件便可判断 CS 是否有效:

① 当 RSSI 大于可编程绝对阈值时 CS 有效,而 RSSI 小于该可编程绝对阈值(有滞后)时则 CS 无效。

② 在 RSSI 采样值从一个到下一个采样值过程中,RSSI 增加可编程 dB 数时置位 CS;在 RSSI 降低至相同的 dB 数时则取消 CS。该设置不依赖于绝对信号电平,因此,在具有时变噪声底限的环境中对检测信号十分有用。

载波监听可用作一个同步字限定符,该限定符要求信号电平要高于能允许同步字搜索进行的阈值,并且通过设置 MDMCFG2 来设定该阈值。使用 RFIFG13 可以观察该载波监听信号或者将 IOCFGx. GDOx_CFG 设置为 14,可在其中的一个 GDO 引脚上和状态寄存器位 PKTSTATUS. CS 中观测到该载波监听信号。

载波监听的其他用途包括 TX-if-CCA 功能和可选快速 RX 终止。

CS 可用于避免 ISM 频带中其他 RF 源的干扰。

5. CS 绝对阈值

与 RSSI 值相关的该绝对阈值取决于下列寄存器域:

- ❑ AGCCTRL2. MAX_LNA_GAIN;
- ❑ AGCCTRL2. MAX_DVGA_GAIN;
- ❑ AGCCTRL1. CARRIER_SENSE_ABS_THR;
- ❑ AGCCTRL2. MAGN_TARGET。

对于给定的 AGCCTRL2. MAX_LNA_GAIN 和 AGCCTRL2. MAX_DVGA_GAIN 设置而言,利用 CARRIER_SENSE_ABS_THR 可对该绝对阈值以 1 dB 步长进行±7 dB 调节。

MAGN_TARGET 设置是阻断容差/选择性和灵敏度之间的折衷。该值对进入解调器信道中的理想信号电平进行设置。增加该值可降低阻断空间,从而提高灵敏度。

强烈推荐使用 SmartRF® Studio [8]来生成正确的 MAGN_TARGET 设置。

表 19-16 和 19-17 分别列举了 2.4 kBaud 和 250 kBaud 数据速率下 CS 阈值的典型 RSSI 读取值。默认设置 CARRIER_SENSE_ABS_THR=0(0 dB)和 MAGN_TARGET=3(33 dB)得到了使用。

就其他数据速率而言,用户必须生成一些类似的表才能找出 CS 绝对阈值。

表 19-16 2.4 kBaud、868 MHz 下使用默认 MAGN_TARGET 设置时 CS 阈值的典型 RSSI 值

dBm

		MAX_DVGA_GAIN[1:0]			
		00	01	10	11
MAX_LNA_GAIN[2:0]	000	−97.5	−91.5	−85.5	−79.5
	001	−94	−88	−82.5	−76
	010	−90.5	−84.5	−78.5	−72.5
	011	−88	−82.5	−76.5	−70.5
	100	−85.5	−80	−73.5	−68
	101	−84	−78	−72	−66
	110	−82	−76	−70	−64
	111	−79	−73.5	−67	−61

表 19-17 250 kBaud、868 MHz 下使用默认 MAGN_TARGET 设置时 CS 阈值的典型 RSSI 值

dBm

		MAX_DVGA_GAIN[1:0]			
		00	01	10	11
MAX_LNA_GAIN[2:0]	000	−90.5	−84.5	−78.5	−72.5
	001	−88	−82	−76	−70
	010	−84.5	−78.5	−72	−66
	011	−82.5	−76.5	−70	−64
	100	−80.5	−74.5	−68	−62
	101	−78	−72	−66	−60
	110	−76.5	−70	−64	−58
	111	−74.5	−68	−62	−56

如果该阈值设置较高,即只需要强信号,那么就应该首先降低 MAX_LNA_GAIN 值然后再降低 MAX_DVGA_GAIN 值来调高阈值。由于避免了最大增益设置,所以这样可降低接收机前端功耗。

6. CS 相对阈值

相对阈值检测测量信号电平出现的突变。这一设置与绝对信号电平无关,因此有助于检测具有时变噪声底限的环境中的信号。寄存器域 AGCCTRL1.CARRIER_SENSE_REL_THR 用于启用/禁用相对 CS 阈值,以及选择 6 dB、10 dB 或 14 dB RSSI 变化的阈值。

7. 空闲信道评估(CCA)

空闲信道评估(CCA)用于表明当前信道是空闲还是忙碌。使用 RFIFG12 观察当前 CCA 状态或者通过设置 IOCFGx.GDOx_CFG=0x09,可在所有 GDO 引脚上看到当前 CCA 状态。

确定 CCA 时,MCSM1. CCA_MODE 选用该模式。

CC1101 内核处于 RX 状态下,当发出 STX 或 SFSTXON 指令选通脉冲时,只有满足空闲信道要求的情况下才会进入 TX 或 FSTXON 状态。否则,芯片就会保持 RX 状态不变。如果随后信道可用,那么在通过 SPI 发送一条新的指令选通脉冲以前,该无线电设备都不会进入 TX 或 FSTXON 状态。这种特性被称为"TX - if - CCA"。可对 4 种 CCA 要求进行如下编程:

- 总是保持一种模式(CCA 关闭,总是进入 TX);
- 若 RSSI 低于阈值;
- 除非当前接收一个数据包;
- 上述二者,RSSI 低于阈值,当前没有接收一个数据包。

8. 链路质量指示器(LQI)

链路质量指示器是接收信号当前质量的一种度量标准。若启用 PKTCTRL1. APPEND_STATUS,该值便自动加至有效负载之后添加的末字节。还可以从 LQI 状态寄存器中读取到该值。在紧跟同步字后面的 64 个符号上,通过累加理想群组与接收信号之间的误差值,LQI 可提供对接收信号解调容易程度的评估。最好是将 LQI 用作链路质量的相对测量(值越大表明链路质量越高),因为该值有赖于调制格式。

19.3.9 无线控制

CC1101 内核拥有一个内置状态机,其可用于在不同工作状态(模式)之间切换。通过使用指令选通脉冲或内部事件(例如:TX FIFO 下溢等)来改变状态。

图 19 - 9 显示了完整的无线控制状态图。编号请参考 MARCSTATE 状态寄存器中可读的状态编号。该寄存器主要是用于测试。

1. 手动复位

CC1101 内核全局复位方法使用 SRES 脉冲选通指令。通过发出这种选通脉冲,所有内部寄存器和状态均被设置为默认值,同时无线电内核将进入 SLEEP 状态。

2. 晶体控制

晶体振荡器(XOSC)可以为自动控制,也可以是始终开启,如果已对 MCSM0. XOSC_FORCE_ON 完成了设置。在自动模式下,发送 SPWD、SWOR 或 SXOFF 指令选通脉冲可关闭 XOSC;随后,状态机进入 SLEEP 状态。该方法仅在 IDLE 状态下有效。

如果强制开启 XOSC,则晶体将始终保持开启,即使在 SLEEP 状态下也是如此。

系统复位后,晶体被关闭,因为状态机进入 SLEEP 状态,且 XOSC_FORCE_ON=0。

晶体振荡器开启时取决于晶体 ESR 和负载电容。

3. 活动模式

CC1101 内核有两种活动模式:接收模式和发送模式。这两种模式可通过使用 SRX 和 STX 指令选通脉冲直接由 MCU 激活,也可以通过无线唤醒自动激活(WOR)。

必须定期对频率合成器进行校准。CC1101 具有一个手动校准选项(使用 SCAL 选通脉冲),以及 3 个由 MCSM0. FS_AUTOCAL 设置控制的自动校准选项:

- 由 IDLE 模式进入 RX 或 TX 模式(或者 FSTXON)时进行校准;

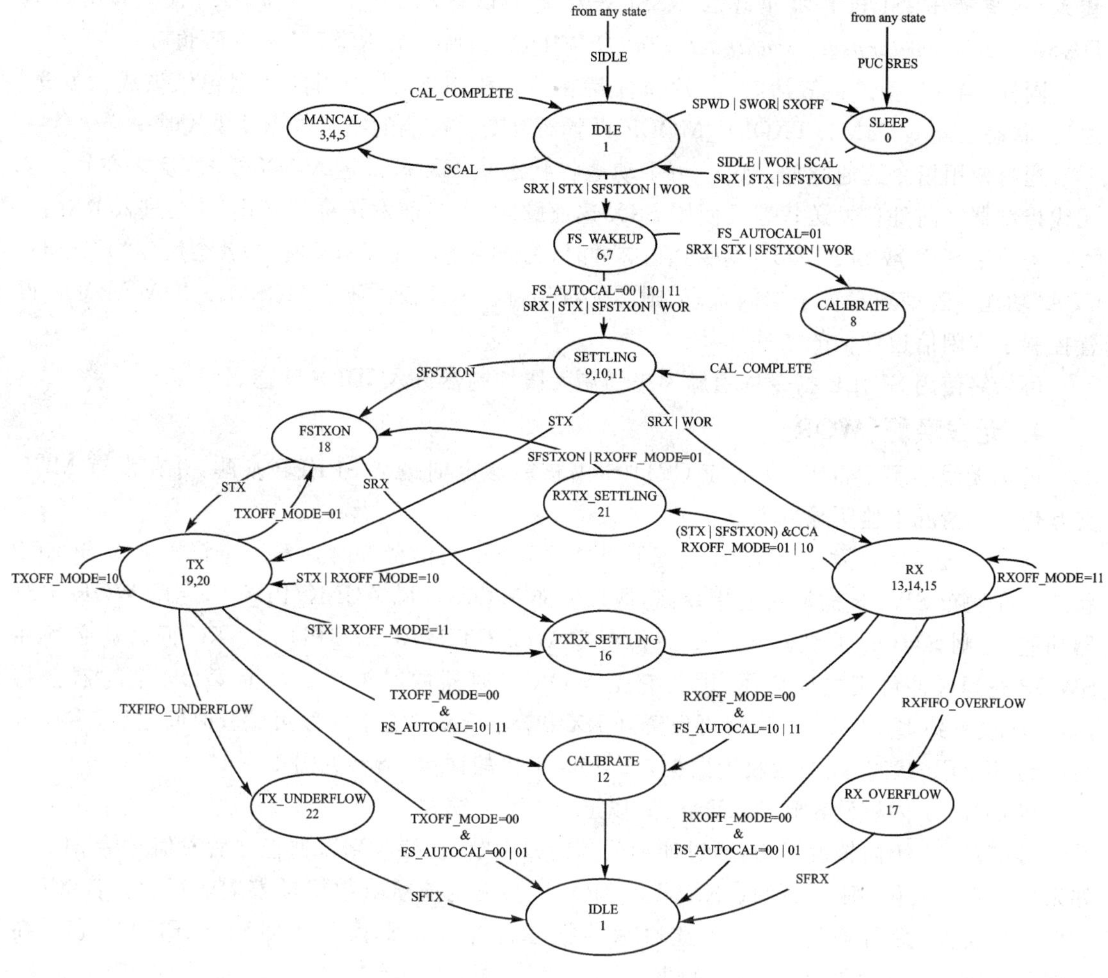

图 19-9　完整的无线控制状态图

- ❑ 由 RX 或 TX 模式进入 IDLE 模式时自动校准;
- ❑ 由 RX 或 TX 模式进入 IDLE 模式时每 4 次自动校准一次。

如果通过发送一条 SIDLE 选通脉冲使无线电设备从 TX 或 RX 模式进入 IDLE 模式,则不进行标准。校准会占用一定数量的 XOSC 周期,校准时间的相关详情请参见表 19-18。

当 RX 被激活时,芯片保持在接收模式下,直到成功接收到数据包或者 RX 终止定时器超时。使用 PQT、CS、最大同步字长度和同步字限定符模式可降低检测到伪同步字的概率,请参阅第 19.3.8 小节。

成功接收到数据包后,无线控制器进入 MCSM1.RXOFF_MODE 设置的状态。可能的结果为:

- ❑ IDLE。
- ❑ FSTXON 频率合成器开启,TX 频率下准备就绪。利用 STX 激活 TX。
- ❑ TX 开始发送前导。
- ❑ RX 开始搜索新的数据包。

注意: 在 MCSM1.RXOFF_MODE=11 且已接收到数据包的情况下,即使从未退出 RX

模式，在有效 RSSI 值再次出现在 RSSI 寄存器中以前，也会需要一定的时间。该时间与 *DN505 - RSSI interpretation and timing*(SWRA114)所述的 RSSI 响应时间相同。

同样，当 TX 模式被激活时，芯片将保持在 TX 状态下，直到当前数据包已被成功发送。之后，状态会随 MCSM1. TXOFF_MODE 设置而改变。可能的结果与 RX 模式时一样。

通过使用指令选通脉冲，MCU 可手动地将状态从 RX 模式进入 TX 模式，反之亦然。若无线控制器当前处在发送状态且使用 SRX 选通脉冲，则当前发送将被终止，并会进入 RX。

若使用 STX 或 SFSTXON 指令选通脉冲时，无线控制器处于 RX 模式，就会用到"TX－if－CCA"功能。若信道没处于空闲状态，则芯片将保持在 RX 模式下。MCSM1. CCA_MODE 设置控制了空闲信道评估的条件。

可始终使用 SIDLE 指令选通脉冲来强制无线控制器进入 IDLE 状态。

4. 无线唤醒(WOR)

可选无线唤醒(WOR)功能使 CC1101 内核能够定期地从 SLEEP 唤醒，并在没有 MCU 交互作用的情况下监听输入数据。

当通过 SPI 接口发送 SWOR 选通脉冲指令，CSn 获得释放时，CC1101 将会进入 SLEEP 状态。在发布 SWOR 滤波选通指令前，通过使能 WORCTR. ACLK_PD＝0，启用 WOR 定时器功能，否则 SWOR 滤波选通指令后将清零 WORCTR. ACLK_PD 位。RC 振荡器必须在 SWOR 选通脉冲可用之前启用，因为它是 WOR 定时器的时钟源。片上 WOR 定时器会将 CC1101 设置到 IDLE 状态，然后再设置到 RX 状态。RX 状态下一段可编程时间之后，芯片就会回到 SLEEP 状态，除非接收到数据包。超时工作的详情，请参见图 19－10。

将 CC1101 内核设置到 IDLE 状态，以退出 WOR 模式。

可将 CC1101 内核设定为：通过使用射频内核中断，在接收到数据包之后发信号给 MCU。如果接收到数据包，则 MCSM1. RXOFF_MODE 会决定该接收数据包末端的行为。若 MCU 读取了数据包，则可通过 SWOR 选通脉冲把芯片从 IDLE 状态转回到 SLEEP 状态。在 SLEEP 期间，可以读取 RX FIFO 数据。

WOR 定时器有两个事件，即事件 0 和事件 1。在启用了 WOR 的 SLEEP 状态下，达到事件 0 将会开启数字调节器，并启动晶体振荡器。事件 1 在事件 0 之后等待一个编程时间后发生。

利用 WOREVT1. EVENT0 和 WOREVT0. EVENT0 给定的一个尾数值和一个 WORCTRL. WOR_RES 设置的指数值，设定两个连续事件 0 之间的时间。方程式为

$$t_{\text{Event0}} = 1/f_{\text{ACLK}} \times \text{EVENT0} \times 2^{5\times \text{WOR\_RES}} \qquad (19-6)$$

通过 WORCTRL. EVENT1 编程事件 1 的超时时间。图 19－10 显示了事件 0 时间超时和事件 1 时间超时之间的时间关系。

可对 CC1101 进入 SLEEP 状态到下一个事件 0 的时间进行编程，即图 19－10 中的 t_{SLEEP}，当使用 $f_{\text{ACLK}}=32.768$ kHz 时，t_{SLEEP} 应大于 11.72 ms。如果 t_{SLEEP} 小于 11.72 ms，则连续事件 0 可能会每隔$(1/f_{\text{ACLK}})128$ s 过早出现。

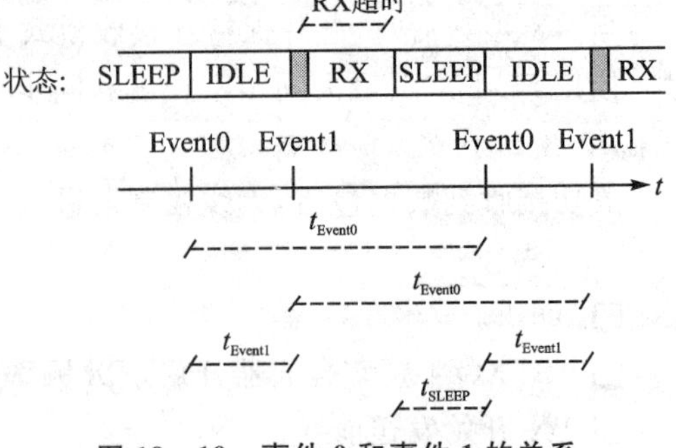

图 19－10　事件 0 和事件 1 的关系

5. 定　时

无线控制器控制 CC1101 中大部分定时,例如:合成器校准、PLL 锁定时间和 RX/TX 转向时间等。从 IDLE 到 RX 以及从 IDLE 到 TX 的时间是恒定的,取决于自动校准设置。RX/TX 和 TX/RX 转向时间也是恒定的。校准时间为恒定的 18 739 个时钟周期。表 19-18 显示了一些主状态转换的晶体时钟周期定时。上电时间和 XOSC 启动时间均为可变量,但在表 19-18 所列的极限值范围内。

注意: 在跳频展频或多信道协议中,校准时间可从 721 μs 降至大约 150 μs。

表 19-18　状态转换定时

描　述	XOSC 周期	26 MHz 晶体
IDLE 到 RX,无校准	2 298	88.4 μs
IDLE 到 RX,有校准	~21 037	809 μs
IDLE 到 TX/FSTXON,无校准	2 298	88.4 μs
IDLE 到 TX/FSTXON,有校准	~21 037	809 μs
TX 向 RX 转换	560	21.5 μs
RX 向 TX 转换	250	9.6 μs
RX 或 TX 到 IDLE,无校准	2	0.1 μs
RX 或 TX 到 IDLE,有校准	~18 739	721 μs
手动校准	~18 739	721 μs

6. RX 终止定时器

CC1101 内核拥有一段可编程时间之后,RX 有自动终止的可选功能。这种功能的主要用途是无线唤醒,但也可用于其他一些应用。RX 状态下终止定时器开始起作用。利用 MCSM2.RX_TIME 设置可对超时编程。当超出时限时,无线控制器便会检查保持 RX 状态的条件;若条件不满足,则 RX 终止。

可编程条件如下:

- ❑ MCSM2.RX_TIME_QUAL=0 若发现同步字则继续接收;
- ❑ MCSM2.RX_TIME_QUAL=1 若发现同步字,或者前导质量超出阈值(PQT)时,则继续接收。

如果系统希望发送在开启接收机后开始,则可使用 MCSM2.RX_TIME_RSSI 功能。然后,若首个有效载波监听采样表明无载波(RSSI 在阈值以下),无线控制器便会终止 RX。

就 ASK/OOK 调制而言,仅在 8 个符号周期以后才将缺少载波监听视为有效。因此,当符号"1"之间的距离为 8 或更小时,可在 ASK/OOK 中使用 MCSM2.RX_TIME_RSSI 功能。

如果由于使用 MCSM2.RX_TIME_RSSI 功能时无载波监听导致 RX 终止,或者使用 MCSM2.RX_TIME 超时功能时没有发现同步字,那么在 WOR 禁用的情况下,芯片通常会返回 IDLE,而在 WOR 开启的情况下返回 SLEEP。然而,RX 终止时,则由 MCSM1.RXOFF_MODE 设置来决定进入哪种状态。这就是说,芯片不会在接收到同步字后,自动返回到 SLEEP。因此,使用 WOR 模式时,推荐在检测到同步字时不断地唤醒微控制器。(RFIFG9 或者 GDOx_CFG=6 时,GDO 输出引脚上的输出信号)。

19.3.10 数据 FIFO

CC1101 内核包含两个 64 字节的 FIFO，一个用于接收数据，另一个用于将要发送的数据。SNGLRXRD 与 RXFIFORD 滤波选通指令用于从 RX FIFO 读取数据，SNGLTXWR 与 RXFIFOWR 滤波选通指令用于向 TX FIFO 写入数据。通过设置 RFFIFOEN＝1，可选择为直接访问 FIFO。FIFO 控制器将会检测 RX FIFO 中的溢出，以及 TX FIFO 中的下溢。

向 TX FIFO 写入操作时，由 MCU 软件负责防止 TX FIFO 溢出。TX FIFO 溢出会导致 TX FIFO 内容出现误差。

同样，当从 RX FIFO 读取时，MCU 必须避免读取 RX FIFO 越过其空值，因为 RX FIFO 下溢会导致 RX FIFO 数据读取误差。

当每次传送一个滤波选通指令时，返回在 SO 引脚可用的芯片状态字节包含读取存取的 RX FIFO 填充等级，以及写入存取的 TX FIFO 填充等级。

RX FIFO 和 TX FIFO 中的字节数也可分别从状态寄存器 RXBYTES. NUM_RXBYTES 和 TXBYTES. NUM_TXBYTES 中读取出来。若刚好在通过 SPI 接口读取 RX FIFO 最后一个字节的同时，一个接收到的数据字节被写入 RX FIFO 中，那么 RX FIFO 指示器便不会得到适当的更新，同时最后一个读取字节将会被复制。为了避免出现这一问题，在收到数据包最后一个字节以前不得刷新 RX FIFO。

数据包长度小于 64 字节时，建议等到接收到全部数据包以后，再从 RX FIFO 读取。

若数据包长度大于 64 字节，则 CPU 必须确定能够从 RX FIFO(RXBYTES. NUM_RX-BYTES－1)中读取的字节数量。可使用下列软件程序：

① 以至少 2 倍于接收 RF 字节速率的速率反复读取 RXBYTES. NUM_RXBYTES，直到相同的值返回两次为止；将该值存储于 n 中。

② 若 n＜数据包剩余字节数＃，则从 RX FIFO 中读取 n－1 个字节。

③ 重复执行步骤①和②，直到 n＝数据包剩余字节数＃。

④ 从 RX FIFO 中读取剩余字节。

4 位 FIFOTHR. FIFO_THR 设置用来编程 FIFO 的阈值点。表 19－19 列出了 16 FIFO_THR 设置和相应的 RX 和 TX FIFO 阈值。该阈值在 RX FIFO 和 TX FIFO 相反的方向上被编码。在阈值达到时，给溢出和下溢条件以相等的裕度。

表 19－19 FIFO_THR 设置及相应 FIFO 阈值

FIFO_THR	在 TX FIFO 中的字节数	在 RX FIFO 中的字节数	FIFO_THR	在 TX FIFO 中的字节数	在 RX FIFO 中的字节数
0(0000)	61	4	8(1000)	29	36
1(0001)	57	8	9(1001)	25	40
2(0010)	53	12	10(1010)	21	44
3(0011)	49	16	11(1011)	17	48
4(0100)	45	20	12(1100)	13	52
5(0101)	41	24	13(1101)	9	56
6(0110)	37	28	14(1110)	5	60
7(0111)	33	32	15(1111)	1	64

FIFO 中的字节数等于或高于编程阈值时,信号便会断言。在 GDOx 引脚与相应的射频内核中断标志位 RFIFGx 上可看到该信号。

图 19-11 显示了 GDO 引脚上的信号,此时各个 FIFO 在阈值以上被填充,随后在 FIFO_THR=13 时下降至阈值以下。图 19-12 显示了 FIFO_THR=13 情况下阈值信号触发时 RX FIFO 和 TX FIFO 的字节数。

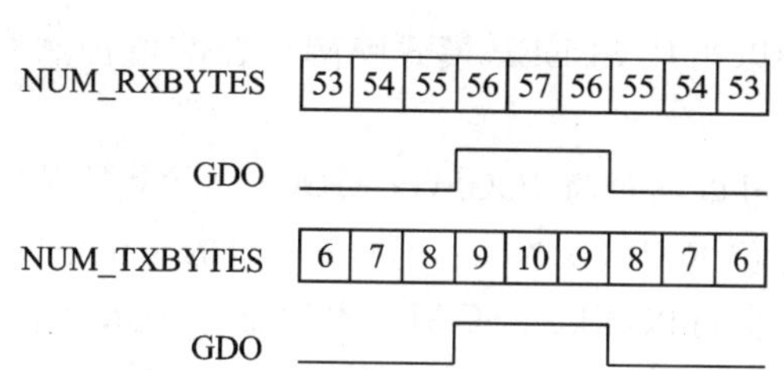

RX 下 GDOx_CFG=0x00,TX 下 GDOx_CFG=0x02,FIFO_THR=13。

图 19-11 FIFO 的字节数与 FIFO_THR=13 的对比关系

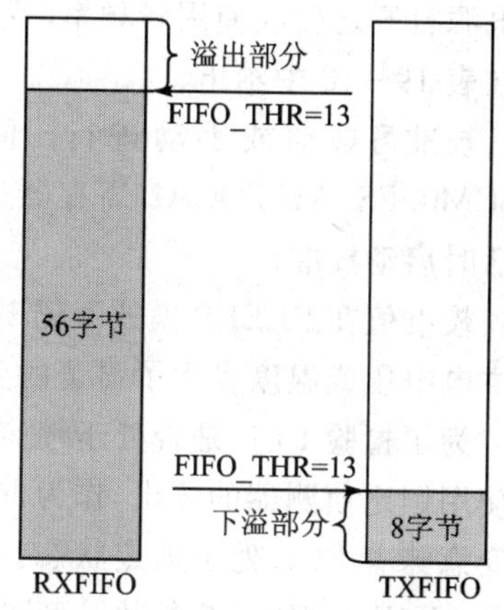

图 19-12 阈值 FIFO 示例

19.3.11 频率编程

CC1101 内核的频率编程是专为最少化信道导向系统所需的编程工作而设计的。

为了建立一个具有一定信道数量的系统,需要利用 MDMCFG0.CHANSPC_M 和 MDMCFG1.CHANSPC_E 寄存器对理想信道间隔编程。信道间隔寄存器分别为尾数和指数。

基本频率或起始频率由位于 FREQ2、FREQ1 和 FREQ0 寄存器中的 24 位频率字设置。通常将该字设置为即将使用的最低信道频率的中心。

理想的信道数量由 8 位信道数量寄存器 CHANNR.CHAN 设定。寄存器 CHANNR.CHAN 为信道偏移的倍数。合成载波频率为

$$f_{\text{carrier}} = \frac{f_{\text{XOSC}}}{2^{16}} \times (\text{FREQ} + \text{CHAN} \times (256 + \text{CHANSPC\_M}) \times 2^{\text{CHANSPC\_E}-2}) \tag{19-7}$$

利用 26 MHz 晶体时,最大的信道间隔为 405 kHz。例如,为了获得 1 MHz 的信道间隔,一种解决方法是使用 333 kHz 信道间隔,并选择所有 CHANNR.CHAN 的第 3 条信道。使用 FSCTRL1.FREQ_IF 寄存器,可对首选的 IF 频率进行编程。IF 频率可由式(19-8)得出:

$$f_{\text{IF}} = \frac{f_{\text{XOSC}}}{2^{20}} \times \text{FREQ\_IF} \tag{19-8}$$

注意: SmartRF® Studio 软件会根据信道间隔和信道滤波器带宽,自动计算出最佳 FSCTRL1.FREQ_IF 寄存器设置。

频率合成器运行时,若频率编程寄存器被改变,则合成器可能会做出非理想的响应。因此,应仅在无线电设备处于 IDLE 状态下时才对频率编程更新。

19.3.12 VCO

VCO 已经完全集成在芯片上。下面介绍 VCO 与 PLL 自校准。

VCO 的特性会随着温度和供电压的变化而变化,同时也与所期望的操作频率有关。为了确保稳定的运行,无线模块包含了一个频率合成器自校准电路。该校准必须定期进行,且必须在电源打开之后在使用新频率(或信道)之前使用。用于完成 PLL 校准所需要的 XOSC 周期数在表 19-18 中给出。

校准可自动或手动进行。同步器在其每次打开或关闭时可以自动校准。这可由 MSCM0. FS_AUTOCAL 寄存器进行设置。在手动模式下,在 IDLE 模式中当 SCAL 命令被激活时启动校准。

校准值在 SLEEP 模式下仍旧被保存,所以当从 SLEEP 模式唤醒后校准值仍然有效,除非供电电压或温度发生了显著的变化。

为了检验 PLL 是否处于锁定状态,用户可以通过将 IOCFGx. GDOx_CFG 编程为 0X0A 并使用锁定侦测器的输出,作为 RF 中断标志位 RFIFGx 在 x=0,1 或 2 时的一个中断源。正跳变意味着 PLL 处于锁定状态。另外,用户也可以读取 FSCAL1 寄存器。如果寄存器的内容与 0X3F 不相同(参考勘误表注释),则说明 PLL 在锁定状态。为了能更有效地操作,源代码应该包含一段检测代码,以达到如果 PLL 第一次未被锁定时 PLL 可被重校准直到 PLL 锁定被激活的目的。

19.3.13 输出功率编程

RF 输出功率等级有两种可编程的级别,如图 19-13 所示。首先,特殊寄存器 PATABLE 可以保存多达 8 个用户可选的输出功率设置。其次,3 位 FREND0. PA_POWER 值选择 PATABLE 所使用的入口。这两种级别的功能在传输开始和结束时提供了灵活的 PA 功率上调和下调设置,正如 ASK 调制一样。所有在 PATABLE 中的 PA 功率设置索引值 0 到 FREND0. PA_POWER 被使用。

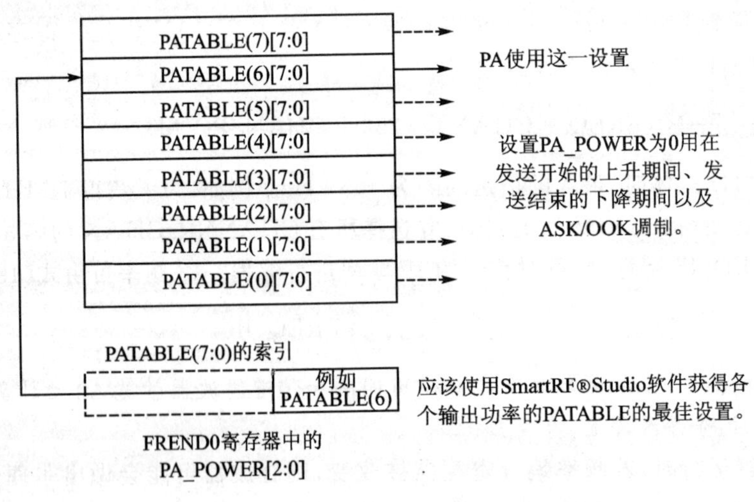

图 19-13 PA_POWER 和 PATABLE

在一个包开始和结束时的功率阶变可通过将 FREND0. PA_POWER 设置为 0 来关闭。然后在 PATABLE 中的索引 0 编程为其所需要的输出功率。

如果使用了 OOK 调制,逻辑 0 和逻辑 1 的功率电平应该分别相应地编程为索引 0 和索引 1。

对于多个输出等级和频率带宽的应用请参考相应器件数据手册,以了解推荐的 PATABLE 的设置。注意 0x61～0x6F 的 PA 的设置是不允许的。数据手册也列出了对于默认的 PATABLE 设置(0xC6)的输出功率和电流消耗。

19.3.14 整形和 PA 斜坡

使用 ASK 调制时,有多达 8 种功率设置用于整形。调制器包含一个计数器,当传输一个 1 时向上加 1,传输一个 0 是向下减 1。计数器以 8 倍于符号率的速率计数。计数器分别在 FREND0. PA_POWER 和 0 时达到饱和。这个计数器的值被用作查找功率表的索引。这样,为了利用整个表,当 ASK 被有效时 FREND0. PA_POWER 应该为 7。ASK 信号的修整取决于 PATABLE 的配置。

图 19-14 所示为 ASK 修整的例子。

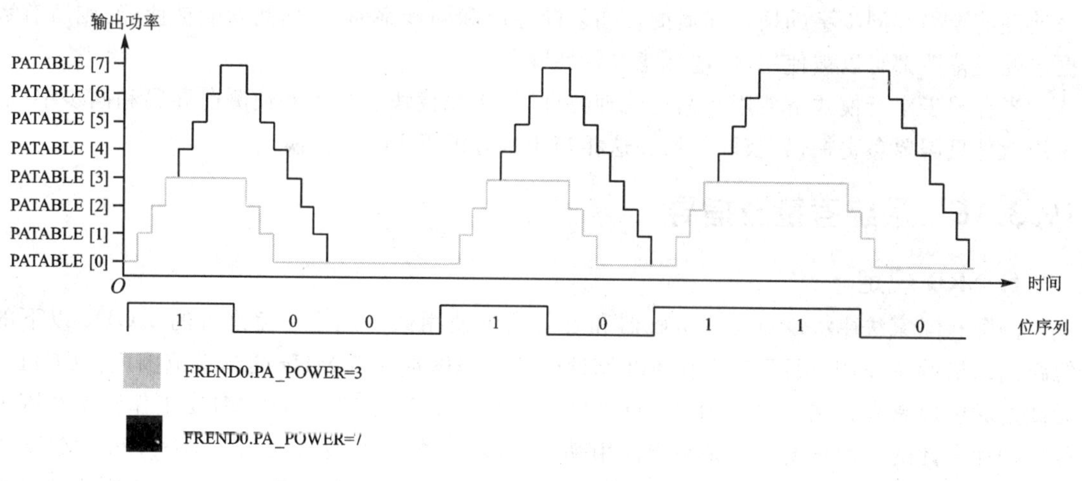

图 19-14 ASK 信号的修整

19.3.15 异步和同步串行操作

一些特性和操作模式已经被包括在射频内核里了,以提供与原先的无线和其他已经存在的 RF 系统兼容。对于新系统,建议使用内建的包处理功能,由于它可以提供更多的有效通信,有效减轻 CPU 的负担,简化软件开发。

1. 异步串行操作

为了向后兼容已经存在的系统,包含了异步数据传输功能。当异步传输被使能时,某些支持的机制,像包处理,FIFO 的缓冲等都将被禁止。异步传输模式不允许使用数据白化,并且它不可能使用曼彻斯特编码。异步传输也不支持 MSK。

将 PKTCTRL0. PKT_FORMAT 设置为 3 将使能异步串行模式。

TX数据发生在Timer_A的捕获/比较输出(参考数据手册)或者当GDO0_CFGx=0x2D时GDO0引脚可用作数据输入(TX数据)。在这种情况下,当TX可用时引脚将自动配置为输入。RX数据被提供给Timer_A的捕获比较输入(参考数据手册),且根据GDO0_CFG的设置可将其关联到GDO0、GDO1或GDO2上。

无线模块的调制器对异步输入的电平的采样将比编程的数据速率快8倍。对于异步数据流的时序要求是位周期的误差必须小于编程数据率的1/8。

2. 同步串行操作

将PKTCTRL0.PKT_FORMAT置为1就使能了同步串行模式。在同步串行模式下,数据在两条串行接口线上传输。射频内核提供时钟信号用于将数据建立在数据输入线或从数据输出线上采样数据。TX数据从Timer_A捕获/比较输出(参考数据手册)或者当GDO0_CFGx=0x2D时GDO0引脚可用于数据输入(TX数据)。在这种情况下,当TX被激活时引脚将自动配置为输入功能。RX数据提供到Timer_A的捕获/比较输入(参考数据手册)上,也可以根据GDO0x_CFG的设置被放到GDO0,GDO1或GDO2上。

前导码和同步字插入/侦测功能激活与否取决于MDMCFG2.SYNC_MODE的同步模式设置。如果前导码和同步字被禁止了,所有其他数据包处理特性必须被禁止且必须通过软件来处理前导码和同步字的插入和侦测。如果前导码和同步字插入/侦测功能被使能,则所有数据包处理特性都可以被使用,但地址滤波特性除外。

当在同步串行模式下使用数据包处理特性时,无线模块会插入并侦测前导码和同步字,而应用软件只需要负责提供/获取数据。这相当于推荐的FIFO操作模式。

19.3.16 系统考量及指导

1. SRD规定

国际和国家法律法规对无线接收器和发射器的使用做了规定。免许可的1 GHz以下的短距离通信设备(SRD)通常工作在433 MHz、868 MHz或915 MHz的频带范围内。CC1101无线射频模块是专为在300～348 MHz,389～464 MHz以及779～928 MHz工作频率范围内的应用而设计的。最重要的一条是当使用基于CC1101的无线设备在433 MHz、868 MHz或915 MHz频带内时是符合EN 300 220(欧洲)和FCC CFR47(美国)要求的。关于这些规章制度方面的总结可在*SRD Regulations for Licence Free Transceiver Operation*(SWRS090)中找到。

注意:是否遵守法规取决于整个系统的性能。用户有责任确保系统遵守相关法律法规。

2. 频率跳频和多信道系统

315 MHz、433 MHz、868 MHz、或915 MHz频带是工业、机关和家庭环境许多系统所共享的。因此建议使用跳频扩频(FHSS)或多通道协议,因为频率分集可使系统在同一频段内当有其他系统存在时有更强的抗干扰能力。FHSS也可以防止多路径衰减。

基于CC1101的无线射频模块特别适合于FHSS或多信道系统,因为它有灵活的频率合成器和高效的通信接口。使用包处理支持和数据缓冲也有益于这样的系统,因为这些功能大大减轻了主控制器的负担。

当进行跳频时,每一个频率都要求电荷泵电流、VCO电流以及VCO电容阵列校准数据。

有三种方法可从无线模块中获得校准数据。

① 每一次跳频均为校准跳频。PLL 校准时间大约为 720 μs。每一次跳频之间的空白间隔大约为 810 μs。

② 对于未校准的快速跳频，可在开始时完成必要的校准，并保存 FSCAL3、FSCLA2、和 FSCAL1 寄存器的值到存储器中。必须找到 VCO 电容阵列校准 FSCAL1 寄存器值，以供所有将要使用的 RF 频率使用。FSCAL2 和 FSCAL3 中的 VCO 电流校准值和电荷泵电流校准值与其 RF 频率无关，所以对于这两个寄存器，相同的值可用于所有的 RF 频率。在每一个跳频之间，校准过程可通过写入下一个 RF 频率对应的 FSCAL3、FSCAL2、和 FSCAL1 寄存器值来恢复。PLL 开启的时间约为 90 μs。每一次跳频之间的空白时间间隔大约为 90 μs。

③ 启动时对单频进行校准。接下来，写 0 到 FSCAL3[5:4]将关闭电荷泵的校准。对 FSCAL3[5:4]进行写入操作之后，利用 MCSM0.FS_AUTOCAL＝1，为每一次新的跳频发送选通脉冲 SRX(或 STX)。也就是，进行了 VCO 电流和 VCO 电容校准但是不进行电荷泵电流的校准。当电荷泵电流校准被禁止时，校准时间也从大约 720 μs 减小至大约 150 μs。每一次跳频之间的空白时间间隔大约为 240 μs。

这便在校准数据存入非易失存储器时需要的空白时间和所需要的存储空间之间得到了一个折衷方案。以上的方案②给出了最短的空白时间间隔，但是却需要较多的存储空间来存储校准值。这一方案也要求供电电压和温度不能有太大变化才能达到较好的效果。方案③的空白间隔时间要比方案①少用大约 570 μs。

TEST0.VCO_SEL_CAL_EN 的推荐设置随频率变化而变化。因此，不管使用哪种校准方法，在校准特殊频率之前应该使用 SmartRF Studio 来得到其正确的设置。

3. 不使用扩频的宽带调制

在 FFC 部分 15.247 中的数字调制系统包含了 2－FSK 和 2－GFSK 调制方式。如果调制信号的－6 dB 带宽超出 500 kHz 则允许最大峰值输出功率为 1 W(＋30 dBm)。对于仪表方面而言功率消耗是一个临界参数，由于通信链可能在仪表的整个寿命时间里不更换电池。对于无线 MBUS 标准而言，具有基于 CC1101 无线射频模块的 MSP430 是一个极好的选择。有关更详细的信息请参考 *AN*067－*Wireless MBUS Implementation with cc*1101 *and MSP*430(SWRA234)。由于无线 MBUS 标准工作在 868～870ISM 频段，因此无线需求也必须符合 ETSI EN 300 220 和 CEPT/ERC/REC 70－03 标准。

4. 无线 MBUS

无线 MBUS 标准是仪表和无线读表器的通信标准，它规定了物理层和数据链路层。对仪表来说，功耗是关键的参数，因此通信链路对仪表全部的生命周期中都是有效的。对无线 MBUS 来说，带有基于 CC1101 的无线模块的 MSP430 单片机是最佳选择。想了解更多相关信息，可以看 AN067—使用 CC1101 和 msp430 实现无线 MBUS(SWRA234)。因为无线 MBUS 标准工作在 868～870 ISM 带宽，无线要求必须符合 ETSI EN 300 220 和 CEPT/ERC/REC 70－03 E 标准。

5. 数据突发传输

基于 CC1101 的无线射频模块的最大数据速率允许突发传输模式。通过使用较高的无线数据速率可以实现低平均数据速率链路(例如，10 kBaud)。在高数据速率(例如 500 kBaud)

下的数据缓冲和突发传输减少了活动模式的时间，因而也显著地减小了平均电流消耗。减少活动模式的时间也减少了在相同频率范围内与其他系统的冲突。

注意：高数据速率相比较低的数据速率而言其灵敏度和传输范围会减小。

6. 连续传输

在数据流应用中，基于 CC1101 的无线射频模块允许在 500 kBaud 的有效数据速率下进行连续传输。由于这种调制是在闭环 PLL 下进行的，因而没有传输长度的限制(用在某些收发机上的开环调制通常防止这种连续数据流并减小了有效数据速率)。

7. 频谱效率调制

基于 CC1101 的无线射频模块也允许使用高斯形 2-FSK(2-GFSK)调制方式。这一频谱整形功能改善了邻近信道功率(ACP)和占用带宽。在具有陡峭频移的真正的 2-FSK 系统中，频谱是无限宽广的。为了使频移更平缓，频谱可被做的相当窄。这样，在使用 2-GFSK 的相同带宽下可使用更高的数据速率进行传输。

8. 低成本系统

由于基于 CC1101 的无线射频模块提供 0.8～500 kBaud 的多信道的功能而不需要任何外部 SAW 或环形滤波器，因此可以制作一个低成本的系统。

差分天线避免了不平衡变压器的使用需要，而直流偏置在天线拓扑中可被激活。

9. 电池供电系统

在低功耗应用中，当无线不工作时应该使用晶体振荡器关闭的 SLEEP 状态。如果启动时间很短，晶体振荡器核心在 SLEEP 状态下也可以处于运行状态。

WOR 功能应该使用在低功耗应用中。

10. 增加输出功率

在某些应用中，可能有必要扩展通信的范围。因此，增加一个外部功率放大器是一个很有效的方法。

功率放大器应该安装在天线和平衡-不平衡变压器及匹配电路之间，同时需要使用两个 T/R 开关以便在 RX 模式中的断开 PA(如图 19-15 所示)。

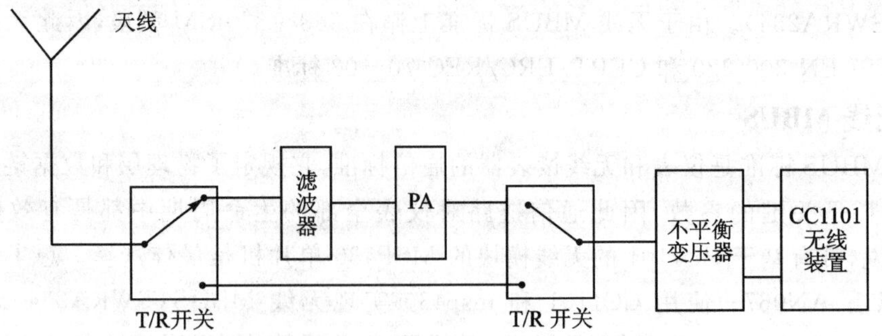

图 19-15　带有外部功率放大器的基于 CC1101 无线射频模块的结构图

19.3.17　射频内核寄存器

通过编程 8 位寄存器来配置射频内核。通过使用 SmartRF Studio 软件可以很容易地为所选系统参数找到最佳配置。寄存器的完整描述在表 19－20 中给出。复位(PUC 或 SRES 命令)之后,所有寄存器都有一个如表 19－20 所列的默认值。最适合的寄存器配置可能与默认值不同。

有 47 个普通 8 位配置寄存器,列于表 19－20 中。这些寄存器很多都是仅用于测试的,在普通操作中不需要写它们。

有 12 个状态寄存器,列于表 19－21 中。这些寄存器都是只读的,包含了射频内核状态的相关信息。

表 19－20　配置寄存器

地　址	寄存器	描　述	地　址	寄存器	描　述
0x00	IOCFG2	GDO2 输出配置	0x18	MCSM0	主无线控制状态机配置
0x01	IOCFG1	GDO1 输出配置	0x19	FOCCFG	频率偏移补偿配置
0x02	IOCFG0	GDO0 输出配置	0x1A	BSCFG	位同步配置
0x03	FIFOTHR	RX FIFO 和 TX FIFO 阈值	0x1B	AGCCTRL2	AGC 控制
0x04	SYNC1	同步字,高字节	0x1C	AGCCTRL1	AGC 控制
0x05	SYNC0	同步字,低字节	0x1D	AGCCTRL0	AGC 控制
0x06	PKTLEN	包长度	0x1E	WOREVT1	事件 0 超时高字节
0x07	PKTCTRL1	包自动控制	0x1F	WOREVT0	事件 0 超时低字节
0x08	PKTCTRL0	包自动控制	0x20	WORCTRL	无线唤醒控制
0x09	ADDR	器件地址	0x21	FREND1	前端 RX 配置
0x0A	CHANNR	信道编号	0x22	FREND0	前端 TX 配置
0x0B	FSCTRL1	频率合成器控制	0x23	FSCAL3	频率合成器校准
0x0C	FSCTRL0	频率合成器控制	0x24	FSCAL2	频率合成器校准
0x0D	FREQ2	频率控制字,高字节	0x25	FSCAL1	频率合成器校准
0x0E	FREQ1	频率控制字,中间字节	0x26	FSCAL0	频率合成器校准
0x0F	FREQ0	频率控制字,低字节	0x27		保留,读为"0"
0x10	MDMCFG4	调制解调器配置	0x28		保留,读为"0"
0x11	MDMCFG3	调制解调器配置	0x29	FSTEST	频率合成器校准控制
0x12	MDMCFG2	调制解调器配置	0x2A	PTEST	产品测试
0x13	MDMCFG1	调制解调器配置	0x2B	AGCTEST	AGC 测试
0x14	MDMCFG0	调制解调器配置	0x2C	TEST2	多方面测试设置
0x15	DEVIATN	调制解调器偏差设置	0x2D	TEST1	多方面测试设置
0x16	MCSM2	主无线控制状态机配置	0x2E	TEST0	多方面测试设置
0x17	MCSM1	主无线控制状态机配置			

表 19-21 状态寄存器

地 址	寄存器	描 述	地 址	寄存器	描 述
0x30	PARTNUM	部分编号	0x36	WORTIME1	WOR 定时器高字节
0x31	VERSION	当前版本号	0x37	WORTIME0	WOR 定时器低字节
0x32	FRE QEST	频差估计	0x38	PKTSTATUS	当前 GDOx 状态及包状态
0x33	LQI	解调器链路质量估计	0x39	VCO_VC_DAC	当前 PLL 校准模块的设置
0x34	RSSI	接收信号强度指示	0x3A	TXBYTES	下溢和 TX FIFO 中的字节数
0x35	MARCSTATE	状态机状态控制	0x3B	RXBYTES	上溢和 RX FIFO 中的字节数

1. 射频内核配置寄存器

射频内核配置寄存器细节请参见表 19-22～19-67。

表 19-22 0x00：IOCFG2——GDO2 输出配置

位	域 名	复 位	R/W	描 述
7	保留		R0	
6	GDO2_INV	0	R/W	反相输出，也就是，选择激活为低(1)或激活为高(0)
5:0	GDO2_CFG[5:0]	41(0x29)	R/W	信号选择，根据表 19-25。默认为 RF_RDYn

表 19-23 0x01：IOCFG1——DGO1 输出配置

位	域 名	复 位	R/W	描 述
7	保留		R0	
6	GDO1_INV	0	R/W	反相输出，也就是，选择激活为低(1)或激活为高(0)
5～0	GDO1_CFG[5:0]	46(0x2E)	R/W	信号选择，根据表 19-25。默认为三态

表 19-24 0x02：IOCFG0——GDO0 输出配置

位	域 名	复 位	R/W	描 述
7	保留		R0	
6	GDO0_INV	0	R/W	反相输出，也就是，选择激活为低(1)或激活为高(0)
5:0	GDO0_CFG[5:0]	46(0x2E)	R/W	信号选择，根据表 19-25。默认为三态

表 19-25 GDOx 信号选择(x=0,1,或 2)

GDOx_CFG[5:0]	描 述
0(0x00)	结合 RX FIFO：当 RX FIFO 被填满或超过 RX FIFO 的阈值时断言；当 RX FIFO 为空或小于相同的阈值时不断言
1(0x01)	结合 RX FIFO：当 RX FIFO 被填满或超过 RX FIFO 的阈值或到达包末尾时断言；当 RX FIFO 为空时不断言
2(0x02)	结合 TX FIFO：当 TX FIFO 饱和或超过 TX FIFO 的阈值时断言；当 TX FIFO 低于相同的阈值时不断言
3(0x03)	结合 TX FIFO：当 TX FIFO 满时断言；当 TX FIFO 小于 TX FIFO 的阈值时不断言
4(0x04)	当 RX FIFO 已经溢出时断言；当 FIFO 被刷新后不断言
5(0x05)	当 TX FIFO 已经下溢时断言；当 FIFO 被刷新时不断言

续表 19 - 25

GDOx_CFG[5:0]	描　述
6(0x06)	当同步字已经被发送或接收时断言,到达包末尾时不断言。在 RX 状态,引脚将不断言,当可选的地址校验失败或 RX FIFO 溢出时。在 TX 状态,引脚将不断言,如果 TX FIFIO 下溢了
7(0x07)	当包在 CRC OK 的情况下已经被接收时断言。当从 RX FIFO 中读出第一个字节时不断言
8(0x08)	前导码质量达到。当 PQI 大于所编程的 PQT 值时断言
9(0x09)	清除信道评估。当 RSSI 电平低于阈值(取决于当前的 CCA_MODE 设置)时为高
10(0x0A)	锁定探测器输出。如果锁定探测器输出有一个正跳变或一直为逻辑高状态则 PLL 将处于锁定状态。为了检测 PLL 是否锁定,锁定探测器的输出应该被作为一个中断源
11(0x0B)	串行时钟。在同步串行模式下同步到数据。在 RX 模式,数据在下降沿建立当 GDOx_INV=0 时。在 TX 模式,数据在时钟的上升沿被采样当 GDOx_INV=0 时
12(0x0C)	串行同步数据输出。用于同步串行模式
13(0x0D)	串行数据输出。用于异步串行模式
14(0x0E)	载波侦听。如果 RSSI 电平高于阈值则为高
15(0x0F)	CRC_OK。最后的 CRC 比较匹配。当进入/重启 RX 模式时被清除
16(0x10)	保留——用于测试
17(0x11)	保留——用于测试
18(0x12)	保留——用于测试
19(0x13)	保留——用于测试
20(0x14)	保留——用于测试
21(0x15)	保留——用于测试
22(0x16)	RX_HARD_DATA[1]。可以和 RX_SYMBOL_TICK 一起用于替代串行 RX 输出
23(0x17)	RX_HARD_DATA[0]。可以和 RX_SYMBOL_TICK 一起用于替代串行 RX 输出
24(0x18)	保留——用于测试
25(0x19)	保留——用于测试
26(0x1A)	保留——用于测试
27(0x1B)	PA 功率减小信号来控制一个外部 PA 和/或 RX/TX 开关
28(0x1C)	LNA 功率减小信号来控制一个外部 LNA 和/或 RX/TX 开关
29(0x1D)	RX_SYMBOL_TICK。可以和 RX_HARD_DATA 一起用于代替串行 RX 输出
30(0x1E)	RSSI_VALID
31(0x1F)	RX_GIMEOUT
32(0x20)	保留——用于测试
33(0x21)	保留——用于测试
34(0x22)	保留——用于测试
35(0x23)	保留——用于测试
36(0x24)	WOR_EVENT0
37(0x25)	WOR_EVENT1
38(0x26)	保留——用于测试
39(0x27)	CLK_32k
40(0x28)	保留——用于测试
41(0x29)	RF_RDYn
42(0x2A)	保留——用于测试

续表 19 - 25

GDOx_CFG[5:0]	描 述
43(0x2B)	XOSC_STABLE
44(0x2C)	保留——用于测试
45(0x2D)	GDO1 和 GDO2 的信号表示，为 0 时，GDO0 被配置为输入(当 GDO0_CFG＝0x2D)或串行 TX 数据来自 Timer_A(当 GDO0_CFG≠0x2D)时。 如果 GDO0_CFG＝0x2D，串行输入数据来自 GDO0 否则将来自 Timer_A
46(0x2E)	Tri 状态
47(0x2F)	硬写为 0(硬写为 1 可通过设置 GDOx_INV＝1 来激活)
48(0x30)	RFCLK/1[1]
49(0x31)	RFCLK/1.5[1]
50(0x32)	FRCLK/2[1]
51(0x33)	RFCLK/3[1]
52(0x34)	RFCLK/4[1]
53(0x35)	RFCLK/6[1]
54(0x36)	RFCLK/8[1]
55(0x37)	RFCLK/12[1]
56(0x38)	RFCLK/16[1]
57(0x39)	RFCLK/24[1]
58(0x3A)	RFCLK/32[1]
59(0x3B)	RFCLK/48[1]
60(0x3C)	RFCLK/64[1]
61(0x3D)	RFCLK/96[1]
62(0x3E)	RFCLK/128[1]
63(0x3F)	RFCLK/192[1]

注：[1] 有三个 GDO 信号，但是在任意时刻只有一个 RFCLK/n 被选作输出。如果 RFCLK/n 被送到一个 GDO 引脚，则其他两个 GDO 引脚的配置值必须不能小于 0x30。分频的时钟也可能被用作一个定时器时钟(例如，对于 Timer_A，参考器件数据手册)。如果一个 RFCLK 分频器设置不同于所选定时器(/192)的默认设置，则这个分频器的设置也将被用于定时器。为了有最优的 RF 性能，这些信号当无线处于 RX 或 TX 模式时不应该被使用。

表 19 - 26　0x03：FIFOTHR——RX FIFO 和 TX FIFO 阈值

<table>
<tr><th>位</th><th>域 名</th><th>复 位</th><th>R/W</th><th>描 述</th></tr>
<tr><td>7</td><td>保留</td><td>0</td><td>R/W</td><td>写 0 用于兼容可能的以后的扩展</td></tr>
<tr><td>6</td><td>ADC_RETENTION</td><td>0</td><td>R/W</td><td>0：当从 SLEEP 唤醒时，TEST1＝0x31 与 TEST2＝0x88；
1：当从 SLEEP 唤醒时，TEST1＝0x35 与 TEST2＝0x81</td></tr>
<tr><td>5:4</td><td>CLOSE_IN_RX[1:0]</td><td>0(00)</td><td>R/W</td><td>对于更多细节，参见 Close - in Reception With CC1101 (SWRA147)
<table>
<tr><th>设 置</th><th>RX 衰减，典型值/dB</th></tr>
<tr><td>0(00)</td><td>0</td></tr>
<tr><td>1(01)</td><td>6</td></tr>
<tr><td>2(10)</td><td>12</td></tr>
<tr><td>3(11)</td><td>18</td></tr>
</table></td></tr>
</table>

续表 19－26

<table>
<tr><th>位</th><th>域 名</th><th>复 位</th><th>R/W</th><th>描 述</th></tr>
<tr><td>3:0</td><td>FIFO_THR[3:0]</td><td>7(0111)</td><td>R/W</td><td>设置 TX FIFO 和 RX FIFO 的阈值。当 FIFO 中的字节数等于或大于阈值时视为超出
<table>
<tr><th>设 置</th><th>TX FIFO 中的字节数</th><th>RX FIFO 中的字节数</th></tr>
<tr><td>0(0000)</td><td>61</td><td>4</td></tr>
<tr><td>1(0001)</td><td>57</td><td>8</td></tr>
<tr><td>2(0010)</td><td>53</td><td>12</td></tr>
<tr><td>3(0011)</td><td>49</td><td>16</td></tr>
<tr><td>4(0100)</td><td>45</td><td>20</td></tr>
<tr><td>5(0101)</td><td>41</td><td>24</td></tr>
<tr><td>6(0110)</td><td>37</td><td>28</td></tr>
<tr><td>7(0111)</td><td>33</td><td>32</td></tr>
<tr><td>8(1000)</td><td>29</td><td>36</td></tr>
<tr><td>9(1001)</td><td>25</td><td>40</td></tr>
<tr><td>10(1010)</td><td>21</td><td>44</td></tr>
<tr><td>11(1011)</td><td>17</td><td>48</td></tr>
<tr><td>12(1100)</td><td>13</td><td>52</td></tr>
<tr><td>13(1101)</td><td>9</td><td>56</td></tr>
<tr><td>14(1110)</td><td>5</td><td>60</td></tr>
<tr><td>15(1111)</td><td>1</td><td>64</td></tr>
</table></td></tr>
</table>

表 19－27 0x04：SYNC1——同步字，高字节

位	域 名	复 位	R/W	描 述
7:0	SYNC[15:8]	211(0xD3)	R/W	16 位同步字的 8 个 MSB

表 19－28 0x05：SYNC0——同步字，低字节

位	域 名	复 位	R/W	描 述
7:0	SYNC[7:0]	145(0x91)	R/W	16 位同步字的 8 个 LSB

表 19－29 0x06：PKTLEN——包长度

位	域 名	复 位	R/W	描 述
7:0	PACKET_LENGTH	255(0xFF)	R/W	指示当使用固定包长度模式时的包长度。如果使用可变包长度，这个值表示最大允许的包长度

表 19－30 0x07：PKTCTRL1——包自动控制

位	域 名	复 位	R/W	描 述
7:5	PQT[2:0]	0(0x00)	R/W	前导码质量评估器阈值。前导码质量评估器增加了一个内部的计数器，当每次接收到与前一位不相同的位时增加 1，而每次接收到与前一位相同的位时减 8。 这个计数器的 4 倍 4×PQT 被用作同步字侦测的门限值。当 PQT＝0 时，同步字总是被接收
4	保留	0	R0	

续表 19 - 30

<table>
<tr><th>位</th><th>域 名</th><th>复 位</th><th>R/W</th><th>描 述</th></tr>
<tr><td>3</td><td>CRC_AUTOFLUSH</td><td>0</td><td>R/W</td><td>使能自动刷新 RX FIFO 当 CRC 不为 OK 时。这要求在 RX FIFO 中只有一个包且包长度小于 RX FIFO 的大小</td></tr>
<tr><td>2</td><td>APPEND_STATUS</td><td>1</td><td>R/W</td><td>当使能时，两个状态字节被附加到包后面。这些状态字节包含了 RSSI 和 LQI 值，以及 CRC OK 标记</td></tr>
<tr><td>1:0</td><td>ADR_CHK[1:0]</td><td>0(00)</td><td>R/W</td><td>控制接收包的地址校验配置。
<table>
<tr><th>设 置</th><th>地址校验配置</th></tr>
<tr><td>0(00)</td><td>无地址校验</td></tr>
<tr><td>1(01)</td><td>地址校验，不广播</td></tr>
<tr><td>2(10)</td><td>地址校验以及 0(00)广播</td></tr>
<tr><td>3(11)</td><td>地址校验以及 0(00)和 255(0xFF)广播</td></tr>
</table></td></tr>
</table>

表 19 - 31　0x08：PKTCTRL0——包自动控制

<table>
<tr><th>位</th><th>域 名</th><th>复 位</th><th>R/W</th><th>描 述</th></tr>
<tr><td>7</td><td>保留</td><td></td><td>R0</td><td></td></tr>
<tr><td>6</td><td>WHITE_DATA</td><td>1</td><td>R/W</td><td>数据白化开/关。
0：白化关；1：白化开</td></tr>
<tr><td>5:0</td><td>PKT_FORMAT[1:0]</td><td>0(00)</td><td>R/W</td><td>RX 和 TX 数据的格式。
<table>
<tr><th>设置</th><th>包格式</th></tr>
<tr><td>0(00)</td><td>校准模式，使用 RX 和 TX 的 FIFO</td></tr>
<tr><td>1(01)</td><td>同步串行模式。用于向后兼容</td></tr>
<tr><td>2(10)</td><td>随机 TX 模式。使用 PN9 发生器发送随机数据，用于测试。工作在校准模式，设置为 0(00)，在 RX 状态</td></tr>
<tr><td>3(11)</td><td>异步串行模式</td></tr>
</table></td></tr>
<tr><td>3</td><td>保留</td><td>0</td><td>R0</td><td></td></tr>
<tr><td>2</td><td>CRC_EN</td><td>1</td><td>R/W</td><td>使能 CRC。
1：TX 状态的 CRC 校准和 RX 状态下的 CRC 校验使能；
0：禁止 CRC 用于 TX 和 RX</td></tr>
<tr><td>1:0</td><td>LENGTH_CONFIG[1:0]</td><td>1(01)</td><td>R/W</td><td>配置包长度。
<table>
<tr><th>设 置</th><th>包长度配置</th></tr>
<tr><td>0(00)</td><td>固定包长度模式。长度在 PKTLEN 寄存器中配置</td></tr>
<tr><td>1(01)</td><td>可变包长度模式。包长度由同步字之后的第一个字节配置</td></tr>
<tr><td>2(10)</td><td>无限包长度模式</td></tr>
<tr><td>3(11)</td><td>保留</td></tr>
</table></td></tr>
</table>

表 19-32 0x09：ADDR——设备地址

位	域 名	复 位	R/W	描 述
7:0	DEVICE_ADDR[7:0]	0(0x00)	R/W	用于包过滤的地址。可选的广播地址是 0(0x00)和 255(0xFF)

表 19-33 0x0A：CHANNR——信道编号

位	域 名	复 位	R/W	描 述
7:0	CHAN[7:0]	0(0x00)	R/W	8 位无符号信道编号,与信道空间设置值相乘然后加到基频上

表 19-34 0x0B：FSCTRL1——频率同步器控制

位	域 名	复 位	R/W	描 述
7:5	保留		R0	
4:0	FREQ_IF[4:0]	15(0x0F)	R/W	在 RX 状态中理想的 IF 频率。从 FS 基频中减去,并控制解调器中的数字混频器。 $f_{IF}=(f_{XOSC}/2^{10})\times FREQ\_IF$ 给定的 IF 频率的默认值为 381 kHz,假设晶振为 26 MHz

表 19-35 0x0C：FSCTRL0——频率同步器控制

位	域 名	复 位	R/W	描 述
7:0	FREQ_IF[4:0]	0(0x00)	R/W	在其被频率合成器使用前将频率偏移值加到基频上(2s 一补码)。 分辨率为 $f_{XTAL}/2^{14}$(1.59～1.65 kHz)。范围为±202～±210 kHz,取决于晶振频率

表 19-36 0x0D：FREQ2——频率控制字,高字节

位	域 名	复 位	R/W	描 述
7:6	FREQ[23:22]	0(00)	R	FREQ[23:22]为 00(FREQ2 寄存器小于 36 当晶振为 26～27 MHz 时)
5:0	FREQ[21:16]	30(0x1E)	R/W	FREQ[23:22]被用作以 $f_{XOSC}/2^{16}$ 增加的频合成器的基频

表 19-37 0x0E：FREQ1——频率控制字,中间字节

位	域 名	复 位	R/W	描 述
7:0	FREQ[15:8]	196(0xC4)	R/W	参考 FREQ2 寄存器描述

表 19-38 0x0F：FREQ0——频率控制字,低字节

位	域 名	复 位	R/W	描 述
7:0	FREQ[7:0]	236(0xEC)	R/W	参考 FREQ2 寄存器的描述

表 19-39　0x10：MDMCFG4——调制解调器配置

位	域　名	复　位	R/W	描　述
7:6	CHANBW_E[1:0]	2(0x02)	R/W	
5:4	CHANBW_M[1:0]	0(0x00)	R/W	设置 Δ－ΣADC 输入流的 1/10 衰减率及信道带宽。 $BW_{channal}=\frac{f_{XOSC}}{8\times(4+CHANBW\_M)\times 2^{CHANBW\_E}}$ 默认值给的是 203 kHz 信道滤波器的带宽，假设晶振为 26 MHz
3:0	DRATE_E[3:0]	12(0x0C)	R/W	用户指定符号率的指数

表 19-40　0x11：MDMCFG3——调制解调器配置

位	域　名	复　位	R/W	描　述
7:0	DRATE_M[7:0]	34(0x22)	R/W	用户指定符号率的尾数。符号率使用一个无符号的带有 9 位尾数和 4 位指数的浮点数配置。第 9 位是隐藏的 1，数据速率的结果为 $R_{DATA}=\frac{(256+DRATE\_M)\times 2^{DRATE\_E}}{2^{28}}\times f_{XOSC}$ 默认给出的数据速率是 115.051 kBaud(接近设置的 115.2 kBaud)，假设晶振为 26 MHz

表 19-41　0x12：MDMCFG2——调制解调器配置

<table>
<tr><th>位</th><th>域　名</th><th>复　位</th><th>R/W</th><th>描　述</th></tr>
<tr><td>7</td><td>DEM_DCFILT_OFF</td><td>0</td><td>R/W</td><td>在解调器之前关闭数字 DC 阻断滤波器。
0=开启(有更好的灵敏度)；
1=关闭(电流消耗小)仅用于数据速率小于或等于 250 kBaud 时。
关闭 DC 阻断滤波器后，推荐使用的 IF 频率发生改变。可使用 SmartRF Studio 计算正确的寄存器设置</td></tr>
<tr><td>6:4</td><td>MOD_FORMAT[2:0]</td><td>0(000)</td><td>R/W</td><td>无线信号的调制格式。
<table>
<tr><th>设　置</th><th>调制格式</th><th>设　置</th><th>调制格式</th></tr>
<tr><td>0(000)</td><td>2-FSK</td><td>4(100)</td><td>保留</td></tr>
<tr><td>1(001)</td><td>2-GFSK</td><td>5(101)</td><td>保留</td></tr>
<tr><td>2(010)</td><td>保留</td><td>6(110)</td><td>保留</td></tr>
<tr><td>3(011)</td><td>ASK/OOK</td><td>7(111)</td><td>MSK</td></tr>
</table>
仅当数据速率大于 26 kBaud 时才支持 MSK</td></tr>
<tr><td>3</td><td>MANCHESTER_EN</td><td>0</td><td>R/W</td><td>使能曼彻斯特编码/解码。
0=关闭；1=开启</td></tr>
</table>

续表 19－41

<table>
<tr><th>位</th><th>域 名</th><th>复 位</th><th>R/W</th><th>描 述</th></tr>
<tr><td>2:0</td><td>SYNC_MODE[2:0]</td><td>2(010)</td><td>R/W</td><td>结合同步字限定模式。
值 0(000),4(100)可禁止在 TX 状态的前导码和同步字传输以及在 RX 状态的前导码和同步字侦测
值 1(001),2(010),5(101)和 6(110)使能在 TX 状态中的 16 位的同步字传输和在 RX 状态的 16 位的同步字侦测。当使用设置 1(001)或 5(101)时仅需要 15 或 16 位在 RX 状态匹配
值 3(011)和 7(111)使能在 TX 状态中的重复同步字传输以及在 RX 状态(32 位中只有 30 位需要匹配)中 32 位同步字的侦测
<table>
<tr><th>设 置</th><th>同步字限定模式</th></tr>
<tr><td>0(000)</td><td>无前导码/同步字</td></tr>
<tr><td>1(001)</td><td>15/16 同步字位侦测</td></tr>
<tr><td>2(010)</td><td>16/16 同步字位侦测</td></tr>
<tr><td>3(011)</td><td>30/32 同步字位侦测</td></tr>
<tr><td>4(100)</td><td>无前导码/同步字,阈值以上载波侦测</td></tr>
<tr><td>5(101)</td><td>15/16＋阈值以上载波侦测</td></tr>
<tr><td>6(110)</td><td>16/16＋阈值以上载波侦测</td></tr>
<tr><td>7(111)</td><td>30/32＋阈值以上载波侦测</td></tr>
</table></td></tr>
</table>

表 19－42 0x13：MDMCFG1——调制解调器配置

<table>
<tr><th>位</th><th>域 名</th><th>复 位</th><th>R/W</th><th>描 述</th></tr>
<tr><td>7</td><td>保留</td><td></td><td>R0</td><td></td></tr>
<tr><td>6:4</td><td>NUM_PREAMBLE[2:0]</td><td>2(010)</td><td>R/W</td><td>设置被传输的最少前导码字节数
<table>
<tr><th>设置</th><th>前导码字节数</th><th>设置</th><th>前导码字节数</th></tr>
<tr><td>0(000)</td><td>2</td><td>4(100)</td><td>8</td></tr>
<tr><td>1(001)</td><td>3</td><td>5(101)</td><td>12</td></tr>
<tr><td>2(010)</td><td>4</td><td>6(110)</td><td>16</td></tr>
<tr><td>3(011)</td><td>6</td><td>7(111)</td><td>24</td></tr>
</table></td></tr>
<tr><td>3:2</td><td>保留</td><td></td><td>R0</td><td></td></tr>
<tr><td>1:0</td><td>CHANSPC_E[1:0]</td><td>2(10)</td><td>R/W</td><td>两位的信道间距指数</td></tr>
</table>

表 19－43 0x14：MDMCFG0——调制解调器配置

<table>
<tr><th>位</th><th>域 名</th><th>复 位</th><th>R/W</th><th>描 述</th></tr>
<tr><td>7:0</td><td>CHANSPC_M[7:0]</td><td>248(0xF8)</td><td>R/W</td><td>8 位信道间距指数。信道间距与信道编号 CHAN 相乘然后加到基频上。它是无符号数,其格式为
$\Delta f_{CHANNEL}=\frac{f_{XOSC}}{2^{18}}\times(256+CHANSPC\_M)\times 2^{CHANSPC\_E}$
默认值给的是 199.951 kHz 的信道间距(接近于 200 kHz),假设晶振频率为 26 MHz</td></tr>
</table>

表 19-44　0x15：DEVIATN——调制解调器偏差设置

<table>
<tr><th>位</th><th>域　名</th><th>复　位</th><th>R/W</th><th colspan="2">描　述</th></tr>
<tr><td>7</td><td>保留</td><td></td><td>R0</td><td colspan="2"></td></tr>
<tr><td>6:4</td><td>DEVIATION_E[2:0]</td><td>4(0X04)</td><td>R/W</td><td colspan="2">偏差指数</td></tr>
<tr><td>3</td><td>保留</td><td></td><td>R0</td><td colspan="2"></td></tr>
<tr><td rowspan="8">2:0</td><td rowspan="8">DEVIATION_M[2:0]</td><td rowspan="8">7(111)</td><td rowspan="8">R/W</td><td colspan="2">TX 模式</td></tr>
<tr><td>2-FSK/
2-GFSK</td><td>以一个尾数-指数格式规定“0”(-DEVIATN) 和“1”(+DEVIATN) 载波的额定频率偏差，其可以为一个带 MSB 含义 1 的 4 位值。最终频率偏差为
$f_{dev}=\frac{f_{XOSC}}{2^{17}}\times(8+DEVIATION\_M)\times 2^{DEVIATION\_E}$
假定晶体频率为 26.0 MHz，则由默认值得到偏差为±47.607 kHz</td></tr>
<tr><td>MSK</td><td>相位改变期间(“0”：+90°，“1”：-90°)，规定一部分符号周期(1/8～8/8)。使用 MSK 时，请参考 SmartRFR® Studio 软件[8]，获得正确的 DEVIATN 设置</td></tr>
<tr><td>ASK/OOK</td><td>该设置无效</td></tr>
<tr><td colspan="2">RX 模式</td></tr>
<tr><td>2-FSK/2-GFSK</td><td>规定输入信号的预计频率偏差，必须大致适合于进行可靠和稳健的解调</td></tr>
<tr><td>MSK/ASK/OOK</td><td>该设置无效</td></tr>
</table>

表 19-45　0x16：MCSM2——主无线控制状态机配置

位	域　名	复　位	R/W	描　述
7:5	保留		R0	保留
4	RX_TIME_RSSI	0	R/W	根据 RSSI 测量(载波监听)执行 RX 终止。就 ASK/OOK 调制而言，如果第一次 8 个符号周期内没有载波监听，则 RX 超时
3	RX_TIME_QUAL	0	R/W	RX_TIME 定时器超时的情况下，RX_TIME_QUAL=0 时，芯片检查是否找到同步字，或在 RX_TIME_QUAL=1 时检查是找到了同步字还是设置了 PQI
2:0	RX_TIME[2:0]	7(111)	R/W	在 WOR 模式和标准 RX 运行时，RX 中的同步字搜索时限。当 RX_TIME=7 时该时限被禁止。对于 RX_TIME<7，RX 时限(t_{RX_time})是编程的 EVENT0 时限(t_{Event0})的函数，即 $t_{RX\_time}=t_{Event0}/2(RX\_TIME+3+WOR\_RES)=1/f_{ACLK}\times EVENT0\times 2(4^{\times}WOR\_RES-RX\_TIME-3)$ 作为 EVENT0 时限(其等于使用 WOR 的占空比)的百分数的 RX 时限可近似表示为

续表 19－45

<table>
<tr><th>位</th><th>域 名</th><th>复 位</th><th>R/W</th><th>描 述</th></tr>
<tr><td>2:0</td><td>RX_TIME[2:0]</td><td>7(111)</td><td>R/W</td><td>
<table>
<tr><th rowspan="2">RX_TIME</th><th colspan="4">WOR_RES</th></tr>
<tr><th>0</th><th>1</th><th>2</th><th>3</th></tr>
<tr><td>0(000)</td><td>12.50%</td><td>6.25%</td><td>3.13%</td><td>1.56%</td></tr>
<tr><td>1(001)</td><td>6.25%</td><td>3.13%</td><td>1.56%</td><td>0.78%</td></tr>
<tr><td>2(010)</td><td>3.13%</td><td>1.56%</td><td>0.78%</td><td>0.39%</td></tr>
<tr><td>3(011)</td><td>1.56%</td><td>0.78%</td><td>0.39%</td><td>0.20%</td></tr>
<tr><td>4(100)</td><td>0.78%</td><td>0.39%</td><td>0.20%</td><td>0.10%</td></tr>
<tr><td>5(101)</td><td>0.39%</td><td>0.20%</td><td>0.10%</td><td>0.05%</td></tr>
<tr><td>6(110)</td><td>0.20%</td><td>0.10%</td><td>0.05%</td><td>0.024%</td></tr>
<tr><td>7(111)</td><td colspan="4">时限禁止</td></tr>
</table>
注意：使用 0～6 的设置时 WORCTRL.ACLK_PD 位必须复位为 0，因为时限定时器需要 ACLK。当使用 WOR 时 WOR_RES 应该为 0 或 1，但是 WOR_RES>1 可用于更长的 RX 时限。当没有使用 WOR 时，时限计数器的精度受限于：对于 RX_TIME＝0，时限计数由 EVENT0 的 13 个 MSB 给定，当 RX_TIME=6 时，其减至 EVENT0 的 7 个 MSB 位
</td></tr>
</table>

表 19－46 0x17：MCSM1——主无线控制状态机配置

<table>
<tr><th>位</th><th>域 名</th><th>复 位</th><th>R/W</th><th>描 述</th></tr>
<tr><td>7:6</td><td>保留</td><td></td><td>R0</td><td></td></tr>
<tr><td>5:4</td><td>CCA_MODE[1:0]</td><td>3(11)</td><td>R/W</td><td>
CCA_MODE 选择。表现在 CCA 信号中
<table>
<tr><th>设 置</th><th>空闲信道指示</th></tr>
<tr><td>0(00)</td><td>始终</td></tr>
<tr><td>1(01)</td><td>如果 RSSI 低于阈值</td></tr>
<tr><td>2(10)</td><td>当前接收一个数据包除外</td></tr>
<tr><td>3(11)</td><td>若 RSSI 在阈值以下，当前接收一个数据包除外</td></tr>
</table>
</td></tr>
<tr><td>3:2</td><td>RXOFF_MODE[1:0]</td><td>0(00)</td><td>R/W</td><td>
选择接收到一个数据包后将发生的情况。
<table>
<tr><th>设 置</th><th>完成包接收后的下个状态</th></tr>
<tr><td>0(00)</td><td>IDLE</td></tr>
<tr><td>1(01)</td><td>FSTXON</td></tr>
<tr><td>2(10)</td><td>TX</td></tr>
<tr><td>3(11)</td><td>保持在 RX 模式</td></tr>
</table>
不能将 RXOFF_MODE 设置为 TX 或 RSTION 而同时又使用 CCA
</td></tr>
</table>

续表 19－46

位	域 名	复 位	R/W	描 述
1:0	TXOFF_MODE[1:0]	0(00)	R/W	选择发送一个数据包后将发生的情况 设置 | 完成包发送后的下个状态 0(00) | IDLE 1(01) | FSTXON 2(10) | 保持在 TX(开始发送信号) 3(11) | RX

表 19－47　0x18：MCSM0——主无线控制状态机配置

位	域 名	复 位	R/W	描 述
7:6	保留		R0	
5:4	FS_AUTOCAL[1:0]	0(00)	R/W	当进入 TX、RX 或返回 IDLE 后自动进行校准。 设置 | 何时进行自动校准 0(00) | 从不进行自动校准(使用 SCAL 选通脉冲手动校准) 1(01) | 当从 IDLE 转到 RX 或 TX（或 FSTXON)时 2(10) | 当从 RX 或 TX 自动返回 IDLE 时 3(11) | 当从 RX 或 TX 返回 IDLE 时，第 4 次自动校准一次 在某些自动无线唤醒(WOR)应用中，使用设置 3(11)可以显著地减小电流消耗
3:2	保留		R0	
1	PIN_CTRL_EN	0	R/W	使能引脚无线控制选项
0	XOSC_FORCE_ON	0	R/W	强制 XOSC 在 SLEEP 状态保持开启

表 19－48　0x19：FOCCFG——频率偏差补偿配置

位	域 名	复 位	R/W	描 述
7:6	保留		R0	
5	FOC_BS_CS_GATE	1	R/W	如果置位，解调器冻结频率偏差补偿以及时钟恢复反馈环路，直到 CS 信号变为高为止
4:3	FOC_PRE_K[1:0]	2(10)	R/W	在检测到同步字之前要使用的频率补偿环路增益 设置 | 同步字之前的频率补偿环路 | 设置 | 同步字之前的频率补偿环路 0(00) | K | 2(10) | 3K 1(01) | 2K | 3(11) | 4K

续表 19-48

<table>
<tr><th>位</th><th>域 名</th><th>复 位</th><th>R/W</th><th>描 述</th></tr>
<tr><td>2</td><td>FOC_POST_K</td><td>1</td><td>R/W</td><td>在检测到同步字之后要使用的频率补偿环路增益
<table>
<tr><th>设 置</th><th>同步字之后的频率补偿环路</th></tr>
<tr><td>0</td><td>同 FOC_PRE_K</td></tr>
<tr><td>1</td><td>K/2</td></tr>
</table></td></tr>
<tr><td>1:0</td><td>FOC_LIMIT[1:0]</td><td>2(10)</td><td>R/W</td><td>频率偏差补偿算法的饱和点
<table>
<tr><th>设 置</th><th>饱和点(最大补偿偏移)</th></tr>
<tr><td>0(00)</td><td>±0(无频率偏移补偿)</td></tr>
<tr><td>1(01)</td><td>±0BW_{CHAN}/8</td></tr>
<tr><td>2(10)</td><td>±0BW_{CHAN}/4</td></tr>
<tr><td>3(11)</td><td>±0BW_{CHAN}/2</td></tr>
</table>
ASK/OOK 不支持频率偏移补偿,这些调制格式下通常使用 FOC_LIMIT=0</td></tr>
</table>

表 19-49 0x1A: BSCFG——位同步配置

<table>
<tr><th>位</th><th>域 名</th><th>复 位</th><th>R/W</th><th>描 述</th></tr>
<tr><td>7:6</td><td>BS_PRE_KI[1:0]</td><td>1(01)</td><td>R/W</td><td>检测到同步字以前要使用的时钟恢复反馈环路积分增益(用于纠正数据速率偏移)
<table>
<tr><th>设 置</th><th>同步字以前的时钟恢复环路积分增益</th><th>设 置</th><th>同步字以前的时钟恢复环路积分增益</th></tr>
<tr><td>0(00)</td><td>K_I</td><td>2(10)</td><td>$3K_I$</td></tr>
<tr><td>1(01)</td><td>$2K_I$</td><td>3(11)</td><td>$4K_I$</td></tr>
</table></td></tr>
<tr><td>5:4</td><td>BS_PRE_KP[1:0]</td><td>2(10)</td><td>R/W</td><td>检测到同步字之后要使用的时钟恢复反馈环路比例增益
<table>
<tr><th>设 置</th><th>同步字以前的时钟恢复环路比例增益</th><th>设 置</th><th>同步字以前的时钟恢复环路比例增益</th></tr>
<tr><td>0(00)</td><td>K_P</td><td>2(10)</td><td>$3K_P$</td></tr>
<tr><td>1(01)</td><td>$2K_P$</td><td>3(11)</td><td>$4K_P$</td></tr>
</table></td></tr>
<tr><td>3</td><td>BS_POST_KI</td><td>1</td><td>R/W</td><td>检测到同步字以后将要使用的时钟恢复反馈环路积分增益
<table>
<tr><th>设 置</th><th>同步字之后的时钟恢复环路积分增益</th></tr>
<tr><td>0</td><td>与 BS_PRE_KI 一样</td></tr>
<tr><td>1</td><td>$K_I/2$</td></tr>
</table></td></tr>
<tr><td>2</td><td>BS_POST_KP</td><td>1</td><td>R/W</td><td>检测到同步字之后要使用的时钟恢复反馈环路比例增益
<table>
<tr><th>设 置</th><th>同步字之后的时钟恢复环路比例增益</th></tr>
<tr><td>0</td><td>同 FOC_PRE_KP</td></tr>
<tr><td>1</td><td>K_P</td></tr>
</table></td></tr>
</table>

续表 19 - 49

<table>
<tr><th>位</th><th>域 名</th><th>复 位</th><th>R/W</th><th>描 述</th></tr>
<tr><td>1:0</td><td>BS_LIMIT[1:0]</td><td>0(00)</td><td>R/W</td><td>数据速率偏移补偿算法的饱和点<table><tr><th>设 置</th><th>数据速率偏移饱和(最大数据速率差异)</th></tr><tr><td>0(00)</td><td>±0(无数据速率偏差补偿)</td></tr><tr><td>1(01)</td><td>±3.125%数据速率偏移</td></tr><tr><td>2(10)</td><td>±6.25%数据速率偏移</td></tr><tr><td>3(11)</td><td>±12.5%数据速率偏移</td></tr></table></td></tr>
</table>

表 19 - 50 0x1B：AGCCTRL2——AGC 控制

<table>
<tr><th>位</th><th>域 名</th><th>复 位</th><th>R/W</th><th>描 述</th></tr>
<tr><td>7:6</td><td>MAX_DVGA_GAIN[1:0]</td><td>0(00)</td><td>R/W</td><td>降低最大允许的 DVGA 增益<table><tr><th>设 置</th><th>允许的 DVGA 设置</th></tr><tr><td>0(00)</td><td>可使用所有增益设置</td></tr><tr><td>1(01)</td><td>不可使用最高增益设置</td></tr><tr><td>2(10)</td><td>不可使用 2 个最高增益设置</td></tr><tr><td>3(11)</td><td>不可使用 3 个最高增益设置</td></tr></table></td></tr>
<tr><td>5:3</td><td>MAX_LNA_GAIN[2:0]</td><td>0(000)</td><td>R/W</td><td>设置相对于最大可能增益的最大允许 LNA＋LNA2 增益<table><tr><th>设 置</th><th>最大允许 LNA＋LNA2 增益</th></tr><tr><td>0(000)</td><td>最大可能 LNA_LNA2 增益</td></tr><tr><td>1(001)</td><td>约为最大可能 LNA＋LNA2 增益以下 2.6 dB</td></tr><tr><td>2(010)</td><td>约为最大可能 LNA＋LNA2 增益以下 6.1 dB</td></tr><tr><td>3(011)</td><td>约为最大可能 LNA＋LNA2 增益以下 7.4 dB</td></tr><tr><td>4(100)</td><td>约为最大可能 LNA＋LNA2 增益以下 9.26 dB</td></tr><tr><td>5(101)</td><td>约为最大可能 LNA＋LNA2 增益以下 11.5 dB</td></tr><tr><td>6(110)</td><td>约为最大可能 LNA＋LNA2 增益以下 14.6 dB</td></tr><tr><td>7(111)</td><td>约为最大可能 LNA＋LNA2 增益以下 17.1 dB</td></tr></table></td></tr>
<tr><td>2:0</td><td>MAGN_TARGET[2:0]</td><td>3(011)</td><td>R/W</td><td>这些位设置数字信道滤波器平均振幅的目标值(1LSB＝0 dB)<table><tr><th>设 置</th><th>目标值</th><th>设 置</th><th>目标值</th></tr><tr><td>0(000)</td><td>24 dB</td><td>4(100)</td><td>36 dB</td></tr><tr><td>1(001)</td><td>27 dB</td><td>5(101)</td><td>38 dB</td></tr><tr><td>2(010)</td><td>30 dB</td><td>6(110)</td><td>40 dB</td></tr><tr><td>3(011)</td><td>33 dB</td><td>7(111)</td><td>42 dB</td></tr></table></td></tr>
</table>

表 19-51 0x1C: AGCCTRL1——AGC 控制

<table>
<tr><th>位</th><th>域 名</th><th>复 位</th><th>R/W</th><th>描 述</th></tr>
<tr><td>7</td><td>保留</td><td></td><td>R0</td><td></td></tr>
<tr><td>6</td><td>AGC_LNA_PRIORITY</td><td>1</td><td>R/W</td><td>在 LNA 和 LNA2 增益调节之间进行选择。选择 1 时，LNA 增益首先降低。选择 0 时，在 LNA 降低以前 LNA2 降至最小</td></tr>
<tr><td>5:4</td><td>CARRIER_SENSE_REL_THR[1:0]</td><td>0(00)</td><td>R/W</td><td>设置置位载波监听的相对变化阈值
<table>
<tr><th>设 置</th><th>载波监听相对阈值</th></tr>
<tr><td>0(00)</td><td>禁用相对载波监听阈值</td></tr>
<tr><td>1(01)</td><td>RSSI 值增加 6 dB</td></tr>
<tr><td>2(10)</td><td>RSSI 值增加 10 dB</td></tr>
<tr><td>3(11)</td><td>RSSI 值增加 14 dB</td></tr>
</table></td></tr>
<tr><td>3:0</td><td>CARRIER_SENSE_ABS_THR[3:0]</td><td>0(0000)</td><td>R/W</td><td>设置置位载波监听的绝对 RSSI 阈值。以 1 dB 作为步长设置 2-补数阈值，其和 MAGN_TARGET 设置有关
<table>
<tr><th>设 置</th><th>载波监听绝对阈值(AGC 未降低增益时等于信道滤波器振幅)</th></tr>
<tr><td>−8(1000)</td><td>禁用绝对载波监听阈值</td></tr>
<tr><td>−7(1001)</td><td>MAGN_TARGET 设置以下 7 dB</td></tr>
<tr><td>…</td><td>…</td></tr>
<tr><td>−1(1111)</td><td>MAGN_TARGET 设置以下 1 dB</td></tr>
<tr><td>0(0000)</td><td>为 MAGN_TARGET 设置</td></tr>
<tr><td>1(0001)</td><td>MAGN_TARGET 设置以上 1 dB</td></tr>
<tr><td>…</td><td>…</td></tr>
<tr><td>7(0111)</td><td>MAGN_TARGET 设置以上 7 dB</td></tr>
</table></td></tr>
</table>

表 19-52 0x1D: AGCCTRL0——AGC 控制

<table>
<tr><th>位</th><th>域 名</th><th>复 位</th><th>R/W</th><th>描 述</th></tr>
<tr><td>7:6</td><td>HYST_LEVEL[1:0]</td><td>2(10)</td><td>R/W</td><td>设置振幅偏差的滞后等级(决定增益变化的内部 AGC 信号)
<table>
<tr><th>设 置</th><th>描 述</th></tr>
<tr><td>0(00)</td><td>无滞后，小非对称停滞区，高增益</td></tr>
<tr><td>1(01)</td><td>低滞后，小非对称停滞区，中等增益</td></tr>
<tr><td>2(10)</td><td>中滞后，中非对称停滞区，中等增益</td></tr>
<tr><td>3(11)</td><td>大滞后，大非对称停滞区，低增益</td></tr>
</table></td></tr>
<tr><td>5:4</td><td>WAIT_TIME[1:0]</td><td>1(01)</td><td>R/W</td><td>通过增益调节设置信道滤波器采样数，直到 AGC 算法开始累积新的采样为止
<table>
<tr><th>设 置</th><th>信道滤波器采样</th><th>设 置</th><th>信道滤波器采样</th></tr>
<tr><td>0(00)</td><td>8</td><td>2(10)</td><td>24</td></tr>
<tr><td>1(01)</td><td>16</td><td>3(11)</td><td>32</td></tr>
</table></td></tr>
</table>

续表 19－52

<table>
<tr><th>位</th><th>域 名</th><th>复 位</th><th>R/W</th><th>描 述</th></tr>
<tr><td>3:2</td><td>AGC_FREEZE[1:0]</td><td>0(00)</td><td>R/W</td><td>控制何时冻结 AGC 增益<table>
<tr><th>设 置</th><th>功 能</th></tr>
<tr><td>0(00)</td><td>正常工作。只要需要就会调节增益</td></tr>
<tr><td>1(01)</td><td>检测到同步字时增益设置</td></tr>
<tr><td>2(10)</td><td>手动冻结模拟增益设置，并继续调节数字增益</td></tr>
<tr><td>3(11)</td><td>手动冻结模拟和数字增益设置。用于手动控制增益</td></tr>
</table></td></tr>
<tr><td>1:0</td><td>FILTER_
LENGTH[1:0]</td><td>1(01)</td><td>R/W</td><td>设置信道滤波器振幅的平均长度。设置 OOK/ASK 接收的 OOK/ASK 判定边界<table>
<tr><th>设 置</th><th>信道滤波器采样</th><th>OOK/ASK 判定边界</th></tr>
<tr><td>0(00)</td><td>8</td><td>4 dB</td></tr>
<tr><td>1(01)</td><td>16</td><td>8 dB</td></tr>
<tr><td>2(10)</td><td>32</td><td>12 dB</td></tr>
<tr><td>3(11)</td><td>64</td><td>16 dB</td></tr>
</table></td></tr>
</table>

表 19－53　0x1E：WOREVT1——EVENT0 事件 0 时限高字节

位	域 名	复 位	R/W	描 述
7:0	EVENT0[15:8]	128(0X80)	R/W	EVENT0 时限寄存器高字节。 $t_{Event0} = 1/f_{ACLK} \times EVENT0 \times 25 \times WOR\_RES$

表 19－54　0x1F：WOREVT0——EVENT0 事件 0 时限低字节

位	域 名	复 位	R/W	描 述
7:0	EVENT0[7:0]	0(0X00)	R/W	EVENT0 时限寄存器低字节。默认的 EVENT0 值给定的时限是 1 s，假设 $f_{ACLK}=32$ kHz

表 19－55　0x20：WORCTRL——无线唤醒控制

<table>
<tr><th>位</th><th>域 名</th><th>复 位</th><th>R/W</th><th>描 述</th></tr>
<tr><td>7</td><td>ACLK_PD</td><td>1</td><td>R/W</td><td>向 RC 振荡器发送断电模式信号。当写入 0 时，执行自动初始化校准</td></tr>
<tr><td>6:4</td><td>EVENT1[2:0]</td><td>7(111)</td><td>R/W</td><td>寄存器模块的超时设置。EVENT1 超时解码。下表列出了事件 1 超时之前事件 0 之后的时钟周期数，假设 $f_{ACLK}=32$ kHz<table>
<tr><th>设 置</th><th>t_{Event1}</th><th>设 置</th><th>t_{Event1}</th></tr>
<tr><td>0(000)</td><td>4(0.122 ms)</td><td>4(100)</td><td>16(0.488 ms)</td></tr>
<tr><td>1(001)</td><td>6(0.183 ms)</td><td>5(101)</td><td>24(0.732 ms)</td></tr>
<tr><td>2(010)</td><td>8(0.244 ms)</td><td>6(110)</td><td>32(0.977 ms)</td></tr>
<tr><td>3(011)</td><td>12(0.366 ms)</td><td>7(111)</td><td>48(1.465 ms)</td></tr>
</table></td></tr>
</table>

续表 19-55

<table>
<tr><th>位</th><th>域 名</th><th>复 位</th><th>R/W</th><th>描 述</th></tr>
<tr><td>3</td><td>保留</td><td></td><td>R1</td><td></td></tr>
<tr><td>2</td><td>保留</td><td></td><td>R0</td><td></td></tr>
<tr><td>1:0</td><td>WOR_RES</td><td>0(00)</td><td>R/W</td><td>控制事件 0 精度以及 WOR 模块的最大时限和正常 RX 运行下的最大时限。
<table>
<tr><th>设 置</th><th>分辨率</th><th>最大时限</th></tr>
<tr><td>0(00)</td><td>1 个周期
(～30 μs, f_{ACLK}=32 kHz)</td><td>2 s</td></tr>
<tr><td>1(01)</td><td>25 个周期
(～977 μs, f_{ACLK}=32 kHz)</td><td>64 s</td></tr>
<tr><td>2(10)</td><td>210 个周期
(～31 ms, f_{ACLK}=32 kHz)</td><td>34 min</td></tr>
<tr><td>3(11)</td><td>215 个周期
(～1 s, f_{ACLK}=32 kHz)</td><td>18.2 h</td></tr>
</table>
注意：使用 WOR 时 WOR_RES 应为 0 或 1，因为 WOR_RES>1 将得到一个非常低的占空比。
在正常 RX 运行中，可以使所有的 WOR_RES 设置</td></tr>
</table>

表 19-56 0x21：FREND1——前端 RX 配置

位	域 名	复 位	R/W	描 述
7:6	LNA_CURRENT[1:0]	1(01)	R/W	调节前端 LNA PTAT 电流输出
5:4	LNA2MIX_CURRENT[1:0]	1(01)	R/W	调节前端 PTAT 输出
3:2	LODIV_BUF_CURRENT_RX[1:0]	1(01)	R/W	调节 RX LO 缓冲器的电流(混频器的 LO 输入)
1:0	MIX_CURRENT[1:0]	2(10)	R/W	调节混频器电流

表 19-57 0x22：FREND0——前端 TX 配置

位	域 名	复 位	R/W	描 述
7:6	保留		R0	
5:4	LODIV_BUF_CURRENT_TX[1:0]	1(0X01)	R/W	调节当前 TX LO 缓冲器(PA 的输入)。SmartRF® Studio 软件 [8] 给出了该字段中要使用的值
3	保留		R0	保留
2:0	PA_PWOER[2:0]	0(0X00)	R/W	选择 PA 功率设置。该值 PATABLE 的一个索引，可以通过多达 8 个不同 PA 设置来对其编程控制。在 OOK/ASK 模式下，当发送一个"1"时选用 PATABLE 索引。当发送一个"0"时，在 OOK/ASK 下使用 PATABLE 索引 0。从索引"0"到 PA_POWER 的 PATABLE 设置用于 ASK TX 整形，以及所有 TX 调制格式下的发送开始/结束时的功率斜坡上升/斜坡下降

表 19-58 0x23：FSCAL3——频率合成器校准

位	域 名	复 位	R/W	描 述
7:6	FSCAL3[7:6]	2(0X02)	R/W	频率合成器校准配置。SmartRF® Studio 软件给出了校准以前需写入该字段中的值
5:4	CHP_CURR_CAL_EN[1:0]	2(0X02)	R/W	当为0时，关闭充电泵校准级
3:0	FSCAL3[3:0]	9(1001)	R/W	频率合成器校准结果寄存器。规定充电泵输出电流的数字位矢量，基于一个指数级：$I_{OUT} = I_0 \times 2^{FSCAL3[3:0]/4}$。通过对所有频率进行预校准并保存得到的 FSCAL3、FSCAL2 和 FSCAL1 寄存器值，可以完成每次跳跃的快速无校准跳频。每次跳频之间，可通过写入下个 RF 频率的相应 FSCAL3、FSCAL2、FSCAL1 寄存器值来代替校准

表 19-59 0x24：FSCAL2——频率合成器校准

位	域 名	复 位	R/W	描 述
7:6	保留		R0	
5	VCO_CORE_H_EN	0	R/W	选择高(1)/低(0)VCO
4:0	FSCAL2[4:0]	10(0X0A)	R/W	频率合成器校准结果寄存器。VCO 电流校准结果和优先值。通过对所有频率进行预校准并保存得到的 FSCAL3、FSCAL2 和 FSCAL1 寄存器值，可以完成每次跳跃的快速无校准跳频。每次跳频之间，可通过写入下个 RF 频率的相应 FSCAL3、FSCAL2 和 FSCAL1 寄存器值来代替校准

表 19-60 0x25：FSCAL1——频率合成器校准

位	域 名	复 位	R/W	描 述
7:6	保留		R0	
5:0	FSCAL1[5:0]	32(0X20)	R/W	频率合成器校准结果寄存器。VCO 粗调谐的电容器阵列设置。通过对所有频率进行预校准并保存得到的 FSCAL3、FSCAL2 和 FSCAL1 寄存器值，可以完成每次跳跃的快速无校准跳频。每次跳频之间，可通过写入下个 RF 频率的相应 FSCAL3、FSCAL2 和 FSCAL1 寄存器值来代替校准

表 19-61 0x26：FSCAL0——频率合成器校准

位	域 名	复 位	R/W	描 述
7	保留		R0	
6:0	FSCAL0[6:0]	13(0X0D)	R/W	频率合成器校准控制。使用 SmartRF® Studio 软件，可以得到该寄存器中需要用到的值

表 19－62　0x29：FSTEST——频率合成器校准控制

位	域　名	复　位	R/W	描　述
7:0	FSTEST[7:0]	89(0x59)	R/W	测试专用。不要写该寄存器

表 19－63　0x2A：PTEST——产品测试

位	域　名	复　位	R/W	描　述
7:0	PTEST[7:0]	127(0x7F)	R/W	测试专用。不要写该寄存器

表 19－64　0x2B：AGCTEST——AGC 测试

位	域　名	复　位	R/W	描　述
7:0	AGCTEST[7:0]	63(0x3F)	R/W	测试专用。不要写该寄存器

表 19－65　0x2C：TEST2——各种测试设置

位	域　名	复　位	R/W	描　述
7:0	TEST2[7:0]	136(0X88)	R/W	使用 SmartRF® Studio 软件，可得到该寄存器中要用到的值。当从 SLEEP 模式唤醒时，该寄存器被强制设置 0x88 或 0x81，具体取决于 FIFOTHR. ADC_RETENTION 的配置。请注意，不管 ADC_RETENTION 的设置如何，当从 SLEEP 模式唤醒时该寄存器中读取的值始终为复位值(0x88)。ADC_RETENTION 设置产生的一些位反向仅在模拟部件“内部”可见

表 19－66　0x2D：TEST1——各种测试设置

位	域　名	复　位	R/W	描　述
7:0	TEST1[7:0]	49(0X31)	R/W	使用 SmartRF® Studio 软件，可得到该寄存器中要用到的值。当从 SLEEP 模式唤醒时，该寄存器被强制设置为 0x31 或 0x35，具体取决于 FIFOTHR. ADC_RETENTION 的配置。请注意，不管 ADC_RETENTION 的设置如何，当从 SLEEP 模式唤醒时该寄存器中读取的值始终为复位值(0x31)。ADC_RETENTION 设置产生的一些位反向仅在模拟部件“内部”可见

表 19－67　0x2E：TEST0——各种测试设置

位	域　名	复　位	R/W	描　述
7:2	TEST0[7:2]	2(0X02)	R/W	通过 SmartRF® Studio 软件给定这个寄存器的值
1	VCO_SEL_CAL_EN	1	R/W	当值为 1 时，开启 VCO 选择校准级
0	TEST0[0]	1	R/W	通过 SmartRF® Studio 软件给定这个寄存器的值

2. 射频内核状态寄存器

射频内核状态寄存器细节，请参见表 19－68～19－79。

表 19-68　0x30(0xF0)：PARTNUM——芯片 ID

位	域 名	复 位	R/W	描 述
7:0	PARTNUM[7:0]	0(0x00)	R	芯片部件号

表 19-69　0x31(0xF1)：VERSION——芯片 ID

位	域 名	复 位	R/W	描 述
7:0	VERSION[7:0]	6(0x06)	R	芯片版本号

表 19-70　0x32(0xF2)：FREQEST——解调器的频率偏移估计

位	域 名	复 位	R/W	描 述
7:0	FREQOFF_EST		R	载波的估计频率偏移(2 的补数)。精度为 $f_{XTAL}/2^{14}$ (1.59～1.65 kHz)；范围为±202～±210 kHz，具体取决于 XTAL 频率。频率偏移补偿仅支持 2-FSK、GFSK 和 MSK 调制。当使用 ASK 或 OOK 调制时该寄存器将读取 0

表 19-71　0x33(0xF3)：LQI——解调器链路质量评估

位	域 名	复 位	R/W	描 述
7	CRC_OK		R	末尾的 CRC 比对匹配。进入/重启 RX 模式时空闲
6:0	LQI_EST[6:0]		R	链路质量指示器对接收信号解调容易程度进行评估。对同步字之后的 64 个以上的符号进行计算

表 19-72　0x34(0xF4)：RSSI——接收信号强度指示

位	域 名	复 位	R/W	描 述
7:0	RSSI		R	接收信号强度指示器

表 19-73　0x35(0xF5)：MARCSTATE——主无线控制状态机状态

<table>
<tr><th>位</th><th>域 名</th><th>复 位</th><th>R/W</th><th>描 述</th></tr>
<tr><td>7:5</td><td>保留</td><td></td><td>R0</td><td></td></tr>
<tr><td>4:0</td><td>MARC_STATE[4:0]</td><td></td><td>R</td><td>主无线控制 FSM 状态
<table>
<tr><th>值</th><th>状态名</th><th>状态(见图 19-9)</th></tr>
<tr><td>0(0x00)</td><td>SLEEP</td><td>SLEEP</td></tr>
<tr><td>1(0x01)</td><td>IDLE</td><td>IDLE</td></tr>
<tr><td>2(0x02)</td><td>XOFF</td><td>XOFF</td></tr>
<tr><td>3(0x03)</td><td>VCOON_MC</td><td>MANCAL</td></tr>
<tr><td>4(0x04)</td><td>REGON_MC</td><td>MANCAL</td></tr>
<tr><td>5(0x05)</td><td>MANCAL</td><td>MANCAL</td></tr>
<tr><td>6(0x06)</td><td>VCOON</td><td>FS_WAKEUP</td></tr>
<tr><td>7(0x07)</td><td>REGON</td><td>FS_WAKEUP</td></tr>
<tr><td>8(0x08)</td><td>STARTCAL</td><td>CALIBRATE</td></tr>
</table></td></tr>
</table>

续表 19-73

<table>
<tr><th>位</th><th>域 名</th><th>复 位</th><th>R/W</th><th>描 述</th></tr>
<tr><td>4:0</td><td>MARC_STATE[4:0]</td><td></td><td>R</td><td>
<table>
<tr><th>值</th><th>状态名</th><th>状态(见图 19-9)</th></tr>
<tr><td>9(0x09)</td><td>BWBOOST</td><td>SETTLING</td></tr>
<tr><td>10(0x0A)</td><td>FS_LOCK</td><td>SETTLING</td></tr>
<tr><td>11(0x0B)</td><td>IFADCON</td><td>SETTLING</td></tr>
<tr><td>12(0x0C)</td><td>ENDCAL</td><td>SETTLING</td></tr>
<tr><td>13(0x0D)</td><td>RX</td><td>RX</td></tr>
<tr><td>14(0x0E)</td><td>RX_END</td><td>RX</td></tr>
<tr><td>15(0x0F)</td><td>RX_RST</td><td>RX</td></tr>
<tr><td>16(0x10)</td><td>TXRX_SWITCH</td><td>TXRX_SETTLING</td></tr>
<tr><td>17(0x11)</td><td>RXFIFO_OVERFLOW</td><td>RXFIFO_OVERFLOW</td></tr>
<tr><td>18(0x12)</td><td>FSTXON</td><td>FSTXON</td></tr>
<tr><td>19(0x13)</td><td>TX</td><td>TX</td></tr>
<tr><td>20(0x14)</td><td>TX_END</td><td>TX</td></tr>
<tr><td>21(0x15)</td><td>RXTX_SWITCH</td><td>RXTX_SETTLING</td></tr>
<tr><td>22(0x16)</td><td>TXFIFO_UNDERFLOW</td><td>TXFIFO_UNDERFLOW</td></tr>
</table>
</td></tr>
</table>

表 19-74 0x36(0xF6): WORTIME1——WOR 定时器高字节

位	域 名	复 位	R/W	描 述
7:0	TIME[15:8]		R	WOR 模块中的定时器的高字节

表 19-75 0x37(0xF7): WORTIME0——WOR 定时器低字节

位	域 名	复 位	R/W	描 述
7:0	TIME[7:0]		R	WOR 模块中的定时器的低字节

表 19-76 0x38(0xF8): PKTSTATUS——当前 GDOx 状态及包状态

位	域 名	复 位	R/W	描 述
7	CRC_OK		R	末尾的 CRC 比对匹配。进入/重启 RX 模式时空闲
6	CS		R	载波监听
5	PQT_REACHED		R	达到前导质量
4	CCA		R	信道空闲
3	SFD		R	检测到同步字。同步字发送/接收后置位,并在数据包结尾取消置位。在 RX 模式下,当可选地址校验失败或无线电设备进入 RX_OVERFLOW 状态时该位将会取消置位。在 TX 模式下,若无线电设备进入 TX_UNDERFLOW 状态,则该位将取消置位
2	GDO2		R	当前 GDO2 值。请注意:读取操作得到的是非反相值,与 IOCFG2. GDO2_INV 设置无关。不推荐通过读取 GDO2 CFG = 0x0A 的 PKTSTATUS[2]来检查 PLL 锁定

续表 19-76

位	域 名	复 位	R/W	描 述
1	保留		R0	保留
0	GDO0		R	当前 GDO0 值。请注意：读取操作得到的是非反相值，与 IOCFG0. GDO0 INV 设置无关。不推荐通过读取 GDO0_CFG＝0x0A 的 PKTSTATUS[0]来检查 PLL 锁定

表 19-77　0x39(0xF9)：VCO_VC_DAC——PLL 校准模块的当前设置

位	域 名	复 位	R/W	描 述
7:0	VCO_VC_DAC[7:0]		R	仅用于测试的状态寄存器

表 19-78　0x3A(0xFA)：TXBYTES——溢出和字节数

位	域 名	复 位	R/W	描 述
7	TXFIFO_UNDERFLOW		R	
6:0	NUM_TXBYTES		R	TX FIFO 中的字节数

表 19-79　0x3B(0xFB)：RXBYTES——溢出和字节数

位	域 名	复 位	R/W	描 述
7	RXFIFO_UNDERFLOW		R	
6:0	NUM_RXBYTES		R	RX FIFO 中的字节数

19.4　射频接口寄存器

无线射频模块的寄存器如表 19-80 所列。

表 19-80　射频模块寄存器

寄存器	缩 写	读/写类型	地址偏移	初始状态
射频接口控制寄存器 0	RF1AIFCTL0	读/写-字	000h	PUC 复位
射频接口控制寄存器 1	RF1AIFCTL1	读/写-字	002h	PUC 复位
射频接口中断标志寄存器	RF1AIFIFG	读/写-字节	002h	PUC 复位
射频接口中断使能寄存器	RF1AIFIE	读/写-字节	003h	PUC 复位
保留	RF1AIFCTL2	读/写-字	004h	PUC 复位
(射频接口控制寄存器 2)				
射频接口错误标志寄存器	RF1AIFERR	读/写-字	006h	PUC 复位
保留			008h	PUC 复位
保留			00Ah	PUC 复位
射频接口错误向量字寄存器	RF1AIFERRV	读/写-字	00Ch	PUC 复位
射频接口中断向量字寄存器	RF1AIFIV	读/写-字	00Eh	PUC 复位
射频命令字寄存器	RF1AINSTRW	读/写-字	010h	PUC 复位
射频字节数据输入寄存器	RF1ADINB	读/写-字节	010h	PUC 复位

续表 19 - 80

寄存器	缩　写	读/写类型	地址偏移	初始状态
射频命令字节寄存器	RF1AINSTRB	读/写-字节	011h	PUC 复位
具有 1 字节自动读(低字节忽略)的射频指令字寄存器	RF1AINSTR1W	读/写-字节	012h	PUC 复位
具有 1 字节自动读的射频命令字节寄存器	RF1AINSTR1B	读/写-字节	013h	PUC 复位
具有 2 字节自动读(低字节忽略)的射频命令字寄存器	RF1AINSTR2W	读/写-字	014h	PUC 复位
忽略任何写操作(读总为 0)		读/写-字节	014h	PUC 复位
具有 2 字节自动读的射频命令字节寄存器	RF1AINSTR2B	读/写-字节	015h	PUC 复位
射频字数据输入寄存器	RF1ADINW	读/写-字	016h	PUC 复位
保留			018h	PUC 复位
保留			01Ah	PUC 复位
保留			01Ch	PUC 复位
保留			01Eh	PUC 复位
无自动读的射频状态字寄存器	RF1ASTATW (别名：RF1ASTAT0W)	读/写-字	020h	PUC 复位
无自动读的射频数据字节输出寄存器	RF1ADOUTB (别名：RF1ADOUT0B)	读/写-字节	020h	PUC 复位
无自动读的射频状态字节寄存器	RF1ASTATB (别名：RF1ASTAT0B)	读/写-字节	021h	PUC 复位
具有 1 字节自动读的射频状态字寄存器	RF1ASTAT1W	读/写-字	022h	PUC 复位
具有 1 字节自动读的射频字节数据输出寄存器	RF1ADOUT1B	读/写-字节	022h	PUC 复位
具有 1 字节自动读的射频状态字节寄存器	RF1ASTAT1B	读/写-字节	023h	PUC 复位
具有 2 字节自动读的射频状态字寄存器	RF1ASTAT2W	读/写-字	024h	PUC 复位
具有 2 字节自动读的射频字节数据输出寄存器	RF1ADOUT2B	读/写-字节	024h	PUC 复位
具有 2 字节自动读的射频状态字节寄存器	RF1ASTAT2B	读/写-字节	025h	PUC 复位
保留			026h	PUC 复位
无自动读的射频内核字数据输出	RF1ADOUTW (别名：RF1ADOUT0W)	读/写-字	028h	PUC 复位
具有 1 字节自动读的射频内核字数据输出寄存器	RF1ADOUT1W	读/写-字	02Ah	PUC 复位
具有 2 字节自动读的射频核字数据输出寄存器	RF1ADOUT2W	读/写-字	02Ch	PUC 复位
保留			02Eh	PUC 复位
射频内核信号输入寄存器	RF1AIN	读/写-字	030h	PUC 复位
射频内核中断标志寄存器	RF1AIFG	读/写-字	032h	PUC 复位
射频内核中断边沿选择寄存器	RF1AIES	读/写-字	034h	PUC 复位
射频内核中断使能寄存器	RF1AIE	读/写-字	036h	PUC 复位
射频内核中断向量字寄存器	RF1AIV	读/写-字	038h	PUC 复位
保留			03Ah	PUC 复位
直接接收 FIFO 访问寄存器	RF1ARXFIFO	读/写-字节	03Ch	PUC 复位
直接发送 FIFO 访问寄存器	RF1ATXFIFO	读/写-字节	03Eh	PUC 复位

1. RF1AIFCTL0 射频接口控制寄存器 0

15～2	1	0
保留	RFENDIAN	保留

保留　位 15～2　保留位。

RFENDIAN　位 1　禁止大小端转换。

0　CC430 小端字和双字转换为射频内核(CC1101：大端)的大端方式；

1　字和双字不做转换。

保留　位 0　保留位。

2. RF1AIFCTL1 射频接口控制寄存器 1

15	14	13	12	11
RFDOUTIE	RFSTATIE	RFDINIE	RFINSTRIE	保留

10	9	8	7	6
RFERRIE	RFTXIE	RFRXIE	RFDOUTIFG	RFSTATIFG

5	4	3	2	1	0
RFDINIFG	RFINSTRIFG	保留	RFERRIFG	RFTXIFG	RFRXIFG

RFDOUTIE　位 15　射频接口数据输出中断使能。

0　禁止中断；1　允许中断。

RFSTATIE　位 14　射频接口状态中断使能。

0　禁止中断；1　允许中断。

RFDINIE　位 13　射频接口数据输入中断使能。

0　禁止中断；1　允许中断。

RFINSTRIE　位 12　射频接口命令中断使能。

0　禁止中断；1　允许中断。

保留　位 11　保留位。

RFERRIE　位 10　射频接口错误中断使能。

0　禁止中断；1　允许中断。

RFTXIE　位 9　射频接口直接 FIFO 访问发送中断使能。

0　禁止中断；1　允许中断。

RFRXIE　位 8　射频接口直接 FIFO 访问接收中断使能。

0　禁止中断；1　允许中断。

RFDOUTIFG　位 7　射频接口数据输出中断标志位。

0　无中断发生；1　发生中断。

RFSTATIFG　位 6　射频接口状态中断标志位。

0　无中断发生；1　发生中断。

RFDINIFG　位 5　射频接口数据输入中断标志位。

0　无中断发生；1　发生中断。

RFINSTRIFG　位 4　射频接口命令中断标志位。

0　无中断发生；1　发生中断。

保留　位 3　保留位。

RFERRIFG　位 2　射频接口错误中断标志位。当错误标志位中的一个被置位时错误中断标志位就被置位。当所有错误标志被清除时错误中断标志位将自动清除。

0　无中断发生;1　发生中断。

RFTXIFG　位 1　射频接口直接 FIFO 访问发送中断标志位。

0　无中断发生;1　发生中断。

RFRXIFG　位 0　射频接口直接 FIFO 访问接收中断标志位。

0　无中断发生;1　发生中断。

3. RF1AIFERR 射频接口错误标志寄存器

15～4	3	2	1	0
保留	OPOVERR	OUTERR	OPERR	LVERR

保留　位 15～4　保留位。

OPOVERR　位 3　操作数重写错误标志位。

0　无错误发生;1　发生错误。

OUTERR　位 2　输出数据无效错误标志位。

0　无错误发生;1　发生错误。

OPERR　位 1　操作数错误标志位。

0　无错误发生;1　发生错误。

LVERR　位 0　核心电压低错误标志位。

0　无错误发生;1　发生错误。

4. RF1AIFERRV 无线接口错误向量寄存器

15～6	5～1	0
0	RF1AIFERRVx	0

RF1AIFERRIVx　位 5～1　无线接口错误向量值如表 19－81 所列。

表 19－81　无线接口错误向量值

RF1AIFERRV	错误源	错误标志	错误优先级
00h	无错误	—	
02h	核心电压过低错误	LVERR	最高
04h	操作数错误	OPERR	↓
06h	输出数据无效错误	OUTERR	
08h	操作数重写错误	OPOVERR	最低

5. RF1AIFIV 无线接口中断向量寄存器

15～6	5～1	0
0	RF1AIFIVx	0

RF1AIFIVx　位 5～1　无线接口中断向量值如表 19－82 所列。

表 19－82　无线接口中断向量值

RF1AIFIV	中断源	中断标志	中断优先级
00h	无中断发生	—	
02h	射频接口错误	RFERRIFG	最高
04h	射频接口数据输出	RFDOUTIFG	↓
06h	射频接口状态输出	RFSTATIFG	
08h	射频接口数据输入	RFDINIFG	
0Ah	射频接口命令输入	RFINSTRIFG	
0Ch	射频直接 FIFO RX	RFRXIFG	
0Eh	射频直接 FIFO TX	RFTXIFG	最低

6. RF1AIN 射频内核信号输入寄存器

15～0
RFINx

RFINx 位 15～0 射频内核信号输入。

0 当前信号的状态为低；1 当前信号的状态为高。

7. RF1AIFG 射频内核中断标志寄存器

15～0
RFIFGx

RFIFGx 位 15～0 射频内核中断标志位。

0 无中断发生；1 发生中断。

8. RF1AIES 射频内核中断边沿选择寄存器

15～0
RFIESx

RFIESx 位 15～0 射频内核中断边沿选择。

0 低到高的跳变置位中断标志位；1 高到低的跳变置位中断标志位。

9. RF1AIE 射频内核中断使能寄存器

15～0
RFIEx

RFIEx 位 15～0 射频内核中断使能。

0 禁止中断；1 允许中断。

10. RF1AIV 射频内核中断向量寄存器

15～6	5～1	0
0	RF1AIVx	0

RF1AIVx 位 5～1 射频内核中断向量值。

RF1AIV	中断源	中断标志	中断优先级	RF1AIV	中断源	中断标志	中断优先级
00h	无中断发生	—		12h	射频内核信号 8	RFIFG8	↓
02h	射频内核信号 0	RFIFG0	最高	14h	射频内核信号 9	RFIFG9	
04h	射频内核信号 1	RFIFG1	↓	16h	射频内核信号 10	RFIFG10	
06h	射频内核信号 2	RFIFG2		18h	射频内核信号 11	RFIFG11	
08h	射频内核信号 3	RFIFG3		1Ah	射频内核信号 12	RFIFG12	
0Ah	射频内核信号 4	RFIFG4		1Ch	射频内核信号 13	RFIFG13	
0Ch	射频内核信号 5	RFIFG5		1Eh	射频内核信号 14	RFIFG14	
0Eh	射频内核信号 6	RFIFG6		20h	射频内核信号 15	RFIFG15	最低
10h	射频内核信号 7	RFIFG7					

第20章 电压基准模块(REF)

REF 模块是一个通用的电压基准系统，用于产生基准电压，以供一个给定系统中其他子系统使用，如数字到模拟(D/A)转换器、模拟到数字(A/D)转换器和比较器等。

20.1 REF 介绍

电压基准模块(REF)负责产生系统中所有的基准电压，这些基准电压可供器件的各种模拟外设使用。可使用这些基准电压的模块包括 ADC12_A、DAC12_A、LCD_B 和 COMP_B 模块，但不仅限于上述模块，具体情况取决于器件型号。电压基准系统的核心是带隙基准电路，由它来统一派生其他所有基准电压或者非反相增益级。REFGEN 子系统由带隙基准电路、带隙偏置电路、以及非反相缓冲级组成，REFGEN 子系统产生三个主要的基准电压，即 1.5 V、2.0 V 和 2.5 V，供系统使用。此外，REF 模块启用时，还提供了一个缓冲带隙基准电压。

REF 的特征如下：

- ❑ 集成的、具有极佳的电源电压抑制比(PSRR)、温度系数和准确且工业修整的带隙基准电路；
- ❑ 可选择的内部基准 1.5 V、2.0 V 或 2.5 V；
- ❑ 缓冲带隙基准电压可供给系统的其他部分使用；
- ❑ 节能特性；
- ❑ 向后兼容已存在的电压基准系统。

REF 模块的结构框图如图 20-1 所示。

20.2 操作原理

REF 模块提供整个系统各个外围模块所必需的基准电压。这些基准电压提供给以下模块，包括 ADC12_A、DAC12_A、LCD_B、或 COMP_B，但不仅限于上述模块。

REFGEN 子系统包含一个高性能的带隙基准电路。当低功耗运行时，该带隙基准电路具有高精度(工业修整)、低温度系数以及高电源电压抑制比(PSRR)。带隙基准电路的电压通过非反相放大器产生三个基准电压，即 1.5 V、2.0 V 和 2.5 V，每次可以选取一个基准电压。REFGEN 子系统的输出到可调电压基准线上。可调电压基准线上提供 1.5 V、2.0 V 或 2.5 V 供系统其他部分使用。REFGEN 子系统的第二输出提供在缓冲带隙基准电压线上，其也可供整个系统模块使用。此外，当 DAC12_A 模块可用时，REFGEN 支持 DAC12_A 模块所需的电压基准。另外，REFGEN 子系统还包括温度传感器电路，因为温度传感器电路起源于带隙基准电路。温度传感器被 ADC 用来测量与温度成比例的电压。

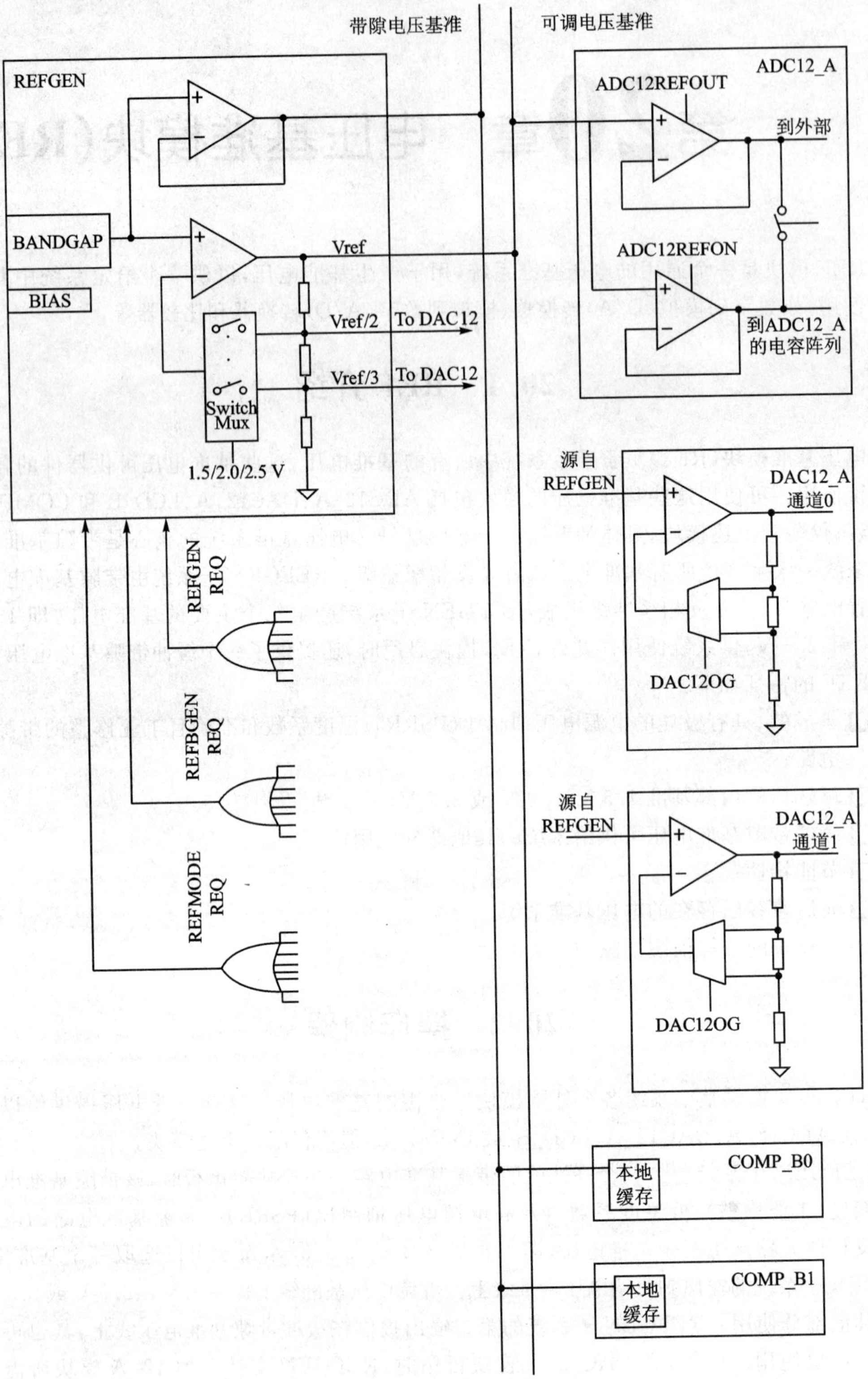

图 20－1　REF 结构框图

20.2.1 低功耗操作

REF 模块具备支持低功耗应用的能力,诸如驱动液晶等。许多应用并不要求非常精确的基准电压,相比于数据转换精度,功耗是首要被关注的。为了支持这种类型的应用,带隙基准电路能够被设置为采样模式。在采样模式下,带隙基准电路的时钟频率来自一个具有适当占空比的 VLO。以牺牲精度为代价,显著地降低了带隙基准电路的平均功率。当不采用采样模式,带隙基准电路处于静态模式。它的功率是最高的,其精度也是最高的。

各模块可以通过它们各自的采样请求线自动请求静态模式或者采样模式。通过这种方式,各模块决定何种模式适合其正常运行和性能要求。如果有任何一个活动模块请求采用了静态模式,将导致其他所有模块都采用静态模式,即使此时另一个模块正请求采样模式,也是如此。换句话说,静态模式通常比采样模式具有更高的优先权。

20.2.2 寄存器 REFCTL

REFCTL 寄存器提供了一种通过集中的寄存器设置来控制电压基准系统的方法。默认情况下,REFCTL 用作电压基准系统的主要控制寄存器。对于先前版本的器件,ADC12_A 提供了必要的控制位来配置电压基准系统,即 ADC12REFON、ADC12REF2_5、ADC12TCOFF、ADC12REFOUT、ADC12SR 和 ADC12REFBURST。ADC12SR 和 ADC12REFBURST 位对于 ADC12 操作有非常特殊的作用,因此不包括在 REFCTL 中。通过清除 REFMSTR 位来允许向后兼容,此时所有传统的 ADC12_A 控制位仍然可以用于配置电压基准系统。在这种情况下,不用关心 REFCTL 寄存器的值。

设置电压基准主控模式位(REFMSTR=1),允许通过控制寄存器 REFCTL 来配置电压基准系统。这是系统默认设置。在这种模式下,传统的控制位 ADC12REFON、ADC12REF2_5、ADC12TCOFF 和 ADC12REFOUT 被忽略。ADC12SR 和 ADC12REFBURST 仍然通过 ADC12_A 控制,因为这些位对 ADC12_A 模块具有非常特殊的作用。如果 REFMSTR 位被清除,REFCTL 的所有设置都被忽略,同时电压基准系统完全由 ADC12_A 模块的控制位来控制。表 20-1 总结了 REFCTL 位及其对 REF 模块的影响。

表 20 1 电压基准系统的 REF 控制(REFMSTR=1)(默认)

REF 寄存器设置	功能描述
REFON	该位置 1,启用 REFGEN 子系统,其中包括带隙基准电路、带隙偏置电路以及 1.5 V/2.0 V/2.5 V 缓冲。置位该位将致使 REFGEN 子系统保持启用,不论此时是否有模块发出基准请求信号。只在所有模块未向 REFGEN 发出任何基准请求信号时,清除此位才可关闭 REFGEN 子系统
REFVSEL	当 REFON=1 或者 REFGEN 被任何模块请求时,选择 1.5 V、2.0 V 或 2.5 V 作为可调电压基准线上的基准电压
REFOUT	该位置 1,使得可调电压基准线上的电压通过一个缓冲输出到外部设备(外部电压基准缓冲)
REFTCOFF	此位置 1 禁用温度传感器(温度传感器可用时),以降低功耗

表 20-2 总结了 ADC12_A 控制位及其对 REF 模块的影响。详细信息请参阅 ADC12_A 模块说明。

注意: 虽然 REF 模块支持使用 ADC12_A 位控制电压基准系统,但推荐使用新的 REF-

CTL 寄存器，同时将旧代码移植为这个机制。因为这允许电压基准系统进行逻辑分区，以从 ADC12_A 系统中分离出来，这为以后的产品，形成更自然的划分。

表 20-2　2 电压基准系统的 ADC 控制(REFMSTR=0)

ADC12_A 寄存器设置	功能描述
ADC12REFON	设置此位启用 REFGEN 子系统，其中包括带隙基准电路、带隙偏置电路以及 1.5 V/2.0 V/2.5 V 缓冲区。设置此位将导致 REFGEN 子系统保持启用，不论是否有任何模块请求。只在所有模块未向 REFGEN 发出任何请求信号时，清除此位才关闭 REFGEN 子系统
ADC12REF2_5	当 ADC12REFON=1，置位此位，将选择 2.5 V 作为可调电压基准线上的基准电压。当 ADC12REFON=1，清除此位，则选择 1.5 V 作为可调电压基准上的基准电压
ADC12REFOUT	该位置 1，使得可调基准电压线上的电压通过一个缓冲输出到外部设备(外部基准缓冲)
ADC12TCOFF	此位置 1 禁用温度传感器(温度传感器可用时)，以降低功耗

如前所述，ADC12REFBURST 对电压基准系统有影响，可通过 ADC12_A 控制 ADC12REFBURST。无论是 REFCTL 还是 ADC12_A 控制电压基准系统，ADC12REFBURST 位的影响都是存在的。当 REFON=1 与 REFMSTR=1 或 ADC12REFON=1 与 REFMSTR=0，设置 ADC12REFBURST=1，使能突发模式。在突发模式，内部缓冲区(ADC12REFOUT=0)或外部缓冲区(ADC12REFOUT=1)只有在一次转换期间使能，之后自动关闭以降低功耗。

注意： 遗留的 ADC12_A 位 ADC12REF2_5 只允许选择 1.5 V 或者 2.5 V。为了选择 2.0 V，必须使用控制位 REFVSEL(REFMSTR=1)。

20.2.3　电压基准系统请求信号

有三种基本的电压基准请求信号被电压基准系统使用。每个模块可以利用这些请求信号，以得到电压基准系统的正确响应。三个基本的请求信号分别是 REFGENREQ、REFMODEREQ、REFBGREQ。不需要用户代码干预，各模块会自动选择正确的请求信号。

电压基准请求信号 REFGENREQ 可作为 REFGEN 子系统的输入。这个信号代表一个来自系统各模块请求信号的逻辑或(OR)结果，以申请从已经工作的可调电压基准线上获得模块的基准电压。当一个模块请求基准电压时，模块声明其对应的 REGFENREQ 信号。一旦 REFGENREQ 被声明，REFGEN 子系统将启用。在经过特定的设置时间后，可调基准电压将稳定待用。REFVSEL 位的设置决定可调电压基准线上产生的是哪个基准电压。

除了 REFGENREQ 信号，第二个电压基准的请求信号 REFBGREQ 也可用。REFBGREQ 信号代表来自各模块请求信号的逻辑或(OR)结果，请求带隙基准电压线上的基准电压。一旦 REFBGREQ 被声明，带隙基准电路连同偏置电路与本地缓冲区，如果先前没有被其他请求信号开启，那么它们将被启用。

REFMODEREQ 请求信号可用于配置带隙基准电路和偏置电路运行在采样模式或静态模式。REFMODEREQ 信号是来自各种模拟模块请求信号的逻辑与(AND)结果。在实际应用中，仅当一个模块的 REFGENREQ 或 REFBGQ 也被声明时，才产生 REFMODEREQ 信号。否则 REFMODEREQ 信号可以忽略。当 REFMODEREQ=1 时，带隙基准电路工作在采样模式。当一个模块声明其相应的 REFMODEREQ 信号时，它要求带隙基准电路工作在采样模式。由于 REMODEREQ 是所有模块请求信号的逻辑与(AND)，任何一个模块请求静态模式,都将导致带隙基准电路工作在静态模式下。BGMODE 位可用作静态模式或采样模式的指示器。

1. REFBGACT、REFGENACT、REFGENBUSY

任何正在使用可调基准电压线上的电压模块将导致 REFCTL 寄存器中的 REFGENACT 位置 1。该位为只读,告诉用户基准发生器(REFGEN)的状态是开启还是关闭。同样,任何正在使用带隙基准电压线上的电压的一个或多个模块将使 REFBGACT 位置 1,并告诉用户带隙基准电路(REFBG)的状态是开启还是关闭。

REFGENBUSY 信号,被置位时,表示该模块使用的是基准电压,不能更改它的任何设置。例如,在一个正在进行的 ADC12_A 转换中,基准电压等级不应改变。当 ADC12_A 正在转换(ENC=1)或当 DAC12_A 正在转换(DAC12AMPx≥1 和 DAC12SREFx=0),REFGENBUSY 被置位。REFGENBUSY 被置位时,REFCTL 寄存器写保护。这可以防止电压基准被禁用或在任何正在进行的转换中改变基准电压电平。

注意: 如果采用 ADC12_A 遗留的控制位控制电压基准时,那么对于 DAC12_A 没有上述的保护措施。如果用户使用电压基准更改 ADC12_A 和 DAC12_A,那么 DAC12_A 转换将生效。

2. ADC12_A

对于包含 ADC12_A 模块的器件,ADC12_A 模块包含两个本地缓冲区。较大的缓冲区,可用于驱动基准电压,连接在可调基准线上,供给外设器件。此缓冲区因为有一个可选择的突发模式,以及可驱动较大的直流负载,所以具有较大的功耗。当 REFON=1,REFOUT=1,ADC12REFBURST=0,大缓冲区连续启用。当 ADC12REFBURST=1,缓冲区仅在 ADC 转换时启用,ADC 转换完成后自动关闭以节能。此外,当 REFON=1 和 REFOUT=1,第二个较小的缓冲区会自动禁用。在这种情况下,大的缓冲器输出通过一个内部模拟开关连接到电容阵列。这确保了整个系统中使用相同的电压基准。如果 REFON=1 和 REFOUT=0,内部缓冲区用于 ADC 转换,大缓冲区保持关闭状态。通过设置 ADC12REFBURST=1,内部小的缓冲区也能够工作在突发模式。

3. DAC12_A

某些器件可能包含 DAC12_A 模块。DAC12_A 可以使用可调基准线上的 1.5 V、2.0 V 或 2.5 V 作为基准源。DAC12_A 由 DAC12_A 模块本身的设置可以直接请求电压基准。基本上,如果 DAC 被使能,同时选定内部电压基准,DAC 将请求 REF 模块的电压基准。此外,正如前所述,设置 REFON=1(REFMSTR=1)或 ADC12REFON=1(REFMSTR=0)可以使可调基准线独立于 DAC12_A 的控制位。

REGEN 子系统将提供可调基准线的分压值供 DAC12_A 模块使用。DAC12_A 模块可请求可调基准线的 1/2 或 1/3。这取决于内部 DAC12_A 模块(DAC12IR,DAC12OG),同时由 REF 模块自动处理。

当 DAC12_A 选择 AVcc 或 VeREF+作为基准电压时,DAC12_A 有自身的 1/2 与 1/3 电阻串可用,依据 DAC12IR 与 DAC12OG 设置,分级产生适当的基准输入电压。

4. LCD_B

包含 LCD 的器件将使用 LCD_B 模块。LCD_B 模块需要一个基准电压以产生适当的液晶驱动电压。来自 REFGEN 子系统的带隙基准线正是用于这一目的。当 LCDON=1 时，启用 LCD_B 模块，这将导致来自液晶模块的 REFBGREQ 信号被声明，缓冲带隙基准电路将产生带隙基准线供 LCD_B 模块内部使用。

20.3 REF 寄存器

REF 寄存器如表 20-3 所列。其基址可以在器件数据手册中找到。地址偏移量见表 20-3。

注意：所有寄存器中，可以进行字或字节访问。对于通用寄存器 ANYREG，后缀"_L"(ANYREG_L)指寄存器低字节(位 0～7)；后缀"_H"(ANYREG_H)指寄存器高字节(位 8～15)。

表 20-3 REF 寄存器

寄存器	简　称	寄存器类型	访问方式	地址偏移量	初始状态
REFCTL0	REFCTL0	读/写	字访问	00h	0080h
	REFCTL0_L	读/写	字节访问	00h	80h
	REFCTL0_H	读/写	字节访问	01h	00h

REF 控制寄存器 0(REFCTL0)

15～12	11	10	9	8
保留	BGMODE	REFGENBUSY	REFBGACT	REFGENACT

7	6	5～4	3	2	1	0
REFMSTR	保留	REFVSEL	REFTCOFF	保留	REFOUT	REFON

保留　位 15～12　保留位，通常读出为 0。

BGMODE　位 11　带隙基准电路模式选择位，只读。
- 0　静态模式；
- 1　采样模式。

REFGENBUSY　位 10　电压基准发生器忙标志，只读。
- 0　电压基准发生器不忙；
- 1　电压基准发生器忙。

REFBGACT　位 9　基准带隙电路活动标志位，只读。
- 0　基准带隙缓冲禁止；
- 1　基准带隙缓冲激活。

REFGENACT　位 8　基准发生器激活，只读。
- 0　基准发生器禁止；
- 1　基准发生器激活。

REFMSTR　位 7　REF 模块主控模式。
- 0　当 ADC12_A 模块可用时，采用 ADC12_A 内部遗留的控制位控制电压基准系统；
- 1　电压基准系统由 REFCTL 寄存器控制。ADC12_A 模块内部的常用设置(如果 ADC12_A 存在)可不关心。

保留　位 6　保留位，通常读出为 0。

REFVSEL　位 5～4　电压基准电压等级选择位。

		00 当电压基准被请求或者 REFON=1 时,基准电压为 1.5 V;
		01 当电压基准被请求或者 REFON=1 时,基准电压为 2.0 V;
		1x 当电压基准被请求或者 REFON=1 时,基准电压为 2.5 V。
REFTCOFF	位 3	温度传感器控制位。
		0 使能温度传感器;
		1 关闭温度传感器,以降低功耗。
保留	位 2	保留位,通常读出为 0。
REFOUT	位 1	电压基准输出缓冲器。
		0 电压基准外部输出不可用;
		1 电压基准外部输出可用。如果 ADC12REFBURST=0,或 DAC12_A 启用,输出连续;如果 ADC12REFBURST=1,输出仅在 ADC12_A 转换时可用。
REFON	位 0	电压基准使能位。
		0 如果没有其他电压基准请求被悬挂,禁用电压基准;
		1 启用电压基准。

第21章 比较器B

比较器B是一个模拟电压比较器。比较器B模块有多达16个具备通用比较功能的输入通道。

21.1 比较器B的介绍

比较器B模块支持以下功能:精确的模/数(A/D)斜坡转换,电源电压监视与监测外部模拟信号。

比较器B的特点如下:

- ❑ 同相和反相端输入多路复用器;
- ❑ 软件可选的比较器输出端口进行RC滤波;
- ❑ 比较器输出可作为Timer_A的捕获输入信号;
- ❑ 软件控制端口输入缓冲器;
- ❑ 中断能力;
- ❑ 可选的基准电压发生器,电压滞后发生器;
- ❑ 比较器的基准电压可从共享基准电压模块REF输入;
- ❑ 超低功耗的比较器工作模式;
- ❑ 中断驱动的测量系统——支持低功率运行。

比较器B的结构框图如图21-1所示。

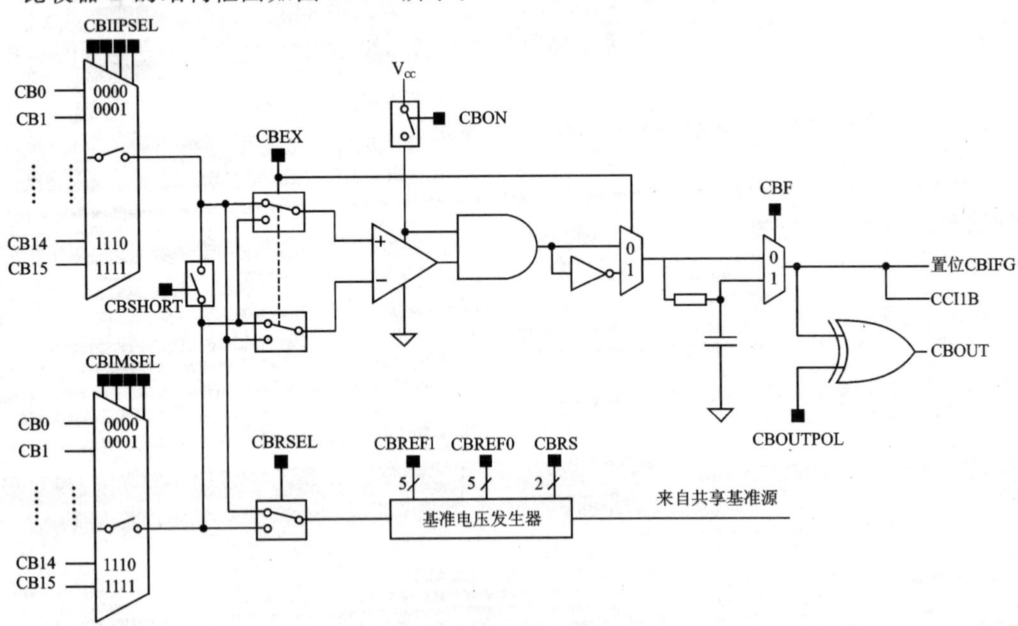

图21-1 比较器B的结构框图

21.2 比较器B的操作

用户可通过软件配置比较器 B 模块。比较器 B 的设置与操作将在下面几节中讨论。

21.2.1 比较器

比较器的功能是比较输入到正端(+)和负端(−)模拟电压的大小关系。如果正端电压大于负端电压,那么比较器的输出 CBOUT 为高电平。比较器可以由控制位 CBON 控制为开启或关闭。当不需要比较器时,应关闭比较器,以减少电流消耗。当比较器被关闭,CBOUT 总为低。比较器的偏置电流可编程控制。

21.2.2 模拟输入开关

使用 CBIPSELx 和 CBIMSELx 位控制模拟输入开关,从而控制比较器的正负两个输入端与相应引脚之间连接或断开。比较器输入端可以单独控制。CBIPSELx/CBIMSELx 位允许用于以下应用中:

- ❑ 外部信号输入到比较器正端(+)和负端(−)的应用;
- ❑ 路由内部基准电压到相应的输出引脚;
- ❑ 外部电流源(经过电阻后)输入比较器正端(+)或负端(−)的应用;
- ❑ 内部多路复用器映射所有比较器端口到外部引脚。

初始化时,比较器的输入开关被构建为一个 T 型开关,以抑制信号路径的失真。

注意: 比较器输入连接。当比较器开启时,输入端应连接到一个信号、电源或地;否则,悬浮的端口电平可能会导致不可预知的中断产生,同时会增加电流消耗。

CBEX 位控制输入多路复用器,可以互换比较器正端(+)和负端(−)的输入信号。此外,比较器输入端的信号被互换后,比较器的输出信号也将被反转。这允许用户去确定或补偿比较器的输入偏移电压。

21.2.3 端口逻辑

当与比较器输入通道有关的 Px. y 引脚被用作比较器的输入端口时,它们可通过 CBIPSELx 或 CBIMSELx 使能,以关闭该 I/O 口的数字功能。输入多路复用器每次只能选择比较器输入引脚的一个作为输入。

21.2.4 输入短路开关

CBSHORT 位短路比较器 B 的输入端。这可以用来为比较器构建一个简单的采样/保持,如图 21-2 所示。

所需的采样时间与采样电容的大小(C_S)、输入开关与短路开关之间的串联电阻(R_i)以及外部电压源的内阻(R_S)成正比。总内阻(R_I)通常在 1 kΩ 范围之内。采样电容 C_S应大于 100 pF。时间常数 T_{au}为采样电容 C_S的充电时间,计算公式为

$$T_{au}=(R_i+R_S)\times C_S$$

根据不同的精度要求,采样时间为 3~10 T_{au}。采样时间为 3 T_{au}时,采样电容充电电压约

为输入信号电压的 95%，采样时间为 5 T_{au}时，采样电容充电电压不少于输入信号电压的 99%。采样时间为 10 T_{au}时，采样电压可以满足 12 位精度需求。

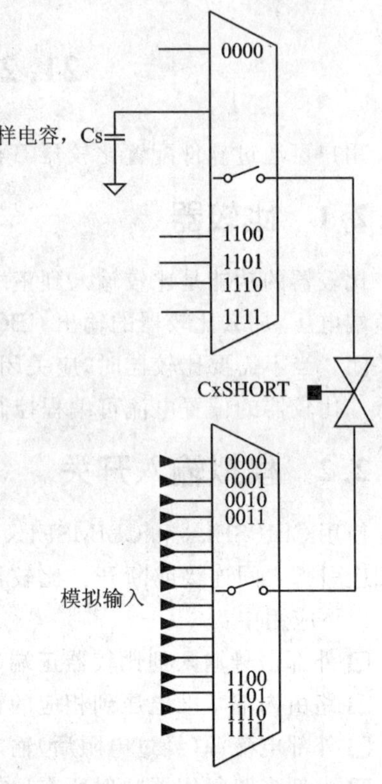

图 21-2　比较器的采样/保持

21.2.5　输出滤波器

比较器的输出可选择是否进行内部滤波处理。当控制位 CBR 置 1 时，比较器输出经一个片上 RC 滤波器进行滤波。滤波延迟时间可以设置为 4 个不同的等级。

如果两端的输入端电压差很小时，比较器输出将产生振荡。内部和外部寄生效应以及信号线、电源线与系统其他部分的交叉耦合导致的现象，如图 21-3 所示。比较器输出振荡将降低比较器结果的精度和分辨率。选择输出滤波器可以减少由比较器振荡产生的错误。

21.2.6　基准电压发生器

比较器 B 的基准电压结构框图，如图 21-4 所示。

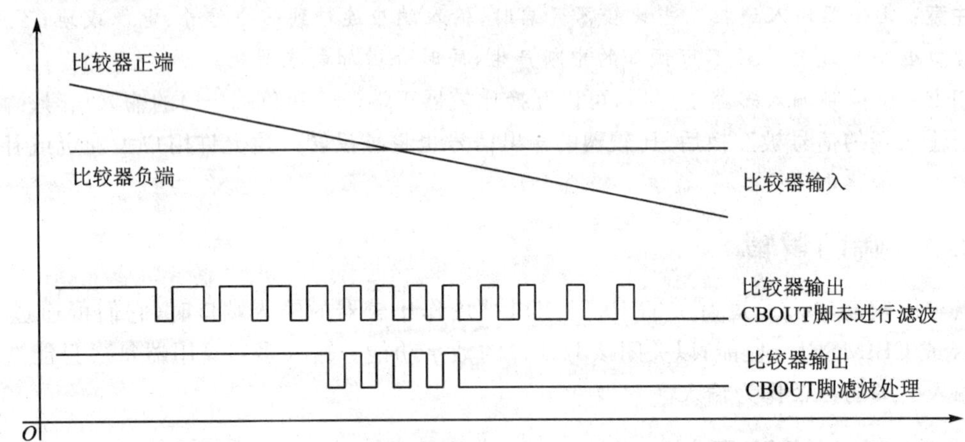

图 21-3　比较器输出引脚的 RC 滤波响应

基准电压发生器用来产生 V_{REF}，它适用于比较器的任何输入端。CBREF1x(V_{REF1})和 CBREF0x(V_{REF0})位控制基准电压发生器的输出。CBRSEL 位选择比较器输入端是使用哪个 V_{REF}。如果外部信号接入比较器的两个输入端，则应关闭内部基准电压发生器，以减少电流消耗。基准电压发生器可用于生成该器件 V_{CC} 的小数部分或集成高精度电压基准源的基准电压。当 CBOUT 为 1 时，使用 V_{REF1}；当 CBOUT 为 0 时，使用 V_{REF0}。这允许在不借助外部元件时，产生一个滞后作用。

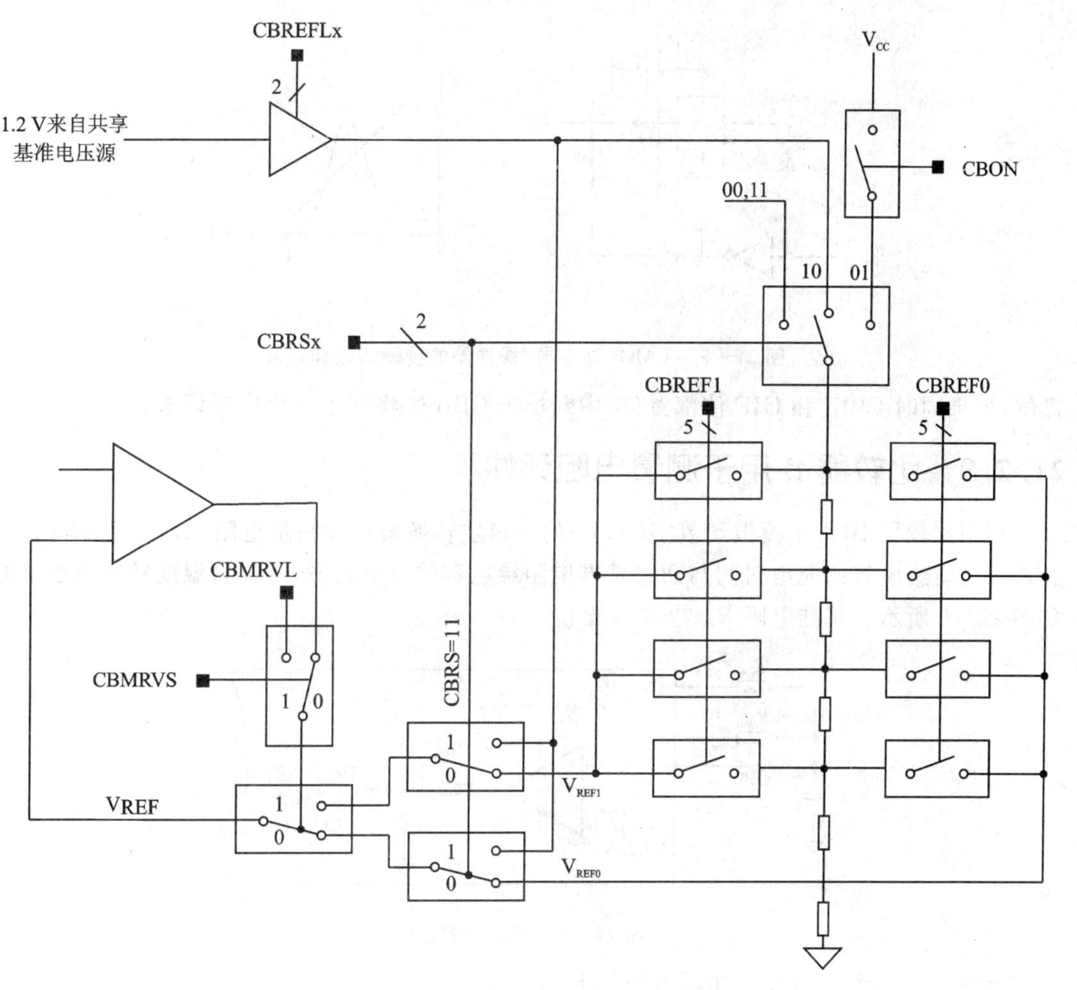

图 21-4 比较器 B 的基准电压结构框图

21.2.7 比较器 B 的端口禁止寄存器 CBPD

比较器 B 的输入/输出功能与相应的 I/O 引脚复用，这些引脚采用数字 CMOS 型门电路。当模拟信号被应用于数字 CMOS 型门电路时，寄生电流 I_{CC} 从 V_{CC} 流到 GND。如果输入电压值接近逻辑门的过渡电平，将产生寄生电流。禁用端口缓冲器可以消除寄生电流，因此降低了整体的电流消耗。

当 CBPDx 位被置 1，禁用相应 Px.y 的输入缓冲器，如图 21-5 所示。当对电流消耗非常敏感时，任何连接模拟信号的 Px.y 引脚应该通过相应的 CBPDx 位被禁用。

通过 CBIPSEL 或 CBIMSEL 位，选择一个连接到比较器多路复用器的输入引脚，此时会自动关闭该引脚的输入缓冲器，而不管此时相应 CBPDx 位的状态。

21.2.8 比较器 B 的中断

比较器 B 具有一个中断标志位和一个中断向量。

设置 CBIES 位，可选择中断标志位 CBIFG 在比较器输出信号上升沿置位或者在下降沿

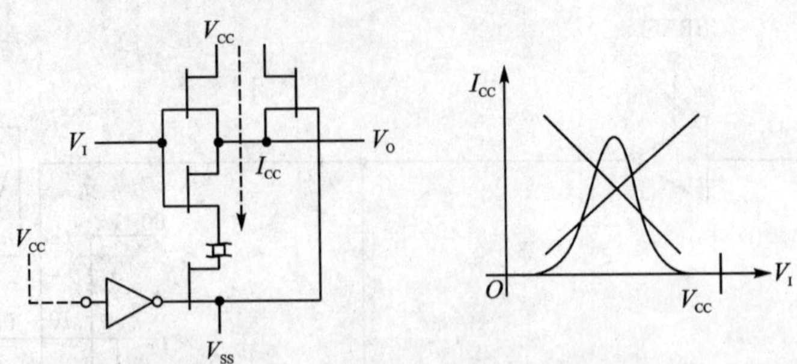

图 21-5　CMOS 逆变器/缓冲器的传输特性和功耗

置位，如果同时 CBIE 和 GIE 位都置位，中断标志 CBIFG 将产生一个中断请求。

21.2.9　比较器 B 用于测量电阻元件

利用比较器 B，采用模拟到数字(A/D)的单斜坡转换来精确测量电阻元件。例如，比较通过热敏电阻给电容的充电时间与通过基准电阻给电容的放电时间，可以将温度转换成数字值，如图 21-6 所示。基准电阻 R_{ref} 与 R_{meas} 比较。

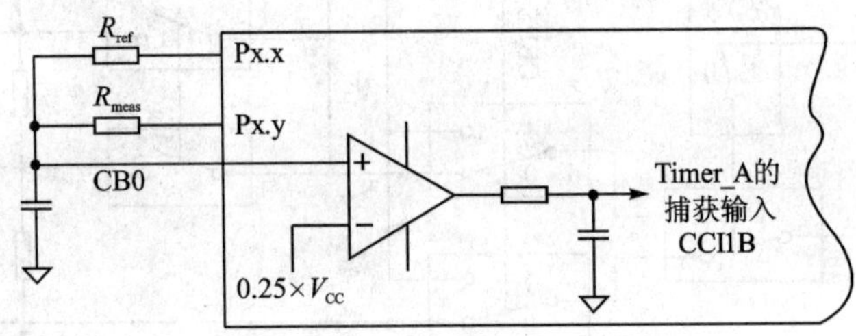

图 21-6　温度测量系统

通过 R_{meas} 计算温度所使用的资源如下：

- ❑ 两个数字 I/O 引脚分别进行电容充电和放电。
- ❑ I/O 设置输出为高(V_{CC})，给电容器充电，I/O 复位则电容放电。
- ❑ I/O 不使用时，通过 CBPDx 位，将 I/O 切换为高阻抗输入。
- ❑ 一个输出端口，用于电容通过 R_{ref} 充放电。
- ❑ 一个输出端口，用于电容通过 R_{meas} 放电。
- ❑ 比较器的“＋”端连接到电容的正极。
- ❑ 比较器的“－”端连接到一个基准电压，例如 0.25×V_{CC}。
- ❑ 采用输出滤波器，以最大限度地降低开关噪声。
- ❑ CBOUT 用作 Timer_A CCI1B 输入，捕获电容放电时间。

上述原理可以测量多个电阻元件。额外的电阻元件通过可用的 I/O 引脚连接到 CB0，当该电阻元件没有被测量时，设置该 I/O 口为高阻态。

热敏电阻的测量是基于比例转换原理。两个电容放电时间的计算方法，如图 21-7 所示。V_{CC} 电压，电容值在转换期间应保持不变，但不是关键，因为它们在计算式中被约去。

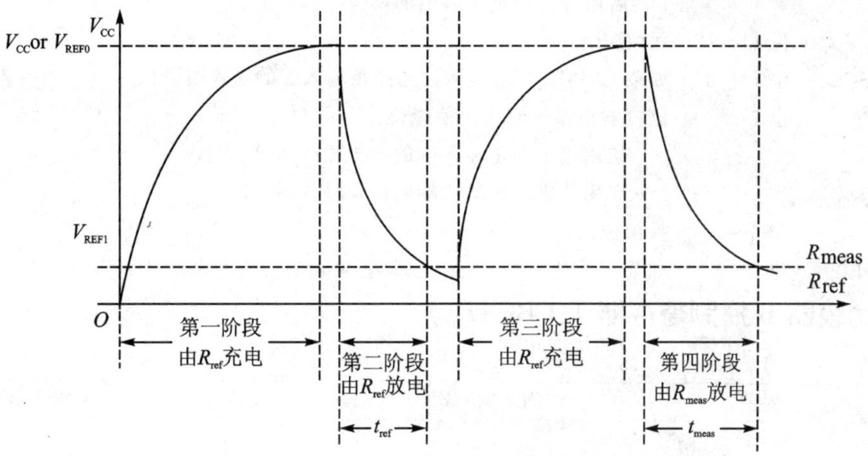

图 21-7　温度测量系统的时序图

$$\frac{N_{meas}}{N_{ref}} = \frac{-R_{meas} \times C \times \ln \dfrac{V_{ref1}}{V_{CC}}}{-R_{ref} \times C \times \ln \dfrac{V_{ref1}}{V_{CC}}}$$

$$\frac{N_{meas}}{N_{ref}} = \frac{R_{meas}}{R_{ref}},\ R_{meas} = R_{ref} \times \frac{N_{meas}}{N_{ref}}$$

21.3　比较器 B 的寄存器

比较器 B 的寄存器如表 21-1 所列。比较器 B 的基地址可以在器件指定的数据手册中找到。

表 21-1　比较器 B 的寄存器

寄存器	简　写	寄存器读写	地址偏移量	初始状态
比较器 B 控制寄存器 0	CBCTL0	读/写	0x0000	PUC 后复位
比较器 B 控制寄存器 1	CBCTL1	读/写	0x0002	PUC 后复位
比较器 B 控制寄存器 2	CBCTL2	读/写	0x0004	PUC 后复位
比较器 B 控制寄存器 3	CBCTL3	读/写	0x0006	PUC 后复位
比较器 B 中断寄存器 0	CBINT	读/写	0x000C	PUC 后复位
比较器 B 中断向量字寄存器	CBIV	只读	0x000E	PUC 后复位

1. 比较器 B 控制寄存器 0(CBCTL0)

15	14～12	11～8	7	6～4	3～0
CBIMEN	保留	CBIMSEL	CBIPEN	保留	CBIPSEL

CBIMEN　　位 15　　比较器负输入端 V－使能位。

0　禁用选定的负输入端的模拟输入通道；

		1　启用选定的负输入端的模拟输入通道。
保留	位 14～12	保留位。
CBIMSEL	位 11～8	如果 CBIMEN 置 1,该位选择负输入端的输入通道口。
CBIPEN	位 7	比较器正输入端 V+使能位。 0　禁用选定的正输入端的模拟输入通道; 1　启用选定的正输入端的模拟输入通道。
保留	位 6～4	保留位。
CBIPSEL	位 3～0	如果 CBIPEN 置 1,该位选择正输入端的输入通道口。

2. 比较器 B 控制寄存器 1(CBCTL1)

15	14	13	12	11	10	9	8
保留			CBMRVS	CBMRVL	CBON	CBPWRMD	

7	6	5	4	3	2	1	0
CBFDLY		CBEX	CBSHORT	CBIES	CBF	CBOUTPOL	CBOUT

保留	位 15～13	保留位。
CBMRVS	位 12	在 CBRS=00,01 或 10 时,此位根据比较器输出选择基准为 VREF0 或 VREF1。 0　根据比较器输出状态,选择基准为 VREF0 或 VREF1; 1　根据 CBMRVL 位,选择基准为 VREF0 或 VREF1。
CBMRVL	位 11	当 CBMRVS 置 1 时,该位有效。 0　如果 CBRS=00,01 或 10,选择基准为 VREF0; 1　如果 CBRS=00,01 或 10,选择基准为 VREF1。
CBON	位 10	该位开启比较器。当比较器关闭时,比较器 B 不消耗功率。
CBPWRMD	位 9～8	电源模式。所有器件并非支持所有的模式,详见器件指定的数据手册。 00　高速模式(可选);　　10　超低功耗模式(可选); 01　普通模式(可选);　　11　保留。
CBFDLY	位 7～6	滤波延迟时间。该过滤器可以选择 4 个延迟时间。 00　典型滤波延迟时间 450 ns;　　10　典型滤波延迟时间 1 800 ns; 01　典型滤波延迟时间 900 ns;　　11　典型滤波延迟时间 3 600 ns。
CBEX	位 5	置换控制位。该位交换比较器正、负输入端的输入信号,同时反转比较器的输出值。
CBSHORT	位 4	输入短接。该位短路正输入端和负输入端。 0　不短路输入;1　短路输入。
CBIES	位 3	CBIIFG 和 CBIFG 的中断沿选择。 0　上升沿,置位 CBIFG,下降沿置位 CBIIFG; 1　下降沿,置位 CBIFG,上升沿置位 CBIIFG。
CBF	位 2	输出滤波。 0　比较器 B 输出未进行滤波;1　比较器 B 输出滤波。
CBOUTPOL	位 1	输出极性。该位定义 CBOUT 的极性。 0　未反转;1　反转。
CBOUT	位 0	输出值。该位反映比较器 B 的输出值。对该位进行写操作对比较器输出值没有影响。

3. 比较器 B 控制寄存器 2(CBCTL2)

15	14～13	12～8	7～6	5	4～0
CBREFACC	CBREFL	CBREF1	CBRS	CBRSEL	CBREF0

CBREFACC 位 15 基准电压精度。只有 CBREFL> 0 时,申请基准电压。

0 静态模式;1 时钟模式(低功耗,低精度)。

CBREFL 位 14～13 基准电压电平。

00 基准电压放大器被禁用,无基准电压请求;

01 选定 1.5 V 作为基准输入电压;

10 选定 2.0 V 作为基准输入电压;

11 选定 2.5 V 作为基准输入电压。

CBREF1 位 12～8 基准 1 的电阻梯级。当 CBOUT=1,该寄存器定义电阻串的梯级。

CBRS 位 7～6 基准源选择位。此位定义基准电压由 V_{CC} 或精准共享基准源派生。

00 基准电路无电流流过;

01 V_{CC} 输入电阻梯级;

10 共享基准电压输入电阻梯级;

11 共享基准电压提供给 V_{CCREF},电阻阶梯被关闭。

CBRSEL 位 5 基准电压选择。

当 CBEX=0,此位选择 V_{CCREF} 作为哪个输入端的输入。

0 V_{REF} 输入到正输入端;1 V_{REF} 输入到负输入端。

当 CBEX=1。

0 V_{REF} 输入到负输入端;1 V_{REF} 输入到正输入端。

CBREF0 位 4～0 基准 0 的电阻梯级。当 CBOUT=0,该寄存器定义电阻串的梯级。

4. 比较器 B 控制寄存器 3(CBCTL3)

15	14	13	12	11	10	9	8
CBPD15	CBPD14	CBPD13	CBPD12	CBPD11	CBPD10	CBPD9	CBPD8
7	6	5	4	3	2	1	(0)
CBPD7	CBPD6	CBPD5	CBPD4	CBPD3	CBPD2	CBPD1	CBPD0

CBPDx 位 15～0 端口禁用控制位。这些位单独禁止与比较器 B 输入端口复用的相关 I/O 引脚的输入缓冲器。位 CBPDx 关闭比较器的输入通道 x。

0 输入缓冲器启用;1 输入缓冲器禁用。

5. 比较器 B 中断寄存器 0(CBINT)

15～10	9	8	7～2	1	0
保留	CBIIE	CBIE	保留	CBIIFG	CBIFG

保留 位 15～10 保留位,通过读出为 0。

CBIIE 位 9 比较器 B 输出极性反转中断使能位。

0 中断禁止;1 中断使能。

CBIE 位 8 比较器 B 输出中断使能。

0 中断禁止;1 中断使能。

保留 位 7～2 保留位,通常读出为 0。

CBIIFG 位 1 比较器输出极性反转中断标志。CBIES 位定义了输出信号的何种边沿信号来置高该位。

0　没有中断请求；1　输出中断请求。

CBIFG　　位 0　　比较器输出中断标志。CBIES 位定义了输出信号的何种边沿信号来置高该位。

0　没有中断请求；1　输出中断请求。

6. 比较器 B 中断向量字寄存器(CBIV)

15～3	2～1	0
0	CBIV	0

CBIV　位 15～0　比较器 B 中断向量字寄存器。中断向量字寄存器只能反映中断使能位置位的中断标志位。读 CBIV 清除最高中断级的中断请求标志位。

CBIV 内容	中断源	中断标志位	中断优先级
00h	无中断请求	—	—
02h	CBOUT 中断	CBIFG	最高
04h	CBOUT 输出极性反转中断	CBIIFG	最低

第22章 模/数转换器 ADC12_A

ADC12_A 模块是一款高性能的 12 位模/数转换器，本章描述该模块的使用方法。

22.1 ADC12_A 介绍

ADC12_A 模块支持快速的 12 位模/数转换。该模块具有一个 12 位的逐次逼进(SAR)内核，采样选择控制，基准电压发生器和 16 字的转换控制缓冲区。转换控制缓冲区允许多达 16 路独立的 ADC 采样转换和保持，而不需要 CPU 的干预。

ADC12_A 特性如下：

- 最大转换速率 200 ksps。
- 无编码遗失的固定 12 位转换。
- 采样保持功能，软件或者定时器控制的可编程采样周期。
- 通过软件、Timer_A 或者 Timer_B 的启动转换。
- 软件可选的片上基准电压(MSP430F54xx 为 1.5 V 或 2.5 V，其他设备为 1.5 V、2.0 V 或 2.5 V)。
- 软件可选的内部或外部基准源。
- 12 个单独配置的外部输入通道。
- 内部温度传感器、AVCC、外部基准的转换通道。
- 可独立选择通道的基准电压来源，正或负基准电压源。
- 可选的转换时钟源。
- 单通道单次，单通道多次，序列通道，序列通道多次的转换模式。
- ADC 内核和基准电压都可以单独关闭。
- 中断向量寄存器具备 18 路 ADC 中断的快速解码能力。
- 16 位结果转换存储寄存器。

ADC12_A 的框图如图 22-1 所示。

22.2 ADC12_A 操作

ADC12_A 模块使用软件进行配置。下面将讨论 ADC12_A 的配置和操作。

22.2.1 12 位 ADC 内核

ADC 内核将一个模拟输入信号转换为 12 位的数字信号，并将其结果存储在转换存储寄存器中。该内核使用两个可编程选择的电压等级(V_{R+} 和 V_{R-})确定转换的上限和下限。当输

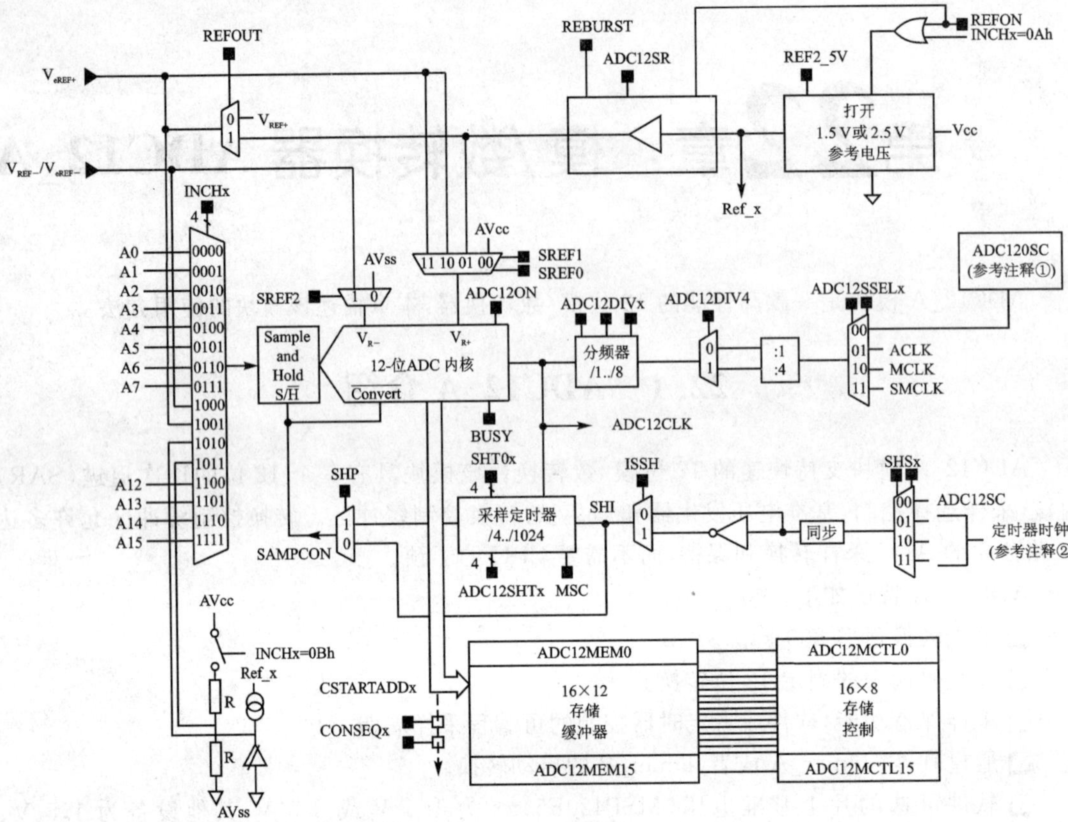

① MODOSC 是 UCS 模块的一部分，更多的信息详见 UCS 章节。

② 对于定时器可用时钟源请参考相应器件的数据手册。

图 22-1　ADC12_A 模块框图

入信号大于或等于 V_{R+} 时，输出数字信号为最大值(0FFFh)，而当输入信号小于或等于 V_{R-} 时，输出为 0。输入通道和基准电压(V_{R+} 和 V_{R-})在转转换控制存储寄存器中被定义。ADC 转换结果 N_{ADC} 的计算公式为

$$N_{ADC}=4\ 095\times(V_{in}-V_{R-})/(V_{R+}-V_{R-})$$

ADC12_A 内核由两个寄存器 ADC12CTL0 和 ADC12CTL1 完成配置。其内核由 ADC12ON 位使能。ADC12_A 在不需要使用时，可以关闭以节省电能。除了个别情况，只有在 ADC12ENC=0 时，才能够修改 ADC12_A 控制位。在执行转换前，ADC12ENC 必须置 1。

转换时钟选择

当选择为脉冲采样模式时，ADC12CLK 用来作为转换时钟和产生采样周期。ADC12_A 时钟源由 ADC12DIV4 控制的预分频器和 ADC12SSELx 位控制的分频器选择。使用 ADC12DIVx 位和 ADC12DIV4 位，输入时钟能够被 1～32 分频。可选的 ADC12CLK 时钟源有 SMCLK、MCLK、ACLK 和 MODOSC。

ADC12OSC 由内部产生，在 5 MHz 的范围内，但会随着芯片本身、供电电压和温度的不同而不同。详见具体芯片的数据手册的 ADC12OSC 说明部分。

用户必须确保所选择的 ADC12CLK 在转换过程中一直有效。如果时钟在转换过程中被

关闭，那么转换操作将不能完成，任何结果都将无效。

22.2.2 ADC12_A 输入和多路复用器

12 路外部和 4 路内部模拟信号通过模拟输入多路复用器选做转换通路。这个输入多路复用器是先关后开型，这样可以减少通道切换时引入的噪声，如图 22-2 所示。输入多路复用也是一个 T 型开关，以尽量减少通道间的耦合。那些未被选用的通道将与 A/D 模块隔离，中间节点与模拟地相连，以便杂散电容接地帮助消除串扰。

ADC12_A 使用电荷再分配的原理。当输入信号在内部切换时，切换动作可能导致输入信号的瞬间变化，这些瞬间变化在造成错误转换之前就会衰减和稳定。

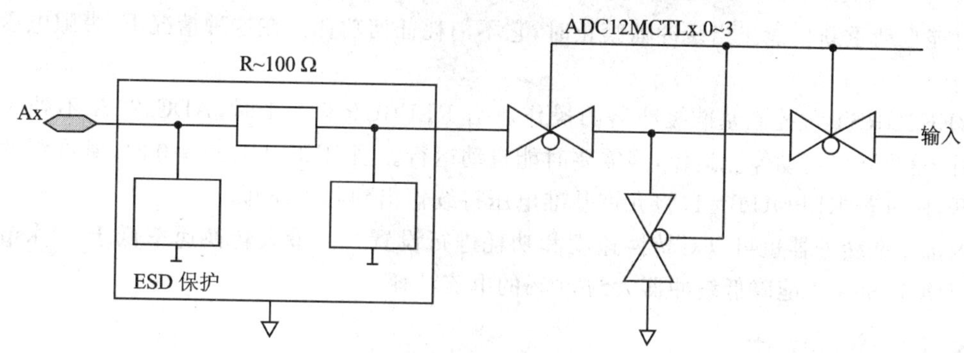

图 22-2 模拟多路复用器

模拟端口选择

ADC12_A 的输入与数字端口引脚复用。当模拟信号施加于数字门电路时，寄生电流将从 VCC 流向 GND。如果输入的电压接近门电路的转换电平时，寄生电流将会产生。禁止数字端口的引脚缓冲，会消除寄生电流的流入，从而减少总电流消耗。PySELx 位具有禁止端口输入、输出缓冲的能力。

```
                             ;Py.0 与 Py.1 配置为模拟输入
BIS.B      #3h,&PySEL        ;Py.1 与 Py.0 选择为 ADC12_A 功能
```

22.2.3 基准电压发生器

CC430 的 ADC12_A 模块包括一个内置的基准电压，它包括两个电压等级 1.5 V 和 2.5 V。这两个基准电压输出在引脚 V_{REF+} 上，可以被内部和外部使用。

其他某些芯片的 ADC12_A 模块有一个单独的基准模块，它能提供 3 个可选择电压等级 1.5 V、2.0 V 和 2.5 V。这 3 个基准电压输出在引脚 V_{REF+} 上，可以被内部和外部使用。

设置 ADC12REFON=1 使能 ADC12_A 模块的基准电压。当 ADC12REF2_5=1 时，内部基准电压为 2.5 V。当 ADC12REF2_5=0 时，基准电压为 1.5 V。在不使用基准模块时，可以将其关闭以节省电能。带 REF 模块的芯片可以使用 ADC12_A 模块的控制位或 REF 模块的控制寄存器来配置 ADC 的基准电压。默认的 REF 模块的寄存器值定义了基准电压的设置值。在 REF 模块中，控制位 REFMSTR 被用于把控制权移交给 ADC12_A 的基准控制寄存器。如果 REFMSTR 位设置为 1(默认值)，REF 模块寄存器控制基准设置。如果 REFM-

STR 位设置为 0，ADC12_A 基准设置定义 ADC12_A 模快的基准电压。

外部电压可以通过 V_{REF+}/Ve_{REF+} 和 V_{REF-}/V_{eREF} 引脚提供给 V_{R+} 和 V_{R-}。

只有在 REFOUT=1，且基准电压输出到引脚上时，才需要外部存储电容。

内部基准电压低功耗特征

ADC12_A 内部的基准发生器是为低功耗应用设计的。基准发生器包括一个带隙电压源和一个独立的缓冲器。每个系列芯片的电流消耗在具体的数据手册中有详细说明。当 ADC12REFON = 1 时，两者都使能，当 ADC12REFON = 0 时，两者都禁止。当 ADC12REFON 置 1 后，总的设置时间小于或等于 30 μs。

当 ADC12REFON=1，REFBURST=1 但没有任何转换运行时，缓冲器将自动禁止，而当需要时能自动重新使能。当缓冲器禁止时，它不消耗任何功耗。在这种情况下，带隙电压源仍使能。

REFBURST 位控制基准缓冲器的操作。当 REFBURST=1 时，ADC12_A 不处于转换状态时，缓冲器将自动停止运作，当需要时能自动运行。当 REFBURST=0 时，基准缓冲器持续打开，此时若 REFOUT=1，将允许基准电压持续输出到芯片外部。

内部基准缓冲器也可以对转换速度和功耗进行设置。当最大转换速率低于 50 ksps 时，设置 ADC12SR=1 能降低缓冲器大约 50%的电流消耗。

22.2.4 自动断电

ADC12_A 是为低功耗应用而设计的。当 ADC12_A 不处于转换状态时，内核将自动关闭；当需要时，它能自动重新使能，同时 MODOSC 也会在需要时自动使能，在不需要时关闭。

22.2.5 采样转换时序

模/数转换在一个采样输入信号 SHI 的上升沿开始。SHI 信号源通过 SHSx 位选择，如：

- ADC12SC 位；
- Timer_A 输出单元 1；
- Timer_B 输出单元 0；
- Timer_B 输出单元 0。

SHI 信号源的极性可以通过 ADC12ISSH 位转换。SAMPCON 信号控制采样周期和转换的开始。当 SAMPCON 为高时，采样运行。SAMPCON 信号由高向低的跳变启动模/数转换，该转换在 12 位分辨率模式下需要 13 个 ADC12CLK 周期。由控制位 ADC12SHP 选择两种不同的采样方法：扩展采样模式和脉冲采样模式。

1. 扩展采样模式

当 ADC12SHP=0 时，选择为扩展采样模式。SHI 信号直接控制 SAMPCON，且定义了采样周期 t_{sample} 的长度。当 SAMPCON 是高电平时，采样运行。在与 ADC12CLK 同步之后，SAMPCON 信号由高向低的跳变启动转换（见图 22-3）。

2. 脉冲采样模式

当 ADC12SHP=1 时，选择为脉冲采样模式。SHI 信号用于触发采样定时器。在 ADC12CTL0 寄存器中的位 ADC12SHT0x 和 ADC12SHT1x 控制采样定时器的间隔，该间隔

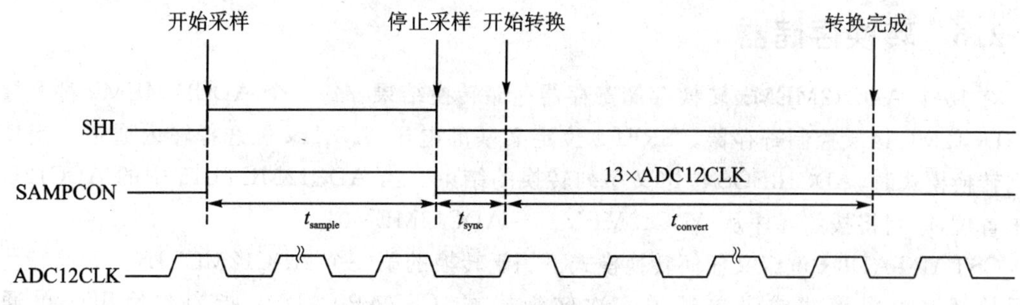

图 22-3　扩展采样模式

定义 SAMPCON 采样周期 t_{sample}。在与 AD12CLK 同步后，采样定时器保持 SAMPCON 在一个编程间隔 t_{sample} 的时间内为高电平。总采样时间为($t_{sample}+t_{sync}$)，如图 22-4 所示。

ADC12SHTx 位选择采样时间为 4 倍的 ADC12CLK。ADC12SHT0x 位选择 ADC12MCTL0 到 ADC12MCTL7 的采样时间，ADC12SHT1x 位选择 ADC12MCTL8 到 ADC12MCTL15 的采样时间。

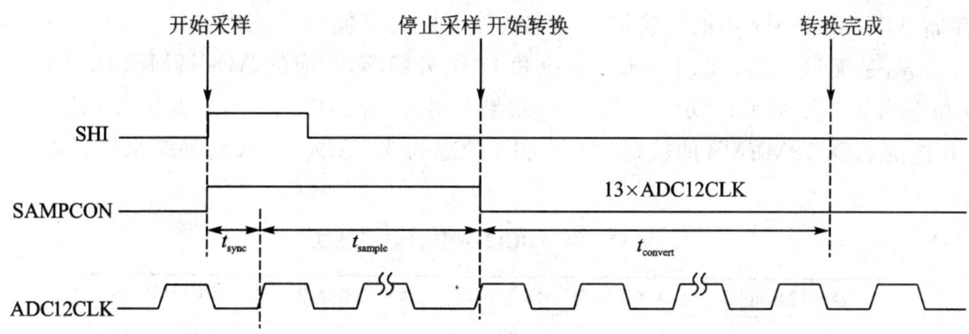

图 22-4　脉冲采样模式

3. 采样时的注意事项

当 SAMPCON=0 时，所有的 Ax 输入都是高阻态；当 SAMPCON=1 时，在采样时间 t_{sample} 内，选择的 Ax 输入相当于一个 RC 低通滤波器，如图 22-5 所示。内部多路器的输入电阻 R_I(最大 2 kΩ)与电容 C_I(最大 40 pF)串联形成 RC 滤波器。为了达到 n 位的转换精度，电容 C_I 的电压 V_C 必须被充到源电压 V_S 的 1/2 LSB 范围内。

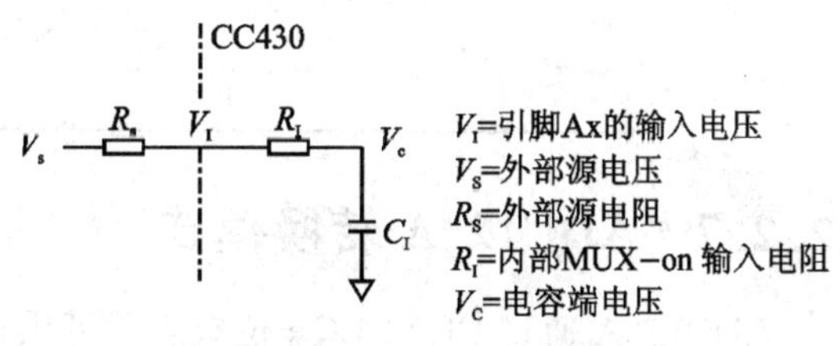

图 22-5　模拟输入等效电路

外部源电阻 R_S 和 R_I 影响 t_{sample}。下面的方程式可用来计算 12 位转换所需的最小采样时间 t_{sample}，即

$$t_{sample} > (R_S + R_I) \times \ln(2^{n+1}) \times C_I + 800\ \text{ns}$$

替代上面给出的 R_I 和 C_I 的值，该方程变为

$$t_{sample} > (R_S + 1.8\ \text{k}\Omega) \times \ln(2^{n+1}) \times 25\ \text{pF} + 800\ \text{ns}$$

例如，对于 12 位分辨率，如果 R_S 为 10 kΩ，则 t_{sample} 必须大于 3.4 6μs。

22.2.6 转换存储器

有16个ADC12MEMx转换存储寄存器存储转换结果。每一个ADC12MEMx都配置一个ADC12MCTLx控制寄存器。SREFx位定义基准电压,INCHx位选择输入通道。当使用序列转换模式时,ADC12EOS位定义序列转换的结束。当ADC12MCTL15中的ADC12EOS位未置位,序列将按照降序从ADC12MEM15～ADC12MEM0。

CSTARTADDx位定义任何转换模式下用于转换的第一个ADC12MCTLx。如果转化模式是单通道单次模式或者单通道多次转换模式,CSTARTADDx指向被使用的单通道ADC12MCTLx。

如果选择的转换模式是序列通道模式或者序列通道多次转换模式。CSTARTADDx指向在这个序列中被使用的第一个ADC12MCTLx。这个序列一直持续直到被ADC12MCTLx中的ADC12EOS位所处理,它是被处理的最后的控制字节。

当转换结果被写进所选择的ADC12MEMEx,在ADC12IFGx寄存器中的相应标志位将被置位。

存储ADC12MEMx中的转换结果可有两种可用的存储格式。当ADC12DF=0时,转换结果右对齐,是无符号的。对于8位、10位和12位分辨率,相应的ADC12MEMx的较高的8、6和4位总为0。当ADC12DF=1时,转换结果左对齐,补码格式。对于8位、10位和12位分辨率,相应的ADC12MEMx的较低的8、6和4位总为0。ADC12_A转换结果格式如表22-1所列。

表22-1　ADC12_A转换结果格式

模拟输入电压	ADC12DF	ADC12RES	理想转换结果	ADC12MEMx
－VREF到＋VREF	0	00	0～255	0000h～00FFh
	0	01	0～1 023	0000h～03FFh
	0	10	0～4 095	0000h～0FFFh
	1	00	－128～127	8000h～7F00h
	1	01	－512～511	8000h～7FC0h
	1	10	－2 048～2 047	8000h～7FF0h

22.2.7 ADC12_A转换模式

ADC12_A通过CONSEQx位有4种可供选择的操作模式,如表22-2所列。所有状态图假定其分辨率为12位。

表22-2　转换模式概述

ADC12CONSEQx	模　式	操　作
00	单通道单次转换	单通道转换一次
01	序列通道单次转换	序列通道转换一次
10	单通道多次转换	单通道重复转换
11	序列通道多次转换	序列通道重复转换

1. 单通道单次转换模式

一个单通道被采样和转换一次。ADC 转换结果写入由 CSTARTADDx 位定义的 ADC12MEMx 寄存器中。图 22-6 显示了单通道单次转换的流程。当 ADC12SC 触发一次转换时，连续转换可通过 ADC12SC 来触发。当任何其他触发源被使用时，ADC12ENC 必须在每个转换之间进行切换。

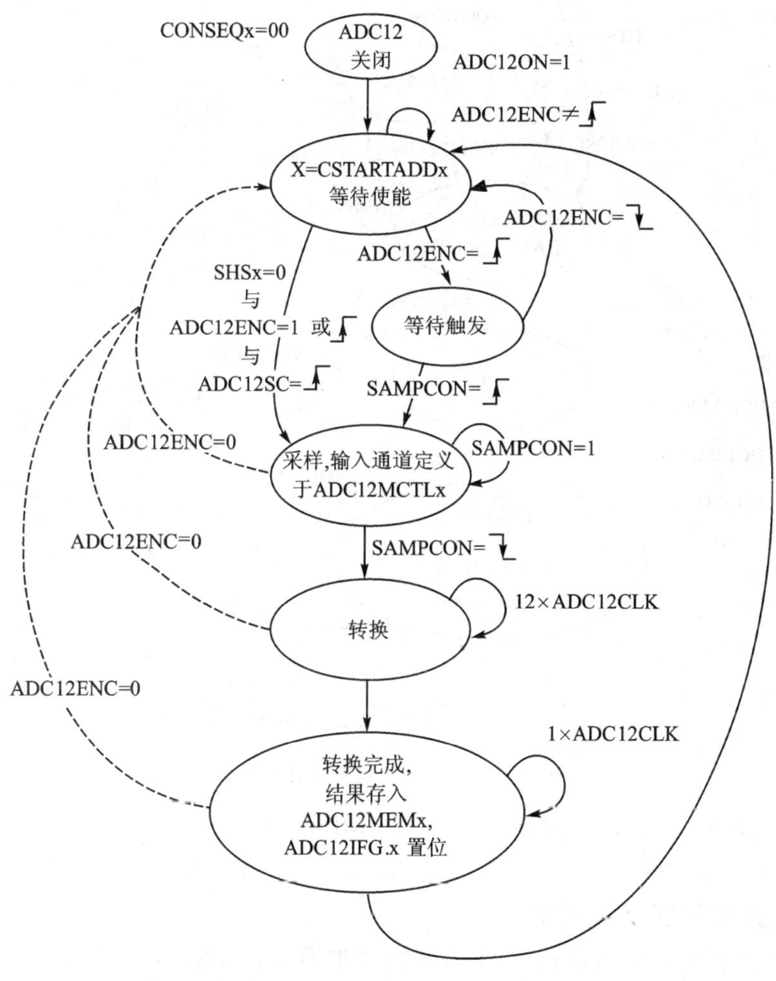

图 22-6 单通道单次转换模式

2. 序列通道单次转换模式

序列通道被采样和转换一次。ADC 转换结果写入以 CSTARTADDx 位定义的 ADC-MEMx 开始的转换存储寄存器中。序列转换在 ADC12EOS 置 1 的通道被测量之后结束。图 22-7 显示了序列通道单次转换模式的流程。当 ADC12SC 触发一次序列转换时，连续转换可由 ADC12SC 触发。当任何其他触发源被使用时，ADC12ENC 必须在每个转换序列之间进行切换。

3. 单通道多次转换模式

单通道被连续采样和转换。ADC 转换结果被写入由 CSTARTADDx 位定义的

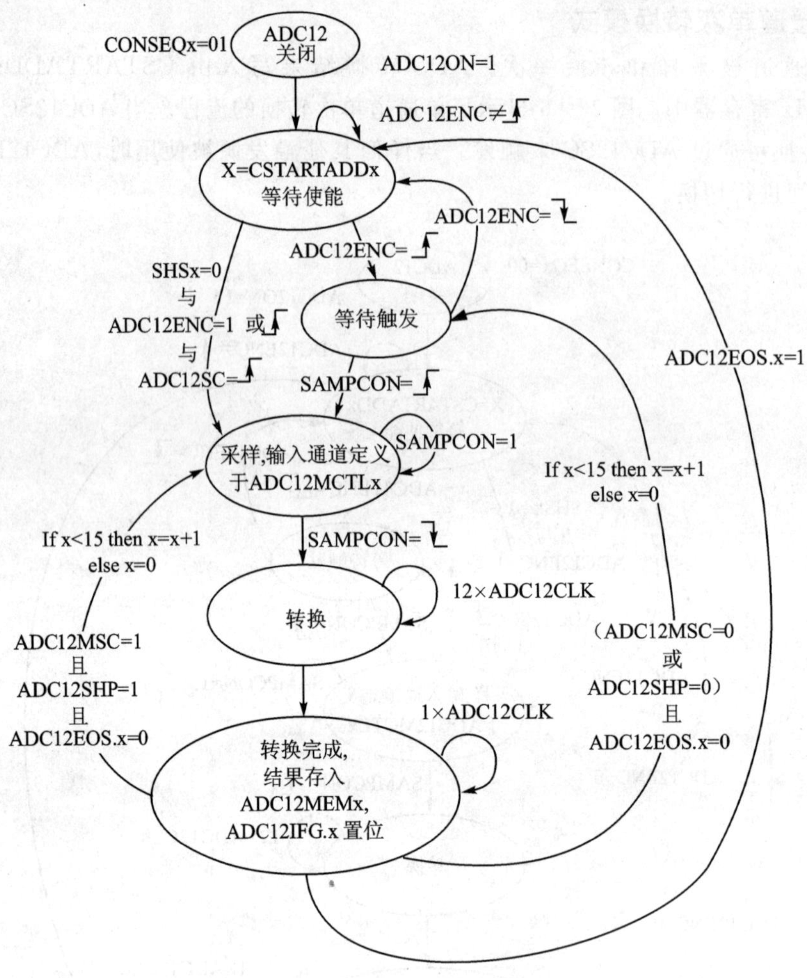

图 22-7　序列通道单次转换模式

ADC12MEMx 寄存器中。因为仅有一个 ADC12MEMx 被使用,每次转换完成后,必须读出结果,否则将被下次转换的结果覆盖。图 22-8 显示了单通道多次转换模式的流程。

4. 序列通道多次转换模式

序列通道被多次采样和转换。ADC 转换结果写入以 CSTARTADDx 位定义的 ADC-MEMx 开始的转换存储寄存器中。序列转换在 ADC12EOS 置 1 的通道被测量之后,并且下次触发信号重新开始序列转换之前结束。图 22-9 显示了序列通道多次转换模式的流程。

5. 使用多路采样转换(ADC12MSC)位

要使转换器能够自动并且尽可能快地进行连续转换,可以使用多路采样转换功能。当 ADC12MSC=1,CONSEQx>0,而且采样定时器工作时,SHI 信号的第一个上升沿触发第一次转换。当前一次的转换完成时,连续的转换被自动触发。SHI 信号的上升沿被忽略,直到序列通道单次转换模式中的序列转换完毕,或在单通道多次转换模式中、序列通道多次转换模式中,ADC12ENC 位被切换。当使用 ADC12MSC 位时,ADC12ENC 位的功能保持不变。

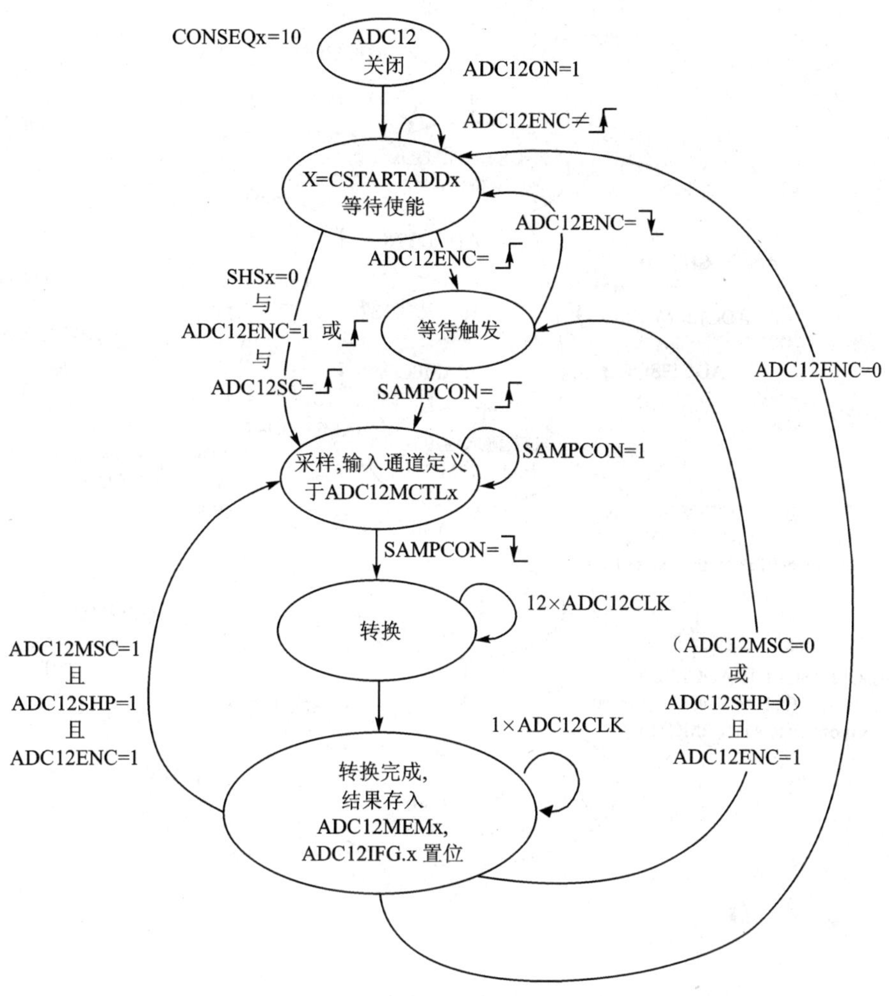

图 22-8 序列通道单次转换模式

6. 停止转换

停止 ADC12_A 取决于操作模式。推荐的停止正在进行的一个转换或者转换序列的操作如下：

- 单通道单次转换模式，复位 ADC12ENC 将立即停止转换，同时转换结果也是不可预料的。为了得到正确的结果，可在清除 ADC12ENC 位之前查询 busy 位的状态直到其复位。
- 单通道多次转换模式，在当前转换完成时，复位 ADC12ENC 将停止转换。
- 序列通道单次采样和序列通道多次采样模式，在一个序列转换完成时，复位 ADC12ENC 将停止转换。
- 在任何操作模式下，设置 CONSEQx=0，复位 ADC12ENC 位都会立即停止转换。转换结果是不可预料的。

注意：*序列没有设置 ADC12EOS 位。如果在序列模式被选择的情况下，ADC12EOS 位没有设置，则重置 ADC12ENC 位不能停止该序列。要停止该序列，首先需要选择单通道模*

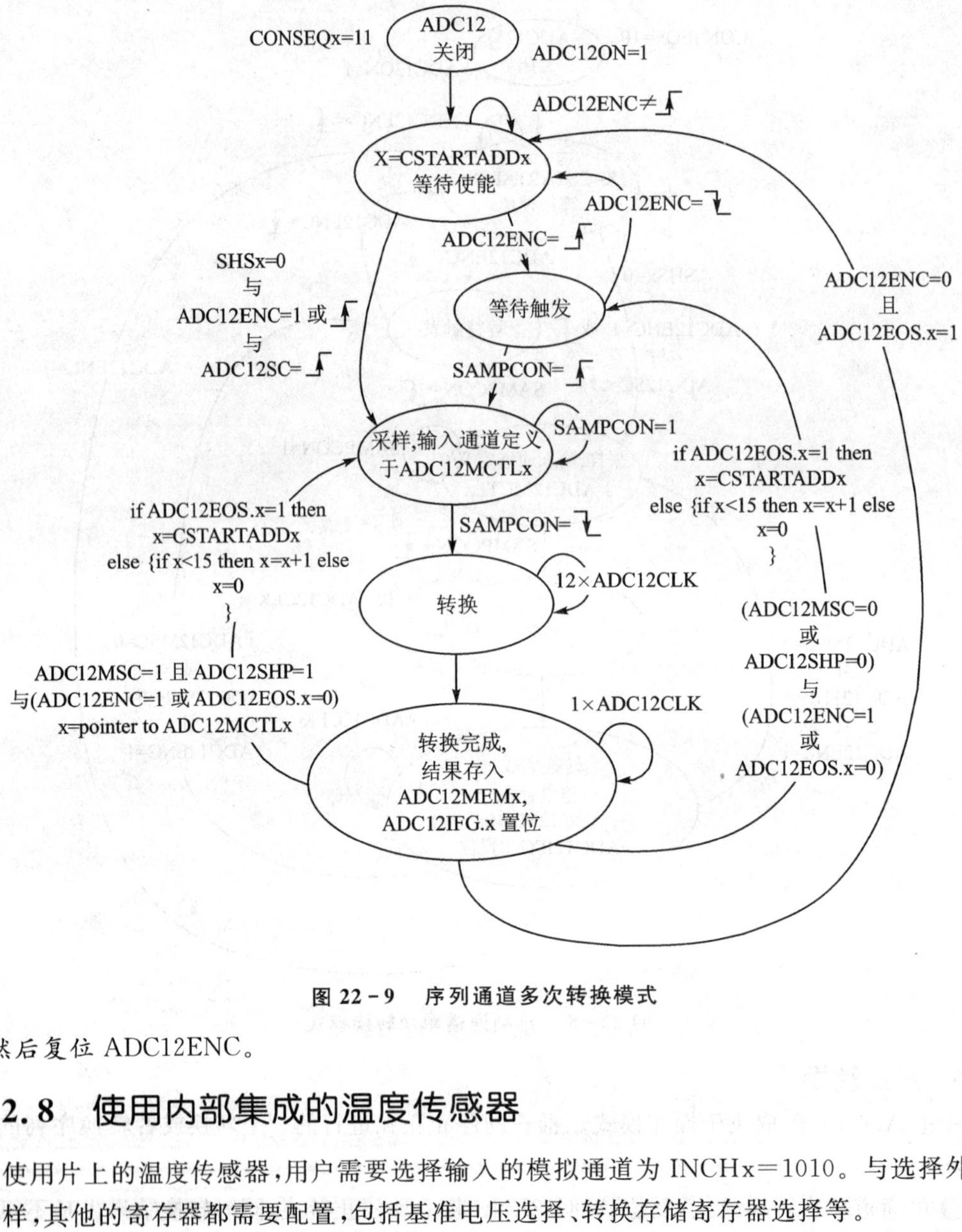

图 22-9 序列通道多次转换模式

式,然后复位 ADC12ENC。

22.2.8 使用内部集成的温度传感器

使用片上的温度传感器,用户需要选择输入的模拟通道为 INCHx=1010。与选择外部通道一样,其他的寄存器都需要配置,包括基准电压选择、转换存储寄存器选择等。

典型的温度传感器传递函数如图 22-10 所示。当使用温度传感器时,采样时间必须大于 30 μs。温度传感器的偏移电压比较大,在大部分应用中,需要进行校正。详见器件的芯片手册。

选择温度传感器会自动地开启片上的基准电压发生器作为温度传感器的电源。但是,它并不能使能 V_{REF+} 输出或对转换所选择的基准电压产生影响,这些同样需要用户自行配置。用于温度传感器的基准电压则和其他通道是相同的。

22.2.9 ADC12_A 接地和噪声的考虑

作为高分辨率的 ADC,必须考虑 PCB 电路和接地技术,以消除接地环路无益的寄生效应

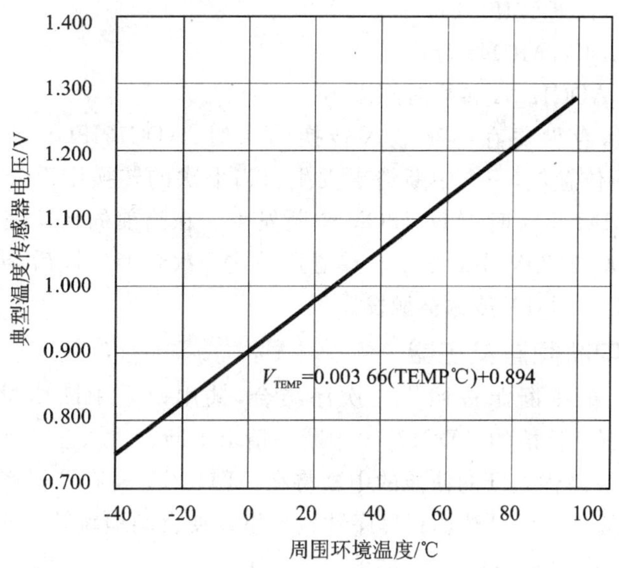

图 22-10　典型的温度传感器传递参数

和噪声。

当 A/D 的返回电流流向其他模拟或数字电路公共回路时，将形成对地电流回路。如果不注意，该电流会产生一个小的有害偏压，叠加在基准电压或 A/D 转换的输入电压上。图 22-11 的连接方法可以避免这种情况。

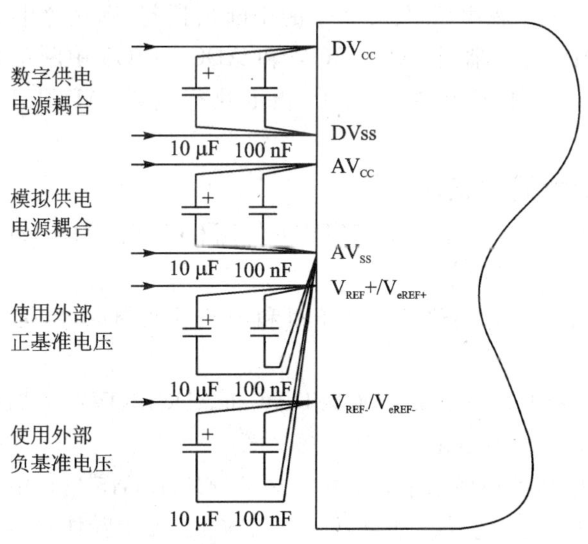

图 22-11　ADC12_A 接地和噪声考虑

除了接地，数字开关或者开关电源在电源线上的纹波和噪声也会影响转换结果。建议采用独立模拟地和数字地单节点连接的无噪声设计，以提高转换精度。

22.2.10　ADC12_A 中断

ADC12_A 有 18 个中断来源：

- ADC12IFG0～ADC12IFG15；
- ADC12OV，ADC12MEMx 溢出；
- ADC12TOV，ADC12_A 转换时间溢出。

当 ADC12MEMx 存储寄存器被载入转换结果时，ADC12IFGx 位置位。如果相应的 ADC12IEx 位和 GIE 位置位，一个中断请求发生。当上次的转换结果未读出，而另外一次转换结果又写入 ADC12MEMx 时，ADC12OV 中断发生。在当前的转换完成前，另外一个采样保持请求的时候，ADC12TOV 中断发生。单通道模式一次转换完成后，或者序列通道转换模式一次序列通道完成后，DMA 传输被触发。

1. ADC12IV 中断向量发生器

所有的 ADC12_A 中断源按照优先次序结合，共用一个中断向量。中断向量寄存器 ADC12IV 用于判断哪个使能的 ADC12_A 中断源请求中断。

ADC12_A 具有最高优先级的使能的中断将在 ADC12IV 寄存器里产生一个偏移量（详见寄存器说明）。这个偏移量可以被加到程序计数器里以便自动地跳转到相应的软件中断程序。关闭 ADC12_A 中断不影响 ADC12IV 的值。

如果 ADC12TOV 标志和 ADC12OV 标志中的一个被挂起且为具有最高优先级的中断，任何对 ADC12IV 寄存器的读或者写访问都会自动复位 ADC12TOV 标志或者 ADC12OV 标志。ADC12TOV 与 ADC12OV 两者都没有可用的中断标志。对 ADC12IV 的访问不会复位 ADC12IFGx 标志。通过访问它们相应的 ADC12MEMx 寄存器，它们都会自动复位 ADC12IFGx 位，也可软件清除它们。

如果在一个中断服务子程序后，另外一个的中断被挂起，则这个中断发生。例如，当中断服务程序访问 ADC12IV 寄存器时，ADC12OV 和 ADC12IFG3 中断都挂起，ADC12OV 中断条件被自动复位。在中断服务程序的 RETI 指令执行完后，ADC12IFG3 产生一个另外的中断。

2. ADC12_A 中断处理软件示例

下面的程序示例展示了推荐的 ADC12IV 的使用和处理。ADC12IV 的值自动地加到 PC 指针，从而跳转到相应的处理程序。

不同中断源的软件执行时间包括中断延时和中断返回周期，但是不包括任务处理本身。响应时间：

- ADC12IFG0～ADC12IFG14、ADC12TOV 和 ADC12OV：16 周期（CPU 周期）。
- ADC12IFG15：14 周期（CPU 周期）。

ADC12IFG15 的中断处理展示了如果在处理 ADC12IFG15 过程中，有更高优先级的中断发生时，进行立即查询的一种方法。如果另一个 ADC12_A 中断挂起，将节省 9 个周期。

```
;ADC12 的中断处理
INT_ADC12                           ;进入中断服务程序
ADD     &ADC12IV,PC                 ;PC 加上偏移量
RETI                                ;中断向量 0：无中断
JMP     ADOV                        ;中断向量 2：ADC 溢出
JMP     ADTOV                       ;中断向量 4：ADC 定时溢出
JMP ADM0                            ;中断向量 6：ADC12IFG0
```

```
...                                  ;中断向量 8～32
JMP ADM14                            ;中断向量 34：ADC12IFG14

                                     ;ADC12IFG15 服务程序从这里开始,不需要 JMP 指令

ADM15    MOV    &ADC12MEM15,xxx      ;转存结果,标志位复位
...                                  ;需要其他指令吗？
JMP     INT_ADC12                    ;检查其他还未响应的中断
                                     ;ADC12IFG14～ADC12IFG1 处理程序从这
                                     ;里开始

ADM0     MOV    &ADC12MEM0,xxx       ;转存结果，复位标志位
...                                  ;需要其他指令吗？
RETI                                 ;返回

ADTOV   ...                          ;转换时间溢出处理
RETI                                 ;返回

ADOV    ...                          ;ADCMEMx 溢出处理
RETI                                 ;返回
```

22.3 ADC12_A 寄存器

ADC12_A 寄存器如表 22-3 所列。ADC12_A 的基地址能够在器件手册中找到。ADC12_A 寄存器的偏移地址在表 22-3 中给出。

表 22-3 ADC12_A 寄存器

寄存器	缩　写	读/写类型	访问形式	地址偏移	初始状态
ADC12_A 控制器 0	ADC2CTL0	读/写	字	00h	0000h
	ADC2CTL0_L	读/写	字节	00h	00h
	ADC2CTL0_H	读/写	字节	01h	00h
ADC12_A 控制器 1	ADC2CTL1	读/写	字	02h	0000h
	ADC2CTL1_L	读/写	字节	02h	00h
	ADC2CTL1_H	读/写	字节	03h	00h
ADC12_A 控制器 2	ADC2CTL2	读/写	字	04h	0000h
	ADC2CTL2_L	读/写	字节	04h	00h
	ADC2CTL2_H	读/写	字节	05h	00h
ADC12_A 中断标志位	ADC12IFG	读/写	字	0Ah	0000h
	ADC12IFG_L	读/写	字节	0Ah	00h
	ADC12IFG_H	读/写	字节	0Bh	00h
ADC12_A 中断使能	ADC12IE	读/写	字	0Ch	0000h
	ADC12IE_L	读/写	字节	0Ch	00h
	ADC12IE_H	读/写	字节	0Dh	00h

续表 22 - 3

寄存器	缩　写	读/写类型	访问形式	地址偏移	初始状态
ADC12_A 中断向量	ADC2IV	读	字	0Eh	0000h
	ADC2IV_L	读	字节	0Eh	00h
	ADC2IV_H	读	字节	0Fh	00h
ADC12_A 存储器 0	ADC12MEM0	读/写	字	20h	未定义
	ADC12MEM0_L	读/写	字节	20h	未定义
	ADC12MEM0_H	读/写	字节	21h	未定义
ADC12_A 存储器 1	ADC12MEM1	读/写	字	22h	未定义
	ADC12MEM1_L	读/写	字节	22h	未定义
	ADC12MEM1H	读/写	字节	23h	未定义
ADC12_A 存储器 2	ADC12MEM2	读/写	字	24h	未定义
	ADC12MEM2_L	读/写	字节	24h	未定义
	ADC12MEM2_H	读/写	字节	25h	未定义
ADC12_A 存储器 3	ADC12MEM3	读/写	字	26h	未定义
	ADC12MEM3_L	读/写	字节	26h	未定义
	ADC12MEM3_H	读/写	字节	27h	未定义
ADC12_A 存储器 4	ADC12MEM4	读/写	字	28h	未定义
	ADC12MEM4_L	读/写	字节	28h	未定义
	ADC12MEM4_H	读/写	字节	29h	未定义
ADC12_A 存储器 5	ADC12MEM5	读/写	字	2Ah	未定义
	ADC12MEM5_L	读/写	字节	2Ah	未定义
	ADC12MEM5_H	读/写	字节	2Bh	未定义
ADC12_A 存储器 6	ADC12MEM6	读/写	字	2Ch	未定义
	ADC12MEM6_L	读/写	字节	2Ch	未定义
	ADC12MEM6_H	读/写	字节	2Dh	未定义
ADC12_A 存储器 7	ADC12MEM7	读/写	字	2Eh	未定义
	ADC12MEM7_L	读/写	字节	2Eh	未定义
	ADC12MEM7_H	读/写	字节	2Fh	未定义
ADC12_A 存储器 8	ADC12MEM8	读/写	字	30h	未定义
	ADC12MEM8_L	读/写	字节	30h	未定义
	ADC12MEM8_H	读/写	字节	31h	未定义
ADC12_A 存储器 9	ADC12MEM9	读/写	字	32h	未定义
	ADC12MEM9_L	读/写	字节	32h	未定义
	ADC12MEM9_H	读/写	字节	33h	未定义
ADC12_A 存储器 10	ADC12MEM10	读/写	字	34h	未定义
	ADC12MEM10_L	读/写	字节	34h	未定义
	ADC12MEM10_H	读/写	字节	35h	未定义
ADC12_A 存储器 11	ADC12MEM11	读/写	字	36h	未定义
	ADC12MEM11_L	读/写	字节	36h	未定义
	ADC12MEM11_H	读/写	字节	37h	未定义

续表 22 - 3

寄存器	缩　写	读/写类型	访问形式	地址偏移	初始状态
ADC12_A 存储器 12	ADC12MEM12	读/写	字	38h	未定义
	ADC12MEM12_L	读/写	字节	38h	未定义
	ADC12MEM12_H	读/写	字节	39h	未定义
ADC12_A 存储器 13	ADC12MEM13	读/写	字	3Ah	未定义
	ADC12MEM13_L	读/写	字节	3Ah	未定义
	ADC12MEM13_H	读/写	字节	3Bh	未定义
ADC12_A 存储器 14	ADC12MEM14	读/写	字	3Ch	未定义
	ADC12MEM14_L	读/写	字节	3Ch	未定义
	ADC12MEM14_H	读/写	字节	3Dh	未定义
ADC12_A 存储器 15	ADC12MEM15	读/写	字	3Eh	未定义
	ADC12MEM15_L	读/写	字节	3Eh	未定义
	ADC12MEM15_H	读/写	字节	3Fh	未定义
ADC12_A 存储控制器 0	ADC12MCTL0	读/写	字节	10h	未定义
ADC12_A 存储控制器 1	ADC12MCTL1	读/写	字节	11h	未定义
ADC12_A 存储控制器 2	ADC12MCTL2	读/写	字节	12h	未定义
ADC12_A 存储控制器 3	ADC12MCTL3	读/写	字节	13h	未定义
ADC12_A 存储控制器 4	ADC12MCTL4	读/写	字节	14h	未定义
ADC12_A 存储控制器 5	ADC12MCTL5	读/写	字节	15h	未定义
ADC12_A 存储控制器 6	ADC12MCTL6	读/写	字节	16h	未定义
ADC12_A 存储控制器 7	ADC12MCTL7	读/写	字节	17h	未定义
ADC12_A 存储控制器 8	ADC12MCTL8	读/写	字节	18h	未定义
ADC12_A 存储控制器 9	ADC12MCTL9	读/写	字节	19h	未定义
ADC12_A 存储控制器 10	ADC12MCTL10	读/写	字节	1Ah	未定义
ADC12_A 存储控制器 11	ADC12MCTL11	读/写	字节	1Bh	未定义
ADC12_A 存储控制器 12	ADC12MCTL12	读/写	字节	1Ch	未定义
ADC12_A 存储控制器 13	ADC12MCTL13	读/写	字节	1Dh	未定义
ADC12_A 存储控制器 14	ADC12MCTL14	读/写	字节	1Eh	未定义
ADC12_A 存储控制器 15	ADC12MCTL15	读/写	字节	1Fh	未定义

1. ADC12 控制寄存器 0(ADC12CTL0)

15～12	11～8	7	6	5
ADC12SHT1x	ADC12SHT0x	ADC12MSC	ADC12REF2_5V	ADC12REFON

4	3	2	1	0
ADC12ON	ADC12OVIE	ADC12TOVIE	ADC12ENC	ADC12SC

注意：灰色底纹的位必须在 ADC12ENC 为复位状态时才可以设置。

ADC12SHT1x　　位 15～12　　ADC12_A 采样保持时间。这些位决定寄存器 ADC12MEM8～ADC12MEM15 的采样时间的 ADC12CLK 周期数。

ADC12SHT0x　　位 11～8　　ADC12_A 采样保持时间。这些位决定寄存器 ADC12MEM0～ADC12MEM7 的采样时间的 ADC12CLK 周期数。

ADC12SHTx 位	ADC12CLK 周期	ADC12SHTx 位	ADC12CLK 周期
0000	4	1000	256
0001	8	1001	384
0010	16	1010	512
0011	32	1011	768
0100	64	1100	1 024
0101	96	1101	1 024
0110	128	1110	1 024
0111	192	1111	1 024

ADC12MSC 位 7 ADC12_A 多路采样转换。适用于序列转换或者重复转换模式。

0 每次采样转换，都需要一个 SHI 信号的上升沿触发采样定时器；

1 仅首次转换需要有 SHI 信号的上升沿出发采样定时器，而后采样转换将在前一次转换完成后立即完成。

ADC12REF2_5V 位 6 ADC12_A 基准电压发生器。ADC12REFON 位必须置 1。

0 1.5 V；

1 2.5 V。

ADC12REFON 位 5 ADC12_A 基准电压打开位。在有 REF 模块的设备中，只有 REF 模块的 REFMSTR 位被设置为 0，该位才是有效的。

0 内部基准电压关闭；

1 内部基准电压打开。

ADC12ON 位 4 ADC12_A 打开位。

0 ADC12_A 关闭；

1 ADC12_A 打开。

ADC12OVIE 位 3 ADC12MEMx 溢出中断使能位。GIE 位必须也置位才能使能中断。

0 溢出中断关闭；

1 溢出中断使能。

ADC12TOVIE 位 2 ADC12_A 转换时间溢出中断允许。GIE 位必须也置位才能使能中断。

0 转换时间溢出中断关闭；

1 转换时间溢出中断使能。

ADC12ENC 位 1 ADC12_A 转换使能。

0 ADC12_A 关闭；

1 ADC12_A 使能。

ADC12SC 位 0 ADC12_A 转换启动位。软件可以控制的采样转换启动。

ADC12SC 和 ADC12ENC 位可以在一条指令里置位。

ADC12SC 自动复位。

0 无采样转换开始；

1 启动采样转换。

2. ADC12 控制寄存器 1(ADC12CTL1)

15～12	11 10	9	8
ADC12CSTARTADDx	ADC12SHSx	ADC12SHP	ADC12ISSH
7 6 5	4 3	2 1	0
ADC12DIVx	ADC12SSELx	ADC12CONSEQx	ADC12BUSY

注意：灰色底纹的位必须在 ADC12ENC 为复位状态下才可以设置。

ADC12CSTARTADDx 位 15～12 ADC12_A 转换开始地址。这些位选择哪个转换存储寄存器用于单次转换地址或序列转换的首地址。

CSTARTADDx 的值是 0～0Fh，对应于 ADC12MEM0～ADC12MEM15。

ADC12SHSx 位 11～10 ADC12_A 采样保持触发源选择。

00 ADC12SC 位； 10 Timer_B.OUT0；

01 Timer_A.OUT1； 11 Timer_B.OUT1。

ADC12SHP 位 9 ADC12_A 采样保持脉冲模式选择。该位选择采样信号(SAMPCON)的来源或者是采样定时器的输出，或者直接是采样输入信号。

0 SAMPCON 信号来自采样输入信号；

1 SAMPCON 信号来自采样定时器。

ADC12ISSH 位 8 采样输入信号反向控制位。

0 采样输入信号同向；

1 采样输入信号反向。

ADC12DIVx 位 7～5 ADC12_A 时钟分频。

000 /1； 100 /5；

001 /2； 101 /6；

010 /3； 110 /7；

011 /4； 111 /8。

ADC12SSELx 位 4～3 ADC12_A 时钟源选择。

00 MODCLK； 10 MCLK；

01 ACLK； 11 SMCLK。

ADC12CONSEQx 位 2～1 ADC12_A 转换序列模式控制。

00 单通道单次转换模式； 10 单通道重复转换模式；

01 序列通道单次转换模式； 11 序列通道重复转换模式。

ADC12BUSY 位 0 ADC12_A 忙标志。该位表明了一个正在活动的采样或者转换操作。

0 没有活动的操作；

1 序列转换，采样或者转换正在进行。

3. ADC12 控制寄存器 2(ADC12CTL2)

15～12	11～8	7	6	5～4
保留	ADC12PDIV	ADC12TCOFF	保留	ADC12RES
3	2	1	0	
ADC12DF	ADC12SR	ADC12REFOUT	ADC12REFBURST	

注意：灰色底纹的位必须在 ADC12ENC 为复位状态下才可以设置。

ADC12PDIV　　位 8　　ADC12_A 预分频器。该位预分频选择 ADC12_A 时钟源。
0　1 倍预分频；
1　4 倍预分频。

ADC12TCOFF　　位 7　　ADC12_A 温度传感器关闭位。如果该位置位，温度传感器将关闭。该位用于降低功耗。

ADC12RES　　位 5～4　　ADC12_A 分辨率。这几位决定了转换结果的分辨率。
00　8 位(9 个时钟周期转换时间)；
01　10 位(11 个时钟周期转换时间)；
10　12 位(13 个时钟周期转换时间)；
11　保留。

ADC12DF　　位 3　　ADC12_A 数据读出的格式。数据总是以二进制无符号格式存储。
0　二进制无符号格式，理论上模拟输入电压 $-V_{REF}$ 结果为 0000h，模拟输入电压 $+V_{REF}$ 结果为 0FFFh；
1　有符号二进制补码形式，左对齐，理论上模拟输入电压 $-V_{REF}$ 结果为 8000h，模拟输入电压 $+V_{REF}$ 结果为 7FF0h。

ADC12SR　　位 2　　ADC12_A 采样率。该位选择最大采样率下的基准电平缓冲驱动能力。ADC12SR 置 1，可以减少基准电平缓冲期的电流消耗。
0　基准电平缓冲期支持最大速率到～200 ksps；
1　基准电平缓冲期支持最大速率到～50 ksps。

ADC12REFOUT　　位 1　　基准电平输出。
0　基准电平输出关闭；1　基准电平输出打开。

ADC12REFBURST　　位 0　　基准电压突发位。ADC12REFOUT 必须置位。
0　基准电平缓冲是连续对外输出；
1　只有在采样保持期间基准电平才对外输出。

4. ADC12_A 转换存储寄存器(ADC12MEMx)

15～12	11～0
0	转换结果

转换结果　位 11～0　12 位转换结果是右对齐的。位 11 是最高位。在 12 位结果模式下位 15～12 是 0，在 10 位模式下位 15～10 是 0，在 8 位模式下位 15～8 是 0。写转换存储寄存器将会破坏结果。如果 ADC12DF＝0，这种格式被使用。

5. ADC12_A 转换存储寄存器(ADC12MEMx)，2 的补码格式

15～4	3～0
转换结果	0

转换结果　位 15～4　12 位转换结果是左对齐的，2s-补码格式。位 15 是最高有效位 MSB。在 12 位模式下位 3～0 是 0，在 10 位模式下位 5～0 是 0，在 8 位模式下位 7～0 位 0。如果 ADC12DF＝1，这种格式被使用。数据以右对齐的格式存储，当读的时候被转换为左对齐的 2s-补码格式。

6. ADC12_A 转换存储控制寄存器(ADC12MCTLx)

7	6	5	4	3	2	1	0
ADC12EOS	ADC12SREFx			ADC12INCHx			

注意：灰色底纹的位必须在 ADC12ENC 为复位状态下才可以设置。

ADC12EOS　位 7　序列结束控制位。表明一个序列的最后一次转换。

0　序列没有结束；

1　序列结束。

ADC12SREFx　位 6～4　基准电压选择。

000　$V_{R+}=AV_{CC}$，$VR-=AV_{SS}$；

001　$V_{R+}=V_{REF+}$，$VR-=AV_{SS}$；

010　$V_{R+}=V_{eREF+}$，$VR-=AV_{SS}$；

011　$V_{R+}=V_{eREF+}$，$VR-=AV_{SS}$；

100　$V_{R+}=AV_{CC}$，$VR-=V_{REF-}/V_{eREF-}$；

101　$V_{R+}=V_{REF+}$，$VR-=V_{REF-}/V_{eREF-}$；

110　$V_{R+}=V_{eREF+}$，$VR-=V_{REF-}/V_{eREF}$；

111　$V_{R+}=V_{eREF+}$，$VR-=V_{REF-}/V_{eREF-}$。

ADC12INCHx　位 3～0　输入通道选择。

0000	A0；	1000	V_{eREF+}；
0001	A1；	1001	V_{REF-}/V_{eREF-}；
0010	A2；	1010	温度传感器；
0011	A3；	1011	$(AV_{CC}-AV_{SS})/2$；
0100	A4；	1100	A12；
0101	A5；	1101	A13；
0110	A6；	1110	A14；
0111	A7；	1111	A15。

7. ADC12_A 中断使能寄存器(ADC12IE)

15	14	13	12	11	10
ADC12IE15	ADC12IE14	ADC12IE13	ADC12IE12	ADC12IE11	ADC12IE10
9	8	7	6	5	
ADC12IE9	ADC12IE8	ADC12IE7	ADC12IE6	ADC12IE5	
4	3	2	1	0	
ADC12IE4	ADC12IE3	ADC12IE2	ADC12IE1	ADC12IE0	

ADC12IEx　位 15～0　中断使能。这些位使能或者关闭 ADC12IFGx 位的中断请求。

0　中断关闭；

1　中断使能。

8. ADC12_A 中断标志寄存器(ADC12IFG)

15	14	13	12	11	10
ADC12IFG15	ADC12IFG14	ADC12IFG13	ADC12IFG12	ADC12IFG11	ADC12IFG10
9	8	7	6	5	
ADC12IFG9	ADC12IFG8	ADC12IFG7	ADC12IFG6	ADC12IFG5	
4	3	2	1	0	
ADC12IFG4	ADC12IFG3	ADC12IFG2	ADC12IFG1	ADC12IFG0	

ADC12IFGx　位 15～0　ADC12MEMx 中断标志，当相应的 ADC12MEMx 被装载入转换结果时这些位置位。如果是相应的 ADC12MEMx 被访问，这些位复位，或者通过软件复位。

0　没有中断挂起；

1　有中断挂起。

9. ADC12_A 中断向量寄存器(ADC12IV)

15～6	5～1	0
0	ADC12IVx	0

ADC12IVx　位 15～0　ADC12_A 中断向量值。

ADC12_A 值	中断源	中断标志	中断优先级
000h	无中断产生		
002h	ADC12MEMx 溢出		最高
004h	转换时间溢出		
006h	ADC12MEM0 中断标志	ADC12IFG0	
008h	ADC12MEM1 中断标志	ADC12IFG0	
00Ah	ADC12MEM2 中断标志	ADC12IFG0	
00Ch	ADC12MEM3 中断标志	ADC12IFG0	
00Eh	ADC12MEM4 中断标志	ADC12IFG0	
010h	ADC12MEM5 中断标志	ADC12IFG0	
012h	ADC12MEM6 中断标志	ADC12IFG0	
014h	ADC12MEM7 中断标志	ADC12IFG0	
016h	ADC12MEM8 中断标志	ADC12IFG0	
018h	ADC12MEM9 中断标志	ADC12IFG0	
01Ah	ADC12MEM10 中断标志	ADC12IFG0	
01Ch	ADC12MEM11 中断标志	ADC12IFG0	
01Eh	ADC12MEM12 中断标志	ADC12IFG0	
020h	ADC12MEM13 中断标志	ADC12IFG0	
022h	ADC12MEM14 中断标志	ADC12IFG0	
024h	ADC12MEM15 中断标志	ADC12IFG0	最低

第23章 LCD_B 模块

23.1 LCD_B 控制器的简介

LCD_B 控制器通过自动产生交流段信号和公共电压信号直接驱动 LCD 显示器。LCD_B 控制器可以支持 2 - MUX、3 - MUX、4MUX 的 LCD。

LCD_B 控制器的特性如下。

- ❑ 显示存储器。
- ❑ 自动信号产生。
- ❑ 可配置帧频率。
- ❑ 带有单独闪烁存储器的单独段闪烁功能。
- ❑ 可调充电泵。
- ❑ 对比度软件可控。
- ❑ 支持 4 种类型的 LCD:静态;2 - MUX、1/2BIAS 或 1/3BIAS;3 - MUX、1/2BIAS 或 1/3BIAS;4 - MUX、1/2BIAS 或 1/3BIAS。

对于一个最大 160 段配置的 LCD_B 控制器结构框图如图 23 - 1 所示。

注意: 最大 LCD 段控制。各器件之间最大的段引脚数量和可用的存储寄存器是不相同的。请参考相应器件的数据手册,了解其可用的段引脚和支持的最大段引脚数量。

23.2 LCD_B 控制器的操作

LCD_B 控制器可通过用户软件配置。LCD_B 的设置和操作请参考以下部分。

23.2.1 LCD 存储器

图 23 - 2 为具有最大 160 段的 LCD 存储器存储映射图。每一个存储位对应一个 LCD 段或未被使用,这取决于所选的模式。打开 LCD 段,它相应的存储位被置位。

使用从 LCDM1,LCDM3,…开始的偶地址,存储器也可以用字方式访问。

置位 LCDCLRM 位将在下一帧边界清除所有的 LCD 存储寄存器。在寄存器被清除后,它将自动复位。

23.2.2 LCD 时序的产生

LCD_B 控制器使用来自集成时钟驱动器 f_{LCD} 信号产生的公共引脚和段引脚的时序。结合 LCDSSEL 位,ACLK 的 30～40 kHz 之间的频率或 VLOCLK 可被选作驱动器的时钟源。

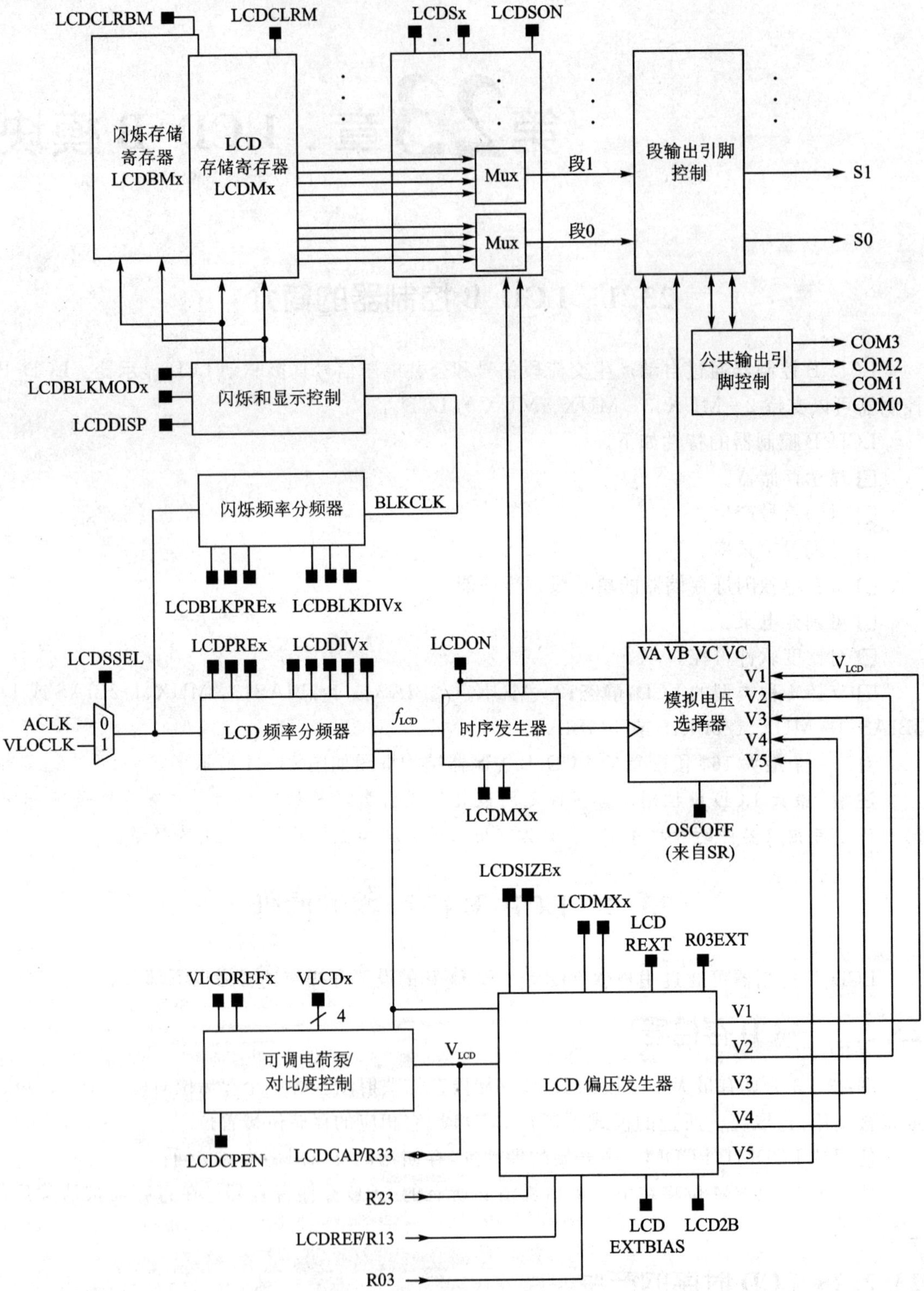

LCDCLRBM
LCDCLRM
LCDSx
LCDSON
闪烁存储寄存器 LCDBMx
LCD 存储寄存器 LCDMx
Mux
Mux
段1
段0
段输出引脚控制
S1
S0
公共输出引脚控制
COM3
COM2
COM1
COM0
LCDBLKMODx
LCDDISP
闪烁和显示控制
闪烁频率分频器
BLKCLK
LCDBLKPREx
LCDBLKDIVx
LCDPREx
LCDDIVx
LCDON
LCDSSEL
ACLK
VLOCLK
0
1
LCD 频率分频器
f_{LCD}
时序发生器
VA VB VC VC
V1
V2
V3
V4
V5
V_{LCD}
模拟电压选择器
LCDMXx
OSCOFF (来自SR)
LCDSIZEx
LCDMXx
LCD REXT
R03EXT
VLCDREFx
VLCDx
4
可调电荷泵/对比度控制
V_{LCD}
LCD 偏压发生器
V1
V2
V3
V4
V5
LCDCPEN
LCDCAP/R33
R23
LCDREF/R13
R03
LCD EXTBIAS
LCD2B

图 23-1　LCD_B 控制器结构框图

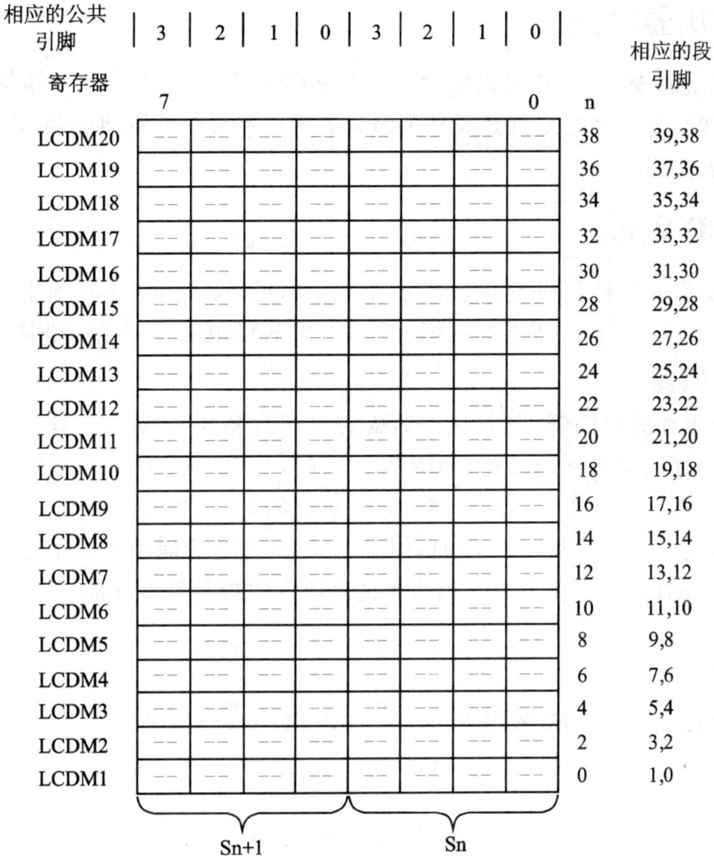

相应的公共引脚	3	2	1	0	3	2	1	0		
寄存器	7							0	n	相应的段引脚
LCDM20	--	--	--	--	--	--	--	--	38	39,38
LCDM19	--	--	--	--	--	--	--	--	36	37,36
LCDM18	--	--	--	--	--	--	--	--	34	35,34
LCDM17	--	--	--	--	--	--	--	--	32	33,32
LCDM16	--	--	--	--	--	--	--	--	30	31,30
LCDM15	--	--	--	--	--	--	--	--	28	29,28
LCDM14	--	--	--	--	--	--	--	--	26	27,26
LCDM13	--	--	--	--	--	--	--	--	24	25,24
LCDM12	--	--	--	--	--	--	--	--	22	23,22
LCDM11	--	--	--	--	--	--	--	--	20	21,20
LCDM10	--	--	--	--	--	--	--	--	18	19,18
LCDM9	--	--	--	--	--	--	--	--	16	17,16
LCDM8	--	--	--	--	--	--	--	--	14	15,14
LCDM7	--	--	--	--	--	--	--	--	12	13,12
LCDM6	--	--	--	--	--	--	--	--	10	11,10
LCDM5	--	--	--	--	--	--	--	--	8	9,8
LCDM4	--	--	--	--	--	--	--	--	6	7,6
LCDM3	--	--	--	--	--	--	--	--	4	5,4
LCDM2	--	--	--	--	--	--	--	--	2	3,2
LCDM1	--	--	--	--	--	--	--	--	0	1,0
	Sn+1				Sn					

图 23-2　LCD 存储器——最大 160 段的例子

LCDPREx 和 LCDDIVx 选择 f_{LCD} 频率。f_{LCD} 频率计算公式为

$$f_{LCD}=\frac{f_{ACLK/VLOCLK}}{(LCDDIVx+1)\times 2^{LCDPRE}}$$

合适的 f_{LCD} 频率取决于 LCD 需要的帧频率和 LCD 的多元率(MUX),其计算公式为

$$f_{LCD}=2\times MUX\times f_{Frame}$$

例如,计算一个 3-MUX 的 LCD 的 f_{LCD},其帧频率范围为 30～100 Hz:

f_{Frame}(从 LCD 数据手册上得知)＝30～100 Hz

$f_{LCD}=2\times 3\times f_{Frame}$

$f_{LCD(min)}=180$ Hz

$f_{LCD(max)}=600$ Hz

对于 f_{ACLK}/VLOCLK＝32 768 Hz,LCDPREx＝011,LCDDIVx＝10101 则

$$f_{LCD}=32\ 768\ \text{Hz}/((21+1)\times 2^{3})=32\ 768\ \text{Hz}/176=186\ \text{Hz}$$

对于 LCDPREx＝001,LCDDIVx＝11011 则

$$f_{LCD}=32\ 768\ \text{Hz}/((27+1)\times 2^{1})=32\ 768\ \text{Hz}/56=585\ \text{Hz}$$

频率越低其电流消耗就越小,频率越高其闪烁也越不明显。

23.2.3 LCD 显示空白

LCD 控制器允许整个 LCD 显示空白。LCDSON 位和每一个段的存储位进行"与"运算。当 LCDSON＝1 时，每一个段是打开还是关闭取决于段本身的位数值。当 LCDSON＝0 时，每一个 LCD 段都被关闭。

23.2.4 LCD 闪烁

LCD_B 控制器也支持闪烁功能。闪烁模式 LCDBLKMODx＝01 允许某个单独的段闪烁，LCDBLKMODx＝10 允许所有段闪烁，而 LCDBLKMODx＝00 则闪烁被禁止。

1. 闪烁存储器

要使能某个单独的段闪烁，其相应的闪烁存储寄存器中的位 LCDBMx 需要被置位。存储器使用与 LCD 存储器相同的结构，如图 23-2 所示。每一个存储位对应一个 LCD 段或未被使用，这取决于多元模式 LCDMXx。使能 LCD 段闪烁，它相应的存储位要被置位。

闪烁存储器也可以通过从 LCDBM1，LCDBM3，…开始的偶地址以字方式访问。

置位 LCDCLRBM 位将在下一个帧边界清除所有闪烁存储寄存器。它将在寄存器被清除完后自动复位。

2. 闪烁频率

闪烁频率可以通过 LCDBLKPREx 和 LCDBLKDIVx 位选择。相同的时钟也被用于 LCD 频率 f_{LCD}，f_{BLINK} 频率的计算公式为

$$f_{BLINK}=\frac{f_{ACLK/VLO}}{(LCDBLKDIVx+1)\times 2^{9+LCDBLKPREx}}$$

当 LCDBLKMODx＝00 时，驱动器产生的闪烁频率 f_{BLINK} 被复位。闪烁模式 LCDBLKMODx＝01 或 10 被选择之后，使能的某些段或所有段将在下一个帧边界到来时显示空白，并保持半个 BLKCLK 周期的关闭状态。然后它们在下一个帧边界到来时打开显示，并保持半个 BLKCLK 周期，如此循环。

注意：闪烁频率的限制。闪烁频率必须小于帧频率 f_{Frame}，闪烁频率应该仅在 LCDBLKMODx＝00 时被改变。

3. 双显示存储器

当无闪烁模式 LCDBLKMODx＝01 或 10 被选择时，闪烁存储器可以当作第二个显示存储器使用。用于显示的存储器可以通过 LCDDISP 位手动选择或通过 LCDBLKMODx＝11 实现自动选择。

LCDDISP＝0 时，LCD 存储器被选中；LCDDISP＝1 时，闪烁存储器被选中作为显存。两存储器之间的切换被同步到帧边界上。

LCDBLKMODx＝11 时，LCD 控制器自动使用驱动器产生的闪烁频率在两存储器之间切换。设置 LCDBLKMODx＝11 后，用作第一个半个 BLKCLK 周期的显存是 LCD 存储器。在另外半个周期中则使用闪烁存储器。两存储器之间的切换同步于帧边界。

23.2.5 LCD_B 电压和偏压的产生

LCD_B 模块可为峰值输出波形电压 V1 选择电压源，其他部分的 LCD 偏压 V2～V5 也是

如此。V_{LCD}可能来源于 V_{CC}、内部或是外部的电荷泵。

如果所选的时钟源(ACLK 或 VLOCLK)被关闭(OSCOFF=1)或 LCD_B 模块被关闭(LCDON=0),则所有的内部电压都无法产生。

1. LCD 电压选择

当 VLCDEXT=0,VLCDx=0,VREFx=0 时,V_{LCD}选择 V_{CC}作为电压源。当 VLCDEXT=0,VLCDCPEN=1,VLCDx>0 时,V_{LCD}选择内部电荷泵作为电压源。电荷泵总是选择 DV_{CC}作为源。VLCDx 位提供一个软件可选择的依赖于 DV_{CC}的范围从 2.6~3.44 V(典型值)的 LCD 电压。详见相应器件的数据手册。

当使用内部电荷泵时,一个 4.7 μF 或是更大的电容必须接在 LCDCAP 引脚和地之间。如果这个电容未连接,却使能了电荷泵,则 LCDNOCAPIFG 中断标志位将被置位,电荷泵将被禁止,以防止损坏器件。可通过在 VLCDx>0 时,设置 LCDCPEN=0 临时禁止电荷泵,以减小系统噪声,或在某个周期之中通过设置 LCDBCPCTL 寄存器中的相应位自动禁止电荷泵。在这种情况下,呈现在外部电容器上的电压被用作 LCD 电压,直到电荷泵重新使能。

注意: 内部电荷泵需要的电容。当内部电荷泵被使能时,一个 4.7 μF 或更大的电容必须接在 LCDCAP 引脚和地之间。如果电容器未连接,LCDNOCAPIFG 中断标志位将被置位,电荷泵也可能损坏。

当 VLCDREFx=01 时,内部的电荷泵可以使用外部的参考电压。在这种情况下,电荷泵电压根据 VLCDx 位被设置为外部参考电压的某个倍数。

当 VLCDEXT=1 时,VLCD 源自于外部的 LCDCAP 引脚电压,引脚和内部的电荷泵被禁止。

2. LCD 偏压的产生

LCD 偏置电压,V2~V5 可由内部或外部产生,这取决于用作 V_{LCD}的源。LCD 偏压结构框图如图 23-3 所示。

内部产生的偏压 V2~V4 通过 LCDREXT=1 切换到外部引脚。

为了将偏置电压 V2~V4 驱动到外部,LCDEXTBIAS 需要被置位,这也禁止了内部偏压的产生。典型的,一个阻值范围为几 kΩ 到 1 MΩ 的等效分压电阻可被使用,这取决于显示的尺寸大小。当使用一个外部的分压电阻时,V_{LCD}电压可能源自于内部电荷泵。当 VLCDEXT=0 时,需要考虑更大的电荷泵负载电流。当 R03EXT 被置位,通过改变的外部末尾电阻上的电压控制液晶显示的对比度时,V5 也可以源自于外部,如图 23-3 的左边部分所示。

当 VLCDEXT=0 时,使用外部分压电阻 R33 可用作 V_{LCD}输出,这允许加载在电阻梯度上的电能被关闭。当 LCD 未使用时,减小电流消耗。当 VLCDEXT=1 时,R33 作为 V_{LCD}输入。

当 LCD2B=1 时,内部偏压发生器支持 1/2 偏压的 LCDs。当 LCD2B=0 时,在 2-MUX,3-MUX,4-MUX 模式下,内部偏压发生器支持 1/3 偏压的 LCD。在静态模式中,内部分压器被禁止。

某些分压器共享 LCDCAP、R33 和 R23 的功能。在这种情况下,电荷泵不能和外部分压电阻在 1/3 偏压时一起使用。当 R03 在外部不使用时,V5 总为 Vss。

3. LCD 对比度控制

输出波形的峰值电压和所选择的模式及偏压共同决定了对比度和 LCD 的对比度比率。

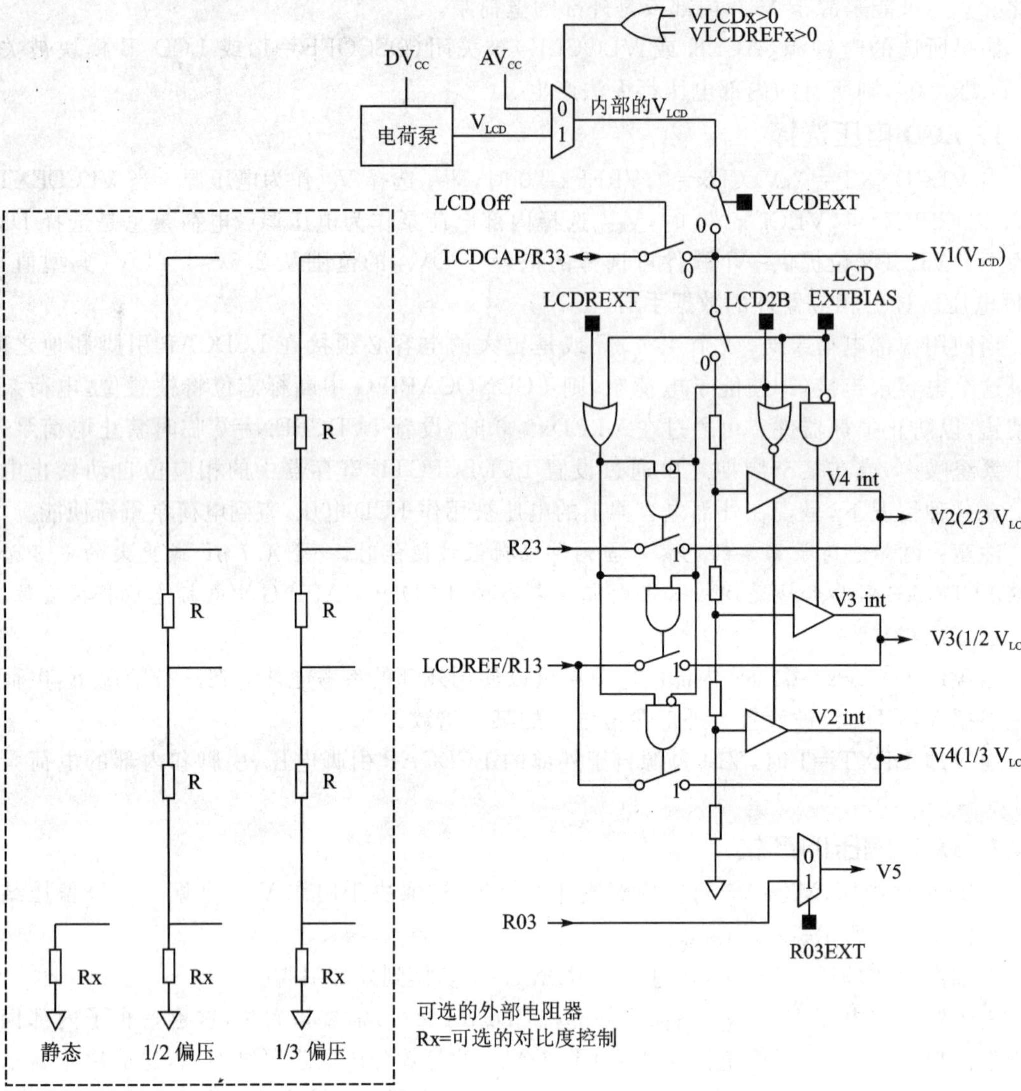

图 23-3　偏压产生电路

LCD 对比度可软件控制，这是通过设置 VLCDx 以调整集成电荷泵产生的 LCD 电压来实现的。

对比度比率取决于所用的 LCD 显示器和所选择的偏压。表 23-1 显示了应用于不同模式下，用于段打开($V_{RMS,ON}$)和段关闭($V_{RMS,OFF}$)的有效值(RMS)电压作为 V_{LCD} 的偏压配置。它也显示了在打开和关闭状态之间对比度比率的结果。

一般来说判断所需 V_{LCD} 的方式是将 $V_{RMS,OFF}$ 与 LCD 阈值电压等价。通常，当 LCD 显示范围近似为 10%对比度($V_{th,10\%}$)时：$V_{RMS,OFF}=V_{th,10\%}$。将这个值对照表格中提供的 $V_{RMS,OFF}/V_{LCD}$，可得 $V_{LCD}=V_{th,10\%}/(V_{RMS,OFF}/V_{LCD})$。在静态模式，合适的选择是 V_{LCD} 大于或等于 3 倍的 $V_{th,10\%}$。

在 3-MUX 和 4-MUX 模式，典型值为一个 1/3 偏压被使用，但是一个 1/2 偏压也是可能的。1/2 偏压虽然降低了对比度比率，但是其优点在于减小了所需要的满量程 LCD 电

压 V_{LCD}。

表 23-1 LCD 电压和偏置特性

模式	偏压配置	LCDMx	LCD2B	COM引脚数	电压等级	$V_{RMS,OFF}/V_{LCD}$	$V_{RMS,ON}/V_{LCD}$	对比度比率 $V_{RMS,ON}/V_{RMS,OFF}$
静态	静态	0	X	1	V1,V5	0	1	1/0
2-MUX	1/2	1	1	2	V1,V3,V5	0.354	0.791	2.236
2-MUX	1/3	1	1	2	V1,V2,V4,V5	0.333	0.745	2.236
3-MUX	1/2	10	1	3	V1,V3,V5	0.408	0.707	1.732
3-MUX	1/3	10	0	3	V1,V2,V4,V5	0.333	0.638	1.915
4-MUX	1/2	11	1	4	V1,V3,V5	0.433	0.661	1.528
4-MUX	1/3	11	0	4	V1,V2,V4,V5	0.333	0.577	1.732

23.2.6 LCD 输出

某些 LCD 段、公共引脚和 Rxx 功能是和数字 I/O 功能复用的。这些引脚可以实现数字 I/O 功能或 LCD 引脚功能。

当 LCD 的段引脚功能和数字 I/O 复用时，通过 LCDBPCTLx 寄存器中的 LCDSx 位进行选择。LCDSx 位选择用于每一个段引脚的 LCD 功能。当 LCDSx=0 时，复用引脚被选作数字 I/O 口功能；当 LCDSx=1 时，复用引脚被选作 LCD 功能。

COMx 和 Rxx 引脚的功能，当和数字 I/O 引脚复用时，其选择详见相应器件数据手册的端口原理图部分。COM1～COM3 与段引脚复用。由于选择了 LCD 复用模式，这些引脚需要用作 COM 引脚，这可以结合 LCDSx 位将这些引脚选作其他段引脚功能，COM 引脚优先被用作段的功能。

详见相应数据手册的端口电路图部分，以控制引脚功能。

注意： LCDSx 位不影响 LCD 段引脚。LCDSx 位只影响复用 LCD 段引脚和数字 I/O 口的功能。专用的 LCD 段引脚不受 LCDSx 位影响。

23.2.7 LCD_B 中断

LCD_B 模块有 4 个可用的中断源。每一个都有单独的使能位和标志位。

4 个中断标志位，即 LCDFRMIFG、LCDBLKOFFIFG、LCDBLKONIFG 和 LCDNOCAPIFG。它们共有一个中断向量源。中断向量寄存器 LCDBIV 用于确定哪一个中断标志位需要一个中断。

具有最高优先级的中断将在 LCDBIV 寄存器中产生一个数值（参考寄存器部分）。这一数值可以加到程序计数器上，以实现自动跳转到相应的中断服务程序中。禁止 LCD_B 中断不会影响 LCDBIV 的值。

任何对 LCDBIV 寄存器的访问都将自动复位挂起的最高优先级的中断标志位。如果另一个中断标志位被置位，则当前中断服务完成后，立即产生另一个中断。写 LCDBIV 寄存器将自动复位所有挂起的中断标志。另外，所有中断标志位可通过软件清除。

LCDNOCAPIFG 表明当电荷泵使能时，LCDCAP 引脚上未接电容器。置位 LCDNOCAPIE 位将使能中断。

当设置 LCDBLKMODx=01 或 10 使能闪烁功能时，LCDBLKONIFG 在 BLKCLK 边沿同步于打开段的帧边沿时，被置位。当 LCDBLKMODx=11 时，该标志位在 BLKCLK 边沿与选择闪烁存储器作为显存的帧边沿同步时，也会置位。当一个 LCD 或闪烁存储寄存器被写入时，该标志位将自动清除。置位 LCDBLKONIE 位将使能中断。

当设置 LCDBLKMODx=01 或 10 使能闪烁功能时，LCDBLKOFFIFG 在 BLKCLK 边沿与段变为空白的帧边沿同步时，被置位。当 LCDBLKMODx=11 时，该标志位在 BLKCLK 边沿与选择 LCD 存储器作为显示存储器的帧边沿同步时，也会置位。当 LCD 或闪烁存储寄存器被写入时，该位自动复位。置位 LCDBLKOFFIE 位将使能中断。

LCDFRMIFG 在一个帧边沿被置位。当 LCD 或闪烁存储寄存器被写入时，该位自动复位。置位 LCDFRMIFGIE 位将使能中断。

LCDBIV 程序示例

下面程序示例显示了推荐的 LCDBIV 及其中断的处理方法。LCDBIV 的值加到 PC 上以实现自动跳转到相应的中断服务程序中。

右边数字显示的是每一条指令所需要的 CPU 周期数。不同中断源的软件执行时间包括中断延时和中断返回周期，但是不包括任务处理本身。

```
;LCD_B 中断标志位的中断处理程序
LCDB_HND                              ;中断周期                  6
        ADD     &LCDBIV,PC            ;偏移量加到跳转表格上      3
        RETI                          ;中断向量 0:无中断         5
        JMP     LCDNOCAP_HND          ;中断向量 2:LCDNOCAPIFG    2
        JMP     LCDBLKON_HND          ;中断向量 4:LCDBLKONIFG    2
        JMP     LCDBLKOFF_HND         ;中断向量 6:LCDBLKOFFIFG   2
LCDFRM_HND                            ;中断向量 8:LCDFRMIFG
        ...                           ;中断服务程序从这里开始
        RETI                          ;返回                      5
LCDNOCAP_HND                          ;中断向量 2:LCDNOCAPIFG
        ...
        RETI                                                     5
LCDBLKON_HND                          ;中断向量 4:LCDBLKONIFG
        ...
        RETI                          ;返回主程序                5
LCDBLKOFF_HND                         ;中断向量 6:LCDBLKOFFIFG
        ...
        REIT                          ;                          5
```

23.2.8 静态模式

在静态模式，每一个 CC430 段引脚驱动一个 LCD 段且只使用一个公共引脚，COM0。图 23-4 所示为静态波形的例子。

图 23-5 所示是静态 LCD、引脚、LCD 到 CC430 连接以及段映射的例子。这只是一个示例，在用户的应用中，段的映射取决于 LCD 引脚和 CC430 到 LCD 的连接。

静态模式程序示例如下：

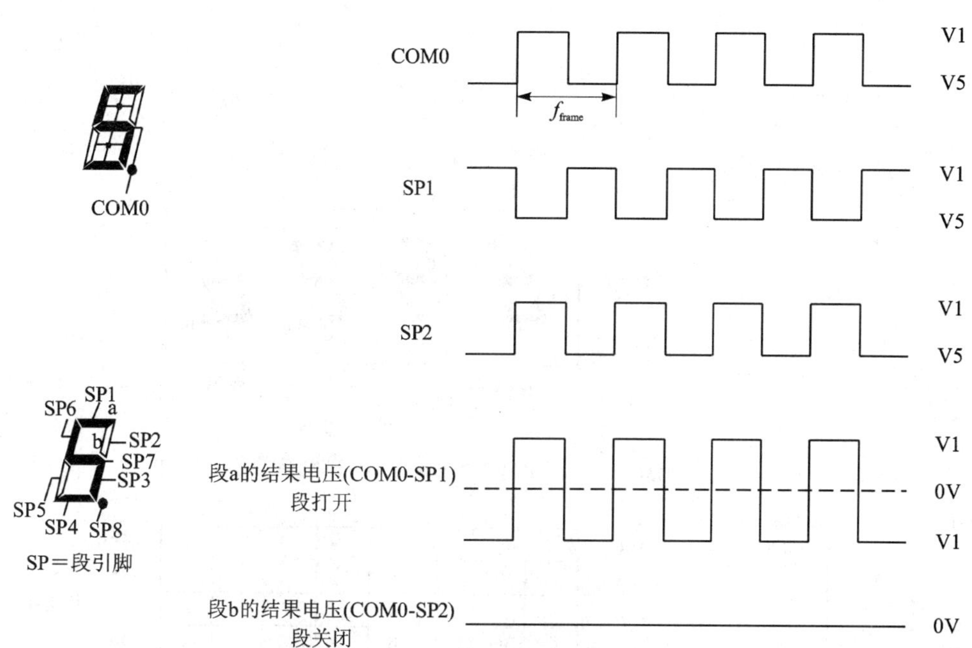

图 23-4　静态波形例子

```
;在静态显示模式下,一个数字的所有 8 个段通常位于 4 个显存字节中。
a       EQU     001h
b       EQU     010h
c       EQU     002h
d       EQU     020h
e       EQU     004h
f       EQU     040h
g       EQU     008h
h       EQU     080h
;Rx 寄存器中的内容是要被显示的数据
;表中描述的"on"段对应于 Rx 的内容
MOV.B   Table(Rx),RY        ;加载段信息到临时变量中
                            ;(Ry) = 0000 0000 hfdb geca
MOV.B   Ry,&LCDn            ;注意:
                            ;一个 LCD 存储器字节中的所有位被写
RRA     Ry                  ;(Ry) = 0000 0000 0hfd bgec
MOV.B   Ry,&LCDn + 1        ;注意:
                            ;一个 LCD 存储器字节中的所有位被写
RRA     Ry                  ;(Ry) = 0000 0000 00hf dbge
MOV.B   Ry, &LCDn + 2
RRA     Ry                  ;(Ry) = 0000 0000 000h fdbg
MOV.B   Ry,&LCDn + 3
 ............
 ............
Table   DB      a+b+c+d+e+f    ;显示"0"
```

```
    DB        b + c       ;显示"1"
    ...
    ...
    DB          ...
```

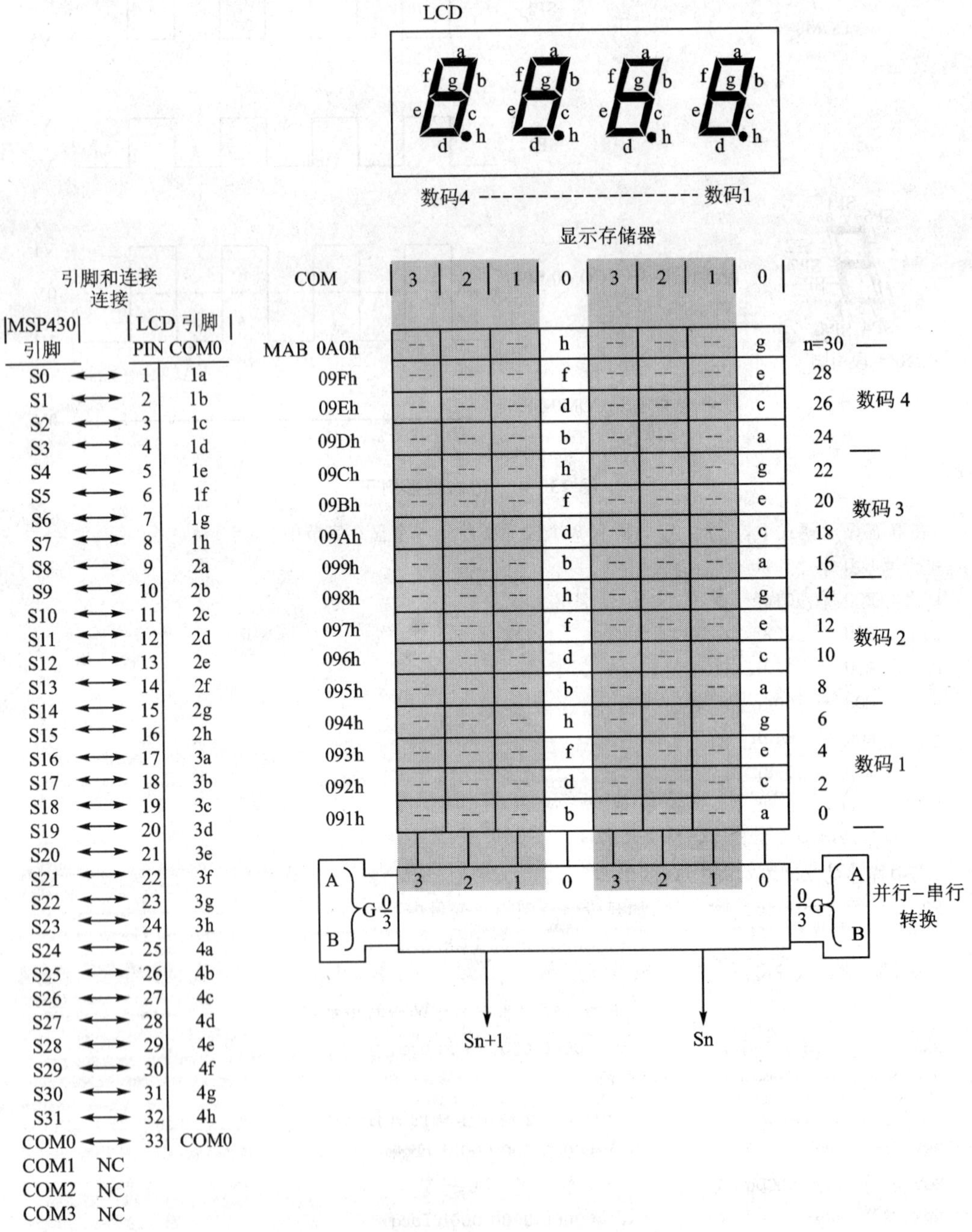

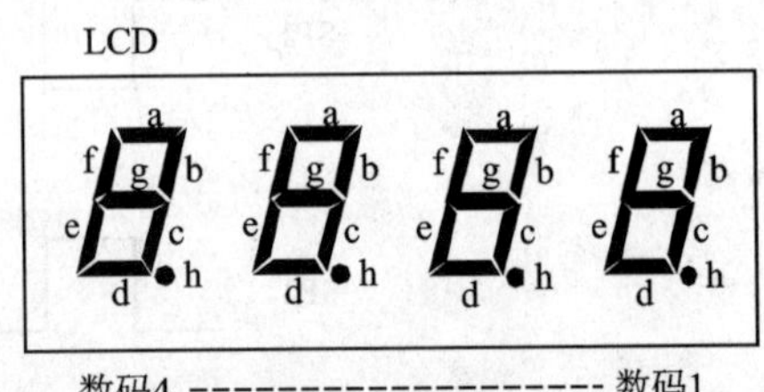

显示存储器

引脚和连接连接

MSP430 引脚		LCD 引脚 PIN	COM0
S0	⟷	1	1a
S1	⟷	2	1b
S2	⟷	3	1c
S3	⟷	4	1d
S4	⟷	5	1e
S5	⟷	6	1f
S6	⟷	7	1g
S7	⟷	8	1h
S8	⟷	9	2a
S9	⟷	10	2b
S10	⟷	11	2c
S11	⟷	12	2d
S12	⟷	13	2e
S13	⟷	14	2f
S14	⟷	15	2g
S15	⟷	16	2h
S16	⟷	17	3a
S17	⟷	18	3b
S18	⟷	19	3c
S19	⟷	20	3d
S20	⟷	21	3e
S21	⟷	22	3f
S22	⟷	23	3g
S23	⟷	24	3h
S24	⟷	25	4a
S25	⟷	26	4b
S26	⟷	27	4c
S27	⟷	28	4d
S28	⟷	29	4e
S29	⟷	30	4f
S30	⟷	31	4g
S31	⟷	32	4h
COM0	⟷	33	COM0
COM1	NC		
COM2	NC		
COM3	NC		

COM	3	2	1	0	3	2	1	0		
MAB 0A0h	--	--	--	h	--	--	--	g	n=30	数码 4
09Fh	--	--	--	f	--	--	--	e	28	
09Eh	--	--	--	d	--	--	--	c	26	
09Dh	--	--	--	b	--	--	--	a	24	
09Ch	--	--	--	h	--	--	--	g	22	数码 3
09Bh	--	--	--	f	--	--	--	e	20	
09Ah	--	--	--	d	--	--	--	c	18	
099h	--	--	--	b	--	--	--	a	16	
098h	--	--	--	h	--	--	--	g	14	数码 2
097h	--	--	--	f	--	--	--	e	12	
096h	--	--	--	d	--	--	--	c	10	
095h	--	--	--	b	--	--	--	a	8	
094h	--	--	--	h	--	--	--	g	6	数码 1
093h	--	--	--	f	--	--	--	e	4	
092h	--	--	--	d	--	--	--	c	2	
091h	--	--	--	b	--	--	--	a	0	

A
B
G 0/3
3 2 1 0 3 2 1 0
0/3 G
A
B
并行–串行转换
Sn+1
Sn

图 23-5　静态 LCD 例子(MAB 寻址需要被 LCDMx 代替)

23.2.9 2-MUX 模式

在 2-MUX 模式，每一个 CC430 段引脚驱动两个 LCD 段引脚，并使用两个公共引脚 COM0 和 COM1。图 23-6 所示为一个 2-MUX，1/2 偏压的波形例子。

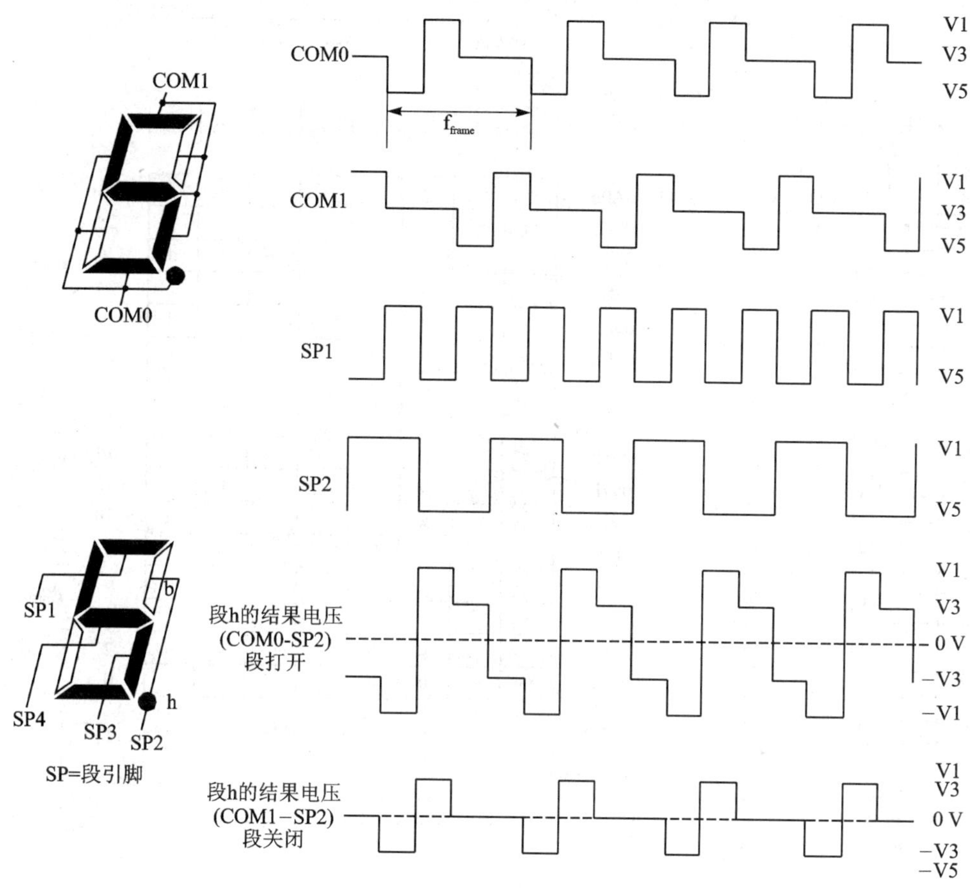

图 23-6 2-MUX 波形例子

图 23-7 所示为一个 2-MUX LCD、引脚、LCD 到 CC430 连接以及段映射的例子。这只是一个示例，在用户的应用中，段的映射完全取决于 LCD 引脚和 CC430 到 LCD 的连接。

2-MUX 模式程序示例如下：

```
;在 2MUX 显示模式下，一个数字中的所有 8 个段通常位于 2 个显存字节中
a       EQU     002h
b       EQU     020h
c       EQU     008h
d       EQU     004h
e       EQU     040h
f       EQU     001h
g       EQU     080h
h       EQU     010h
;Rx 寄存器中的内容是要被显示的数据
;表中描述的"on"段对应 Rx 的内容
```

LCD

数码8 —— 数码1

显示存储器

引脚和连接

MSP430 引脚		PIN	COM0	COM1
S0	⟷	1	1f	1a
S1	⟷	2	1h	1b
S2	⟷	3	1d	1c
S3	⟷	4	1e	1g
S4	⟷	5	2f	2a
S5	⟷	6	2h	2b
S6	⟷	7	2d	2c
S7	⟷	8	2e	2g
S8	⟷	9	3f	3a
S9	⟷	10	3h	3b
S10	⟷	11	3d	3c
S11	⟷	12	3e	3g
S12	⟷	13	4f	4a
S13	⟷	14	4h	4b
S14	⟷	15	4d	4c
S15	⟷	16	4e	4g
S16	⟷	17	5f	5a
S17	⟷	18	5h	5b
S18	⟷	19	5d	5c
S19	⟷	20	5e	5g
S20	⟷	21	6f	6a
S21	⟷	22	6h	6b
S22	⟷	23	6d	6c
S23	⟷	24	6e	6g
S24	⟷	25	7f	7a
S25	⟷	26	7h	7b
S26	⟷	27	7d	7c
S27	⟷	28	7e	7g
S28	⟷	29	8f	8a
S29	⟷	30	8h	8b
S30	⟷	31	8d	8c
S31	⟷	32	8e	8g
COM0	⟷	33	COM0	
COM1	⟷	34		COM1
COM2	NC			
COM3	NC			

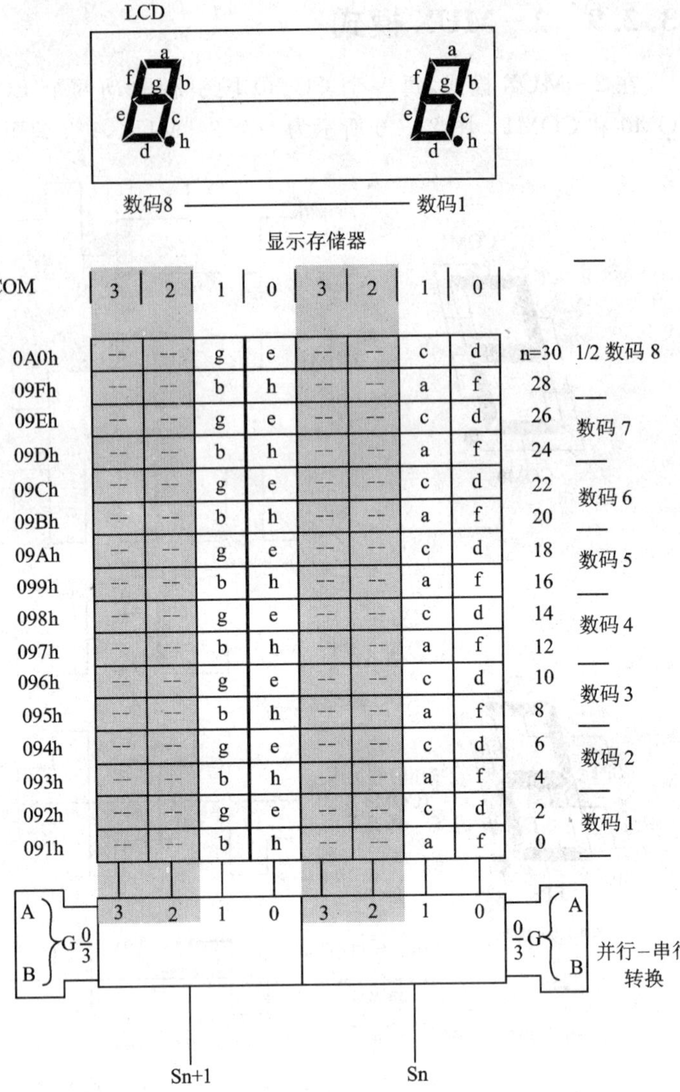

MAB \ COM	3	2	1	0	3	2	1	0	n	
0A0h	--	--	g	e	--	--	c	d	n=30	1/2 数码 8
09Fh	--	--	b	h	--	--	a	f	28	
09Eh	--	--	g	e	--	--	c	d	26	数码 7
09Dh	--	--	b	h	--	--	a	f	24	
09Ch	--	--	g	e	--	--	c	d	22	数码 6
09Bh	--	--	b	h	--	--	a	f	20	
09Ah	--	--	g	e	--	--	c	d	18	数码 5
099h	--	--	b	h	--	--	a	f	16	
098h	--	--	g	e	--	--	c	d	14	数码 4
097h	--	--	b	h	--	--	a	f	12	
096h	--	--	g	e	--	--	c	d	10	数码 3
095h	--	--	b	h	--	--	a	f	8	
094h	--	--	g	e	--	--	c	d	6	数码 2
093h	--	--	b	h	--	--	a	f	4	
092h	--	--	g	e	--	--	c	d	2	数码 1
091h	--	--	b	h	--	--	a	f	0	

A B G 0/3 　3 2 1 0 3 2 1 0 　0/3 G A B 并行−串行转换

Sn+1 　Sn

图 23−7　2−MUX LCD 例子（MAB 寻址需要被 LCDMx 代替）

```
..........
..........
MOV.B    Table(Rx),Ry          ;加载段信息到临时变量中
MOV.B    Ry,&LCDn              ;(Ry) = 0000 0000 gebh cdaf
                               ;注意：
                               ;LCD 存储字节中的所有位都被写

RRA      Ry                    ;(Ry) = 0000 0000 0geb hcda
RRA      Ry                    ;(Ry) = 0000 0000 00ge bhcd
MOV.B    Ry,&LCDn + 1          ;
```

```
..............
..............
Table   DB      a+b+c+d+e+f     ;显示"0"
        .........
        DB      a+b+c+d+e+f+g   ;显示"8"
        .........
        .........
        DB
        ........
```

23.2.10 3-MUX 模式

在 3-MUX 模式中，每一个 CC430 的段引脚驱动 3 个 LCD 段，并使用 3 个公共引脚（COM0、COM1、COM2）。图 23-8 所示为一个 3-MUX、1/3 偏压波形的例子。

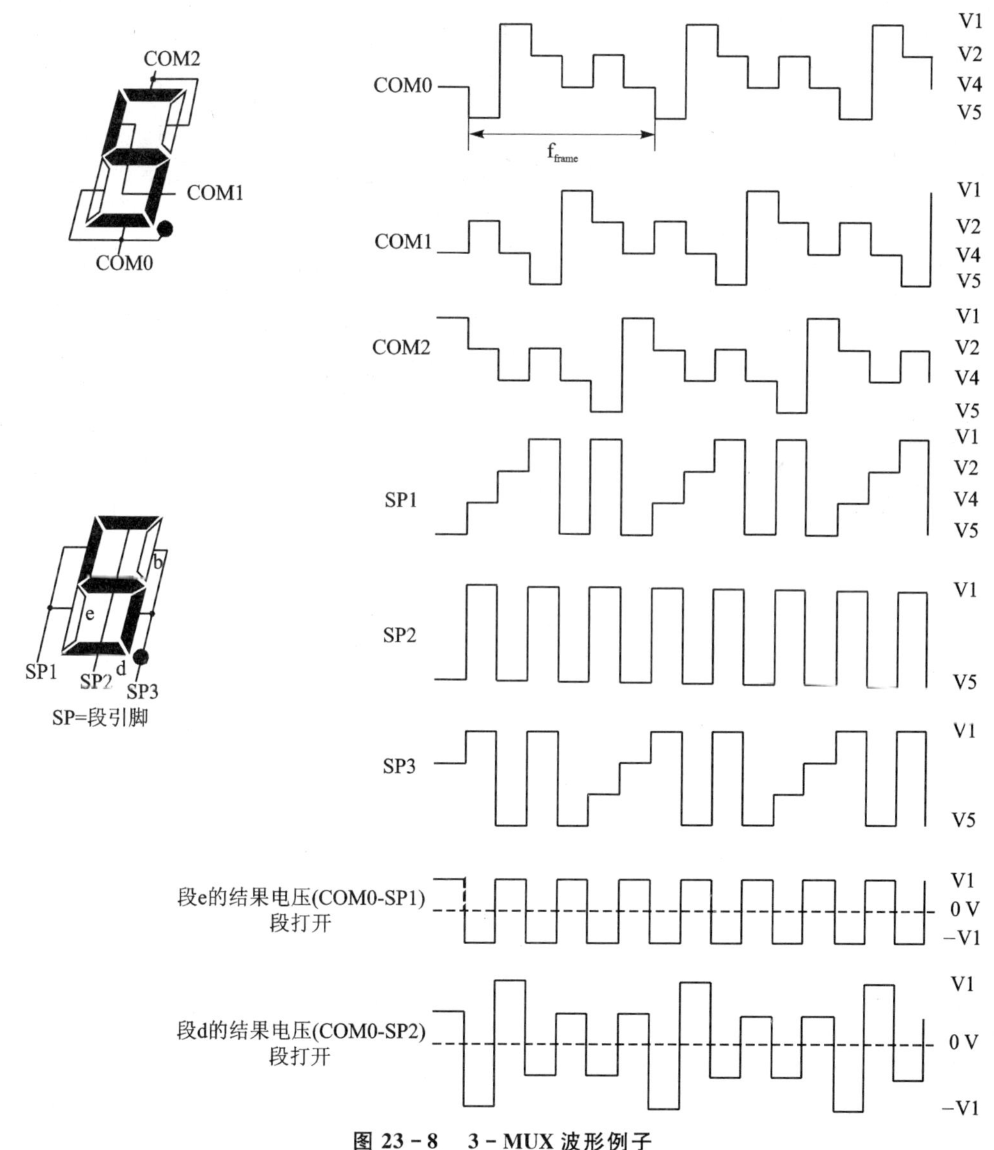

图 23-8 3-MUX 波形例子

图 23－9 为一个 3－MUX LCD、引脚、LCD 到 CC430 连接以及段映射的例子。这只是一个示例，在用户的应用中，段的映射完全取决于 LCD 引脚和 CC430 到 LCD 的连接。

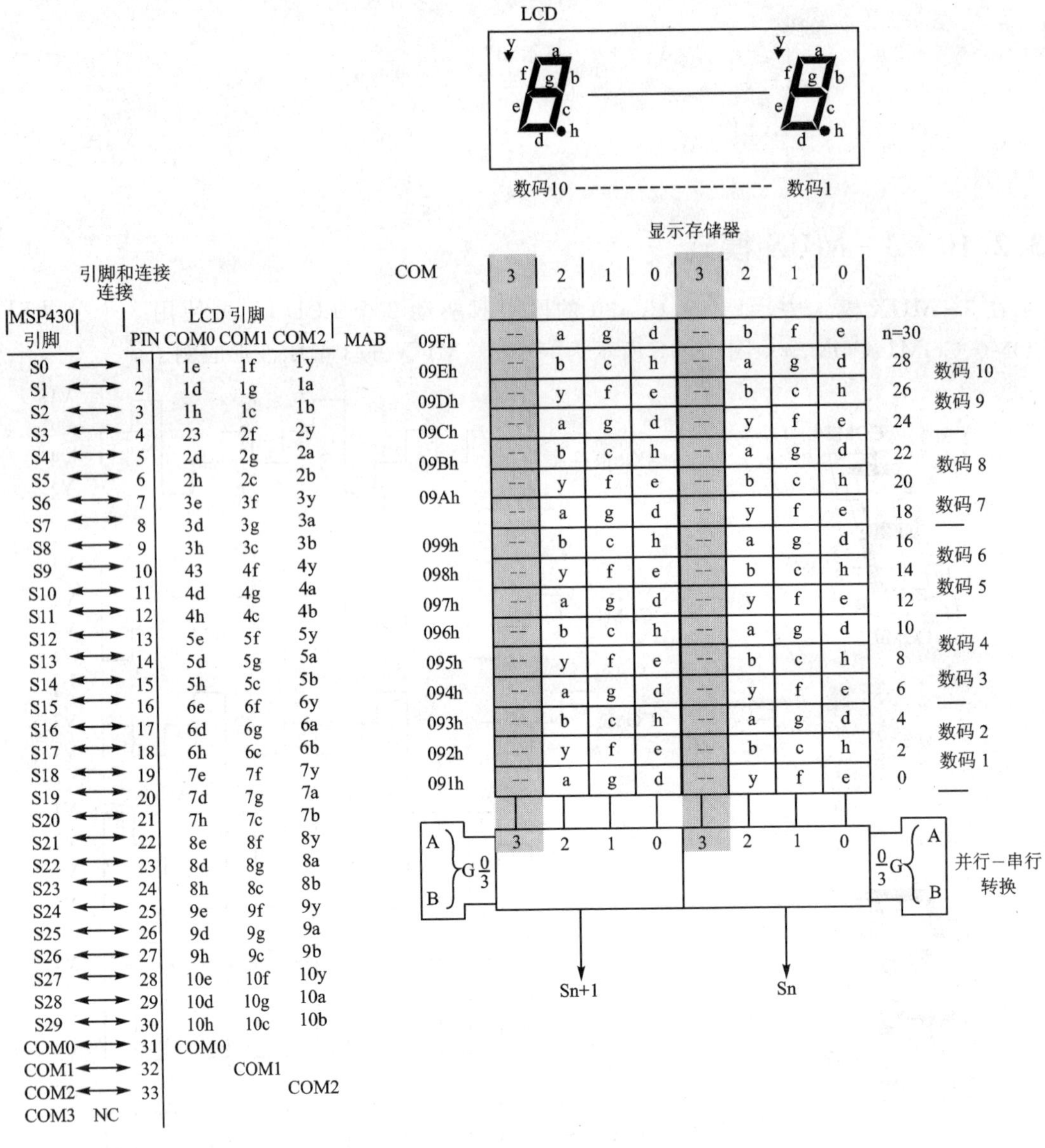

LCD

y a f g b e c h d ———— y a f g b e c h d

数码10 ---------------- 数码1

引脚和连接

MSP430 引脚		LCD 引脚 PIN	COM0	COM1	COM2
S0	←→	1	1e	1f	1y
S1	←→	2	1d	1g	1a
S2	←→	3	1h	1c	1b
S3	←→	4	23	2f	2y
S4	←→	5	2d	2g	2a
S5	←→	6	2h	2c	2b
S6	←→	7	3e	3f	3y
S7	←→	8	3d	3g	3a
S8	←→	9	3h	3c	3b
S9	←→	10	43	4f	4y
S10	←→	11	4d	4g	4a
S11	←→	12	4h	4c	4b
S12	←→	13	5e	5f	5y
S13	←→	14	5d	5g	5a
S14	←→	15	5h	5c	5b
S15	←→	16	6e	6f	6y
S16	←→	17	6d	6g	6a
S17	←→	18	6h	6c	6b
S18	←→	19	7e	7f	7y
S19	←→	20	7d	7g	7a
S20	←→	21	7h	7c	7b
S21	←→	22	8e	8f	8y
S22	←→	23	8d	8g	8a
S23	←→	24	8h	8c	8b
S24	←→	25	9e	9f	9y
S25	←→	26	9d	9g	9a
S26	←→	27	9h	9c	9b
S27	←→	28	10e	10f	10y
S28	←→	29	10d	10g	10a
S29	←→	30	10h	10c	10b
COM0	←→	31	COM0		
COM1	←→	32		COM1	
COM2	←→	33			COM2
COM3	NC				

显示存储器

MAB	COM 3	2	1	0	3	2	1	0	n
09Fh	--	a	g	d	--	b	f	e	n=30
09Eh	--	b	c	h	--	a	g	d	28
09Dh	--	y	f	e	--	b	c	h	26
09Ch	--	a	g	d	--	y	f	e	24
09Bh	--	b	c	h	--	a	g	d	22
09Ah	--	y	f	e	--	b	c	h	20
	--	a	g	d	--	y	f	e	18
099h	--	b	c	h	--	a	g	d	16
098h	--	y	f	e	--	b	c	h	14
097h	--	a	g	d	--	y	f	e	12
096h	--	b	c	h	--	a	g	d	10
095h	--	y	f	e	--	b	c	h	8
094h	--	a	g	d	--	y	f	e	6
093h	--	b	c	h	--	a	g	d	4
092h	--	y	f	e	--	b	c	h	2
091h	--	a	g	d	--	y	f	e	0

数码 10
数码 9
数码 8
数码 7
数码 6
数码 5
数码 4
数码 3
数码 2
数码 1

A B G 0/3 — 3 2 1 0 | 3 2 1 0 — 0/3 G A B

并行－串行转换

Sn+1   Sn

图 23－9　3－MUX LCD 例子(MAB 寻址需要被 LCDMx 代替)

3－MUX 模式程序示例如下：

```
;3－MUX 可以支持每一个数字的 9 段。一个数字的 9 段位于一个 1/2 的显示存储字节中
a       EQU     0040h
b       EQU     0400h
c       EQU     0200h
d       EQU     0010h
e       EQU     0001h
f       EQU     0002h
```

```
g     EQU      0020h
h     EQU      0100h
y     EQU      0004h
;Rx 寄存器中的值应该被显示的
;表中描述的“on”段对应 Rx 的内容
;寄存器 Ry 用于临时缓存
ODDDIG  RLA     Rx             ;在 3MUX 模式,每个数字需 9 个段,因此要求一个字表来显示字符
        MOV     Table(Rx),Ry   ;加载段信息到临时缓存(Ry) = 0000 0bch 0agd 0yfe
        MOV.B   Ry,&LCDn       ;写数据 n 的‘a,g,d,y,f,e’(低字节)
        SWPB    Ry             ;(Ry) = 0agd 0yfe 0000 0bch
        BIC.B   #07h,&LCDn+1   ;写数据 n 的‘b,c,h’(高字节)
        BIS.B   Ry,&LCDn+1
EVNDIG  RLA     Rx             ;在 3MUX 模式,每个数字需 9 个段,因此要求一个字表来显示字符
        MOV     Table(Rx),Ry   ;加载段信息到临时缓存(Ry) = 0000 0bch 0agd 0yfe
        RLA     Ry             ;(Ry) = 0000 bch0 agd0 yfe0
        RLA     Ry             ;(Ry) = 000b ch0a gd0y fe00
        RLA     Ry             ;(Ry) = 00bc h0ag d0yf e000
        RLA     Ry             ;(Ry) = 0bch 0agd 0yfe 0000
        BIC.B   #070h,&LCDn+1
        BIS.B   Ry,&LCDn+1     ;写入数据 n+1 的‘y,f,e’(低字节)
        SWPB    Ry             ;(Ry) = 0yfe 0000 0bch 0agd
        MOV.B   Ry,&LCDn+2     ;写入数据 n+1 的‘b,c,h,a,g,d’(高字节)
                ..........
Table   DW      a+b+c+d+e+f    ;显示“0”
        DW      b+c            ;显示“1”
        .........
        .........
        DW      a+e+f+g        ;显示“F”
```

23.2.11 4-MUX 模式

在 4-MUX 模式中,每一个 CC430 段引脚驱动 4 个 LCD 段,并使用 4 个公共引脚(COM0、COM1、COM2 和 COM3)。图 23-10 所示为一个 4-MUX、1/3 偏压波形的例子。

图 23-11 所示为一个 4-MUX LCD、引脚、LCD 到 CC430 连接以及段映射的例子。这只是一个示例,在用户的应用中,段映射取决于 LCD 引脚和 CC430 到 LCD 的连接。

4-MUX 模式程序示例如下:

```
;4MUX 支持一个字符的 8 段
;一个字符的 8 段可以放在
;一个显示缓存字节中
   a     EQU     080h
   b     EQU     040h
   c     EQU     020h
   d     EQU     001h
   e     EQU     002h
```

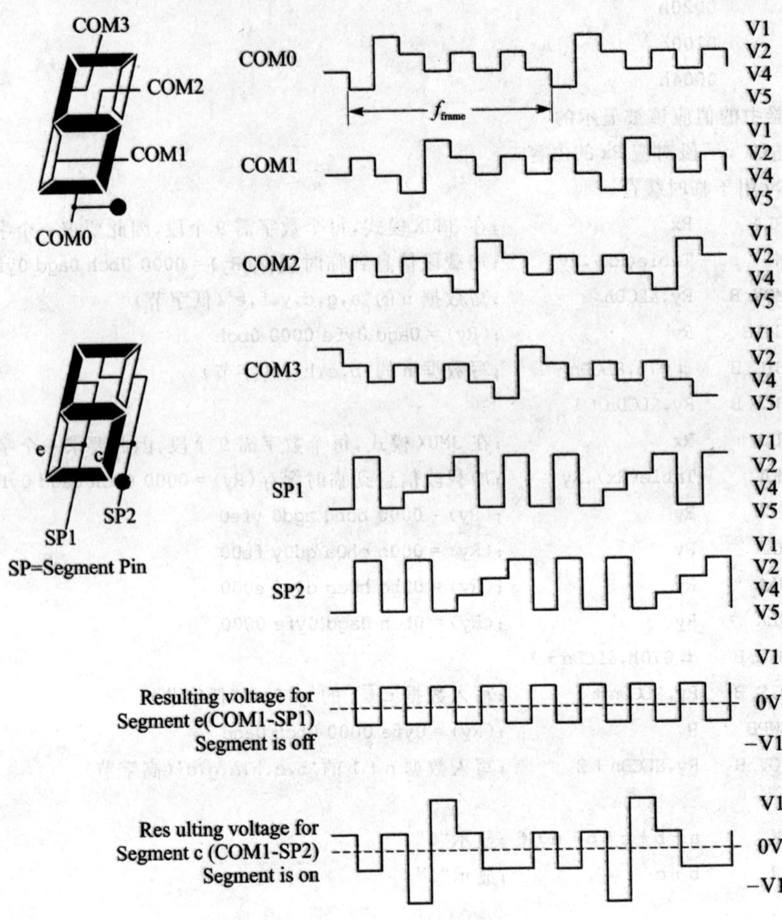

图 23-10　4-MUX 波形例子

```
f       EQU     008h
g       EQU     004h
h       EQU     010h
;Rx 寄存器的值为被显示的内容
;Rx 的内容对于表中的"on"段
        MOV.B   Table(Rx),&LCDn         ;n = 1......15
                                        ;所有的 8 段被写入显示缓存中
        ..........
        ..........
Table   DB      a+b+c+d+e+f             ;显示"0"
        DB      b+c                     ;显示 "1"
        ...........
        ...........
        DB      b+c+d+e+g               ;显示"d"
        DB      a+d+e+f+g               ;显示"E"
        DB      a+e+f+g                 ;显示"F"
```

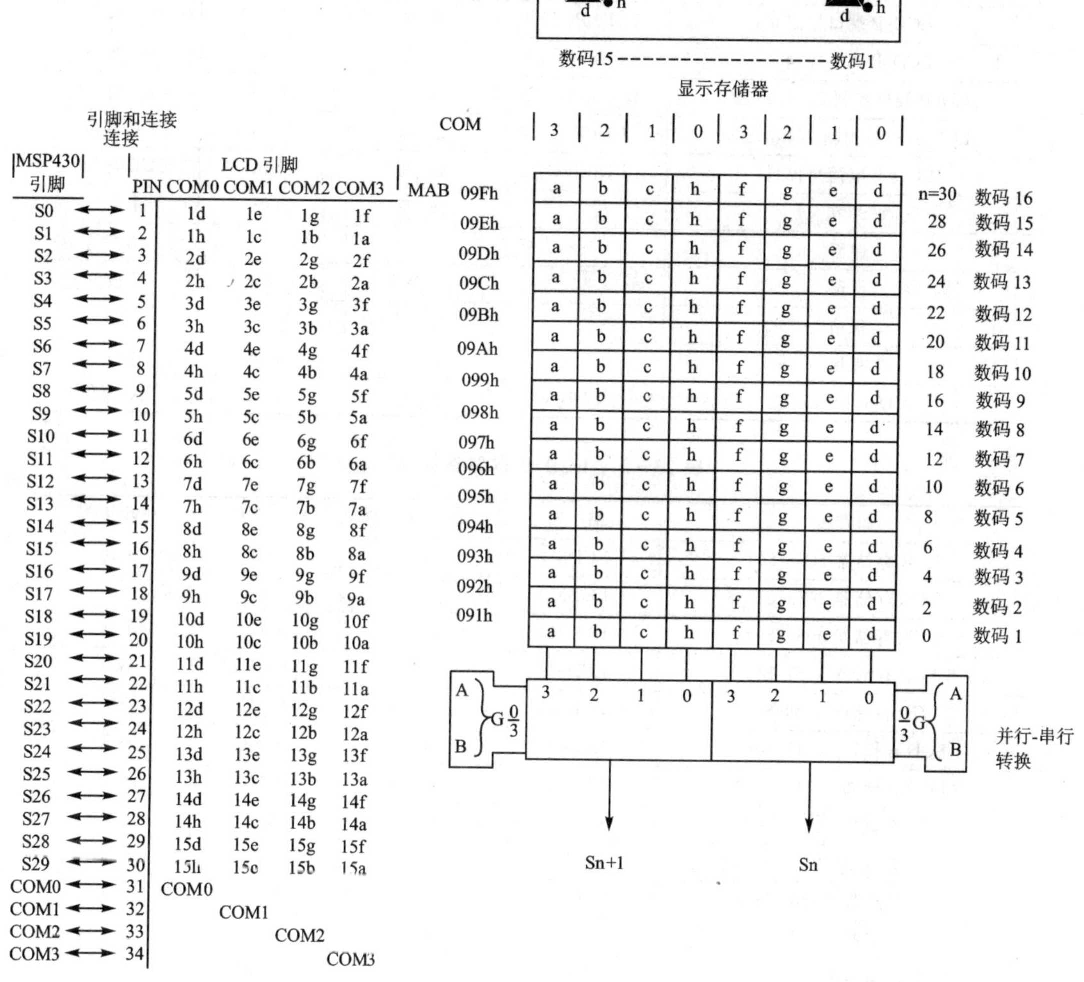

图 23-11　4-MUX LCD 例子(MAB 寻址需要被 LCDMx 代替)

23.3　LCD 控制寄存器

LCD 控制寄存器如表 23-2 和表 23-3 所列。LCD 存储寄存器和闪烁存储寄存器可以字方式访问。

表 23-2　LCD_B 控制寄存器

寄存器	缩　写	寄存器类型	地址偏移	初始状态
LCD_B 控制寄存器 0	LCDBCTL0	读/写	000h	PUC 复位
LCD_B 控制寄存器 1	LCDBCTL1	读/写	002h	PUC 复位
LCD_B 闪烁控制寄存器	LCDBBLKCTL	读/写	004h	PUC 复位

续表 23-2

寄存器	缩　写	寄存器类型	地址偏移	初始状态
LCD_B 存储控制寄存器	LCDBMEMCTL	读/写	006h	PUC 复位
LCD_B 电压控制寄存器	LCDBVCTL	读/写	008h	PUC 复位
LCD_B 端口控制 0	LCDBPCTL0	读/写	00Ah	PUC 复位
LCD_B 商品控制 1	LCDBPCTL1	读/写	00Ch	PUC 复位
LCD_B 端口控制 2(≥128 段)	LCDBPCTL2	读/写	00Eh	PUC 复位
LCD_B 端口控制 3(192 段)	LCDBPCTL3	读/写	010h	PUC 复位
LCD_B 电荷泵控制	LCDBCPCTL	读/写	012h	PUC 复位
保留		读/写	014h	不变
保留		读/写	016h	不变
保留		读/写	018h	不变
保留		读/写	01Ah	不变
保留		读/写	01Ch	不变
LCD_B 中断向量	LCDBIV	读/写	01Eh	PUC 复位

表 23-3　LCD_B 存储寄存器[1]

寄存器	缩　写	寄存器类型	地址偏移	初始状态
LCD 存储器 1(S1/S0)	LCDM1	读/写	020h	不变
LCD 存储器 2(S3/S2)	LCDM2	读/写	021h	不变
LCD 存储器 3(S5/S4)	LCDM3	读/写	022h	不变
LCD 存储器 4(S7/S6)	LCDM4	读/写	023h	不变
LCD 存储器 5(S9/S8)	LCDM5	读/写	024h	不变
LCD 存储器 6(S11/S10)	LCDM6	读/写	025h	不变
LCD 存储器 7(S13/S12)	LCDM7	读/写	026h	不变
LCD 存储器 8(S15/S14)	LCDM8	读/写	027h	不变
LCD 存储器 9(S17/S16)	LCDM9	读/写	028h	不变
LCD 存储器 10(S19/S18)	LCDM10	读/写	029h	不变
LCD 存储器 11(S21/S20)	LCDM11	读/写	02Ah	不变
LCD 存储器 12(S23/S22)	LCDM12	读/写	02Bh	不变
LCD 存储器 13(S25/S24)	LCDM13	读/写	02Ch	不变
LCD 存储器 14(S27/S26)	LCDM14	读/写	02Dh	不变
LCD 存储器 15(S29/S28,≥128 段)	LCDM15	读/写	02Eh	不变
LCD 存储器 16(S31/S30,≥128 段)	LCDM16	读/写	02Fh	不变
LCD 存储器 17(S33/S32,≥128 段)	LCDM17	读/写	030h	不变
LCD 存储器 18(S35/S34,≥128 段)	LCDM18	读/写	031h	不变
LCD 存储器 19(S37/S36,≥160 段)	LCDM19	读/写	032h	不变
LCD 存储器 20(S39/S38,≥160 段)	LCDM20	读/写	033h	不变
LCD 存储器 21(S41/S40,≥160 段)	LCDM21	读/写	034h	不变
LCD 存储器 22(S43/S42,≥160 段)	LCDM22	读/写	035h	不变
LCD 存储器 23(S45/S44,192 段)	LCDM23	读/写	036h	不变
LCD 存储器 24(S47/S46,192 段)	LCDM24	读/写	037h	不变

续表 23-3

寄存器	缩　写	寄存器类型	地址偏移	初始状态
LCD 存储器 25(S49/S48,192 段)	LCDM25	读/写	038h	不变
LCD 存储器 25(S50,192 段)	LCDM26	读/写	039h	不变
保留		读/写	03Ah	不变
保留		读/写	03Bh	不变
保留		读/写	03Ch	不变
保留		读/写	03Dh	不变
保留		读/写	03Eh	不变
保留		读/写	03Fh	不变

注：[1]　LCD 存储寄存器也可以字方式访问。

1. LCDBCTL0,LCD_B 控制寄存器 0

15～11	10～8	7	6～5	4～3	2	1	0
LCDDIVx	LCDPREx	LCDSSEL	保留	LCDMXx	LCDSON	保留	LCDON

LCDDIVx　位 15～11　LCD 频率分频。结合 LCDPREx,LCD 频率 f_{LCD}的计算方法为

$f_{LCD}=f_{ACLK}/VLO/((LCDDIVx+1)\times 2LCDPREx)$

00000　1 分频；　11110　31 分频；

00001　2 分频；　11111　32 分频。

⋮

LCDPREx　位 10～8　LCD 频率预分频。结合 LCDDIVx,LCD 频率 f_{LCD}的计算方法为

$f_{LCD}=f_{ACLK}/VLO/((LCDDIVx+1)\times 2LCDPREx)$

000　1 分频；　100　16 分频；

001　2 分频；　101　32 分频；

010　4 分频；　110　保留——默认为 32 分频；

011　8 分频；　111　保留——默认为 32 分频。

LCDSSEL　位 7　闪烁频率的时钟源选择。

0　ACLK(30～40 KHz)；1　VLOCLK。

保留　位 6～5　保留。

LCDMXx　位 4～3　LCD MUX 比率。这两位选择 LCD 的模式。

00　静态；　10　3-MUX；

01　2-MUX；　11　4-MUX。

LCDSON　位 2　LCD 段开启。这一位支持闪烁 LCD 应用,通过关闭所有段引脚,当离开 LCD 时序发生器且 R33 使能时：

0　所有 LCD 段关闭；

1　所有 LCD 段使能,且根据段相应的存储地址中的值打开或关闭。

保留　位 1　保留。

LCDON　位 0　打开 LCD。这一位控制 LCD_B 模块的开/关。

0　LCD_B 模块关闭；1　LCD_B 模块打开。

注意：仅当 LCDON=0 时,才可以改变 LCDDIVx、LCDPREx、LCDSSEL 和 LCDMx 的设置。

2. LCDBCTL1,LCD_B 控制寄存器 1

15~12	11	10	9	8
保留	LCDNOCAPIE	LCDBLKONIE	LCDBLKOFFIE	LCDFRMIE
7~4	3	2	1	0
保留	LCDNOCAPIFG	LCDBLKONIFG	LCDBLKOFFIFG	LCDFRMIFG

保留　位 15~12　保留。

LCDNOCAPIE　位 11　无电容连接中断使能。
0　中断禁止;1　中断允许。

LCDBLKONIE　位 10　LCD 闪烁中断使能,段打开。
0　中断禁止;1　中断使能。

LCDBLKOFFIE　位 9　LCD 闪烁中断使能,段关闭。
0　中断禁止;1　中断使能。

LCDFRMIE　位 8　LCD 帧中断使能。
0　中断禁止;1　中断使能。

保留　位 7~4　保留。

LCDNOCAPIFG　位 3　无电容连接中断标志位。当电荷泵被使能但是没有电容被连接到 LCDCAP 引脚时,该位置位。
0　无中断发生;1　有中断发生。

LCDBLKONIFG　位 2　LCD 闪烁中断标志位,段打开。当数据写入一个存储寄存器时,该位自动清除。
0　无中断发生;1　有中断发生。

LCDBLKOFFIFG　位 1　LCD 闪烁中断标志位,段关闭。当数据写入一个存储寄存器时,该位自动清除。
0　无中断发生;1　有中断发生。

LCDFRMIFG　位 0　LCD 帧中断标志位。当数据写入一个存储寄存器后,该位自动清除。
0　无中断发生;1　有中断发生。

3. LCDBBLKCTL,LCD_B 闪烁控制寄存器

15~8	7~5	4~2	1~0
保留	LCDBLKDIVx	LCDBLKPREx	LCDBLKMODx

保留　位 15~8　保留。

LCDBLKDIVx　位 7~5　用于闪烁频率的时钟分频。与 LCDBLKPREx 一起闪烁,频率 f_{BLINK} 可计算为 $f_{BLINK}=f_{ACLK/VLO}/((\text{LCDBLKDIVx}+1)\times 2^{9+\text{LCDBLKPREx}})$

000　1 分频;　100　5 分频;
001　2 分频;　101　6 分频;
010　3 分频;　110　7 分频;
011　4 分频;　111　8 分频。

LCDBLKPREx　位 4~2　闪烁频率的时钟预分频。与 LCDBLKDIVx 一起闪烁,频率 f_{BLINK} 可计算为 $f_{BLINK}=f_{ACLK/VLO}/((\text{LCDBLKDIVx}+1)\times 2^{9+\text{LCDBLKPREx}})$

0000　512 分频;　0100　8 162 分频;
0001　1 024 分频;　0101　16 384 分频;
0010　2 048 分频;　0110　32 768 分频;
0011　4 096 分频;　0111　65 536 分频。

LCDBLKMODx　　位 1～0　　闪烁模式。

00　闪烁禁止；

01　在闪烁存储寄存器 LCDBMx 中使能的相应段闪烁；

10　所有段闪烁；

11　切换存储在 LCDMx 和 LCDBMx 存储寄存器中的显示内容。

注意：设置 LCDBLKDIVx 和 LCDBLKPREx 应该仅在当 LCDBLKMODx=00 时进行。

4. LCDBMEMCTL，LCD_B 存储控制寄存器

15～3	2	1	0
保留	LCDCLRBM	LCDCLRM	LCDDISP

保留　　位 15～3　　保留。

LCDCLRBM　　位 2　　清除 LCD 闪烁内存控制位。清除所有闪烁存储寄存器 LCDBMx。在闪烁存储器被清除时，该位自动复位。

0　闪烁存储寄存器 LCDBMx 的内容保持不变；

1　所有闪烁存储寄存器 LCDBMx 的内容被清除。

LCDCLRM　　位 1　　清除 LCD 内存。清除所有 LCD 存储寄存器 LCDMx。在 LCD 内存被清除后，该位自动复位。

0　LCD 存储寄存器 LCDMx 的内容保持不变；

1　所有 LCD 存储寄存器 LCDMx 的内容被清除。

LCDDISP　　位 0　　选择 LCD 存储寄存器用于显示。在 LCDBLKMODx=01 和 LCDBLKMODx=10 时，这一位被清除，并且不能通过软件改变。

当 LCDBLKMODx=11 时，这一位反映了当前的显示内容，但不能通过软件改变。当返回到 LCDBLKMODx=00 时，该位被清除。

0　显示 LCD 存储寄存器 LCDMx 的内容；

1　显示 LCD 闪烁存储寄存器 LCDBMx 的内容。

5. LCDBVCTL，LCD_B 电压控制寄存器

15～13	12	11	10	9	8
保留	VLCDx				保留

7	6	5	4	3	2 1	0
LCDREXT	R03EXT	LCDEXTBIAS	VLCDEXT	LCDCPEN	VLCDREFx	LCD2B

保留　　位 15～13　　保留。

VLCDx　　位 12～9　　选择电荷泵电压。LCDCPEN 必须为 1，以使电荷泵被使能。当 VLCDx=0000 以及 VLCDREFx=00 和 VLCDEXT=0 时，V_{CC} 被用作 V_{LCD}。

VLCDx	VLCDREFx=00 或 10	VLCDREFx=01 或 11	VLCDx	VLCDREFx=00 或 10	VLCDREFx=01 或 11
0000	电荷泵禁止	电荷泵禁止	1000	V_{LCD}=3.02 V	V_{LCD}=2.52×V_{REF}
0001	V_{LCD}=2.60 V	V_{LCD}=2.17×V_{REF}	1001	V_{LCD}=3.08 V	V_{LCD}=2.57×V_{REF}
0010	V_{LCD}=2.66 V	V_{LCD}=2.22×V_{REF}	1010	V_{LCD}=3.14 V	V_{LCD}=2.62×V_{REF}
0011	V_{LCD}=2.72 V	V_{LCD}=2.27×V_{REF}	1011	V_{LCD}=3.20 V	V_{LCD}=2.67×V_{REF}
0100	V_{LCD}=2.78 V	V_{LCD}=2.32×V_{REF}	1100	V_{LCD}=3.26 V	V_{LCD}=2.72×V_{REF}
0101	V_{LCD}=2.84 V	V_{LCD}=2.37×V_{REF}	1101	V_{LCD}=3.32 V	V_{LCD}=2.77×V_{REF}
0110	V_{LCD}=2.90 V	V_{LCD}=2.42×V_{REF}	1110	V_{LCD}=3.38 V	V_{LCD}=2.82×V_{REF}
0111	V_{LCD}=2.96 V	V_{LCD}=2.47×V_{REF}	1111	V_{LCD}=3.44 V	V_{LCD}=2.87×V_{REF}

保留	位 8	保留。
LCDREXT	位 7	V2～V4 电压切换到外部 Rx3 引脚。这一位选择将外部连接到由内部偏压产生的 V2～V4(LCDEXTBIAS=0)。如果外部偏压被选中(LCDEXTBIAS=1),该位可忽略。 0 内部产生的 V2～V4 不会切换到引脚(LCDEXTBIAS=0); 1 内部产生的 V2～V4 切换到引脚(LCDEXTBIAS=0)。
R03EXT	位 6	V5 电压选择。这一位选择最低 LCD 电压的外部连接。如果没有可用的 R03 引脚,R03EXT 被忽略。 0 V5 为 V_{SS};1 V5 源自于 R03 引脚。
LCDEXTBIAS	位 5	V2～V4 电压选择。这一位选择 V2～V4 电压的产生。 0 V2～V4 由内部产生; 1 V2～V4 源自于外部,并且内部偏压发生器是关闭的。
VLCDEXT	位 4	V_{LCD} 源选择。 0 V_{LCD} 由内部产生;1 V_{LCD} 来源于外部。
LCDCPEN	位 3	电荷泵使能。 0 电荷泵禁止; 1 当 V_{LCD} 由内部产生(VLCDEXT=0)且 VLCDx>0 或 VLCDREFx>0 时,电荷泵使能。
VLCDREFx	位 2～1	电荷泵参考选择。如果 LCDEXTBIAS=1 或 LCDREXT=1 时,该位设置为 01、10 和 11 是不被支持的,将由内部参考电压代替。 00 内部参考电压; 01 外部参考电压; 10 内部参考电压切换到外部引脚 LCDREF/R13; 11 保留。默认为外部参考电压。
LCD2B	位 0	偏压选择。当 LCDMx=00 时,LCD2B 被忽略。 0 1/3 偏压;1 1/2 偏压。

注意: 对 LCDREXT、R03EXT、LCDEXTBIAS、VLCDEXT、VLCDREFx 以及 LCD2B 的设置应该在仅当 LCDON=0 时进行。

6. LCDBPCTL0,LCD_B 端口控制寄存器 0

15	14	13	12	11	10	9	8
LCDS15	LCDS14	LCDS13	LCDS12	LCDS11	LCDS10	LCDS9	LCDS8

7	6	5	4	3	2	1	0
LCDS7	LCDS6	LCDS5	LCDS4	LCDS3	LCDS2	LCDS1	LCDS0

LCDSx	位 15～0	LCD 段引脚 x 使能。 这一位仅影响有复用功能的引脚。专用 LCD 引脚总是 LCD 功能。 0 复用引脚作为端口功能;1 引脚作为 LCD 功能。

7. LCDBPCTL1,LCD_B 端口控制寄存器 1

15	14	13	12	11	10	9	8
LCDS31	LCDS30	LCDS29	LCDS28	LCDS27	LCDS26	LCDS25	LCDS24

7	6	5	4	3	2	1	0
LCDS23	LCDS22	LCDS21	LCDS20	LCDS19	LCDS18	LCDS17	LCDS16

LCDSx 位 15～0 LCD 段引脚 x 使能。

LCDS27～LCDS31 保留在最大支持 96 段的器件。这一位仅影响有复用功能的引脚。专用 LCD 引脚总是 LCD 功能。

0 复用引脚作为端口功能；1 引脚作为 LCD 功能。

8. LCDBPCTL2，LCD_B 端口控制寄存器 2(≥128 段)

15	14	13	12	11	10	9	8
LCDS47	LCDS46	LCDS45	LCDS44	LCDS43	LCDS42	LCDS41	LCDS40

7	6	5	4	3	2	1	0
LCDS39	LCDS38	LCDS37	LCDS36	LCDS35	LCDS34	LCDS33	LCDS32

LCDSx 位 15～0 LCD 段引脚 x 使能。

LCDS35～LCDS47 保留在支持最大 128 段的器件。

LCDS43～LCDS47 保留在支持最大 160 段的器件。

这一位仅影响有复用功能的引脚。专用 LCD 引脚总是 LCD 功能。

0 复用引脚作为端口功能；1 引脚作为 LCD 功能。

9. LCDBPCTL3，LCD_B 端口控制寄存器 3(192 段)

15～3	2	1	0
保留	LCDS50	LCDS49	LCDS48

保留 位 15～3 保留。

LCDSx 位 2～0 LCD 段引脚 x 使能。

这一位仅影响有复用功能的引脚。专用 LCD 引脚总是 LCD 功能。

0 复用引脚作为端口功能；1 引脚作为 LCD 功能。

注意：对 LCDSx 的设置应该仅在 LCDON＝0 时进行。

10. LCDBCPCTL，LCD_B 电荷泵控制寄存器

15	14～8	7～0
LCDCPCLKSYNC	保留	LCDCPIDSx

LCDCPCLKSYNC 位 15 LCD 电荷泵时钟同步。

当 RF 晶体振荡器使能且不通过它的故障信号指示故障(不是故障标志位)时，电荷泵时钟被同步到 RFCLK(在 CC430 中)。

0 同步禁止；1 同步使能。

保留 位 14～8 保留。

LCDCPDISx 位 7～0 LCD 电荷泵禁止(特定器件)。

0 连接的功能不能禁止电荷泵；1 连接的功能可以禁止电荷泵。

11. CC430F62x1 的分配

LCDCPDISx 位 7～3 保留。

LCDCPDIS2 位 2 LCD 电荷泵在 ADC12 转换期间禁止。

0 LCD 电荷泵在转换期间不自动禁止；

1 LCD 电荷泵在转换期间将自动禁止。

LCDCPDIS1 位 1 LCD 电荷泵在无线发送期间禁止。

0 LCD 电荷泵在无线发送期间不自动禁止；

1 LCD 电荷泵在无线发送期间将自动禁止。

LCDCPDIS0 位 0 LCD 电荷泵在无线接收期间禁止。

0 LCD 电荷泵在无线接收期间不自动禁止；

1 LCD 电荷泵在无线接收期间将自动禁止。

12. LCDBIV，LCD_B 中断向量寄存器

15～4	3～1	0
0	LCDBIVx	0

LCDBIVx 位 3～1 LCD_B 中断向量值。

LCDBIV 的值	中断源	中断标志位	中断优先级
00h	无中断发生	—	
02h	没有连接电容	LCDNOCAPIFG	最高
04h	闪烁，段打开	LCDBLKONIFG	↓
06h	闪烁，段关闭	LCDBLKOFFIFG	
08h	帧中断	LCDFRMIFG	最低

第24章 嵌入式仿真模块 EEM

24.1 嵌入式仿真模块 EEM 简介

每一个基于 Flash 的 CC430 微控制器都实现了 EEM 功能。它通过四线 JTAG 模式或 Spy - Bi - Wire 模式进行访问和控制。每一个执行都是器件独立的，如 24.3 节 EEM 配置和相应器件的数据手册中所述。

通常，以下特性是可用的：

- ❑ 具有实时断点控制的非倒装的代码执行。
- ❑ 单步、单步进入和单步跳过功能。
- ❑ 支持所有的低功耗模式。
- ❑ 对于所有时钟源，支持所有系统频率。
- ❑ 多达 8 个(取决于器件)硬件触发/断点在存储器地址总线(MAB)或存储器数据总线(MDB)上。
- ❑ 多达 2 个(取决于器件)周期计数器。
- ❑ 触发序列(取决于器件)。
- ❑ 使用一个跟踪缓冲器(取决于器件)存储内部总线和控制信号。

图 24 - 1 所示为一个简单的当前在 5xx 实现的 EEM 结构框图。

对于更详细的关于 EEM 的特性如何可以和 IAR Embedded Workbench 一起调试，请参考应用报告 *Advanced Debugging Using the Enbanced Emulation Module*(SLAA263)，网址 http://www.msp430.com。对于代码设计要点(Code Composer Essentials CCE)的使用，请参考应用报告 *Advanced Debugging Using the Enhanced Emulation Module*(SLAA393)，网址 http://www.msp430.com。大多数支持 MSP430 的其他仿真器都有一些相同的或相似的特性设置。详细资料请参考应用仿真器的用户手册。

24.2 EEM 构造块

24.2.1 触　发

在 CC430 系统的 EEM 中的事件控制由触发组成，它是内部信号，指示一个确定的事件已经发生。这些触发可能被用作简单的断点，但是它也可能结合两个或更多的触发以便用于侦测一个复杂的事件和引起不同的反应而不是停止 CPU。

通常，触发可以被用于控制以下 EEM 的功能块：断点(CPU 停止)、状态存储、音序器和

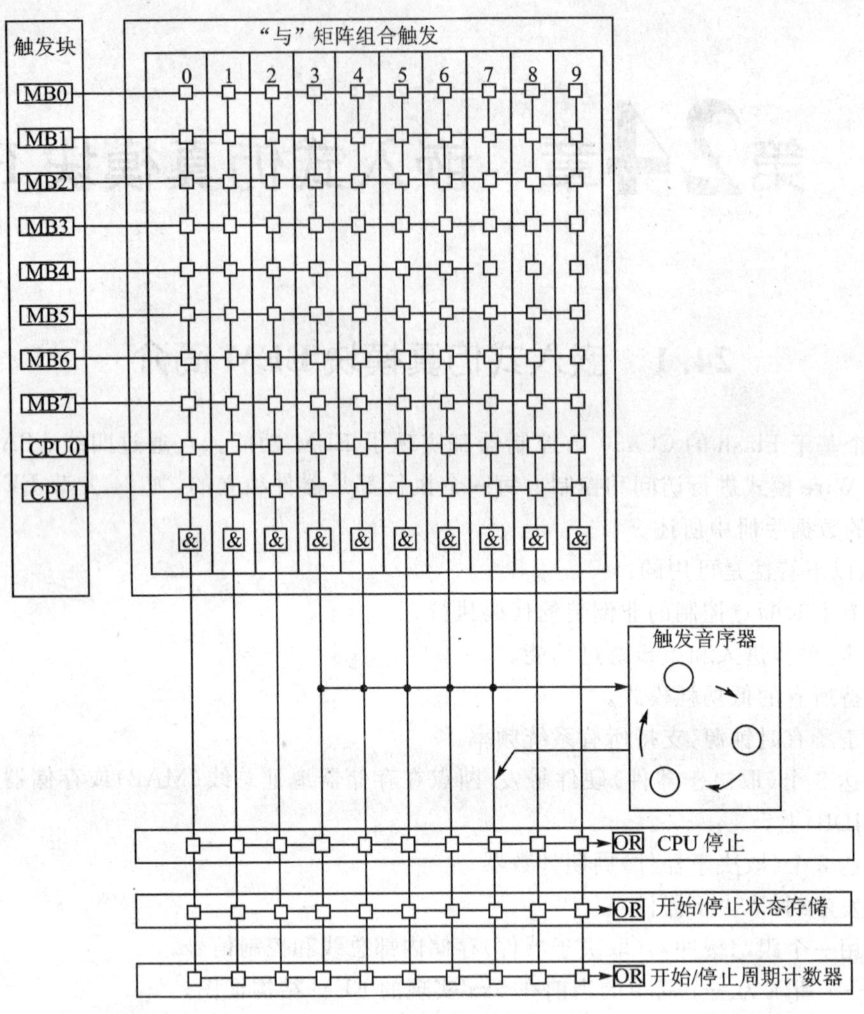

图 24－1　EEM 的宏观实现

周期计数器。

有两种不同类型的触发——存储器触发和 CPU 寄存器写触发。

每一个存储器触发块可以单独被选择与给定的 MAB 或 MDB 的值之一进行比较。根据 EEM 的实现，比较结果可以是＝，≠，≥或≤。通过使用屏蔽，比较也可被限定在确定的位内。屏蔽可以是位方式或字节方式，这取决于具体器件。除了选择总线和比较之外，在触发式活动之下的条件也是可以选择的。这些条件包括读访问、写访问、DMA 访问和指令获取。

每一个 CPU 寄存器写触发块都可单独地被选择与写入一个所选择的具有给定值的寄存器进行比较。受观察的寄存器可被单独地选作独立的触发。比较结果可能是＝，≠，≥或≤。通过使用屏蔽，比较也可被限定在确定的位内。

两种类型的触发都可以结合在一起形成更复杂的触发。例如，当一个特殊的值被写入一个用户指定的地址中时，这个复杂的触发可发送信号。

24.2.2 触发音序器

在中断使能或状态存储前，触发音序器允许定义一个确定的触发信号序列。在触发音序器之内，它可能使用以下特性：

- ❑ 四种状态（状态 0～3）。
- ❑ 从一个状态到另一个状态转换两次。
- ❑ 复位触发将音序器复位为状态 0。

触发音序器总是从状态 0 开始，并且必须执行到状态 3 以产生一个动作。如果状态 1 或状态 2 未被请求，它们可被跳过。

24.2.3 状态存储（内部跟踪缓冲器）

状态存储功能使用一个内建的缓冲器来存储 MAB、MDB 和 CPU 控制信号信息（也就是读、写或指令获取），用一个非倒装的方式。这个内建的缓冲器可以保存多达 8 个项目。灵活的配置允许用户非常高效地记录感兴趣的信息。

24.2.4 周期计数器

周期计数器提供一个或两个 40 位的计数器用来测量 CPU 执行确定任务所使用的周期数。在某些器件中，周期计数器的操作可使用触发来控制。这允许有条件地查找匹配，如，查找代码的特殊段。

24.2.5 时钟控制

EEM 提供依赖器件的灵活的时钟控制。这在 CPU 停止后外设仍需要运行时钟的应用中是很有用的（例如，允许 UART 模块完成字符的发送或允许定时器继续产生 PWM 信号）。

时钟控制是很灵活的，并支持需要运行时钟的模块和当 CPU 由于断点停止而必须被停止的模块这两种情况。

24.3 EEM 配置

表 24-1 给出了 MSP430Fxx 系列的 EEM 配置总览。已经实现的配置是和特定器件有关的，这可详见应用报告 *Advanced Debugging Using the Enhanced Emulation Module (EEM) With CCE Version* 3(ALAA393)，*MSP-FET430 Flash Emulation Tool*(*FET*)(*for Use With IAR v3+*) *User's Guide*(SLAU138)和 *MSP-FET430 Flash Emulation Tool* (*FET*)(*for Use With CCE v3.1*) *User's Guide*(SLAU157)。

通常，以下特性可以在任意一款器件中找到。

- ❑ 至少支持两个 MAB/MDB 触发：
  - 区别 CPU，DMA，读和写访问；
  - =，≠，≥或≤比较（在 XS 情况下，仅=，≠）。
- ❑ 至少两个联合触发。
- ❑ 使用 CPU 停止反应的硬件断点。

❑ 至少 40 位的周期计数器。

带有模块时钟独立控制的增强型时钟控制。

表 24－1　5xx EEM 配置

特　性	XS	S	M	L
存储器总线触发	2 (＝,≠)	3	5	8
存储器总线触发屏蔽于	低字节 高字节 较高四个地址位	低字节 高字节 较高四个地址位	低字节 高字节 较高四个地址位	所有 16 或 20 位
CPU 寄存器写触发	0	1	1	2
联合触发	2	4	6	10
音序器	否	否	是	是
状态存储	否	否	否	是
周期计数器	1	1	1	2 (包括开始/停止触发)

参考文献

[1] MSP430x5xx Family User's Guide. http://www. ti. com,2009.

[2] SPIAccess. Design Note DN503. http://www. ti. com,2007.

[3] CC430 Family User's Guide. http://www. ti. com,2009.

[4] CC430F613X Datasheet. http://www. ti. com,2009.

[5] MSP430 系列 C 编译器编程指南. http://lierda. com.

[6] 沈建华,杨艳琴,翟骁曙. MSP430 系列 16 位超低功耗单片机原理与应用. 北京:清华大学出版社,2004.

[7] 魏小龙. MSP430 系列单片机接口技术与系统设计实例. 北京:北京航空航天大学出版社,2002.

[8] 德州仪器. MSP-FET430P140 仿真工具用户指南. http://lierda. com.

[9] MSP430 C-SPY User Guide. http://www. ti. com.

[10] 梁源. MSP430 单片机 C 语言编程中的退出休眠问题. 杭州利尔达电子有限公司.

[11] Code Examples,http://www. msp430. com.

[12] 梁源. MSP430 Timer_A 在产品设计中的应用. 杭州利尔达电子有限公司.

[13] 杨泽民,刘培兴,王永丹,等. 液晶显示器原理与应用. 沈阳:东北工学院出版社,1992.

[14] 戴梅萼. 微型计算机技术及应用. 北京:清华大学出版社,1995.

[15] MSP430x4xx Family User's Guide. http://www. msp430. com,2003.

[16] MSP430 C Compiler Programming Guide. http://www. ti. com.

[17] 张毅刚,修林成,胡振江. MCS-51 单片机应用设计. 哈尔滨:哈尔滨工业大学出版社,1992.

[18] 胡大可. MSP430 系列 16 位超低功耗单片机原理与应用. 北京:北京航空航天大学出版社,2001.